Simon Schüz
Transzendentale Argumente bei Hegel und Fichte

Quellen und Studien zur Philosophie

Herausgegeben von
Dominik Perler und Michael Quante

Band 148

Simon Schüz

Transzendentale Argumente bei Hegel und Fichte

—

Das Problem objektiver Geltung und seine Auflösung im nachkantischen Idealismus

DE GRUYTER

ISBN 978-3-11-153614-9
e-ISBN (PDF) 978-3-11-078871-6
e-ISBN (EPUB) 978-3-11-078880-8
ISSN 0344-8142

Library of Congress Control Number: 2022941355

Bibliografische Information der Deutschen Nationalbibliothek
Die Deutsche Nationalbibliothek verzeichnet diese Publikation in der Deutschen Nationalbiblio-grafie; detaillierte bibliografische Daten sind im Internet über http://dnb.dnb.de abrufbar.

© 2024 Walter de Gruyter GmbH, Berlin/Boston
Dieser Band ist text- und seitenidentisch mit der 2023 erschienenen gebundenen Ausgabe.

www.degruyter.com

Danksagung

Das vorliegende Buch ist die überarbeitete und geringfügig erweiterte Fassung meiner Dissertation, die im Sommersemester 2021 von der Philosophischen Fakultät der Eberhard Karls Universität Tübingen angenommen und mit dem Promotionspreis 2021/22 der Fakultät ausgezeichnet wurde.

An erster Stelle möchte ich Ulrich Schlösser herzlich danken für seine langjährige Begleitung und Unterstützung als Hauptbetreuer meiner Doktorarbeit. Die Arbeit verdankt ihm durch seine Gesprächsbereitschaft, wertvollen Hinweise und kritischen Kommentare viele gedankliche Klärungen und entscheidende Einsichten. Seine Maßstäbe philosophischer Gründlichkeit und systematischer Klarheit sind mir ein steter Anspruch und Ansporn für meine eigene Arbeit.

Ich möchte Dina Emundts herzlich danken für die Übernahme des Zweitgutachtens, ihre zugleich wohlwollende und kritische Begleitung der Arbeit sowie ihre akademische Gastfreundschaft an der FU Berlin im Wintersemester 2017.

Julia Peters danke ich für die Übernahme des Drittgutachtens und viele Jahre fruchtbarer Gespräche in der Tübinger Burse. Aus diesen Gesprächen nicht wegzudenken ist der Rahmen des als unermüdlich bekannten Oberseminars von Ulrich Schlösser, „Klassische deutsche Philosophie und gegenwärtige Philosophie", mit dessen Teilnehmer_innen ich viele glückliche Stunden intensiver Diskussionen teilen durfte.

Von Ralf Becker habe ich von 2018 an die vorbehaltlose Unterstützung meiner Doktorarbeit erfahren dürfen sowie stete Ermutigung und klugen Rat, obwohl ich als sein Mitarbeiter gar keine Qualifikationsstelle innehatte – dafür gilt ihm mein herzlicher Dank. Meinen Landauer Kolleginnen und Kollegen bin ich für ihre Solidarität dankbar verbunden. Für die Großzügigkeit als Vorgesetzter danke ich auch Henning Ziebritzki vom Mohr Siebeck Verlag im Blick auf die Findungsphase der Arbeit.

Ebenso danke ich Robert Stern herzlich, dass er mich 2016 in Sheffield für einen lehrreichen Gastaufenthalt willkommen geheißen und seitdem vielfältig mit Rat und Tat unterstützt hat. Friedrich Hermanni gilt mein besonderer Dank für die tatkräftige Unterstützung meiner Arbeit gerade in der Anfangsphase. Thomas Buchheim und Paul Franks danke ich für Rat und wohlwollende Begleitung. Für fruchtbare Gelegenheiten, um Vorarbeiten in Kolloquien zur Diskussion zu stellen, danke ich Dina Emundts, Markus Gabriel, Johannes Haag, Adriana Pavic, Robert Stern und den jeweiligen Teilnehmer_innen in Berlin, Bonn, Potsdam, Göttingen und Sheffield.

Für wertvolle Gespräche und Ermutigung danke ich neben den bereits Genannten Marcus Böhm, Anthony Bruno, Karin de Boer, Ana Laura Edelhoff,

Stefan Gerlach, Tyson Gofton, Katharina Gutekunst, Stephen Houlgate, Christian Klotz, Anton Friedrich Koch, Dietmar Koch, Stefan Lang, Jens Lemanski, Winfried Lücke, Karin Nisenbaum, Valentin Pluder, Andreas Schmidt, Philipp Schwab, Barry Stroud (†), Henning Tegtmeyer, Maximilian Tegtmeyer und Andrew Werner. Dieselbe Dankbarkeit, mitsamt der weiteren für unschätzbare Dienste beim Korrekturlesen einzelner Kapitel, gilt Charalampos Drakoulidis, Sebastian Edinger, Lucian Ionel, Gustav Melichar, Ana Munte, Christoph Poetsch, Luz Christopher Seiberth, Thomas Jussuf Spiegel und Mike Stange.

Gustav, Luz und Jussuf möchte ich eigens für ihre langjährige Freundschaft und allzeit zur Seite stehende Solidarität danken. Lucian und Max danke ich ebenfalls für Freundschaft und das Glücksgefühl gemeinsamen Anpackens. Sebastian hat nicht nur das gesamte Manuskript Korrektur gelesen und dessen Entstehung in vielerlei Weisen befördert; ihm sei vor allem gedankt für seine einmalige, Aktualität und Potenzialität immer wieder neu ausgleichende φιλία.

Der Studienstiftung des deutschen Volkes sei herzlich gedankt für die Gewährung eines Promotionsstipendiums, das mir beim Schreiben große Freiheitsgrade verstattet und bereichernde Begegnungen ermöglicht hat. Dem Verlag De Gruyter sowie den Herausgebern Dominik Perler und Michael Quante danke ich für die Aufnahme meiner Arbeit in die Reihe „Quellen und Studien zur Philosophie". Mein Dank gilt auch Marcus Böhm, Antonia Mittelbach und Mara Weber für die kompetente Betreuung der Drucklegung.

Meiner Familie, insbesondere meinen Eltern Marianne Mittelmann und Gottfried Schüz sowie meinem Bruder Christopher, möchte ich herzlich für ihre Grund-legende, andauernde Liebe danken, die mich gleichsam von der Substanz zum Subjekt geleitet hat. Mein Vater hat das finale Manuskript inhaltlich und sprachlich Korrektur gelesen und es auf die ihm eigentümliche Art vermocht, dass selbst die Endphase der Arbeit bisweilen zu einem Vergnügen wurde. Gleichsam vom Subjekt in eine reichhaltigere Substanzialität begleitet hat mich meine Frau Juliane Schüz, die alle schönen wie schweren Stunden beim Abfassen der Arbeit mitgeteilt und mitgetragen hat. Aus Dank für ihre liebevolle Begleitung sei diese Arbeit ihr gewidmet. Theresa danke ich für die Kraft zum Abschluss der Arbeit.

Ich verneige mich schließlich vor Edith Ehrlich (†), Leonard H. Ehrlich (†), Richard Wisser (†) und Jeffrey Wattles, die jeweils auf ungewöhnlichen Wegen zu prägenden Vorbildern wurden.

Oestrich-Winkel, im Sommer 2022

Inhalt

Einleitung —— 1
1 Systematischer Aufriss der Fragestellung —— 2
2 Schlaglichter auf die historische Problemkonstellation —— 5
3 Methode und Gegenstand der Untersuchung —— 7
4 Gliederung der Argumentation —— 12

I. Transzendentale Argumente und das Problem objektiver Geltung

1 Die anti-skeptische Funktion transzendentaler Argumente —— 21
1 Skepsis und der Standpunkt des Wissens —— 21
2 Form und Zweck transzendentaler Argumente —— 23
    2.1 Paradigmen transzendentaler Argumente —— 25
    2.2 Ambitionierte vs. moderate Argumente und unser Bild von Objektivität —— 28
    2.3 Arten transzendentaler Bedingungen —— 29
    2.4 Objektive Geltung und die Hypothek des Idealismus —— 31
    2.5 Transzendentale Bedingungen von Objektivität —— 32
3 Das Paradigma Strawsons: Bedingungen der Bezugnahme —— 33
    3.1 Das Begriffsschema demonstrativer Bezugnahme —— 35
    3.2 Die Möglichkeit der Reidentifikation —— 37
    3.3 Die Unterstellung von Objektivität —— 39
    3.4 Ein ‚begriffliches' oder ein ‚performatives' Argument? —— 44

2 Strouds Trilemma und das Problem objektiver Geltung —— 47
1 Strouds Problem objektiver Geltung —— 47
    1.1 Die Trilemma-Struktur des Problems —— 54
    1.2 Gegeneinwand: Unhintergehbarkeit einer ‚privilegierten Klasse' —— 56
    1.2.1 Reflexive Distanzierung als ‚pragmatische' Komponente von Skepsis —— 58
    1.2.2 Reflexive Kritik an Behauptungen der Unhintergehbarkeit —— 59
2 Rechtfertigung des Substitutionseinwands —— 63
    2.1 Logisch-semantische Rechtfertigung —— 64
    2.2 Modale Intuition —— 65
    2.3 Metaphysischer Realismus —— 68

       2.4   Transzendentale Rechtfertigung —— 70
       2.4.1   Strouds Kritik an Davidson und der Anspruch auf
               Objektivität —— 71
       2.4.2   Objektivität als transzendentale Bedingung von Wissen —— 74
3   Weitere Einwände und Fazit —— 78
       3.1   Der modale Einwand und das Problem alternativer
               Begriffsschemata —— 78
       3.1.1   Modale Einwände gegen transzendentale Konditionale —— 79
       3.1.2   Alternative Begriffsschemata und der Status des
               Antezedens —— 80
       3.2   Der Objektivitätsbegriff als ‚semantische' Komponente von
               Skepsis —— 83

3   **Die Therapie des Problems und die Rache des Skeptikers** —— 86
1   Grundriss einer ‚therapeutischen' Lösung —— 88
2   Kants transzendentaler Idealismus —— 91
       2.1   Transzendentaler Idealismus als Reinterpretation von
               Objektivität —— 93
       2.2   Kants skeptisches Racheproblem —— 94
3   Rortys eliminative Strategie —— 104
       3.1   Aufhebung der Schema-Inhalt-Unterscheidung —— 105
       3.2   Racheproblem: Behauptete Wahrheit und Behauptbarkeit —— 108
4   Sacks' restriktive Strategie —— 110
       4.1   Der transzendentale Grund der *fictional force* —— 112
       4.2   Racheproblem: Objektivität ohne Ontologie —— 116
5   Voraussetzungen für eine therapeutische Lösung —— 119

II. Die transformative Strategie von Hegels *Phänomenologie des Geistes*

1   Hegels „Einleitung" als therapeutische Methodologie —— 127
1   Hegels phänomenologische Methode —— 129
       1.1   Die Form immanenter Kritik —— 132
       1.2   Die Struktur der Darstellung als Lernprozess —— 135
2   Hegels Modell des Bewusstseins —— 137
       2.1   Das Bewusstsein als Operation unterscheidender
               Bezugnahme —— 137
       2.2   Kritikfähigkeit und reflexive Struktur des Bewusstseins —— 141

3 Erfahrung als Prozess des Konzeptionswandels — 143
  3.1 Die kriterielle Bestimmung des Ansich als Maßstab — 144
  3.2 Die Prüfung des Maßstabs — 147
  3.2.1 Die Veränderung des Gegenstands — 147
  3.2.2 Herabsinken und Entspringen des Gegenstandes — 150
  3.3 Die ‚Selbstkonstruktion' des erscheinenden Gegenstands — 154
  3.3.1 Internalistische und externalistische Interpretationsansätze — 154
  3.3.2 Die Hypothese der ‚Selbstkonstruktion' des Gegenstandes — 158
4 Parallelität von Binnen- und Metaperspektive — 162
5 Verwendet die *Phänomenologie* transzendentale Argumente? — 167

2 Hegels Kritik der Objektivitätskonzeption des natürlichen Bewusstseins — 171

1 Phasen der Prüfung und ihre therapeutische Funktion — 172
2 Sinnliche Gewissheit: Objektivität *qua* Identifikation — 175
  2.1 Phasen: Sein oder Nichtsein der Einzelheit — 176
  2.2 Transformation des Kriteriums: Bestimmtheit und Allgemeinheit — 179
3 Wahrnehmung: Objektivität *qua* Reidentifizierbarkeit — 180
  3.1 Phasen: Bestimmtheit und Unbestimmtheit des Dinges — 181
  3.2 Transformation des Kriteriums: Der Grund der Relation — 184
4 Verstand: Objektivität *qua* kausale Rolle — 186
  4.1 Phasen: Setzen und Gesetztsein der Kraft — 188
  4.2 Transformation des Kriteriums: Selbstbewusstsein — 192

3 Die Rache des Skeptikers im „unglücklichen Bewusstsein" — 195

1 Der Konflikt des Selbstbewusstseins mit dem „Anderen" — 196
  1.1 Knechtschaft: Kampf mit der realistischen Einstellung — 197
  1.2 Befreiung: Die idealistische Einstellung von Stoizismus und Skeptizismus — 200
  1.3 Prekäre Auflösung? Der Idealismus als Gestalt der Vernunft — 202
2 Das unglückliche Bewusstsein als Racheproblem des Idealismus — 206
3 Annäherung des empirischen Standpunkts an den transzendentalen — 209
  3.1 „Erhebung": Einzelheit und Allgemeinheit — 209
  3.2 „Andacht": Rezeptivität und Spontaneität — 211

4 Subjektive Einheitsstiftung in „Arbeit" und „Danken" —— 215
    4.1 „Begierde" und „Arbeit" als Synthesis —— 216
    4.2 Das „Danken" als transzendentales Argument —— 220
5 Objektive Einheitsstiftung im Schematismus der ‚Buße' —— 223
    5.1 Der Priester als „Schema" —— 224
    5.2 Kritik des „fremden Thuns" —— 228

4 Therapeutische Auflösung des Problems im „absoluten Wissen" —— 231
1 Objektivität im Begriff —— 233
    1.1 Die „Versöhnung" von Bewusstsein und Selbstbewusstsein —— 233
    1.2 Der Gegenstand als Begriff —— 238
2 Das absolute Wissen als Sich-Begreifen des Begriffs —— 242
    2.1 Logische Lesart —— 243
    2.2 Transzendental-idealistische Lesart —— 244
    2.3 Real-idealistische Lesart —— 246
    2.4 Das Sich-Begreifen des Begriffs als Selbstkonstruktion —— 248
3 Ein Hiatus zwischen Erfahrung und Reflexion? —— 250
    3.1 Anforderungen an die Form der Darstellung —— 253
    3.2 Der Aufbau von Hegels Darstellung („Gewissen" und „Religion") —— 255
4 Vermittlung des Hiatus durch das absolute Wissen —— 258
    4.1 Das versammelnde Aufzeigen als Zutat der Reflexion —— 259
    4.1.1 Das absolute Wissen als „Gestalt" und „Wissenschaft" —— 261
    4.1.2 Das absolute Wissen als Vollzugsform des versammelnden Aufzeigens —— 263
    4.2 Aufhebung der Zutat: Konvergenz von Binnen- und Metaperspektive —— 265
    4.2.1 ‚Selbstkonstruktion' des Inhalts der Darstellung —— 268
    4.2.2 Konvergenz der Darstellungsebenen —— 269

5 Fazit: Der Standpunkt des Skeptikers zwischen Leben und Reflexion —— 272
1 ‚Leere' des skeptischen Zweifels und Wiedergewinnung des realistischen Standpunkts —— 274
2 ‚Blindheit' des skeptischen Zweifels und transzendentale Selbstvergewisserung —— 277

III. Die performative Strategie von Fichtes *Wissenschaftslehre 1804-II*

1 Theoretischer Anspruch und Methodologie nach den „Prolegomena" —— 283
  1 Methodologische Prämissen —— 284
  2 Der Begriff der Wissenschaftslehre (§§ 1–2) —— 288
    2.1 Einheits- und prinzipientheoretischer Vorbegriff —— 288
    2.2 Transzendentalphilosophie und Objektivität —— 290
    2.3 Grundriss einer Therapie des Problems objektiver Geltung —— 293
  3 Erster Aufweis des „reinen Wissens" (§ 3) —— 295
  4 Metatheoretische Reflexion des Einleuchtens —— 298
    4.1 Faktizität und das Erfordernis der Selbstkonstruktion —— 298
    4.2 Metatheoretische Einführung von „Begriff" und „Licht" (§ 4) —— 299
    4.2.1 Propädeutische Vernichtung des Begreifens —— 301
    4.2.2 Einführung des Lichts als Prinzip —— 304
  5 Die Hürde der Reflexion: Immanenz und Objektivierung der Einsicht —— 306
    5.1 Immanenz und Emanenz der Einsicht —— 306
    5.2 Objektivierung des Lichts —— 309
  6 Die Form der Therapie: Vernichtung des Begreifens (§§ 5–10) —— 311
    6.1 Aufwertung des Begreifens im „Urbegriff" —— 311
    6.2 Licht oder Begriff: blinde oder leere Therapie? —— 313

2 Aporie der transzendentalen Argumentationsfigur in der Dialektik von Idealismus und Realismus —— 317
  1 Das „Leben" als transzendentale Voraussetzung des Begreifens (§ 11) —— 317
    Exkurs zu Carrolls Schildkröte —— 321
  2 Phase I: Ambitionierte vs. moderate Interpretation der Voraussetzungsthese —— 323
    2.1 Der Substitutionseinwand des Idealismus —— 325
    2.2 Das Brückenproblem des Realismus —— 329
    2.3 Die Pattsituation konträrer Maximen —— 332
  3 Phase II: ‚Dialektische' Entwicklung des höheren Realismus (§§ 12–14) —— 333
    3.1 Höherer Realismus: Die „Selbstkonstruktion" des „Ansich" —— 336
    3.2 Höherer Idealismus: Das Ich als Prinzip der Reflexion —— 339

3 Die Destruktion des realistischen Objektivitätsbegriffs in der „Wahrheitslehre" —— 347
1 Die therapeutische Funktion von Sein und Leben —— 348
2 Die Aporie des Begreifens (§ 14) —— 353
   2.1 Kritik des Ansich und Umschlagen des Realismus in den Idealismus —— 353
   2.2 Versuch der Abstraktion und Scheitern der „Selbstvernichtung" —— 358
3 Der Perspektivwechsel zum Sein/Leben (§ 15) —— 362
   3.1 Sein/Leben als nicht-repräsentationales Vollzugswissen —— 362
   3.2 Systematische Zwischenbetrachtung zu Strouds Trilemma —— 367
   3.3 Faktische Vernichtung der „äußeren Existentialform" —— 369
   3.3.1 Das Ineinander von Vernichtung und Einleuchten —— 370
   3.3.2 Reflexion *versus* Vollzug der Einsicht —— 373
4 Sein/Leben und die Unhintergehbarkeit des Wissens —— 375
5 Reflexive Instabilität des Seins/Lebens und die Notwendigkeit der Erscheinungslehre —— 376
   5.1 Das Racheproblem reflexiver Instabilität —— 377
   5.2 Die Funktion der Erscheinungslehre —— 380

4 Die Integration der repräsentationalen Form in der „Erscheinungslehre" —— 382
1 Die Suche nach dem Prinzip der Erscheinung (§§ 16–23) —— 383
   1.1 Das Problem der nicht-zirkulären Einführung des Prinzips (§§ 16–22) —— 384
   1.2 Das Sich-Abschließen der Gewissheit (§ 23) —— 390
   1.2.1 Die Gewissheit als reines Wissen —— 390
   1.2.2 Vollzugsform des Sich-Abschließens —— 392
   1.2.3 Reflexive Instabilität der Gewissheit und ihres „Prinzipiierens" —— 395
2 Willkür und die performative Unhintergehbarkeit des Projizierens —— 400
   2.1 Das Problem der Willkür und seine Lösung —— 402
   2.2 Unhintergehbarkeit und Stroud'sche *dissatisfaction* —— 404
3 Das willkürliche Faktum der Projektion und sein Gesetz (§ 24) —— 407
   3.1 Faktum und Gesetz in Analogie zur praktischen Autonomie —— 408
   3.2 Selbstanwendung des Gesetzes der Projektion —— 411
   3.3 Exkurs zur logischen Form —— 414
4 Übergang: Bild-Struktur und der Paralogismus der Reflexion —— 416
   4.1 Bild-Struktur der Projektion: Ableitung des Satzes des Bewusstseins —— 416
   4.2 Paralogismus der Reflexion —— 419

5   Bilden des Bildes (§ 25) —— 422
    5.1   Vom Evidenzbewusstsein zur Gewissheit und zurück —— 423
    5.2   Die Unhintergehbarkeit des Bildes als Form der
          Autonomie —— 430
    5.2.1 Erneute *dissatisfaction* und die Paradoxie der Autonomie —— 432
    5.2.2 „Das Gesetz selber setzt sich in uns selbst" —— 433
    5.2.3 Freiheit und metaphysische Zufriedenheit —— 435

5   Fazit: Autonomie, Therapie und Skepsis —— 438

IV. Zusammenführung

Zusammenführung —— 449
1   Fazit: Das Problem objektiver Geltung und seine therapeutische
    Auflösung —— 449
    1.1   Die Gestaltungen des Problems objektiver Geltung —— 450
    1.1.1 Erste Gestalt: Strouds Trilemma —— 451
    1.1.2 Zweite Gestalt: Hegels unglückliches Bewusstsein —— 453
    1.1.3 Dritte Gestalt: Fichtes Reflexion des Begreifens —— 455
    1.2   Hegels und Fichtes Idealismus als (Auf)Lösungen des Problems
          objektiver Geltung —— 459
    1.2.1 Hegel: Alle Realität ist *durch* das Wissen (des Geistes) —— 460
    1.2.2 Fichte: Alle Realität ist *im* Wissen —— 465
    1.3   Die therapeutische Methode: Transzendentale Argumente als Kontrastfolie und ‚Leiter' —— 470
2   Das gemeinsame Paradigma geometrischer Konstruktion —— 472
3   Kritische Kontrapunkte: Fichte oder Hegel? —— 481
    3.1   Hegel: Begreifen der Darstellung —— 482
    3.2   Fichte: Einleuchten der Darstellung —— 485
4   Ausblick —— 487

Bibliographie —— 490
    Siglen —— 490

Namensregister —— 508

Sachregister —— 512

Einleitung

Diese Arbeit behandelt die Frage, wie das Nachdenken über die transzendentalen Bedingungen der Erfahrung und des Denkens zu validen Aussagen über eine Welt führen kann, die unabhängig von denkenden und erfahrenden Subjekten existiert. Sie orientiert sich dabei an zwei Konkretionsformen dieser Frage: dem Problem der objektiven Geltung transzendentaler Argumente und der Frage, ob es dem nachkantischen Idealismus gelingt, sowohl Kants erkenntniskritischem Ansatz treu zu bleiben als auch das metaphysische Bedürfnis nach einer geistunabhängigen Welt zu befriedigen. Unter diesem doppelten Frageaspekt untersucht die Arbeit Hegels *Phänomenologie des Geistes* und Fichtes *Wissenschaftslehre 1804-II* als zwei maßgebliche Entwürfe des nachkantischen Idealismus.

In einem ersten Schritt versuche ich das skeptische Problem objektiver Geltung in seiner stärksten Form zu formulieren, um die Grenzen wie das Potenzial transzendentaler Argumente systematisch auszuloten. In einem zweiten Schritt versuche ich zu zeigen, dass es Hegel und Fichte mit jeweils unterschiedlichen Strategien gelingt, das Problem objektiver Geltung im Zuge einer philosophischen Therapie aufzulösen, indem sie die dem Problem zugrundeliegende realistische Objektivitätskonzeption über sich selbst aufklären.

Beiden therapeutischen Strategien ist gemeinsam, dass sie als Weg zu einem Standpunkt „absoluten Wissens" aufgebaut sind, der die Unhintergehbarkeit des „Geistes" bzw. der „Gewissheit" für die Möglichkeit des Bezugs auf eine objektive Welt ausweist. Dabei ist die methodologische Durchführung dieses Weges entscheidend: Sie muss einer skeptischen Reflexion standhalten, die an transzendentalen Voraussetzungen deren Form gedanklicher Prämisseneinführung zu kritisieren vermag und an idealistischen Positionen deren Rückprojizierbarkeit in eine realistische Betrachtungsweise. Meine Rekonstruktion soll zeigen, dass die Methodologien und Argumentationsmuster von Hegels *Phänomenologie* und Fichtes *Wissenschaftslehre 1804-II* erst auf diesem metaepistemologischen Reflexionsniveau angemessen erfasst und in ihrer systematischen Tragweite erschlossen werden können. Als Idealismus und Realismus ausbalancierende Positionen, die jenes kritisch-transzendentale Reflexionsniveau im Medium der Selbstkritik anstreben, weisen sich beide Ansätze als nachkantische Transzendentalphilosophien aus.

Ich gebe zunächst einen systematischen (1.) und historischen (2.) Aufriss der Fragestellung, erläutere mein methodisches Vorgehen (3.), und stelle die Gliederung und Thesen der Arbeit vor (4.).

1 Systematischer Aufriss der Fragestellung

Kants kopernikanische Revolution der Denkart führt in einen Zwiespalt. Einerseits verspricht sie, die Kampfplätze der dogmatischen Metaphysik sowie des Skeptizismus zu befrieden, indem sie zeigt, dass der Standpunkt des transzendentalen Subjekts für die Möglichkeit von Objektivität und Erkenntnis konstitutiv ist. Andererseits zwingt uns Kants kopernikanische Wende auch dazu, unsere metaphysischen Aspirationen aufzugeben und uns mit dem bescheidenen Gesichtskreis bloßer Erscheinungen und praktischer Postulate zufrieden zu geben.

Dieser Zwiespalt setzt sich fort, wenn wir fragen, in welchem Sinn die Systeme des nachkantischen Idealismus Antworten auf Kant darstellen: Führen sie Kants Transzendentalphilosophie fort oder brechen sie mit ihr zugunsten einer neu inaugurierten Metaphysik? Diese Alternative beherrscht weite Teile der gegenwärtigen Forschung zur nachkantischen Philosophie, welche insbesondere bei der Deutung Hegels, aber auch der Fichtes in die Lager „metaphysischer" und „nicht-metaphysischer" Deutungen zerfallen.[1] Wenn aber bereits Kants kopernikanische Wende auf einer Einsicht in den internen Zusammenhang zwischen Objektivität und dem Standpunkt des Subjekts beruht, dann sollte uns diese Alternative verdächtig vorkommen.

Die vorliegende Arbeit nähert sich diesem in der klassischen deutschen Philosophie aufgeworfenen Problemkomplex über die systematische Frage nach der objektiven Geltung transzendentaler Argumente. Gelten die transzendentalen Bedingungen, die diese Argumente aufweisen, von der Welt, d. h. in einem objektiven Sinn, oder sind sie nur für den subjektiven Standpunkt gültig, der diese Bedingungen voraussetzt? Transzendentale Argumente stehen hier vor dem Kants kopernikanischer Wende analogen Problem, dass sie Gefahr laufen, die Objektivität der von ihnen geltend gemachten Bedingungen zu untergraben, wenn sie diese nur als notwendige Voraussetzungen eines subjektiven Standpunktes ausweisen können.

---

1 Diese Typologie von Lesarten wird meist explizit im Blick auf Hegel verwendet (vgl. chronologisch: Hartmann 1972; Beiser 1995; Pinkard 1996; Halbig 2002, 21 ff.; Kreines 2006; Lumsden 2007), trifft aber auch auf die Fichte Forschung zu (siehe Fn. 18). Die Grenzen und Unschärfen dieser pauschalen Unterscheidung werden im Folgenden an mehreren Stellen deutlich werden. Ich verwende diese Typologie zu heuristischen Zwecken in folgendem Sinne. Der „nicht-metaphysische" Ansatz liest Hegel bzw. Fichte in Kontinuität mit Kants Vernunftkritik und versucht jeden ontologischen Geltungsanspruch zurückzunehmen oder ‚kritisch' in eine auf die Form möglicher Erfahrung bezogene, kategorientheoretische These zu wenden; der „metaphysische" Ansatz vertritt die konträre Lesart und betont die Nähe zu ontologischen Positionen der ‚vorkritischen' Metaphysik wie den Monismus Spinozas (siehe Kreines 2006, 468, 470).

Die sachliche Verwandtschaft beider Problemstellungen lässt sich an einer Skizze der kantischen Transzendentalphilosophie verdeutlichen. Diese minimalistische Auffassung der kopernikanischen Wende greift Kants These auf, dass die „Bedingungen *a priori* einer möglichen Erfahrung" zugleich die „Bedingungen der Möglichkeit der Gegenstände der Erfahrung" seien.[2] Aus dieser These lässt sich ein erstes Schema des in der vorliegenden Arbeit untersuchten Problems objektiver Geltung gewinnen. Kants Einsicht besagt, dass der subjektive Standpunkt unserer Erfahrung nur unter Bedingungen möglich ist, die objektiv in der Welt erfüllt sein müssen, die in unserer Erfahrung erschlossen ist. ‚Weltbezogene' transzendentale Argumente dienen demnach dazu, Kategorien und Grundsätze auszuweisen, die sowohl für unser (praktisches oder theoretisches) Selbstverständnis als Subjekte weltbezogener Einstellungen konstitutiv sind als auch für die Welt selbst als Gegenstand dieser Einstellungen.

Nach dieser Auffassung liegt die Stärke transzendentaler Argumente darin, dass sie Bedingungen geltend machen, die auf dem Standpunkt elementarer weltbezogener Einstellungen, wie z. B. dem Haben von Überzeugungen oder Handlungsabsichten, notwendigerweise in Anspruch genommen werden müssen. Metaphysisch aufgeladene oder bloß dogmatische Vorannahmen werden somit überflüssig. Insofern es unumgänglich ist, dass wir diesen Standpunkt immer schon eingenommen haben, wäre es geradezu performativ selbstwidersprüchlich, ihn und seine Voraussetzungen zu leugnen. Skeptische Zweifel würden somit ebenfalls ausgeräumt. Andererseits liegt in dieser Gebundenheit an einen subjektiven Standpunkt auch die Schwäche transzendentaler Argumente. Denn es bleibt fraglich, wie weit die Gültigkeit der Voraussetzungen eines Standpunkts sich über diesen hinaus erstrecken kann, insofern dessen Gegenstand etwas Objektives sein soll, nämlich eine standpunktunabhängige und einstellungstranszendente Welt.

Bereits die strukturelle Anlage transzendentaler Argumente offenbart somit ein Spannungsverhältnis zwischen der subjektiven Denknotwendigkeit, gewisse transzendentale Bedingungen unterstellen zu müssen, und ihrer ‚objektiven Geltung'. Je weiter wir uns der realistischen Auffassung einer subjektunabhängigen Welt verschreiben, desto eher scheint es, dass wir gewisse Bedingungen schlicht *unterstellen* müssen, ohne wissen zu können, ob sie *tatsächlich* erfüllt sind. Diesem Spannungsverhältnis scheint sich auch Kant zu beugen: Er erkauft sich die objektive Gültigkeit der Kategorien durch die Annahme, dass die Gegenstände der Erfahrung bloße Erscheinungen sind, d. h. dass sie empirisch real, aber in transzendentaler Hinsicht subjektabhängig sind.

---

2 Kant 1998, A 111.

Das hier umrissene Spannungsverhältnis von subjektiver Notwendigkeit und objektiver Geltung steht auch im Zentrum von Barry Strouds höchst einflussreichem skeptischen Einwand gegen transzendentale Argumente. Strouds Skepsis bestreitet den ontologischen Geltungsanspruch transzendentaler Argumente, gerade weil sie transzendentale Bedingungen nur insofern ausweisen können, als sie von einem subjektiven Standpunkt aus unterstellt werden müssen. Demnach kann ein ontologischer Geltungsanspruch – wenn überhaupt – nur mittels einer idealistischen Rahmentheorie eingelöst werden, d. h. unter Annahme einer letztlich subjekt-relativen Welt. Ein solcher Rückzug auf eine idealistische Position ist jedoch unbefriedigend. Denn erstens läuft er Gefahr, den Unterschied zwischen subjektiver Denknotwendigkeit und Objektivität zu nivellieren, und zweitens ist nicht klar, ob wir überhaupt dazu berechtigt sind, eine derart von unseren realistischen Alltagsintuitionen abweichende Position zu vertreten.

Die skizzierten Einwände treibt das Bedürfnis an, dass der Realitätsbezug unserer Erkenntnis bzw. unseres Wissens durch den Rückhalt in einer selbständigen und geistunabhängigen Welt gesichert werden muss. Insofern dieses Bedürfnis auch nicht durch einen moderaten Anti-Realismus befriedigt wird, mit dem sich die Unabhängigkeit der Welt von einzelnen Subjekten sehr wohl denken lässt, handelt es sich offenbar um ein grundsätzlicheres, *metaphysisches* Bedürfnis, das in den Einwänden zum Vorschein kommt.

Es drängt sich somit die Frage auf, ob der erkenntniskritische Ansatz nicht als solcher mit dem metaphysischen Bedürfnis nach Objektivität inkompatibel ist: Muss nicht die transzendentale Reflexion stets auf eine höhere Ebene der gedanklichen Bezugnahme aufsteigen und dabei die Wirklichkeit in ihrer Unmittelbarkeit zurücklassen? Auch diese Frage gehört zum Problem objektiver Geltung, weil es ein skeptisches Problem zweiter Ordnung ist: Nicht ein bestimmtes Wissen wird bezweifelt, sondern die Methode der transzendentalen Argumentation wird als solche für ihr Objektivitätsdefizit kritisiert.

Das Problem objektiver Geltung verlangt von der Transzendentalphilosophie somit eine weitere Steigerung ihres Reflexionsniveaus. Sie muss ihre erkenntniskritische Pointe standpunktrelativen, geltungstheoretischen Argumentierens davor bewahren, in eines der Extreme des ‚Subjektivismus' oder des metaphysischen ‚objektiven Idealismus' abzugleiten. Das motiviert die Reflexion auf die Geltungsbedingungen des Stroud'schen Einwands: Von welchem Standpunkt aus ist es überhaupt möglich, das Problem objektiver Geltung zu formulieren? Der skeptische Einwand nimmt selbst einen theoretischen Standpunkt ein und setzt eine bestimmte Auffassung von Objektivität voraus, um den Geltungsanspruch transzendentaler Argumente zu kritisieren. Diese vertiefte erkenntniskritische Reflexion zeichnet meiner Arbeit zufolge Hegels *Phänomenologie* und Fichtes *WL 1804-II* als Entwürfe einer nachkantischen Transzendentalphilosophie aus.

2 Schlaglichter auf die historische Problemkonstellation

Die hier eröffnete metaepistemologische Perspektive auf das Problem objektiver Geltung bestimmt auch die historische Konstellation der nachkantischen Philosophie, in die Hegels und Fichtes Theorieentwürfe eingebettet sind. Dies möchte ich schlaglichtartig anhand der in den 1790ern publizierten skeptischen Einwürfe Salomon Maimons, Aenesidemus-Schulzes und Friedrich Heinrich Jacobis anzeigen. Alle Genannten berufen sich dabei auf denselben Skeptiker aus der angelsächsischen Tradition, David Hume, um auf prinzipielle Lücken in der transzendentalen Argumentationsform aufmerksam zu machen. Fichte bringt diese mehrfältige Reaktion auf Kants kritische Philosophie früh auf den Begriff eines „kritische[n] Scepticism, der des *Hume*, des *Maimon*, des *Aenesidemus*, der die Unzulänglichkeit der bisherigen Gründe aufdeckt".[3] Indem diese skeptischen Überlegungen nicht einfach alltägliches Wissen, sondern das bei der Formulierung erkenntnistheoretischer Positionen beanspruchte Wissen betreffen, haben sie einen dezidiert metaepistemologischen Status.[4] Analog zu jenem Anschluss der Nachkantianer an Hume wird die vorliegende Arbeit die Skepsis Barry Strouds nutzen, um eine aktualisierte Problemanzeige zu formulieren.

Salomon Maimon kritisiert an Kants Transzendentalphilosophie deren prinzipielles Unvermögen, den Realitätsgehalt ihrer Kategorien stichhaltig zu beweisen. Prominent sind hier Maimons humeanischer *quid-facti*-Einwand und seine Antinomie des Denkens.[5] Mit Strawson gesprochen, zeigt Maimon mit dem ersteren Einwand, dass es eine modale Lücke gibt zwischen der transzendentalen Notwendigkeit gewisser Kategorien für ein gewisses Begriffsschema und dem jeweils kontingenterweise von uns verwendeten Begriffsschema. Der zweite Einwand der Antinomie des Denkens zeigt vor dem Hintergrund von Maimons Satz der Bestimmbarkeit, dass zwischen Formen des Denkens und ihrer Materie, die

---

3 Fichte 1965 (GA I/2), 280, Fn. Die Stoßrichtung eines (post)kantischen Skeptizismus wurde in jüngerer Zeit von Conant 2012 u. Franks 2014 weiterverfolgt. Die hier skizzierte Problemkonstellation überschneidet sich in weiten Teilen mit der im selben Kontext verhandelten Frage nach der begrifflichen Bestimmtheit und Bestimmbarkeit von Realität; diese Frage wird ausführlich von Wirsing 2021, 11–130, in Bezug auf Kant, Jacobi und den frühen Fichte erörtert. Zur weiteren Diskussionslage um den nachkantischen Skeptizismus, siehe Horstmann 2004, 25–67.
4 Zum Begriff ‚Metaepistemologie', siehe Kap. I.1, Fn. 34.
5 Ersterer findet sich u.a. im *Versuch über die Transzendentalphilosophie* (siehe Maimon 2004, 21 ff., 243: „Ist also der Gebrauch selbst unerwiesen, so ist auch diese Form ohne alle Realität. David Hume leugnet den Gebrauch dieser Form, nämlich den Begriff von Ursache"), letztere im *Philosophischen Wörterbuch* (Maimon 1970a, 186 f.). Siehe die Rekonstruktionen in Franks 2003 u. Franks 2005, 180–185, 189 f.

jenen Bestimmtheit und damit Realitätsbezug verstattet, eine grundsätzliche Kluft besteht.

Gottlob Ernst (Aenesidemus-)Schulzes Kritik an Reinhold und Kant zielt ebenfalls auf die metaepistemologischen Fallstricke ihrer Positionen, so etwa die latente Anwendung der Kausalitätskategorie auf Dinge an sich oder die unzureichende Erklärung der angeblichen Notwendigkeit von synthetischen Urteilen *a priori*. Zu letzterem Punkt sieht Schulze eine Lücke in Kants Argumentation, die Strouds Einwand *in nuce* vorwegnimmt: Kant könne nicht zirkelfrei erklären, wie daraus, „daß wir uns *nur* [H.v.m.] das Vermögen der Vorstellungen als den Grund dieser Urteile *denken* können, gefolgert wird, das Gemüt müsse auch der Grund derselben *wirklich sein*".[6]

Friedrich Heinrich Jacobis wirkmächtige Einwürfe gegen Kant und Fichte kritisieren ebenfalls mit metaepistemologischer Stoßrichtung ein grundsätzliches, methodisch verwurzeltes Objektivitätsdefizit der Transzendentalphilosophie. Laut Jacobis berühmter *Beylage* zu seinem Werk *David Hume* bleibt für Kants transzendentalen Idealismus der Bezug auf einen realen Grund sinnlicher Affektion ein uneinholbares Außerhalb, das sowohl den Einstieg in als auch den Verbleib auf dem Standpunkt des kantischen Idealismus verunmögliche.[7] Diese kritische Stoßrichtung radikalisiert Jacobi in seinem *Brief an Fichte* zum auch auf Fichte erweiterten Einwand, dass es der Transzendentalphilosophie unmöglich sei, ein „Nicht-Konstruierbares", d. h. ein wahrhaft subjektunabhängiges Sein zu enthüllen. Jacobi wählt zur Verdeutlichung die Analogie eines Strickstrumpfs, dessen figürliches Strickmuster eine von verschiedenen Dingen bevölkerte objektive Welt zwar vorgaukle, die sich aber letztlich zu einem einzigen Faden aufdröseln lasse, den allein das transzendentale Ich gewirkt habe.[8]

Aus Maimons und Jacobis Überlegungen geht hervor, dass für die Transzendentalphilosophie der Rekurs auf die konstruktiven Leistungen des Subjekts unumgänglich zu sein scheint. Dies bedroht aber wiederum den Status des von transzendentalen Konstitutionsbedingungen zu umfassenden Realen, das etwas sein soll, welches nicht vom Subjekt *gemacht* wurde, sondern von sich selbst her *gegeben* ist. Bei Maimon führt diese Einsicht zur Bejahung des Paradigmas geometrischer Konstruktion, dem zufolge Begriffe im Sinne der Konstruktion in der Anschauung durchaus auf ein Gemachtes bezogen werden müssen, um Realität zu haben. Dies hat aber zur Folge, dass einerseits Gegenstände zu „Fiktionen"

---

[6] Schulze 1996, 99. Zur Ähnlichkeit zwischen Strouds Kritik transzendentaler Argumente und Schulzes Kritik an Reinhold und Kant, siehe Franks 2005, 243–249.
[7] Diesen Einwand Jacobis diskutiere ich ausführlicher in Kapitel I.3.2 (Fn. 185).
[8] Jacobi 2004b, 203 ff. Jacobis Kritik in seinem *Brief an Fichte* erörtere ich ausführlicher in Kapitel IV.2 (Fn. 818).

erklärt werden müssen und andererseits der Rekurs auf einen göttlichen Verstand notwendig wird, um deren Objektivität aufrecht zu erhalten.[9] Bei Jacobi hingegen führt diese Einsicht gerade zur Abkehr sowohl vom Paradigma geometrischer Konstruktion als auch von der Transzendentalphilosophie hin zu einer „Unphilosophie", die den irrationalistischen Sprung in den Glauben wählt, um das Sein als ein Nicht-Konstruierbares zu retten.[10] Maimons und Jacobis Ansätze stellen insofern Reaktionen auf die durch ihre skeptischen Einwände vertiefte Objektivitätsproblematik der Transzendentalphilosophie dar. Sie markieren dabei nicht nur historische Wegstationen, sondern auch grundlegende systematische Optionen, auf welche die vorliegende Arbeit an mehreren Stellen stoßen wird.

3 Methode und Gegenstand der Untersuchung

Meine Rekonstruktion von Hegels *Phänomenologie des Geistes* und Fichtes *Wissenschaftslehre 1804-II* soll das systematisch-argumentative Potential herausarbeiten, das diese beiden Texte zur Lösung des Problems objektiver Geltung bereithalten. Die Gewinnung einer systematisch transparenten und gehaltvollen Problemfolie ist somit eine eigenständige Aufgabe der Untersuchung.

Dieser Aufgabe ist Teil I der Arbeit gewidmet, welcher das Problem objektiver Geltung am Modellfall weltbezogener transzendentaler Argumente aufrollt. Wie bereits im obigen Aufriss der Fragestellung deutlich wurde, berührt die zeitgenössische Debatte um transzendentale Argumente die relevanten systematischen Topoi der übergreifenden Fragestellung und bietet die passenden begrifflichen Ressourcen, um sie systematisch zu analysieren. Peter F. Strawsons *Individuals* ist als Urtext für das Genre des modernen transzendentalen Arguments anzusehen und bleibt in der weiteren Debatte ein zentraler Fixpunkt, deshalb orientiere ich mich am Paradigma Strawsons.[11] Dieser Ausgangspunkt soll meiner Rekonstruktion einen möglichst voraussetzungsarmen und begrifflich neutralen Rahmen bieten.

Das Modell transzendentaler Argumente ist zudem wesentlich handhabbarer und flexibler als es der direkte Rückgriff auf Kants Transzendentalphilosophie

---

9 Zur Rolle von Fiktionen bei Maimon siehe den Artikel „Fiktion" in dessen *Wörterbuch* (Maimon 1970a, 60–73) und die methodische Einordnung in den *Streifereien* (Maimon 1970b, 37, 39). Zu Maimons Rekurs auf einen göttlichen Verstand, siehe Schechter 2003, 44 f.
10 Das methodologische Paradigma geometrischer Konstruktion und seinen Bezug zu Jacobis *Brief an Fichte* diskutiere ich ausführlich in IV.2.
11 Warum ich Strawsons *Individuals* den Vorzug vor *Bounds of Sense* gebe, erläutere ich in Fn. 45. Zu sog. ‚retorsiven' transzendentalen Argumenten, siehe Kapitel I.1.3.4.

und ihre Begründung der „objektiven Gültigkeit" der reinen Verstandeskategorien wäre. Die Rekonstruktion Kants und seiner Rezeption durch Hegel und Fichte klammere ich daher aus meiner Untersuchung aus. Die Einbeziehung des kantischen Textkorpus würde nicht nur den Rahmen der Arbeit sprengen, sondern auch den angestrebten systematischen Zugriff verstellen. Die systematische Interpretation der kantischen Transzendentalphilosophie und insbesondere der Status des transzendentalen Idealismus ist des Weiteren selbst zu sehr umstritten, um hier unmittelbar dienlich zu sein.[12] Hegels und Fichtes Relation zu Kant zu betrachten würde wiederum eine systematische Klärung der Relata voraussetzen. Natürlich muss auch meine Untersuchung auf den kantischen Theorierahmen zurückgreifen, sie tut dies aber in einer bewusst distanziert gehaltenen oder punktuellen Weise.

Meine Handhabung des Modells transzendentaler Argumente wird ferner nicht darin bestehen, Hegel oder Fichte umstandslos die Verwendung transzendentaler Argumente eines gewissen Typs zu attestieren und Textfragmente entsprechend zu interpretieren. Mein Fokus gilt dem systematischen Problemraum, den dieses Modell unter der Frage objektiver Geltung eröffnet, und der Art und Weise, wie sich die Entwürfe Hegels und Fichtes darin bewegen. Deshalb steht Barry Strouds skeptische Kritik an weltbezogenen transzendentalen Argumenten im Zentrum des I. Teils, weil sie diesen Problemraum m. E. am deutlichsten und schärfsten umreißt, was ich durch ihre Systematisierung zu ‚Strouds Trilemma' zu zeigen versuche. Ausgehend von dieser Problemfolie entwerfe ich schließlich das Profil des therapeutischen Ansatzes, der Strouds Trilemma auflösen soll. Auch hier steht die Entfaltung mehrerer systematischer Optionen im Vordergrund, die meiner Analyse als Orientierungspunkte dienen und nicht als vorgefertigte Etikettierungen.

In Teilen II und III der Arbeit gehe ich zur Rekonstruktion von Hegels *Phänomenologie* (II.) und Fichtes *WL 1804-II* über (III.). Trifft dieses Vorgehen der Einwand, dass durch anachronistische Analysekategorien ein historisch haltloses Zerrbild entstehen müsse? Um dem vorzubeugen, wird meine Rekonstruktion erstens versuchen, der internen Argumentationsstruktur der zugrunde gelegten Texte zu einem möglichst hohen Detailgrad Rechnung zu tragen. – Zweitens werde ich eine breite Textgrundlage untersuchen. Dabei folge ich dem inneren Aufbau beider Werke in folgendem Bogen: Die Analyse geht von Hegels und Fichtes eigenen methodologischen Vorüberlegungen aus, d. h. von der „Einleitung" der *Phänomenologie* (II.1) und den „Prolegomena" der *WL* (III.1), und endet jeweils bei den Kapiteln, in denen sie ihre Konzeption des „absoluten Wissens"

---

[12] Siehe Allais 2015, 4 ff.

entwickeln (II.4 u. III.4). Die von mir betrachteten Zwischenschritte wurden wegen ihrer internen Bedeutung im Textaufbau und ihrer besonderen Rolle im Aufstieg zum absoluten Wissen ausgewählt. – Drittens darf die Analysekategorie transzendentaler Argumente als allgemein etabliert gelten – zumindest was Hegel betrifft und auch bei Fichtes *WL 1804-II* gibt es Vorarbeiten.[13] Indem ich am Problem objektiver Geltung ansetze, halte ich beim Rückgriff auf die Forschung zugleich eine kritische Distanz zur gerade die angelsächsische Diskussion dominierenden Dichotomie „metaphysischer" bzw. „nicht-metaphysischer" Lesarten. Die historische Anschlussfähigkeit sowohl transzendentaler Argumente als auch ihrer Kritik an die Konstellation der klassischen deutschen Philosophie hat m. E. die Arbeit von P. Franks (2005) überzeugend dargelegt. Meine Untersuchung zweier Texte aus den Jahren 1804 und 1807 versteht sich insofern als bescheidene Ergänzung zu Franks' Studie, die vornehmlich den Zeitraum 1795–1800 thematisiert.

Warum wurden als Primärtexte Hegels *Phänomenologie des Geistes* und Fichtes *Wissenschaftslehre 1804-II* ausgewählt und warum in dieser Kombination? Wie die Rekonstruktion meiner Arbeit belegen soll, lassen sich beide Texte als Therapien des Problems objektiver Geltung lesen und stehen dabei in einem besonders aufschlussreichen systematischen Spannungsverhältnis, das ich in Teil IV eigens erörtere. – Die Untersuchung *zweier* Texte soll hierbei nicht dazu dienen, zwischen ihnen Gemeinsamkeiten und Unterschiede aufzurechnen, sondern um das systematische Problem objektiver Geltung einerseits in seinen verschiedenen Facetten auszuleuchten und andererseits durch die aufgewiesenen Parallelen einen gemeinsamen Problemkern herauszuschälen. – Um die anvisierte Detail- und Analysetiefe zu erreichen, bezieht die Untersuchung deshalb auch nicht weitere Werke derselben Autoren mit ein. Im Fokus steht das innere systematische Potential des einzelnen Texts bzw. der darin formulierten Theorie, die vor einem Tableau systematischer Alternativen betrachtet werden soll.[14] Fragen der Systemkonzeption und werkgeschichtlichen Entwicklung Hegels und Fichtes spielen daher kaum eine Rolle, wenngleich sich aus meiner Interpretation dazu Folgerungen ergeben, die ich jeweils anmerken werde. Vorgreifend seien einige Anknüpfungspunkte aufgezeigt, welche die Textauswahl begründen.

Hegels *Phänomenologie* stellt die immanente Kritik des natürlichen Bewusstseins dar, das dieses von einer naiven Auffassung über die Objektivität

---

[13] Zu Hegels *Phänomenologie* siehe Kapitel II.1.5. Zu Fichtes *WL 1804-II* siehe Schlösser 2001, 84 f.; Schüz 2019; Thomas-Fogiel 2014.
[14] Mein Vorgehen schließt darin an das von Dieter Henrich vorgeschlagene argumentanalytische Verfahren an, siehe Henrich 2019, 62.

seiner Wissensansprüche auf einen Standpunkt des absoluten Wissens führt, der von der Subjekt-Objekt-Dichotomie in gewisser Weise befreit ist. Diese didaktische Form empfiehlt die *Phänomenologie* für eine kritische Auseinandersetzung mit dem Problem objektiver Geltung; dazu passt ferner, dass ihr traditionell die Funktion einer Einleitung in Hegels System zugeschrieben wird.[15] Hegels *Enzyklopädie* stellt dieses Programm immanenter Kritik hingegen nicht ins Zentrum, da die „Phänomenologie" dort bekanntlich einen anderen systematischen Ort hat, und die *Wissenschaft der Logik* setzt sie zumindest *expressis verbis* voraus.[16] Da die *Phänomenologie* im Unterschied zur *Logik* auf Gestalten des Bewusstseins rekurriert, um den Begriff des Wissens bzw. der Wissenschaft zu entwickeln, kann sie zudem am ehesten das repräsentationalistische Paradigma der Erkenntnistheorie abbilden, das der Debatte um transzendentale Argumente weithin zugrunde liegt.

Fichtes *WL 1804-II* wird in der Forschung gemeinhin eine besondere Stellung im Werk Fichtes zuerkannt.[17] Sie zählt zum Spätwerk Fichtes, bei dem die Frage „metaphysischer" und „nicht-metaphysischer" Deutungen besonders umstritten ist, d.h. ob Fichte sich ab 1801 von der „Ich-Philosophie" des Frühwerks abwendet und einer Metaphysik des „Seins" zuwendet.[18] Tiefgreifender ist vermutlich die in diesem Zeitraum stattfindende Verschiebung vom Vokabular des ‚Bewusstseins' zu dem des ‚Wissens'.[19] Aufgrund letzterer eignet sich die *WL 1804-II* besonders, um gegenüber der Debatte um transzendentale Argumente dem *prima-facie*-Vorwurf eines subjektiven Idealismus zu entgehen. Schließlich hat die *WL 1804-II* auch im Spätwerk eine Sonderstellung, weil sie den Standpunkt der Wissenschaftslehre nicht eindeutig auf die Seite des repräsentierenden „Bildes" oder „Schemas" setzt, wie dies z.B. die *WL 1812* dezidiert tut, und in ihr die selbstkritische Reflexion der Zugänglichkeit des Absoluten den vielleicht größten Raum einnimmt.[20] Dadurch eignet sich dieser Entwurf besonders, um an Fichte das Reflexionsniveau einer selbstkritischen Transzendentalphilosophie heraus-

---

15 Siehe Fulda 1965, 12.
16 Siehe Hegel 1984 (GW 21), 8f.
17 Siehe u.a. Drechsler 1955, 123; Janke 2009, 256.
18 Zu dieser allgemeinen Diskussion, vgl. Asmuth 2007; Brachtendorf 1995, 14; Gardner 2007; Traub 1999, u. Zöller 2000, 205ff.
19 Siehe Schlösser 2006b.
20 Hier folge ich der werkgeschichtlichen Übersicht von Schlösser 2001, 25–30; siehe auch, im Blick auf die veränderte Stellung des Bildes zwischen 1804 und 1812 übereinstimmend, Sandkaulen 2006, 80. Die besondere Stellung der *WL 1804-II* als kritischer Grundlegung, die uns in den „Besitz des Absoluten" bringe, betont bereits Gueroult 1930, Bd. II, 107.

zustellen, auf das uns das Problem objektiver Geltung nach meiner Darstellung führt.

Für meine Untersuchung lohnt die gegenüberstellende Betrachtung gerade dieser Entwürfe Hegels und Fichtes vornehmlich deshalb, weil sie zwei konträre und zugleich komplementäre Strategien der philosophischen Therapie formulieren. Doch auch für die Gewinnung eines Profils nachkantischer Transzendentalphilosophie sind Ähnlichkeiten beider Entwürfe, die auf den zweiten Blick ins Auge fallen, aufschlussreich. Beide Entwürfe setzen am Begriff des Wissens an, der vor mentalistischen Vokabular wie dem des Bewusstseins in ihrer jeweiligen Erläuterungsordnung den Vorrang hat, und entwickeln denselben durchgängig in Abgrenzung von konkurrierenden Alternativen des Idealismus und des Realismus. Wie oben skizziert, zielen beide auf die Erhebung eines Standpunkts endlichen Wissens zu einem absoluten Wissen, für die zudem die Disziplin einer „Schein- und Erscheinungslehre" jeweils eine zentrale Funktion hat.[21] Schließlich wählen beide dafür methodische Verfahren, in welchen die jeweils eigene Position aus der Kritik alternativer Theorien bzw. Standpunkte herauskristallisiert werden soll, und in welchen die Form der Darstellung dieses Verfahrens eigens problematisiert wird.

Für meine systematisch orientierte Rekonstruktion ist aus den genannten Gründen unerheblich, dass es zwischen Fichte und Hegel nach 1800 kaum nachweisbare Rezeptionslinien gibt. Fichtes Vorlesung der *WL 1804-II* wurde nicht zu Lebzeiten Hegels publiziert und es ist unwahrscheinlich, dass Hegel von ihr Kenntnis hatte. Umgekehrt scheint Fichte in Hegel einen Epigonen Schellings gesehen zu haben, dessen seit 1802 vorliegende *Differenzschrift* er vermutlich nicht eingehend rezipiert hat.[22]

Insoweit aber beide Autoren in der geistesgeschichtlichen Konstellation der klassischen deutschen Philosophie zu verorten sind, ist ihre synchrone Analyse gerade in Ermangelung einer direkten Rezeptionslinie reizvoll, um die Topographie dieser Konstellation besser zu verstehen. Meine Studie legt jedoch aufgrund ihrer systematischen Ausrichtung auf diese philosophiegeschichtliche Frage keinen Schwerpunkt. Aus demselben Grund werde ich in Teil IV einen systematisch-methodologisch begründeten Aufriss einer gegenseitigen Kritik Hegels und Fichtes geben und keinen umfassenden Vergleich beider Systeme anstellen. Es gibt einige wenige Vorarbeiten zu einer synchronen Analyse der *Phänomenologie*

---

21 Zur Gemeinsamkeit einer Erscheinungslehre, siehe Ivanenko 2014.
22 Siehe Siep 1970, 12, Fn. 2.

und der *WL 1804-II*, die aber nicht den Fokus auf das Problem objektiver Geltung legen.[23]

4 Gliederung der Argumentation

I. Teil: In einem ersten Schritt analysiere ich das systematische Problem objektiver Geltung. Dazu greife ich auf die von Strawson ausgehende Diskussion um „transcendental arguments" zurück, insbesondere auf die darin erhobenen skeptischen Einwände Strouds. Ich zeige, dass die Skepsis gegenüber weltbezogenen transzendentalen Argumenten dann am stärksten ist, wenn sie auf die realistischen Intuitionen in unserem alltäglichen Verständnis von Objektivität zurückgreift sowie die Auffassung, dass eine realistische Objektivitätskonzeption eine notwendige Bedingung für die Zuschreibung von Wissen ist. Ich schlage eine ‚therapeutische' Lösungsstrategie vor, welche die realistische Objektivitätskonzeption so revidiert, dass das Problem objektiver Geltung dabei aufgelöst wird. Die zentrale Herausforderung einer solchen Therapie ist das skeptische ‚Racheproblem' des Rückfalls der Therapie in die realistische Objektivitätskonzeption. Diese systematische Problemfolie nutze ich in den anschließenden Teilen der Arbeit, um Hegels *Phänomenologie des Geistes* und Fichtes *Wissenschaftslehre 1804-II* als therapeutische Ansätze zu rekonstruieren.

In **Kapitel I.1** erörtere ich die Form und anti-skeptische Funktion transzendentaler Argumente. Anhand von Strawsons Argument für die transzendentalen Bedingungen der Bezugnahme erläuterte ich das für die folgende Untersuchung

---

[23] Die einzigen mir bekannten Monographien, die eine umfassendere synchrone Analyse von Hegels *Phänomenologie* und Fichtes *WL 1804-II* beinhalten, sind Pluder 2012 und Siep 1970. Analysen kleineren Umfangs geben Ivanenko 2014 u. Sell 1997. Zu Hegels Fichtekritik und Fichtes potentieller Hegelkritik im Allgemeinen, siehe Ahlers 2006; Altman 2010; Asmuth 2005; Girndt 1965; Gloy 1982; Hühn 1992; Lauth 1987; Lucas 1992 u. Zimmerli 1973. Auch in der letztgenannten Reihe von Arbeiten spielt die *WL 1804-II* meist eine hervorgehobene Rolle. – Am ehesten ähneln Thema und Gegenstand meiner Arbeit der Studie Pluder 2012, die mehrere Entwürfe der klassischen deutschen Philosophie vor dem Raster von Idealismus und Realismus analysiert. Pluder versucht zu zeigen, dass der „Ansatz eines subjektartigen Absoluten" eine Vermittlungsposition ermögliche, die „idealistische Momente [vereinigt], ohne Idealismus zu sein und realistische Momente, ohne Realismus zu sein" (Pluder 2012, 593). Nach Pluder erreicht Hegel diese Konzeption in der *Phänomenologie* (Pluder 2012, 593), während Fichtes *WL 1804-II* zwar weder Idealismus noch Realismus sei, aber keine stabile Konzeption des Absoluten formuliere (Pluder 2012, 466). Pluders textimmanente Analyse klammert jedoch durchgängig die argumentative Begründung einer solchen Konzeption aus – also im Wesentlichen das, was in der vorliegenden Arbeit den Fokus der Analyse bildet.

leitende Paradigma eines weltbezogenen transzendentalen Arguments, das objektive Geltung beansprucht.

In **Kapitel I.2** analysiere ich die einschlägigen Einwände gegen weltbezogene transzendentale Argumente als Formen einer ‚metaepistemologischen' Skepsis, d. h. einer Skepsis zweiter Ordnung. Ich lege den Schwerpunkt auf die Kritik Strouds, die ich als ‚Strouds Trilemma' umformuliere, um das Problem objektiver Geltung in seiner stärksten und allgemeinsten Form zu präsentieren. Meiner Analyse zufolge speisen sich die Struktur und Plausibilität von Strouds Trilemma aus den realistischen Intuitionen unserer alltäglichen Konzeption von Objektivität, die wir bei Wissenszuschreibungen unterstellen müssen.

In **Kapitel I.3** entwickele ich einen Lösungsansatz für das anhand des Stroud'schen Trilemmas formulierte Problem objektiver Geltung. Die Lösung greift Strouds zentrale Prämisse an, d. i. eine realistische Konzeption von Objektivität, und versucht sie durch eine revidierte Konzeption zu ersetzen, welche dem Problem objektiver Geltung keine Grundlage mehr bietet. Statt einer direkten Konfrontation mit dem metaepistemologischen Zweifel Strouds soll dieser im Zuge einer philosophischen ‚Therapie' durch die Aufklärung über seine eigenen Voraussetzungen aufgelöst werden. In kritischer Auseinandersetzung mit Kant, Rorty und Sacks entwickle ich zwei unterschiedliche therapeutische Strategien, die mir als Deutungsmuster für Hegel und Fichte dienen werden. Ich zeige dabei, dass die zentrale Herausforderung beider Strategien das Racheproblem ist, dass sie selbst eine höherstufige Betrachtung ermöglichen, durch welche die vermeintlich revidierte Objektivitätskonzeption sich als einseitig idealistische Position entpuppt bzw. das Verfahren der Therapie selber in Strouds Trilemma gerät.

II. Teil: In einem zweiten Schritt zeige ich, dass Hegels Methode „immanenter Kritik" ein therapeutisches Verfahren des transformativen Typs darstellt, das die realistische Objektivitätskonzeption des „natürlichen Bewusstseins" revidieren soll. Ich rekonstruiere die Entwicklung des natürlichen Bewusstseins zum „absoluten Wissen" anhand zentraler Stationen als Prozess der Selbstaufklärung desselben über seine Kriterien für Wissen und Objektivität. Das skeptische Racheproblem tritt hier in der Gestalt des „unglücklichen Bewusstseins" auf, in dem sich der Konflikt zwischen dem Bewusstsein und dem Selbstbewusstsein als zweier konträrer Einstellungen zuspitzt. Die Überwindung des Konflikts gelingt erst im absoluten Wissen, welches mit der „Identität von Substanz und Subjekt" eine zwischen beiden Einstellungen ausbalancierte Objektivitätskonzeption erreicht.

In **Kapitel II.1** rekonstruiere ich Hegels methodologisches Programm anhand seiner „Einleitung" in die *Phänomenologie*. Hegels immanente Kritik der Gestalten des Bewusstseins, die ihren Wissensansprüchen verschiedene Kriterien für das „Ansichsein" ihres Gegenstandes unterlegen, interpretiere ich als interne Revision der realistischen Objektivitätskonzeption. Ich erläutere Hegels Prüfung der Bewusstseinsgestalten in Analogie zum Verfahren geometrischer Konstruktion und begründe damit die Notwendigkeit zweier Darstellungsebenen (der Binnenperspektive des Bewusstseins und die Metaperspektive des Phänomenologen). Ferner zeige ich, dass Hegels therapeutischer Ansatz nicht mit der unkritischen Verwendung weltbezogener transzendentaler Argumente kompatibel ist.

Kapitel II.2 behandelt die Entwicklung des Abschnitts „A. Bewußtseyn", die das Kernstück von Hegels Kritik der realistischen Objektivitätskonzeption bildet. Gerade in dem Versuch, die bewusstseinsunabhängige Objektivität seines Gegenstandes zu stabilisieren, soll das Bewusstsein erfahren, dass sein Gegenstand nur als Setzung seines Selbstbewusstseins etwas Objektives ist.

In **Kapitel II.3** zeige ich, dass Hegel mit der Gestalt des unglücklichen Bewusstseins ein skeptisches Racheproblem innerhalb seiner Darstellung aufwirft. Ich interpretiere das unglückliche Bewusstsein vor dem Hintergrund des in ihm kulminierenden Abschnitts „B. Selbstbewußtseyn" sowie der aus ihm entspringenden Gestalt der „Vernunft". Dabei zeige ich, dass Hegels Darstellung um den Konflikt zweier Einstellungen gegenüber dem Gegenstand des Bewusstseins kreist. Das natürliche Bewusstsein nimmt eine ‚realistische Einstellung' ein, die den Gegenstand als von ihm unabhängiges Anderes ansieht, während die Gestalten des Selbstbewusstseins eine ‚idealistische Einstellung' einnehmen, die den Gegenstand als mit sich identisch bzw. als von ihnen Gesetztes ansehen. Im unglücklichen Bewusstsein spitzt sich dieser Konflikt nach meiner Lesart in Form einer religiösen Allegorie zu.

In **Kapitel II.4** zeige ich anhand des letzten Kapitels der *Phänomenologie*, „Das absolute Wissen", wie Hegel sein therapeutisches Programm zum Ziel führt. Ich erläutere die Identität von Substanz und Subjekt als Hegels finale idealistische Objektivitätskonzeption und zeige, inwiefern sie den Konflikt des unglücklichen Bewusstseins überwindet. Dabei kommt es darauf an, das absolute Wissen als einen spekulativen Wissensmodus zu verwirklichen, den ich als „Sich-Begreifen des Begriffs" expliziere. Schließlich zeige ich, dass das skeptische Racheproblem hier noch einmal als Problem eines „Hiatus" in Hegels Darstellung entsteht: Hegels finale Konzeption muss aus dem Gang der Erfahrung erwachsen, jedoch so, dass sie in ihm implizit bleibt. Ich gelange zu dem Schluss, dass Hegel das Hiatusproblem nur lösen kann, wenn die zwei Darstellungsperspektiven der Leserin oder dem Leser der *Phänomenologie* auf bestimme Weise als konvergent einleuchten.

In **Kapitel II.5** erörtere ich, wie das mit Hegels *Phänomenologie* erreichte absolute Wissen sich zu einem externen Standpunkt des skeptischen Zweifels verhält. Ich zeige, wie das Hegels phänomenologische Darstellung kennzeichnende Ineinander von Erfahrung und ihrer begrifflichen Reflexion den skeptischen Zweifel als sowohl ‚leer' als auch ‚blind' auszuweisen vermag. Im absoluten Wissen gewinnen wir dieselbe Freiheit der äußeren Reflexion gegenüber dem Standpunkt des Skeptikers, welche der Skeptiker nutzt, um seinen Zweifel anzubringen.

III. Teil: In einem dritten Schritt zeige ich, dass Fichtes *WL 1804-II* eine performative Strategie der Therapie verfolgt, die das Problem objektiver Geltung auflöst, indem sie die Reflexion auf einen Standpunkt führt, für den die realistische Objektivitätskonzeption nicht mehr verbindlich ist. Diese Strategie basiert auf Fichtes Auffassung, dass Wissen primär als eine Aktivität zu verstehen ist, die sich im Spannungsfeld von diskursivem Begreifen und intuitivem Einleuchten vollzieht. Ich rekonstruiere Fichtes Aufstieg zur „Wahrheitslehre" der *WL 1804-II* als Nachweis, dass die realistische Objektivitätskonzeption nur unter der repräsentationalen Form des diskursiven Begreifens gültig ist. Die Wahrheitslehre soll demgegenüber zur Teilhabe an einem nicht-diskursiven Zustand des „reinen Wissens" führen, welcher die Ungültigkeit der realistischen Konzeption performativ ausweist. Die daran anschließende „Erscheinungslehre" antwortet auf das skeptische Racheproblem, dass dieser Wissenszustand reflexiv instabil ist und insofern keine epistemische Grundlegungsfunktion ausüben kann. Dieses Problem löst Fichtes Konzeption des „Bildens". Im Bilden wird in Analogie zur Form praktischer Autonomie nachvollziehbar, wie das reine Wissen sich nach einem selbstgegebenen Gesetz in die Form des Begreifens entlässt und so die Möglichkeit propositionalen Wissens fundiert.

In **Kapitel III.1** erörtere ich die Methodologie und theoretische Problemlage der *WL 1804-II* anhand der den „Prolegomena" gewidmeten Vorlesungen (§§ 1–3). Fichtes Einstieg bildet eine metatheoretische Überlegung zur Frage, wie eine idealistische Objektivitätskonzeption etabliert werden kann, der zufolge das „reine Wissen" die umgreifende Einheit von Sein und Denken bildet. Ich zeichne nach, wie Fichte aus dieser metatheoretischen Überlegung in §§ 4–10 „Licht" und „Begriff" als Kandidaten für das reine Wissen einführt, die zugleich für Formen des epistemischen Zugangs stehen. Fichtes Desiderat, die Einheit von Licht und Begriff zu finden, steht somit für eine Therapie, die sich auf das intuitive Einleuchten der Einheit des reinen Wissens stützt und zugleich diskursiv-rational einholbar ist.

Kapitel III.2 behandelt Fichtes Aufstieg zur Wahrheitslehre in §§ 11-13 als Versuch, sich des „Lichts" als der transzendentalen Ermöglichungsbedingung des Begreifens zu versichern. Fichte kritisiert diese im Medium des Begriffs angesiedelte Argumentationsform anhand des Wechselspiels von „Idealismus" und „Realismus", das eine dem Stroud'schen Trilemma entsprechende Struktur aufweist. Fichte zeigt dabei, welcher Standpunkt der Reflexion jeweils eingenommen werden muss, um eine moderate oder ambitionierte Interpretation transzendentaler Argumente zu vertreten und dass letztere auf die Vorstellung eines bewusstseinsunabhängigen „Ansich" rekurrieren muss.

In **Kapitel III.3** analysiere ich den Übergang zur Wahrheitslehre in §§ 14–15. Fichte zeigt hier, dass die realistische Vorstellung des „Ansich" ein Artefakt der repräsentationalen Form des Begreifens ist. Damit führt er die bisherige Argumentation in eine Aporie, die zu einem grundlegenden Perspektivwechsel auf das Wissen führen soll. Fichte setzt darauf, dass wir dabei zur performativen Teilhabe am reinen Wissen als einem wesentlich nicht-repräsentationalen Wissensvollzug gelangen. Dadurch soll uns das reine Wissen als unhintergehbarer und ursprünglicher Sinn von Realität, d. h. als „in sich geschlossenes Singulum unmittelbar lebendigen Seins", einleuchten. Hier werfe ich das Racheproblem reflexiver Instabilität auf: Das Einleuchten des Wissens als Sein/Leben kann die realistische Objektivitätskonzeption nur dann nachhaltig überwinden, wenn es jeglicher äußerlichen Reflexion und Repräsentation unzugänglich ist – doch die Therapie des Problems objektiver Geltung gelingt umgekehrt nur dann, wenn das reine Wissen in einer inneren Verbindung zur repräsentationalen Form steht, welche zudem intelligibel und der theoretischen Reflexion zugänglich sein muss.

In **Kapitel III.4** rekonstruiere ich Fichtes Erscheinungslehre als Lösung des Problems der reflexiven Instabilität des Seins/Lebens. Fichte versucht zu zeigen, dass die repräsentationale Form des Begreifens die *Erscheinung* des Seins ist bzw. dessen „Selbstkonstruktion". Diesen Nachweis soll in § 23 die Einsicht erbringen, dass das Sein/Leben mit dem selbstrepräsentierenden epistemischen Zustand „reiner Gewißheit" identisch ist. Schwerpunkt meiner Analyse bildet Fichtes Kritik an dieser Einsicht in §§ 24–25, die das Desiderat eines „Gesetzes" formuliert, dem die Selbstrepräsentation der Gewissheit untersteht. Ich vertrete die These, dass Fichtes Lösung auf eine Analogie zur praktischen Autonomie zurückgreift: Das Gesetz, dem unser Wollen unterworfen ist, manifestiert sich zugleich darin, dass wir ihm unser Handeln aus freier Willkür unterstellen. Dies geschieht analog im von Fichte als „Bilden" bestimmten absoluten Wissen, welches ein Gesetz der „Projektion" der Gewissheit in die repräsentationale Form zugleich aussagt und diese Aussage performativ validiert.

In **Kapitel III.5** erörtere ich das Verhältnis des in Fichtes *WL 1804-II* erreichten absoluten Wissens zum Skeptizismus und resümiere, wie Fichtes Erscheinungslehre die zentralen Desiderate der performativen Therapie des Problems objektiver Geltung einlöst. Mit Fichte kann gegen die Einwände des metaepistemologischen Skeptikers gezeigt werden, dass diese eine Realität bzw. einen Standpunkt außerhalb des Wissens voraussetzen, den es nicht gibt, sofern das reine Wissen den absoluten Horizont für alle Realitäts- und Wissenszuschreibungen bildet. Diese Einsicht wird durch das Bilden als höchstes, selbstauferlegtes Gesetz des reinen Wissens reflexiv stabilisiert. Ausgehend vom daraus gewonnenen kategorischen Imperativ, dass uns das absolute Wissen in freier Reflexion einleuchten solle, gelangt Fichte durch eine Kette (moderater) transzendentaler Konditionale dann zur Ableitung der Struktur des „gewöhnlichen", propositionalen Wissens und der für dasselbe geltenden epistemischen Normen.

IV. Teil: Im Schlusskapitel resümiere ich die Entwicklung des Problems objektiver Geltung sowie des Paradigmas transzendentaler Argumente innerhalb meiner Untersuchung und werte die Ansätze Hegels und Fichtes vor dem Hintergrund ihrer Therapien des Problems objektiver Geltung vergleichend aus. Dabei weise ich auf, dass die Methodologien beider Ansätze das gemeinsame Paradigma geometrischer Konstruktion teilen. Vor diesem Hintergrund zeige ich, dass ihre systematischen Stärken und Schwächen sich komplementär zueinander verhalten, sodass beide Ansätze auf Augenhöhe miteinander konkurrieren.

Meine Untersuchung wird mich zu dem positiven Ergebnis führen, dass eine Therapie des Problems objektiver Geltung möglich ist, und dass es Hegel und Fichte mit ihren therapeutischen Ansätzen jeweils gelingt, eine nachkantische Transzendentalphilosophie zu formulieren, die das metaphysische Bedürfnis nach Objektivität ernst nimmt. Das negative Ergebnis meiner Untersuchung ist, dass die Form weltbezogener transzendentale Argumente ohne idealistische oder therapeutische Rahmentheorie nicht haltbar ist, und dass bei Hegel wie Fichte wichtige methodologische Fragen offen bleiben.

I. Transzendentale Argumente und das Problem objektiver Geltung

1 Die anti-skeptische Funktion transzendentaler Argumente

In diesem Kapitel gebe ich einen Überblick über das systematische Terrain, auf dem sich meine Untersuchung bewegen wird, und versuche transzendentale Argumente darin zu verorten. Nähert man sich dem Thema transzendentaler Argumente topographisch, so findet man eine weit gestreute Verwendung transzendentaler Argumente sowohl in den praktischen als auch theoretischen Disziplinen der Philosophie.[24] Der historische Ursprung der Terminus „transzendentales Argument" ist schwer zu lokalisieren, zwar ist Kants Transzendentalphilosophie das klare systematische Vorbild, aber die Anwendbarkeit dieses Argumentationsmusters auf deren Methode ist umstritten; spätestens mit Strawsons *Individuals* wurde der Terminus kanonisiert.[25] Gleichwohl lässt sich ein Kerngebiet ausmachen, das schon für *Individuals* und seine Rezeption kennzeichnend ist: der Einsatz von transzendentalen Argumenten zur Widerlegung des Skeptizismus.

Zunächst **(1.)** gebe ich einen Aufriss der in diesem Teil untersuchten Thematik und umgrenze dann **(2.)** die systematischen Topoi und Unterscheidungen, die für transzendentale Argumente einschlägig sind. In einem dritten Schritt **(3.)** rekonstruiere ich ein einflussreiches Argument Strawsons als paradigmatische Form eines weltbezogenen transzendentalen Arguments, welches objektive Geltung beansprucht.

1 Skepsis und der Standpunkt des Wissens

Transzendentale Argumente versprechen die epistemische und metaphysische Kluft zu überwinden, die zwischen unseren Wissensansprüchen und der Welt besteht. Diese Kluft lässt sich beschreiben als die einer Trennung zwischen der Sphäre des Subjektiven, d.h. unserer subjektiven Einstellungen und mentalen Gehalte, und der Sphäre des Objektiven, d.h. der Dinge und Tatsachen der äußeren Welt. Im täglichen Leben gehen wir davon aus, dass grundsätzlich und im

---

[24] Für die Verwendung transzendentaler Argumente in der Metaethik, siehe Brune et al. 2017; Maagt 2017; Stern 2011. Gegen den üblicherweise (vgl. Grundmann 2003, 44f.) und auch hier gewählten Fokus auf die anti-skeptische Funktion transzendentaler Argumente spricht sich Giladi 2016 aus.

[25] Zur Geschichte des Terminus „transzendentales Argument", siehe Stern 2000, 7, Fn. 8. Zu Kants eigener Begriffsverwendung, siehe Kant 1998, A 489/B 617, A 627/B 655.

Allgemeinen beide Sphären übereinstimmen – die Welt soll an sich so sein, wie sie uns als Lebenswelt erscheint. Entsprechend gehen wir in alltäglichen Kontexten epistemischer Bewertung nicht davon aus, dass wir uns radikal irren oder gar niemals über Wissen verfügen könnten; die Gepflogenheiten unserer epistemischen Praxis sehen höchstens lokale Irrtümer vor. Diese alltägliche und zunächst fraglose Gewissheit, dass wir Wissen haben und allgemein in der Lage sind, Wissen über die Welt zu erlangen, nenne ich im Folgenden den ‚Standpunkt des Wissens und Wissenkönnens'.

Woher rührt also die Trennung beider Sphären und wie kommen wir dazu, von einer ‚Kluft' zwischen ihnen zu sprechen? Im Bild der Trennung bildet sich unsere Überzeugung ab, dass die Welt *unabhängig* von uns so ist, wie sie ist. Diese Überzeugung ist für uns keineswegs optional, sondern eng mit der Unterscheidung von Wissen und Meinen verbunden sowie mit Überzeugungen über uns selbst, wie der, dass unsere empirischen Überzeugungen fehlbar sind, oder der, dass es der kausale Einfluss von uns unabhängiger Gegenstände ist, der unseren Wahrnehmungsepisoden zugrunde liegt. Im Bild der Trennung zweier Sphären verdichtet sich unsere Konzeption von *Objektivität*, die wir sowohl der Welt als selbständigem Realen zuschreiben als auch derjenigen besonderen Klasse unserer Überzeugungen, die wir als Wissen auszeichnen.

Der Skeptiker macht sich unser allgemeines Bild von Objektivität zunutze, um die Trennung der Sphären als unüberwindliche Kluft darzustellen. Da beide Sphären voneinander getrennt sind, lässt sich ihre radikale Divergenz nicht *a priori* ausschließen. Mithin könnte die Welt für uns unbemerkt ein bloßer Traum sein. So scheint es denkbar, dass unsere subjektiven Wahrnehmungsepisoden dieselben bleiben, während die von ihnen vorgestellte Welt sich verändert. Die skizzierte Überlegung ist nur eine von vielen Weisen, um skeptische Zweifel ‚erster Ordnung' aufzuwerfen.[26] Darunter verstehe ich solche Zweifel, die uns den Standpunkt des Wissens und Wissenkönnens streitig machen, vornehmlich indem sie jene fundamentalen weltbezogenen Überzeugungen infrage stellen, die mit unserem Bild von Objektivität am engsten verknüpft sind, wie etwa die Existenz einer Außenwelt, anderer Personen mit geistigen Zuständen oder dem Bestehen kausaler Relationen.

Weltbezogene transzendentale Argumente sollen solche skeptische Zweifel widerlegen, indem sie Bedingungen herausstellen, die konstitutiv sind, um überhaupt einen Standpunkt in der subjektiven Sphäre einzunehmen, d. h. zu denken oder Erfahrungen zu haben, oder um beide Sphären voneinander unter-

---

[26] Vgl. die Argumentskizze in Stroud 2000 f, 5 f. Auf die Skepsis erster Ordnung gehe ich nochmals in I.2.3 ein.

scheiden zu können. Die Pointe von dergestalt konstitutiven Bedingungen besteht darin, dass der skeptische Zweifel ihr Bestehen bereits voraussetzt. Denn die skeptische Frage, ob etwas nur subjektiver Schein oder objektive Tatsache ist, wird sinnlos, wenn sie sich gegen die Bedingungen ihrer eigenen Möglichkeit richtet. Die Sinnlosigkeit oder Widersprüchlichkeit der skeptischen Frage ist Ausdruck des fundamentalen und unhintergehbaren Status, den die durch transzendentale Argumente etablierten Bedingungen in unserem Weltbild haben. Diese Vorgehensweise werde ich im nächsten Abschnitt im Blick auf ihre Struktur näher analysieren.

2 Form und Zweck transzendentaler Argumente

Die Eignung zum anti-skeptischen Argument lässt sich schon an der gängigen Form transzendentaler Argumente ablesen. Nach der Standardauffassung ist für transzendentale Argumente charakteristisch, dass sie eine Aussage der folgenden Form entweder als zentrale Prämisse enthalten oder als Konklusion etablieren: ⌜X ist nur möglich, wenn Y der Fall ist⌝, wobei ‚X' für eine unbestreitbare Tatsache unseres mentalen Lebens steht und ‚Y' für eine variabel bestimmbare Bedingung, anhand derer transzendentale Argumente üblicherweise klassifiziert werden.[27] Dieses charakteristische Element, das auch als Angabe einer „Ermöglichungsbedingung", „Bedingung der Möglichkeit" oder „konstitutiven Bedingung" beschrieben werden kann, nenne ich im Folgenden ein *transzendentales Konditional*.

Ein Skeptiker, der eine Aussage p leugnet oder anzweifelt, ließe sich mit dem entsprechenden transzendentalen Konditional wie folgt widerlegen:

---

[27] Mit dieser Arbeitsdefinition folge ich Stern 2000, 6 f., eine ähnliche Schematisierung schlägt Gava 2017, 411, vor. Stern schlägt folgende Klassifikationen vor: Wenn im obigen Schema ‚Y' einen nicht-psychologischen Sachverhalt in der Welt bezeichnet, dann handelt es sich um ein ‚wahrheitsbezogenes' transzendentales Argument; wenn ‚Y' eine bestimmte Überzeugung bezeichnet, dann ist es ‚überzeugungsbezogen', usw. (vgl. Stern 2000, 10 f.). Ich nenne die erste Art von transzendentalen Argumenten im Anschluss an Cassam dagegen ‚weltbezogen' (vgl. Cassam 1999, 83), weil mit der entsprechenden Spezifikation von ‚Y' jedes transzendentale Argument formal gesehen wahrheitsbezogen ist, nur jeweils spezifiziert als Wahrheit einer Aussage über objektive Sachverhalte, Überzeugungen, Begriffsgebrauch, etc. Transzendentale Konditionale, die nur Bedingungen aussagen, welche ein Subjekt und seine kognitiven oder praktischen Vermögen betreffen, nennt Cassam „*self-directed*" (siehe Cassam 1999, 85). Ich folge Sterns Klassifikation, weil sie es sowohl ermöglicht, die Unterscheidung von welt- und selbstbezogenen Argumenten zu treffen, als auch in ihr weitere Unterarten zu spezifizieren.

(1) *X* ist eine unbestreitbare Tatsache unseres mentalen Lebens (wie z. B. die Fakta gehaltvollen Denkens, subjektiv erlebter Erfahrung oder bedeutungsvoller Sprache), die auch der Skeptiker nicht sinnvollerweise leugnen kann.
(2) *X* ist nur möglich, wenn *p*.
(3) Also ist *p* der Fall und der Skeptiker, der *p* anzweifelt, ist widerlegt.

Schon diese rudimentäre Skizze macht einige Ambivalenzen in der logischen Form transzendentaler Argumente augenfällig, die vorab zu sortieren sind und später wieder aufgegriffen werden.

Erstens ist unklar, was das transzendentale Konditional (2) von einem ganz gewöhnlichen Konditionalsatz unterscheidet. Wenn ‚*X* ist nur möglich, wenn *p*' letztlich nur eine notwendige Bedingung von *X* angibt, warum lässt es sich nicht ersetzen durch die materiale Implikation ‚wenn *X* der Fall ist, dann *p*' oder vielleicht die strikte Implikation ‚*X* ist der Fall ⥽ *p*'? Bei dieser Frage kommt es auf die Analyse der Verbindung von Antezedens und Konsequens in transzendentalen Konditionalen an. Hier ist das modale Profil von Ermöglichungsbedingungen der strittige Punkt.[28]

Zweitens ist unklar, ob transzendentale Argumente eine eigene Schlussform darstellen oder nur eine deduktive logische Schlussform mit bestimmten Arten von Prämissen.[29] Wenn transzendentale Konditionale, wie eben erwogen, als materiale Implikationen analysiert werden, dann stellte die obige Argumentskizze nichts weiter als einen *modus ponens* dar – von der vermeintlichen Besonderheit transzendentaler Argumente bliebe kaum etwas übrig. Die anti-skeptische Kraft des Arguments könnte verstärkt werden, wenn es als *reductio* der skeptischen Position präsentiert würde: Indem der Skeptiker behauptet, dass nicht-*p*, akzeptiert er mit (1) die fragliche Tatsache *X*, – z. B. indem er einen sinnvollen Satz äußert, der das Faktum bedeutungsvoller Sprache impliziert – und widerspricht

---

28 Wie ich in 2.1 am Beispiel Kants erläutere, folge ich Sterns Charakterisierung eines „transcendental claim", laut der „the *rationes cognoscendi* of this claim is non-empirical, and the *rationes essendi* is not that it is analytically true or true by virtue of the laws of nature." (Stern 2000, 10; vgl. Gava 2017, 410 f., u. Niquet 1991, 56 f.) Cassam spricht analog von einer „non-analytic, conceptual necessity" (Cassam 1987, 376). Zur Kritik Rortys an derartigen Vorschlägen, siehe Fn. 145. Vgl. die kritische Diskussion in Rähme 2017, 27–34, der ich insofern nicht folge, als m. E. transzendentale Konditionale auch nach inhaltlichen Kriterien definiert werden können und es nicht angenommen werden muss, dass ihre logische Form ein definitorisch hinreichendes Kriterium sein muss (siehe Tetens 2006, 75). Ferner setzt die Analyse von Rähme m. E. modale Operatoren stets in einen zu weiten Skopus, sodass sie ein Konditional wie ‚Wenn es möglich ist, dass es denkende Wesen gibt, dann *p*' nicht von einem Konditional wie ‚Wenn es denkende Wesen gibt, dann ist dies nur möglich, wenn *p*' unterscheidet (siehe Rähme 2017, 32 ff.).
29 Vgl. Tetens 2006, 74.

sich zusammen mit (2) damit selbst. Doch in formaler Hinsicht wäre auch das womöglich nichts weiter als ein *modus tollens*. Das Wesentliche gerade weltbezogener transzendentaler Argumente, ihre von einem subjektiven Faktum ausgehende *inference to reality* (Sacks) und die besondere Art der Notwendigkeit, die an es eine transzendentale Bedingung knüpft, blieben in der formalen Schlussform verdeckt.[30] Schließlich ist an rein logisch-deduktiven Rekonstruktionen fragwürdig, wie überhaupt eine Erkenntniserweiterung erzielt werden kann, wenn vom Skeptiker nur minimale Prämissen zugestanden werden.[31]

Diese Beobachtungen verschärfen die Uneindeutigkeit, welche Stelle das transzendentale Konditional in transzendentalen Argumenten einnehmen soll. Als direkt gegen den Skeptiker gerichetes Argument müsste das Konditional wie in (2) als *Prämisse* auftreten. Da die Besonderheit und anti-skeptische Kraft des Arguments aber gerade auf dem transzendentalen Konditional beruht, scheint die eigentliche Aufgabe transzendentaler Argumente vielmehr darin zu bestehen, die darin ausgedrückten konstitutiven Bedingungen als *Konklusion* zu etablieren.

2.1 Paradigmen transzendentaler Argumente

Die systematische Leistungsfähigkeit transzendentaler Argumente lässt sich an der Art Skepsis ablesen, die sie zu widerlegen beanspruchen. Die am meisten diskutierten anti-skeptischen Verwendungen transzendentaler Argumente konzentrieren sich auf folgende klassische Topoi der Erkenntnistheorie: 1. den Cartesischen Zweifel an der Existenz der Außenwelt und 2. am Wissen von Fremdpsychischem (*other minds*) sowie 3. den (Hume'schen) Zweifel an der Existenz bzw. das Wissen von kausalen Zusammenhängen.[32]

Neben Strawsons *Individuals* stellt vermutlich Kants „Widerlegung des Idealismus" das wirkmächtigste Paradigma für ein anti-skeptisches transzendentales Argument dar, das sich gegen den Zweifel an der Existenz einer Au-

---

30 Vgl. Stroud 2000c, 204. Siehe auch Gruver 2020, 28–32; Niquet 1991, 54 ff.; Rähme 2017, 27–34, u. Sacks 2005, 440 f.
31 Vgl. die Kritik an deduktiv verstandener transzendentaler Letztbegründung in Grundmann 1994, 294 f.
32 Vgl. Sterns Auswahl klassischer transzendentaler Argumente (in Stern 2000 u. Stern 2019) sowie die relative Häufigkeit der genannten Themen in der umfassenden Bibliographie von Isabel Cabrera (Stern 1999, 307–321).

ßenwelt richtet; es lässt sich wie folgt nach dem Schema der Standardauffassung formulieren:[33]

(1) Ich bin mir bewusst, dass meine Existenz in der Zeit bestimmt ist (= X).
(2) Alles Bewusstsein von Zeitbestimmung setzt etwas Beharrliches in der Wahrnehmung voraus.
(3) Dieses Beharrliche kann keine innere Vorstellung sein.
(4) Demnach ist das Bewusstsein von Zeitbestimmung (X) nur möglich durch die tatsächliche Existenz von Gegenständen im Raum (= p). [via (2) u. (3)]
(5) Es gibt Gegenstände im Raum. [via (1) u. (4)]

Das Argument ist gewissermaßen zweistufig: (2)–(3) etablieren das transzendentale Konditional (4), dass das Bewusstsein von Zeitbestimmungen nur durch die Existenz eines Beharrlichen im Raum möglich ist; aus (1) und (4) wiederum folgt die anti-skeptische Konklusion (5), dass eine Außenwelt existiert.

Auch ohne eine tiefere Betrachtung der kantischen Überlegung veranschaulicht das Argument die besondere Art der Verknüpfung von Antezedens und Konsequens in transzendentalen Konditionalen wie (4). Denn die Existenz von Dingen außer mir wird nicht als naturgesetzliche Ursache innerer Zeiterfahrung eingeführt, sondern als Bedingung der Möglichkeit derselben. Entsprechend basiert das obige Räsonnement nicht auf empirischen Beobachtungen, sondern soll *a priori* einsehbar sein. Etwas Beharrliches ist nach (2) *vorauszusetzen*, weil in einem bloßen Fluss voneinander isolierter Zeitmomente keine objektive Zeitbestimmung denkbar ist. Ebenso ist es nach (3) *nicht denkbar*, dass dieses Beharrliche selbst in innerer Erfahrung gegeben ist, weil diese nicht mehr als einen solchen zeitlichen Fluss darstellt. Demnach ist wiederum nach (4) *vorauszusetzen*, dass wir äußere Erfahrung von Körpern im Raum haben, weil sonst unser Bewusstsein objektiver Zeitbestimmungen gar nicht möglich wäre. Doch dabei handelt es sich nicht um logische Voraussetzungen, die analytisch im Begriff *innere Erfahrung* enthalten wären, denn die fragliche Voraussetzung betrifft ja gerade dessen semantisches Gegenteil, *äußere Erfahrung*.

Kants „Widerlegung" veranschaulicht, dass transzendentale Konditionale weder empirische noch logische Wahrheiten ausdrücken und trotzdem *a priori* als notwendig einsehbar sein sollen. Das transzendentale Konditional (4) zeigt sich

---

[33] Vgl. Kant 1998, B 274 ff. Ich skizziere Kants „Widerlegung" in einer rudimentären, an der Standardauffassung transzendentaler Argumente orientierten Form. Meine Rekonstruktion ist angelehnt an Bader 2017, 207. Zur Angleichung von Kants Argument an die Form transzendentaler Argumente, siehe Brueckner 1983–84; Gram 1971, 20 f. u. Stern 2000, 142–164. Die Unterschiede betonen Gruver 2020, 116 ff.; Hintikka 1972, 275 ff., u. Wilkerson 1970, 207–210. Eine ausführliche Heuristik der besonderen Struktur transzendentaler Argumente bei Kant entwickelt Niquet 1991, 88–239.

darin vielmehr als ein *synthetisches Urteil a priori:* Innere Zeiterfahrung und die Wahrnehmung tatsächlich existierender Gegenstände im Raum sind *notwendig* miteinander verknüpft, ohne dass das eine analytisch im anderen enthalten wäre. Die Widerlegung des Cartesischen Skeptikers basiert entsprechend auf der in (1)–(5) artikulierten Einsicht, dass es die vom Skeptiker imaginierte, bestimmte, aber rein innere Zeiterfahrung gar nicht geben kann, weil die Wahrnehmung äußerer Gegenstände für eine objektiv bestimmte Zeiterfahrung *konstitutiv* ist.

Wenn der Erfolg transzendentaler Argumente jedoch davon abhängt, dass wir etwas epistemisch so Anspruchsvolles wie ein synthetisches Urteil *a priori* akzeptieren müssen, fragt sich, ob sie noch eine anti-skeptische Funktion erfüllen können. Schon bei dieser vorbereitenden Betrachtung wird klar, dass die Epistemologie transzendentaler Konditionale und der Status der von ihnen beanspruchten Notwendigkeit ein zentrales Problem darstellt. Dieses Problem ist gegenüber den oben erwähnten erkenntnistheoretischen Topoi ein Problem zweiter Ordnung: Sind transzendentale Argumente, die skeptische Zweifel erster Ordnung ausräumen sollen, ihrerseits erkenntnistheoretisch zulässig? Entsprechend handelt es sich beim Zweifel an der Gültigkeit transzendentaler Argumente – der in Kapitel I.2 thematisiert wird – gewissermaßen um eine Skepsis zweiter Ordnung, die nicht direkt Wissen um die Existenz der Außenwelt oder anderer Subjekte anzweifelt, sondern den Erkenntnisanspruch, der mit transzendentalen Argumenten erhoben wird. Die vorliegende Untersuchung wird sich mit transzendentalen Argumenten vornehmlich auf dieser ‚metaepistemologischen' Ebene auseinandersetzen.[34]

Die epistemische Fragwürdigkeit transzendentaler Konditionale hängt auch davon ab, was in ihnen jeweils als Antezedens und Konsequens verknüpft wird, d. h. um welche Art von Bedingungen es sich handeln soll. Die Standardauffassung unterscheidet hier zwei Klassen von transzendentalen Argumenten: 1. ‚ambitionierte', die die objektive Geltung ihrer Bedingung beanspruchen, und 2. ‚moderate', die nur eine subjektrelative Geltung derselben beanspruchen.[35] Unter ‚objektiver Geltung' verstehe ich im Folgenden, dass das Konsequens eines wahren transzendentalen Konditionals das Bestehen einer nicht-psychologischen Tatsache über die Welt aussagt bzw. die Wahrheit einer entsprechenden Aussage über die Welt beinhaltet. Unter ‚subjektrelativer Geltung' verstehe ich in diesem Kontext, dass das Konsequens nur etwas über das mentale Leben von Subjekten aussagt, in einem weiten Sinne verstanden als Aussage über das Denken, die

---

[34] Den Terminus „Metaepistemologie" übernehme ich von Ranalli 2015, ohne mir sein auf das Problem der Existenz einer Außenwelt fokussiertes Verständnis von „meta-epistemological skepticism" (Ranalli 2015, 20) zu eigen zu machen; siehe auch Pritchard und Ranalli 2013.
[35] Die Klassifikationen ‚ambitioniert' und ‚moderat' übernehme ich von Stern 2007.

Erfahrungsweise, die Überzeugungen oder den Begriffsgebrauch von Menschen oder von denkenden Wesen im Allgemeinen. Übertragen auf die oben erwähnte Klassifikation heißt das: Alle weltbezogenen transzendentalen Argumente (und nur sie) beanspruchen objektive Geltung und alle überzeugungs-, erfahrungs-, und begriffsbezogenen transzendentalen Argumente beanspruchen nur verschiedene Formen subjektrelativer Geltung.

2.2 Ambitionierte vs. moderate Argumente und unser Bild von Objektivität

Ambitionierten und moderaten transzendentalen Argumenten entsprechen auch verschiedene Formen des Skeptizismus, die man, wie Stern, anhand der strittigen erkenntnistheoretischen *loci* und mit Blick auf die Struktur der jeweiligen skeptischen Argumente klassifizieren könnte.[36] Doch für das hier verfolgte metaepistemologische Interesse an transzendentalen Argumenten ist es aufschlussreicher, die Unterscheidung zwischen ambitionierten und moderaten Argumenten selbst im Blick zu behalten. Ihr liegt unausgesprochen ein gewisses Bild intentionaler Bezugnahme und Objektivität zugrunde, in welchem zwei getrennte Sphären sich gegenüberstehen, wobei die ‚subjektive' Sphäre sich intentional auf die ‚objektive' Sphäre bezieht. In diesem Bild gesprochen, verbindet die ambitionierte Form transzendentaler Konditionale die subjektive Sphäre mit der objektiven Sphäre, d. h. sie beansprucht objektive Geltung, während die moderate Form sich auf Verknüpfungen innerhalb der subjektiven Sphäre beschränkt, d. h. subjektrelative Geltung beansprucht.

Aus diesem Bild ergibt sich unmittelbar, warum weltbezogene transzendentale Argumente als ‚ambitioniert' gelten, denn sie müssen die Grenze der subjektiven Sphäre hin zur von ihr getrennten objektiven Sphäre überschreiten. Wenn wir die objektive Sphäre in einem realistischen Sinne verstehen als die Welt, wie sie an sich unabhängig von ihrer Repräsentation durch Subjekte existiert, springt das Fragwürdige an transzendentalen Konditionalen, welche die notwendige und *a priori* einsichtige Beziehung der objektiven zur subjektiven Sphäre aussagen, sofort ins Auge. Wenn wir die subjektive Sphäre in einem weiten Sinne als Sphäre selbstbewusster Zuschreibungen und intentionaler Bezugnahmen verstehen, wird ebenso klar, weshalb Argumente, deren Geltungsanspruch innerhalb dieser

---

36 Stern schlägt zwei Klassen skeptischer Probleme vor, denen jeweils bestimmte Typen transzendentaler Argumente zugeordnet werden können: „epistemic scepticism", der direkt die Verfügbarkeit von Wissen angreife, und „justificatory scepticism", der den Anspruch auf vernünftige Rechtfertigung angreife (Stern 2000, 124).

Sphäre verbleibt, als ‚moderat' bezeichnet werden.[37] Und es wird verständlich, weshalb sehr verschiedenartige Typen von transzendentalen Argumenten, wie begriffs- und erfahrungsbezogene Argumente, alle zur moderaten Klasse gezählt werden.

Das Bild der zwei Sphären legt es somit nahe, die Unterscheidung ambitionierter und moderater Argumente mit dem Repräsentationsbegriff zu erläutern: Das Konsequens transzendentaler Konditionale sagt demnach etwas darüber aus, wie etwas repräsentiert werden muss, wobei die moderate Form nur etwas über den Gehalt dieser Repräsentation aussagt (sei es etwa die Erscheinungsweise der Welt in der Erfahrung oder die Begriffe, mit denen repräsentiert werden soll), die ambitionierte Form hingegen behauptet, dass es sich um eine veridische Repräsentation handeln muss.[38]

2.3 Arten transzendentaler Bedingungen

Entsprechend können die Arten von Ermöglichungsbedingungen, die transzendentale Argumente ausweisen, anhand von drei Formen der Repräsentation klassifiziert werden als 1. allgemeine Aussagen oder Überzeugungen, 2. bestimmte Begriffe oder 3. modale Aussagen *über* gewisse Aussagen und Begriffe bzw. eine entsprechende Meta-Überzeugung.

In der ersten Klasse finden sich Bedingungen, die gegen die oben genannten skeptischen Zweifel gerichtet sind, d.h. Überzeugungen wie die, dass es Gegenstände außer uns gibt, oder dass wir anderen Personen mentale Zustände korrekt zuschreiben können. Diese Überzeugungen sind allgemeiner Art, weil der skeptische Zweifel ein allgemeiner ist: Nicht der Irrtum in bestimmten Einzelfällen, sondern eine globale und radikale Unwissenheit steht zur Debatte.[39] Die

---

37 Auf Sterns Kritik, dass eine solche asymmetrische Auffassung unzulässigerweise einen privilegierten Zugang zum Mentalen voraussetzt (vgl. Stern 2007, 147f.), werde ich in I.2 eingehen (siehe Fn. 122).
38 Zur These, dass transzendentale Argumente ohnehin nur im Rahmen einer „Theorie über notwendige Bedingungen empirischer Repräsentation" erläuterbar seien, siehe Grundmann 2003, 72.
39 Deshalb stellen transzendentale Bedingungen oft pauschale Aussagen dar wie ‚jede Veränderung in der Zeit hat eine vorausgehende Ursache' (Kant), ‚nicht alle Reidentifikationen von Einzeldingen können falsch sein' (Strawson) oder ‚radikal divergente Überzeugungssysteme sind zwischen Sprechern ineinander übersetzbarer Sprachen nicht möglich' (Davidson). Keine dieser allgemeinen bzw. abstrakten Aussagen garantiert, dass wir uns im Einzelfall nicht irren können, etwa hinsichtlich der Ursache eines bestimmten Ereignisses, der Identität eines Gegenstandes

Schnittmenge der ersten Klasse mit moderaten Argumenten beschränkt sich darauf, dass die entsprechenden Überzeugungen für uns subjektiv unhintergehbar sind. Würde Kants „Widerlegung" zu dieser Untermenge gehören, dann besagte sie, dass wir nicht daran *glauben* können, dass wir keine äußeren Gegenstände wahrnehmen, wenn wir zugleich ein Bewusstsein objektiver Zeitbestimmungen haben. Gehörte Kants „Widerlegung" hingegen zu den ambitionierten Argumenten, dann würde sie nicht nur zeigen, dass wir an die Existenz äußerer Gegenstände glauben müssen, sondern auch, dass diese Überzeugung *wahr* sein muss.[40] Schließlich kann die Schnittmenge mit ambitionierten Argumenten auch Bedingungen enthalten, welche den *Wahrmacher* dieser Überzeugungen in seiner Beschaffenheit weiter spezifizieren. Entsprechend können transzendentale Argumente nicht nur Fragen der Erkenntnistheorie, sondern auch der Ontologie beantworten.[41]

Die Wahl der ontologischen Kategorien, mit denen wir die Wahrmacher transzendentaler Bedingungen beschreiben, kann auch durch Bedingungen der zweiten Klasse festgelegt werden, die sich direkt auf gewisse Begriffe beziehen (und nicht auf bestimmte Überzeugungen). Auch hier sind vielfältige Varianten möglich. Zur Schnittmenge mit moderaten Argumenten gehören Bedingungen, die den Besitz, die Verwendung oder die Irreduzibilität gewisser Begriffe betreffen; so etwa Strawsons Argument, dass der Begriff der Person sowohl irreduzibel (*basic*) als auch notwendig ist, um mentale Zustände zuschreiben zu können.[42] Zu den ambitionierten Argumenten sind solche Bedingungen zu zählen, denen zufolge Begriffe auf gewisse Weise instanziiert sein müssen; so etwa Kants Argument für die objektive Gültigkeit der Kategorien des reinen Verstandes, um Erfahrung zu ermöglichen, oder Strawsons Argument für die Instanziierung des Begriffs *objektives Einzelding*, um reidentifizierende Bezugnahme zu ermöglichen.

---

oder der Interpretation einer sprachlichen Äußerung (vgl. Stroud 2000a, 169). Zum notwendigen Abstraktionsgrad solcher Bedingungen, siehe auch Stroud 2000c, 217f.
40 Zur Frage, ob die moderate oder ambitionierte Lesart von Kants „Widerlegung" zutrifft, siehe Bader 2017, 215–19, der für die ambitionierte Lesart votiert (für weitere Lesarten, siehe Fn. 33).
41 Hier liegt der Schnittpunkt der erkenntnistheoretischen Funktion transzendentaler Argumente mit ihrer Verwendung in metaphysischen bzw. ontologischen Untersuchungen (vgl. Stroud 2011, 5). Strawson etwa spezifiziert mittels transzendentaler Argumente, dass es körperliche Einzeldinge in Raum und Zeit sind, die wir reidentifizieren können, und schließt andere revisionäre Ontologien, in denen wir z. B. Whitehead'sche Prozessdinge reidentifizieren, aus (siehe Fn. 48 u. 152). Hier geht es nicht nur darum, ob die allgemeine Überzeugung, dass wir Einzeldinge reidentifizieren können, wahr ist, sondern darum, *was* ontologisch ihr ‚Wahrmacher' ist. Zum hier verwendeten Begriff des Wahrmachers, siehe Krämer und Schnieder 2017.
42 Siehe Strawson 1959, 102.

Die dritte hier unterschiedene Klasse transzendentaler Bedingungen betrifft Meta-Überzeugungen wie die, dass gewisse Begriffe sachhaltig sind oder dass unsere Überzeugungen nicht alle falsch sein können. Diese Klasse ist nicht trennscharf zu den anderen beiden, sondern hat mit beiden Schnittmengen; ihre separate Nennung soll darauf hinweisen, dass transzendentale Argumente auch direkt unser Selbstverständnis als epistemische Subjekte und unsere Versuche theoretischer Selbstverständigung adressieren können. Auch hier kann es ambitionierte Argumente geben. Man könnte z. B. Kants transzendentalen Idealismus in diesem Sinne als Meta-Überzeugung verstehen, dass die objektive Sphäre gegenständlicher Bezugnahme den ontologischen Status einer Erscheinungswelt hat, die durch subjektive Synthesisleistung konstituiert wird.

2.4 Objektive Geltung und die Hypothek des Idealismus

Im weiteren Gang der Untersuchung wird folgende Problematik immer mehr an Gewicht gewinnen: Wie lässt sich die Möglichkeit ambitionierter, d. h. weltbezogener transzendentaler Argumente einsehen, ohne eine zu Kants Idealismus analoge These vorauszusetzen, dass die objektive Sphäre konstitutiv auf die subjektive Sphäre bezogen ist? Wenn die Welt gänzlich unabhängig von uns, unserer Erfahrung und unseren Überzeugungen ist, wie lässt sich dann *a priori* einsehen, dass es eine notwendige Verknüpfung zwischen ihnen und gewissen sie ermöglichenden Sachverhalten in der Welt gibt? Im Bild der zwei Sphären gesprochen: Damit transzendentale Konditionale dergestalt die subjektive und objektive Sphäre verknüpfen können – müssen beide nicht von vornherein in einer bestimmten Beziehung stehen?

Doch die geforderte Revision unseres Bildes von Objektivität und Bezugnahme im Stile des kantischen transzendentalen Idealismus wirft spiegelbildlich die Frage auf, wie sie nicht-zirkulär etabliert werden kann, wenn es stimmt, dass transzendentale Konditionale selbst den Status synthetischer Urteile *a priori* haben. Setzt nicht der kantische transzendentale Idealismus, als Theorie, wie synthetische Urteile *a priori* möglich sind, selbst die Gültigkeit gewisser synthetischer Urteile *a priori* voraus?[43] Diese Zirkelproblematik gilt offenbar nicht nur für den

---

[43] Einen solchen Vorwurf erhebt Grundmann 2003, 72, gegen transzendentale Argumente im Allgemeinen. Für die Wahrheit des transzendentalen Idealismus könnte folgendes, an Kants *Prolegomena* angelehntes transzendentales Argument bürgen: Es gibt wahre synthetische Urteile *a priori*, etwa in der Mathematik und Physik, deren Möglichkeit aber nur einsehbar ist, wenn Anschauungen *a priori* unter den Kategorien stehen; dies wiederum ist nur möglich, wenn der transzendentale Idealismus wahr ist, d. h. ungefähr: wenn die Gegenstände einer möglichen Er-

kantischen Theorierahmen, sondern für alle Versuche, den Anspruch transzendentaler Argumente auf objektive Geltung zu begründen bzw. gegen (metaepistemologische) skeptische Einwände zu verteidigen, sofern sie auf gehaltvolle Weise zwischen objektiver und subjektrelativer Geltung unterscheiden. Das hier skizzierte Zirkelproblem werde ich in I.2.1 als ‚Idealismusproblem' weiter aufschlüsseln.

2.5 Transzendentale Bedingungen von Objektivität

Wenn wir die Frage nach objektiver Geltung stellen, d. h. hier: die Frage nach der Möglichkeit ambitionierter, weltbezogener transzendentaler Argumente, dann müssen wir uns zu dem in dieser Frage mitgeführten ‚topographischen' Vorverständnis verhalten. Der Kern dieses Vorverständnisses – wie ich oben skizziert habe und wofür ich in I.2.2 wesentlich ausführlicher argumentiere – ist eine bestimmte Konzeption von Objektivität, die hier in einer ersten Annäherung im Bild der Entgegensetzung der subjektiven und objektiven Sphären umrissen wurde. Wie die vorbereitenden Überlegungen zeigten, ist dieses Bild kein neutrales Schema, das uns ambitionierte und moderate transzendentale Argumente voneinander unterscheiden hilft. Vielmehr sind wir mit diesem Bild bereits auf bestimmte Weise parteiisch.

Doch auch umgekehrt können transzendentale Argumente uns zwingen, für ein bestimmtes Bild von Objektivität Partei zu ergreifen. Dies wird deutlich, wenn wir uns abschließend dem Antezedens transzendentaler Konditionale zuwenden. Um anti-skeptische Kraft zu entfalten, sollte das Antezedens etwas geradezu Unbestreitbares sein und zwar am besten etwas, das der Skeptiker bereits mit der Artikulation seines Zweifels in Anspruch nehmen muss, wie z. B. die Möglichkeit gehaltvollen Denkens und Sprechens. Aber die Wahl des Antezedens ist keine rein strategische Entscheidung, denn es ist schon *prima facie* unplausibel, dass es geradezu individualisierte transzendentale Ermöglichungsbedingungen für spezifische, kontingente Tatsachen unseres mentalen Lebens geben könnte. Wir schreiben konstitutiven Bedingungen Notwendigkeit zu, weil sie *essentielle* Strukturen unseres mentalen Lebens betreffen, d. h. Elemente unseres Selbst- und Weltbildes, die für uns unhintergehbar sind. Zu diesen essentiellen Elementen gehört auch das Bild der zwei Sphären, d. i. unsere Konzeption von Objektivität

---

fahrung durch kategoriale Synthesis des in reinen Anschauungsformen gegebenen Mannigfaltigen konstituiert werden. Die Frage bei einem solchen transzendentalen Argument ist aber, ob es nicht selbst den transzendentalen Idealismus voraussetzt, den es begründen soll (vgl. Stroud 2000a, 159; Stroud 2011, 135, und siehe die ausführliche Diskussion in I.3.2).

und intentionaler Bezugnahme. Denn zum einen ist schwer vorstellbar, dass es Denken ohne objektiven Inhalt, Erfahrung ohne Gegenstandsbezug und Sprache ohne Referenz geben könnte. Zum anderen sind wir im Alltag bereits faktisch davon überzeugt, in einer grundsätzlich von uns als Erkenntnissubjekten unabhängigen Welt zu leben.

Die eingangs erwähnten skeptischen Zweifel sind auch deshalb klassische Topoi für transzendentale Argumente, weil sie mit dieser fundamentalen Überzeugung verknüpft sind. Transzendentale Argumente wiederum explizieren ihnen gegenüber die Bedingungen, die mit dem Haben dieser Überzeugung einhergehen. So kann die Außenwelt nur dann zum Problem werden, wenn ich das, was objektiv der Fall ist, von dem unterscheide, was ‚für mich' ist bzw. mir der Fall zu sein scheint. Ebenso gehört die Existenz anderer Personen wesentlich zur Vorstellung einer Welt, die objektiv in dem Sinne ist, dass es zum Problem werden kann, ob die gemeinsam auf sie bezogenen Überzeugungen verschiedener Subjekte übereinstimmen. Schließlich gehört Kausalität auf verschiedene Weisen zur Vorstellung objektiver Einzeldinge, z. B. dass wir sie als kausal von uns unabhängig denken und ihnen zugleich die kausale Kraft zuschreiben, uns zu affizieren, damit wir sie wahrnehmen können.[44] Transzendentale Argumente explizieren diese Zusammenhänge, um mit transzendentalen Konditionalen unterschiedlicher Stärke zu zeigen, dass der Skeptiker nicht zugleich an den skizzierten grundlegenden Überzeugungen zweifeln und dabei die in ihnen fundierte Konzeption von Objektivität verwenden kann.

3 Das Paradigma Strawsons: Bedingungen der Bezugnahme

Strawsons Werke *Individuals* (1959) und *Bounds of Sense* (1966) prägen das heutige Paradigma transzendentaler Argumente, insbesondere mit ihren jeweiligen Argumenten gegen den Außenweltskeptizismus, welche die Existenz beobachtungsunabhängiger ‚objektiver Einzeldinge' beweisen sollen. Im Folgenden analysiere ich das Argument aus *Individuals*,[45] um paradigmatisch und mit einem

---

[44] Zum inneren Zusammenhang von Objektivität und Kausalitätsbegriff (und der diesen involvierenden Überzeugungen) siehe Stroud 2011, 24 f.
[45] Ich gebe in meiner Analyse *Individuals* vor *Bounds of Sense* aus mehreren Gründen den Vorzug: erstens, weil der einflussreiche skeptische Einwand Strouds (I.2) sich direkt auf das Argument aus *Individuals* bezieht; zweitens, weil Strawson dort m. E. mit weniger anspruchsvollen Annahmen und in einem neutraleren, sprachphilosophischen Rahmen argumentiert (so auch die Einschätzung von Wille 2011, 15; siehe dagegen Niquet 1991, 247 ff.) und drittens, weil *Individuals*

höheren Detailgrad nachzuvollziehen, wie weltbezogene transzendentale Argumente ihren Anspruch auf objektive Geltung begründen.

Strawson untersucht in *Individuals* die Bedingungen, unter denen die demonstrative Bezugnahme auf Einzeldinge möglich ist.[46] Diese Untersuchung stellt Strawson in den Dienst einer „deskriptiven Metaphysik", welche die Struktur jenes „indispensable core of conceptual equipment"[47] herausstellen soll, der als Kategoriensystem in den Tiefen unserer Sprache liegt und unseren Selbst- und Weltbezug vermittelt. Mit dem Terminus „Begriffsschema" (*conceptual scheme*) bezeichnet Strawson zumeist dieses Set grundlegender Begriffe bzw. die Fähigkeit ihrer Verwendung, aber manchmal auch die basalen, in diesen Begriffen artikulierten Überzeugungen sowie die von uns vertretene und in diesen Begriffen formulierte Ontologie; ich werde den Terminus in der weiteren Bedeutung verwenden.[48]

Im Rahmen von Strawsons Projekt sind folgende Fragestellungen zu unterscheiden, die uns auch im Folgenden noch beschäftigen werden:

(i) Welches Begriffsschema verwenden wir tatsächlich?
(ii) Welche Begriffe sind darin fundamental (*basic*), d.h. irreduzibel und notwendig, um die anderen Begriffe des Schemas zu verwenden?
(iii) Welche dieser Begriffe bzw. begrifflichen Fähigkeiten sind notwendig, um überhaupt ein Begriffsschema zu haben?
(iv) Was sind die transzendentalen Bedingungen, die erfüllt sein müssen, um diese fundamentalen Begriffe verwenden zu können?[49]

Wie ich zeigen werde, kommen weltbezogene transzendentale Argumente in *Individuals* zum Einsatz, um Frage (iv) zu beantworten; doch zumindest begriffsbezogene transzendentale Argumente werden auch bei Fragen (ii) und (iii) eingesetzt.

Strawson diskutiert im ersten Kapitel von *Individuals* eine Form des Außenweltskeptizismus, die bezweifelt, dass wir wissen können, ob es beobachtungsunabhängige Einzeldinge gibt bzw. ob die von uns augenscheinlich beobachteten

---

der frühere, gewissermaßen prototypische Entwurf ist. Zum sog. ‚objectivity argument' in *Bounds of Sense*, siehe; Rorty 1970 und Sacks 2000, 224–228.

46 Vgl. Brown 2006, 51.
47 Strawson 1959, 10.
48 Vgl. Strawson 1992, 107 u. Barth 2010, 30 ff. Die Rede von einem „*scheme*" hat Strawson m. E. von Whitehead übernommen (siehe Whitehead 1978, xi), dessen Prozessontologie als revisionäre Metaphysik zudem einer von Strawsons Hauptkontrahenten in *Individuals* zu sein scheint (vgl. Strawson 1959, 56 f. u. Haack 1979).
49 Eine moderate deskriptive Metaphysik sucht Frage (ii) zu beantworten, während eine ambitionierte auch Frage (iii) beantworten muss (siehe Haack 1979, 365; Barth 2010, 32; vgl. die Definition „transzendental notwendiger" Begriffe bei Wille 2011, 195–200).

Dinge solche objektiven Einzeldinge sind. Seine Widerlegung dieses skeptischen Zweifels hat drei Teile: erstens die Analyse des vom Skeptiker verwendeten Begriffsschemas im Sinne von Fragen (i) und (ii), zweitens ein transzendentales Argument, das als Antwort auf Frage (iv) die Sinnlosigkeit dieses skeptischen Zweifels ausweist, und drittens ein Gedankenexperiment, das im Sinne von Frage (iii) zeigen soll, dass der Skeptiker nicht als revisionärer Metaphysiker verstanden werden kann, der uns ein alternatives Begriffsschema vorschlägt. Ich werde im Folgenden auf die ersten beiden Teile von Strawsons anti-skeptischer Strategie eingehen.

3.1 Das Begriffsschema demonstrativer Bezugnahme

Im ersten Kapitel von *Individuals* versucht Strawson zu zeigen, dass die Möglichkeit identifizierender Bezugnahme auf Einzeldinge voraussetzt, dass wir mit dem Begriffsschema eines einheitlichen, raumzeitlichen Bezugssystems für Sprecher und Hörer operieren – zumindest bilden Raum und Zeit für uns das erforderliche Bezugssystem. In seiner modal stärksten Form kann das Beweisziel mit folgendem Konditional ausgedrückt werden:

(1) Wenn identifizierende Bezugnahme auf Einzeldinge möglich ist, dann muss diese Bezugnahme das Begriffsschema von Raum und Zeit verwenden.

Strawsons Grundidee ist folgende: Damit Sprecher und Hörer nicht aneinander vorbeireden, sondern über dieselben Gegenstände sprechen können, muss es ein allgemeines Bezugssystem geben, in welchem sowohl Hörer und Sprecher als auch ihre Bezugsobjekte eindeutig verortet werden können.[50] Schon dies ist eine transzendentale Überlegung bezüglich der notwendigen Voraussetzungen der Bezugnahme.

Bei nicht-demonstrativen Bezugnahmen, etwa mittels definiter Kennzeichnungen, gibt es nach Strawson in theoretischer wie praktischer Hinsicht das Problem, dass sie potentiell auf *mehrere* Dinge zutreffen. Daher müssen nicht-demonstrative Bezugnahmen letztlich in demonstrativen Bezugnahmen verankert werden. Für die Eindeutigkeit einer Bezugnahme mittels genereller Termini bürgt dann ihre bestimmte Beziehung zu einem demonstrativ aufweisbaren Gegenstand. Damit diese mittelbare Bezugnahme für alle Individuen

---

50 Strawson unterscheidet zwischen „a hearer's sense, and a speaker's sense, of ‚identify'" (Strawson 1959, 16), wobei ersteres die gelungene Identifikation eines Einzeldings als des vom Sprecher Gemeinten durch den Hörer ist und letzteres der bloße Versuch eines Sprechers, eine solche Identifikation durch eine Äußerung zu erreichen.

möglich ist, muss es ein sie und alle potentiellen Bezugsgegenstände umfassendes, einheitliches Bezugssystem von Relationen geben, mittels dessen nicht-demonstrative und demonstrative Bezugnahmen eindeutig verknüpft werden können. Indem Sprecher und Hörer ihre eigene Position in diesem System kennen, können die demonstrativen Äußerungen des Sprechers auf eindeutige Weise mit anderen Koordinaten des Systems verknüpft werden.[51]

Für Strawson ist die Annahme eines relationalen Bezugssystems eine notwendige Bedingung *jeglicher* Bezugnahme auf Einzelnes, weil sie allein es ermöglicht, die Praxis der Bezugnahme auf Einzeldinge in unser „general scheme of knowledge"[52] einzubetten.[53] Unser „general scheme of knowledge" erfordere nämlich die *durchgängige Verknüpfung* unseres Wissens von Einzeldingen, um daraus ein einheitliches Weltbild aufzubauen, „our single picture of the world, of particular things and events"[54]. Ohne ein einheitliches relationales Bezugssystem kann diese Verknüpfung unseres Wissens von Einzeldingen aber nicht stattfinden.

Nach Strawson bilden *Raum und Zeit* in unserer Sprachpraxis das erforderliche umfassende und einheitliche Bezugssystem, denn alle sinnlich erfassbaren Einzeldinge sowie alle Kontexte sprachlicher Äußerungen lassen sich jeweils raumzeitlich lokalisieren und stehen dabei in einer einzigartigen Beziehung zu allen anderen raumzeitlich Koordinaten.[55] Jegliche Bezugnahme auf Einzeldinge

---

51 Strawson formuliert seine allgemeine Lösung mit Bezug auf den besonderen Fall nicht direkt beobachtbarer Einzeldinge: „For even though the particular in question cannot itself be identified, it may be identified by a description which relates it uniquely to another particular which can be demonstratively identified. The question, what sector of the universe it occupies, may be answered by relating that sector uniquely to the sector which speaker and hearer themselves occupy." (Strawson 1959, 21) Zu Strawsons Einbindung nicht-demonstrativer Bezugnahme, siehe Kripke 1980, 90 ff.
52 Strawson 1959, 28.
53 Die Notwendigkeit dieser Einbettung gilt trotz des Sonderfalls logisch möglicher „pure individuating descriptions" (Strawson 1959, 26).
54 Strawson 1959, 28.
55 In Strawsons Worten: „For all particulars in space and time, it is not only plausible to claim, it is necessary to admit, that there is just such a system: the system of spatial and temporal relations, in which every particular is uniquely related to every other. [...] [B]y demonstrative identification we can determine a common reference point and common axes of spatial direction; and with these at our disposal we have also the theoretical possibility of a description of every other particular in space and time as uniquely related to our reference point." (Strawson 1959, 22) Für ausführlichere Überlegungen zur Festlegung eines gemeinsamen Referenzpunktes und geteilter Achsen räumlicher Orientierung, siehe Koch 2006b, 128 f., 133–40. Zu den hier nicht weiter diskutierbaren Folgeproblemen der dafür erforderlichen Selbstlokalisierung, siehe Keil 2000, 28, Fn. 44, u. Keil 2011.

gehe *a priori* davon aus, dass ihr Bezugsgegenstand in Raum und Zeit verortet werden kann, zumindest hinsichtlich des Einführungskontexts seiner Bezeichnung.[56] Das obige transzendentale Konditional (1) geht davon aus, dass Raum und Zeit ein für demonstrative Bezugnahme alternativloses Begriffsschema bilden; für Strawsons anti-skeptische Argumentation ist es zunächst hinreichend, dass die Verwendung des raumzeitlichen Bezugssystems für uns unhintergehbar ist.[57]

3.2 Die Möglichkeit der Reidentifikation

Ausgehend von der Verwendung des Begriffsschemas von Raum und Zeit versucht Strawson in einem zweiten Schritt zu zeigen, dass diese ihrerseits voraussetzt, dass Einzeldinge nicht nur identifiziert, sondern auch *reidentifiziert* werden können. Auch dieses Beweisziel kann als transzendentales Konditional formuliert werden:

(2) Wenn identifizierende Bezugnahme in Raum und Zeit möglich ist, dann ist die Reidentifikation von Einzeldingen möglich.

Ein Einzelding wird dann *re*identifiziert, wenn es in einer Bezugnahme *als dasselbe* Individuum wiedererkannt wird, das zuvor bereits in einer anderen Situation oder Weise der Bezugnahme (oder in Bezug auf eine andere Situation) identifiziert wurde.[58]

---

56 „This framework we use [...] not just occasionally and adventitiously, but always and essentially. It is a necessary truth that any new particular of which we learn is somehow identifyingly connected with the framework, even if only through the occasion and method of our learning of it." (Strawson 1959, 24) Siehe auch Strawson 1959, 22f.: „Perhaps not all particulars are in both time *and* space. But it is at least plausible to assume that every particular which is not, is uniquely related in some other way to one which is."
57 Aus der Unhintergehbarkeit von Raum und Zeit folgt zumindest der Eindruck ihrer Notwendigkeit: „We are dealing here with something that conditions our whole way of talking and thinking, and it is for this reason that we feel it to be non-contingent." (Strawson 1959, 29) Die Denkmöglichkeit eines nicht-räumlichen Bezugssystems sucht Strawson im Kapitel „Sounds" auszuschließen. Die Problematik alternativer Schemata werde ich in I.2.3 wieder aufgreifen. Einen robusteren Weg, die Notwendigkeit des Begriffsschemas von Raum und Zeit auszuweisen, geht Koch mit seiner „Theorie der Voraussetzungen *a priori* der Bezugnahme" (Koch 2006b, 37, H.v.m.).
58 Die Definition in Strawsons Worten: „identifying a particular encountered on one occasion, or described in respect of one occasion, as *the same individual* as a particular encountered on another occasion, or described in respect of another occasion." (Strawson 1959, 31). Wie Strawson später klarstellt, verlassen seine Überlegungen zur Reidentifikation den Rahmen sprachlicher Bezugnahme zwischen Sprechern und Hörern und betreffen auch die Möglichkeit des Reidentifizierens bloß in Gedanken (Strawson 1959, 60).

In *Individuals* finden sich zwei Wege angedeutet, wie für die These argumentiert werden kann, dass die Fähigkeit zur Reidentifikation eine notwendige Bedingung für die Verwendung des Begriffsschemas von Raum und Zeit ist. Der erste Weg geht aus von der notwendigen Verortung einzelner subjektiver Bezugnahmen innerhalb des objektiven Raums und gelangt dadurch zur Reidentifikation von Einzeldingen als diese Bezugnahmen verbindende, transsubjektive Fixpunkte.[59] Der zweite Weg geht aus von der notwendigen Reidentifizierbarkeit von Raumstellen und gelangt so zur dafür notwendig vorausgesetzten Reidentifizierbarkeit von Einzeldingen.[60] Der erste Weg wird von mir im zweiten Schritt von Strawsons anti-skeptischer Strategie aufgegriffen, daher skizziere ich hier nur den zweiten.

Raum und Zeit können nur dann als universales Bezugssystem identifizierender Bezugnahmen verwendet werden, wenn es möglich ist, den Koordinaten dieses Systems eine invariante Position zuzuschreiben. Eine objektive Raumstelle ist aber nur denkbar, wenn auch eine *Rückkehr* an denselben Ort denkbar ist. Doch zwei Orte A und B könnten gar nicht als objektive Koordinaten individuiert werden, wenn es nicht zumindest möglich wäre, dass ein Ding zwischen A und B den Ort wechselt oder an Ort A oder B verharrt – beides zu denken erfordert aber die Reidentifikation des so vorgestellten Einzeldings. Nur so kann gesagt werden, dass sich etwas nicht mehr an demselben Ort, sondern an einem anderen befindet: Das vormals an Ort A befindliche Ding wird dann *als dasselbe* Ding reidentifiziert, das nun an Ort B steht. Die Überlegung zeigt: Die unterstellte Identität eines invarianten Bezugssystems setzt voraus, dass sowohl die Koordinaten des Systems als auch die Dinge, die diese Koordinaten einnehmen, reidentifizierbar sind.

Wenn wir das Begriffsschema von Raum und Zeit in der beschriebenen Weise verwenden, dann brauchen wir nach Strawson gewisse verlässliche *Kriterien* der Reidentifikation, die es uns erlauben, die numerische Identität eines in verschiedenen Beobachtungssituationen angetroffenen Individuums festzustellen:[61]

(3) Wenn die Reidentifikation von Einzeldingen möglich ist, dann müssen wir gewisse verlässliche Kriterien der Reidentifikation anwenden können.

---

59 Siehe Strawson 1959, 32 f.
60 Siehe Strawson 1959, 36 f. Vgl. jedoch die Kritik an Strawsons Argumentation in Grundmann 1994, 60 ff. Ein dritter, die Dimension der Zeit einbeziehender Weg könnte ergänzt werden, der zeigt, dass die Bezugnahme auf vergangene und zukünftige Zeitpunkte nur möglich ist, wenn es Kriterien für die transtemporale Identität von Gegenständen gibt, die potentiell zu verschiedenen Zeiten existieren (vgl. Hegels Kritik der sinnlichen Gewissheit in II.2.2).
61 Siehe Strawson 1959, 31 f.

Die Notwendigkeit von verlässlichen, d. h. in verschiedenen Situationen erfüllbaren Kriterien begründet Strawson, indem er die obige Überlegung erweitert: Die Verwendung eines einheitlichen raumzeitlichen Bezugssystems setzt voraus, dass die verschiedenen situativen Kontexte der Bezugnahme miteinander verbunden werden können. Diese Verbindung kann aber nicht allein darin bestehen, dass die Bezugnahmen auf unbestimmte Weise irgendwo und irgendwann in Raum und Zeit stattfinden, sondern ihre raumzeitlichen Koordinaten müssen auf bestimmte Weise mit anderen Koordinaten *verbunden* werden können. Doch nicht jede solche Verbindung kann von gegebenen räumzeitlichen Relationen ausgehen. Ursprünglich müssen die relevanten Koordinaten anhand der *Gegenstände* bestimmt werden, die den jeweiligen Situationen gemeinsam sind.[62] Ferner verwenden wir das Begriffsschema als endliche Subjekte, die grundsätzlich nur zu perspektivischer und (langfristig) diskontinuierlicher Beobachtung fähig sind.[63] Es muss also diesen Bedingungen entsprechende *qualitative* Kriterien geben, mit denen wir numerische Identität feststellen können, damit wir die Erwartung aufrecht erhalten können, dass jeder Gegenstand der Bezugnahme in ein und demselben raumzeitlichen Bezugssystem verortbar ist.

3.3 Die Unterstellung von Objektivität

Strawsons bisherige Argumentation für (1)–(3) zeigte: Wir müssen gewisse verlässliche Kriterien der Reidentifikation von Einzeldingen unterstellen, wenn wir in unseren identifizierenden Bezugnahmen das Begriffsschema von Raum und Zeit verwenden. Doch damit ist offenbar noch nicht gesagt, dass die von uns verwendeten Kriterien auch *tatsächlich* verlässlich sind, d. h. *gute* Kriterien sind, um objektive Einzeldinge zu reidentifizieren, die grundsätzlich auch von manchen Dingen *erfüllt* werden. Die Frage nach der Güte und Erfüllung unserer Kriterien ist das Einfallstor für den skeptischen Zweifel. Um ihn zu heben, wird Strawson ein weltbezogenes transzendentales Argument formulieren.

Strawson wirft den skeptischen Einwand wie folgt auf: Die diskontinuierliche Beobachtung eines Dinges könne niemals die Überzeugung rechtfertigen, dass wir stets dasselbe *numerisch* identische Ding und nicht nur zwei *qualitativ* identische Dinge beobachtet haben.[64] Wenn wir z. B. einen Tisch betrachten und uns kurzzeitig abwenden, dann rechtfertigt die Tatsache, dass wir danach an dersel-

---

62 Siehe Strawson 1959, 32.
63 Siehe Strawson 1959, 32f.: „Whatever our account may be, it must allow for discontinuities and limits of obvservation."
64 Siehe Strawson 1959, 32f.

ben Stelle wieder einen gleich aussehenden Tisch erblicken, nicht den Schluss, dass es sich um denselben Tisch handelt. Denn es ist zumindest vorstellbar, dass zwischenzeitlich einige versierte Spaßvögel den alten Tisch für uns unbemerkt mit einem (für uns) qualitativ ununterscheidbaren Tisch ersetzen. Angesichts dieses skeptischen Szenarios können wir nie *wissen*, ob unsere Kriterien der Reidentifikation es uns erlauben, objektive Einzeldinge zu reidentifizieren, mithin ist die Existenz beobachtungsunabhängiger Gegenstände zweifelhaft.

Es ist für das Folgende entscheidend, dass Strawsons bisherige Überlegungen bereits die Ressourcen für ein moderates transzendentales Argument bieten, dem zufolge wir von der Existenz objektiver Einzeldinge *überzeugt* sein müssen. Diese Überzeugung ist in der von (3) explizierten Unterstellung *verlässlicher* Kriterien enthalten, d. h. dass die Kriterien grundsätzlich erfüllbar und auch erfüllt sind. Wir begreifen dabei die verschiedenen Instanzen identifizierender Bezugnahme und ihre Gegenstände *als Teile* ein und desselben raumzeitlichen Bezugssystems. Doch ohne die gemeinsame Schnittmenge wiedererkennbarer, aber beobachtungsunabhängig existierender Dinge wäre dies nicht möglich. Denn den Bezugnahmen als solchen ist nur gemeinsam, dass jede indexikalisch auf ihr eigenes *Hier* und *Jetzt* Bezug nimmt, das hinsichtlich seiner qualitativen Beschreibung mit anderen identisch sein mag oder auch nicht. Im objektiven Raum bzw. der objektiven Zeitreihe bezeichnen Äußerungstoken von „hier" und „jetzt" jeweils bestimmte Koordinaten. Wenn wir nicht unterstellen, dass wir anhand qualitativer Kriterien zumindest manche Dinge reidentifizieren können, so fehlte uns jeglicher Fixpunkt, um eine gegenwärtige Beobachtungssituation mit einer früheren zu verknüpfen. Dann könnten wir das *Hier* der einen Bezugnahme nicht mit dem *Hier* einer anderen verknüpfen, sodass es in der Folge nicht möglich wäre, sie als Teile ein und desselben räumlichen Kontinuums anzusehen.

Um aber zu zeigen, dass diese Unterstellung korrekter Reidentifikation zumindest manchmal *zutreffen* muss, d. h. dass es *tatsächlich* objektive Einzeldinge gibt, muss Strawson ein ambitioniertes, weltbezogenes transzendentales Argument vorbringen, welches das folgende Konditional etabliert:

(4) Wenn wir verlässliche Kriterien der Reidentifikation anwenden, dann können wir objektive Einzeldinge reidentifizieren, die beobachtungsunabhängig existieren.

Das eigentliche weltbezogene Argument Strawsons besteht somit in der Begründung des transzendentalen Konditionals (4). Die explizite Widerlegung des skeptischen Zweifels ergibt sich jedoch erst, wenn (4) an die zuvor entwickelten Bedingungen sowie die auch für den Skeptiker unbestreitbare Tatsache (5) zurückgebunden wird, dass wir uns identifizierend auf Einzeldinge beziehen bzw. ein entsprechendes Begriffsschema verwenden:

(1) Wenn identifizierende Bezugnahme auf Einzeldinge möglich ist, dann muss diese Bezugnahme das Begriffsschema von Raum und Zeit verwenden.
(2) Wenn identifizierende Bezugnahme in Raum und Zeit möglich ist, dann ist die Reidentifikation von Einzeldingen möglich.
(3) Wenn die Reidentifikation von Einzeldingen möglich ist, dann müssen wir gewisse verlässliche Kriterien der Reidentifikation anwenden können.
(4) Wenn wir verlässliche Kriterien der Reidentifikation anwenden, dann können wir objektive Einzeldinge reidentifizieren, die beobachtungsunabhängig existieren.
(5) Wir nehmen auf Einzeldinge identifizierend Bezug.
(6) Es gibt objektive Einzeldinge, die wir reidentifizieren können.

Hier begegnet uns die eingangs bemerkte Ambivalenz, ob transzendentale Argumente solche sind, die transzendentale Konditionale als Prämissen führen oder als Konklusionen etablieren. Letzteres ist hier von Interesse und soll abschließend betrachtet werden.

Strawson argumentiert für (4) *per reductio* in einem gesonderten Argumentationsgang mit folgenden Schritten: **(i)** Er geht von der skeptischen Prämisse aus, dass wir keinen Anspruch auf die korrekte Reidentifikation diskontinuierlich beobachteter Einzeldinge erheben können; **(ii)** sodann zeigt er unter Einbeziehung der Konditionale (2) und (3), dass der Skeptiker unter dieser Annahme das Begriffsschema von Raum und Zeit nicht verwenden kann; **(iii)** schließlich zeigt er, dass der skeptische Zweifel dadurch in einen Selbstwiderspruch gerät, weil er bei der Artikulation seines skeptischen Szenarios dieses Begriffsschema voraussetzt.

(i) Wenn die skeptische Prämisse zugestanden wird, dass wir nie wissen, ob wir erfolgreich ein numerisch identisches Ding reidentifiziert haben, dann befinden wir uns *de iure* in dem skeptischen Szenario, dass *keine* zwei distinkten Beobachtungen einen identischen Bezugsgegenstand teilen. In Ermangelung einer Schnittmenge von verschiedene Beobachtungssituationen verbindenden Bezugsgegenständen können wir – wie für Prämissen (2) und (3) gezeigt – *nicht davon ausgehen*, dass unsere Bezugnahmen in ein und demselben invarianten raumzeitlichen Bezugssystem verortbar sind.

(ii) Aus dieser Annahme folgt, dass jede Beobachtung bzw. Bezugnahme für uns in einem eigenen, isolierten räumlichen Bezugssystem stattfindet.[65] Jede

---

65 Strawson 1959, 35: „Let us suppose for a moment that we were *never* willing to ascribe particular-identity in such cases [of non-continuous observation, Sz.]. Then we should, as it were, have the idea of a new, a different, spatial system for each new continuous stretch of observation. [...] Each new system would be wholly independent of any other."

Beobachtungssituation wäre eine in sich abgeschlossene Totalität, die mangels mit einer anderen Situation geteilter Gegenstände derselben höchstens qualitativ ähnelte. Die verschiedenen ‚Räume', in denen jeweilige Beobachtungen oder Bezugnahmen stattfinden, stünden dann ihrerseits in keinem angebbaren räumlichen Verhältnis, d.h. sie könnten selbst in keinem sie umgreifenden, objektiven Raum verortet werden.

(iii) Doch wenn Gegenstände demnach nicht innerhalb ein und desselben Bezugssystems reidentifiziert werden können, dann folgt, dass es nicht mehr möglich ist, an der numerischen Identität von Gegenständen auch nur zu zweifeln. Denn Feststellungen wie die, dass ein Gegenstand zuerst *dort* in Raum A und dann *hier* in Raum B beobachtet wurde, sind nicht mehr möglich, wenn Räume A und B nicht mehr Teil desselben Koordinatensystems sind. Allein die Frage nach der Identität oder Nicht-Identität eines Gegenstandes im Raum ist nur dann *sinnvoll*, wenn überhaupt die Möglichkeit besteht, dass er an demselben oder an einem anderen Ort desselben Koordinatensystems existiert.[66] Die Gegenstände hingegen, die in jeweils verschiedenen Bezugssystemen beobachtet werden, stehen in keiner Identitätsrelation, sondern höchstens in einer ‚Gegenstück'-Relation.[67] Somit ist es nicht etwa *zweifelhaft*, ob in zwei voneinander isolierten Raumsystemen beobachtete Gegenstände nicht nur qualitativ, sondern auch numerisch identisch sind, sondern es ist *selbstverständlich*, dass sie unmöglich numerisch identisch sein können. Der skeptische Zweifel löst sich selbst auf.

Wie Strawsons Argumentation in den Schritten (i)–(iii) zeigt, lässt sich das Problem, ob ein Ding korrekt reidentifiziert wurde oder nicht, erst stellen, wenn es prinzipiell lösbar ist, d.h. die Möglichkeit der Reidentifikation entgegen des skeptischen Vorbehalts allgemein angenommen wurde. Diese Replik exemplifiziert Strawsons allgemeine Charakterisierung transzendentaler Argumente: „It is only because the solution is possible that the problem exists. So with all transcendental arguments."[68] Diese Charakterisierung wiederum exemplifiziert

---

[66] Strawson 1959, 35: „There would be no question of *doubt* about the identity of an item in one system with an item in another. For such a doubt *makes sense* [H.v.m.] only if the two systems are not independent, if they are parts, in some way related, of a single system which includes them both."
[67] Dies entspräche der *counterpart relation*, die von gewissen Theorien der Identität über mögliche Welten hinweg vertreten wird. Siehe die Kritik in Kripke 1980, 45 f., dass dies kein hinreichender Ersatz für numerische Identität ist.
[68] Strawson 1959, 40. Diese Stelle erläutert Grundmann auf ähnliche Weise, dass „die skeptische Problemstellung bezüglich von Einzelfällen bereits voraussetzt, daß eine Lösung der Probleme im allgemeinen möglich ist" (Grundmann 2003, 44).

Strawsons formalen Begriff der *Präsupposition:* ein Satz *p* präsupponiert einen Satz *q* genau dann, wenn *q* eine notwendige Bedingung dafür ist, dass *p* wahr *oder* falsch sein kann.[69] Strawson zeigt somit, dass die Wahrheit der Aussage „es gibt objektive, reidentifizierbare Einzeldinge" eine Präsupposition des Sinngehalts von Sätzen wie „die zu Zeitpunkten t_1 und t_2 beobachteten Tische sind numerisch identisch" ist.

Die Anlage von Strawsons Argumentation als *reductio* zeigt, dass die skeptische Behauptung sich unversehens in einen Selbstwiderspruch verwickelt hat. Der Skeptiker suggeriert, eine empirisch falsifizierbare Behauptung über unsere Praxis der reidentifizierenden Bezugnahme zu vertreten, obwohl er dabei implizit eine konstitutive Bedingung preisgibt, die diese Praxis ermöglicht:

> „[The sceptic] pretends to accept a conceptual scheme, but at the same time quietly rejects one of the conditions of its employment. Thus his doubts are unreal, not simply because they are logically irresoluble doubts, but because they amount to the rejection of the whole conceptual scheme within which alone such doubts make sense."[70]

Entscheidend an Strawsons Argumentation ist die Feststellung, dass die Position des Skeptikers *inkonsistent* bzw. *sinnlos* ist: Sein Zweifel muss ein gewisses Begriffsschema in Anspruch nehmen, doch dafür muss er dessen transzendentale Bedingungen unterstellen (im obigen Beispiel: die Existenz reidentifizierbarer Einzeldinge). Eine solche Unterstellung transzendentaler Bedingungen mutet zunächst schwächer an als die Behauptung der empirischen Tatsache, dass viele oder zumindest einige objektive Einzeldinge existieren und korrekt reidentifiziert werden können. Doch in Wahrheit ist jene Unterstellung weitaus stärker, weil ihr zufolge der globale skeptische Zweifel an der behaupteten Tatsache nicht einfach kontingenterweise falsch, sondern notwendigerweise *sinnlos* ist, d. h. keine konsistent denkbare Option darstellt.[71] An der Selbstwidersprüchlichkeit des skeptischen Zweifels zeigt sich umgekehrt der Status der im Konditional (4) ausgewiesenen Bedingung als *konstitutive Voraussetzung* der identifizierenden Bezugnahme innerhalb unseres Begriffsschemas.

---

69 Vgl. Strawson 1952, 175 u. Grundmann 1994, 73; zu alternativen Semantiken der Präsupposition in transzendentalen Konditionalen, siehe Niquet 1991, 57–61, und ausführlich Aschenberg 1982, 352–362, sowie Wille 2011, 76–82.
70 Strawson 1959, 35.
71 Siehe jedoch die kritischen Einwände gegen die Notwendigkeit und Allgemeinheit von Strawsons Konklusion gegenüber dem Skeptiker in Grundmann 1994, 74.

3.4 Ein ‚begriffliches' oder ein ‚performatives' Argument?

Strawsons Argument bietet sich an, um in heuristischer Absicht zwei noch nicht erwähnte Typen transzendentaler Argumente zu unterscheiden: ‚begriffliche' und ‚performative'. Diese in der Forschungsdiskussion nicht allseits etablierte Klassifikationsweise steht quer zu der bisher verwendeten, weil sie die Methode fokussiert, mit der potentiell transzendentale Konditionale verschiedenster Couleur etabliert werden können. Ich werde diese Heuristik in Teilen II und III zur Analyse von Hegels und Fichtes Argumentationen anwenden und führe sie zu diesem Zweck hier ein.

Unter einem ‚begrifflichen' transzendentalen Argument verstehe ich ein solches, das ein transzendentales Konditional etabliert, indem es notwendige begriffliche Relationen herausstellt, die zwischen einem Bedingten, das als Begriffsschema oder Fähigkeit der Begriffsverwendung charakterisiert wird, und seiner Bedingung bestehen.[72] Entscheidend für das Argument ist daher die Beschreibung, unter der das Bedingte erfasst wird, und die besondere „conceptual, non-analytic necessity" (Cassam), die es an seine Ermöglichungsbedingung bindet.[73] Dieser Aspekt gehörte eindeutig zu Strawsons oben rekonstruiertem Argument, indem es die Relation der logischen Präsupposition zwischen dem Begriffsschema raumzeitlicher Bezugnahme und der Anwendbarkeit des Begriffs des objektiven Einzeldings aufdeckt, aber auch indem es insgesamt zeigt, was für die begriffliche Fähigkeit der Verwendung von Demonstrativpronomen vorausgesetzt werden muss.

Ebenfalls für Strawsons Argument entscheidend war auch der performative Aspekt, dass sich der Skeptiker im Akt seiner Behauptung selbst widerspricht. Dies ist einer der Ansatzpunkte für ‚performative' transzendentale Argumente. In ihrer starken, „retorsiven" Variante zeigen sie, dass der *Akt*, die jeweilige transzendentale Bedingungen für nicht erfüllt zu halten, als Behauptungs- oder Denkakt einen Selbstwiderspruch begeht bzw. universelle Sinnbedingungen des Behauptens, Argumentierens oder Denkens verletzt.[74] Da der Begriff ‚performativ' sehr weit gefasst werden kann, lässt sich diese Klassifikation auch auf andere

---

[72] Vgl. Sacks 2005, 439 f.
[73] Siehe Fn. 28.
[74] Für einen kritischen Grundriss dieser Familie von transzendentalen Argumenten, siehe Grundmann 2003, 67 ff.; Stern 2017, 10 f., 16 f. Zu den klassischen Vertretern dieses Ansatzes zählen Apel 1998, 1994 und Kuhlmann 1981; siehe auch Illies 2003, 44 ff., u. Rähme 2016, 2017. Einen eigenen, verwandten Ansatz formuliert Bardon 2005. Meine Kritik an performativer Unhintergehbarkeit formuliere ich im nächsten Kapitel (I.2.1, siehe Fn. 105).

Akte und Aktivitäten von Subjekten erweitern.[75] Daher ist es auch nicht notwendig, den erstpersonalen und performativen Aspekt, der bei der Herausstellung für uns unhintergehbarer Voraussetzungen ins Spiel kommt, an die ihrerseits problematische Voraussetzung gegebener „Sinnbedingungen" oder „Diskursprinzipien" zu knüpfen.[76] In diesem weiteren Sinn werde ich in Teil III eine Argumentationsweise Fichtes als ‚performative Tautologie' beschreiben, die darin besteht, dass ein Denk- oder Sprechakt *A* mit seinem Gehalt *p* dergestalt übereinstimmt, dass *p* eine Aussage über Denk-/Sprechakte eines gewissen Typs impliziert (oder eine Aussage über *A* enthält) und der Vollzug von *A* diese Aussage wahr macht.[77]

Strawsons Argument ist offensichtlich ambig und zeigt somit, dass die heuristische Unterscheidung zwischen begrifflichen und performativen Argumenttypen nicht ganz trennscharf ist. Der Ausweis performativer Widersprüche ist z. B. ohne die Feststellung semantischer Präsuppositionen zumeist nicht möglich.[78] Ich werde entsprechend flexibel mit dieser Klassifikation umgehen. Gleichwohl lässt sich mit der Unterscheidung begrifflich *vs.* performativ aspektiv fokussieren, wodurch ein transzendentales Konditional einsichtig werden soll – durch Reflexion auf eine Aktivität oder einen begrifflichen Zusammenhang –, wovon wie-

---

75 So z. B. Nisenbaum 2018, 111 ff., im Rückgriff auf Fichtes Begriff des Sich-Setzens, und Taylor 1978–79 (zu Taylor, siehe Fn. 100).
76 Vgl. die kritischen Einwände gegen die Apels Transzendentalpragmatik in Albert 1975, 100–109, u. Grundmann 1994, 326, 330.
77 Meine Begriffsprägung orientiert sich einerseits an Schlössers Begriff der „pragmatischen Tautologie" (Schlösser 2001, 118), den Schlösser als Interpretament für Fichte heranzieht (so auch in verwandter Form Lang 2018, 75 ff.), andererseits an der Analyse des cartesischen *cogito* in Hintikka 1962, 17: „[The word ‚cogito'] serves to express the performatory character of Descartes's insight; it refers to the ‚performance' (to the act of thinking) through which the sentence ‚I exist' may be said to verify itself. For this reason, it has a most important function in Descartes's sentence. It cannot be replaced by any arbitrary verb." Dieser affirmative Sinn performativer Argumente unterscheidet sich vom auf Widersprüche abzielenden Muster „retorsiver" Argumente. Letzterem Muster folgt die Fichte-Interpretation in Thomas-Fogiel 2014 (siehe die Diskussion in Fn. 574). Bei beiden Argumenttypen ist entscheidend, dass die in ihnen verwendeten performativen Äußerungen zugleich auf dieselben bezogene Behauptungen mit einschließen (vgl. Lang 2018, 75 f. unter Berufung auf Bach 1975).
78 Siehe Grundmann 1994, 298 ff. Das Vermittlungsmodell von Niquet 1991, 239–503, kann hier nicht eigens diskutiert werden; es verbindet die hier heuristisch unterschiedenen begrifflichen und performativen Aspekte als zwei Dimensionen der Sinnhaftigkeit: das „*Apriori der kategorialpropositionalen Sinnhaftigkeit*" und das „*Apriori der pragmatisch-transzendentalen Sinnhaftigkeit*" (Niquet 1991, 255). Ein ähnlich doppelseitiges Vermittlungsmodell scheint m. E. auch Wille zu formulieren durch seinen beide Aspekte abdeckenden Begriff der „epistemologischen Präsuppositionen" bzw. „Sinnbedingungen" zur Erhebung von Geltungsansprüchen bzw. des Machens von Erfahrungen (siehe Wille 2011, 76 ff., 96, 194 ff., 586; zu Willes Abgrenzung von Apel, siehe Wille 2011, 79, Fn. 115).

derum seine Stärke gegenüber skeptischen Einwänden abhängen könnte. Mit den skeptischen Einwänden gegenüber ambitionierten transzendentalen Argumenten beschäftige ich mich im folgenden Kapitel.

2 Strouds Trilemma und das Problem objektiver Geltung

Die einflussreichste Kritik an weltbezogenen transzendentalen Argumenten stammt von Barry Stroud. Ihr zufolge ist der Anspruch auf objektive Geltung (siehe I.1.1) grundsätzlich nicht einlösbar. Strouds Kritik wird allgemein als stichhaltig anerkannt und führte dazu, dass sich der Schwerpunkt der Diskussion von ambitionierten auf moderate transzendentale Argumente verschob.[79] Auch in dieser Untersuchung spielt Strouds Kritik eine zentrale Rolle, um das Problem objektiver Geltung auszuloten und auf die Entwürfe Hegels und Fichtes zu übertragen.

Im Folgenden rekonstruiere ich (**1.**) Strouds Kritik an Strawsons Argument und zeige, dass die verallgemeinerte Form von Strouds Einwand als eine Art metaepistemologisches Trilemma verstanden werden sollte. Zweitens (**2.**) wende ich mich der Rechtfertigung von Strouds zentralem Substitutionseinwand zu, die in der Diskussion bei all ihrer Lebhaftigkeit in meinen Augen zu kurz gekommen ist. Ich versuche die allseits zugestandene Plausibilität des Einwands zu ergründen und stoße dabei auf unsere alltägliche Konzeption von Objektivität als die Wurzel und Rechtfertigungsbasis von Strouds Trilemma. Abschließend (**3.**) erörtere ich einige weitere einflussreiche Einwände gegen transzendentale Argumente und setze sie zu Strouds Einwand und dem Problem objektiver Geltung in ein Verhältnis.

1 Strouds Problem objektiver Geltung

Meine Rekonstruktion des Stroud'schen Einwands nimmt ihren Ausgang von dessen klassischer Präsentation in Stroud 1968, die sich u. a. explizit gegen das oben analysierte Argument Strawsons richtet, bezieht aber weitere Quellen mit

---

[79] Zu diesem Fazit kommt sogar Strawson selbst und zieht seinen ursprünglichen Anspruch auf objektive Geltung zurück (siehe Strawson 1985, 23). Diese Selbsteinschätzung bestätigt die Analyse von Grundmann 1994, 73. Sterns Analysen der allgemeinen Kontroverse erreichen dasselbe Fazit (siehe Stern 2000, 64, u. Stern 2007, 159). Zu den wenigen Ausnahmen von diesem Konsens zählen u. a. Brueckner 1983, 2010; Davies 2018; Glock 2003; Grundmann und Misselhorn 2003; Illies 2003; Melichar 2020, 206–221; Wille 2011, 176 f., 582 f., sowie mit gewissen Einschränkungen auch Bardon 2005 und Sacks 2000. Rorty ist ein Sonderfall, da er Strouds Einwand grundsätzlich zugibt, aber eine zu ihm quer verlaufende Form transzendentaler Argumentation vertritt (siehe Rorty 1971, 5, u. I.3.3).

https://doi.org/10.1515/9783110788716-003

ein, um den Einwand zu verallgemeinern und seine Trilemma-Struktur herauszuarbeiten. Strouds Einwand zielt wohlgemerkt nicht darauf, Strawsons direkten Gegenspieler, den Außenweltskeptizismus, zu stärken, sondern soll auf eine Lücke in Strawsons Argument aufmerksam machen, die eine generelle metaepistemologische Skepsis gegenüber weltbezogenen transzendentalen Argumenten rechtfertigt.

Strawsons transzendentales Argument aus *Individuals* wurde von mir in I.2 wie folgt rekonstruiert:[80]

(1) Wenn identifizierende Bezugnahme auf Einzeldinge möglich ist, dann muss diese Bezugnahme das Begriffsschema von Raum und Zeit verwenden.

(2) Wenn identifizierende Bezugnahme in Raum und Zeit möglich ist, dann ist die Reidentifikation von Einzeldingen möglich.

(3) Wenn die Reidentifikation von Einzeldingen möglich ist, dann müssen wir gewisse verlässliche Kriterien der Reidentifikation anwenden können.

(4) Wenn wir verlässliche Kriterien der Reidentifikation anwenden, dann können wir objektive Einzeldinge reidentifizieren, die beobachtungsunabhängig existieren.

(5) Wir nehmen auf Einzeldinge identifizierend Bezug.

(6) Es gibt objektive Einzeldinge, die wir reidentifizieren können.

Nach Strouds Lesart gelangt Strawsons explizite Argumentation nicht über Prämisse (3) hinaus, d. h. die Unterstellung erfüllbarer und verlässlicher Kriterien der Reidentifikation.[81] Was dabei offen bleibe, sei das skeptische Szenario, dass unsere Kriterien zwar erfüllt sind, aber die auf dieser Grundlage konstatierten Reidentifikationen falsch.[82] Mit anderen Worten: Es bleibt offen, ob die von uns verwendeten Kriterien auch *gute* Kriterien sind, welche, sofern sie erfüllt sind, für die Existenz objektiver Einzeldinge bürgen.

---

[80] Meine Rekonstruktion Strawsons stimmt mit der von Stroud 1968, 245 ff., im Wesentlichen überein, aber nicht in den philologischen Details, da Stroud etwas freier mit Strawsons Darstellung umgeht (siehe auch die Kritik in Grundmann 1994, 71 f.). So unterstellt Stroud fälschlicherweise, dass Strawson vom Begriff „objective particular" *ausgeht*, sodass letztlich aus dem Besitz dieses Begriffs verifikationistisch gefolgert werde, dass die Kriterien der Anwendung desselben erfüllt sein müssen (vgl. Stroud 1968, 246). Gleichwohl halte ich Strouds Kritik für berechtigt, wie ich anhand meiner Rekonstruktion zeigen werde.
[81] Vgl. Stroud 1968, 246.
[82] „[T]his does not imply that objects continue to exist unperceived if it is possible for all reidentification statements to be false even though they are asserted on the basis of the best criteria we ever have for reidentification. Only if this is not possible will Strawson's argument be successful." (Stroud 1968, 246)

I. Zunächst scheint es, als ob Strawson mit der Argumentation für (4) darauf antworten könnte: Wenn unsere Kriterien der Reidentifikation nicht manchmal erfüllt wären und dies nicht logisch implizierte, dass es objektive Einzeldinge gibt, dann könnten wir das Begriffsschema von Raum und Zeit nicht verwenden. Doch hier greift erste Teil von Strouds Einwand, den ich mit Stern[83] den ‚Substitutionseinwand' nenne: Er substituiert die Bedingung, dass objektive Einzeldinge *tatsächlich* existieren müssen, wenn unsere Kriterien erfüllt sind, durch die schwächere Bedingung, dass wir nur eine entsprechende *Überzeugung* haben müssen bzw. es uns so *scheinen* muss, als ob wir in einer Welt verlässlich reidentifizierbarer Einzeldinge lebten. Das transzendentale Konditional (4) würde also nur in abgeschwächter Form wahr sein:

(4') Wenn wir verlässliche Kriterien der Reidentifikation anwenden, dann müssen wir *die Überzeugung haben, dass* wir objektive Einzeldinge reidentifizieren können, die beobachtungsunabhängig existieren.

Der Substitutionseinwand kann sich darauf berufen, dass Strawsons Ausgangspunkt unser Begriffsschema von Raum und Zeit ist, d. h. grob gesagt: eine bestimmte Weise, wie wir uns die Welt *denken* müssen, wenn wir uns intentional auf etwas beziehen. Von diesem Ausgangspunkt aus, so der Einwand, vermag Strawson in (3) nur zu zeigen, dass wir nicht umhinkönnen, gewisse Kriterien der Reidentifikation zu verwenden und sie für ‚gute' Kriterien zu halten. Entsprechend kann er in (4') nur zeigen, dass wir uns in bestimmten Fällen erfolgreiche Reidentifikation *zuschreiben* müssen, um unsere Bezugnahmen in einem einheitlichen raumzeitlichen Bezugssystem zu verorten. Offensichtlich lässt dies aber die skeptische Frage offen, ob diese Zuschreibungen *korrekt* sind und ob wir *korrekterweise* von der Güte unserer Kriterien ausgehen.

Wie könnte Strawson auf Strouds Substitutionseinwand reagieren? Strawson darf mit seinem transzendentalen Argument für (4) kein Weltwissen voraussetzen; ansonsten wäre es als anti-skeptisches Argument witzlos. Wenn er jedoch die Abschwächung (4') zugesteht, dann müsste er zeigen, dass die Notwendigkeit der Überzeugung, dass wir objektive Einzeldinge korrekt reidentifizieren, hinreichend dafür ist, dass diese Überzeugung wahr ist. Ein solcher Schluss vom Fürwahrhalten einer Aussage auf deren Wahrheit ist jedoch unplausibel, selbst wenn jenes notwendig sein mag. Strawson bleibt nur die Flucht nach vorn: Er muss die Abschwächung der Bedingung als irreführend zurückweisen, weil das skeptische Szenario sinnlos, d. h. nicht konsistent denkbar ist. Diese Replik entspricht auch der *reductio*-Form von Strawsons Argument, die den skeptischen Zweifel als selbstwidersprüchlich ausweisen soll (siehe I.1.2.3).

---

83 Zur Terminologie, siehe Stern 2000, 44 f.

II. Doch auch dann ist zu zeigen, wie es möglich ist, von der Art, wie wir gemäß unserem Begriffsschema denken und die Welt vorstellen, auf das zu schließen, was in der Welt der Fall ist. Dies ist der zweite Teil von Strouds Kritik, den ich das ‚Brückenproblem' nenne: Um den Substitutionseinwand zurückzuweisen, muss an ein ‚Brückenprinzip' appelliert werden, welches eine notwendige Implikationsbeziehung zwischen psychologischen Aussagen über Überzeugungen, Verstehens- oder Behauptbarkeitsbedingungen und gewissen nicht-psychologischen Aussagen über Tatsachen in der Welt herstellt.[84]

Um den skeptischen Zweifel als sinnlos zu entlarven, muss Strawson also zeigen, dass die Verwendung unseres Begriffsschemas, mithin die sinnvolle Verwendung des in ihm verankerten Begriffs des reidentifizierbaren objektiven Einzeldings, nur möglich ist, wenn wir *wissen* können, ob der Begriff *objektives Einzelding* (*objective particular*) instanziiert ist:

(4") Wenn wir verlässliche Kriterien der Reidentifikation anwenden, d. h. wenn der Begriff *objektives Einzelding* einen Sinn für uns hat, dann wissen wir, dass es objektive Einzeldinge gibt, die beobachtungsunabhängig existieren.[85]

Nach Stroud läuft (4") jedoch auf eine Version des *paradigm-case argument* hinaus, dem zufolge wir einen Begriff nur dann verstehen können, wenn wir wissen, dass die Kriterien seiner Anwendung erfüllbar und manchmal erfüllt sind.[86] Eine solche Art Argumentation setze wiederum die Wahrheit des berüchtigten Verifikationsprinzips voraus, d.i. das semantische Prinzip, dass Aussagen nur dann sinnvoll sind, wenn ihre Wahrheit oder Falschheit überprüfbar ist. Erst aus der verifikationistischen Annahme (4") folgt, dass die in (1)–(3) etablierten Kriterien sowohl gute Kriterien sein als auch von uns korrekt angewendet werden müssen, sodass der Skeptiker, der (1) und (5) akzeptiert, nicht sinnvollerweise die Konklusion (6) leugnen kann, dass es objektive Einzeldinge gibt. Entscheidend ist, dass das Verifikationsprinzip (4") nicht aus (1)–(3) folgt, so wie das Argument

---

[84] ‚Psychologische' Tatsachen betreffen das Vorliegen einer Einstellung, die allein mittels psychologischer Verben wie „glauben" oder „erfahren" ausgedrückt werden kann, die aber kein Wissen ist. Diese Terminologie übernehme ich von Stroud 2000c, 210. Das Brückenproblem beschränkt sich demnach auf Fälle, in denen das Haben einer Überzeugung nicht bereits *ipso facto* der Wahrmacher für diese Überzeugung ist, wie etwa die cartesische Gewissheit des ‚Ich denke' (siehe Stern 2000, 58 und die ausführliche Diskussion in Abschnitt 2.1).
[85] Strouds Formulierung der erforderlichen Prämisse lautet: „If we know that our criteria of reidentification have been satisfied, then we *know* [H.v.m.] that there are objective particulars which continue to exist unperceived." (Stroud 1968, 246)
[86] Siehe Stroud 1968, 245, und vgl. Rorty 1971, 10.

bei Strawson präsentiert wird (siehe I.1.3.3), sondern eine Zusatzannahme darstellt.

Strouds Diagnose der Unumgänglichkeit des Verifikationismus ist umstritten,[87] dabei wird m. E. aber die Gesamtstruktur seines Einwands übersehen. Denn die Anleihe an einer Form des Verifikationsprinzips wird erst dann erforderlich, wenn in einem ersten Schritt (I.) der Substitutionseinwand aufgeworfen wurde. Der Substitutionseinwand macht geltend, dass es stets eine sinnvolle Unterscheidung gibt zwischen der Überzeugung, dass *p*, und *p* (bzw. der Wahrheit dieser Überzeugung). Dann wendet er diese Unterscheidung auf das transzendentale Argument an und konstatiert erstens, dass dessen Prämissen nicht mehr enthalten können als das Haben gewisser Überzeugungen bzw. die Verwendung gewisser Begriffe. Zweitens fordert der Einwand dazu heraus, zu zeigen, weshalb die Möglichkeit unseres Begriffsschemas nicht bereits dadurch einsichtig wird, dass wir das Erfülltsein seiner transzendentalen Bedingungen *unterstellen*, d. h. dass wir von der Wahrheit gewisser Voraussetzungen schlicht überzeugt sind.

Jede Replik, die diesen Einwand als triftige Herausforderung akzeptiert, steht dann vor dem (II.) Brückenproblem zu zeigen, dass es zwischen dem Unterschiedenen in gewisser Hinsicht eine notwendige Implikationsbeziehung gibt. Das bedeutet: Es müsste *unmöglich* sein, dass wir die fragliche Überzeugung haben und sie zugleich falsch ist. Weil der Substitutionseinwand als triftig zugestanden wurde, kann diese Unmöglichkeit nicht wiederum anhand der von ihm angegriffenen Prämissen und mit demselben transzendentalen Argument dargelegt werden.[88]

---

87 Siehe Brueckners Kritik, dass transzendentale Argumente nur in Fällen, welche die Möglichkeit von *Sprache* betreffen, auf einen Verifikationismus verpflichtet sind und auch dann nicht notwendig auf einen globalen, sondern nur einen lokalen Verifikationismus (für ersteres, siehe Brueckner 1984, 556; für letzteres Brueckner 2010, 111). Brueckners Kritik ist insoweit berechtigt, als Stroud in einer einschlägigen Bemerkung ein *non sequitur* zu begehen scheint (siehe Stroud 1968, 255): Stroud schließt dort von der Verifizierbarkeit *einer* Proposition *S*, als einer notwendigen Bedingung von Sprache, darauf, dass *jeder* Satz einer Sprache verifizierbar sein muss. Strouds Argument mag hier enthymematisch sein, wird aber im Folgenden von mir verteidigt – nicht zuletzt, weil der Vorwurf des Verifikationismus nur eine Instanz des allgemeineren Idealismusproblems darstellt. Weitere Kritiken an Strouds *Lesart* des Verifikationsprinzips formulieren Peter Hacker 1972 u. Rorty 1971, 9, 14. Stroud selbst plausibilisiert seinen Einwand stets an einzelnen Beispielen und gibt keine allgemeine Erläuterung seines Verifikationseinwands, obgleich seine Ausführungen die hier gegebene nahelegen (vgl. Stroud 1968, 246, 255 und die Bemerkungen zum in Strawsons *Bounds of Sense* angenommenen „principle of significance" in Stroud 2000a, 161 f.).
88 Stroud gesteht sogar zu, dass es wahrscheinlich eine „privileged class" von Propositionen gebe, deren Wahrheit für die Möglichkeit von Denken oder Sprache konstitutiv ist (Stroud 1968, 253). Diese Klasse werde ich später eingehender erörtern (siehe I.2). Der Substitutionseinwand

III. Der dritte Teil von Strouds Einwand – das ‚Idealismusproblem' – zeigt auf, dass die Anleihe am Verifikationsprinzip oder einem anderen Brückenprinzip notwendig desaströs für transzendentale Argumente ist, weil sie auf die fragwürdige Annahme einer Form des Idealismus hinausläuft. Das Verifikationsprinzip stellt deshalb eine Form des Idealismus dar, weil es, kurz gesagt, Behauptbarkeits- mit Wahrheitsbedingungen identifiziert: Wenn eine Aussage sinnvoll behauptbar bzw. ein Begriff verstehbar sein soll, dann können wir dem Verifikationsprinzip zufolge wissen, ob die fragliche Aussage wahr bzw. der Begriff anwendbar ist.

Allgemein muss jede Replik auf das Substitutions- und Brückenproblem den Unterschied zwischen dem Haben von Überzeugungen und deren Wahrheit oder von Mir-so-Scheinen und Der-Fall-Sein auf eine bestimmte Weise nivellieren.[89] Ansonsten könnte nicht gezeigt werden, wie die notgedrungen subjektiven Ausgangsprämissen transzendentaler Argumente – da wir gegenüber dem Skeptiker Weltwissen nicht dogmatisch voraussetzen dürfen – zu ‚objektiv gültigen' Bedingungen führen können. Gegenüber dem Substitutionseinwand liefe diese Replik darauf hinaus, den Unterschied zwischen einer *notwendigen* Überzeugung und ihrer Wahrheit gänzlich einzuebnen, sodass die entsprechende Substitution zu gar keiner Schwächung des transzendentalen Konditionals führte. Als Replik auf das Brückenproblem könnte die Unterscheidung zwar in gewisser Weise beibehalten werden, aber es bliebe bei dem Erfordernis, dass die objektive Welt allgemein und konstitutiv durch die Möglichkeit subjektiver Phänomene wie Denken, Erfahrung oder Sprache bestimmt sein müsste.

Was ist am Idealismusproblem so problematisch? Zunächst ist problematisch, dass der jeweilige Idealismus als eine gesonderte Prämisse eingeführt werden muss, die nicht ihrerseits durch ein weltbezogenes transzendentales Argument bewiesen werden kann. Auch hier ist die Gesamtstruktur von Strouds Einwand zu berücksichtigen: Wenn der Substitutionseinwand und das Brückenproblem bereits als triftig anerkannt werden, dann versteht sich die objektive Geltung transzendentaler Konditionale nicht mehr von selbst, sondern sie kann

---

stellt uns auch hier vor das Problem, *wie bewiesen* werden soll, dass eine bestimmte Proposition dieser *privileged class* angehört, sodass wir nicht von ihr überzeugt sein können ohne dass sie zugleich wahr ist.

89 Vgl. die Diagnose von Stern 2000, 50: „[O]nce something like Stroud's weakening assumption is accepted, that the transcendental claim relates to how things must appear to us or how we must believe them to be, then it seems that only by becoming some sort of idealist, and giving up on the appearance/reality distinction at some level, can this be enough *also* to settle how things are in the world and hence answer scepticism."

nur durch eine idealistische Zusatzannahme, wie etwa des Verifikationsprinzips in (4"), garantiert werden.

Für weltbezogene transzendentale Argumente entsteht dann erstens das Problem, dass sie überflüssig werden. Das Verifikationsprinzip z. B. stellt eine vollständig *allgemeine* und *selbständige* Lösung für jeden skeptischen Zweifel dar: Wenn die Wahrheit einer Aussage p sinnvoll bezweifelt werden kann, folgte aus dem Verifikationsprinzip, dass wir wissen können, ob p wahr ist. Damit sind alle Fälle epistemischer Skepsis auf einen Schlag erledigt. Auf transzendentale Argumente, die zudem jeweils auf ein bestimmtes transzendentales Konditional begrifflich zugeschnitten sein müssten, könnte verzichtet werden.[90] – Zweitens droht die anti-skeptische Strategie sich als *zirkulär* zu entpuppen, weil die Annahme einer Art des Idealismus bereits festschreibt, dass und wie wir Wissen erlangen können, der Skeptiker aber gerade die Möglichkeit von Wissen leugnet.[91] Die anti-skeptische Beweislast würde einfach auf die idealistische Prämisse verschoben, die offenbar viel zu anspruchsvoll ist, um ohne Weiteres für den Skeptiker zulässig zu sein.[92] – Drittens ist fragwürdig, ob ein Idealismus von der geforderten Stärke uns nicht wieder in die Arme des Skeptizismus zurücktriebe. Denn eine Annahme, die darauf hinausläuft, dass es keine substantielle Unterscheidung von Mir-so-Scheinen und Der-Fall-Sein mehr gibt, könnte mit guten Gründen als eine *Form von Skepsis* aufgefasst werden; schließlich gibt es auch ihr zufolge kein Wissen von einer objektiven, von uns als epistemischen Subjekten unabhängigen Welt.[93]

---

[90] „[W]ith this principle the skeptic is directly and conclusively refuted, and there is no further need to go through an indirect or transcendental argument to expose his mistakes." (Stroud 1968, 247) Vgl. Stroud 1968, 255 f., u. Stroud 2000a, 162: „A completely general thesis linking meaning and empirical ascertainability would mean the end of all forms of epistemic scepticism. [...] There would be no need then to explore the presuppositions of thinking in certain ways [...] in order to identify a special core of privileged and so invulnerable truths. All propositions would be equally immune from sceptical attack, and for the same simple reason." Siehe auch die entsprechende Diagnose von Stern 2000, 45.
[91] Siehe Stroud 1984, 166.
[92] Dieses Problem betrifft die bisweilen bei weltbezogenen transzendentalen Argumenten bemühten Zusatzannahmen wie das hier paradigmatisch diskutierte Verifikationsprinzip (vgl. Stroud 1968), den semantischen Externalismus (siehe Grundmann und Misselhorn 2003 in Berufung auf Putnam) oder Spielarten des wahrheitstheoretischen Kohärentismus (vgl. Rorty 1979b). Vor dieses Problem gerät auch eine anti-realistische Theorie der Modalität, welche das oben aufgeworfene Brückenproblem löst, indem sie Denkbarkeit mit metaphysischer Möglichkeit identifiziert (vgl. Stern 2000, 61 f.). Die genannten Vorschläge und ihre Probleme werde ich nochmals in I.2.2 aufgreifen.
[93] Siehe Stern 2000, 49; Stroud 1984, 162, 166; Stroud 2000, 159 f.

1.1 Die Trilemma-Struktur des Problems

Meiner obigen Rekonstruktion zufolge hat Strouds Kritik an weltbezogenen transzendentalen Argumenten die Struktur eines Trilemmas. Stroud selbst systematisiert seine Kritik nicht derart eingehend. Die von mir vorgeschlagene Struktur soll die Kraft der Stroud'schen Kritik und ihre heuristische Funktion für unser Verständnis des Problems objektiver Geltung herausstellen.[94] Ich nenne diese Struktur ein ‚Trilemma', weil weltbezogene transzendentale Argumente an einem der folgenden drei Kritikpunkte scheitern, die dergestalt miteinander verzahnt sind, dass die erfolgreiche Zurückweisung eines der Kritikpunkte impliziert, dass einer der beiden übrigen zutrifft:

I. *Substitutionseinwand:* Gegeben ein transzendentales Konditional der Form ⌜ X ist nur möglich, wenn p ⌝, ist es unentscheidbar, ob dieses Konditional falsch ist und statt seiner nur das Konditional ⌜ die Überzeugung, dass p, ist eine notwendige Bedingung von X ⌝ wahr ist.

II. *Brückenproblem:* Wenn transzendentale Konditionale nur psychologische Aussagen über die Einstellungen von Subjekten darstellen, dann haben sie nur dann objektive Geltung, wenn eine allgemeine Implikationsbeziehung zwischen psychologischen Tatsachen und nicht-psychologischen Tatsachen über die Welt angenommen wird.

III. *Idealismusproblem:* Weltbezogene transzendentale Argumente setzen eine Form des Idealismus voraus, die jene entweder überflüssig macht oder den Unterschied zwischen Überzeugungen und Tatsachen so nivelliert, dass sie von einer skeptischen Position ununterscheidbar ist.

Der Substitutionseinwand (I.) bildet die Wurzel des Trilemmas, indem er zwischen der intendierten objektiven Geltung einer transzendentalen Bedingung und ihrer bloß subjektrelativen Geltung eine *Kluft* aufreißt. Die Begründung des Substitutionseinwandes wird im folgenden Abschnitt eingehend erörtert; die zentrale

---

[94] Die meisten Darstellungen der Stroud'schen Kritik schildern sie als Dilemma: Entweder sind weltbezogene transzendentale Argumente überflüssig, weil sie das Verifikationsprinzip voraussetzen, oder sie können gar keine objektive Geltung beanspruchen und sind vielmehr vom moderaten Typ (z. B. Brueckner 2010, 110, u. Stern 2000, 48). Sterns Darstellung kommt der meinen am nächsten, indem sie Strouds Kritik als zweistufigen Einwand rekonstruiert, dessen erster Schritt das Substitutionsmanöver ist, auf welches zweitens nur das Verifikationsprinzip antworten könne (Stern 2000, 44 f.). Stern ergänzt noch zwei weitere Einwände, die *idealism objection* und die *modal objection* (Stern 2000, 49 f., 59 f.), die in meiner Darstellung Teile eines einzigen Trilemmas und keine separaten Probleme sind. Gleiches gilt für Cassams *uniqueness problem* und *status problem* (Cassam 1987, 377 ff.), die für Sterns *modal objection* als Vorbild fungieren. Auf diese Einwände gehe ich in Abschnitt 2.2 ein.

Überlegung ist schlicht die, dass transzendentale Argumente beanspruchen, von psychologischen Prämissen über die Weise, wie wir denken oder erfahren, deduktiv auf nicht-psychologische Aussagen über die Welt zu schließen. Dieser Schluss – kurz gesagt: vom Denken auf das Sein – sei aber unzulässig.[95] Um gegen den Einwand zu zeigen, dass ein transzendentales Argument nicht diesseits der subjektiven Seite der Kluft stehen bleibt, bleiben nur zwei Antwortoptionen, die jeweils auf ein anderes Glied des Trilemmas führen. Entweder müsste versucht werden, die Kluft nachträglich wieder zu schließen, was das Brückenproblem (II.) aufwirft, oder ihre Existenz zu leugnen, was als *protestatio facto contraria* auf das Idealismusproblem führt (III.). Diese Erläuterungsordnung wurde oben am Beispiel Strawsons vorgeführt.

Der innere Zusammenhang des Trilemmas lässt sich aber auch von seinen anderen Gliedern aus erläutern. Wenn man das Brückenproblem (II.) als triftig anerkennt, aber für es eine Lösung vorschlägt, dann verpflichtet man sich auf ein Brückenprinzip, das zwischen bloß subjektiven Tatsachen wie dem Haben von Überzeugungen und Tatsachen über die Welt vermittelt. Wie oben am Fall des Verifikationsprinzips gezeigt, gerät diese Replik vor das Idealismusproblem (III.), dass mit dem Brückenprinzip eine problematische Form des Idealismus vorausgesetzt werden muss. Der alternative Versuch, das Brückenprinzip mit einem transzendentalen Argument zu etablieren, wäre freilich zirkulär und geriete erneut vor den Substitutionseinwand (I.).

Das Entsprechende gilt für jeden Lösungsversuch des Idealismusproblems (III.), da dieses Problem anzuerkennen heißt, sich auf einen gehaltvollen Unterschied zwischen subjektiven Tatsachen wie dem Haben von Überzeugungen und der Wahrheit dieser Überzeugungen zu verpflichten. Damit handelt sich die Replik wiederum das Brückenproblem (II.) sowie den Substitutionseinwand (I.) ein, weil nun zu zeigen ist, inwiefern der Unterschied überbrückt werden kann bzw. keine epistemisch problematische Kluft darstellt.

Wie gezeigt, rekurriert jedes Glied des Trilemmas auf eine Form der Unterscheidung von subjektivem Mir-so-Scheinen und objektivem Der-Fall-Sein, die hier in das Bild einer epistemischen ‚Kluft' gebracht wurde. Dass diese Kluft zum Problem wird, liegt an der Plausibilität des Substitutionseinwands (I.): Selbst wenn die Möglichkeit der Substitution zurückgewiesen wird, erkennt eine solche Replik die Beweislast an, dass mit dieser Kluft umzugehen ist. Das Brücken- (II.) und Idealismusproblem (III.) erscheinen jeweils nur dann als triftig, wenn die Beweislast des Substitutionseinwands stillschweigend übernommen wurde. All-

---

[95] „The truth of what we think does not follow from our thinking it, or even from our being required to think it." (Stroud 2000d, 236)

gemein gesprochen verstricken sich weltbezogene transzendentale Argumente nur deshalb in Strouds Trilemma, weil das Problem der Substituierbarkeit von objektiv gültigen Bedingungen durch ihnen entsprechende Überzeugungen, die nur subjektiv gültig sind, *prima facie* so plausibel scheint. Der Substitutionseinwand wirft einen Erläuterungsbedarf auf, der, einmal aufgerufen, sich in der Struktur des Trilemmas zu einer nicht mehr zu schließenden Erklärungslücke auswächst. Ob und in welchem Sinne wir an dem Anspruch auf die objektive Geltung von transzendentalen Konditionalen festhalten können, entscheidet sich somit daran, ob und inwiefern wir die Plausibilität des Stroud'schen Substitutionseinwands angreifen können.

1.2 Gegeneinwand: Unhintergehbarkeit einer ‚privilegierten Klasse'

In diesem Abschnitt erörtere ich eine Interpretation transzendentaler Argumente, die Strouds Trilemma als Ganzes zurückzuweisen verspricht. Stroud selbst konzediert die Möglichkeit einer „privileged class" gewisser Propositionen, deren Wahrheit die Bedingung der Möglichkeit von Denken oder Sprache darstellt.[96] Gäbe es diese *privileged class* wirklich, dann garantierte schon die Tatsache, dass wir denken oder sinnvoll sprechen können, die Wahrheit der zu dieser Klasse gehörenden Propositionen. Das Brückenproblem (II.) könnten wir dann schlicht als unzutreffend zurückweisen. Auch das Idealismusproblem (III.) würde nicht unmittelbar bestehen, weil die Existenz der *privileged class* kompatibel ist mit einer allgemeinen Subjektunabhängigkeit der Welt, insofern die Welt weiterhin existieren könnte (und wahrscheinlich existiert hat), ohne dass es zugleich Denken oder Sprache geben müsste. Doch ließe sich offenbar immer noch der Substitutionseinwand (I.) erheben, dass wir nie wissen können, *ob* eine bestimmte Proposition *p* Mitglied der *privileged class* ist oder nicht: Könnte nicht bloß die entsprechende Überzeugung, dass *p*, für die Möglichkeit von Denken

---

[96] Stroud 1968, 253f. Die Idee einer *privileged class* dient auch in späteren Arbeiten Strouds als die zentrale Abgrenzungsfolie, vgl. Stroud 2000, xiii; Stroud 2000a, 157, 162; Stroud 2000c, 207f. Stroud 2011, 137, bestimmt den Status von Propositionen der *privileged class* wie folgt: „anyone who denies any of those indispensable propositions will be wrong in denying them. Denying them involves thinking and their truth is required for thought." Stroud variiert bisweilen seine Formulierung, ob es sich um notwendige Bedingungen von Sprache, Denken oder Erfahrung handelt (letzteres z. B. in Stroud 2000c, 208, was den Einwand von Brueckner 2010, 110, erledigt, Stroud klammere die Bedingungen von Erfahrung aus).

oder Sprache konstitutiv sein?⁹⁷ Die Crux bleibt die Frage, ob der transzendentale Status einer Proposition, der hier als Mitgliedschaft in der *privileged class* definiert wurde, *a priori* im Rahmen eines transzendentalen Arguments ausweisbar ist.

Um den Substitutionseinwand als nicht triftig zurückzuweisen, müsste die fragliche Proposition bzw. ihre Zugehörigkeit zur *privileged class* etwas schlechthin Gewisses sein, so wie etwa die Wahrheit des Gedankens ‚Ich denke'. Denn der Einwand setzt offenbar die Denkbarkeit eines skeptischen Szenarios voraus, in welchem die fragliche Proposition falsch ist. Für Mitglieder der *privileged class* scheint gerade dies aber nicht zu gelten: Sie sind für uns *unhintergehbar* in dem Sinne, dass wir notwendigerweise die entsprechenden Überzeugungen haben müssen (*indispensability*) und sie nicht konsistent für falsch halten können (*invulnerability*).⁹⁸ Wenn zum Beispiel Kants „Widerlegung des Idealismus" tatsächlich zeigt, dass ein räumliches Substrat konstitutiv für zeitbestimmte Erfahrung ist, dann ist es für uns, die ausschließlich zeitbestimmte Erfahrung haben, nicht konsistent denkbar, dass der bloße *Gedanke* eines räumlichen Substrats ebenso der Grund zeitbestimmter Erfahrung sein könnte.⁹⁹ Gleiches gilt womöglich für die von Strawson ausgewiesene Notwendigkeit der Unterstellung, dass es objektive Einzeldinge gibt, die wir reidentifizieren können.

Stroud operationalisiert diese Unverwundbarkeit (*invulnverability*) wie folgt: Wir könnten nocht nicht einmal jemand anderem die entsprechende Überzeugung zuschreiben – wie zeitbestimmte Erfahrung zu haben oder zur Reidentifikation fähig zu sein –, wenn wir nicht selbst davon überzeugt wären, dass die dafür notwendigen transzendentalen Bedingungen erfüllt sind. Somit könnten

---

97 „Although it seems to me unlikely that there should be no members of the privileged class, we have yet to find a way of proving, of any particular member, that it is a member. [...] [F]or any candidate S, proposed as a member of the privileged class, the skeptic can always very plausibly insist that it is enough to make language possible if we *believe* that S is true, or if it looks for all the world as if it is, but that S needn't actually be true." (Stroud 1968, 254 f.)

98 Die englischen Termini übernehme ich von Stroud 2000c, 176. Für weitere Binnendifferenzierungen im Spektrum unverwundbarer bzw. unhintergehbarer Überzeugungen, siehe Stern 2000, 80–83.

99 Cassam charakterisiert die Replik am Beispiel Kants auf folgende Weise: „we might insist [...] that it is the *existence* of physical objects and not merely belief in their existence which constitutes a necessary condition of the possibility of experience, and if this is *true*, there will simply be no gap to be bridged" (Cassam 1987, 356; siehe auch Stern 2000, 46). In ähnlicher Weise betont Sacks an Kants zweiter Analogie der Erfahrung, dass die Irreversibilität in der Ordnung gewisser Wahrnehmungen nicht durch dieselben *qua* mentale Zustände festgelegt werden und *qua* ihrer Notwendigkeit keine Sache des Glaubens sein könne, sondern einen externen Ursprung haben müsse (Sacks 2000, 282). Vgl. auch das Argument von Peacocke 1989.

wir weder uns noch anderen zuschreiben, dass sie sich über das Erfülltsein der Bedingungen irrten.[100] Diese Unverwundbarkeit einer Überzeugung gilt *a fortiori*, wenn sie selbst notwendig (*indispensable*), d.h. derart konstitutiv für unser Selbst- und Weltverständnis ist, dass wir sie immer schon haben und nicht einmal dann aufgeben könnten, wenn wir wollten.[101]

1.2.1 Reflexive Distanzierung als ‚pragmatische' Komponente von Skepsis

Doch selbst von derartig unhintergehbaren Überzeugungen können wir uns kritisch distanzieren, insofern wir unser Haben dieser Überzeugungen als solches reflektieren. In dieser reflexiven Einstellung erscheint ihre Unhintergehbarkeit in einem neuen Licht. Erstens können wir uns klar machen, dass es nicht schlechthin notwendig ist, dass wir denken oder sprechen bzw. es denkende oder sprechende Wesen gibt. Nicht alle Propositionen der *privileged class* müssen daher notwendige Wahrheiten darstellen, sondern ihre Wahrheit untersteht grundsätzlich dem kontingenten Umstand, *dass* es Denken bzw. Sprache gibt.[102] Somit lässt sich zweitens sinnvollerweise fragen, worin ihre Unhintergehbarkeit besteht und woher sie rührt. Die Stärke der metaepistemologischen Skepsis, die ich mit Stroud formuliere, liegt darin, dass ihr diese reflexive Distanzierung ausreicht und dass sie auch erstpersonal vollziehbar ist. Weil sie auf einem Akt der Reflexion basiert und eher eine Weise des Verhaltens zu den eigenen Überzeugungen als selbst eine bestimmte Überzeugung darstellt, nenne ich dies im Folgenden die ‚pragmatische' Komponente des skeptischen Zweifels. Strouds Trilemma kann somit als epistemische Selbstkritik auftreten und muss nicht als das leicht abstrus wirkende Problem der Überzeugung eines Dritten, der Figur des renitenten Skeptikers, aufgefasst werden; sofern nicht anders angegeben, wird die personifizierende Rede vom ‚Skeptiker' in jenem übertragenen Sinne als Sprachrohr für unsere epistemische Selbstprüfung verwendet.

---

100 Vgl. Stroud 2000c, 221, u. Stroud 2011, 138–144. Auf eine verwandte Weise analysiert Taylor die von transzendentalen Argumenten gemachten „indispensability claims". Nach Taylor beruht die apodiktische Notwendigkeit von transzendentalen Konditionalen darauf, dass ich mich bei gewissen selbstbewussten, regelgeleiteten Aktivitäten nicht darüber irren kann, dass ich diese Aktivität ihren konstitutiven Regeln entsprechend ausübe: „My submission is that these claims can be certain because they are grounded in our grasp of the point of our activity, that grasp we must have to carry on the activity. They articulate the point, that is, certain conditions of success and failure; and we can be certain that they do so rightly, because to doubt this is to doubt that we are engaged in the activity, and in this case such a doubt is senseless." (Taylor 1978–79, 163)
101 Vgl. Stroud 2000c, 214 f.
102 Vgl. Stroud 1968, 254.

1.2.2 Reflexive Kritik an Behauptungen der Unhintergehbarkeit

Gemäß dem obigen Vorbegriff transzendentaler Argumente (I.1) sind vier Antwortoptionen auf die skeptische Reflexion möglich. Wie ich nun skizzieren werde, führen sie jedoch alle in Strouds Trilemma und insbesondere zum Substitutionseinwand zurück.

Der Anschein der unhintergehbaren Wahrheit von Propositionen in der *privileged class* könnte schlicht daher rühren, **(a)** dass wir notwendigerweise von ihrer Wahrheit überzeugt sind. Doch auf dem hier vorgegebenen Reflexionsniveau steht eine solche Begründung vor dem Brückenproblem, dass aus dem Überzeugtsein von etwas, auch wenn dasselbe notwendig sein mag, nicht die Wahrheit des Überzeugungsinhalts folgt. In diesem Sinne ist auch der Substitutionseinwand, der nur das notwendige Überzeugtsein konzediert, noch nicht beantwortet. Strouds Konzept der *invulnerability* scheint hier die stärkste Variante einer solchen Unhintergehbarkeit des Überzeugtseins darzustellen. Nach Stroud können moderate transzendentale Argumente zeigen, dass wir gewisse Überzeugungen nur dann zuschreiben können, wenn wir selbst diese Überzeugungen unterhalten. Angenommen z. B. es gelänge Strawson zu zeigen, dass wir nur dann eine objektive Welt denken können, wenn wir sie als objektive Einzeldinge enthaltend vorstellen. Sofern wir auf Personen in der objektiven Welt Bezug nehmen und denselben Überzeugungen zuschreiben, müssten wir also an die Existenz objektiver Einzeldinge glauben. Dann könnten wir aber niemandem die Überzeugung, dass es objektive Einzeldinge gibt, zugleich zuschreiben und diese für falsch bzw. einen Irrtum halten.[103] Dieses Ergebnis beweist jedoch nicht die Wahrheit der dergestalt unhintergehbaren (,invulnerablen') Überzeugung, sondern zeigt nur auf, dass wir sie nicht konsistent für falsch halten können. Stroud analysiert dies im Sinne von Moores Paradox als Inkonsistenz zweier Behauptungsakte der Form ⌜ Ich glaube *p*, aber nicht-*p* ⌝; in eine solche Inkonsistenz gerieten wir, wenn wir uns vorstellen wollten, dass jemand eine falsche invulnerable Überzeugung hat. Mit einer solchen Inkonsistenz ist jedoch wie gesagt noch nichts über die Wahrheit des Inhalts der Behauptungen entschieden.[104]

---

[103] Das ist die Kurzfassung des Arguments in Stroud 2000c, 215.
[104] Vgl. Strouds Erläuterungen der *invulnerability* von Überzeugungen in Stroud 2000b, 174; Stroud 2000c, 218–223, u. Stroud 2011, 146–153. Für Stroud führt dieses Ergebnis in eine Situation „metaphysischer Unzufriedenheit" (*metaphysical dissatisfaction*): Wir können hinsichtlich dergestalt unhintergehbarer Überzeugungen deren Wahrheitsgehalt niemals unparteiisch evaluieren, da wir sie schlicht nicht hinterfragen können, aber dies allein ist keine Garantie ihrer Wahrheit (Stroud 2011, 145ff.). Zur Struktur ,Moore'scher Inkompatibilität' und der mit ihr verbundenen „Unzufriedenheit" gehe ich in III.4.2.2 näher ein, siehe Fn. 742.

Um einen stärkeren Sinn von Unhintergehbarkeit zu artikulieren, könnten wir darauf bestehen, dass wir **(b)** schlicht *nicht anders können*, als gewisse Propositionen für wahr zu halten. Eine solche Berufung auf die eigene Gewissheit versucht jede weitere Reflexion zu unterbinden, damit die reflexive Selbstdistanzierung, die der Skeptiker uns zumutet, als sinnlos erscheint. Doch gerade so wird die angerufene Gewissheit zu einer rein psychologischen Tatsache degradiert. Denn ich habe eigentlich gar nichts über eine bestimmte Proposition *p* gesagt, sondern nur eine psychologische Tatsache über meine Einstellung des Fürwahrhaltens konstatiert. Gleiches gilt für performative transzendentale Argumente, die zeigen, dass der Skeptiker einen performativen Selbstwiderspruch begeht, wenn er nicht-*p* behauptet. Hier geht es ebenfalls nicht eigentlich um die jeweils anzuzweifelnde Proposition *p*, sondern nur darum, dass ich gewisse *Akte* nicht vollziehen kann.[105] Entweder haben wir es dabei wieder mit einer Moore'schen Inkompatibilität im Sinne von Strouds *invulnerability* zu tun, oder der Selbstwiderspruch soll den Nachweis einer schlechthin sinnlosen bzw. unsinnigen Äußerung erbringen. Dann könnten wir einen bestimmten Satz nicht als sinnvolle Aussage äußern. Diese Reflexion auf die Form bloß performativer Unhintergehbarkeit provoziert wiederum den Substitutionseinwand bzw. das Brückenproblem: Nur weil wir etwas nicht *tun können*, heißt das nicht, dass es tatsächlich unmöglich ist.[106] Mithin scheint das schlichte Unvermögen, etwas verneinen oder anzweifeln zu können, kein rational hinreichender Grund zu sein, um dessen Gegenteil für wahr zu halten. Stern spitzt das Problem wie folgt zu: Der Skeptiker wird mit solchen performativen Argumenten nur zum *Schweigen* gebracht, aber nicht mit rationalen Gründen *überzeugt*.[107]

Um an der starken Unhintergehbarkeit festzuhalten, sie aber nicht wie in (b) als irrationale Fixierung unserer Überzeugungen schildern zu müssen, könnte behauptet werden, dass es **(c)** *aus begrifflichen Gründen* unmöglich ist, eine bestimmte Proposition für falsch zu halten. Dann kommentiere ich nicht meinen psychologischen Zustand oder die Inkompatibilität von Behauptungsakten,

---

[105] Siehe meine Diskussion performativer transzendentaler Argumente in I.1.3, Abschnitt 4.
[106] Vgl. die Unterscheidung zwischen „methodological" und „absolute indispensability" bei Stern 2000, 82. Im Sinne der Stern'schen *methodological indispensability* ist Taylors Analyse performativer Unhintergehbarkeit zu verstehen (siehe Fn. 100); Taylor konzediert entsprechend, dass so keine ontologischen Aussagen begründet werden können, sondern nur Aussagen über „the nature of our life as subjects" (Taylor 1978–79, 157).
[107] Vgl. Stern 2017, 18 f. Ich werde Sterns Einwand im Folgenden als ‚*wrong-reason*-Einwand' bezeichnen (siehe III.4.3), weil er im Kern besagt, dass die performative Unmöglichkeit, etwas zu tun bzw. zu glauben, dem Skeptiker die falsche Art *Grund* gibt, da sie nichts über die rationale Verbindlichkeit der entsprechenden Überzeugung aussagt. Ich danke Robert Stern für Hinweise im Gespräch. Vgl. das Vorbild des *wrong kind of reasons problem* in der Metaethik (Jacobson 2013).

sondern den *Gehalt* von Begriffen, der nicht außerhalb ihrer Verknüpfung denkbar sein soll, wie z. B. nach Kant der Begriff des Beharrlichen untrennbar mit dem Begriff der Substanz im Raum verknüpft ist. Auch hier geht die Reflexion dazwischen: *Begriffliche* Verknüpfungen sagen zunächst nichts darüber aus, ob es Gegenstände gibt, die die entsprechenden Begriffe instanziieren. Das wirft wiederum das Brückenproblem auf: Es mag zwar sein, dass ich z. B. den Begriff des Beharrlichen nicht auf etwas anwenden kann, wenn ich nicht auch den Begriff der räumlichen Substanz auf es anwende, doch sagt dies noch nichts darüber aus, ob meine Begriffsverwendung korrekt bzw. objektiv zutreffend ist. Dieser Einwand trifft auch den Rekurs auf universale Sinnbedingungen: Entweder er kollabiert in eine Feststellung performativer Unmöglichkeit, die unter (b) kritisiert wurde, oder er führt mit subjektseitigen Bedingungen des Verstehens oder Behauptens die falsche Kategorie von Begründungsinstanz ins Feld, weil dabei nicht ohne Weiteres etwas über Wahrheitsbedingungen gesagt wird.[108]

Schließlich könnten wir die Unhintergehbarkeit der *privileged class* so erläutern, dass es **(d)** *für uns nicht denkbar* ist, dass es Denken bzw. Sprache ohne das Erfülltsein gewisser Voraussetzungen geben könnte. Statt auf eine bestimmte Beweisform zu rekurrieren, wie performative oder begriffliche Argumente, fordert

---

108 Ersteres legt exemplarisch Willes Bemerkung zu „epistemologischen Präsuppositionen" nahe, dass diese „in unseren Handlungsvollzügen einen reinen Widerfahrnischarakter [besitzen], der unabänderlich ist." (Wille 2011, 82) Doch Willes theoretische Explikation dieser Präsuppositionen zielt natürlich auf Letzteres: das begrifflich transparente Ausweisen universaler Sinnbedingungen. Hier lässt Willes Ansatz m. E. die Möglichkeit reflexiver Distanzierung offen, da die metasprachliche Verständigung über Sinnbedingungen es erlauben muss, zwischen den Vollzugsbedingungen von Behauptungen und dem behaupteten Gehalt zu unterscheiden. Dass dieser nicht mit jenen in Widerspruch stehen darf (vgl. Wille 2011, 86), kann Willes Ansatz dann nur zeigen, wenn entweder ein wahrheitsbezogenes transzendentales Argument oder eine anti-realistische Bedeutungstheorie vorausgesetzt werden. Willes offenbare Einschränkung von epistemologischen Präsuppositionen auf „unsere[] Erfahrungswirklichkeit" bzw. „Lebenswelt" (Wille 2011, 97) macht diese Möglichkeit reflexiver Distanzierung umso deutlicher. Deshalb halte ich Willes Einwand gegen Stroud bei aller Subtilität für entkräftet, weil er in prekärer Weise auf die Verwendungsbedingungen des Begriffs der Erfahrung relativiert ist: „Wer hier – wie Stroud – skeptisch die Möglichkeit gänzlich anders gearteter Erfahrungsmodalitäten erwägt, die nach unserem Vorstellungsvermögen keine Erfahrung möglich machen (weil sie letztlich nicht die grundlegenden – nämlich transzendentalen – Merkmale des Erfahrungsbegriffs aufweisen), der benutzt einen Begriff zur Explikation seines Problems, für den er essentielle Verwendungsbedingungen leugnet." (Wille 2011, 581) Überdies ist fraglich, ob Stroud die Möglichkeit gänzlich anders gearteter Erfahrungsmodalitäten tatsächlich existenzquantifiziert behaupten muss bzw. im Sinne Willes eine starke Form von Wissenstranszendenz vertritt (Wille 2011, 580), oder nur reflexiv infrage stellt, ob wir aus der Sinnlosigkeit einer solchen Behauptung bereits darauf schließen dürfen, dass wir mit der ‚invulnerablen' Behauptung des Gegenteils recht haben (vgl. Wille 2011, 579).

diese Replik den Skeptiker direkt heraus. Das skeptische Szenario, dass die für jegliches Denken konstitutiven Propositionen der *privileged class* falsch sein könnten, wäre schlicht nicht denkbar, weil es denken zu können voraussetzte, dass sie wahr sind. Auf dem gegenwärtigen Reflexionsniveau muss jedoch artikulierbar sein, inwiefern diese Erläuterung nicht tautologisch ist, d. h. Unhintergehbarkeit allein mittels Denkbarkeit *erklärt* wird. Denn das wirft sogleich den Substitutionseinwand auf, dass die Falschheit gewisser Propositionen zwar für uns undenkbar oder unvorstellbar sein, aber trotzdem *metaphysisch möglich* sein könnte.[109] Weitere Anpassungen der Replik stehen dann vor dem Brücken- bzw. Idealismusproblem, dass sie eine anti-realistische Theorie der Modalität annehmen müssen, um das Denkbare mit dem metaphysisch Möglichen zu identifizieren (oder beides konstitutiv übereinstimmen zu lassen).[110]

---

[109] Es scheint möglich, eine abgeschwächte Auffassung der *privileged class* zugrunde zu legen, der zufolge die darin enthaltenen Propositionen nicht falsch sein können, sofern es Denken, Erfahrung oder Sprache gibt, sie aber womöglich nur kontingenterweise wahr sind. Bei dieser Abschwächung müsste man sich aber entscheiden: Sofern es sich um Propositionen handelt, die unter jener Bedingung wahr sein *müssen*, dann muss die Notwendigkeit des entsprechenden transzendentalen Konditionals dargelegt werden. Andernfalls gäbe es vielleicht eine Art Korrelation gewisser Propositionen mit den Fakta des Denkens oder der Erfahrung, aber transzendentale Argumente wären bei ihrer Entdeckung nutzlos, da solche Korrelationen nicht durch *a priori* und mit Notwendigkeit gültige transzendentale Konditionale etabliert werden können. Eine noch schwächere Auffassung würde den Anspruch auf objektive Geltung fallen lassen und zur *privileged class* solche Überzeugungen zählen, die *für uns* unhintergehbar und ohne Alternative sind, aber an sich ein kontingentes Begriffsschema darstellen könnten (vgl. Stroud 2000d, 237, u. Wilkerson 1970, 211).

[110] Diese Replik erörtert Stern 2000, 61 f. Neben der Frage nach dem metaphysischen Status von Modalität käme auch das Folgeproblem auf, wie das schlechthin Undenkbare vom Unimaginierbaren oder Unvorstellbaren abzugrenzen ist (siehe Stern 2000; 69, Fn. 2, im Rückgriff auf eine Unterscheidung Blackburns). – Dieser Problemkomplex, der sich bei der reflexiven Distanzierung von vorgeblichen Denknotwendigkeiten eröffnet, stellt m. E. die subtile transzendentalpragmatische Lösungsstrategie infrage, die Melichar 2020, 212–221, gegen Stroud anführt, der zufolge es bei näherer Betrachtung „keine sinnvolle Möglichkeit [gibt], in welcher ein notwendig für-wahrgehaltener Satz zugleich falsch sein kann." (Melichar 2020, 220). Die Crux von Melichars pointierten Einwänden ist m. E. die versteckte Ambiguität des Ausdrucks „sinnvolle Möglichkeit", die nicht klar zwischen den Modalitäten von Tatsachen über sprachliche Bedeutung, Denk- oder Seinsbestimmungen unterscheidet bzw. sie entgegen der hier angeführten transzendentalen Rechtfertigung von Strouds Einwand (siehe 2.4) gleichsetzt.

2 Rechtfertigung des Substitutionseinwands

Strouds metaepistemologische Kritik an transzendentalen Argumenten ist vermutlich deshalb so einflussreich, weil sie einen *allgemeinen* Einwand gegen *jegliches* weltbezogene transzendentale Argument darstellt. Die gesamte hier erörterte Problematik objektiver Geltung sowie die Trennlinie zwischen ambitionierten und moderaten transzendentalen Argumenten beruhen auf der Allgemeinheit des Einwands. Da Strouds Kritik, wie oben gezeigt, im Kern auf der Plausibilität des Substitutionseinwands beruht, hat ihre Allgemeinheit das zusätzliche Merkmal, in gewissem Sinn *a priori* zu gelten: Es muss *ohne Prüfung des Einzelfalls* einsichtig sein, dass jedes transzendentale Konditional der Form ⌜p ist eine notwendige Ermöglichungsbedingung von q⌝ zu ⌜die Überzeugung, dass p, ist eine notwendige Ermöglichungsbedingung von q⌝ abgeschwächt werden kann. Andernfalls würden wir nicht davon ausgehen, dass Strouds Kritik ein grundsätzliches Defizit in weltbezogenen transzendentalen Argumenten betrifft, sondern würden Strouds Trilemma nur als schematischen Leitfaden ansehen, der bei Einzelfallprüfungen schlechte weltbezogene Argumente auszusieben hilft.

Wenn wir derart auf die Erfolgsbedingungen für Strouds Substitutionseinwand reflektieren, entpuppen sie sich als eindeutig nicht-trivial: Die Anwendbarkeit von Strouds Einwand soll völlig allgemein und *a priori* einsichtig sein. Wir dürfen von Stroud also eine substantielle Rechtfertigung seines Einwands erwarten. Hier werden wir jedoch enttäuscht.[111] Auch in der anschließenden Diskussion finden sich kaum Versuche, die *prima-facie*-Plausibilität des Substitutionseinwands zu ergründen; Strouds Einwand wird zumeist fraglos für schlagend befunden.[112]

Im Folgenden werde ich eine Reihe von Optionen erörtern, die Stroud zur Verfügung stehen, um die Allgemeinheit seines Substitutionseinwands zu rechtfertigen. Ich beginne mit einer Rechtfertigung anhand von logischen Erwägungen, um von möglichst schwachen und minimalen Annahmen auszugehen. Dieser Rechtfertigungsversuch wird sich jedoch als unzureichend herausstellen und auf eine Sequenz zunehmend anspruchsvoller Rechtfertigungen führen, die sich auf modale Intuition oder einen metaphysischen Realismus berufen, und ihrerseits als unzureichend zurückgewiesen werden. Am Ende dieses Ausschlussverfahrens werde ich zeigen, dass sich Stroud auf ein moderates transzendentales Argument

---

[111] Siehe Stern 2007, 146; Stern 2017, 12 ff.; Stroud 2000a, 165 f. (dort am ausführlichsten); Stroud 2000c, 212; Stroud 2000d, 236.
[112] Stern 2007, 146 f.

stützen muss und kann, welches die Unhintergehbarkeit einer bestimmten Konzeption von Objektivität begründet.

2.1 Logisch-semantische Rechtfertigung

Die einfachste Rechtfertigung des Substitutionseinwands würde wie folgt aussehen: Da der Skeptiker keine Wissensansprüche als Prämissen konzediert, müssen weltbezogene transzendentale Argumente von ‚weniger' als Wissen ausgehen: einem subjektiven Faktum wie Erfahrung, Denken, Sprache oder gewissen Überzeugungen. Aber ausgehend von Tatsachen über das, was wir glauben bzw. erleben, kann nicht gefolgert werden, dass die entsprechenden Überzeugungen wahr sind. Daher können transzendentale Argumente höchstens zeigen, dass wir bezüglich transzendentaler Bedingungen glauben müssen oder es für uns den Anschein haben muss, dass sie erfüllt sind.

Diese Rechtfertigung basiert zufolge einer der spärlichen Erläuterungen Strouds auf der „simple logical observation that something's being so does not follow from its being thought or believed to be so."[113] Eine verwandte logische Beobachtung Strouds betrifft den Unterschied von Wahrheit und gerechtfertigter Behauptbarkeit: Allein aus der Tatsache, dass wir die Verwendung eines Begriffs oder eine Zuschreibung von Wissen für gerechtfertigt halten müssen, folgt nicht, dass diese Begriffsverwendung bzw. Zuschreibung auch korrekt ist.[114]

Diese scheinbar trivialen ‚logischen' Feststellungen sind jedoch nicht vollkommen allgemeingültig. Es gibt logisch selbstvalidierende Gedanken. Zum Beispiel kann niemand den mit „Ich denke" ausgedrückten Gedanken denken und damit falsch liegen. Analog könnte kein Sprecher den Satz „Ich spreche Deutsch" äußern und damit etwas Falsches sagen. Bei einer bestimmten Klasse (selbstbezüglicher) Gedanken ist es in der Tat hinreichend, sie zu denken bzw. zu glauben, damit sie wahr sind.[115] Stroud muss also zusätzlich rechtfertigen, weshalb weltbezogene transzendentale Argumente nicht auf dergestalt selbstvalidierenden Gedanken beruhen.

Als minimale Revision der logischen Beobachtung bietet es sich an, sie als semantische These über die Begriffe *Denken* und *Glauben* zu formulieren. Der Schluss von dem, was wir glauben oder denken, auf das, was der Fall ist, wäre unzulässig, insofern es sich um einen Schluss von Aussagen in „psychologi-

---

113 Stroud 2000a, 165 f. Vgl. Stroud 2000d, 236.
114 Siehe Stroud 1968, 255.
115 Vgl. Stern 2007, 58; Stroud 1968, 253; Stroud 2011, 150 f., konzediert dies ausdrücklich.

schem" Vokabular auf Aussagen in ausschließlich „nicht-psychologischem" Vokabular handelte.[116] Demnach etabliert das *cogito*-Argument nur die Wahrheit der psychologischen Aussage, dass ein Subjekt einen Gedanken denkt, aber es wäre nicht möglich, auf analoge Weise eine nicht-psychologische Aussage über Tatsachen in der Welt zu validieren.

Gegen diese Revision kann im Sinne der Idee einer *privileged class* (siehe 1.2) eingewendet werden, dass sie irreführend charakterisiert, wie transzendentale Argumente funktionieren sollen. Eine transzendentale Bedingung, dass *p*, soll natürlich nicht erfüllt sein, schlicht *weil* wir dies alle glauben, sondern aufgrund ihres Gehalts, d. h. *weil p* eine notwendige Bedingung der Möglichkeit von Denken oder Sprache ist. Ohne das Erfülltsein der Bedingung wäre das Bedingte undenkbar. Dies wurde bereits am Beispiel von Kants „Widerlegung" gezeigt: Ihr zufolge kann nichts als die Existenz räumlicher Substanzen zeitbestimmte Erfahrung ermöglichen, der bloße Gedanke einer solchen Existenz reichte nicht aus.[117] Demnach gibt es eine einzigartige und notwendige modale Verknüpfung zwischen Bedingtem und Bedingung – Cassam spricht hier von „uniqueness"[118]. Ein transzendentales Konditional, das auf einer solchen Verknüpfung beruht, wäre immun gegen den Substitutionseinwand. Der Anspruch auf *uniqueness* mag im Einzelfall strittig sein, wie gleich zu sehen sein wird, aber sie wird nicht durch die logisch-semantische Rechtfertigung des Substitutionseinwands, wie es erforderlich wäre, *a priori* ausgeschlossen.

2.2 Modale Intuition

Wie die bisherigen Ausführungen zeigen, entscheidet sich der Substitutionseinwand vielmehr an einer modalen Frage: Ist das skeptische Szenario überhaupt denkmöglich, oder gibt es derart konstitutive Überzeugungen, dass wir ihre Falschheit gar nicht konsistent denken können? Die Allgemeingültigkeit des

---

116 Die Schlussform transzendentaler Argumente ließe sich dann wie folgt charakterisieren: „We start with what we can call psychological premisses – statements whose main verb is a psychological verb like ‚think' or ‚believe' – and somehow reach non-psychological conclusions which say simply how things are, not that people think things are a certain way." (Stroud 2000c, 210) Vgl. Stroud 2000a, 166: „It might of course be overwhelmingly unlikely [...] that we are all wrong about some simple and universally acknowledged matter of fact, but it cannot be said that our being right about it can be derived, of necessity, from nothing more than the fact *that* we all believe it. Our being wrong, given that we believe something, is not in that sense an impossibility."
117 Siehe Fn. 99.
118 Siehe Cassam 1987, 378.

Substitutionseinwands hängt davon ab, dass die skeptische Möglichkeit konstitutiver und dennoch falscher Überzeugungen prinzipiell und allgemein zuzugestehen.[119] Der zweite Rechtfertigungsversuch appelliert demgemäß an unsere modalen Intuitionen: Die Plausibilität des Substitutionseinwands gründet nicht in formalen Überlegungen, sondern auf einer Intuition *a priori*, die schlicht gegeben ist und keiner weiteren Begründung bedarf.

Der Appell an eine gleichsam freistehende modale Intuition ist jedoch in mehreren Hinsichten unzureichend. Erstens gibt es Beispiele dafür, dass modale Intuitionen robust und *a priori*, aber dennoch fehlbar sind.[120] Zweitens ist selbst die supponierte Unfehlbarkeit gewisser modaler Intuitionen ein zweischneidiges Schwert: Sofern der Skeptiker sie für sich beansprucht, muss er sie auch dem Verfechter transzendentaler Argumente zugestehen. Letzterer könnte dann auf *seinen* eigenen Intuitionen bestehen und somit auf der *uniqueness* gewisser transzendentaler Konditionale. Diese Strategie wurde von Grundmann und Misselhorn am ausführlichsten durchgeführt, sie krankt aber spiegelbildlich daran, die Intuitionen des Skeptikers ernst nehmen zu müssen.[121] Es drohte also eine *Pattsituation* äquipollenter modaler Intuitionen.

---

119 „I think we must grant that there *is* such a possibility, at least in the sense that the truth of our beliefs does not follow simply from our having them. Given only that we believe them, it is still possible for them to be false." (Stroud 2000a, 166)

120 Vgl. Bealer 2004, 13, der die mengentheoretischen Paradoxien als Beispiele dafür anführt, dass die *a priori*-Intuition, die naive Mengenlehre sei konsistent, sich als falsch erwiesen hat. Zur Fehlbarkeit solcher Intuitionen siehe auch Williamson 2007, 216 f.

121 Vgl. Grundmann und Misselhorn 2003. Diese Strategie verhält sich spiegelbildlich zum skeptischen Einwand, insofern sie modale Intuition als Quelle von Wissen ansieht und somit die konträren Intuitionen des Skeptikers als solche nicht zurückweisen kann. Es droht also eine Pattsituation epistemisch gleichberechtigter, aber konträrer Intuitionen. Siehe auch den weiteren Einwand von Stern 2007, 151, dass Grundmanns und Misselhorns (‚G./M.') Strategie sich selbst überflüssig mache, wenn hinreichend starke modale Intuitionen *von Anfang an* eingebracht werden können. Ferner scheitert die Strategie im Fall von G./M. daran, dass ihre entscheidende Annahme, der semantische Externalismus sei denknotwendig, m. E. falsch ist. Diese Annahme soll durch das Prinzip gerechtfertigt werden, dass Denkbarkeit metaphysische Möglichkeit impliziert, denn dieses Prinzip müsse auch der Skeptiker voraussetzen, um sein skeptisches Szenario als reale Möglichkeit auszuweisen (vgl. Grundmann und Misselhorn 2003, 211 f.). Auf dieser Grundlage behaupten G./M., dass eine Welt *undenkbar* sei, in welcher der semantische Externalismus falsch ist, d. h. eine Welt, in der es gehaltvolle Repräsentationen gibt, aber keine externen kausalen Relationen zwischen diesen und den Dingen, die sie repräsentieren (Grundmann und Misselhorn 2003, 213). Die Denkbarkeit gerade dieses Szenarios fehlender kausaler Relationen zu Repräsentationen zeigen jedoch m. E. die Gegenbeispiele von Spinozas Parallelismus und Leibniz' prästabilierter Harmonie auf. Solange die Inkonsistenz dieser Intentionalitätstheorien nicht nachgewiesen wurde, muss G./M.s Argumentation als gegen den Skeptiker unzureichend gelten.

Eine Pattsituation könnte womöglich zu Strouds Gunsten aufgelöst werden, wenn man sich der Stärke der angeführten modalen Intuition versichern könnte. Schon für sich genommen ist aber fragwürdig, ob die von Stroud angeführte Asymmetrie zwischen psychologischen und nicht-psychologischen Tatsachen so plausibel bzw. intuitiv evident ist. An diesem Punkt setzt Sterns Kritik an Stroud an: Jene Asymmetrie sei fraglich, weil die *modale Verknüpfung* psychologischer Tatsachen nicht gleichzusetzen ist mit dem privilegierten introspektiven Zugang, den wir zu manchen dieser Tatsachen haben.[122] Zum Beispiel ist die von Strawson[123] vorgebrachte Verknüpfung zwischen der Fähigkeit zur Selbst- und Fremdzuschreibung mentaler Zustände nicht in derselben Weise evident wie etwa die Wahrheit von „Ich habe Schmerzen", wenn ich gegen einen Laternenpfahl laufe. Wenn Stroud modale Intuitionen geltend machte, könnte er sich daher nicht auf den privilegierten Zugang zum Mentalen berufen, um eine Asymmetrie zwischen psychologischen und nicht-psychologischen Tatsachen zu behaupten.[124]

Schließlich steht Strouds modale Intuition in Konkurrenz mit einer konträren Intuition, die er ebenso für sich selbst in Anspruch nehmen muss: die skeptische Möglichkeit des Solipsismus. Für den Solipsisten gibt es gar keine modale Differenz von psychologischen und nicht-psychologischen Tatsachen, weil es für ihn keine Welt außerhalb unseres Bewusstseins gibt. Diesen Solipsismus oder Außenweltskeptizismus kann Stroud nicht *a priori* ausschließen, weil er dazu denselben Wissensanspruch erheben müsste, den er transzendentalen Argumenten versagt. Aufgrund modaler Intuitionen allein kann Stroud daher nicht behaupten, dass die Divergenz psychologischer und nicht-psychologischer Tatsachen mög-

---

122 In diesem Sinne lese ich den Einwand in Stern 2007. Sterns eigene Darstellung ist problematisch, weil sie zumindest suggeriert, dass Strouds Einwand bereits dadurch widerlegt sei, wenn die von Stroud behauptete Asymmetrie zwischen transzendentalen Argumenten, die „modest", und solchen, die „ambitious" sind, nicht besteht: „there seems no reason to support Stroud's view concerning the asymmetry between ambitious and modest transcendental arguments [...]. It appears, *then*, that we have little reason to accept Stroud's concerns that a special ‚bridge of necessity' is needed if we are to make transcendental claims that take us outside ‚psychological facts'." (Stern 2007, 147f., H.v.m.) Das Zitierte ist ein *non sequitur*, weil es statt einer Asymmetrie auch eine Symmetrie in der *Schwierigkeit* beider Arten von transzendentalen Argumenten geben könnte, die von Strouds Einwand herausgestellte Schwierigkeit also schlicht *nicht nur* auf Seiten der Argumente läge, die „ambitious" sind. Sterns darauffolgende Argumentation (Stern 2007, 148ff.) macht sich diesen Fehlschluss jedoch nicht zu eigen.
123 Siehe Strawson 1959, 98–103.
124 Das Beispiel übernehme ich von Stern 2007, 147, der den Einwand wie folgt zusammenfasst: „It seems implausible that in the transcendental case, we have some sort of privileged ‚first person access' of the sort that might be used to establish a relevant epistemic difference in the non-transcendental case between ‚I am in pain' and ‚You are in pain', as what is involved in the transcendental case is not introspection but the use of modal intuition."

lich sein *muss*. Strouds Substitutionseinwand kann also nicht als freistehende modale Intuition gerechtfertigt werden.

2.3 Metaphysischer Realismus

Der dritte Rechtfertigungsversuch soll die sich abzeichnende Pattsituation durch die Annahme eines metaphysischen Realismus durchbrechen. Ihm zufolge sind weltbezogene transzendentale Argumente nicht objektiv gültig, weil die Welt subjektunabhängig ist, d.h., sie existiert unabhängig von der Möglichkeit von Denken, Sprache oder Erfahrung. Ich lasse den Realismusbegriff hier bewusst weit gefasst.[125] Er sollte mindestens die These umfassen, dass nicht-psychologische Tatsachen in der Welt im Allgemeinen von psychologischen Tatsachen unabhängig sind.

Eine Reihe von Kritikern Strouds ist der Auffassung, dass Stroud einen solchen Realismus voraussetzen muss.[126] Dies scheint auch die Metaphern zu erklären, zu denen Stroud bei der Erläuterung seines Substitutionseinwandes greift, z. B. der Gegensatz von ‚Innen' und ‚Außen' und die entsprechende Vorstellung, dass es einer ‚Brücke' bedürfe, diesen Gegensatz zu überwinden.[127] Im Folgenden versuche ich jedoch zu zeigen, dass Strouds Rechtfertigung seines Einwands eine andere sein muss, um erfolgreich zu sein. Vorab sei angemerkt, dass selbst wenn die Rechtfertigung durch den metaphysischen Realismus glückte, Verfechtern transzendentaler Argumente der Rückfall in das Idealismusproblem drohte, da sie ihrerseits die Negation des Realismus voraussetzen müssten, um Strouds Einwand zu entkräften. Meine Kritik dieses Rechtfertigungsversuchs soll zeigen, dass die Annahme eines metaphysischen Realismus für sich genommen nicht hinreichend ist, um die besondere Allgemeinheit und den *a priori*-Status des Substitutionseinwands zu begründen.

---

[125] Vgl. die Differenzierung verschiedener Formen des Realismus in Willaschek 2003, 36 f.
[126] Grundmann etwa schreibt Stroud einen „metaphysischen Realismus" zu (Grundmann 1994, 111). Auch für Stern stellt er die für Stroud naheliegendste Antwortstrategie dar: „Perhaps, however, it could be said that Stroud is right to take this to be obvious: for, if we are dealing with modal connections between us and the world, and the world is conceived in a realist manner as independent of us, then of course we know less about how we depend on the world than on how we depend on other facts about us – this is just a feature of the mind-independence of the world, which makes it more opaque to us in this way, so that our modal claims concerning it are correspondingly more problematic, than they are concerning connections between our thinking." (Stern 2007, 147) Siehe auch Wille 2011, 176 f.
[127] Vgl. Stroud 2000a, 158, 160, 164. Auf Strouds Metaphorik von Innen und Außen weist auch Illies hin (Illies 2003, 60).

Der metaphysische Realismus schließt nicht von vornherein *alle* notwendigen Verknüpfungen zwischen der Welt und subjektbezogenen Tatsachen wie Gedanken und Überzeugungen aus, sondern nur eine pauschale Abhängigkeit der Welt von letzteren. Schon die These des Physikalismus, dass mentale Eigenschaften in einem starken Sinn auf physikalische Eigenschaften (des Gehirns) supervenieren, impliziert, dass gewisse nicht-psychologische Tatsachen (der Neurophysiologie) in der Tat notwendige Bedingungen dafür sind, dass so etwas wie Denken möglich ist. Schließlich gibt es auch dem Realismus nahestehende Vermittlungspositionen, welche die Möglichkeit objektiv gültiger transzendentaler Argumente erklären können.[128] Weltbezogene transzendentale Argumente beanspruchen auch nicht *festzulegen*, welche Tatsachen in der Welt notwendige Bedingungen des Denkens sind, sondern sie sollen diese notwendigen Bedingungen *a priori entdecken*.

Wie die Vorüberlegungen zeigen, ist der metaphysische Realismus kompatibel mit der Existenz einer *privileged class* von transzendentalen Bedingungen (siehe 1.2). Um der Stroud'schen Kritik zu dienen, muss er vielmehr einem *epistemischen* Einwand Vorschub leisten: Weil die Welt subjektunabhängig existiert, gibt es von ihr kein Wissen *a priori*, sodass transzendentale Argumente keine notwendigen Verknüpfungen zwischen Tatsachen in der Welt und der Möglichkeit des Denkens etablieren können. Aus demselben Grund ist auch Denkbarkeit kein hinreichendes Kriterium für metaphysische Möglichkeit. Die von transzendentalen Konditionalen beanspruchte modale *uniqueness* ließe sich also unter der Prämisse des Realismus nicht etablieren.

Mit diesem epistemischen Einwand begeht der metaphysische Realist jedoch einen Selbstwiderspruch, wenn er damit den Substitutionseinwand rechtfertigen will. Denn *als* Realist vertritt er zunächst nur eine allgemeine ontologische These über die Welt, nämlich, dass sie (weitgehend) subjektunabhängig existiert. Diese These schließt aber wie gezeigt nicht aus, dass es gewisse notwendige Verknüpfungen zwischen Denken und Welt gibt. Ob die objektive Geltung eines jeglichen transzendentalen Konditionals tatsächlich unentscheidbar ist, wie der Substitu-

---

128 So etwa der von Illies skizzierte *objective idealism*, der sowohl die Subjekt- bzw. Geistunabhängigkeit der Welt postuliert als auch die strukturelle Übereinstimmung von Geist und Welt, indem er die Platonische Idee eines gemeinsamen Fundaments beider einbezieht: „It seems that a third way, between empiricism and idealism, could be more promising; namely, if we see a priority neither in the objective world nor in our reasoning, but look to an underlying common and foundational structure of both. In other words, the same principles may well structure reason itself, and be keyed into the way the world is." (Illies 2003, 196) Die Struktur dieses objektiven Idealismus im Gegensatz zu landläufigeren Idealismen expliziert Tewes 2015, 225–228. Ich danke Gustav Melichar für hilfreiche Klarstellungen zu dieser Position.

tionseinwand behauptet, muss für den metaphysischen Realisten also eine in gewissem Sinne empirische Frage sein. Denn welche modalen Eigenschaften gewisse Dinge bzw. Sachverhalte in der Welt haben, lässt sich dem metaphysischen Realismus zufolge gerade nicht *a priori* feststellen. Für jede Tatsache, dass *p*, ist es dann eine offene Frage, ob *p* modal trennbar ist von der Möglichkeit des Denkens, d.h. nicht zur *privileged class* gehört. Natürlich ist es grundsätzlich möglich die modalen Eigenschaften von *p* zu bestimmen, aber diese Fähigkeit steht dem Realisten nur in dem Maße zu, wie er sie auch Verfechtern von transzendentalen Argumenten zugesteht.[129] Dem metaphysischen Realisten ist es daher nicht möglich, die Allgemeinheit und *a-priori*-Plausibilität des Substitutionseinwands zu rechtfertigen, weil er kein Wissen *a priori* von allen individuellen modalen Tatsachen in der Welt beanspruchen darf.

Aus der Annahme einer gewissen Form des metaphysischen Realismus, die apriorisches modales Wissen leugnet, würde also in der Tat folgen, dass weltbezogene transzendentale Argumente ungültig sind. Aber aus ihr folgt nicht die besondere Plausibilität des Stroud'schen Substitutionseinwands. Vielmehr verstellt sie den metaepistemologischen Charakter der Stroud'schen Skepsis, die gerade ohne substantielle Annahmen bzw. metaphysische Voraussetzungen auskommen soll. Selbst wenn der metaphysische Realismus falsch ist oder wir uns des Urteils über ihn enthalten, soll der Substitutionseinwand plausibel bleiben. Denn nur dann ließe sich im Sinne der Trilemma-Struktur zeigen, dass transzendentale Argumente für sich keine Beweiskraft haben und zusätzlich ein sie überflüssig machendes Brückenprinzip bzw. eine Form des Idealismus voraussetzen müssen.

2.4 Transzendentale Rechtfertigung

In den vorigen Abschnitten trat zutage, dass Strouds Substitutionseinwand gegen weltbezogene transzendentale Argumente einerseits auf einer gehaltvollen Auffassung der Welt, von der objektive Geltung beansprucht wird, basiert und nicht durch rein logische Erwägungen oder eine freistehende modale Intuition gerechtfertigt werden kann. Andererseits zeigte meine Kritik an der Rechtfertigung durch einen metaphysischen Realismus, dass Strouds Skepsis nicht auf einer bestimmten ontologischen These oder bestimmtem Weltwissen aufbaut. Die innere Tendenz meines bisherigen Überlegungsganges deutet also darauf hin, dass

---

[129] Zum Status des Apriori in einer realistischen Auffasung von Modalität, siehe Williamson 2007, 165–169.

die in Strouds Einwand verwobenen realistischen Intuitionen vielmehr einen ‚internen' Status haben, d. h. selbst transzendental notwendige Überzeugungen darstellen. Wie ich im Folgenden ausführe, basiert Strouds Substitutionseinwand vielmehr auf der unserem Begriff des Wissens internen Konzeption von Objektivität, welche die Wurzel der zuvor angeführten logischen, modalen bzw. realistischen Intuitionen darstellt.

2.4.1 Strouds Kritik an Davidson und der Anspruch auf Objektivität

Indizien für diese Rechtfertigung des Substitutionseinwands finden sich in Strouds Kritik an Davidsons Theorie der radikalen Interpretation in seinem Aufsatz „Radical Interpretation and Philosophical Scepticism".[130] Davidson zufolge ist das Prinzip des Wohlwollens (*principle of charity*) eine notwendige Bedingung, um die Äußerungen eines Sprechers als bedeutungsvoll interpretieren zu können.[131] Wenn ich demnach jemanden als kompetenten Sprecher ansehe, muss ich unterstellen, dass er größtenteils wahre Überzeugungen hat und wir diese miteinander teilen. Davidsons Überlegungen führen auf die Konklusion, dass Überzeugungen naturgemäß zur Wahrheit tendieren: „belief is in its nature veridical".[132] Dies lässt sich als ein weltbezogenes transzendentales Argument verstehen, dem zufolge die Wahrheit der meisten meiner Überzeugungen eine Bedingung der Möglichkeit meines Verstehens sprachlicher Bedeutung und, darüber vermittelt, des Habens von Überzeugungen ist. Ist Davidsons Argument schlüssig, dann ist das Gros unserer Überzeugungen im Sinne Strouds *invulnerable* (siehe 1.2), das heißt, wir können diese Überzeugungen nicht zugleich haben und konsistenterweise glauben, dass sie alle falsch sind oder falsch sein könnten.[133]

Strouds Kritik an Davidsons Konklusion stellt infrage, dass sie diesen unverwundbaren Status einer Proposition der *privileged class* hat, d. h. dass es undenkbar ist, dass ein Sprecher größtenteils falsche Überzeugungen hat.[134] Gegen diese starke Lesart führt Stroud unter der Hand den Substitutionseinwand ins Feld: Um sprachliche Äußerungen zu interpretieren sei es hinreichend, dass wir

---

130 Stroud 2000b.
131 Vgl. Davidson 1973, 19: „Since charity is not an option, but a condition of having a workable theory [of meaning, Sz.], it is meaningless to suggest that we might fall into massive error by endorsing it." Siehe auch die weitere Diskussion von Davidsons Argument in Kapitel I.3.1.
132 Davidson 2001, 146.
133 Siehe Stroud 2000c, 216 f.
134 „On that reading it is *not* possible for all or most of a reasonably comprehensive set of beliefs to be false. So the thought from which the epistemological question is meant to arise would be a contradiction; what it says is possible would not really be a possibility at all." (Stroud 2000b, 197)

Sprechern größtenteils wahre Überzeugungen *zuschreiben* und uns in Übereinstimmung mit ihnen wähnen. Davidson könne nur die abgeschwächte Konklusion etablieren, „that belief-attribution is in its nature largely truth-*ascribing*."[135] Die Zuschreibung wahrer Überzeugungen ist natürlich von der tatsächlichen Wahrheit derselben zu unterscheiden.

Entscheidend ist die Art und Weise, wie Stroud den Substitutionseinwand hier begründet; sie ist anders und gehaltvoller als die zuvor diskutierten Begründungsansätze aus seinen prominenteren Aufsätzen, und sie schließt, wie wir sehen werden, den Kreis zu seinem in diesem Kontext seltener diskutierten Buch *The Significance of Philosophical Skepticism* (Stroud 1984). Zunächst bezieht Stroud sich auf das bekannte skeptische Szenario, dass sich die Dinge radikal anders verhalten könnten, als wir meinen, aber er geht einen Schritt weiter, indem er es mit dem *Anspruch auf Objektivität* verknüpft, der in jeder Zuschreibung von Überzeugungen enthalten sei:

> „I think we must grant the abstract possibility of a set of beliefs' being all or mostly false in the minimal sense that the truth of all or most or even any of them does not follow simply from their being held. To insist otherwise seems to me to threaten *the objectivity of what we believe to be so*. It would be to deny that, considered all together, the truth or falsity of the things we believe is independent of their being believed to be so."[136]

In dieser Passage rechtfertigt Stroud den Substitutionseinwand durch den unseren Überzeugungen inhärenten Anspruch auf Objektivität. Die Grundidee ist folgende: Nur was unabhängig von wirklichen oder möglichen Überzeugungen existiert, ist in einem robusten Sinne objektiv, zumindest wenn von der Objektivität von Tatsachen in der Welt die Rede ist. Wenn wir uns also nicht vorstellen können, dass jemand falsche Überzeugungen über etwas oder gar alles in der Welt hat, dann könnten wir dieser Person auch keine weltbezogenen Überzeugungen zuschreiben, die etwas Objektives betreffen.

Dieser Objektivitätsanspruch gehört wesentlich zum Begriff des Wissens. Erstens gründet die Unterscheidung zwischen Wissen und Meinen wesentlich in der Vorstellung, dass der *Gegenstand* des Wissens eine objektive Welt ist, die den gemeinsamen Bezugspunkt unserer Überzeugungen bildet, die aber von diesen unabhängig existiert und bestimmt ist.[137] Aus diesem objektiven und gerade dadurch

---

135 Stroud 2000b, 197, H.v.m.
136 Stroud 2000b, 197, H.v.m.
137 „The simplest way to put the idea that lies behind our concern with knowledge is that the world around us that we claim to know about exists and is the way it is quite independently of its being known or believed by us to be that way. It is an objective world. [...] What we aspire to and

intersubjektiv geteilten Bezugspunkt erwachsen weitere epistemische Standards wie der, dass Meinungen gerechtfertigt werden sollen, oder dass Wissen jeweils allgemeine Zustimmung fordern darf, aber auch der, dass die allgemeine Übereinstimmung der Meinungen nicht mit Wissen gleichgesetzt werden darf.

Zweitens gehört die Bezugnahme auf die Überzeugungen gewisser Subjekte schlicht nicht zum intentionalen *Gehalt* unseres Wissens von Sachverhalten in einer objektiven Welt. Es mag für meinen Erwerb von Wissen entscheidend sein, dass es andere Menschen gibt, die etwas wissen und behaupten können, aber um zu sagen, *was* ich jeweils über die Welt zu wissen beanspruche, ist das irrelevant. Der propositionale Gehalt meiner Überzeugung, dass Mount Everest über 8 km hoch ist, betrifft zum Beispiel nicht deren Behauptbarkeit oder Rechtfertigung oder Überprüfbarkeit für andere, sondern schlicht die Höhe eines bestimmten Berges im Himalaya – nicht mehr und nicht weniger.[138]

Strouds Analyse zufolge ist der Anspruch auf Wissen untrennbar mit der Konzeption einer objektiven Welt verknüpft. Im Blick auf mathematische, logische, aber auch psychologische Wahrheiten wäre zu verallgemeinern: Wissen geht mit einem *objektiven Geltungsanspruch* einher. Selbst wenn es sich um Wissen über das handelt, was andere Menschen glauben, dann ist die Wahrheit der entsprechenden Behauptung, z. B. ‚X glaubt, dass *p*', zwar davon abhängig, was die betreffende Person X glaubt, aber sie ist nicht davon abhängig, was ich oder jemand anderes darüber glaubt, behauptet oder weiß. In diesem Anspruch ist die skeptische Möglichkeit angelegt, dass man sich über etwas Objektives auch radikal irren könnte. Nach Stroud ist dementsprechend unsere Konzeption einer objektiven Welt die nie versiegende Quelle des Außenweltskeptizismus und somit der Grund für dessen Hartnäckigkeit;[139] ich möchte zeigen, dass sie auch die Quelle von Strouds metaepistemologischem Zweifels an transzendentalen Argumenten ist.

---

eventually claim to know is something that holds quite independently of our knowing it or of our being in a position reasonably to assert it. That is the very idea of objectivity." (Stroud 1984, 77 f.)

138 „No statement of precisely *what* I understand […] will include anything about human beings or human knowledge or human thought. In particular it will not include anything about whether that sentence itself is or can be known to be true or could be reasonably asserted in certain circumstances. That would introduce an extraneous reference to human beings or human knowledge into a statement solely about the non-human world." (Stroud 1984, 77)

139 „If those platitudes about objectivity do indeed express the conception of the world and our relation to it that the sceptical philosopher relies on, and if I am right in thinking that scepticism can be avoided only if that conception is rejected, it will seem that in order to avoid scepticism we must deny platitudes we all accept." (Stroud 1984, 82) Zu diesem inneren Zusammenhang von Objektivität und Skepsis, siehe auch Heidemann 2007, 355 (der jedoch auf eine „Verstehensbedingung, stets damit rechnen zu müssen, dass epistemische Rechtfertigung fehlgehen kann" zielt, die zunächst am Begriff der Rechtfertigung ansetzt und nur indirekt am Objektivitätsbegriff

Die in den vorigen Abschnitten als logische, modalepistemologische oder metaphysische Behauptungen ins Feld geführten Rechtfertigungen des Substitutionseinwands finden somit im Objektivitätsbegriff ihr inhaltliches Gravitationszentrum. Die logische Unterscheidung zwischen Wahrheits- und Behauptbarkeitsbedingungen, die modale Intuition der Möglichkeit globalen Irrtums und die realistische Annahme einer subjektunabhängigen Welt lassen sich allesamt auf die skizzierte Konzeption von Objektivität zurückführen. Was genau unterscheidet den Objektivitätsbegriff, von dem hier die Rede ist, vom metaphysischen Realismus? Erstens wird hier streng genommen keine ontologische Aussage über die Welt getroffen, sondern über unsere realistische *Konzeption* der Welt, wie sie zu unserem Selbstverständnis als epistemische Subjekte gehört. Zweitens verpflichtet diese Konzeption auf keine besondere, womöglich strittige oder philosophisch begründungsbedürftige metaphysische Position, sondern artikuliert in Strouds Worten schlicht „platitudes we all accept",[140] d.h. Platitüden über eine objektive Welt bzw. den Unterschied von Wissen und Meinen, Mir-so-Scheinen und Der-Fall-Sein, etc.

2.4.2 Objektivität als transzendentale Bedingung von Wissen

Strouds Substitutionseinwand lässt sich, wie eben gezeigt, als Folge einer realistischen Konzeption von Objektivität verstehen. Wie ich nun zeigen werde, erfordert die erfolgreiche Rechtfertigung des Stroud'schen Einwands ein moderates transzendentales Argument, dem zufolge wir bei der Zuschreibung von Wissen jene Objektivitätskonzeption voraussetzen müssen.

Stroud selbst verbucht die in der Objektivitätskonzeption enthaltenen realistischen Intuitionen als Platitüden und scheint davon auszugehen, dass dies ihre Plausibilität hinreichend verbriefe (siehe 2.4.1). Doch es ist möglich, diesen Platitüdencharakter zu hinterfragen und eine alternative Objektivitätskonzeption vorzuschlagen; darauf wird in Kapitel I.3 näher eingegangen. Mithin lässt Stroud zu unbestimmt, was genau der Inhalt der angeblichen Platitüden ist. Wenn nur die Unterscheidung von Wahrheit und gerechtfertigter Behauptbarkeit gemeint wäre, dann folgte daraus allein noch nicht die metaepistemologische Skepsis hinsichtlich der Gültigkeit transzendentaler Argumente (siehe 2.1), denn sie kann im Sinne der *privileged class* nicht ausschließen, dass es transzendentale Konditio-

---

selbst, um zu zeigen, dass „man den Skeptizismus als integrativen Bestandteil des Wissensbegriffs verstehen [kann]"; Stroud 2000e, 30 f.; Willaschek 2003, 95 ff.
140 „But in trying to describe that conception I think I have relied on nothing but platitudes we would all accept – [...] just the general idea of what an objective world or an objective state of affairs would be." (Stroud 1984, 82)

nale gibt, die wahr sind, wenn sie denkbar sind.[141] Ferner ist die Berufung auf Platitüden keine angemessene Erklärung für die, wie in 2.1–3 gezeigt, höchst nicht-triviale Plausibilität des Substitutionseinwands.

Um also die Allgemeinheit und *a-priori*-Plausibilität des Einwandes zu erklären, muss ein gehaltvollerer Objektivitätsbegriff zugrunde gelegt werden, der derart unhintergehbar ist, dass ihn auch Verfechter weltbezogener transzendentaler Argumente in Anspruch nehmen müssen. In diese Richtung deuten bereits die Ausführungen in 2.4.1: Die Möglichkeit skeptischer Infragestellung ist ein integraler Teil unseres epistemischen Selbstverständnisses, weil sie aus dem objektiven Geltungsanspruch erwächst, der untrennbar mit dem Begriff des Wissens und auch dem Begriff der Überzeugung verknüpft ist. Gehen wir diesen Weg konsequent zu Ende, mündet er in ein moderates transzendentales Argument: Wenn wir Wissen zuschreiben, so muss ein Objektivitätsanspruch erhoben werden, der mit der Beweiskraft weltbezogener transzendentaler Argumente inkompatibel ist. Eine solche ‚transzendentale' Rechtfertigung des Substitutionseinwands könnte wie folgt aussehen:

---

[141] Ebensowenig folgt daraus die Möglichkeit des skeptischen Szenarios, dass wir die bestmögliche Rechtfertigung unter epistemisch idealen Bedingungen besitzen und doch kein Wissen beanspruchen könnten. Die Platitüde müsste sonst neben der Unterscheidung von Wahrheit und Rechtfertigung auch die Überzeugung beinhalten, dass Wissen das Erfülltsein unserer besten Maßstäbe für epistemische Rechtfertigung bzw. gerechtfertigte Behauptbarkeit transzendiert. Doch wir scheinen auch eine kontextualistische Auffassung von Wissenszuschreibungen vertreten zu können, die eine solche Transzendenz bestreitet (siehe die Diskussion von DeRose 1995 in 3.2). Ich danke Andrew Werner dafür, dass er mich auf diesen Punkt aufmerksam gemacht hat. – Um die intuitive Plausibilität seiner Auffassung darzulegen, bemüht Stroud Clarkes Beispiel der Flugzeugkundschafter (siehe Clarke 1972, 759), die ein Manual von Kriterien zur Erkennung von Flugzeugtypen benutzen, das als ihr Maßstab der Rechtfertigung fungiert (Stroud 1984, 66–70; vgl. Stroud 2000e). Dank genauerer Kenntnis des Manuals kann ein Kundschafter eine bessere Rechtfertigung haben als ein anderer. Aber es sei eben auch der Fall möglich, dass ein Flugzeug am Himmel auftauchte, das gar nicht im Manual verzeichnet ist, aber einem anderen, darin verzeichneten Typ in allen laut dem Manual relevanten Merkmalen ähnelt. Ein des Manuals vollkommen kundiger Kundschafter könnte also die bestmögliche Rechtfertigung besitzen und wird trotzdem zugestehen, nicht zu wissen, um welches Flugzeug es sich handelt. Dies zeigt für Stroud, dass der positive Ausschluss skeptischer Hypothesen auch in alltäglichen Kontexten der Wissenszuschreibung erforderlich ist (Stroud 1984, 70). – An dieser Analogie ist fragwürdig, ob unsere Kriterien für Wissenszuschreibungen tatsächlich so funktionieren wie das Flugzeugmanual. Die Kriterien des Manuals sind additiv, daher könnte es stets sein, dass ein Flugzeug die dort verzeichneten Merkmale plus ein weiteres hat. Es scheint aber plausibel, dass es Fälle von Wissen gibt, deren Kriterien gar nicht derart ergänzungsfähig sind, so z. B. mein unmittelbares Wissen, dass ich gerade Schmerzen habe. Für eine noch grundsätzlichere Kritik der zugrunde gelegten Idee epistemischer Rechtfertigung, siehe Williams 1996, 183 f.

(1) [*Objektivitätsthese:*] Wenn wir einer Person Wissen von etwas zuschreiben, dann unterstellen wir, dass sie eine wahre Überzeugung von einem Sachverhalt hat, welcher unabhängig davon besteht, ob er Gegenstand einer Überzeugung ist oder nicht. D. h., wir vertreten eine bestimmte Konzeption von Objektivität *A*.

(2) [*Via* (1) – *Fallibilitätsannahme:*] Die Konzeption von Objektivität *A* beinhaltet die höherstufige Überzeugung, dass wir fehlbar sind, d. h., dass wir *a priori* davon ausgehen, dass zumindest jede einzelne unserer weltbezogenen Überzeugungen falsch sein könnte.

(3) [Annahme *per reductio*] Angenommen, wir halten ein weltbezogenes transzendentales Argument für gültig. Dann hielten wir die Wahrheit eines transzendentalen Konditionals „X ist nur dann möglich, wenn *p*' für *a priori* einsehbar.

(4) [*Via* (3):] Indem wir davon ausgehen, dass es objektiv gültige weltbezogene transzendentale Argumente gibt, schreiben wir uns zu, manchmal *a priori* wissen zu können, dass eine bestimmte weltbezogene Überzeugung wahr ist.

(5) [*Via* (4) u. (2):] Das in (4) beanspruchte Wissen widerspricht entweder unserer Fallibilitätsannahme (2) oder es beruht auf einer zusätzlichen, epistemisch zulässigen Begründung.

(6) Wenn ein transzendentales Argument die in (5) geforderte Begründung erbringen soll, dann besteht sie darin, dass wir nicht konsistent davon überzeugt sein können, dass eine bestimmte weltbezogene Überzeugung, dass *p*, falsch ist, insofern sie Bedingung einer gewissen Tatsache *X* unseres mentalen Lebens ist.

(7) [*Via* (6) u. (1):] Die in (6) angeführte Begründung widerspricht aber unserer Objektivitätsannahme (1), dass Wissen sich auf Sachverhalte bezieht, die davon unabhängig sind, dass wir von ihrem Bestehen überzeugt sind oder sein müssen.

(8) [*Via* (5) u. (7):] Der mit weltbezogenen transzendentalen Argumenten verbundene Wissensanspruch widerspricht unserer Konzeption von Objektivität *A*. Wir können weltbezogene transzendentale Argumente nicht für gültig halten.

(9) [*Via* (8) u. (3):] Gegeben das transzendentale Konditional „X ist nur dann möglich, wenn *p*', ist *a priori* unentscheidbar, ob dieses Konditional falsch und statt seiner lediglich das Konditional „X ist nur dann möglich, wenn wir glauben, dass *p*' wahr ist.

Die zentrale Annahme der obigen Herleitung des Substitutionseinwands in (9) ist das transzendentale Konditional (1), dass die Zuschreibung von Wissen die Objektivitätskonzeption *A* verwenden muss, die unterstellt, dass unsere Überzeugungen einen objektiven, von ihnen unabhängigen Wahrmacher haben. Aus dieser Unterstellung leite ich zweitens die Fallibilitätsannahme (2) her, dass wir jede weltbezogene Überzeugung für potenziell falsch halten müssen, weil ihre Wahrheit von einem objektiven Wahrmacher abhängt. Keine der beiden Prämissen setzt voraus, dass wir Wissen von der Welt besitzen, sondern beide umreißen nur unser epistemisches Selbstverständnis. Beides sind höherstufige Überzeugungen, welche die geltungstheoretische Verfasstheit unseres Wissens bzw. unserer Überzeugungen betreffen: (1) beschreibt die Überzeugung, die wir bezüglich der Objektivität von Wissen haben; (2) nennt eine Überzeugung zweiter Stufe über die Fehlbarkeit weltbezogener Überzeugungen.

Die weitere Herleitung soll lediglich zeigen, dass der metaepistemologische Zweifel an transzendentalen Argumenten unumgänglich ist, sobald wir von der in (1) und (2) umrissenen Objektivitätskonzeption A ausgehen. Sie begründet die Allgemeinheit und *a-priori*-Plausibilität der Auffassung, dass transzendentale Argumente nicht mehr beweisen können als die Notwendigkeit gewisser Überzeugungen. Es wird also nicht geleugnet, dass es eine *privileged class* transzendentaler Propositionen geben könnte, sondern nur gezeigt, warum kein transzendentales Argument hinreichend ist, um *a priori* die Zugehörigkeit einer Proposition zu dieser Klasse zu beweisen. Die Annahme der Fehlbarkeit (2) reicht dafür nicht aus; aber zusammen mit der Objektivitätsthese (1) liefert sie einen Grund, warum *a priori* von der Substituierbarkeit einer jeden angeblich ‚transzendentalen' Proposition p durch die Überzeugung, dass p, auszugehen ist.[142]

Strouds Trilemma (siehe 1.1) ist ein Implikat der obigen transzendentalen Rechtfertigung. Neben dem Substitutionseinwand lässt sich auch das Brückenproblem ableiten, weil es (1) zufolge zwischen der Möglichkeit, überhaupt gewisse Überzeugungen zu haben, und der Wahrheit bestimmter weltbezogener Überzeugungen keine notwendige Implikationsbeziehung gibt. Ebenso lässt sich das Idealismusproblem ableiten, weil (1) uns auf eine robuste Unterscheidung zwischen Mir-so-Scheinen und Der-Fall-Sein verpflichtet, wenn wir von *Wissen* sprechen wollen. Wie robust genau die Unterscheidung sein muss, wird in Kapitel I.3 diskutiert.

Weder die Objektivitätsthese noch die Fallibilitätsannahme stehen im Konflikt mit Davidsons Prinzip des Wohlwollens (siehe 2.4.1) oder ähnlichen mode-

---

142 Vgl. Stern 2000, 69: „in order to be convincing, the sceptic must do more than just point to the *bare possibility* of error here; he must also give us real grounds for doubting the transcendental claim that p is a necessary condition for the possibility of q, either by making it conceivable to us that q could occur without p, or by showing that we could have mistaken unimaginability for inconceivability in this case." Das hier präsentierte Argument deckt zunächst die erste Option ab, ließe sich aber auch auf die zweite erweitern.

raten transzendentalen Argumenten, sofern der Substitutionseinwand gilt, sodass z. B. jenes Prinzip als eines der *Zuschreibung* von wahren Überzeugungen verstanden wird. Auch wenn ich mir und anderen größtenteils wahre und übereinstimmende Überzeugungen zuschreiben muss, kann ich weiterhin mit (2) der Auffassung sein, dass jede beliebige unserer weltbezogenen Überzeugungen falsch sein könnte. Und auch wenn ich nicht konsistent glauben kann, dass ich einem globalen Irrtum unterliege, so ist es mir weiterhin mit (1) möglich, diesen Fall von dem Umstand zu unterscheiden, dass ich *tatsächlich* keinem globalen Irrtum unterliege. Aufgrund meiner Objektivitätskonzeption ist mir jeweils klar, dass aus dem Haben einer weltbezogenen Überzeugung nicht deren Wahrheit folgt.

3 Weitere Einwände und Fazit

Unsere realistische Konzeption von Objektivität zeigt sich als der Dreh- und Angelpunkt sowohl für Strouds metaepistemologischen Zweifel als auch für die Verteidigung des objektiven Geltungsanspruchs transzendentaler Konditionale. In diesem Abschnitt werde ich erstens (3.1) auf weitere Einwände gegen transzendentale Argumente eingehen und zeigen, dass sie das Problem objektiver Geltung gegenüber dem Stroud'schen Trilemma nicht grundsätzlich erweitern. Zweitens (3.2) gebe ich ein Resümee der funktionalen Rolle des Objektivitätsbegriffs als ‚semantische' Komponente skeptischen Zweifels. Im nächsten Kapitel (I.3) werde ich dann die verbliebenen Optionen für eine Lösung des Problems objektiver Geltung eruieren.

3.1 Der modale Einwand und das Problem alternativer Begriffsschemata

In meiner Darstellung ist Strouds Trilemma das zentrale Problem, das dem objektiven Geltungsanspruch transzendentaler Argumente im Wege steht. In der Literatur werden einige weitere Einwände diskutiert, die sich gegen den Notwendigkeitsanspruch richten transzendentaler Argumente richten. Sie lassen sich in zwei Gruppen einteilen: solche, welche (a) die Verknüpfung von Antezedens und Konsequens in transzendentalen Konditionalen angreifen, und solche, die (b) das Antezedens als kontingent einstufen. Erstere (a) betreffen unmittelbar die Frage objektiver Geltung, weil sie die Notwendigkeit bestimmter welt- bzw. wahrheitsbezogener Bedingungen infrage stellen (Cassams *uniqueness*). Letztere (b) betreffen zunächst nur die Notwendigkeit des von uns verwendeten Begriffsschemas bzw. der subjektiven Tatsachen, mit denen gewisse Bedingungen verknüpft sein sollen. Davon unabhängig ist zunächst die Frage, ob ein weltbezogenes transzendentales Argument gültig ist, das die Verwendung eines kontingenten Begriffsschemas zur Prämisse hat. Wie ich zeigen werde, besteht dennoch eine indirekte Verbindung zum Problem objektiver Geltung: Sobald wir ein alternatives Begriffsschema für möglich halten, erscheinen die für unser gegenwärtiges Schema geltend gemachten transzendentalen Bedingungen nicht mehr in derselben Weise unhintergehbar. Dies stärkt die Plausibilität des Substitutionseinwands.

3.1.1 Modale Einwände gegen transzendentale Konditionale

Zur ersten Gruppe von Einwänden gehören Sterns *modal objection* sowie die für sie stichwortgebenden modalen Einwände Cassams. Nach Cassam ist die Stärke transzendentaler Konditionale, d.h. ihr Anspruch auf modale *uniqueness*, direkt proportional zur Stärke des dafür erforderlichen modalen Wissens. Daraus folgt die *status challenge*, d.i. die Herausforderung, zu erklären, wie ein derartiges modales Wissen möglich und vom Skeptiker zugestanden werden soll.[143] Wie Stern ausführt, droht hier ein Dilemma: Mit einer realistischen Auffassung modaler Tatsachen stünden wir wieder vor dem alten metaepistemologischen Problem objektiver Geltung, aber der Rückzug auf eine anti-realistische Auffassung öffnete dem Relativismus die Tore, da andere geistige Wesen eben andere modale Intuitionen haben könnten.[144] Wie in Abschnitt 1.2.2 gezeigt, werden beide Einwände im Wesentlichen bereits von Strouds Trilemma abgedeckt: Die Notwendigkeit der Verknüpfung wirft entweder das Brückenproblem auf, wie wir entsprechendes Wissen von modalen Tatsachen haben können, oder das Idealismusproblem, dass eine anti-realistische Auffassung von metaphysischer Möglichkeit als Denkbarkeit bereits vorausgesetzt werden muss.

Zur ersten Gruppe sind auch Einwände wie derjenige Rortys zu zählen, die an transzendentalen Argumenten kritisieren, dass sie eine obskure ‚dritte Gattung' der Notwendigkeit voraussetzten, die zwischen Notwendigkeit aufgrund analyti-

---

[143] Siehe Cassam 1987, 377 f. u. Abschnitt 2.2.
[144] „For, if we try to ease the epistemological puzzle, by saying in an anti-realist or projectivist manner, that inconceivability-to-us *is* a sufficient guide to metaphysical necessity, as this is what such modal facts consist in, the sceptic can then open up a relativist worry, by suggesting that other creatures might find the opposite *equally* inconceivable [...]. If, on the other hand, we try to avoid such relativist worries by sticking to a thoroughly realist conception of metaphysical necessity as somehow ‚fixed' in the world independently of us, the sceptic can then return to his original epistemological point, and question what reason we have got to think that inconceivability-to-us should allow us to have knowledge of facts of this sort." (Stern 2000, 61 f.)

scher Wahrheit und Notwendigkeit aufgrund empirischer Naturgesetze anzusiedeln ist.[145] Diese Einwände müssen jedoch zeigen, dass sie nicht ihrerseits durch das Gegenbeispiel eines transzendentalen Arguments bzw. die *uniqueness* eines transzendentalen Konditionals widerlegt werden. Darin sind sie auf Strouds Trilemma zurückverwiesen.

3.1.2 Alternative Begriffsschemata und der Status des Antezedens

Die zweite Gruppe von Einwänden betrifft nicht die bereits zugestandene Kontingenz der Tatsache, dass es denkende oder erfahrende Wesen gibt, sondern sie stellen die Alternativlosigkeit der faktischen Struktur unseres Denkens (bzw. unserer Erfahrung oder Sprache) infrage. Die Kernfrage ist dabei, ob es alternative Begriffsschemata geben könnte, welche nicht denselben transzendentalen Bedingungen unterliegen, die anhand unseres faktisch verwendeten Schemas aufgewiesen wurden. Wenn es alternative Schemata gibt, dann steht zwar zunächst nicht die objektive Geltung transzendentaler Konditionale infrage, aber mit der Notwendigkeit ihres Antezedens deren Allgemeinheit, d. h. die subjekt-, zeit- und kulturübergreifende *universality of inference*,[146] dass *alle* Formen des Denkens oder der Erfahrung gewissen invarianten transzendentalen Bedingungen unterstehen.

---

145 So die Kritik von Rorty an Strawson, der den Begriff des Kriteriums als „third thing" behandele, „distinct from both ‚knowledge of relations of ideas' and ‚knowledge of matters of fact.'" (Rorty 1973, 323) Rorty greift diese Konzeption ‚kriteriologischer' Notwendigkeit von zwei Richtungen aus an: von innen als Äquivokation der Rolle von Kriterien in der Einführung und nachmaligen Anwendung von Begriffen, von außen mittels Quines Kritik der analytisch/synthetisch-Unterscheidung. – Für Rorty entstammt die scheinbare Notwendigkeit von Kriterien ihrer Rolle bei der Einführung von Begriffen in den Sprachgebrauch. In solchen Fällen gelten Kriterien wie Schmerzverhalten als nicht-korrelative bzw. nicht-inferentielle Indizien für den mentalen Zustand, Schmerzen zu haben. Doch laut Rorty dürfe dies nicht darüber hinwegtäuschen, dass die alten Kriterien durch neue ersetzt werden können (Rorty 1973, 320). Rorty verallgemeinert seine Kritik, indem er mit Quine die Grenze zwischen analytischen und synthetischen (empirischen) Sätzen prinzipiell für unscharf erklärt. Da es die zwei Extreme gar nicht gebe, von denen her sich die ‚dritte Art' der kriteriellen Notwendigkeit bestimme, sei auch sie hinfällig: „From the Quinean side, the approach [...] is obscure not so much because it envisages a dubious *tertium quid* but because it supposes that there really are two distinct things – language and fact, the necessary and the contingent" (Rorty 1973, 323). Rortys allgemeiner Einwand basiert erstens auf einer durchaus strittigen sprachphilosophischen Prämisse und zweitens könnte leicht erwidert werden, dass die Art von Notwendigkeit, die synthetischen Sätzen *a priori* zukommen soll, eben eine Notwendigkeit *sui generis* ist, die nur in ihrer Nominaldefinition mit anderen Arten kontrastiert wird.

146 Siehe Sacks 2000, 285 ff.

Diese Kontingenz hat jedoch zur Folge, den angeblich unhintergehbaren, transzendentalen Status dieser Bedingungen zu erodieren. Denn erstens wird ihre normative Verbindlichkeit gegenüber relativistischen bzw. konventionalistischen Positionen eingeschränkt.[147] Zweitens scheint es dem Skeptiker nun möglich, als revisionärer Metaphysiker aufzutreten, der schlicht eine andere Interpretation unserer Erfahrung anbietet, die nicht *parasitär* zu unserem favorisierten Begriffsschema ist, d.h. dieses nicht stillschweigend voraussetzt, und daher nicht auf dieselben transzendentalen Bedingungen verpflichtet ist.[148] Drittens kann der Skeptiker nun Zweifel säen, ob wir nicht sogar *faktisch* ein anderes Begriffsschema verwenden, da unsere Erfahrung doch ebenso in den Begriffen eines alternativen Schemas beschrieben werden kann.[149]

Dieser Erosionsprozess hat auch indirekte Folgen für den Anspruch auf objektive Geltung. Denn mit der Möglichkeit alternativer Schemata leidet die Unhintergehbarkeit (*indispensability*) angeblich transzendentaler Bedingungen: Es ist eben nicht notwendig, dass wir gewisse Überzegugungen haben, wie etwa die, dass es objektive Einzeldinge in Raum und Zeit gibt (schon bevor gezeigt werden könnte, dass sie wahr sein müssen). Mit dem Vehikel eines alternativen Schemas wird es somit erstens denkbar, dass gewisse transzendentale Bedingungen nicht erfüllt sind, und zweitens erscheinen diese dann an die lediglich kontingente Verwendung eines bestimmten Begriffsschemas geknüpft. Letztere Beobachtung erzeugt das Unbehagen, ob wir es nicht mit bloß methodologisch oder praktisch unhintergehbaren Annahmen zu tun haben, die nur *relativ* zu einer Praxis unterstellt werden, weil sie *mit* der jeweiligen, kontingenterweise ausgeübten Praxis zu variieren scheinen.[150] Beide Beobachtungen stärken zumindest *prima facie* die

---

147 Vgl. Stroud 1968, 256.
148 Siehe Abschnitt 2 u. vgl. Strawson 1959, 35 f.; Strawson 1992, 26 f. Nach Rortys Lesart müssen alle transzendentalen Argumente mindestens zeigen, dass das Begriffsschema des Skeptikers ‚parasitär' zu unserem Schema ist, damit sie überhaupt einen stabilen Ansatzpunkt haben, um die skeptische Position nicht als konkurrierende Position, sondern als unhaltbar zurückzuweisen: „What would be the point of knowing, for example, that you have to think about material objects if you are going to think about anything at all, except to defeat the man who suggests a different ‚conceptual framework'? Transcendental arguments must be *at least* parasitism arguments, whether or not I am right in saying that they are at most parasitism arguments." (Rorty 1971, 11)
149 Dieser Einwand wird angedeutet in Rorty 1972, 654 f.; siehe auch Rorty 1971, 1973. Er ist im Kern analog zu Maimons *quid-facti*-Einwand gegen Kant, der ebenfalls von der Möglichkeit eines alternativen Schemas ausgeht: Verwenden wir in Erfahrung tatsächlich die Kausalitätskategorie mit ihrem Notwendigkeitsanspruch oder sind wir in unserer tatsächlichen Erfahrung womöglich Humeaner? Siehe Franks 2005, 179 ff., u. Maimon 2004, 243.
150 Vgl. die Unterscheidung zwischen „methodological" und „absolute indispensability" in Stern 2000, 82. Im Sinne der *methodological indispensability* analysiert z. B. Taylor die von tran-

Plausibilität des Substitutionseinwandes: Transzendentale Argumente beweisen nur die Notwendigkeit gewisser Überzeugungen relativ zu einem bestimmten Begriffsschema – sobald ein alternatives Schema denkbar ist, erscheint es auch denkbar, dass jene Überzeugungen falsch sind.

Die zwei prominentesten Einwände dieser zweiten Gruppe stammen von Rorty und Körner. Rorty argumentiert primär ausgehend von den historischen Erfahrungen des Sprachwandels und wissenschaftlicher Paradigmenwechsel, um zu plausibilisieren, dass nie *a priori* auszuschließen ist, dass sich unser Begriffsschema strukturell verändern könnte.[151] Transzendentale Argumente könnten nur ‚von Fall zu Fall' gegen alternative, vom Skeptiker vorgeschlagene Schemata vorgehen und sie *ad hominem* als parasitär ausweisen.[152] Körner argumentiert prinzipieller anhand eines Trilemmas, dass es unmöglich sei, die Inexistenz alternativer Begriffsschemata zu beweisen.[153] Des Weiteren können die

---

szendentalen Argumenten gemachten „indispensability claims", die laut Taylor darauf beruhen, dass ich mich bei gewissen selbstbewussten, regelgeleiteten Aktivitäten nicht darüber irren kann, dass ich diese Aktivität ihrer konstitutiven Regeln entsprechend ausübe: „My submission is that these claims can be certain because they are grounded in our grasp of the point of our activity, that grasp we must have to carry on the activity. They articulate the point, that is, certain conditions of success and failure; and we can be certain that they do so rightly, because to doubt this is to doubt that we are engaged in the activity, and in this case such a doubt is senseless." (Taylor 1978–79, 163)

151 Vgl. Rorty 1979b, 82, u. Rorty 1971, 11: „But it would be strange if we could know *in advance* of proposing an alternative conceptual framework that it too would be parasitic on the conventional one. No one would believe the claim that *any* new theory in physics would necessarily be such that it could never replace, but could at most supplement, our present theories. One would have to have an extraordinary faith in the difference between philosophy and science to think that things could be otherwise in metaphysics." In Rorty 1972, 657 ff., wird dieses Argument variiert als sprachphilosophische These über die Extrapolation des Bedeutungswandels unserer eigenen Sprache bis hin zur Möglichkeit von Sprachen, die wir nicht mehr kohärent als solche interpretieren können. Wird diese Extrapolation (*pace* Davidson) zugestanden, sind radikal verschiedene Begriffsschemata möglich, die wir nicht einmal als solche erkennen könnten.

152 Vgl. Rorty 1972, 659, u. Rorty 1979b, 99. In der Tat argumentiert Strawson in dieser Weise ‚von Fall zu Fall' gegen Whitehead'sche „process-things" (Strawson 1959, 57), eine nicht-räumlichen Geräuschwelt (Strawson 1959, 87), cartesianische und wittgensteinianische Begriffe der Person (Strawson 1959, 94 ff.) und Leibniz' Monadenlehre (Strawson 1959, 132).

153 Siehe Körner 1967, 320 f., u. die detaillierte Rekonstruktion in Aschenberg 1982, 287–294. Körner definiert ‚Schema' enger als begriffliche Differenzierung unserer Erfahrung. Um zu zeigen, dass ein Schema alle möglichen anderen Schemata bzw. Differenzierungen von Erfahrung beinhaltet, könnte entweder 1. das Schema mit einer völlig undifferenzierten Erfahrung verglichen werden; dies entspricht dem Vergleich eines besonderen Schemas mit dem Gattungsbegriff eines ‚Schemas überhaupt'. Ein solcher Vergleich sei aber nicht möglich, weil er etwas Unbegriffliches beschreiben und damit in es begriffliche Differenzierungen importieren müsse. In analoger Weise argumentiert: Die Gattung ‚Schema' ist nicht unabhängig von ihren besonderen Arten charak-

Gruppe (a) zugeordneten Einwände auch hier fruchtbar gemacht werden, da sie auf die Divergenz von Denkbarkeit, Vorstellbarkeit und metaphysischer Möglichkeit dringen.

Da wir nur von dem für uns derzeit Vorstellbaren ausgehen können, ist der Beweis der schlechthinnigen Unhintergehbarkeit gewisser Überzeugungen oder Begriffe schon deshalb fragwürdig, weil wir dabei einerseits die Vorstellungskraft des Skeptikers herunterspielen, unsere eigene aber andererseits für so unbegrenzt halten müssen, dass sie nichts außer *impossibilia* ausschließt.[154] Schließlich lässt sich auch hier von unserer Konzeption von Objektivität aus argumentieren (siehe 2.4.2), dass die Notwendigkeit eines Begriffsschemas nicht allein aus dem Umstand folgt, dass wir uns kein anderes vorstellen können.[155]

3.2 Der Objektivitätsbegriff als ‚semantische' Komponente von Skepsis

Der skeptische Stolperstein für den Anspruch transzendentaler Argumente auf objektive Geltung liegt in der dabei zugrunde gelegten Objektivitätskonzeption selbst. Dies wurde in Abschnitt 2.4 anhand von Strouds Trilemma und insbesondere Strouds Substitutionseinwand gezeigt. Ich habe im Stile eines moderaten transzendentalen Arguments dafür argumentiert, dass unsere Verwendung der Begriffe des Wissens sowie der weltbezogenen Überzeugung mit einem Komplex von Überzeugungen zweiter Ordnung verknüpft ist, der eine Reihe von realistischen Intuitionen in sich vereint. Demnach halten wir uns selbst grundsätzlich für fehlbar und unterstellen, dass die Wahrheit unserer weltbezogenen Überzeugungen allein durch von ihnen unabhängige, nicht-psychologische Tatsachen bestimmt wird. Aus diesem Komplex realistischer Intuitionen bzw. diesem ‚dichten' Begriff von Objektivität lässt sich Strouds skeptisches Trilemma entfalten, das somit als immanente Kritik an ambitionierten transzendentalen Argumenten auftreten kann.

---

terisierbar. Ein Schema könnte 2. mit seinen Konkurrenten verglichen werden; doch dann wäre bereits zugestanden, dass es alternative Schemata gibt. Schließlich könnte 3. *innerhalb* eines Schemas seine Alternativlosigkeit dargetan werden, doch dies würde Körner zufolge alternative Schemata auf bloß zirkuläre Weise ausschließen, weil das betreffende Schema bereits als Maßstab des Denkmöglichen vorausgesetzt würde.

154 Vgl. Rorty 1979, 82: „To show that *every* alternative proposed would have the same defect would be to know in advance the range of the skeptic's imagination."

155 Stroud 2000d, 237: „There could be forms of thought and experience of which we, for reasons having to do only with us, can form no coherent conception at all. But the fact that we can form no coherent thought of any such alternatives does not imply that there simply are no such possibilities."

Unsere realistische Konzeption von Objektivität bildet die ‚semantische Komponente' des metaepistemologischen Zweifels an transzendentalen Argumenten. Der bei der Verwendung des Begriffs *Wissen* mitgeführte Objektivitätsbegriff motiviert die skeptische Möglichkeit der Divergenz zwischen subjektseitigen Überzeugungen, Begriffen oder epistemischen Rechtfertigungen und ihren objektseitigen Wahrheits-, Erfüllungs- oder Gelingensbedingungen. Im Verbund mit der pragmatischen Komponente (1.2), d.i. der reflexiven Distanzierung von Gewissheiten bzw. praktisch unhintergehbaren Unterstellungen, finden wir uns unversehens auf einen skeptischen Standpunkt versetzt.

Dem Zusammenspiel der beiden Komponenten fallen sowohl begriffliche als auch performative transzendentale Argumente anheim (zu dieser Typologie, siehe I.1.3.4): Erstere können die Differenz von Begriff und Gegenstand nicht überbrücken, letztere nicht die Differenz zwischen pragmatischer Unausweichlichkeit und begrifflicher Notwendigkeit. In beiden Fällen scheitert ihr Anspruch auf Weltbezug bzw. objektive Geltung daran, dass der Skeptiker die Form der Argumentation in genau die Entgegensetzung des Subjektiven und Objektiven zurückbiegt, die jene Argumentationsform zu überbrücken versucht.

Auch der epistemologische Skeptizismus erster Ordnung, gegen den sich transzendentale Argumente klassischerweise richten (siehe I.1.1), basiert auf dieser Konzeption von Objektivität. Hier handelt es sich um eine Skepsis, die jene fundamentalen weltbezogenen Überzeugungen infrage stellt, die mit unserem Bild von Objektivität am engsten verknüpft sind, etwa der Zweifel an der Existenz einer Außenwelt, anderer Personen mit geistigen Zuständen oder dem Bestehen kausaler Relationen. Diese Parallele sei hier nur skizziert, um zu verdeutlichen, dass der fragliche Objektivitätsbegriff zu unserer *alltäglichen* epistemischen Praxis gehört. In diesen Grundriss lassen sich weitere theoretische Festlegungen einzeichnen, wie z. B. eine Korrespondenztheorie der Wahrheit und eine repräsentationalistische Erkenntnistheorie, aber wenngleich solche Ausgestaltungen naheliegen mögen, bleibt festzuhalten, dass unser *vortheoretisches Bild* von Objektivität für eine ganze Reihe theoretischer Modellierungen offen ist. Schematisch ausgedrückt, handelt es sich schlicht um das einleitend bereits verwendete Bild zweier getrennter Sphären: der Sphäre des Subjektiven, d. h. der Dinge, die Objekte der intensionalen Verben ‚glauben' und ‚mir so scheinen' sind, und der Sphäre des Objektiven, d. h. der Dinge, die im extensionalen Kontext von Aussagen vorkommen wie ‚*p* ist wahr' und ‚*p* ist der Fall'.

Der Skeptizismus erster Ordnung macht sich unser allgemeines Bild von Objektivität zunutze, um die Trennung der subjektiven und der objektiven Sphäre als unüberwindliche Kluft darzustellen. Er entwirft das skeptische Szenario, dass die Welt an sich von unseren Überzeugungen radikal abweichen könnte, denn Objektivität impliziert Fallibilität. Da beide Sphären voneinander getrennt sind, lässt sich ihre radikale Divergenz nicht *a priori* ausschließen; mithin könnte die Welt für uns ein bloßer Traum sein und wir würden es nicht bemerken. So ließe sich z. B. fragen: Wenn jede gemäß unseren epistemischen Kriterien getroffene *lokale* Wissenszuschreibung falsch sein könnte, was bürgt dafür, dass wir bei der Anwendung unserer Kriterien nicht *global* falsch liegen könnten?[156] Wenn wir jenes skeptische Szenario nicht *a priori* ausschließen können, bleibt für die Rechtfertigung unserer epistemischen Kriterien offenbar nur ein vitiöser Zirkel oder ein infiniter Regress; denn wir müssten uns ebenso anhand von zureichenden Kriterien vergewissern können, dass wir unsere Kriterien korrekt und nicht nur im Traume angewendet haben.[157]

Diese Überlegung ist nur eine von vielen Weisen, wie skeptische Zweifel erster Ordnung erzeugt werden können. Sie veranschaulicht das Zusammenspiel der semantischen und pragmatischen Komponenten des skeptischen Zweifels. Die reflexive Distanzierung von unserer epistemischen Praxis ermöglicht es, deren Rechtfertigungsstandards zu hinterfragen und ein skeptisches Szenario wie das Cartesische Traumargument zu erwägen. Umgekehrt ermöglicht unsere Objektivitätskonzeption allererst diese reflexive Distanzierung, weil ihr u. a. der grundlegende Unterschied von Wahrheit und Behauptbarkeit eingeschrieben ist.

Wie schon eingangs bemerkt (I.1.1), haben skeptische Überlegungen erster Ordnung freilich eine andere Struktur und Zielsetzung als der metaepistemologische Zweifel, der in der vorliegenden Untersuchung im Mittelpunkt steht. Anhand der angezeigten Parallelen lässt sich aber konturieren, wie eine gelingende ‚transzendentale' Strategie beschaffen sein muss, die unseren Standpunkt des Wissens und Wissenkönnens (I.1.2) in der philosophischen Reflexion stabilisieren kann.

---

156 Siehe die Diskussion zur Wahrheit und Rechtfertigung von Wissenszuschreibungen in Fn. 141.
157 Diese skeptische Strategie wird ausführlich entwickelt von Stroud 1984, Kapitel 2. Zur Rolle der *epistemic-closure*-Annahme und der skeptischen Hypothese, siehe DeRose 1995, 41, u. Willaschek 2003, 100.

3 Die Therapie des Problems und die Rache des Skeptikers

Die vorangegangenen Kapitel dienten dazu, das metaepistemologische Reflexionsniveau herauszuarbeiten, auf dem die Problematik objektiver Geltung angesiedelt ist. Im vorliegenden Kapitel werde ich untersuchen, welche Antwortoptionen Verfechtern eines transzendentalen Anspruchs auf objektive Geltung angesichts der Problemlage noch offen stehen. Ziel des Kapitels ist es, einen systematischen Rahmen und Ansatzpunkt zu skizzieren, an den meine Lesarten von Hegels *Phänomenologie des Geistes* und Fichtes *Wissenschaftslehre 1804-II* auf ihre je spezifische Weise anschließen können.

Der systematische Rahmen steht bereits: Die Verankerung unseres Standpunkts des Wissens und Wissenkönnens in gewissen fundamentalen Überzeugungen, deren Wahrheit auf transzendentale Weise unhintergehbar sein soll. In Kapitel I.1 wurde dieses transzendentalphilosophische Projekt am Paradigma weltbezogener transzendentaler Argumente expliziert. Dieses Paradigma bildet auch für meine Rekonstruktionen Hegels und Fichtes den Bezugsrahmen, obwohl sich zeigen wird, dass Hegels und Fichtes Methodologien nicht deckungsgleich mit ihm sind (siehe II.1, III.1 u. IV.1.3).

Das Paradigma transzendentaler Argumente wurde in Kapitel I.2 anhand von Strouds Trilemma in eine skeptische Aporie geführt. Kernstück der Aporie ist die Diagnose, dass unser Wissensbegriff uns auf eine realistische Objektivitätskonzeption verpflichtet. Dieser zufolge gibt es keinen *a priori* einsehbaren Übergang von psychologischen Prämissen bezüglich unserer Denk- oder Erfahrungsweise zu einer Konklusion bezüglich nicht-psychologischer Tatsachen in der Welt – was bedeutet, dass transzendentale Argumente nicht objektiv gültig sind. Wenn Hegel und Fichte also einen transzendentalphilosophischen Ansatz in dem Sinne verfolgen, dass sie einen mit transzendentalen Argumenten zumindest *vergleichbaren* Anspruch auf objektive Geltung erheben, dann müssen auch sie auf Strouds Trilemma antworten können, um systematisch satisfaktionsfähig zu sein.

Im Folgenden werde ich untersuchen, unter welchen Bedingungen eine ‚therapeutische' Lösung des Problems objektiver Geltung möglich ist. Dieser Lösungsansatz versucht das Problem bzw. Strouds Trilemma zu unterlaufen, indem er die ihm zugrunde gelegte realistische Objektivitätskonzeption revidiert. Ziel ist es aufzuzeigen, dass und weshalb das metaepistemologische Problem sich gar nicht in der Weise stellt, wie es zunächst den Anschein hatte. Dann müssen keine weiteren Annahmen zu seiner positiven Lösung eingeführt werden, die zudem stets Gefahr laufen, an Strouds Trilemma zu scheitern. Die therapeutische Strategie hinsichtlich des Problems objektiver Geltung besteht darin, das skeptische Hindernis aufzulösen, statt zu versuchen, es zu überwinden.

Nach einer ersten Skizze dieser therapeutischen Lösung **(1.)** widme ich mich drei Ansätzen, die als paradigmatische Strategien zur Umsetzung einer solchen Therapie verstanden werden können. Zuerst betrachte ich Kants transzendentalen Idealismus **(2.)**, der die Grundform der gesuchten Lösung vorgibt. Kant unterscheidet zwei Bedeutungen von Objektivität, eine ‚empirische' und eine ‚transzendentale'. Der idealistische Zuschnitt von Objektivität in der transzendentalen Bedeutung soll für die Möglichkeit objektiv gültiger transzendentale Argumente bürgen. Die beiden weiteren Ansätze radikalisieren Kants Unterscheidung jeweils in eine bestimmte Richtung. Der Ansatz Rortys **(3.)** sucht den realistischen Objektivitätsbegriff gänzlich zu *eliminieren*. Der Ansatz von Sacks **(4.)** hingegen *restringiert* den realistischen Objektivitätsbegriff noch umfassender als Kant auf die ‚empirische' Ebene.

Allen drei Ansätzen attestiere ich ein ‚Racheproblem' (*revenge problem*)[158] mit dem metaepistemologischen Skeptizismus, welchen sie eigentlich zum Verschwinden bringen sollten: Der jeweilige Weg, wie unser alltäglicher, realistischer Objektivitätsbegriff revidiert und in eine idealistische Objektivitätskonzeption überführt werden soll, erzeugt das Problem objektiver Geltung bzw. Strouds Trilemma erneut. Wie sich zeigen wird, kommt die therapeutische Lösung nicht ohne Anbindung an jene ‚alte' Objektivitätskonzeption aus, da sie sonst die ‚neue' idealistische Konzeption rein dogmatisch bzw. stipulativ einsetzte und damit Strouds Idealismusproblem anheimfiele. Mit der Anbindung an die alte Konzeption entsteht jedoch das Racheproblem, dass Strouds Trilemma erneut auftritt, weil die Unterscheidungen der alten realistischen Konzeption stillschweigend ihre Gültigkeit behalten, sodass wir die neue Konzeption nach ihnen beurteilen und uns reflexiv von ihr distanzieren können. Aus dieser Diagnose entwickle ich abschließend **(5.)** das methodologische Profil einer ‚rachefreien' therapeutischen Lösungsstrategie, in das die Ansätze Hegels und Fichtes vorgreifend eingeordnet werden.

---

158 Ich borge mir diesen Ausdruck aus der Diskussion um die Lügnerparadoxie, der solche Lösungsversuche der Paradoxie bezeichnet, welche dieselbe auf höherer Ebene erneut aufwerfen, etwa durch die Einführung von Wahrheitswertlücken (siehe Beall 2008).

1 Grundriss einer ‚therapeutischen' Lösung

Da der Dreh- und Angelpunkt der in I.2 exponierten metaepistemologischen Skepsis die dabei zugrunde gelegte Objektivitätskonzeption ist, bietet diese auch den naheliegendsten Ansatzpunkt, um den Anspruch auf objektive Geltung zu restituieren. Stünde es uns frei, nach Belieben an dieser Stellschraube zu drehen, wäre die Lösung der Problematik ganz einfach. Wir könnten z. B. annehmen, dass Objektivität in nichts weiter als der intersubjektiven Anerkennung von Wissensansprüchen bzw. Urteilen besteht. Dann wäre es durchaus zulässig, aus der Prämisse, dass alle Teilnehmer unserer Sprachgemeinschaft eine bestimmte Überzeugung teilen, zu folgern, dass diese Überzeugung wahr ist. Ein zunächst moderates transzendentales Argument im Stile Davidsons, das zeigte, dass intersubjektive Verständigung das Prinzip des Wohlwollens voraussetzen muss,[159] könnte dann problemlos objektive Geltung beanspruchen. Die vormals diagnostizierte ‚Lücke' zwischen dem Prinzip des Wohlwollens und der tatsächlichen Wahrheit unserer Überzeugungen wäre durch die konsensualistische Objektivitäts- bzw. Wahrheitskonzeption geschlossen worden.

Ein derart revidierter Objektivitätsbegriff würde auch Strouds Trilemma umgehen (siehe I.2.1): Der Substitutionseinwand wäre keineswegs mehr plausibel, und auch das Brückenproblem stellte sich nicht, weil die beide Einwände tragende Kluft, d. h. hier: die Kluft zwischen Wahrheitsbedingungen und intersubjektiver Behauptbarkeit, nicht mehr bestehen würde. Bezeichnenderweise könnte auch das Idealismusproblem nicht mehr sinnvoll artikuliert werden. Denn da im gegebenen Fall die Objektivität eines Urteils nichts anderes *ist* als seine intersubjektive Anerkennung, gäbe es keinen Standpunkt mehr, von dem aus eine Kluft zwischen Wahrheit und Behauptbarkeit sinnvollerweise konstatiert werden könnte; mithin würde diese Kluft nicht nivelliert oder durch eine idealistische Zusatzannahme überbrückt. Wir hätten uns nicht *weg* von einer realistischen *hin* zu einer idealistischen Position bewegt; vielmehr wäre gleichsam das *Koordinatensystem* verschoben worden, innerhalb dessen diese positionelle Zuordnung stattfindet. Die Frage danach, von welchem Bezugsrahmen aus wir weiterhin (wie eben geschehen) eine solche Verschiebung konstatieren können, wird unten als skeptisches Racheproblem verhandelt werden.

Bei diesem Lösungsansatz besteht eine weitere instruktive Parallele zu skeptischen Zweifeln erster Ordnung (vgl. I.2.3). Auch der Erfolg von DeRoses kontextualistischer Antwort auf den epistemischen Skeptiker entscheidet sich daran, welcher Wissensbegriff und welche mit ihm verknüpfte Objektivitätskon-

---

159 Siehe Kapitel I.2, Abschnitt 2.4.1.

zeption zugrunde gelegt wird. Laut DeRose bindet unser gewöhnlicher Wissensbegriff die Wahrheitsbedingungen für Wissenszuschreibungen an ihren jeweiligen Kontext, während der Skeptiker einen revidierten Wissensbegriff verwende.[160] Daher stellt die vom Skeptiker nach dem Prinzip der *epistemic closure* erhobene Forderung, skeptische Hypothesen wie das Traumszenario auszuschließen, keine Hürde mehr dar, weil unsere alltäglichen epistemischen Kriterien je nach Kontext dies nicht verlangen bzw. dafür hinreichend sind.[161] Entsprechend kann DeRoses Kontextualismus durch den Skeptiker nur so zurückgewiesen werden, dass dieser eine stärker realistische Objektivitätskonzeption geltend macht. Der Skeptiker kann sich dazu auf die Unterscheidbarkeit von Wahrheits- und Behauptbarkeitsbedingungen berufen. Dies liefe auf folgenden Substitutionseinwand gegen DeRoses Kontextualismus hinaus: Es mag in gewissen Kontexten für uns notwendig so scheinen, als ob wir gerechtfertigte Wissensansprüche hätten, aber dieser Anschein spiegelt nur kontextuell variable Standards von gerechtfertigter Behauptbarkeit wider. Dagegen bleiben die invarianten Standards für die Wahrheit von Wissenszuschreibungen unberührt und womöglich unerreicht.[162] Die Stärke des skeptischen Zweifels entscheidet sich somit auch hier an der Frage, welcher Wissens- und Objektivitätsbegriff den Ausgangspunkt bildet.

Im Falle des realistischen Objektivitätsbegriffs, der Strouds Trilemma zugrunde liegt, ist die Lage jedoch äußerst ungünstig für transzendentale Argumente. Denn zum einen ist die in ihm enthaltene Konzeption nicht sehr anspruchsvoll: Sie soll nur unser vortheoretisches Alltagsverständnis und unseren Sprachgebrauch explizieren, wenn wir Wissen und weltbezogene Überzeugungen zuschreiben. Zum anderen wurde ein transzendentales Argument vorgebracht (I.2.2.4), dem zufolge wir mit unserem gegebenen Begriffsschema notwendigerweise diese realistische Konzeption verwenden müssen. Würden wir ein alterna-

---

160 Siehe DeRose 1995, 42–49, insbesondere die Analogie zur Semantik von ‚Arzt' (DeRose 1995, 47). Für DeRoses Argumentation ist von Gewicht, dass der durch sie kritisierte Skeptizismus impliziert, dass wir den Begriff *Wissen* meistens falsch verwenden und die ihn involvierenden Überzeugungen größtenteils falsch sind; diese irrtumstheoretische Implikation besteht beim von mir betrachteten metaepistemologischen Skeptizismus nicht.
161 Vgl. DeRose 1995, 41.
162 DeRose konzediert einen solchen Einwand, den er explizit Stroud 1984 entlehnt (siehe DeRose 1995, 45, Fn. 42): „Thus, my solution, like other contextualist solutions, can be easily adapted to suit the purposes of the bold skeptic. The result is a theory parallel to my own contextualist solution, which differs in its semantics of ‚know': According to this parallel invariantist theory, the context-sensitive varying epistemic standards we've discovered govern the warranted assertability conditions of attributions and denials of knowledge, rather than their truth conditions, which are held to be invariant." (DeRose 1995, 46) Zu den Prämissen, die dem Stroud entlehnten Einwand zugrunde liegen, siehe Fn. 141.

tives Bild von Objektivität übernehmen, so schienen wir das absurde Unterfangen zu betreiben, Begriffe wie *Wissen* und *Wahrheit* stipulativ umzudefinieren und unsere ursprüngliche, alltägliche Verwendungsweise abzuschaffen. Selbst wenn die stipulative Übernahme einer alternativen Konzeption sinnvoll und konsistent möglich wäre, geriete sie in das Stroud'sche Idealismusproblem, dass eine solche Stipulation auf dogmatische Weise die Unabhängigkeit der Welt von uns bzw. dem Standpunkt eines Erkenntnissubjekts untergraben würde.

Die gesuchte Lösung muss also *erstens* unserer alltäglichen Objektivitätskonzeption treu bleiben. *Zweitens* muss sie diese transformieren und uminterpretieren, damit der skeptische Einwand unterbunden wird. Sie darf aber *drittens* nicht als stipulative bzw. konstruktive Intervention auftreten, um nicht in das Idealismusproblem zurückzufallen. Die dritte Anforderung wird im Folgenden als skeptisches Racheproblem weiter diskutiert werden (in Abschnitten 2–4 sowie II.1.4, II.3 und III.3.5). Im Ganzen ergibt das skizzierte Lösungsprofil eine therapeutische Auflösung des Problems objektiver Geltung: Das Problem, wie objektiv gültige, konstitutive Bedingungen aufzeigbar sind, soll zum Verschwinden gebracht werden, indem ein *revidiertes* Bild von Objektivität, mithin des Verhältnisses von Denken und Welt, zugrunde gelegt wird. In diesem Bild findet das skeptische Unbehagen, einerseits an dem Eingekapseltsein in unsere Überzeugungen und epistemischen Praktiken sowie andererseits an einem unzulässigen ‚Sprung' zu Aussagen über die Welt, keinen fruchtbaren Boden mehr. Die obigen Überlegungen im Rückgriff auf Davidson und DeRose geben einen ersten Eindruck von der nun zu entwickelnden Strategie.

In der methodologischen Klassifikation Cassams handelt es sich bei ihr deshalb um eine *obstacle-overcoming response*, weil sie das vermeintliche skeptische Hindernis als scheinhaft zu entlarven bzw. aufzulösen sucht, statt konfrontativ seine Überwindung anzustreben.[163] Mir kommt es also im Folgenden vornehmlich auf den ‚therapeutischen Effekt' an, wie ein im weiten Sinne skeptisches Problem aufgelöst werden kann. Diesen Effekt können verschiedene Modelle philosophischer Therapie erreichen, wie ich unten zeigen werde. Mit dem Begriff der ‚Therapie' schließe ich zwar an eine wesentlich von Wittgenstein geprägte Diskussion an, möchte ihr aber nur im Geiste und nicht im Buchstaben

---

[163] Ich orientiere mich hier an Cassam 2007, 2 ff., der zwischen einer *obstacle-dissipating response*, die ein epistemologisches Hindernis direkt verneint, und einer *obstacle-overcoming response*, die das Hindernis als nicht triftig ausweist, unterscheidet. Nach Cassams „*multi-levels* account" (Cassam 2007, 9 f.), der sich jedoch auf die Erklärung von Wahrnehmungswissen beschränkt, sind diese zwei Arten der *obstacle-removal response* unterhalb des Niveaus transzendentaler Argumente anzusiedeln. Vgl. Stroud 1984, 13, wo Cassams Strategie bereits angedeutet wird.

folgen. Ein zentraler Unterschied besteht hier hinsichtlich ‚konstruktiver' und rein ‚diagnostischer' bzw. quietistischer Ansätze der Therapie.[164] Vorgreifend zu meiner Interpretation Hegels und Fichtes sei hier angemerkt, dass sich bei Hegel und Fichte wesentlich auch eine *obstacle-disspating response* (Cassam), d. h. eine konstruktive, theoriebildende Komponente finden wird. Keiner von beiden begnügt sich wie die wittgensteinianische Therapie philosophischer Fragen mit deren rein diagnostischer Rückführung auf alltägliche Verwendungsweisen von Sprache. Vielmehr soll das Problem objektiver Geltung auf seinen transzendentalen Grund zurückgeführt werden, d.i. die interne Struktur des Wissens, worin es in gewissem Sinne auch als berechtigt ausgewiesen und nicht als Sprachverwirrung gänzlich destruiert wird.[165]

2 Kants transzendentaler Idealismus

Wie könnte der umrissene therapeutische Ansatz genutzt werden, um weltbezogene transzendentale Argumente zu rehabilitieren? Wie oben bemerkt, können bzw. wollen wir unsere alltägliche Objektivitätskonzeption und die in ihr enthaltenen realistischen Intuitionen nicht einfach beiseite fegen. Kants Lehre des transzendentalen Idealismus weist hier paradigmatisch einen Ausweg: Sie lässt unser Alltagsverständnis von Objektivität als „empirischen Realismus" unangetastet, bettet es aber in den Rahmen des „transzendentalen Idealismus" ein, dem zufolge empirische Gegenstände bloße Erscheinungen sind, deren Bestimmtheit von den apriorischen Formen unserer Sinnlichkeit und unseres Verstandes als

---

[164] Diese Unterscheidung übernehme ich von Willaschek 2003, 289 ff. Mit einer ähnlichen Stoßrichtung, aber einer stärkeren begrifflichen Unterscheidung bestimmt Quante die Vorgehensweisen der philosophischen Therapie und der konstruktiven Philosophie; er zeigt aber zugleich, wie der konstruktive Ansatz in den Dienst der Therapie gestellt werden kann (siehe Quante 2011, 71, 81). Zum Quietismus allgemein, siehe Spiegel 2021, 109–115. – Durch die Einbindung einer ‚konstruktiven' Methodologie unterscheidet sich der hier verfolgte therapeutische Ansatz trotz einer gemeinsamen Stoßrichtung von McDowell 1996 (siehe auch die Analogie zur geometrischen Konstruktion in IV.2); zur Diskussion von McDowells Quietismus, siehe Davies 2000 u. Spiegel 2021, 123–127. Zur Rolle des Therapeutischen bei Hegel, siehe Emundts 2012, 85–87, u. Quante 2011, 73–86, und meine Rekonstruktion der Hegel'schen Methode in II.1.3.
[165] Bei diesem konstruktiv-therapeutischen Lösungsansatz fragt sich, wie er den Standpunkt des Common Sense mit dem Standpunkt der Philosophie ins Verhältnis setzt (vgl. Quante 2011, 69 ff., u. Willaschek 2003, 291 ff.). Diese Frage versuche ich durch meine jeweilige Lesart der Form absoluten Wissens bei Hegel und Fichte sowie des von ihnen entworfenen methodischen Aufstiegs zu derselben zu beantworten (siehe II.5 u. III.5).

den subjektiven Bedingungen möglicher Erfahrung abhängig ist.[166] Der Objektivitätsbegriff wird dementsprechend in zweierlei Bedeutung gebraucht: empirisch oder transzendental. Unsere realistischen Intuitionen sind also weiterhin gültig, insofern sie die Welt der Erscheinungen betreffen. Aber an sich bzw. in transzendentaler Hinsicht gilt eine idealistische Position, der zufolge die Welt von der Möglichkeit erfahrender Subjekte abhängig ist, indem sie auf bestimmte Weise durch dieselben konstituiert wird.

Da die Welt in transzendentaler Hinsicht subjektabhängig ist, können wir ausgehend von der notwendigen Struktur unserer Erfahrung darauf schließen, dass die Erscheinungen als Gegenstände einer möglichen Erfahrung dieser Struktur entsprechen müssen.[167] Somit sind transzendentale Argumente, welche die notwendige Struktur unserer Erfahrung aufdecken, objektiv gültig. Anders gewendet: Die skizzierte transzendentale Idealität der Erscheinungen, d.i. ihre Konstitution durch die Formen *a priori* unserer Erkenntnisvermögen, zeigt, wie synthetisches Wissen *a priori* von Erscheinungen möglich ist.[168]

Das Stroud'sche Brückenproblem sowie der Substitutionseinwand sind damit in Cassams Sinne des *obstacle removal* aufgelöst worden, da es keine Kluft mehr gibt zwischen subjektiv notwendigen Bedingungen der Erfahrung und ihrer objektiven Geltung. Doch um die Hürden des Trilemmas zu beseitigen bzw. zu umgehen, musste die Annahme des transzendentalen Idealismus eingeführt werden. Diese Annahme kann aber nicht wiederum durch ein weltbezogenes transzendentales Argument begründet werden, andernfalls gerieten wir in einen vitiösen Zirkel. Fällt diese offenkundige Zusatzannahme also dem Idealismusproblem als drittem Glied des Stroud'schen Trilemmas anheim?

---

166 Mit dieser schematischen Darstellung von Kants Position folge ich Stroud 1984, 148–154 u. Stroud 2000a, 159. Da das Beispiel Kants für eine bestimmte systematische Option steht, klammere ich die weitverzweigte exegetische Debatte zu Kant hier aus. Für das Folgende entscheidend ist vor allem die Verklammerung ontologischer und erkenntnistheoretischer Thesen bei Kant sowie die zentrale Rolle der Unterscheidung zwischen einer empirischen und transzendentalen Perspektive (zur exegetischen Verankerung dieses Gesamtbildes, siehe Allais 2015, 4–11).
167 Vgl. Kant 1998, A 111, u. Stroud 2000a, 159.
168 Vgl. Stroud 1984, 159, u. Stroud 2000a, 173: „If it is necessarily true, and so knowable a priori, that the world is that way, the only explanation of that a priori knowledge of such a world would seem to be that the world of which it is true is the ‚phenomenal' world – the world only as it is possible for us to experience it and know it. Its being as it is is ‚constituted' by the possibility of our thinking of it and experiencing it in the ways we do."

2.1 Transzendentaler Idealismus als Reinterpretation von Objektivität

Kants Idealismus würde dem Stroud'schen Idealismusproblem fraglos anheimfallen, wenn es sich bei ihm um einen „empirischen Idealismus" handelte, der die Subjektunabhängigkeit der Welt rundherum leugnete und somit die Unterscheidung von Mir-so-Scheinen und Der-Fall-Sein gänzlich nivellierte. Die Annahme eines allgemeinen empirischen Idealismus ließe einzelne transzendentale Argumente in der Tat überflüssig werden; ferner wäre eine solche Zurückweisung realistischer Intuitionen kaum unterscheidbar vom Standpunkt des Außenweltskeptikers.

Die Pointe des *transzendentalen* Idealismus besteht jedoch darin, die empirische Realität der Erscheinungen unangetastet zu lassen. Entsprechend akzentuiert, kann diese empirische Realität als das Maximum an Realität bzw. Objektivität präsentiert werden, das wir uns sinnvollerweise wünschen können. Die Welt der Erscheinungen ist dann die Welt, wie sie *für uns* überhaupt zugänglich ist, und darüber hinaus gebe es nur den Grenzbegriff einer jenseitigen Welt *an sich*, die entsprechend ‚für uns nichts' sei.[169] Auch einzelne transzendentale Argumente sind unter der Annahme des transzendentalen Idealismus nicht überflüssig, da sie erforderlich sind, um die notwendige Struktur der Erfahrung allererst herauszustellen. Der transzendentale Idealismus lässt sich somit als *Aufklärung* unserer alltäglichen Objektivitätskonzeption verstehen: Gewisse Strukturen in der Welt, die wir für empirisch vorgefunden hielten, entpuppen sich als transzendentale Strukturmerkmale, wie z. B. die durchgängige kausale Ordnung alles zeitlichen Geschehens.[170] Mit der Notwendigkeit solcher Strukturmerkmale wird dann die These verbunden, dass sie die Welt als Erscheinung bestimmen. Das Stroud'sche Idealismusproblem wird dabei umgangen, da unsere realistischen Intuitionen nicht zurückgewiesen, sondern affirmiert werden. Statt einer Einschränkung unseres Objektivitätsanspruchs erhalten wir seine transzendental idealistische *Reinterpretation*, der zufolge die empirische Realität von Erscheinungen alles umfasst, was wir uns an Objektivität wünschen können, die dafür geltenden Kriterien aber durch jene transzendentalen Strukturmerkmale festgelegt werden.

---

[169] Diese Erläuterungsstrategie des kantischen Idealismus verfolgen u. a. Sacks (siehe 4.) und (ausdrücklich gegenüber Stroud 2019) Haag und Hoeppner 2019 (siehe Fn. 196). Der letztere Beitrag verhandelt die Problematik der *metaphysical dissatisfaction*, die mit der hier diskutierten eng verwandt, aber nicht deckungsgleich ist; diese Problematik werde ich in Kapitel III.4.3 aufgreifen.
[170] Vgl. die Aufstellung solcher Strukturmerkmale nach Kant in Förster 2018, 53.

Die Annahme des transzendentalen Idealismus verpflichtet ferner auf keine abweichende Semantik von *Wissen*, *Wahrheit* und anderen Begriffen, die zu unserer alltäglichen Konzeption von Objektivität gehören. Sie vermeidet also das von DeRose aufgeworfene Problem, dass unsere Sprachpraxis nicht respektiert würde.[171] Es soll nur gleichsam ein doppelter Boden eingezogen werden, um den Geltungsbereich der alltäglichen Konzeption auf den Bereich des Empirischen zu beschränken und seine Konstitution durch transzendentale Strukturen zu konstatieren. Allenfalls wird unser epistemisches Vokabular um eine ‚transzendentale' Dimension erweitert. Um bei der semantischen Erläuterungsweise zu bleiben: Es wird eine metasprachliche Klassifikation eingeführt, die ‚empirische' und ‚transzendentale' Aussagetypen unterscheidet. Unsere alltägliche epistemische Praxis soll nicht reformiert oder partiell für falsch erklärt werden, sondern gewissermaßen nur reflektiert, d.i. auf einer höherstufigen, transzendentalen Ebene neu beschrieben werden.[172]

2.2 Kants skeptisches Racheproblem

Vermutlich ist die Leserin oder der Leser das Gefühl nicht losgeworden, dass es sich bei Kants transzendentalem Idealismus trotzdem um einen *Idealismus* und darin um eine substantielle, der Kontroverse fähige Position handelt, die zudem die objektive Geltung transzendentaler Argumente nicht voraussetzen darf, da sie deren Möglichkeit allererst erklären soll. Doch woher rührt diese gleichsam instinktive reflexive Distanzierung? Wie ich nun zeigen werde, steht Kants transzendentaler Idealismus vor einem skeptischen *Racheproblem*, das sich gerade bei dem Versuch einstellt, den metaepistemologischen Skeptizismus durch die Revision des ihm zugrunde liegenden Objektivitätsbegriffs einzuhegen. Die Rache

---

171 Siehe Abschnitt 1, Fn. 160.
172 Zur Rolle metasprachlicher Klassifikationen, siehe Seiberth 2022, 27–35. Zum Zweck dieser Erläuterung werden die alltägliche oder empirische Ebene und die transzendentale Reflexionsebene in Analogie zu Objekt- und Metasprache verstanden. Das T-Schema für wahre Aussagen, die z. B. unseren alltäglichen Wissensbegriff enthalten, könnte dann so lauten: ⌜S ist *empirisch-wahr* gdw. p⌝, wobei ‚S' für eine jeweilige empirische Aussage steht und ‚p' für die Übersetzung derselben in die expressiv reichere Metasprache der Transzendentalphilosophie, welche zusätzlich zu Erfahrungssätzen Aussagen über die notwendigen Strukturmerkmale der Erfahrung enthält. Diese semantische Erläuterungsweise könnte in verschiedene Richtung weitergeführt werden, etwa um die Rolle des Wahrheitsprädikats *transzendental-wahr* zu bestimmen; zum Beispiel könnte es zu den Einführungsregeln für Übersetzungen von objektsprachlichen Aussagen in der Metasprache gehören, dass gewisse Konstitutionsprinzipien transzendental-wahr sein müssen. Vgl. den formalisierten Begriff transzendentaler Entfaltung bei Wille 2011, 594–603.

des Skeptikers besteht darin, dass die vorgeschlagene idealistische Objektivitätskonzeption in die alte, realistische Konzeption zurückübersetzt wird, die für Strouds Trilemma wieder eine Angriffsfläche bietet.

Als Lösung von Strouds Trilemma betrachtet, fällt Kants transzendentaler Idealismus einem solchen Racheproblem anheim. Wie oben gezeigt, basiert diese Lösung auf einem erweiterten Objektivitätsbegriff, der zwei Sinne von Realität unterscheidet, d.i. einen empirischen und einen transzendentalen Sinn. Anhand dieser Unterscheidung lässt sich Strouds Trilemma auf höherer Stufe erneut aufwerfen.

a. Dazu vollzieht der metaepistemologische Skeptiker an unserer Erläuterung der kantischen Position einen semantischen Aufstieg, um zu fragen: Was bedeutet ‚transzendental ideal' im Unterschied zu ‚empirisch real'? Der Zuschreibung des ersten Prädikats zufolge sind die Erscheinungen von einem Subjekt abhängig, der Zuschreibung des zweiten zufolge von ihm unabhängig, was sich zu widersprechen scheint. Wenn darauf erwidert wird, dass es sich eben um zwei *verschiedene Sinne* von ‚(un)abhängig' oder von ‚Subjekt' handelt, d.i. jeweils in empirischer oder transzendentaler Bedeutung, dann ist diese Auskunft als Begriffsklärung zirkulär. Denn es wurde ja gerade danach gefragt, worin die Bedeutung jenes transzendentalen Sinnes von Objektivität bestehe. Durch ein empirisches Vokabular lässt sich die besondere transzendentale Abhängigkeit der Erscheinungen natürlich auch nicht erläutern. Es bleibt eine offene Frage, wie Idealität und Realität der Welt jeweils in transzendentalem bzw. empirischem Sinn zu verstehen sind. Auch eine Erläuterung in einem der Unterscheidung gegenüber neutralem Vokabular müsste beinhalten, dass die Unabhängigkeit der Welt in gewisser Hinsicht eingeschränkt wird, denn anders könnte nicht artikuliert werden, dass die Welt durch ein Subjekt bzw. subjektive Formen konstituiert wird.

b. Den letzteren Aspekt verdeutlicht McDowells Lesart von Kants Idealismus. Laut McDowell gelingt es Kant nicht, die Formen unserer Sinnlichkeit, d.i. Raum und Zeit, als notwendige Bedingungen der Möglichkeit von Gegenständen *überhaupt* auszuweisen, sondern sie gelten nur für Gegenstände *wie sie unseren Sinnen gegeben sind*.[173] Denn diese Formen müssen als die *unserer* Sinnlichkeit erläutert werden, was einen Kontrast eröffnet, einmal zu den Gegenständen, wie sie an ihnen selbst sind, und einmal zu anderen Formen der Sinnlichkeit. Es handelt sich bei der Form der Sinnlichkeit um eine Tatsache über *uns* als Erkenntnissubjekte im Gegensatz zu einer Tatsache darüber, wie Gegenstände *überhaupt*

---

[173] Die folgende Zusammenfassung bezieht sich auf McDowell 2009a, 75–79.

erkennbar sind.¹⁷⁴ Im kantischen Theorierahmen können diese Formen daher nur als eine subjektive Projektion („imposition") erläutert werden, die der Welt aufzwingt, dass sie als raumzeitlich geordnet erscheinen muss, damit wir sie erkennen können.¹⁷⁵

c. Stroud formuliert eine verwandte Überlegung: Die für Kants Idealismus entscheidende These, dass Erfahrungsgegenstände durch uns konstituiert („supplied by us") werden, lässt sich nur in ihrem intendierten transzendentalen Sinn verstehen und von ihrer empirisch-idealistischen Lesart abgrenzen, wenn sie als Ergebnis einer besonderen Art der transzendentalen Untersuchung von Bedingungen *a priori* des Wissens erläutert wird. Doch die Möglichkeit, wie durch eine transzendentale Untersuchung *a priori* notwendige Bedingungen des Wissens entdeckt werden können, lässt sich umgekehrt nur dadurch erklären, dass diese Bedingungen *durch uns* bestimmt bzw. konstituiert werden.¹⁷⁶ Nach Stroud verstrickt sich daher die Erläuterung des transzendentalen Idealismus in einen Zirkel, wenn sie ihn von einer empirisch-idealistischen Position abgrenzen will.¹⁷⁷

---

174 „If there are conditions for it to be knowable by us how things are, it should be a truism that things are knowable by us only in so far as they conform to those conditions. And Kant want it to seem that if we hanker after an objectivity that goes beyond pertaining to things as they are given to our senses, we are hankering after something that would violate that truism. But it is equally truistic that a condition for things to be knowable by us must be a condition of *knowing* how things are. And if some putative general form for states of affairs is represented as a mere reflection of a fact about us, as the spatial and temporal order of the world we experience is by transcendental idealism, that makes it impossible to see the relevant fact about us as grounding a condition for our *knowing* any instance of that form. Transcendental idealism ensures that Kant cannot succeed in depicting the way our sensibility is formed as the source of a condition for things to be *knowable* by us." (McDowell 2009a, 78)

175 In der Folge sinken auch die Kategorien des Verstandes zu einer bloß subjektiven Projektion herab, weil sie nur auf Gegenstände unserer Anschauung anwendbar sind (McDowell 2009a, 77; gegen diese Auffassung argumentieren Gomes/Stephenson/Moore im Erscheinen). Auch Nisenbaums weitergeführte Interpretation des transzendentalen Idealismus, welche sie ihrer Begründung weltbezogener transzendentaler Argumente zugrunde legt (siehe Nisenbaum 2018, 127f.), handelt sich m. E. eine Variante desselben Einwands ein. Denn Nisenbaum begründet den Standpunkt des empirischen Realismus durch eine idealistische These, der zufolge „[t]he self constitutes by its commitments the world that it inhabits" (Nisenbaum 2018, 128f.).

176 Stroud 1984, 155: „Necessary features of the understanding that were fully independent of us could not be discovered a priori; and they could not be discovered empirically if they are the necessary features of any human understanding. Idealism is therefore required in order to account for our knowledge in so far as that knowledge is a priori; that is what makes it a ‚transcendental' idealism for Kant."

177 Stroud 1984, 160: „And now we seem to be going in a circle; to understand transcendental idealism we must understand the special nature of the investigation that endows the idealism

Diese Zirkularität ist für Stroud unvermeidbar, weil Kant die These der Subjektabhängigkeit der Erscheinungen nun einmal in irgend einem Sinne behaupten muss, es jedoch nicht zirkelfrei erläutert werden kann, wie sich der intendierte ‚transzendentale' Sinn von Subjektabhängigkeit letztlich von einem ‚empirischen', etwa an Berkeley erinnernden Sinn unterscheidet.[178]

d. Strouds Zirkelproblem ähnelt einem einflussreichen Einwand Jacobis, dem zufolge Kants transzendentaler Idealismus in folgendes Dilemma gerät: Insofern wir es nur mit „Erscheinungen" als unseren Vorstellungen zu tun haben, können wir uns augenscheinlich keine auf reale Gegenstände bezogene Erkenntnis zuschreiben – wenn wir aber die Affektion als kausale Beziehung zwischen den Erscheinungen und den ihnen zugrunde liegenden „Dingen an sich" in den Blick nehmen wollen, sind wir gezwungen, Kants erkenntniskritische Grenzziehung zu überschreiten.[179] Das primäre Problem Jacobis ist dabei m. E. nicht der Vorwurf, Kant wende die Kausalitätskategorie auf Dinge an sich an, sondern die von Kant nicht einholbare, aber zum Verständnis seines Idealismus unerlässliche Einnahme einer Außenperspektive auf seine Objektivitätskonzeption, welche von der ‚Idealität' der Gegenstände bzw. ihrem Konstituiertsein durch das Subjekt zunächst abstrahiert.[180] Ist diese Außenperspektive einmal eingenommen, wird

---

with transcendental and not merely empirical status, and to understand how such a special kind of investigation is even possible we must see that idealism, understood transcendentally, is true."
178 Vgl. Stroud 1984, 166 ff. Als Replik könnte konzediert werden, dass die dem transzendentalen Idealismus zugrunde liegende Unterscheidung nicht ‚sagbar' ist, aber dennoch auf eine begrifflich nicht weiter artikulierbare Weise ‚gezeigt' werden könne (zur Kritik dieses Wittgenstein-inspirierten Vorschlags, der im Blick auf Fichte nicht leichtfertig zu verwerfen ist, aber gerade im Blick auf Kant hart am Wind der Unverständlichkeit segelt, siehe Moore 1997, 120–137, 154 f.).
179 Vgl. Jacobi 2004a, 108 f.: „[N]ach dem Kantischen Lehrbegriff kann der empirische Gegenstand, der immer nur Erscheinung ist, nicht ausser uns vorhanden, und noch etwas anders als eine Vorstellung seyn: von dem *transscendentalen Gegenstande* aber wissen wir nach diesem Lehrbegriffe nicht das geringste; und es ist auch nie von ihm die Rede, wenn Gegenstände in Betrachtung kommen [...] [.] Indessen wie sehr es auch dem Geiste der Kantischen Philosophie zuwider seyn mag, von den Gegenständen zu sagen, daß sie *Eindrücke* auf die Sinne machen, und auf diese Weise Vorstellungen zuwege bringen, so läßt sich doch nicht wohl ersehen, wie ohne diese Voraussetzung, auch die Kantische Philosophie zu sich selbst Eingang finden, und zu irgend einem Vortrage ihres Lehrbegriffs gelangen könne. [...] Ich muß gestehen, daß dieser Anstand mich bey dem Studio der Kantischen Philosophie nicht wenig aufgehalten hat, [...] weil ich unaufhörlich darüber irre wurde, daß ich *ohne* jene Voraussetzung in das System nicht hineinkommen, und *mit* jener Voraussetzung darinn nicht bleiben konnte."
180 Der Standardlesart von Jacobis Einwand zufolge wirft dieser Kant eine transzendentalphilosophisch illegitime Anwendung der Kausalitätskategorie vor; so Allison 2004, 67 f., der das Gewicht des Einwands jedoch zugesteht, und Willaschek 2001, 220 f., 229, der auch letztlich Jacobis Kritik an der Affektionstheorie zugesteht (jedoch als Problem, den Ursprung und die Struktur der Empfindungsmaterie zu erklären). Für eine detaillierte Rekonstruktion, welche die

unverständlich, wie wir in Kants Idealismus „hinein" kommen können, ohne die subjektunabhängige Existenz der Dinge und ihrer Bestimmungen sowie deren kausalen Beitrag zum Inhalt unserer Vorstellungen preiszugeben. Dies alles mit dem subjektiven Konstituiertsein der Erscheinungen zu vereinbaren (d.i. dass alle Dinge im Raum „in uns und sonst nirgendwo vorhanden sind" und „Gesetze[n] unseres Denkens, aber keineswegs der Natur an sich" unterworfen sind)[181] wäre nur möglich – und hier trifft sich Jacobi mit Stroud –, wenn „man jedem Worte eine fremde Bedeutung, und ihrer Zusammenfügung einen ganz mystischen Sinn beylegt."[182] Denn die erforderliche Erläuterung in Begriffen der Objektivität, ontologischen Dependenz, Kausalität, etc. müsste als irreduzibel ‚transzendentale' apostrophiert werden, die nur unter der Voraussetzung verständlich ist, dass die empirische Realität der subjektiv konstituierten Erscheinungen in subjektunabhängigen Dingen an sich verankert ist. Andernfalls, d.h. „nach dem allgemeinen Sprachgebrauch"[183], müsste laut Jacobi mit dem Begriff eines realen, außer uns *und* unabhängig von uns existierenden Gegenstands, welcher in der geforderten Erläuterung zwingend vorkommen muss, ein Ding „gemeynt seyn, *das im transscendentalen Verstande ausser uns vorhanden wäre:* und wie kämen wir in den Kantischen Philosophie zu einem solchen Dinge?"[184]

Kants transzendentaler Idealismus ist somit laut Jacobi gegenüber einer Außenperspektive nicht sprachfähig, wenn er die Beziehung zu Gegenständen, wie sie unabhängig von subjektiven Bedingungen existieren und einen Beitrag zum Realitätsbezug unserer Erkenntnis leisten, artikulieren soll: „Sobald er [Kant] es nur [...] von ferne *glauben* will, muß er aus dem transscendentalen Idealismus herausgehen, und mit sich selbst in wahrhaft *unaussprechliche* Widersprüche gerathen".[185] Kant steht vor dem Dilemma, diese Sprachfähigkeit zu brauchen, um mit seinem Idealismus unsere alltägliche Objektivitätskonzeption (therapeutisch) einzuholen – ansonsten wäre er gezwungen, wie Jacobi schreibt, „den kräftigsten

---

Standardlesart kritisiert, siehe Sandkaulen 2019a, bes. 182: „Unverzichtbar und zugleich unhaltbar ist die Voraussetzung affizierender Gegenstände [für Jacobi, Sz.] [...] deshalb, weil sie in einen *theoriefremden* Hohlraum fällt, den Kant sich mit den Mitteln des transzendentalen Idealismus in gar keiner Weise aneignen kann. [...] Nicht dass Kant sich wirkende Dinge als Ursache der Erscheinungswelt erschlossen hätte, was er nicht dürfte, ist der Punkt, sondern dass die Prämisse seines Unternehmens aus dem Vollzug dieses Unternehmens als *vollständig* unaufklärbar herausfällt." In Sandkaulens Rekonstruktion tritt m.E. die Nähe von Strouds Einwand zu dem Jacobis besonders hervor; vgl. auch Franks 2014, 26 ff.

181 Jacobi 2004a, 111.
182 Jacobi 2004a, 111.
183 Jacobi 2004a, 111.
184 Jacobi 2004a, 111.
185 Jacobi 2004a, 112.

Idealismus, der je gelehrt worden ist, zu behaupten".[186] Die Abgrenzung von jenem „kräftigstem" Idealismus ist aber nicht reflexiv stabil, weil sie wie gezeigt erfordert, eine mit ihr inkompatible Außenperspektive auf Kants Objektivitätskonzeption einzunehmen. Nach Jacobis Analyse ist der Standpunkt des transzendentalen Idealismus somit in der Paradoxie bzw. dem vitiösen Zirkel gefangen, dass wir in derselben Hinsicht aus ihm „hinaus" wie „darinnen" sein müssen.[187]

e. Die von Stroud und Jacobi jeweils mit einem Zirkeleinwand konfrontierte These der transzendentalen Idealität der Erscheinungen muss nicht als Imposition subjektiver Formen auf eine amorphe Empfindungsmaterie verstanden werden; sie trifft auch ‚metaphysische' Interpretationen des transzendentalen Idealismus, welche den ontologischen Status von Erscheinungen nach dem Vorbild sekundärer Qualitäten bzw. „essentiell manifester Qualitäten" (Allais) verstehen.[188] Ich möchte dies exemplarisch anhand von Allais' moderat realistischer Kant-Lesart veranschaulichen, da sie in besonders fokussierter Weise eine Balance zwischen „deflationären", metaphysisch abstinenten und metaphysisch anspruchsvolleren, zu „Zwei-Welten-Interpretationen" tendierenden Lesarten anstrebt.[189] Allais bestreitet mithin Strouds These, dass Kant eine impositionistisch verstandene Subjekt- bzw. Geistabhängigkeit der Welt voraussetzen muss, um die Möglichkeit synthetischer Urteile *a priori* zu erklären.[190] Doch auch Allais

---

186 Jacobi 2004a, 112.
187 Vgl. den analogen Zirkeleinwand gegenüber der Begründung des kantischen Idealismus seitens von Stern 2022 bezüglich der synthetisch-apriorischen Aussagen, die Kants transzendentaler Psychologie des Geistes zugrunde liegen müssen. Da es Jacobi um die Frage des Realitätsbezugs geht, kann Sterns ‚normativer' Lösungsvorschlag dem kantischen Ansatz hier jedoch nicht weiterhelfen.
188 So etwa (mit unterschiedlichen Zuspitzungen) Allais 2015; Langton 1998 u. Rosefeldt 2007.
189 Allais 2015, 8 f.
190 Allais 2015, 180, schildert im Rückgriff auf Stroud diese impositionistische These wie folgt: „According to this simple argument, we need no explanation of how we justify claims concerning what comes from our minds: the fact that it comes from our minds *is* an explanation of the source of the justification. In a slogan: we can have a priori knowledge of what our minds make." (Zur umfassenden Kritik jenes „slogan", siehe Stern 2022.) Allais' Argumentation ist zwar letztlich gegen das Stroud'sche Idealismusproblem gerichtet, trifft Strouds eigene Argumentation jedoch nur zum Teil. – Denn erstens behauptet sie gegenüber Stroud viel zu kurz greifend, dass Kants Idealismus alternativ durch „transcendental arguments" (Allais 2015, 182) begründet werden könne, sodass „it is not obvious that there must be a further explanation of our having such knowledge" (Allais 2015, 182). – Zweitens zieht Allais sich auf die exegetische Behauptung zurück, dass es Kant zunächst gar nicht um die Frage gehe „how synthetic a priori judgments are justified [...] but with the simpler [...] question of how such judgments are *possible*." (Allais 2015, 186) – Drittens ist letztlich unklar, inwieweit Allais sich Strouds Idealismusproblem nicht doch implizit

unterschreibt eine idealistische These, nämlich die, dass alle für uns erkennbaren Eigenschaften der Dinge „essentiell manifeste" Qualitäten sind, d. h. solche Qualitäten, die nur existieren, insofern sie einem entsprechend disponierten und situierten Wahrnehmungssubjekt notwendigerweise auf eine bestimmte Weise erscheinen bzw. in dessen Bewusstsein ‚manifest' werden würden.[191] Zwar ‚machen' wir dabei die uns erscheinenden Gegenstände nicht (etwa durch einen ontologisch objektkonstitutiven Prozess der Synthese), gleichwohl finden wir laut Allais in der Anschauung eine Welt vor, die *a priori* erkennbar ist, *weil* sie wesentlich relational verfasst ist, d. h. ontologisch *nicht* unabhängig von den Formen unserer Sinnlichkeit ist.

Allais' Anleihe an der direkt-realistischen Wahrnehmungstheorie, der zufolge Gegenstände in Anschauungen unmittelbar präsent sind, ist hier von der Frage zu trennen, inwieweit sie eine realistische Auffassung jener Gegenstände stabilisieren kann, die dergestalt anschaulich präsent sein sollen. Die Crux von Jacobis Einwand gilt auch hier: Um die Vereinbarkeit von transzendentaler Idealität (hier: raumzeitliche Eigenschaften als essentiell manifeste Qualitäten) mit empirischer Realität (hier: Ablehnung des Phänomenalismus) begreiflich zu artikulieren, muss eine Außenperspektive eingenommen werden, die sich nicht mit Kants epistemologischer Grenzziehung verträgt. Allais muss sich nämlich auf die metaphysische These stützen, dass es schlechthin subjekt- bzw. geistunabhängige Dinge an sich gibt, deren intrinsische (ansichseiende) Eigenschaften die relationale Eigenschaft, wesentlich gegenüber Subjekten raumzeitlich zu erscheinen, fundieren.[192] Diese Fundierungsrelation zu Dingen an sich (die Allais nicht kau-

---

(zumindest hinsichtlich der objektiven Geltung der Kategorien) einhandelt, wenn sie die Subjektabhängigkeit der Erscheinungen als vorgängige Voraussetzung beschreibt: „Kant's idealism enables him to explain how our insight into principles of cognition is also insight into the objects of cognition: this is possible because the objects of cognition are merely appearances, i. e. things which are essentially objects of experience. [...] Rather, the idealism has already been established, and is what enables Kant to make this argument." (Allais 2015, 186)

191 Allais erläutert ihren Begriff essentiell manifester Qualitäten am Beispiel der Farbigkeit: „To capture the idea that colour is essentially manifest we need something stronger [than its being merely perceived in appropriate conditions, Sz.]: an object is coloured only if there is a way it would appear to subjects who are suitably situated and suitably receptive." (Allais 2015, 123 f.) Kants transzendental idealistische Position erläutert Allais auf dieser Basis wie folgt: „While this position makes the radical claim that we can experience and have knowledge only of features of reality that are mind-dependent (that exist only in the perceptual appearing of objects to us), it straightforwardly allows that the direct objects of perception are objects in space, not constructions out of mental states. We have both a radical form of idealism and a robust realism." (Allais 2015, 135)

192 Siehe Allais 2015, 231: „[Kant] holds that we can cognize only essentially manifest qualities of reality and does not think that science needs or uses categorical, non-relational qualities. How-

sal, sondern als *grounding*-Relation versteht) ist entscheidend, um die Objektivität der Erscheinungen zu artikulieren – ansonsten hätten die Erscheinungen wieder den Status eines durch subjektiv imponierte Formen ‚Gemachten'.[193] Die Fundierungsrelation muss aufgrund Kants erkenntniskritischer Grenzziehung jedoch weitestgehend im Dunkeln bleiben, wie Allais selbst betont; zugleich müsse sie aber nach Allais aus begrifflichen Gründen angenommen werden, denn der Begriff der Relation impliziere logisch deren Fundierung in den nicht-relationalen

---

ever, I will argue that he agrees with Locke in thinking that relations must be grounded in something non-relational – and that this role is filled by the way things are as they are in themselves. [...] [Kant] thinks that not only can we not know things' intrinsic natures, we cannot understand how they ground appearances, or even what kind of relation this grounding might be. However, I argue that this does not rule out our being entitled to say that the way things are in themselves groundes appearances."

193 So kommt Allais' Erläuterung des empirischen Realismus nicht ohne Fundierung desselben in einer These über die Dinge an sich aus: „[Kant's] position is realist in that he holds that (empirically real) objects exist outside of our minds, and in that he holds that they are grounded in a reality that is entirely independent of us." (Allais 2015, 302) Siehe auch Allais 2015, 135: „The transcendental idealist move is to say that all the qualities that are directly perceived are mind-dependent essentially manifest qualities that do not reveal the mind-independent natures of the things that are appearing" und Allais 2015, 258: „It is because appearances are mereley relational that they must be grounded in something other than appearances". Dies führt zu einer auffälligen Zweistufigkeit in Allais' Erläuterung. Einerseits gilt: „Empirical reality is real: spatio-temporal objects exist outside us" (Allais 2015, 258); andererseits gilt: „However, empirical reality [...] is not ontologically fundamental (it is entirely – doubly – relational)" (Allais 2015, 258). – Dieser Rekurs auf Dinge an sich zeigt sich auch an Allais' Erläuterung der Möglichkeit synthetischer Urteile *a priori*. Hier wird zwar nicht – worauf Strouds und McDowells Einwände primär abzielen – ein subjektseitiges ‚Machen' der Erscheinungen in Anschlag gebracht, aber in Abgrenzung davon die metaphysische These, dass es Dinge an sich gibt, die *als solche* essentiell manifeste Qualitäten haben und somit den subjektiven Bedingungen *a priori* der Erkenntnis unterstehen (vgl. Allais 2015, 302). Allais' Erläuterung ist für Jacobis Einwand anfällig, da sie implizit auf Dinge an sich ausgreifen muss, die als die Träger und Fundamente essentiell manifester Qualitäten fungieren, wenn diese als die Grundbestimmungen der Erscheinungswelt nichts von uns ‚Gemachtes' sein sollen. – Vgl. die Kritik von Anderson 2017, 280, an Allais' Lesart: „Indeed, this is what explains the *realism* in manifest realism, underwriting the basic metaphysics of Allais's interpretation – through intuition, we directly cognize things, which are in fact (that is, are identical to) mind-independent objects with intrinsic natures, even though we represent them as appearances through their essentially manifest qualities. So construed, Kantian idealism threatens to collapse into a variant of official Leibnizian doctrine: spatio-temporal structure is a pattern of arrangement for essentially manifest qualities that the underlying objects *merely appear to have*, so our mathematized knowledge of nature remains – however ‚well founded' – fundamentally just an indistinct, confused representation of those intrinsically natured objects (call them ‚monads)".

Eigenschaften ihrer Relata.[194] Ferner kann nicht im Sinne der „Vaihinger Option" angenommen werden, dass die Struktur der Erscheinungen, wie sie durch die Anschauungsformen und Kategorien bestimmt wird, insgeheim auch in den Dingen an sich abgebildet wird. Dann lässt sich aber nicht mehr verstehen, worin genau der von Allais propagierte (empirische) Realismus besteht: Etwa in der Konjunktion der Thesen, dass (i) die Welt an sich so verfasst ist, dass sie uns so erscheint *als ob* wir sie unseren Kategorien und Anschauungsformen gemäß ‚machen' würden; (ii) es zugleich unbegreiflich und kein möglicher Gegenstand des Wissens ist, warum diese essentiell manifesten Qualitäten *der Dinge* zugleich den Formen *a priori* unserer Sinnlichkeit entsprechen;[195] (iii) wir aber aus begrifflichen Gründen denken müssen, dass diese Entsprechung ein geistunabhängiges *fundamentum in re* hat? Allais' Erläuterung ist mit These (iii) für Strouds Substitutionseinwand anfällig und mit Thesen (i)-(ii) für das Idealismusproblem in der von Jacobi monierten Form, der zufolge die Fundierung der Erscheinungen in einer geistunabhängigen Realität nicht zirkelfrei artikulierbar ist.

Wie die obigen Betrachtungen (a)-(e) zeigen, ist ‚transzendental' entweder ein schlechthin unanalysierbarer Begriff, womit wir dem Skeptiker eine Antwort schuldig blieben, oder er muss durch eine Form der Unterscheidung zwischen der *Welt für uns* und der *Welt an sich* eingeführt werden. Durch letzteres wird das Bild der getrennten subjektiven und objektiven Sphären wieder restituiert und der Skeptiker kann sinnvoll anzweifeln, ob unser Wissen von der *Welt für uns* mit der

---

194 Hier greift Allais auf die „Amphibolie der Reflexionsbegriffe" in der *KrV* zurück, was einerseits die Schwierigkeit mit sich bringt, Kants affirmative Äußerungen von seiner Kritik an Leibniz deutlich abzusondern, und andererseits das sachliche Problem, dass Allais' im Stile eines transzendentalen Arguments räsoniert, das für Strouds Substitutionseinwand anfällig ist: „The idea of there being relations without there being something non-relational simply does not (Kant thinks) make sense; it is not any kind of possibility. Although Kant thinks that we cannot read metaphysics off logic [...], logic does inform metaphysics; analytic entailments between concepts rule out claims denying them." (Allais 2015, 240) Als Konklusion springt, so lässt sich mit Stroud kritisieren, mittels dieser „conceptual truth" (Allais 2015, 256) keine metaphysische Position heraus, sondern nur die *Invulnerabilität* der Überzeugung (siehe I.2.1, Fn. 104), dass die Erscheinungen schon irgendwie in den Dingen an sich fundiert sein müssen: „The thought of something entirely independent of us is necessary, but it does not enable us to cognize anything as it is entirely independent of us." (Allais 2015, 303)

195 Allais' Rekonstruktion der transzendentalen Ästhetik (Allais 2015, 195 ff.) gibt hier m. E. keine hinreichende Auskunft jenseits der Feststellungen, dass Anschauungen die unmittelbare Präsenz von Objekten einschließen, wir nun einmal mit Raum und Zeit Anschauungen *a priori* haben und der Behauptung, dass beides zusammen nur denkbar sei, wenn unsere Anschauungen geistabhängige Dinge präsentieren, d.h. solche, die von der Möglichkeit ihrer (raumzeitlichen) Repräsentation durch uns abhängig sind.

Welt an sich übereinstimmt.[196] Der transzendentale Idealismus lässt sich nun wieder als einseitig subjektive Position charakterisieren. Die anvisierte ‚Balance' zwischen den subjektiven Erkenntnisbedingungen der Gegenstände und ihrer objektiven Geltung, die auch weltbezogene transzendentale Argumente rehabilitiert hätte, ist dann zunichte gemacht worden. Der transzendentale Idealismus entpuppt sich vielmehr als ‚Imbalance' zwischen subjektseitig oktroyierten Formen und einer angenommenen, amorphen äußerlichen Materie oder einer subjektabhängigen Erscheinungsweise der Dinge und ihrer unbegreiflichen objektseitigen Fundierung. Damit landen wir wieder in Strouds Trilemma. Als einseitig subjektiver Idealismus fällt Kants Position direkt dem Idealismusproblem des Trilemmas anheim oder es stellen sich skeptische Fragen, die dem Substitutionseinwand und Brückenproblem analog sind.

Die Rache des Skeptikers besteht also darin, die vorgeschlagene Revision des Objektivitätsbegriffs – hier: seine zweifache empirische und transzendentale Bedeutung – gegen sich selbst zu wenden, indem sie anhand der weiterhin in ihr mitgeführten realistischen Unterscheidungen – hier: von ‚subjektiven' und ‚objektiven' bzw. ‚idealen' und ‚realen' Bestimmungen – ausgehebelt wird. In den folgenden Abschnitten werden radikalere Versuche betrachtet, welche diese Un-

---

196 Deshalb ist m. E. auch der Strategie von Haag und Hoeppner zu widersprechen, die auf Strouds Kritik am Anspruch objektiver Geltung mit einer solchen Unterscheidung von „Welt *für uns*" und „Welt *an sich*" antworten. Strouds Skepsis beruhe darauf, dass er jene beiden Weltbegriffe nicht differenziere, sondern Geistunabhängigkeit für die „Welt *simpliciter*" fordere (Haag und Hoeppner 2019, 86f., Kursives im Orig. hochgestellt). Metaphysische Geltungsansprüche könnten aber durchaus relativ zur Welt für uns eingelöst werden, allein relativ zur Welt an sich müsse man schweigen. Die Welt an sich sei aber auch nicht der Rede wert, wenn es um Erkenntnis gehe: „Die Welt *für uns* ist damit die einzige Welt, die wir bestimmt und objektiv denken und anschauen können – kurz: die einzige Welt, die für uns wirklich und möglich ist" (Haag und Hoeppner 2019, 96, Kursives im Orig. hochgestellt) – Auch hier stellt sich m. E. ein Racheproblem der vorgetragenen Art. Das Racheproblem basiert auf folgender Überlegung: Wenn die „Welt an sich" tatsächlich für uns nichts wäre, dann wäre der für Kants Idealismus zentrale Satz ‚die Anwendung von Kategorien ist auf Erscheinungen beschränkt' trivial, mithin wären die Ausdrücke ‚Anwendung in der Welt *simpliciter*' und ‚Anwendung in der Welt *für uns*' synonym. Doch den kantischen Idealismus müssen Haag und Hoeppner gerade im Sinne dieser terminologischen Unterscheidung erläutern (siehe Haag und Hoeppner 2019, 84). Die von der Welt für uns unterschiedene Welt an sich ist also keineswegs ‚für uns nichts', sondern sofern diese Unterscheidung semantisch gehaltvoll ist, ermöglicht sie die skeptische Frage, ob wir nicht doch in den Kreis unserer Repräsentation eingesperrt sind, selbst wenn wir innerhalb desselben Mir-so-scheinen und Der-Fall-sein unterscheiden können. Das oben zitierte Fazit von Haag und Hoeppner ließe sich dann vom Skeptiker so uminterpretieren, dass es nicht Ausdruck des Triumphs des kantischen Projekts, sondern seiner Kapitulation an einem unaufhebbar myopischen Weltzugang wäre.

terscheidungen stärker zurückdrängen, um den Vorwurf eines einseitigen, subjektiven Idealismus zu umgehen.

3 Rortys eliminative Strategie

Richard Rortys Ansatz wird hier erörtert, weil er erstens einen therapeutischen Lösungsansatz zum Problem objektiver Geltung darstellt, indem er auf einer Revision des Objektivitätsbegriffs basiert, und weil er sich dabei transzendentaler Argumente bedient. Rortys Ansatz dient in der vorliegenden Untersuchung als Folie für die therapeutische Strategie von Hegels *Phänomenologie des Geistes*. Dabei muss die Janusköpfigkeit von Rortys Ansatz beachtet werden: Sein Ziel ist letztlich die Destruktion des gesamten ontologisch-erkenntnistheoretischen Rahmens, in dem allein weltbezogene (in Rortys Terminologie „realistische") transzendentale Argumente eine Funktion haben.[197] Rorty verfolgt also eine sehr weitreichende therapeutische Strategie, die letztlich auf die Abschaffung der erkenntnistheoretischen Fragestellung zielt – das Problem objektiver Geltung wird also nur insofern gelöst, als es abgeschafft wird. Doch zu diesem Ziel führt bei Rorty eine moderate transzendentale Argumentation, die so zum „transcendental argument to end all transcendental arguments"[198] gerät.

Wie gelingt es Rorty, das Problem objektiver Geltung im philosophisch-therapeutischen Sinne abzuschaffen? Rorty versucht dazu den diesem Problem zugrunde liegenden realistischen Objektivitätsbegriff, den er der Position des metaphysischen Realismus zuordnet, zu *eliminieren*. Im Vergleich zu Kants transzendentalem Idealismus (siehe Abschnitt 2) hat dies den Vorteil, dass Rortys Position gar nicht mehr sinnvoll als Idealismus charakterisiert werden kann, wenn es keine Gegenposition gibt, gegen die sie abgegrenzt werden kann. Das skeptische Racheproblem, dass die Revision des Objektivitätsbegriffs als Annahme eines einseitig subjektiven Idealismus porträtiert werden kann, scheint sich dann in Ermangelung der relevanten Unterscheidungen nicht mehr zu stellen. Ich werde jedoch zeigen, dass sich Rorty das Racheproblem trotzdem einfängt.

---

197 Dieses Projekt kulminiert in Rorty 1979a; siehe allgemein Seiberth 2022, 159f., u. Spiegel 2021, 146–152.
198 Rorty 1979b, 78.

3.1 Aufhebung der Schema-Inhalt-Unterscheidung

Rorty bringt die von ihm attackierte realistische Objektivitätskonzeption auf den von Davidson übernommenen Begriff der Schema-Inhalt-Unterscheidung, aus der folge, dass Wahrheit als Korrespondenz zwischen der Sprache (bzw. einer in einer bestimmten Sprache formulierten Theorie) und einer außer- bzw. nichtsprachlichen Wirklichkeit verstanden werde. Diese Vorstellung von Korrespondenzwahrheit erzeuge allererst skeptische Probleme sowie das Bedürfnis einer erkenntnistheoretischen Grundlegung, weil sie vor die unmögliche Aufgabe stelle, aus unserem Begriffsschema herauszutreten und dessen Übereinstimmung mit einer jenseits dieses Schemas liegenden Welt festzustellen.[199] Dem metaphysischen Realisten, der eine solche Objektivitätskonzeption vertritt, genügen daher nicht die in unserer epistemischen Praxis sprachintern verwendeten Kohärenzkriterien für Wahrheit, d.i. die Übereinstimmung von Aussagen untereinander: Für jede nach diesen Kriterien ideale Theorie bleibe es dann eine offene Frage, ob sie auch die wahre Theorie ist.[200]

Nach Rorty ist diese Konzeption jedoch eine fehlgeleitete philosophische Überformung unserer alltäglichen Objektivitätskonzeption. Letztere enthalte eigentlich nicht mehr als Kohärenzkriterien für das, was als wahr gilt. Für die alltägliche Konzeption steht bei Rorty der Pragmatismus, der folgerichtig den Begriff der Wahrheit durch den Begriff der innerhalb einer Sprachpraxis gerechtfertigten Behauptbarkeit ersetzt.[201] Im Kontrast zum metaphysischen Realismus und als Negation der Schema-Inhalt-Unterscheidung angesehen, vertritt der Rorty'sche Pragmatismus eindeutig eine dem Idealismus nahestehende Objektivitätskonzeption, was auch Rorty konzediert.[202] Es kommt hier auf Rortys transzendentale

---

199 Rorty 1979b, 85: „The general strategy which pragmatists use against realistic attempts to find some such special relation [of our conceptual scheme to the content which fills that scheme, Sz.] is to say that the attempt to step outside of our current theory of the world and evaluate it by reference to its ability to 'fit' or 'cope with' the world is inevitably as self-deceptive as was Hume's attempt to escape from the Kantian categories into a world of sense-impressions."
200 Rorty 1979b, 84: „As Putnam has recently said, the whole issue between realists and pragmatists comes down to the question of [...] whether ‚the theory that is ‚ideal' [...] *might be false.*' One might put it slightly differently by saying that the whole question comes down to ‚Can we give a non-trivial non-circular reason for saying that we ought to adopt the theory which is ‚ideal' in this sense?' If we can, then realistic projects of ‚legitimation' make sense."
201 Rorty 1979b, 84: „It remained for Dewey to insist [...] that we could simply do without the notion of ‚true' if we had that of justification, of ‚warranted assertibility'."
202 Rorty 1979b, 84: „The only difference between pragmatism and idealism, from this point of view, is that the idealist thought that a metaphysical doctrine (the mental character of the object to be represented, a character which ensured the ‚union of Subject and Object') was required to get

Argumentation an. Wird die realistische Position als bloß scheinhafte und in sich inkonsistente Alternative zu Rortys idealistischer Objektivitätskonzeption entlarvt, dann ließe sich letztere als unproblematische Explikation unseres alltäglichen Objektivitätsbegriffs verstehen.

Sofern Rorty dieser Nachweis gelingt, stellt sich das Problem objektiver Geltung ebensowenig wie das skeptische Racheproblem, das Kants Idealismus befiel, indem dieser als ein bloß subjektiver Idealismus entlarvt wurde. Denn die Frage, wie realistische transzendentale Argumente eine Brücke zur Welt schlagen können, wäre zusammen mit der Kluft zwischen Sprache und Welt verschwunden. Aber diese Kluft wäre dann nicht durch eine idealistische Zusatzannahme nivelliert oder überbrückt worden, sondern es würde nur im Sinne des therapeutischen *obstacle removal* gezeigt, dass sie bloß einen falschen philosophischen Schein darstellte. Freilich geht Rortys therapeutisches Anliegen noch weiter, indem weltbezogene bzw. realistische transzendentale Argumente nicht rehabilitiert, sondern obsolet werden sollen. Doch für die gegenwärtige Untersuchung ist entscheidend, wie Rorty jenen ersten Schritt in seinem therapeutischem Ansatz vollzieht.

Rorty bedient sich zweier moderater transzendentaler Argumente, die im Stile Strawsons zeigen sollen, dass der metaphysische Realist einerseits ein bestimmtes Begriffsschema akzeptiert, nämlich unseren alltäglichen Wahrheitsbegriff, aber andererseits stillschweigend eine Bedingung seiner Anwendung zurückweist.[203] Beim ersten Argument beruft sich Rorty auf Putnam, beim zweiten auf Davidson.

Das Putnam entlehnte Argument greift die Behauptung des metaphysischen Realisten auf, dass die wahre Theorie sich darin von einer idealen, aber falschen Theorie unterscheide, dass jene mit der Wirklichkeit *korrespondiert* bzw. ihre Begriffe auf korrekte bzw. intendierte Weise auf Gegenstände *referieren*. Diese Behauptung wird auf sich selbst angewendet: Worauf referieren ihrerseits die Ausdrücke „referiert" und „korrespondiert"? Der Realist kann Rorty zufolge keine nicht-zirkuläre Antwort darauf geben. Für jeden Ausdruck, der die intendierte Korrespondenzrelation von Sprache und Wirklichkeit bezeichnen soll, wird bereits vorausgesetzt, dass er selbst auf die intendierte Weise referiert. Die Berufung auf eine kausal fixierte Referenz (denn worauf referiert „Ursache"?) ebenso wie auf Relationen des *picturing* (Sellars) oder des *protocorrelational isomorphism* (Rosenberg) sei damit leer bzw. zirkulär.[204] Denn es gebe keine Kriterien jenseits

---

rid of the scheme-content distinction, whereas the pragmatist thinks the only argument needed is a practical one".
203 Vgl. Rorty 1979b, 90.
204 Rorty 1979b, 85–90.

von Kohärenzkriterien, die das Bestehen der intendierten Relation festlegen könnten.[205] Umgekehrt könne für jede beliebige Theorie eine Korrespondenzrelation bzw. kausale Relationen konstruiert werden, nach der sie wahr ist bzw. ihre Terme referieren.[206] Der metaphysische Realist verstrickt sich also nach Rortys Darstellung in einen Selbstwiderspruch, weil er ein Begriffsschema – zu dem die Begriffe *referiert* und *korrespondiert* gehören – vorgeblich akzeptiert, aber zugleich eine notwendige Bedingung seiner Anwendung zurückweist – nämlich die für den Begriffsgebrauch konstitutiven Kohärenzkriterien. Demnach will der Realist etwas über die Wahrheit oder mögliche Falschheit einer idealen Theorie *sagen*, indem er sich auf etwas beruft, das außerhalb des Sagbaren steht: die als sprachextern konzipierte Wirklichkeit.

Das Davidson entlehnte Argument attackiert direkt jene auf der Schema-Inhalt-Unterscheidung basierende Vorstellung einer sprachexternen Welt. Rortys Darstellung fällt hier sehr knapp aus und auch ihre formale Struktur bleibt dunkel, aber folgendes ‚Rezept' für ein transzendentales Argument gegen den metaphysischen Realismus lässt sich aus ihr gewinnen:[207]

(1) Zeigen, dass die Schema-Inhalt-Unterscheidung auf gewissen Metaphern beruht, wie etwa der ‚Passung', dem ‚Organisieren von Daten', etc. (*fitting the totality of experience, organizing, fitting the facts*, etc.).

(2) Jeweils zeigen, dass diese Metaphern *parasitäre* Formen des einfachen Wahrheitsprädikats sind.

(3) In der Manier Strawsons zeigen, dass es ein Selbstwiderspruch wäre, die jeweilige Metapher in Fällen zu verwenden, welche die Anwendbarkeit des einfachen Wahrheitsprädikats ausschließen.

(4) Zeigen, dass Tarskis Konvention T eine *notwendige Bedingung* der Anwendung des Wahrheitsprädikats darstellt, d.h. ‚wahr-in-L' nur dann ein adäquates Wahrheitsprädikat für eine Sprache L ist, wenn für jeden wahren Satz s in L

---

[205] Rorty 1979b, 87: „The legitimation of inquiry which the realist wants will consist not in giving us a way of measuring theories against the world, but a reason for believing that continuing on as we have been doing [...] is something which brings us into better contact with reality."

[206] Rorty 1979, 88: „Putnam argues that there will *always*, trivially, be a way to ‚divide up the world' so as to produce relations of reference between bits of the world and the terms of a theory which will make the ideal theory come out true." Die Referenz von ‚Kuh' etwa könnte z. B. durch eine komplexe kausale Relation zu Weidegras konstruiert werden, aus der sich eine Isomorphie-Relation zu den von uns für wahr gehaltenen Aussagen über Kühe ergibt, welche jedoch die als Referenten intendierten Kühe gänzlich ausklammern. Die Entgegnung, „‚Kuh' referiert eben auf eine Kuh und nicht auf Weidegras!" wäre offensichtlich zirkulär. Vgl. die Verallgemeinerung dieses Einwands in Putnams ‚modelltheoretischem Argument' (Putnam 1980).

[207] Siehe Rorty 1979b, 96ff. Das Folgende beinhaltet meine sehr verkürzte Darstellung von Davidsons Argumentation in Davidson 1973.

folgende Äquivalenz gilt: s ist wahr-in-L genau dann, wenn p, wobei ‚p' die metasprachliche Übersetzung von s bezeichnet.

(5) Zeigen, dass die Bedeutung eines Satzes s in der Sprache L von den T-Äquivalenzen abhängig ist, in denen s vorkommt.[208]

Daraus folgt erstens *via* (4) und (5), dass wir sprachlichen Äußerungen Bedeutung bzw. Wahrheitswerte nur dann zuschreiben können, wenn wir deren Übersetzbarkeit in unsere Sprache annehmen. Denn Übersetzbarkeit ist essentiell in Konvention T festgeschrieben. Da Konvention T unsere beste Intuition darstellt, wie das Wahrheitsprädikat verwendet wird, wissen wir ohne Übersetzbarkeit demnach nicht, was ‚wahr-in-L' heißen soll, d.h. was seine Rolle als Wahrheitsprädikat ausmacht. Daraus folgt zweitens, dass eine Sprache L nur dann in unsere Sprache übersetzbar ist, wenn ein Großteil unserer Überzeugungen mit denen der Sprecher von L übereinstimmt. Denn ohne die entsprechenden T-Äquivalenzen, die die Wahrheitsbedingungen der jeweiligen Aussagen darstellen, ist wie gezeigt Übersetzung nicht möglich. Dies gilt auch dann, wenn L unsere eigene Sprache ist. Daraus folgt wiederum drittens, dass die Feststellung von Wahrheit keine Bezugnahme auf eine sprachexterne Wirklichkeit gemäß einer der in (1) genannten Metaphern erfordert und dass – anders als der Skeptiker behauptet – die meisten unserer Überzeugungen wahr sind.[209]

3.2 Racheproblem: Behauptete Wahrheit und Behauptbarkeit

Rortys eliminative Strategie fällt wie schon Kants Idealismus einem skeptischen Racheproblem anheim. Im Zuge von Rortys Versuch, den realistischen Sinn von Objektivität zu eliminieren, erzeugt sich dieser erneut und lässt Rortys Position letztendlich doch als eine dogmatische Form des Idealismus dastehen, die mit Strouds Idealismusproblem konfrontiert ist. Das liegt erstens daran, dass Rorty

---

[208] Hier kann offen gelassen werden, wie stark diese Abhängigkeit ist, ob z.B. die Angabe der Wahrheitsbedingungen von s hinreichend oder gar identisch damit ist, die Bedeutung von s zu bestimmen. Zur Kritik an Davidsons obiger These (5) und der Unterbestimmtheit von Satzbedeutungen durch Wahrheitsbedingungen, siehe Soames 2010, 46–49.

[209] „Tarski, on Davidson's interpretation, is telling us that we are not going to have anything more than the everyday, philosophically innocuous, sense of truth. The claim is essentially negative […]. It merely says that each of the various metaphors […] which metaphysical realists have employed dissolve when we attempt to put them to work. So Davidson is not deducing the need to abandon the scheme-content distinction from Tarski. He is saying that when the metaphors are abandoned, we still have what we need to understand how language works – for Tarski gives us that." (Rorty 1979b, 98)

transzendentale Argumente verwendet, die für den Stroud'schen Substitutionseinwand anfällig sind, sowie zweitens und tiefergehender daran, dass unsere alltägliche Objektivitätskonzeption auch hinsichtlich der Semantik des Wahrheitsprädikats stärkere realistische Intuitionen mitführt, als Rorty eingesteht.

Was das Erste betrifft, konterkarieren die von Rorty eingesetzten Mittel ihren therapeutischen Zweck. Rorty versucht die Sinnlosigkeit des metaphysischen Realismus aufzuzeigen, indem er zwei moderate transzendentale Argumente anführt, die den Wahrheits*begriff* bzw. die *Begriffe* der Korrespondenz und Referenz zum Gegenstand haben und deren Anwendungsbedingungen aufzeigen sollen. Vom Standpunkt der realistischen Objektivitätskonzeption aus, die Rorty durch ihre Selbstanwendung kritisieren will, bewegt sich diese Argumentation immer schon diesseits der Schema-Inhalt-Unterscheidung. Für den Realisten präsentiert Rorty eben ein moderates transzendentales Argument, das höchstens die Unhintergehbarkeit gewisser Kohärenzkriterien aufzeigt, aber aus dem noch nicht folgt, dass Wahrheit *in nichts anderem bestehe* als der Kohärenz von Aussagen bzw. ihrer gerechtfertigten Behauptbarkeit. Im Wesentlichen lässt sich somit Strouds Kritik an Davidsons Argument auch auf Rortys Anverwandlung desselben übertragen (siehe I.2.2).

Das Zweitgenannte gibt den Grund an, warum Rortys Wahl der Mittel sich in der angezeigten Weise kritisieren lässt: Die alltägliche Objektivitätskonzeption selbst erlaubt es, Rortys Pragmatismus als einseitig idealistische Position zu charakterisieren. Denn „Wahrheit" und „gerechtfertigte Behauptbarkeit" sind nicht synonym, wie Rorty durch Dewey als sein Sprachrohr verlauten lässt.[210] Selbst wenn Rortys zweites Argument zu zeigen vermag, dass die Semantik des Wahrheitsprädikats notwendigerweise Tarskis T-Schema erfüllt, so ist dies nicht hinreichend, um Wahrheit auf Behauptbarkeit zu reduzieren. Auch innerhalb unserer Sprachpraxis kann unterschieden werden zwischen dem, was allgemein intersubjektiv anerkannt ist, und dem, was unabhängig davon wahr ist. Dazu ist es nicht erforderlich, aus der Sprache herauszutreten, um von außerhalb (was auch immer dieser präpositionale Ausdruck besagen mag) ihre ‚Passung' zur Welt zu überprüfen. Rorty dagegen überzeichnet den gewöhnlichen Wahrheitsbegriff gemäß der Dichotomie von Schema und Inhalt zur Chimäre einer jeglicher sprachlichen Erfassbarkeit enthobenen, amorphen Welt an sich. Es reicht aber aus, Rortys Reduktion von Wahrheit auf Behauptbarkeit festzustellen, um ihm eine dezidiert idealistische bzw. anti-realistische bedeutungstheoretische An-

---

[210] Rorty 1979b, 84.

nahme zu attestieren. Rorty kann also letztlich eines Rückfalls in das Stroud'sche Idealismusproblem überführt werden.[211]

4 Sacks' restriktive Strategie

Mark Sacks entwickelt einen weiteren therapeutischen Ansatz, um das Problem objektiver Geltung aufzulösen. Anders als Rorty zielt Sacks darauf, transzendentale Argumente zu rehabilitieren und dabei sowohl das Problem alternativer Schemata als auch das Stroud'sche Problem objektiver Geltung zu lösen.[212] Sacks setzt ebenfalls an dem Objektivitätsbegriff an, den jene beiden skeptischen Problemstellungen voraussetzen, und versucht ihn vermittels eines moderaten transzendentalen Arguments zugunsten einer idealistischen Konzeption zu revidieren. Sacks' Ansatz dient in der vorliegenden Untersuchung als Folie für die therapeutische Strategie von Fichtes *Wissenschaftslehre 1804-II*.

Auf den ersten Blick scheint Sacks den Objektivitätsbegriff nach dem Vorbild von Kants transzendentalem Idealismus zweistufig zu modellieren: Die empirische Welt der Naturwissenschaften wird als der Bereich der unkritischen Einstellung (*uncritical mode*) der Erfahrung bestimmt und dieser von der philosophisch reflektierten kritischen Einstellung (*critical mode*) abgegrenzt, innerhalb

---

211 Dass Rortys Nivellierung des Wahrheitsbegriffs auch unter pragmatistischen Vorzeichen unplausibel ist, macht Price deutlich, der Rorty vorhält, eine „third norm of truth" in unserer epistemischen Praxis zu unterschlagen, die nicht auf eine kohärentistische „norm of agreement" zurückgeführt werden könne (siehe Price 2011b, 170–175). Auch Price attestiert Rorty dabei eine Form von Racheproblem, indem er darauf aufmerksam macht, dass Rortys Dissens mit den metaphysischen Realisten die pragmatische Implikation mit sich führt, dass eine von beiden Positionen recht hat, da es ansonsten keinen Grund gäbe, sich zu streiten. Daraus folgt, dass es im Dissens um mehr gehen muss als die deskriptive Frage, welcher Position *de facto* allgemein zugestimmt wird. Für ein basaleres Argument, weshalb die Prädikate *gerechtfertigt behauptbar* und *wahr* semantisch distinkt bzw. potentiell nicht koextensional sind, siehe Wright 1992, 19–24. Zur Diskussion des Skopus von Rortys und Davidsons metaepistemologischer Strategie, siehe Pritchard und Ranalli 2013, die m. E. im Wesentlichen mit Strouds ‚moderater' Lesart von Davidson in Stroud 2000b übereinstimmen.
212 Sacks nennt das Problem alternativer Schemata das Problem der *universality of inference*, ob ein Begriffsschema die notwendige Struktur jeder möglichen Erfahrung angebe, d.i. ein *transcendental constraint* sei, oder nur die notwendige Struktur einer bestimmten Art von Erfahrung angebe, d.i. ein *transcendental feature* sei (vgl. Sacks 2000, 273). Das Problem objektiver Geltung bezeichnet Sacks als das der *inference to reality* (Sacks 2000, 273).

welcher die realistische Objektivitätskonzeption der Erfahrungswelt keine Gültigkeit mehr hat.²¹³

Doch Sacks verfolgt eine noch radikalere Strategie als Kant, die ich *restriktiv* nennen möchte: Die Objektivitätskonzeption der kritischen Einstellung hat keine Schnittmenge mit derjenigen der unkritischen Einstellung, sie ist ontologisch vollkommen abstinent und präsentiert nicht einfach eine andere Sichtweise auf die Erfahrungswelt. Jegliche ontologische Aussage (*ontological talk*) ist nach Sacks auf die Ebene der unkritischen Einstellung beschränkt. Demnach kann nicht einmal mehr gesagt werden, dass die Erfahrungswelt transzendental angesehen ideal und nicht real sei, denn für die kritische Einstellung gibt es eine solche Welt gar nicht im Sinne einer „independent ontological base"²¹⁴. Für Sacks gibt es daher keine Entsprechung zur kantischen Rede von Dingen an sich und somit entsteht für ihn auch nicht das skeptische Racheproblem, das mit derselben auftritt (siehe 2.2).²¹⁵

Anders als Rorty eliminiert jedoch Sacks die Konzeption einer an sich bestehenden Wirklichkeit nicht einfach. Statt sie beiseite fegen zu wollen, wird sie in kritischer Einstellung als *notwendiger Schein* durchschaut, der die unkritische Einstellung der Erfahrung beherrscht. Sacks' verwendet für diesen Schein den Schlüsselbegriff der *fictional force:*²¹⁶ Der Erfahrung ist strukturimmanent, dass sie sich intentional auf eine objektive, an sich existierende Wirklichkeit bezieht. Indem die *fictional force* in der kritischen Einstellung durchschaut wird, können wir den von ihr vorgegebenen realistischen Objektivitätsbegriff aufgeben:

„Once we become critically aware of the inbuilt pointer to reality, of the fact that experience anyway requires the construal of a permanent objective domain which is readily thought of

---

213 „[W]hat we are left with is a clear separation of two levels of enquiry *and corresponding to them two distinct conceptions of objectivity.* At the one level, the ordinary, mundane, everyday level, the structure of experience, whereby the subject is confronted with an independent object domain, is taken at face value, as evidence of confrontation with an ontological bedrock. [...] [On the critical level, Sz.] a different model of objectivity emerges, one that discards the picture of reality as imposing on the possible range of subjective variation [...]. This is the model of objectivity with which we are left to operate at the critical level, with the other model [...] revealed as essentially confined to the first level." (Sacks 2000, 315 f.)
214 Sacks 2000, 305.
215 Zu Sacks' Abgrenzung gegen Kant, siehe Sacks 2000, 303,315,317.
216 Siehe Sacks 2000, 297 f. Sacks' Diagnose einer *fictional force* entspricht Fichtes Begriff der *proiectio per hiatum*, der zufolge das Wissen sich auf einen intentionalen Gegenstand bezieht, der eigentlich es selbst in entfremdeter Gestalt ist, die es nach einem inneren Gesetz aus sich herausgeworfen hat (siehe III.1.5, III.3.2 u. IV.1.2.2).

as an ontological base, we recognize that it is inappropriate in a fully critical enquiry simply to go on endorsing the existence of some such base as our starting-point."[217]

In kritischer Einstellung übernehmen wir nach Sacks dann eine alternative Objektivitätskonzeption, die *absolute conception*. Innerhalb dieser Konzeption stellen sich skeptische Probleme und insbesondere das Problem objektiver Geltung nicht mehr, d.h. sie sind therapiert worden.[218]

Wie aber gelangt Sacks zur Diagnose der *fictional force*, die uns den Aufstieg zur kritischen Einstellung ermöglichen soll? Damit die Übernahme der restringierten Objektivitätskonzeption keine dogmatische Zusatzannahme darstellt, die sich Strouds Idealismusproblem einhandelt, bedient sich Sacks eines transzendentalen Arguments, wie im nächsten Abschnitt skizziert wird. Ferner soll das Argument zeigen, inwiefern Sacks' *absolute conception* eine vollwertige Objektivitätskonzeption darstellt, obwohl sie keine ontologischen Festlegungen enthält.

4.1 Der transzendentale Grund der *fictional force*

Sacks begründet die Diagnose einer *fictional force* durch ein transzendentales Argument, dem zufolge jede mögliche Erfahrung notwendigerweise unterstellt, dass es eine objektive, bewusstseinsunabhängige Welt gibt, auf die sich die jeweilige Erfahrung bezieht: „even the most basic heterogeneous experience is such as to presuppose a unified objective domain that is independent of individual states of awareness."[219]

Eine Skizze Arguments soll hier genügen.[220] Sacks geht von der Annahme aus, dass Erfahrung stets ein Bewusstsein von etwas (*awareness*) darstellt und somit zumindest in einem minimalen Sinne gehaltvoll sein muss. Eine vollständig homogene Erfahrung, die keinerlei Differenzierungen (wie etwa Vordergrund/Hintergrund) erlaubt, wird als Grenzfall beiseite gesetzt; der Regelfall ist eine gehaltvolle, weil entsprechend „heterogene" Erfahrung. Diese muss laut Sacks zeitlich und räumlich strukturiert sein, damit die in ihr enthaltene Mannigfaltigkeit überhaupt erfasst (*apprehended*) werden kann. Denn ohne sukzessive Erfassung und simultane Interrelation ihrer Elemente sei es nicht möglich, die in der heterogenen Erfahrung enthaltenen Differenzierungen als Teile ein und desselben Gehalts auseinanderzulegen. Ganz im Stile Strawsons (siehe I.1.3) argumentiert

---

217 Sacks 2000, 300.
218 Siehe Sacks 2000, 309 f., 326.
219 Sacks 2000, 298.
220 Das Folgende ist eine Zusammenfassung von Sacks 2000, 229–257.

Sacks weiter, dass diese raumzeitliche Strukturierung wiederum in einem einheitlichen, dauerhaften Bezugssystem stattfinden muss, damit die in zeitlicher Sukzession erfassten Elemente in Beziehung gesetzt werden können. Das Bezugssystem fungiert dabei als ontologisches Substrat, auf das die Gehalte der Erfahrung bezogen werden. Demnach ist (heterogene) Erfahrung nur dann möglich, wenn sie jeweils Erfahrung von einer raumzeitlich verfassten und bewusstseinsunabhängig existierenden Welt ist.[221]

Dieses transzendentale Argument ist in Sterns Terminologie *experience-directed*, d.h. es muss nicht selbst beanspruchen, von Strouds Substitutionseinwand ausgenommen sein. Es soll nur zeigen, dass die Unterstellung einer objektiven Welt zur *notwendigen* Struktur *jeder* Erfahrung gehört, d.h. den Status eines *transcendental constraint* hat. Sacks betitelt das Argument daher als Ausweis einer „Compulsion to Objectivity in Experience"[222], weil die Unterstellung einer objektiven Welt ein *internes* Strukturmerkmal jeglicher Erfahrung darstellt. Die externe Frage, ob es zusätzlich zu dieser intern projizierten Welt *tatsächlich* eine objektive Welt gibt, hält Sacks daher für irrelevant, weil sie von dieser internen Voraussetzung gewissermaßen überlagert wird. Durch die transzendentale Struktur unserer Erfahrung genötigt, können wir diese externe Frage nicht sinnvoll erwägen.[223] Es erscheint uns unweigerlich so, als ob wir in unserer Erfahrung die Ordnung einer unabhängig von uns existierenden Welt vorfinden. Diese Nötigung, regelrecht blindlings einen ontologischen Bezugspunkt zu reifizieren, ist nichts anderes als die oben erläuterte *fictional force*.[224]

---

[221] „The argument set out above constitutes a transcendental argument to show that any experience, just in so far as it comprises two or more distinguishable qualities, presupposes a spatial and temporal dimension, constituting a spatiotemporal matrix that is necessarily invariant throughout the domain. It is by establishing this basic dependence of subjective apprehension of content on a unified objective domain that is independent of individual moments of awareness that the argument promises an answer to the sceptic who thinks, specifically, to doubt the unity of a temporally and spatially extended external world." (Sacks 2000, 269)
[222] Sacks 2000, 221.
[223] „It can for present purposes be allowed that there could be such an ontological base [...]. What we come to realize, though, is that any assertions to that effect are always going to appear to be blind to the very conditions of experience in which they are made. Once revealed, those conditions turn out to be such that the grounds for the assertions cannot count as evidence for their truth, since those grounds would obtain regardless." (Sacks 2000, 298). Hier besteht eine Nähe zu Strouds *metaphysical dissatisfaction* mit ‚invulnerablen' Überzeugungen (siehe I.2.1.2, Fn. 104).
[224] „What has been allowed for so far is only that a certain compulsion may come into play such that the order that we ourselves, behind our cognitive backs, have imposed on the world is then uncritically read off the world and taken at face value, as an order imposed on us by the world. I

Sobald die Nötigung der *fictional force* durch das obige transzendentale Argument transparent wird, so Sacks, treten wir unweigerlich in eine kritische Distanz zu ihr, da mit ihrer Entdeckung jegliche „evidential base"[225] dafür wegbreche, dass ontologische Aussagen wahrheitsfähig sind. Auf der somit erreichten „fully critical position"[226] wird von einer ontologischen Basis daher vollständig abstrahiert: Da letztere nichts weiter als ein internes Strukturmerkmal der unkritischen Einstellung ist,[227] liegt jegliche ontologische Aussage diesseits der unkritischen Einstellung. Der kritische Standpunkt stellt daher für Sacks *keinen* Idealismus dar, weil dieser auch eine ontologische Position sei, welche auf bestimmte Weise die Abhängigkeit der Welt von uns als Subjekten behauptet.[228] Demnach ist Strouds Idealismusproblem auf der kritischen Ebene nicht mehr triftig. Wie eingangs bemerkt, stellt sich für Sacks daher auch das Racheproblem nicht, das für Kants Behauptung der transzendentalen Idealität der Erscheinungen aufgeworfen wurde (siehe 2.2), weil gar keine ontologische Behauptung der Subjektabhängigkeit der Welt mehr im Spiel ist.

Inwiefern bietet der kritische Standpunkt dann überhaupt einen Objektivitätsbegriff? Wie soll es nach Sacks Objektivität ohne Ontologie geben? Sacks beantwortet diese Fragen, indem er das obige transzendentale Argument auf ein höheres Abstraktionsniveau hebt. So wie jede Erfahrung ein invariantes, raumzeitliches Bezugssystem voraussetze, so müsse diese „perceptual matrix" Teil einer umfassenderen „background cognitive matrix" sein, welche die transzendental notwendigen Strukturmerkmale unserer Lebensform (im Sinne Wittgensteins) umfasst.[229] Was auf unkritischer Ebene als raumzeitliche Einheit der Welt erscheint, wird von Sacks somit auf kritischer Ebene als Teil der kognitiven Einheit

---

will refer to that compulsion as a *fictional force*, by which I mean a propulsion to belief that does not survive critical reflection on its evidential base."(Sacks 2000, 297)

225 Sacks 2000, 297.
226 Sacks 2000, 300.
227 Sacks spricht von der Welt als „ostended point" (Sacks 2000, 320), die von ihrem „ostensive mechanism" (Sacks 2000, 320) als einem erfahrungsimmanenten „inbuilt pointer" (Sacks 2000, 300) her zu verstehen sei.
228 Sacks 2000, 298: „The point is not to claim that what is taken to exist independently of the structure of experience does not do so in fact, and is merely a projection of ours. That is precisely to make an ontological claim[.] [...] The point is rather to align all such assertions and counterassertions on one side as falling within an uncritical stance, to be contrasted with the critical stance on the other side."
229 Siehe Sacks 2000, 307: „[T]his basic background normative structure, the invariant form of life that sustains and is delineated by genuinely universal transcendental features, plays the same role as the basic invariant spatiotemporal matrix established by the arguments of the previous chapter. Indeed, that perceptual matrix can be seen as constituting one part of the single background cognitive matrix that is being addressed here."

unseres Wissens begriffen.²³⁰ Sacks' erklärt nicht deutlich, was im Einzelnen zum Inhalt der *background cognitive matrix* gehört, seine Grundidee ist offenbar folgende: Unser Wissen ist zwar nicht objektiv in dem Sinne, dass es Dinge betrifft, die einen festen ontologischen Ort in der Welt haben – diesen Ort gibt es nicht, aber unser Wissen ist objektiv, insofern jene Dinge einen festen Platz in der Struktur des *background framework* haben, d.h. in nicht-beliebigen normativen und perzeptuellen Relationen stehen.²³¹ Mit dieser „critical or non-ontological conception of objectivity"²³² wird die ontologische Vorstellung einer Welt ersetzt durch eine invariante *absolute conception* der Ordnung der Dinge: „the insight in question seems to make room for an absolute conception of the order of things that does not turn on the usual assumption that such a conception involves a commitment to what exists anyway, to an independent ontological realm"²³³.

Auf dem nun erreichten kritischen Standpunkt ergibt sich ein neuer Lösungsweg für das Problem objektiver Geltung.²³⁴ Letzteres wird durch den Aufstieg zur kritischen Einstellung therapiert: Da wir eingesehen haben, dass es keine ontologisch unabhängig bestehende Welt gibt, besteht auch keine Kluft mehr zwischen Aussagen über unsere Erfahrung und Aussagen über die Welt, auf die

---

230 Auch hier besteht eine Ähnlichkeit zwischen Sacks' und Strawsons Argument, in welchem die Einheit von Raum und Zeit ebenfalls nur einen Spezialfall der Einheit unseres Wissens (*general scheme of knowledge*) hinsichtlich demonstrativer Bezugnahmen darstellt (siehe I.1.3.1).
231 Für eine Ausführung dieser bei Sacks etwas unterbestimmt bleibenden Idee einer *background matrix* bzw. *absolute conception of the order of things*, siehe Moore 1997.
232 Sacks 2000, 317.
233 Sacks 2000, 310.
234 Es ergibt sich ebenfalls eine Lösung für das Problem alternativer Schemata (I.2.3.1), das für diese Arbeit jedoch nur von sekundärem Interesse ist. Sacks rekurriert hier auf die erwähnte *absolute conception*: Wenn es keine unabhängige ontologische Basis gibt, dann sind auch keine externen Einflüsse möglich, welche die Grundstruktur unserer Erfahrung ändern könnten. Dann kann aber jegliche Veränderung unseres Begriffsschemas nur in diesem selbst begründet sein und wird daher von ihm selbst vorgezeichnet: „In the absence of external intervention, there is no scope for innovation in the sense of radically new normative possibilities" (Sacks 2000, 301). Auf Körners Trilemma (siehe Fn. 153) übertragen, umgeht Sacks somit das erste Glied des Trilemmas, indem er von vornherein ausschließt, dass es eine schema-unabhängige dritte Instanz geben könnte, die andersartige begriffliche Strukturen präjudizierte, aber unserem Schema als solche unzugänglich ist. – Sacks konzediert das Problem eines internen Wandels unseres Begriffsschemas, aber für ihn kann dies je nur einen lokalen Wandel darstellen, der sich vor dem Hintergrund eines globalen, invarianten Begriffsschemas abspielt Das legitimiert für Sacks die Hoffnung, dass auch unterschiedliche lokale Begriffsschemata letztlich konvergieren müssen, wenn sie nur ihren jeweiligen begrifflichen Horizont hinreichend erweitern (Sacks 2000, 307). Zur allgemeinen Problematik des Begriffswandels in der Weiterentwicklung von Begriffsschemata, siehe jüngst Seiberth 2022, 142f., 173–176.

sich diese Erfahrung im Rahmen der *fictional force* richtet. Strouds Substitutionseinwand und Brückenproblem verschwinden somit.

Im Rahmen der *absolute conception* wird objektive Geltung bzw. die *inference to reality* dadurch möglich, dass wir es in der unkritischen Einstellung nurmehr mit Erscheinungen im Kant'schen Sinne zu tun haben.[235] In kritischer Einstellung betrachtet, schließen wir mit weltbezogenen transzendentalen Argumenten von den Bedingungen der Erfahrung auf die Bedingungen der Gegenstände der Erfahrung. Sacks' Therapie des Problems objektiver Geltung ist also im Grunde dieselbe wie die von Kants transzendentalem Idealismus geleistete (siehe 2.1), aber eben mit einer wie erläutert restriktiveren Objektivitätskonzeption. Von Sacks' *absolute conception* aus betrachtet, besteht der Anspruch auf objektive Geltung darin, transzendental notwendige Strukturmerkmale der Erfahrung zu entdecken, die kraft der ihr immanenten *fictional force* sich in der Struktur der uns in unkritischer Einstellung erscheinenden Erfahrungswelt niederschlagen.[236]

4.2 Racheproblem: Objektivität ohne Ontologie

Obwohl es Sacks' restriktiver Strategie zu gelingen scheint, die Stärken der Ansätze Kants und Rortys in sich zu vereinigen, scheitert auch sie am skeptischen Racheproblem. Sacks präsentiert seinen kritischen Objektivitätsbegriff nicht stipulativ, sondern als Aufklärung unserer alltäglichen, realistischen Objektivitätskonzeption. Der Dreh- und Angelpunkt des Aufstiegs zur kritischen Konzeption ist, wie gezeigt, die Entdeckung der *fictional force*, die unsere Erfahrung in der unkritischen Einstellung regiert. Sacks zufolge gelangen wir nur *aufsteigend* zur kritischen Einstellung, weil wir zuerst die Nötigung der *fictional force* erfahren

---

[235] Sacks 2000, 310: „Transcendental arguments that involve an inference to reality are then seen to take us only across the line between empirical appearances and empirical reality; they do not involve attempting to move beyond how things must seem to us, to how things ultimately are in a quite independent ontological base (at the critical level there remains no room for any such base)."

[236] Sacks 2000, 309 f.: „[T]hat objective world should not be regarded in critical mode as anything more than an empirical reality, required for experience. From the critical level, the presentation of an ontological base at the empirical and pre-reflective level is recognized as having the status of appearance: it is presented as a discovered realm, which in a sense it is, but is critically realized to merit only the status of a structuring feature of experience." Die Trennlinie zwischen ambitionierten und moderaten transzendentalen Argumenten verschwindet somit und an ihre Stelle tritt höchstens die Unterscheidung zwischen Argumenten, die unbedingt notwendige *transcendental constraints* entdecken, und solchen, die nur lokale Strukturmerkmale unserer *background cognitive matrix* beschreiben, d. h. bloße *transcendental features*.

müssen, um sie dann als solche artikulieren zu können.[237] Ferner ergebe der Begriff der Objektivität auch auf der kritischen Ebene nur dann einen Sinn, wenn die normative Struktur der *absolute conception* auf die Erfahrungen von Subjekten bezogen wird, welche ihre inneren Zustände von objektiven Sachverhalten unterscheiden.[238]

Hier liegt der Ansatzpunkt für das skeptische Racheproblem: Wir unterliegen demnach *sowohl* der Nötigung der *fictional force* zur ontologischen Redeweise *als auch* der Nötigung durch unsere kritische Einsicht, uns von jener *fictional force* zu distanzieren.[239] Es ist nicht klar, wie die anvisierte Therapie des Problems objektiver Geltung angesichts dieser Gebundenheit an zwei widerstrebende Objektivitätskonzeptionen gelingen kann. In zwei Hinsichten halte ich es für unvermeidlich, dass Sacks' Aufstellung seines kritischen Objektivitätsbegriffs in das Stroud'sche Idealismusproblem zurückfällt.

a. Der Aufstieg zur kritischen Einstellung wird von Sacks als Einsicht und epistemische Selbstaufklärung verstanden, aber vom Ausgangspunkt der Erfahrung aus betrachtet, gerät sie zum Sprachverbot: Ontologische Fragen werden nicht beantwortet, sondern ausgeklammert.[240] Damit entzieht sich Sacks' angebliche Therapie des Problems objektiver Geltung ironischerweise dem Gesichtskreis der kritischen Einstellung, da wir auf ihrer Ebene gar nicht mehr *sagen* können, was wir durch den Aufstieg in epistemischer Hinsicht gewonnen haben. Sacks steht somit vor einem Dilemma: entweder die Gültigkeit ontologischer Aussagen anerkennen und in das Racheproblem des kantischen Idealismus zurückfallen oder zur Frage objektiver Geltung ausnahmslos schweigen.

Freilich kann Sacks sagen, dass transzendentale Argumente objektiv gültig sind, insofern sie die notwendige Struktur der Erfahrung aufdecken, die kraft der *fictional force* die Illusion einer entsprechend verfassten Welt erzeugt. Aber damit ist nur etwas über die unkritische Einstellung der Erfahrung ausgesagt und nichts über objektive Geltung im Sinne der kritischen *absolute conception*. Aufgrund seiner Restriktion ontologischer Aussagen steht Sacks auch nicht die kantische Option offen, die notwendigen Strukturen der Erfahrung als ‚empirisch real', aber ‚transzendental ideal' zu bezeichnen.

---

237 Sacks 2000, 319: „Without feeling the force of that first-order pull, and recognizing the fictional force involved in it, the critical conception of objectivity would not only be quite unmotivated: we would not even have the conceptual space in which comprehendingly to articulate it."
238 Siehe Sacks 2000, 325 f.
239 Vgl. Sacks 2000, 326.
240 Siehe 4.1 u. vgl. Sacks 2000, 314 f.

Es ist also fraglich, ob auf der kritischen Ebene der Anspruch auf objektive Geltung überhaupt artikulierbar ist. Sacks' Ausklammerung des ontologischen Vokabulars zieht unweigerlich ihre Kreise: Wenn ich nicht mehr sagen kann, dass etwas *wirklich* ist oder *existiert*, dann verlieren auch Begriffe wie *Wahrheit* oder *Wissen* einen Teil ihres Gehalts. Auf der kritischen Ebene wissen wir daher eigentlich nicht, wie sich die Dinge *wirklich* verhalten, sondern wir wissen nur, welche normative Ordnung unserer Erfahrung eingeschrieben ist. Wie dieses Wissen sich zur Wahrheit verhält oder ob diese Einsicht ‚wahrer' ist als die Verfallenheit an die unkritische Einstellung lässt sich so nicht mehr sagen.[241] Wir sind auf der kritischen Ebene gar nicht mehr sprachfähig, um den ontologischen und damit auch epistemischen Status der Konklusionen transzendentaler Argumente zu artikulieren. Könnten wir es aber, wäre Sacks' restriktive Strategie gescheitert, da das Problem objektiver Geltung dann auf die Ebene der kritischen Einstellung übertragbar wäre und sich genauso für die *absolute conception* stellen würde.

b. Es ist daher auch fraglich, ob die restriktive Strategie überhaupt in Reinform durchzuhalten ist. Auch Sacks' Ausführungen ist z. B. zu entnehmen, dass die *background cognitive matrix* bzw. *absolute conception* von uns und unseren Praktiken unabhängig bzw. invariant ist.[242] Da die *absolute conception* als kritisches Pendant zur Welt als Substrat eines raumzeitlichen Bezugssystems eingeführt wurde, kann ihr auch ein analoger ontologischer Stellenwert zugeschrieben werden.[243] Sie ist „absolute", weil sie eben Tatsachen über *uns* transzendiert. Vielmehr haben wir ihre, unseren Praktiken bzw. unserer Erfahrung zugrunde liegende normative Struktur *zu entdecken*. Entsprechend müssen wir uns laut Sacks sogar von lokaleren und wandelbaren zu globalen und invarianten Strukturen vorarbeiten.[244] In diesem Sinne ist die unserer Erfahrung immanente *fictional force* nichts von uns Gemachtes, sondern eben ein Merkmal der Erfahrung

---

[241] Diese Stoßrichtung verfolgt auch Stroud in seiner Kritik an Sacks, ihm kann jedoch vorgehalten werden, dass er Sacks' radikalen Absprung von der Vorstellung einer gegenständlichen Welt nicht ganz mitgeht. Vgl. Stroud 2003, 381: „Could we see that human beings do know how things are in the world ‚absolutely', or not? Or does even that question somehow simply disappear along with both of its gloomy ‚sceptical' answers? [...] What needs to be better understood is exactly what is involved in our no longer taking the standard conception of objectivity ‚at face value'. [...] How we could do that, or where that would leave us, is the still unanswered question of what we discover or come to realize in achieving this more detached critical restraint."
[242] Siehe 4.1 u. vgl. Sacks 2000, 307: „while local normative horizons might come to be stretched and altered by the encounter with other remote localities, there is no scope for the background normative structure as a whole to be stretched by brute ontology-driven innovation."
[243] Vgl. Sacks 2000, 307.
[244] Sacks 2000, 305 f.

an sich: „[it is] a form imposed not by *us* but by the very structure of experience."[245]

Auch wenn Sacks kein Prädikat wie ‚ontologisch' dafür verwenden würde, so ist klar, dass die funktionale Rolle der *absolute conception* im Grunde dieselbe ist wie die einer unabhängig existierenden Welt. Dann könnte Sacks' Position aber als Idealismus charakterisiert werden, der die Unterscheidung zwischen Tatsachen über unsere Erfahrungsweise und Tatsachen über die wirkliche Welt nivelliert.

5 Voraussetzungen für eine therapeutische Lösung

Wo stehen wir nun mit Blick auf den Anspruch weltbezogener transzendentaler Argumente auf objektive Geltung und Strouds Trilemma? Die hier untersuchte therapeutische Lösung des Problems objektiver Geltung *revidiert* die unserem Wissensbegriff zugrunde gelegte realistische Objektivitätskonzeption. Unter den entsprechenden Vorzeichen verschwindet die Kluft zwischen psychologischen Prämissen und einer Konklusion bezüglich nicht-psychologischer Tatsachen in der Welt, die weltbezogene transzendentale Argumente sonst zu überbrücken hätten und die in Strouds Trilemma führt. Die Kluft verschwindet dabei nicht im Sinne einer idealistischen Zusatzannahme, die den Unterschied zwischen subjektiven und objektiven Tatsachen verwischt, sondern sie verschwindet als solche, weil Objektivität gar nicht mehr gemäß dem Bild zweier getrennter Sphären des Subjektiven und Objektiven vorgestellt wird. Da dies von der Warte der alten realistischen Konzeption aus wie eine Form von Idealismus aussieht, muss die Therapie als Explikation unserer alltäglichen Objektivitätskonzeption ausgewiesen werden, die vom Realisten nur missverstanden wird.

Die Crux des therapeutischen Ansatzes ist der von ihm erforderte Prozess der Aufklärung unserer alltäglichen Objektivitätskonzeption: Einerseits ist ein Konzeptionswandel einzuleiten, der die realistische Interpretation ablöst, andererseits darf keine gänzlich neue Konzeption stipuliert werden, sondern die alte soll nur in neuem Licht erscheinen. Bei den hier betrachteten therapeutischen Strategien trat jeweils im Zuge dieses Revisionsprozesses ein skeptisches Racheproblem auf: Der Prozess selbst fällt in Strouds Trilemma zurück, indem er entweder mit transzendentalen Argumenten operiert, die mit Strouds Substitutionseinwand angreifbar sind, oder im Voraus, d.h. ausgehend von der realistischen Konzeption, eine Form des Idealismus voraussetzen muss. Das Racheproblem entsteht

---

245 Sacks 2000, 299.

durch die Abgrenzung der neuen Konzeption gegen die alte: Ist die Abgrenzung zu stark, lässt sich die neue Konzeption nicht mehr als revidierte Form unseres alltäglichen Objektivitätsbegriffs verstehen – ist sie hingegen zu schwach, lässt sich die neue Konzeption noch in den Begriffen der alten Konzeption erfassen und als einseitig subjektive Verengung des Objektivitätsbegriffs beschreiben.

Bei diesem Racheproblem sind die zwei Komponenten des skeptischen Zweifels am Werk (siehe I.2, Abschnitte 1.2 u. 3.2): die semantische Komponente der Unterscheidung zwischen der Welt, wie sie für uns ist, und der Welt, wie sie an sich ist, sowie die pragmatische Komponente der reflexiven Distanzierung, die es erlaubt, eine Außenperspektive auch auf einen bereits übernommenen Standpunkt einzunehmen. Aus ihrem Zusammenspiel ergab sich die Kritik an Kants transzendentalem Idealismus (siehe 2.2): Selbst wenn man akzeptiert, dass die Welt als Erscheinung empirisch real ist, lässt sich die komplementäre Erläuterung, dass sie transzendental betrachtet ideal ist, d.h. durch subjektive Erkenntnisformen konstituiert wird, nicht auf stabile Weise von einem empirischen Idealismus abgrenzen. Die Möglichkeit, die jeweilige ontologische Abhängigkeit der Welt vom Subjekt auf der empirischen und der transzendentalen Ebene zu reflektieren und beides in ein Verhältnis zu setzen, führt zum Rückfall in die skeptische Problematik.

Mit Rorty und Sacks wurden zwei Strategien betrachtet, diese reflexive Distanzierung und die durch sie reimportierte realistische Objektivitätskonzeption zu unterbinden. Rorty versucht die realistische Konzeption gänzlich als reale Option zu *eliminieren*, während Sacks versucht, ihre Geltung auf radikalere Weise als Kant zu *restringieren*, um so ein weiterhin zweistufiges Objektivitäsmodell zu stabilisieren. Sowohl Rorty als auch Sacks nutzen dabei moderate transzendentale Argumente als Vehikel, um ihre jeweilige Objektivitätskonzeption zu etablieren bzw. als Aufklärung unserer alltäglichen Konzeption auszuweisen.

Doch auch sie scheitern meiner Diagnose zufolge am skeptischen Racheproblem, da sie die realistische Objektivitätskonzeption, die für beide den Ausgangspunkt darstellt, weder ganz verabschieden noch bruchlos integrieren können. So entpuppt sich Rortys pragmatistische Version des Objektivitätsbegriffs als einseitig idealistische Reduktion von Wahrheit auf Behauptbarkeit (siehe 3.2). Sacks' kritische Konzeption von Objektivität kollabiert entweder in eine Version des kantischen Idealismus oder sie verliert jegliche Aussagekraft über die ursprüngliche Frage objektiver Geltung (siehe 4.2).

Wie steht es also um die Gangbarkeit des therapeutischen Lösungsweges? Obwohl die hier betrachteten Umsetzungen m.E. scheitern, könnte es durchaus andere, erfolgreiche Strategien geben. Wie ich in den folgenden Teilen dieser Arbeit zu zeigen versuche, finden sich solche aussichtsreicheren Strategien bei Hegel und Fichte. Eine Hoffnung auf besseren Erfolg ergibt sich bereits daraus, dass der realistische Objektivitätsbegriff – wie die oben diskutierten Ansätze bereits belegen –, nicht alternativlos ist, sondern in Konkurrenz mit *alternativen* Begriffsschemata steht. Des Weiteren zeigten die Beispiele Kants, Rortys und Sacks auf je eigene Weise, dass der therapeutische Ansatz eine philosophische Reflexionsebene einzieht, die durch den alltäglichen Objektivitätsbegriff bzw. unsere epistemische Praxis unterbestimmt ist. Es geht also nicht darum, das Handgreifliche unserer realistischen Intuitionen zu leugnen oder sie zu ändern, sondern sie verschiedentlich zu interpretieren.[246]

Welche Lektionen sind aus dem Scheitern der drei betrachteten Strategien zu lernen? Das skeptische Racheproblem hat sich als zentrale Herausforderung für eine erfolgreiche Therapie des Problems der objektiven Geltung transzendentaler Argumente gezeigt. Bei Rorty und Sacks (Kant wurde in diesem Punkt nicht näher erörtert) ergibt sich das Racheproblem aus dem Prozess des Konzeptionswandels: Indem er sich von unserer alltäglichen, realistischen Objektivitätskonzeption abstößt, läuft er sowohl Gefahr, ihr verhaftet zu bleiben, als auch sie nicht angemessen zu integrieren. Die zentrale Anforderung an eine erfolgreiche Therapie ist somit eine *methodologische:* Sie hat den Prozess des Konzeptionswandels so zu gestalten, dass er als Explikation bzw. Aufklärung unseres alltäglichen Objektivitätsbegriffs auftritt und dabei das skeptische Racheproblem des Rückfalls in Strouds Trilemma vermeidet.

Der Prozess des Konzeptionswandels muss daher in bestimmtem Sinne *unumkehrbar* bzw. notwendig sein. Nur so kann die durch ihn etablierte idealistische Konzeption vermeiden, als eine alternative Konzeption unter anderen aufzutreten, die in direkter Konkurrenz zur realistischen Interpretation unseres alltäglichen Objektivitätsbegriffs steht. Am Ende des Prozesses darf von dieser konkurrierenden Konzeption nichts übrig bleiben, das nicht in die neue Zielkonzeption integriert oder gänzlich eliminiert wurde.

Für diese Anforderung liefern Rorty und Sacks hilfreiche Beispiele: Beide nutzen moderate transzendentale Argumente als Vehikel für ihre Objektivitätskonzeption. Rorty versucht so zu zeigen, dass die Position des metaphysischen Realismus ihre eigenen Sinnbedingungen untergräbt. Sacks eröffnet die Ebene der kritischen Einstellung, indem er die ontologische Projektion der *fictional force*

---

[246] Als eine solche Interpretation betrachte ich bereits Willascheks Analyse des alltäglichen Realitätsbegriffs als These über die Denkunabhängigkeit von alltäglichen Gegenständen (Willaschek 2003, 39–47). Bereits die Festlegung, was ein „alltäglicher" Gegenstand sein soll, scheint mir nicht trivial. So verwundert auch Willascheks doppelte Behauptung, der Alltagsrealismus sei „philosophisch nicht weiter anspruchsvoll" und dennoch „eine realistische Maximalposition" (Willaschek 2003, 46 f.). Vgl. jedoch Willascheks eigene Unterscheidung zwischen *common sense* und philosophischen Theorien (Willaschek 2003, 291 ff.).

als Bedingung möglicher Erfahrung ausweist. Auf diesem Wege können beide die Notwendigkeit ihrer Objektivitätskonzeption plausibilisieren. Das Instrument moderater transzendentaler Argumente hat für sich allein jedoch die Schwäche, diesseits von Strouds Trilemma zu verbleiben. Wie gezeigt, ist es allein *nicht hinreichend*, um den erforderlichen Konzeptionswandel umzusetzen. Der Rekurs auf moderate transzendentale Argumente könnte aber eine notwendige Bedingung dafür sein, dass der Konzeptionswandel unumkehrbar ist. Natürlich kommen ambitionierte transzendentale Argumente als solche nicht in Frage; sonst wäre die anvisierte therapeutische Lösung zirkulär.

Die therapeutische Lösung muss also methodologisch reichhaltiger sein als das Inventar transzendentaler Argumente. Um das Racheproblem zu vermeiden, liegt es nahe, die beiden Komponenten des skeptischen Zweifels mit einzubeziehen. Auch hier können Rorty und Sacks als Stichwortgeber dienen:

Rortys eliminative Strategie zielte primär auf die semantische Komponente: Seine Argumentation versuchte die Semantik des Wahrheitsbegriffs anzugreifen, die der metaphysische Realismus für sich beansprucht. Ich habe Rortys Ansatz dafür kritisiert, dass er zu viele Zöpfe unserer realistischen Intuitionen dabei ganz abschneidet, statt sie neu zu verflechten. Das legt nahe, die eliminative Strategie zu einer *transformativen* anzupassen. Die semantische Komponente ist demnach in einen Transformationsprozess einzubeziehen, der sie nicht einfach in ihren realistischen Aspekten negiert, sondern diese auch positiv integriert. Hegels Schlüsselbegriffe der „Aufhebung", „Entwicklung" und „immanenten Kritik" sind wie geschaffen für diesen Zweck. Meine Rekonstruktion von Hegels *Phänomenologie des Geistes* wird diese Fluchtlinie weiter verfolgen und Hegels Phänomenologie der Bewusstseinsgestalten als transformative Therapie des Problems objektiver Geltung lesen.[247]

Sacks' restriktive Strategie zeichnet sich durch ihren Umgang mit der pragmatischen Komponente aus. Denn der von Sacks anvisierte Konzeptionswandel besteht wesentlich in einem Wechsel der Einstellung: Sacks Argumentation soll zur reflexiven Distanzierung von der unkritischen Einstellung führen und die Übernahme einer kritischen Einstellung motivieren, welche der Tendenz zur ontologischen Reifikation widersteht. Ich habe an Sacks nicht dies, sondern seine restriktive Handhabung beider Einstellungen kritisiert, die sie je einer Ebene eines zweigeteilten und letztlich inkohärenten Objektivitätsbegriff zuordnet. Die Aporie seines restriktiven Ansatzes ließe sich womöglich vermeiden, wenn beide Kon-

---

[247] Zur hintergründigen Affinität zwischen Rortys Pragmatismus und Hegels Wahrheitsauffassung in der *Phänomenologie*, siehe Stekeler 2014, 351, der m. E. aber mit seiner Deutung Hegel in die Richtung der eliminativen Strategie drängt.

zeptionen durch die ihnen eigentümlichen Einstellungen miteinander vermittelt werden könnten. Das Übergehen von einer Einstellung zur anderen könnte als rational einholbarer, beidseitig durchlässiger Perspektivwechsel zwischen zwei Ansichten von Objektivität beschrieben werden. Das legt nahe, eine noch konsequenter *performative* Strategie zu verfolgen, welche den Konzeptionswandel auf der pragmatischen Ebene des Wechsels von Einstellungen vollzieht, statt auf der semantischen Ebene daran zu scheitern, dass in ihm zwei inkompatible Objektivitätsbegriffe auseinanderstreben. Meine Rekonstruktion von Fichtes *Wissenschaftslehre 1804-II* wird eine solche performative Therapie des Problems objektiver Geltung vorschlagen.

Was wird angesichts dieser erweiterten methodologischen Anforderungen aus der Rehabilitation weltbezogener transzendentaler Argumente? Sind sie also doch entweder überflüssig oder zirkulär, wie Stroud moniert? Der hier skizzierte therapeutische Lösungsansatz lässt zunächst offen, ob und inwiefern weltbezogene transzendentale Argumente in der klassischen Form rehabilitiert werden können. Es kommt auf die Art und Weise an, wie sowohl der Prozess des Konzeptionswandels als auch die durch ihn erreichte Objektivitätskonzeption gestaltet sind. Das Beispiel Kants zeigt einen ziemlich direkten Weg auf, wie weltbezogene transzendentale Argumente als objektiv gültig rehabilitiert werden könnten, da der transzendentale Idealismus die notwendige Beziehung zwischen den Bedingungen der Erfahrung und den Erscheinungen garantiert. Schon die Beispiele von Rorty und Sacks veranschaulichen aber, dass die Revision unseres Objektivitätsbegriffs unweigerlich mit einer Veränderung unseres Verständnisses des Welt- bzw. Wahrheitsbezugs transzendentaler Argumente einhergeht. Abschließend positioniere ich mich in IV.1.3 zu dieser Frage.

II. Die transformative Strategie von Hegels *Phänomenologie des Geistes*

1 Hegels „Einleitung" als therapeutische Methodologie

In Kapitel I.3 wurde bereits die Hypothese aufgestellt, dass Hegel in der *Phänomenologie des Geistes* (= *PhG*)[248] einen therapeutischen Lösungsansatz zum Problem objektiver Geltung verfolgt, welcher unsere alltägliche, skepsisanfällige Konzeption von Objektivität zu transformieren sucht. Ziel des Folgenden ist es, diese Hypothese anhand einer systematischen Rekonstruktion der „Einleitung" in die *PhG* zu bestätigen.

Hegels „Einleitung" erläutert die Methode immanenter Kritik, der seine weitere Darstellung verpflichtet ist. Zwar ist fragwürdig, wie lange oder getreu der Gang der *Phänomenologie* dieser Methode tatsächlich folgt,[249] aber es ist unstrittig, dass die „Einleitung" entscheidende Auskünfte über den systematischen Anspruch und Status von Hegels „Wissenschaft der Phänomenologie des Geistes" gibt.

In einem ersten Schritt (**1.**) analysiere ich Hegels methodologische Überlegungen in der „Einleitung", die das Verfahren einer Kritik des erscheinenden Wissens motivieren sollen, welche immanent und nach dem Schema bestimmter Negation verfährt. Ich zeige, dass diese methodische Form für die therapeutische Zielsetzung geeignet ist, indem sie die Kritik als einen Lernprozess entfaltet, der zur Selbstaufklärung über unsere Wissensansprüche führt.

In einem zweiten Schritt zeige ich (**2.**), dass Hegel auch inhaltlich auf die therapeutische Revision der alltäglichen, realistischen Objektivitätskonzeption zielt, indem er seine Kritik gegen das „natürliche Bewusstsein" richtet, das eben diese Konzeption vertritt. Die von Hegel entworfene Entwicklung der „Gestalten des Bewusstseins" hin zum „absoluten Wissen" wird somit als Prozess des Konzeptionswandels lesbar, der schlussendlich zu Hegels eigener, idealistischer Konzeption von Objektivität führt.

In Abschnitten **3–4** wende ich mich dem Verfahren der Prüfung zu, das diese therapeutische Strategie umsetzen soll. Hier spielt die vom Bewusstsein mit seinem Gegenstand gemachte „Erfahrung" die zentrale Rolle (**3.**). Nach meiner Lesart zeigt die Erfahrung jeweils, dass eine bestimmte Gegenstandskonzeption nicht das ihr zugrunde gelegte Objektivitätskriterium erfüllen *kann* (**3.1**). Hegel schildert diesen Vorgang so, dass das Bewusstsein den „für es" erscheinenden

---

[248] Sofern nicht anders angegeben, beziehen sich alle Seitenangaben in Teil II auf Hegel 1980 (*GW* 9).
[249] Siehe Emundts 2012, 88–93.

Gegenstand anders bestimmt vorfindet, als er „an sich" sein sollte, d. h. anders als das Bewusstsein erwartet hatte (**3.2**). Dabei zeigt sich, dass die initiale Gegenstandskonzeption des Bewusstseins revidiert werden muss, wenn das Bewusstsein seinen Wissensanspruch aufrechterhalten will. Mit der Anpassung der Gegenstandskonzeption entspringt aber ein neues Kriterium für Objektivität und damit eine neue Gestalt des Bewusstseins, die eine weiterentwickelte Auffassung davon hat, was ihr „das Wahre" ist.

Meine Rekonstruktion des Prüfverfahrens gibt der Rolle des ‚erscheinenden Gegenstands' besonderes Gewicht. Hier besteht die systematische Schwierigkeit, was der methodische und ontologische Status dieses Gegenstands sein soll (**3.3**). Wenn er zu einseitig als gegenüber dem Wissen externer Gegenstand in der Welt verstanden wird, dann wird die Notwendigkeit und Immanenz der Kritik gefährdet. Zugleich ist die hier verfolgte therapeutische Strategie gegenüber dem metaepistemologischen Skeptiker nur erfolgreich, wenn Erfahrungen genuin mit und an Gegenständen gemacht werden und nicht auf versteckte Weise bloß Analysen des dem Bewusstsein internen Begriffsschemas darstellen. Ich kritisiere Lesarten, die in eines dieser Extreme verfallen, und argumentiere davon ausgehend, dass Hegels Darstellungsform von Erfahrungen in Analogie zu einem geometrischen Konstruktionsbeweis verstanden werden sollte. Nach meiner Lesart verhält sich der erscheinende Gegenstand zum Selbstverständnis einer Bewusstseinsgestalt wie die Anschauung zum Begriff. Ich argumentiere für die Hypothese, dass Erfahrungen das Scheitern einer Objektivitätskonzeption auf diese Weise intuitiv evident machen sollen und zwar so, dass die Darstellung sowohl des Widerfahrnischarakters der Erfahrung als auch ihrer begrifflichen Notwendigkeit auf der ‚Selbstkonstruktion' des erscheinenden Gegenstandes beruhen.

Die zentrale Herausforderung der therapeutischen Strategie besteht darin, das in I.3 entwickelte Racheproblem zu vermeiden, dass der Prozess des Konzeptionswandels weiterhin nach Maßgabe der alten realistischen Konzeption charakterisierbar ist und also verworfen werden kann. Ich versuche zu zeigen, dass Hegel diesem Racheproblem zumindest im Ansatz entgeht, insofern die Darstellung der *Phänomenologie* auf zwei parallelen Ebenen verläuft (**4.**). Die erste Ebene ist die der Binnenperspektive der jeweiligen Bewusstseinsgestalt, die ihre Erfahrung mit der oben erwähnten Selbstkonstruktion ihres Gegenstandes macht, die zweite Ebene ist die der Metaperspektive des Phänomenologen, der diese Erfahrungen reflektiert und begrifflich ‚nachkonstruiert'. Die Trennung beider Ebenen ermöglicht, dass die Bewusstseinsgestalten den Konzeptionswandel an ihrem Gegenstand *erfahren* und nicht zu Adressaten eines begrifflichen Räsonnements, etwa im Stile transzendentaler Argumente, werden müssen. Die *Parallelität* beider Ebenen garantiert jedoch, dass in der Metaperspektive die Notwendigkeit der Erfahrung stets aus begrifflichen Gründen nachvollziehbar ist.

Ferner wird der Prozess des Konzeptionswandels erst auf dieser Reflexionsebene als Lernprozess und Aufklärung unserer Objektivitätskonzeption einsichtig, weil nur von ihr aus die Entwicklung der Bewusstseinsgestalten überblickt werden kann.

Schließlich gehe ich in Abschnitt **5** noch einmal auf die Frage ein, inwiefern in der *Phänomenologie* transzendentale Argumente zum Einsatz kommen. Auf der Basis meiner Rekonstruktion komme ich zu dem Schluss, dass transzendentale Argumente nicht das *movens* der Entwicklung und damit des Prozesses der Therapie sind, dass es aber trotzdem möglich sein muss, den Prozess in der Metaperspektive des Phänomenologen so zu beschreiben, dass er ‚moderate' transzendentale Konditionale etabliert.

1 Hegels phänomenologische Methode

In den ersten Absätzen der „Einleitung" (im Folgenden zur besseren Orientierung als Paragraphen gezählt) präsentiert Hegel eine Reihe methodologischer Vorüberlegungen, die einigen Aufschluss über den Charakter seines phänomenologischen Programms geben und die für es zentralen Leitmotive einführen. Hegels selbstironischer Einstieg in § 1 parodiert eine bestimmte erkenntniskritische Art der methodologischen Propädeutik, die auf einer ungeprüften Voraussetzung vom Verhältnis des „Erkennens" zum „Absoluten" bzw. „Wahren" beruht.[250] Obgleich Hegel sich hier scheinbar spielerisch mit der Vorstellung vom Erkennen als einem „Werkzeug" auseinandersetzt, verfolgt er offenkundig auch einen propädeutisch-didaktischen Zweck. Zum einen gibt Hegel unter der Hand eine erste Probe seiner später im Text entwickelten Methode immanenter Kritik. Zum anderen gibt er eine erste Skizze seines dabei verfolgen inhaltlichen Ziels: von einer realistischen Auffassung, der zufolge Absolutes und Erkennen getrennt sind, zu einer idealistischen Auffassung zu gelangen, welcher sich die Einheit beider erschließt.

Hegel spitzt jene realistische Auffassung so zu, dass sie in ein skeptisches Szenario gerät: Weil das Wahre eben das von uns getrennte „An-sich" (53) sei, könne jeder Versuch, sich seiner durch das „Mittel" (53) des Erkennens zu bemächtigen, nur scheitern, weil das Wahre durch die Vermittlung des Erkennens verändert worden und somit nicht mehr das reine An-sich wäre. Diese Zuspitzung ergibt sich nach dem Muster der Denkfigur der bestimmten Negation: Die Kon-

---

[250] Zu Hegels impliziter Kant-Kritik an dieser Stelle sowie der „Einleitung" im Allgemeinen, vgl. Schick 2006, u. Stekeler 2014, 341 f.

zeption vom Erkennen als Mittel wird anhand einer Reihe inkrementell revidierter Vorstellungen (als „Werkzeug", „Medium", etc.) über sich selbst hinausgetrieben.[251] Die skeptische Aporie der realistischen Auffassung fördert schließlich die von Hegel favorisierte idealistische Auffassung zutage, der zufolge das Absolute „an und für sich schon bey uns wäre und seyn wollte" (53).

Mit dieser ersten, selber propädeutischen Sequenz führt Hegel vor, wie die semantische Komponente (siehe I.2.3.2) der realistischen Auffassung vom Erkennen immanent, d. h. gemäß der ihr eigentümlichen Vorstellungen, kritisiert werden kann. Aus dieser Protoform einer immanenten Kritik ergibt sich die Therapie des ursprünglichen erkenntnistheoretischen Problems: Weil wir nicht mehr von der Trennung zwischen Absolutem und Erkennen ausgehen, ist das Kopfzerbrechen über die Prüfung des Erkennens vor dem „wirklichen" Erkennen verschwunden.

Die Vorüberlegungen am Anfang der „Einleitung" sprechen auch die pragmatische Komponente an (siehe I.2.1.2), die der von Hegel kritisierten „Angst vor

---

[251] Hegels kurze Skizze deutet folgende Phasen dieser Entwicklung an, die den drei Phasen der Erfahrung entsprechen, die ich in II.2.1 rekonstruiere. Zunächst will die natürliche Vorstellung das Erkennen als „Werkzeug" (53) verstanden haben: Doch dann verdankte sich die Erkenntnis des Ansich einer *aktiven* Veränderung an demselben und das Ansich bliebe gerade nicht so, wie es an ihm selbst ist. Die bestimmte Negation dieses aktiven Mittels ist dasselbe als „passives Medium" (53), welches sich rein aufnehmend zum „An-sich" verhält. Doch auch dann erhielte man die Wahrheit nicht, wie sie an ihr selbst ist, sondern nur so, wie sie im Medium erscheint. – Die Widersprüche bei dem Versuch, durch ein Mittel auf die objektive Seite des Ansich zu gelangen, provozieren bei der natürlichen Vorstellung vom Erkennen eine Art Reflexion in sich, d. h. einen Rückzug auf die subjektive Seite des Erkennens, welche wiederum die bestimmte Negation der bisher verfolgten objektiven Seite ist. – Die natürliche Vorstellung versucht nun die Prüfung des Erkennens als genaue Selbstkenntnis der von seinem subjektiven Mittel ausgehenden Veränderung oder Verzerrung zu verstehen, um jene „im Resultate abzuziehen, und so das Wahre rein zu erhalten." (53) Doch auch dieser Versuch verwickelt sich in einen Widerspruch, denn den Beitrag abzuziehen heißt zugleich, ihn selbst für nichtig zu erklären. – Das Scheitern auch dieser Ausflucht führt zur bestimmten Negation des verändernden Beitrags als solchen, welcher dem Erkenntnismittel bisher zugeschrieben wurde. Das Erkennen könne vielmehr wie eine „Leimruthe" (53) vorgestellt werden, welche ein gefangenes Tier nur näherbringt „ohne etwas an ihm zu verändern" (53). Wie die Metapher der Leimrute augenfällig macht, setzt diese Vorstellung jedoch voraus, was durch das Erkenntnismittel erst sichergestellt werden soll: dass das Absolute für uns erkennbar ist – „so würde es [das Absolute] wohl, wenn es nicht an und für sich schon bey uns wäre und seyn wollte, dieser List spotten" (53). Mit dem Selbstwiderspruch der Leimrutenkonzeption ist die natürliche Vorstellung vom Erkennen als Mittel über sich selbst hinausgetrieben worden. – Vgl. die Rekonstruktion von Schick 2006, 84f., die jedoch die Vorstellung einführt, dass ein „subjektive[r] Ausgangsstoff" (Schick 2006, 84) aktiv formiert würde, die m. E. keine Entsprechung im Text hat und die dort vorkommende Problematik des passiven Mediums unterbestimmt lassen muss.

der Wahrheit" (57) zugrunde liegt. Genannt werden die Laster der „gedankenlose[n] Trägheit" (57), der unkritischen „Empfindsamkeit [...] alles in *seiner Art gut* zu finden" (57) sowie der „Eitelkeit" (58) – entweder eines Skeptizismus, der auf der leeren Geste des Zweifelns beruht, oder eines ihm verwandten „Meynens" (56), das sich ebenfalls auf keine fremden Gedanken einlässt.[252] Die von Hegel kritisieren epistemischen Laster betreffen alle die performative Dimension der Auseinandersetzung des Lesers mit der phänomenologischen Darstellung.[253] Mit seiner Kritik dieser Haltungen fordert Hegel seine Leserinnen und Lesern dazu auf, sich auf das wirkliche Erkennen einzulassen und sich ganz uneitel in dessen Inhalt zu versenken.[254]

Hegels zweite methodologische Vorüberlegung motiviert das Desiderat einer immanent vorgehenden Kritik anhand der Isosthenie konkurrierender Geltungsansprüche.[255] Es wäre ungereimt, einerseits die ungeprüften Voraussetzungen des erkenntniskritischen Ansatzes zu monieren und anderseits an ihre Stelle die ebenso ungeprüfte Annahme der Einheit von Absolutem und Erkennen zu setzen. Vielmehr sind angesichts der offenen Frage, wie das Verhältnis von Absolutem und Erkennen zu bestimmen ist, die konkurrierenden Antwortoptionen grundsätzlich als gleichberechtigt anzusehen, da jede zunächst nicht mehr als die bloße „*Versicherung*" (55) vorbringen kann, dass sie die ‚wahre' Auffassung darstelle. Die „Wissenschaft", d.i. die wahre Auffassung vom Erkennen bzw. Wissen, muss sich daher allererst gegen die unwahren alternativen Auffassungen durchsetzen: „Aber die Wissenschaft darin, dass sie auftritt, ist sie selbst eine Erscheinung" (55).[256] Wie aber ist eine Kritik des Scheins und dadurch die Rechtfertigung des Geltungsanspruches der Wissenschaft möglich, wenn die Wissenschaft dem Schein zunächst selbst verhaftet ist? In § 9 wird diese Frage zu einem dem erkenntniskritischen Ansatz von § 1 verwandten Zirkelproblem zugespitzt: Die Prüfung, welche Auffassung die wahre ist, kann scheinbar gar nicht stattfinden, weil dafür immer schon eine bestimmte Auffassung als Maßstab der Prüfung

---

[252] Zum von Hegel kritisierten „leeren" Skeptizismus, siehe II.3.1.
[253] Zu Hegels ‚vice epistemology' im Allgemeinen, siehe Lücke 2022.
[254] Zu einer ähnlichen Schlussfolgerung gelangt Heinrichs 1974, 23–25, hinsichtlich des Prüfverfahrens. Die pragmatische Komponente des Hegel'schen Ansatzes wird unten in Abschnitt 4 sowie in Kapitel II.4.4 erneut aufgegriffen.
[255] Vgl. Theunissen 2014 für eine Lesart der ganzen *PhG* und insbesondere der „Einleitung" ausgehend von diesem Isosthenie-Problem. Meine Lesart ist mit Theunissens in methodologischer Hinsicht kompatibel, geht aber über sie hinaus, da ich in Abschnitt 2.1 zeige, dass Hegels Modell des Bewusstseins mehr als nur eine metaphilosophische Bedeutung hat. Zu Hegels Rezeption des Isostheniproblems der pyrrhonischen Skepsis, siehe Forster 1998, 106 f.; Heidemann 2007, 230, u. Vieweg 1999, 29–32.
[256] Zu diesem Zitat vgl. Pinkard 1994, 5, u. Theunissen 2014, 180.

zugrunde gelegt werden muss, aber ohne Prüfung gar nicht entscheidbar ist, welcher Maßstab zulässig ist (vgl. 58). Mit dieser Fragestellung motiviert Hegel die Notwendigkeit der immanenten Kritik.

Hegel gesteht dabei selbst den letztlich unwahren alternativen Auffassungen des Wissens einen gewissen Wahrheitsgehalt zu, insofern das Wissen faktisch auch in ihnen erscheint, wenngleich sie womöglich nur seine „leere Erscheinung" (55) sind. Wenn die Wissenschaft als wahre Auffassung „ausgebreitet" (55) ist, wird sie demzufolge als das *Wesen* des Wissens dargestellt, welches *in* jenen unwahren Formen erscheint, sodass jenes „unwahre Wissen ihr Erscheinen" (55) genannt werden könne.

Schon auf methodologischer Ebene tut sich dabei eine Parallele zum therapeutischen Ansatz aus Kapitel I.3 auf: Die Therapie des Problems objektiver Geltung steht ebenso vor dem Problem, ihre idealistische Konzeption als ‚wahre' Interpretation unseres alltäglichen Objektivitätsbegriffs auszuweisen und sich dabei gegen die realistische Konzeption durchzusetzen, die sich zudem als natürliche und unmittelbar naheliegende Interpretation empfiehlt. Die therapeutische Lösung gelingt wie gezeigt nur dann, wenn sie sich als *Aufklärung* unseres alltäglichen Objektivitätsbegriffs zu präsentieren vermag. Ganz in Hegels Sinne muss die idealistische Konzeption daher ebenfalls als „Wesen" von Objektivität auftreten, das in alternativen Konzeptionen auf gebrochene, sich selbst missverstehende Weise „erscheint".

1.1 Die Form immanenter Kritik

In § 4 der „Einleitung" entwickelt Hegel drei methodologische Ansätze, wie die Rechtfertigung der Wissenschaft gegenüber dem Schein bzw. der Erscheinung versucht werden kann. Wie schon in § 1 verfährt Hegel dabei stillschweigend nach dem Muster der bestimmten Negation, um zum dritten, von ihm favorisierten Ansatz der immanenten Kritik zu gelangen.

1. Der erste Ansatz versucht die ‚dogmatische' Widerlegung einer anderen Theorie von eigenen Prämissen aus und konstatiert, dass eine andere Theorie diesen widerspricht. Sie erklärt dabei „ihr *Seyn* für ihre Krafft" (55), indem sie sich etwa auf ihre Erklärungskraft und natürliche Plausibilität beruft. Doch eine solche Behauptung ist als solche nicht besser als die jeder anderen Theorie: „*ein trockenes Versichern gilt aber gerade so viel als ein anderes*" (55). Der Ansatz scheitert an der oben konstatierten Isosthenie theoretischer Geltungsansprüche. Darin besteht eine Parallele zum Idealismusproblem in Strouds Trilemma (siehe I.2.1): Die Rechtfertigung des Anspruchs objektiver Geltung gerät zur *petitio* *principii*, wenn sie auf der dogmatischen Annahme beruht, dass es gar keine Kluft zwischen subjektiv notwendigen Überzeugungen und deren Wahrheit gibt.

2. Der zweite Ansatz, den ich ‚transzendental-dogmatisch' nenne, ist die bestimmte Negation des ersten, dogmatischen Ansatzes, insofern er sich „ebenso wieder auf ein Sein" (55) beruft, d. h. von der Überlegenheit seiner eigenen Prämissen ausgeht. Aber der zweite Ansatz sieht die jeweils konkurrierende Theorie in keinem Widerspruch zur eigenen. Vielmehr attestiert er der konkurrierenden Theorie, dass sie implizit auf seine verweise, d. h. er beruft sich „auf die bessere Ahndung [...], welche in dem nicht wahrhafften Erkennen vorhanden, und in ihm selbst die Hinweisung auf sie sey" (55).

Diese „bessere Ahndung" stellt methodologisch betrachtet ein *Parasitismus*-Argument dar, wie es Strawson und Rorty gegen alternative Begriffsschemata verwenden:[257] Die kritisierte Theorie setzt die ihr überlegene als stillschweigend von ihr zugrunde gelegtes Begriffsschema voraus. Hier besteht das Problem, dass dies weiterhin dogmatisch den Blickwinkel der vorgeblich überlegenen Theorie als Maßstab voraussetzt, ansonsten würde der Parasitismus der unterlegenen Theorie, d. h. die angeblich in ihr implizite „Hinweisung", nicht *explizit*.[258]

3. Der dritte, ‚transzendental-kritisch' zu nennende Ansatz ist die bestimmte Negation des zweiten. Auch er ist ‚transzendental', insofern die von ihm kritisierten Theorien ebenfalls als seine parasitären Erscheinungsformen ausgewiesen werden sollen, d.i. als Erscheinungen der Wissenschaft. Doch beruft sich die Wissenschaft dabei nicht dogmatisch auf ihr Sein, sondern vielmehr auf ihr Werden, indem sie sich aus den anderen Theorien allererst entwickeln soll. Dadurch wird die Wissenschaft ‚Phänomenologie', d.i. „Darstellung des erscheinenden Wissens" (55). Wie Hegel in § 5 ausführt, beschreibt die diesem Ansatz gemäß auftretende Wissenschaft den

> „Weg der Seele, welche die Reihe ihrer Gestaltungen, als durch ihre Natur ihr vorgesteckter Stationen durchwandert, daß sie sich zum Geiste läutere, indem sie durch die vollständige Erfahrung ihrer selbst zur Kenntniß desjenigen gelangt, was sie an sich selbst ist." (55)

Was hier als Weg der Läuterung umschrieben wird, ist der Nachweis, dass die verschiedenen „Gestaltungen" des Wissens allesamt parasitäre Formen des einen als „Geist" gekennzeichneten wissenschaftlichen Wissens sind. Der Geist verhält

---

[257] Siehe Fn. 148.
[258] Genau dieses Vorgehen kennzeichnet nach Houlgate transzendentale Argumente, insofern sie von einem privilegierten Standpunkt aus Bedingungen geltend machen, die von einer Position implizit vorausgesetzt, aber von ihr selbst nicht gesehen und anerkannt werden (siehe Abschnitt 5).

sich demnach zu diesen Gestaltungen des Wissens wie das Wesen zu seiner Erscheinung.[259] Dass dieser Nachweis aber nicht von einem externen Standpunkt aus geführt wird, zeigt seine Charakterisierung als Weg der Selbsterfahrung und Selbsterkenntnis der Seele. Hierin besteht der Unterschied zu den vorigen beiden Ansätzen: Die Kritik erfolgt nicht dogmatisch, sondern immanent. Dem Schema bestimmter Negation entsprechend bleibt dabei auch der erste Ansatz erhalten, da der Weg der Läuterung durch die jeweiligen Gestaltungen *hindurch* verlaufen soll, d.h. jeder Gestaltung in ihrer Darstellung zugestanden wird, dogmatisch aufzutreten und sich auf ihr Sein zu berufen. Hegels Weg- und Seelenmetapher charakterisiert somit die Phänomenologie als *immanente Kritik* des erscheinenden Wissens.

In derselben Passage bezeichnet Hegel die „Seele" am Anfang ihres Weges als das „natürliche[] Bewußtseyn[], das zum wahren Wissen dringt" (55). Wie ich in 2.1 zeigen werde, steht das natürliche Bewusstsein für eine realistische Konzeption von Objektivität, welche in der Fluchtlinie der von Hegel in § 1 angeführten Trennung zwischen Absolutem und Erkennen liegt.

Damit vertieft die hier umrissene Form immanenter Kritik die methodologische und inhaltliche Parallele zur therapeutischen Lösung des Problems objektiver Geltung. Die Therapie zielt ebenfalls darauf, die realistische Konzeption unseres alltäglichen Objektivitätsbegriffs, d.i. das natürliche Bewusstsein, über sich selbst aufzuklären. Diese Aufklärung kann die Therapie aber nur leisten, wenn sie diese Konzeption ihrem Selbstverständnis gemäß transformiert. Die Therapie muss konsequent ‚von innen heraus' geschehen, d.h. im Hegel'schen Sinne als Läuterung der ursprünglichen Konzeption auftreten. Andernfalls könnte sie vom metaepistemologischen Skeptiker als gewaltsamer Übergang zu einem alternativen Begriffsschema abgetan werden. Ferner muss die Therapie dazu die in der alltäglichen Konzeption enthaltenen realistischen Intuitionen im Prozess des Konzeptionswandels als deren Gestaltungen weiter mitführen. Denn wie Hegels Überlegung veranschaulicht, kann die realistische Objektivitätskonzeption des Skeptikers nur dann als falscher Schein entlarvt werden, wenn sie sich zugleich als untergeordnete Erscheinung in das in der Therapie entdeckte Wesen von Objektivität einfügen lässt. Die Form immanenter Kritik ist somit eine notwendige Bedingung für die erfolgreiche Umsetzung der transformativen therapeutischen Strategie.

---

259 Vgl. Theunissen 2014, 177.

1.2 Die Struktur der Darstellung als Lernprozess

Hegels weitere methodologische Entfaltung der Form immanenter Kritik in §§ 6–8 führt die Parallele zur therapeutischen Strategie fort. Hegel schreibt über den Weg der Phänomenologie, dass er eine Bildungsgeschichte erzählen müsse: „Die Reihe seiner Gestaltungen, welche das Bewußtseyn auf diesem Wege durchläufft, ist vielmehr die ausführliche Geschichte der *Bildung* des Bewußtseyns selbst zur Wissenschafft." (56) Auch die Therapie des Problems objektiver Geltung muss als Bildungsgeschichte bzw. *Lernprozess* dargestellt werden. Wenn der in der Therapie vollzogene Prozess des Konzeptionswandels nicht rational nachvollziehbar und die alltägliche Konzeption aufhellend wäre, d. h. einen Bildungsfortschritt augenfällig machte, dann würden wir ihn auch nicht als *Aufklärung* unserer alltäglichen Objektivitätskonzeption akzeptieren. Es muss also eine Perspektive geben, in welcher der Bildungsgang zur von Hegel angeführten Selbsterkenntnis des Geistes beiträgt, d. h. hier: die alte, realistische Konzeption nicht nur verwirft, sondern über sich selbst aufklärt. Wie ich in Abschnitt 4 zeigen werde, erfüllt die Metaperspektive des Phänomenologen diese Funktion.

Gleichwohl kann die Therapie nur dann einen Konzeptionswandel einleiten, wenn sie die realistische Konzeption auf bestimmte Weise negiert bzw. kritisiert. Denn es muss sich zeigen, dass die realistische Konzeption eben keine adäquate, für sich bestehen könnende Objektivitätskonzeption darstellt. Auch diesen Aspekt deckt Hegels methodologische Skizze ab, indem sie den Bildungsprozess immanenter Kritik als „Weg der Verzweiflung" (56) und „sich vollbringende[n] Skepticismus" (56) charakterisiert.[260] Was der realistischen Konzeption als ‚objektiv' gilt, muss im Zuge der Therapie verworfen und als Selbstmissverständnis von Objektivität ausgewiesen werden. Analog ergibt sich im von Hegel skizzierten Bildungsprozess „die bewußte Einsicht in die Unwahrheit des erscheinenden Wissens, dem dasjenige das reellste ist, was in Wahrheit vielmehr nur der nichtrealisierte Begriff ist." (56)

Doch wie ist es unter Wahrung der Form einer immanenten Kritik möglich, die interne Revision unserer Konzeption von Objektivität als einen solchen Lernprozess darzustellen? Hierüber gibt Hegels Bild der Seele und der „Reihe ihrer Ge-

---

[260] Zur Methode und systematischen Bedeutung des „sich vollbringenden Skepticismus", siehe ausführlich Heidemann 2007, 199–272; zu seiner historischen Genese, siehe Vieweg 1999. Trotz Differenzen hinsichtlich der Rekonstruktion von Hegels Prüfungsverfahren wird meine Analyse Heidemanns Grundthesen bestätigen, dass Hegels Methodologie in Bezug auf die skeptische Reflexion „integrativ" verfährt und dabei wesentlich „prozessualen" Charakter hat, weil sie die Destruktion der Bewusstseinsgestalten in einen konstruktiven Bildungsprozess ummünzt (siehe respektive Heidemann 2007, 134 f., 211).

staltungen" (55) nähere Auskunft. Wie Hegel in § 7 betont, soll diese Reihe (als die der „Formen des nicht realen Bewußtseyns" [56]) *vollständig* sein. Dies lässt sich am Modell des Lernprozesses nachvollziehen: Nur wenn *alle* scheinhaften Formen des Bewusstseins bzw. Konzeptionen von Objektivität in die Selbstaufklärung unseres Objektivitätsbegriffs einbezogen wurden, kann dieser Prozess als abgeschlossen gelten. Erst dann sind wir uns des Resultates als der wahren Konzeption sicher. Die Gestalten des Bewusstseins müssen ferner einen ihnen gemeinschaftlichen Begriff des Wissens bzw. der Objektivität in einer Weise bestimmen, die *kumulativ* ist, d.h. eine Weiterentwicklung darstellt. Nur wenn die Schritte des Lernprozesses aufeinander aufbauen wird nämlich klar, dass es sich um einen Prozess der Lern*fortschritte* handelt (und nicht eine bloße Aggregation gescheiteter Konzeptionen), die zu einer positiven Selbstaufklärung führen.

Um kumulativ zu sein, müssten die jeweils kritisierten Gestalten des Bewusstseins sich einerseits als ergänzungsbedürftig erweisen, aber andererseits selbst eine ergänzende Funktion haben und dem allgemeinen Lernfortschritt dienen. Diese Strukturvorgabe wird von Hegels Schema der *bestimmten Negation* erfüllt. Die bestimmte Negation weist die Nichtigkeit der „nicht wahrhaften" (57) Wissensgestalten aus, aber dabei gilt auch, dass „diß Nichts, bestimmt das Nichts *dessen* ist, *woraus es resultirt*." (57) Wie an den obigen Beispielen aus §§ 1–4 gezeigt, ist jenes bestimmte Nichts einer kritisierten Position nur die Kehrseite ihres Seins: Aus der Negation der Bestimmungen, die in eine Aporie führen, ergibt sich eine positiv weiterbestimmte Nachfolgerposition. Die Einsicht in die Fehlerhaftigkeit einer Gestalt und das Herausschälen ihres wahren Kerns gehen Hegel zufolge Hand in Hand.[261]

Die Form der bestimmten Negation dient auch dazu, die Übergänge zwischen den jeweiligen Modifikationsschritten als intrinsisch *notwendige* auszuweisen, sodass sie das Bewusstsein bzw. die Seele „als durch ihre Natur ihr vorgesteckte[] Stationen" (55) in ihr Selbstverständnis aufnehmen muss. Sofern die Reihe der Gestaltungen des Wissens durch eine Operation der bestimmten Negation gebildet wird, ist also sichergestellt, dass sie einen auf rationale Weise zwingenden, kumulativen Lernprozess ergibt.[262]

---

[261] Siehe übereinstimmend die Analyse in Heidemann 2007, 256f.
[262] Andernfalls müsste die Darstellung nach dem Muster eines *trial and error*-Verfahrens einfach eine Liste von möglichen Gestalten des Bewusstseins bzw. Wissens durchgehen und diese jeweils bloß verwerfen. Dann könnten wir aber nie sicher sein, die ‚richtige' bzw. finale Gestalt erwischt zu haben, da eine jede Liste stets durch weitere Einträge ergänzbar ist, die noch nicht getestet wurden.

2 Hegels Modell des Bewusstseins

Im Folgenden betrachte ich Hegels Umsetzung seines methodologischen Programms und zeige, wie sie für die therapeutische Lösung des Problems objektiver Geltung fruchtbar ist. Im Blick auf das therapeutische Anliegen hat die Umsetzung zunächst zwei Aufgaben zu lösen. Erstens muss die realistische Objektivitätskonzeption, die auch der Skeptiker für sich beansprucht, dessen Selbstverständnis gemäß dargestellt werden. Zweitens muss gezeigt werden, dass die Konzeption überhaupt zur Selbstkritik fähig ist und so für eine immanent begründete Revision zugänglich. Beide Aufgaben stellen gegenläufige Anforderungen an Hegels Darstellung. Die erste Aufgabe verlangt eine möglichst minimale Charakteristik unserer alltäglichen Objektivitätskonzeption, damit sie auch der Skeptiker akzeptieren kann und nicht als zu sehr voreingenommenes Begriffsschema zurückweist. Die zweite Aufgabe der Kritik scheint aber mit zu schwachen Annahmen schwer lösbar. Denn einerseits könnte gegen jeden inhaltlich gehaltvollen Vorschlag eingewandt werden, dass er in transzendentaldogmatischer Manier einen privilegierten Standpunkt voraussetze (siehe 1.1), andererseits bietet ein allzu allgemeines oder formales Modell von Objektivität womöglich keine hinreichende Grundlage für eine Kritik.

In diesem Abschnitt zeige ich, dass Hegels Modell des natürlichen Bewusstseins diese doppelte Aufgabenstellung löst, indem es den Gehalt einer Objektivitätskonzeption als Konfiguration der Momente „Wissen" und „Wahrheit" modelliert, welche als *Leerstellen* fungieren, in die verschiedentlich spezifizierte Konzeptionen eingesetzt werden können. So ist es möglich, die realistische Konzeption ihrem Selbstverständnis gemäß darzustellen und sie zugleich für weitere Modifikationen zu öffnen (2.1). Ferner ergibt sich aus der internen Unterscheidung und Bezogenheit von Wissen und Wahrheit die Kritikfähigkeit des Bewusstseins (2.2).

2.1 Das Bewusstsein als Operation unterscheidender Bezugnahme

Hegel führt Wissen und Wahrheit als „abstracte[] Bestimmungen" (58) ein, was ihren Charakter als funktionale Leerstellen bereits andeutet.[263] Zugleich „erin-

---

263 Ich lese „abstrakt" hier im von Hegel oft verwendeten Sinn von ‚noch unentwickelt' und ‚weiter spezifizierbar'. Der ebenfalls mitschwingende pejorative Sinn (auf den Emundts 2012, 125, hinweist) lässt sich m. E. darauf beziehen, dass hier vom „natürlichen" Bewusstsein die Rede ist, das der Kritik unterzogen und in eine Entwicklungsbewegung gebracht werden soll.

nert" (58) Hegel bloß an sie als etwas Bekanntes, das in einer gewissen Bestimmtheit bereits „an dem Bewußtseyn vorkommt" (58), d. h. er behandelt sie wie eine grundlegende Tatsache des Bewusstseins.[264] Für meine Interpretation ist dabei entscheidend, dass Hegel Wissen und Wahrheit anhand einer *Aktivität* des Bewusstseins bestimmt, der Grundoperation des Unterscheidens und Beziehens:

> „[Das Bewusstsein] *unterscheidet* nemlich etwas von sich, worauf es sich zugleich *bezieht*; oder […] es ist etwas *für dasselbe*; und die bestimmte Seite dieses *Beziehens*, oder des *Seyns von Etwas für ein Bewußtseyn* ist das *Wissen*. Von diesem Seyn für ein anderes, unterscheiden wir aber, das *an sich seyn*; das auf das Wissen bezogene wird eben so von ihm unterschieden, und gesetzt als *seyend* auch ausser dieser Beziehung; die Seite dieses an sich heißt *Wahrheit*." (58)

Wissen und Wahrheit werden hier anhand ihrer funktionalen Rollen innerhalb der Operation des Unterscheidens und Beziehens bestimmt.[265] Sie bilden jeweils eine „Seite" (58) dieser Operation. Wie das Adverb „zugleich" (58) verdeutlicht, sind die Akte des Unterscheidens und Beziehens miteinander *verschränkt*: Das Unterschiedene ist zugleich Gegenstand des Beziehens. Wie sich zeigen wird, sind daher auch die beiden Seiten des Wissens und der Wahrheit auf bestimmte Weise miteinander korreliert.

Im Anschluss an Cramer und Schlösser möchte ich die doppelte Operation des Unterscheidens und Beziehens als funktionale Beschreibung der intentionalen Bezugnahme auf einen realen Gegenstand lesen.[266] Jede intentionale Bezugnahme richtet sich auf einen Gegenstand (*intentum*) und unterscheidet diesen von ihr selbst als dem Akt der Bezugnahme (*intentio*). Dabei unterscheidet der

---

264 Hierfür spricht auch die starke Ähnlichkeit von Hegels Formulierung mit Reinholds Satz des Bewusstseins, siehe Fn. 266.
265 Den Aspekt einer *einheitlichen* Aktivität des Unterscheidens und Beziehens heben Cramer 1978, 366; Kreß 1996, 31, u. Schlösser 2006a, 187, hervor.
266 Siehe Cramer 1978 u. Schlösser 1996, 2006a; vgl. Knappik 2016b, 148–150. Den operationalen Charakter von Hegels Bewusstseinsbegriff betont auch Kreß 1996, 30; seinen formal-funktionalen Charakter bemerkt auch Claesges 1981, 74. Kritik an Cramers Ansatz äußern Utz 2006; Emundts 2012, 124 f., Fn. 28, u. Theunissen 2014, 217 ff. Für meine Lesart spricht die Übereinstimmung von Hegels Erläuterung mit Reinholds ‚Satz des Bewusstseins', auf die auch Cramer (mit Einschränkungen) hinweist (Cramer 1978, 386). Vgl. Reinhold 2012, 217, u. Reinhold 2003, 99: „Dieser Satz heißt: *Die Vorstellung wird im Bewußtsein vom Vorgestellten und Vorstellenden unterschieden und auf beide bezogen.* […] Jeder weiß, daß er das Objekt seiner Vorstellung von der Vorstellung selbst, und vom Subjekte unterscheidet, und dieselbe Vorstellung *sich*, d. h. dem Subjekte sowohl, in wieferne er sich dasselbe als das Vorstellende denkt, als auch dem Objekte, in wieferne er dasselbe als das Vorgestellte denkt, beimesse, das heißt, daß er die Vorstellung auf Subjekt und Objekt beziehe."

intentionale Akt den Gegenstand nur insofern von sich, als er sich zugleich auf ihn bezieht: Der Gegenstand ist somit zunächst *bloß* intentionaler Gegenstand. Hegel beschreibt das ein Unterscheiden beinhaltende Beziehen als „*Seyn*[] von Etwas *für ein Bewußtseyn*" (58). Das *Wissen* stellt laut Hegel „die bestimmte Seite dieses *Beziehens*" (58) dar, ist also jener Aspekt intentionaler Bezugnahme, der inhaltlich qualifiziert ist. Gemäß der obigen Interpretation bezeichnet „Wissen" somit die Bestimmtheit eines intentionalen Akts, in dem etwas *als* etwas vorgestellt wird. *Das* Wissen *stellt also einen bestimmten intentionalen Gegenstand unter einer bestimmten Beschreibung vor.* Die Bestimmung der *Wahrheit* steht für eine Operation unter umgekehrten Vorzeichen: Sie geht aus vom Objekt der intentionalen Bezugnahme, *unterscheidet* aber dessen „*an sich seyn*" (58) von der Weise, wie es im Wissen für anderes ist.

Wohlgemerkt ist dabei das Wissen nicht eindimensional bloß als Seite des Beziehens und die Wahrheit bloß als Seite des Unterscheidens zu verstehen.[267] Da Beziehen und Unterscheiden vielmehr eine Einheit bilden, ist die Seite der Wahrheit angemessener als *Iteration* dieser zwiefältigen Operation zu erläutern.[268] Demnach *bezieht* sich die Bestimmung der Wahrheit auf jene Operation des Unterscheidens und Beziehens, die das Wissen ausmacht, und *unterscheidet* sich zugleich von derselben. Der Aspekt des Beziehens bedeutet also, dass Wissen und Wahrheit sich *ein und dasselbe Objekt* teilen, d.i. „das auf das Wissen bezogene" (58). Der damit verschränkte Aspekt des Unterscheidens bedeutet, dass diesem Wissen und Wahrheit gemeinsamen Objekt ein ‚An-sich-Sein' zukommen soll, das vom ‚Sein-für-ein-anderes' im Wissen unterschieden ist. Mit anderen Worten: *Das Objekt intentionaler Bezugnahme soll etwas Reales sein, das auch außerhalb eines Akts der Bezugnahme existiert.*

---

[267] Diese Zuordnung ist zwar der Tendenz nach richtig, blendet aber die Verschränkung beider Momente m. E. zu sehr aus, so etwa bei Heidemann 2007, 235. Zu dieser Verschränkung vgl. ebenfalls Reinhold 2003, 100 f.: „Alle diese drei Begriffe werden mißverstanden, wenn man ihre Gegenstände, nämlich die Vorstellung, das Vorstellende und Vorgestellte durch irgend etwas anders als durch ihre gegenseitige Verhältnisse denkt, durch welche sie und unter welchen sie allein im Bewußtsein vorkommen und dasselbe ausmachen. Sie werden also in dem Momente mißverstanden, als man entweder die Vorstellung, oder das Vorstellende, oder das Vorgestellte als ein Ding an sich und unabhängig von den übrigen denken zu können glaubt."

[268] Bei Reinhold findet sich im Ansatz auch eine iterative Struktur im Vorstellungsbegriff, indem er aus der Subjekt-Objekt-*Beziehung* wiederum die *Unterscheidung* eines Formaspekts von einem Stoffaspekt der Vorstellung ableitet (siehe Reinhold 2012, 256): „und bei der Unterscheidung zwischen Objekt und Subjekt im Bewußtsein wird nicht die Form der Vorstellung abgetrennt vom Stoffe, sondern die ganze Vorstellung durch ihre Form auf das Subjekt, und nicht der Stoff abgetrennt von der Form, sondern die ganze Vorstellung durch ihren Stoff auf den Gegenstand bezogen." Ich danke Mike Stange für den Hinweis.

Den Schlüssel zu dieser iterativen Lesart gibt das „auch" in Hegels Formulierung, dass das Objekt des Wissens „gesetzt [wird] als *seyend* auch ausser dieser Beziehung" (58): Es wird von einem Objekt gesprochen, das *sowohl* in der Beziehung des Wissens vorkommt *als auch* außerhalb derselben.[269] Demnach bezeichnet das Moment der Wahrheit zweierlei: die Wahrheit des Wissens als Übereinstimmung einer Repräsentation mit einem realen Objekt und dieses reale Objekt als solches bzw. als zugrundeliegendes „Wahres". Das Bewusstsein unterscheidet mithin zwischen Wissen und Fürwahrhalten.[270]

Hegels Modell des Bewusstseins umfasst somit den Anspruch – nicht *per se* dessen Einlösung –, von einem an sich existierenden Gegenstand zu wissen, und beschränkt sich nicht von vornherein auf ein Objekt, wie es nur für das Bewusstsein erscheint.[271] Darin kodifizieren die ‚am Bewusstsein vorkommenden' Bestimmungen des Wissens und der Wahrheit unsere alltägliche Objektivitätskonzeption und ihre realistischen Intuitionen. Unserem im natürlichen Bewusstsein modellierten epistemischen Selbstverständnis gemäß haben wir es nämlich mit realen Gegenständen zu tun, die uns nicht völlig unzugänglich, aber von uns unabhängig sind.[272] Von der Seite des Wissens aus ist es somit möglich, im Sinne transzendentaler Argumente einen Anspruch auf *objektive Geltung* zu erheben. Mithin lässt sich der Schluss von den Bedingungen, unter denen ein Objekt ‚Sein-für-anderes' hat, auf das, was es an sich ist, im Rahmen des Modells abbilden. Die inhaltliche Grundlage für die therapeutische Lösung des Problems

---

[269] Diese Formulierung wiederholt Hegel fast wortgleich in § 12 („zugleich ist ihm diß andere nicht nur *für es*, sondern auch außer dieser Beziehung oder *an sich*; das Moment der Wahrheit" [59]). Im Anschluss an Schlösser muss somit das auf der Seite der Wahrheit vorgenommene „Setzen der Realität" gedacht werden „als ein Auseinandersetzen innerhalb dessen, was uns gegeben sein kann", demnach liegt das Reale „nicht jenseits des Präsenten, sondern gehört diesem selbst an, ist aber unter diesem dasjenige, welches – dem Anspruch nach – *auch* unabhängig zu bestehen *vermag*." (Schlösser 2006a, 186)

[270] Vgl. Cramer 1978, 381f.

[271] Von dieser Ausgangssituation ist die Frage zu trennen, ob und wie das Bewusstsein diesen Anspruch aufrechterhalten kann. Ebenso ist davon die Frage zu trennen, inwieweit die phänomenologische Kritik sich auf ein Weltwissen berufen darf, indem sie Tatsachen über reale Gegenstände zur Widerlegung von Bewusstseinsgestalten heranzieht (diese Frage wird in Abschnitt 3.3.1 wieder aufgegriffen).

[272] Mit meiner Interpretation unvereinbar sind alle solchen Lesarten, die hinter dem Moment der Wahrheit ein dem Bewusstsein vollkommen unzugängliches Ding an sich vermuten. Marx vertritt eine solche Auffassung des Wahren als „eines Seins, das schlechthin als jedwedem Gedanken fremd und außerhalb seiner liegend gilt." (Marx 1981, 83) Auch nach Kreß steht das Wahre gänzlich „außerhalb der Wissensrelation" (Kreß 1996, 32). Neben exegetischen Fragen ist bei diesen Lesarten völlig unklar, welche positive Rolle ein solches Ding an sich überhaupt im Prüfungsprozess spielen kann, wenn es doch schlechthin unzugänglich ist.

objektiver Geltung ist damit gelegt und die erste Aufgabe, die realistische Objektivitätskonzeption adäquat darzustellen, gelöst.

2.2 Kritikfähigkeit und reflexive Struktur des Bewusstseins

Wie lässt sich die zweite Aufgabe lösen, d.i. wie kann die realistische Objektivitätskonzeption immanent kritisiert werden? In § 13 rekurriert Hegel erneut auf sein Modell des Bewusstseins, um zu zeigen, „daß indem das Bewußtseyn sich selbst prüfft, uns auch von dieser Seite nur das reine Zusehen bleibt." (59) Hegels Erläuterung zufolge erhebt das Bewusstsein einen Wissensanspruch, in welchem zwei Aspekte aufeinander bezogen werden: Gegenstandsbewusstsein und Selbstbewusstsein. Da beide Aspekte ein und desselben Bewusstseins sind, wird eine Prüfung möglich, ob das Gegenstandsbewusstsein dem Selbstbewusstsein entspricht:

> „Denn das Bewußtseyn ist einerseits Bewußtseyn des Gegenstandes, andererseits Bewußtseyn seiner selbst; Bewußtseyn dessen, was ihm das Wahre ist, und Bewußtseyn seines Wissens davon. Indem beyde *für dasselbe* sind, ist es ihre Vergleichung; es wird *für dasselbe*, ob sein Wissen von dem Gegenstande diesem entspricht oder nicht." (59)

In dieser Passage geht Hegel stillschweigend von zwei Aspekten des Bewusstseins zu dreien über: von (i) dem „Bewußtseyn des Gegenstandes" und (ii) dem „Bewußtseyn seiner selbst" zu (iii) dem auf sie bezogenen Bewusstsein, in welchem „beyde *für dasselbe* sind". Die Verbindung beider Aspekte in (iii) ermöglicht, dass das Bewusstsein eine ihm transparente „Vergleichung" (59) von Wissen und Gegenstand anstellen kann und muss.[273] Auch diese Struktur lässt sich als Iteration der Operation des unterscheidenden Beziehens begreifen, anhand derer Hegels Modell des Bewusstseins aufgeschlüsselt wurde (2.1); sie beruht also nicht auf fragwürdigen Zusatzannahmen über das Bewusstsein.

Das „Bewußtseyn des Gegenstandes" (59) – Aspekt (i) – lässt sich mittels der oben bereits geschilderten Operation unterscheidenden Beziehens charakterisieren, durch welche sich das Bewusstsein im Wissen auf einen realen Gegenstand zu beziehen beansprucht. Das reflexive „Bewußtseyn seiner selbst" (59) – Aspekt (ii) – lässt sich als zweite Iteration dieser Operation verstehen (das Moment der Wahrheit wurde bereits als erste Iteration erläutert). Die Aspekt (i) zu-

---

[273] Eine ähnliche Aufschlüsselung des hegelschen Modells nimmt Westphal vor, jedoch mit einer m.E. irreführenden Parallelführung der Momente des Wissens und der Wahrheit, vgl. Westphal 1989, 104–8.

grunde liegende Operation wird dabei auf sich selbst angewendet, sodass ihr Status als Akt der unterscheidenden Bezugnahme reflektiert wird. Dies geschieht durch nur eine weitere Iteration der Operation: Sie wird *als Operation* von ihrem *Inhalt* sowohl unterschieden als auch darauf bezogen. Das bedeutet erstens, dass das Bewusstsein die Bestimmungen des Wissens und der Wahrheit *als seine Setzungen* reflektiert, d. h. als Zuschreibungen eines intentionalen Gehalts sowie von Realität. Zweitens folgt daraus, dass das Bewusstsein beides aufeinander bezieht, dass es beansprucht diesen Setzungen *gemäß* zu wissen. D. h. seine Auffassung von Wissen und Wahrheit soll seinem gegenstandsbezogenen Wissensanspruch zugrunde liegen.

Die reflexive Einstellung des Bewusstseins zu seiner Unterscheidung von Wissen und Wahrheit beinhaltet somit eine erkenntnistheoretische Dimension. Das Bewusstsein kann sich für *epistemisch gerechtfertigt* halten, weil es aufeinander abgestimmte Auffassungen über seine intentionale Bezugnahme und deren Gegenstand zugrunde legt. Dies ist der oben unterschiedene Aspekt (iii): Sowohl das objektstufige Wissen des Bewusstseins als auch seine reflektierte Auffassung desselben sind „*für dasselbe*" (59) und sollen übereinstimmen.[274]

Demnach fungieren die inhaltlichen Bestimmungen von Wissen und Wahrheit als *Kriterien*.[275] Die Bestimmung des Wissens definiert ein Kriterium, welcher Art der intentionalen Bezugnahme es gelingt, sich auf reale Gegenstände zu beziehen. Die Bestimmung der Wahrheit definiert ein Kriterium dafür, was einen realen Gegenstand ausmacht. Das Bewusstsein beansprucht somit nicht nur, von einem realen Gegenstand zu wissen. Wie seine iterative Struktur verdeutlicht, beansprucht das Bewusstsein auch zu wissen, inwiefern sein Gegenstand real, d. h. ein An-sich-Seiendes ist. Beides ist im Bewusstsein auf reflektierte Weise vereinigt: Der Gegenstand soll an sich genauso sein, wie er „für" das Bewusstsein ist, d. h. *unter der Beschreibung*, die das Wissen von ihm gibt, zugleich gewisse

---

[274] Vgl. Cramer 1978, 381: „Indem das Bewußtsein eben dies *ist:* einen kognitiven *Anspruch* in der Form einer auf ein Objekt *als* Objekt bezogenen Aussage ergehen zu lassen, hält es sich in dem *Gedanken* der Wahrheit und sein Anspruch ist ein *Anspruch* auf Wissen."
[275] Zur Lesart des Moments der Wahrheit als Bestimmung von *Kriterien* siehe Pippin 1989, 113 f.; Emundts 2012, 129, u. Emundts 2017, 63. Die Lesart von Emundts betont die Kriterien, die durch die Seite des Wissens vorgegeben werden, d. h. die vom Bewusstsein vertretene Auffassung epistemischer Rechtfertigung bzw. Erkenntnis. Meiner Lesart zufolge sind dies nicht die einzigen Kriterien, die Hegels Bewusstseinsmodell ins Spiel bringt. Die Seite der Wahrheit beinhaltet Kriterien für Objektivität, die zwar auch in einer Erklärung, was Erkenntnis ist, eine Rolle spielen, aber darin m. E. nicht aufgehen.

Kriterien der Objektivität erfüllen.²⁷⁶ Diese Beschreibung des Gegenstandes nenne ich im Folgenden auch die ‚Gegenstandskonzeption' des Bewusstseins: Die Bestimmtheit, welche dem Gegenstand des Bewusstseins zukommt, insofern er intentionales Objekt des Wissens ist, d. h. sein Sein-für-anderes.²⁷⁷

Mit § 13 ergibt sich folgendes Bild: Das Bewusstsein vertritt bestimmte Kriterien für Wissen und Objektivität, aufgrund derer es sich epistemisch für gerechtfertigt hält, die es aber von seinem objektstufigen Wissen eines realen Gegenstands unterscheidet. Dieses gedoppelte Selbstbewusstsein stellt somit von sich aus eine Vergleichung und d. h. Prüfung seiner beiden Aspekte an.²⁷⁸ Denn es beinhaltet einen ebenso doppelten Wissensanspruch: von einem Gegenstand zu wissen und von ihm *gemäß* den aufgestellten Kriterien zu wissen. Als Wissensanspruch öffnet dies das Bewusstsein auch für Kritik: Es gesteht zu, dass seine kriteriengestützten Erwartungen gegenüber seinem Gegenstand enttäuscht werden können. Weil in den Aspekten (i) und (ii) wie gezeigt jeweils die Seiten des Wissens und der Wahrheit unterschieden werden, ist deren Nicht-Übereinstimmung untereinander grundsätzlich möglich. Wie eine solche Enttäuschung zustande kommen kann und worin sie besteht, wird im nächsten Abschnitt erläutert.

3 Erfahrung als Prozess des Konzeptionswandels

In diesem Abschnitt wird gezeigt, wie Hegels Darstellung das Scheitern der Wissensansprüche des Bewusstseins immanent nachweisen kann, sodass dabei die vom Bewusstsein vorausgesetzte Objektivitätskonzeption revidiert wird.

---

276 Vgl. die spätere Erläuterung in § 14 (kommentiert in Abschnitt 3.2.2): „Das Bewußtseyn weiß *Etwas*, dieser Gegenstand ist das Wesen oder das *an sich*; er ist aber auch für das Bewußtseyn das *an sich*; damit tritt die Zweydeutigkeit dieses Wahren ein." (60)
277 Einen ähnlichen Vorschlag macht Horstmann, der in Hegels Modell des Bewusstseins sowohl die Bestimmung einer „Gegenstandskonzeption" sowie einer „Gegenstandsart" verankert sieht (Horstmann 2006, 35). Mein Begriff der Gegenstandskonzeption umfasst beide von Horstmann unterschiedenen Aspekte. Während Horstmann darauf hinaus möchte, dass eine monistische Ontologie Voraussetzung für die Möglichkeit von Erkenntnis ist (Horstmann 2006, 27 f.), zielt Hegel nach meiner Lesart mit der Prüfung von Objektivitätskriterien eher auf das absolute Wissen als die Voraussetzung für mögliche ‚Ontologien' (siehe II.4.1). Siehe auch die Rekonstruktion von Hegels Theorie der Gegenstandsarten in Emundts 2012, 348 ff.
278 Die dargelegte Reflexivität des Bewusstseins widerspricht somit der Lesart von Utz, der zufolge die Prüfung dem Bewusstsein geradezu unbewusst unterlaufe (siehe Utz 2006, 161), was der Metaperspektive des Phänomenologen m. E. ein zu starkes Gewicht gibt (siehe Abschnitt 4).

3.1 Die kriterielle Bestimmung des Ansich als Maßstab

Wie in Abschnitt 2 gezeigt, kann das Bewusstsein die Momente des Wissens und der Wahrheit entsprechend seiner jeweiligen Objektivitätskonzeption bestimmen und sie intern miteinander vergleichen. Hier setzt das Prüfverfahren der immanenten Kritik an. Das in Abschnitt 1 angesprochene Zirkelproblem, wie der Maßstab der Prüfung legitimiert werden kann, ist also gelöst: „Das Bewußtseyn gibt seinen Maßstab an ihm selbst, und die Untersuchung wird dadurch eine Vergleichung seiner mit sich selbst seyn; denn die Unterscheidung, welche so eben gemacht worden, fällt in es." (59)

Noch ist aber nicht klar, inwiefern eine derart ‚interne' Prüfung für das Problem objektiver Geltung relevant sein kann. Schließlich soll dafür ja gerade eruiert werden, was es mit dem Verhältnis zu einer dem Bewusstsein *externen* Wirklichkeit auf sich hat. Muss dagegen eine interne Prüfung nicht darauf hinauslaufen, dass im Stile eines moderaten transzendentalen Arguments gezeigt wird, welches Begriffsschema intern vorauszusetzen ist, wenn wir uns intentional auf die Wirklichkeit beziehen bzw. uns ein auf dieselbe bezogenes Wissen zuschreiben? In der hier verfolgten systematischen Hinsicht wäre eine solche Prüfung unbefriedigend. Zudem ist immer noch nicht klar, wie es überhaupt zu einem negativen Prüfungsergebnis kommen könnte, wenn das Bewusstsein den Maßstab an ihm selbst gibt. Wie soll intern eine Differenz beider Momente entstehen?

Um beide Fragen zu beantworten, ist ein erneuter Blick auf die Vergleichung von „Wissen" und „Wahrheit" nötig, wie sie in Abschnitt 2.2 in die Struktur des Bewusstseins eingezeichnet wurde. Das Wissen des Bewusstseins wurde einerseits als Kriterium für die epistemische Rechtfertigung von Wissensansprüchen erläutert, andererseits als intentionale Bezugnahme auf einen Gegenstand, die eine gewisse Beschreibung desselben – eine Gegenstandskonzeption – beinhaltet. Die Seite der Wahrheit wurde ebenfalls zweifach als Unterstellung eines an sich seienden Bezugsobjekts und als Kriterium für dessen Status als Wahres bzw. objektiv an sich Seiendes bestimmt. Dies wirft ein neues Licht auf Hegels Bemerkung in § 12, dass die Seite der Wahrheit als Maßstab der Prüfung fungiere:

> „An dem also, was das Bewußtseyn innerhalb seiner für das *an sich* oder das *Wahre* erklärt, haben wir den Maßstab, den es selbst aufstellt, sein Wissen daran zu messen." (59)

Nach meiner Lesart von „Wissen" bezieht sich die Prüfung darauf, ob die Gegenstandskonzeption des Bewusstseins dem von ihm definierten Kriterium für Objektivität entspricht. Die Prüfung fragt, ob dasjenige, was ein Sein für das Bewusstsein hat, auch legitimerweise als das Wahre, d. h. als *objektiv*, gelten kann. Wenn das Gewusste auch das Wahre ist, dann ergibt sich die Rechtfertigung des erhobenen objektstufigen Wissensanspruches. Der Gestalt der sinnlichen Gewissheit z. B. gilt das reine „Sein" als das Wahre.[279] Da das unmittelbar dem Bewusstsein sich präsentierende *Hier* und *Jetzt* dieses Kriterium des Seins erfüllt, glaubt es, in seinem Anspruch auf unmittelbares Wissen gerechtfertigt zu sein. Erst als sich sein Gegenstand als *Nicht-Hier* bzw. *Nicht-Jetzt* entpuppt und somit das Kriterium nicht mehr erfüllt wird, scheitert auch die Rechtfertigung seines Wissensanspruches.

Wenn Hegel später das Prüfverfahren so wendet, dass die Prüfung zu einer Veränderung ihres Maßstabes führt (siehe 3.2), dann bedeutet dies nach meiner Lesart die Revision der Objektivitätskriterien des natürlichen Bewusstseins – also genau das, was für die hier anvisierte therapeutische Strategie erforderlich ist. Wie skizziert ist das epistemologische Projekt der Prüfung von Wissensansprüchen davon nicht zu trennen. Aber es ist entscheidend, das Prüfverfahren auf der Ebene der Kriterien anzusiedeln und nicht auf der Ebene von objektstufigen Wissensansprüchen. Es wäre auch ungereimt, dass eine interne Selbstprüfung des Bewusstseins dazu geeignet sein sollte, bestimmte, empirische Wissensansprüche zu überprüfen.

In seiner Erläuterung der Prüfung in § 12 geht Hegel zunächst von einer solchen klassischen Vorstellung einer *adaequatio intellectus ad rem* aus – der Gegenstand ist der Maßstab für das Wissen bzw. den „Begriff" –, um sie dann überraschend auf ihren Kopf zu stellen:

> „Nennen wir das *Wissen* den *Begriff*, das Wesen oder das *Wahre* aber, das Seyende oder den *Gegenstand*, so besteht die Prüffung darin, zuzusehen, ob der Begriff dem Gegenstande entspricht. Nennen wir aber *das Wesen* oder das an sich *des Gegenstandes den Begriff*, und verstehen dagegen unter dem *Gegenstande*, ihn als *Gegenstand*, nemlich wie er *für ein anderes* ist, so besteht die Prüffung darin, daß wir zusehen, ob der Gegenstand seinem Begriff entspricht. Man sieht wohl, daß beydes dasselbe ist; das wesentliche aber ist, [...] [daß] *Begriff und Gegenstand* [...] in das Wissen, das wir untersuchen, selbst fallen" (59).

Die gleichsam auf den Kopf gestellte Prüfung nimmt den „Begriff" als Maßstab, was gegenüber der geläufigen Vorstellung wie eine idealistische These klingt. Je nachdem, wie „Begriff" ausgedeutet wird, könnte darunter eine internalistische Auffassung epistemischer Rechtfertigung oder ein ontologischer Konzeptualismus verstanden werden.[280] Doch das passt nicht zu Hegels anschließender Be-

---

279 Für eine ausführliche Rekonstruktion der sinnlichen Gewissheit, siehe II.2.2.
280 Emundts liest diese Form der Prüfung so, „dass als Maßstab für Wahrheit etwas Begriffliches fungieren muss. Diese Positionen, etwa durch Kant und Fichte repräsentiert, prüft Hegel in den Kapiteln *Kraft und Verstand* und *Wahrheit der Gewißheit seiner selbst*." (Emundts 2012, 121) Die erste Form der Prüfung dagegen nehme als Maßstab raum-zeitliche Einzeldinge (Emundts 2012,

merkung, „daß beydes dasselbe ist" (59), und auch nicht zum Abstraktionsniveau seiner Erläuterung der Prüfung. Nach meiner Lesart ergibt sich die zunächst kontraintuitive Identität der zwei Ansichten der Prüfung wie folgt: Den Maßstab bilden die Kriterien für Objektivität, die den jeweiligen Gegenstand eines objektstufigen Wissensanspruches als real auszeichnen sollen. Demnach ist das „Wahre" natürlich ein realer Gegenstand und das Wissen hat ihm gegenüber die Rolle des „Begriffs", wie es zunächst heißt. Die Kriterien als solche gehören aber dem Bewusstsein an und sind „Begriff" zu nennen, insofern sie *„das Wesen* oder das an sich *des Gegenstandes"* (59) begrifflich-kategorial bestimmen. Mit ihnen wird dann der Gegenstand „als *Gegenstand,* nemlich wie er *für ein anderes* ist" (59) verglichen – wie das „als" anzeigt, bezieht sich die Prüfung auf den Gegenstand *wie* er im Wissen *erscheint.*

Hegels zwei Ansichten der Prüfung schildern somit auf unterschiedlichen Reflexionsniveaus, dass das dem Bewusstsein interne Kriterium des „an sich" oder „Wahren" mit dem verglichen wird, was ihm *als Gegenstand erscheint* und also ‚für es' ist. Wenn beides nicht übereinstimmt, dann erscheint der Gegenstand nicht so, wie er an sich sein soll. Hegels weitere Erläuterung der Prüfung in § 13 hebt diese Position des Gegenstands noch deutlicher hervor und behandelt sie fast wie ein Drittes gegenüber den Momenten von Wissen und Wahrheit:

> „Allein gerade darin, daß es [das Bewusstsein] überhaupt von einem Gegenstande weiß, ist schon der Unterschied vorhanden, daß *ihm* etwas das *an sich,* ein anderes Moment aber das Wissen, oder das Seyn des Gegenstandes *für das* Bewußtseyn ist. Auf dieser Unterscheidung, welche vorhanden ist, beruht die Prüffung." (59 f.)

Das Prüfverfahren hat daher recht besehen drei Bezugspunkte: (i) einen Wissensanspruch, d.i. das Wissen als intentionale Bezugnahme gemäß eines Kriteriums der Rechtfertigung, (ii) die Position des Wahren, die durch entsprechende Kriterien für Objektivität definiert wird, und (iii) die Position des *erscheinenden Gegenstandes*. Der erscheinende Gegenstand bildet somit den parallaktischen Schnittpunkt der beiden Kriterien.

---

121). Emundts zufolge präsentiert Hegel also zwei alternative Prüfverfahren, zwischen denen sich die „Einleitung" nicht entscheide, sondern im Gang der Entwicklung einander abwechselten (Emundts 2012, 121, vgl. Emundts 2017, 64 f.).

3.2 Die Prüfung des Maßstabs

Hegel gibt in §§ 13 – 15 seiner Anlage des Prüfverfahrens die folgenreiche Wendung, dass es im Zuge der Prüfung auch zu einer Prüfung und Revision ihres Maßstabes komme:

> „[D]er Maßstab der Prüfung ändert sich, wenn dasjenige, dessen Maßstab er seyn sollte, in der Prüfung nicht besteht; und die Prüfung ist nicht nur eine Prüfung des Wissens, sondern auch ihres Maßstabes." (60)

Für das systematische Anliegen einer Therapie des Problems objektiver Geltung ist dies entscheidend: Nach meiner Lesart bedeutet diese Prüfung des Maßstabes, dass das vom natürlichen Bewusstsein zugrunde gelegte Kriterium für Objektivität revidiert wird. Hegels Prüfverfahren ermöglicht somit die Umsetzung des therapeutischen Konzeptionswandels, der bisher nur auf methodologischer Ebene als immanente Kritik und Lernprozess umrissen wurde (Abschnitt 1.).

3.2.1 Die Veränderung des Gegenstands

Die Veränderung des Maßstabes wird Hegel in § 14 als „*Erfahrung*" und „*dialektische* Bewegung" (60) des Bewusstseins in das Zentrum seiner phänomenologischen Methode rücken. Wie es zu diesem Vorgang kommt, erläutert er in § 13 als Resultat der Vergleichung von Objektivitätskriterien und erscheinendem Gegenstand (siehe 3.1):

> „Entspricht sich in dieser Vergleichung beydes nicht [1.], so scheint das Bewußtseyn sein Wissen ändern zu müssen [2.], um es dem Gegenstande gemäß zu machen, aber in der Veränderung des Wissens ändert sich ihm in der That auch der Gegenstand selbst [3.]; denn das vorhandene Wissen war wesentlich ein Wissen von dem Gegenstande; mit dem Wissen wird auch er ein anderer, denn er gehörte wesentlich diesem Wissen an." (60)

Die von Hegel beschriebene Sequenz ist folgende: (1.) Nicht-Übereinstimmung des Wissens mit dem Gegenstand, (2.) Veränderung des Wissens durch das Bewusstsein, (3.) Veränderung des dem Wissen korrelierten Gegenstands. Das vielleicht hartnäckigste Rätsel, das diese Passage ihren Interpreten aufgibt, betrifft die wundersam anmutende Korrelation von Wissen und Gegenstand.

Wieso folgt (3.) aus (2.)? Diese Implikationsbeziehung stellt die Interpretation vor folgendes Dilemma:[281] Entweder der Gegenstand verändert sich, weil er als

---

[281] Siehe die weiteren Ausführungen in Abschnitt 3.2.3 zur Forschungslage und der Kritik an internalistischen und externalistischen Lesarten.

Wahres konstitutiv mit dem Wissen des Bewusstseins korreliert, was aber eine starke idealistische Vorannahme wäre – oder der Gegenstand ist ein vom Wissen unabhängiges Reales, aber dann müsste er sich nicht notwendigerweise mit dem Wissen verändern. Hegels Bemerkung, dass der Gegenstand „wesentlich diesem Wissen an[gehörte]" (60) spricht zwar für die idealistische Lesart, aber es ist möglich, sie anders zu lesen.[282]

Im Blick auf das Problem objektiver Geltung sind beide Optionen problematisch. Wenn die Korrelation von Wissen und Wahrem den *Ausgangspunkt* von Hegels methodologischem Ansatz bildete, dann würde er dem Stroud'schen Idealismusproblem anheimfallen: Eine idealistische Konzeption von Objektivität wäre bereits als *petitio principii* in die Prämissen eingeschleust worden. Wenn die Veränderung des Gegenstandes sich aber nur im Rahmen von Erfahrungen mit einer vom Wissen unabhängigen Welt ereignet, dann stellte sich das Stroud'sche Brückenproblem: Es ist nicht klar, wie es eine notwendige Beziehung zwischen Wissen und Welt geben könnte, sodass sich der Gegenstand „*in* der Veränderung des Wissens [...] in der That auch [...] selbst" (60, H.v.m.) änderte.

Die von mir vorgeschlagene Interpretation löst dieses Dilemma auf. Dazu müssen meine Rekonstruktion von Wissen und Wahrheit als Operation unterscheidender Bezugnahme (2.1) sowie die Position des erscheinenden Gegenstands (3.1) einbezogen werden. Weil es zwischen den Seiten des Wissens und des Wahren den Schnittpunkt des *erscheinenden Gegenstands* gibt, vollzieht sich die Veränderung des Gegenstandes nicht unmittelbar am unabhängig realen Wahren, sondern sie betrifft das Verhältnis der Gegenstandskonzeption des Bewusstseins zu dem ihm faktisch erscheinenden Gegenstand.[283] Das Bewusstsein passt in (2.) mit seinem Wissen seine Gegenstandskonzeption an, mit der es sich intentional

---

282 Im Sinne der idealistischen Lesart erläutert Schlösser die fragliche Korrelation: „So ist der ‚Idealismus' der ‚Einleitung' zuletzt in einem Holismus der Gehalte begründet." (Schlösser 2006a, 190) Siep liest die Korrelation von Wissen und Gegenstand als die zwischen Wissensformen und den zu ihnen passenden Ontologien (bzw. Begriffsrahmen), die aber nicht die unabhängige Realität der Gegenstände schmälern soll, die in den Blick einer bestimmten Wissensform geraten (Siep 2000, 76 f.). Sieps Lesart passt zu meiner Interpretation, welche die Korrelation vermittelt über die Gegenstandskonzeption des Bewusstseins erläutert. Sieps Rede von „Ontologie" differenziert jedoch nicht zwischen der Gegenstandskonzeption des Bewusstseins und den verwendeten Objektivitätskriterien.
283 Eine ähnliche Analyse, der zufolge das Bewusstsein je eine Gegenstandskonzeption als immanentes Kriterium mitführe, die sich mit dem divergierenden Wissen vom Gegenstand ändern könne, schlägt Houlgate 2013, 20, vor. Bei Houlgate bleibt jedoch das Differenzmoment, das mit dem im Wissen erscheinenden Gegenstand ins Spiel kommt, m. E. unterbestimmt und Houlgate unterscheidet dabei nicht zwischen der gewussten Gegenstandskonzeption und dem Ansich als Objektivitätskriterium.

auf das Wahre bezieht, weil der ihm unter seiner ursprünglichen Beschreibung erscheinende Gegenstand nicht zur Bestimmung des An-sich passt, d. h. er erfüllt die zugrunde gelegten Objektivitätskriterien nicht. Die Veränderung des Maßstabes, d. h. der Objektivitätskriterien, in (3.) ergibt sich daraus, dass Wissen und Wahrheit im Bewusstsein als Operation unterscheidenden Beziehens eine funktionale Einheit bilden.

Wie Hegel resümiert, verändert sich der Maßstab, wenn der erscheinende Gegenstand die Objektivitätskriterien nicht erfüllt und dies zu einer Anpassung der Gegenstandskonzeption führt, aus der sich wiederum anders spezifizierte Kriterien ergeben: „Es wird hiermit dem Bewußtseyn, daß dasjenige, was ihm vorher das *an sich* war, nicht an sich ist, oder daß es nur FÜR ES *an sich* war. Indem es also an seinem Gegenstande sein Wissen diesem nicht entsprechend findet, hält auch der Gegenstand selbst nicht aus" (60).

Nehmen wir die erste Bewusstseinsgestalt der *sinnlichen Gewissheit* als Beispiel.[284] Sie beansprucht ein Wissen, das ihren Gegenstand als unmittelbar präsentes, ostensiv identifizierbares Einzelnes beschreibt, d. h. als ein „Dieses". An diese Gegenstandskonzeption legt die sinnliche Gewissheit ein minimales Kriterium für Objektivität an, das reine Sein des Realen: „Der Gegenstand aber *ist*, das Wahre, und das Wesen; er *ist*, gleichgültig dagegen ob er gewußt wird oder nicht" (64).

Der sinnlichen Gewissheit zeigt sich jedoch am ihr als *Hier* und *Jetzt* erscheinenden Gegenstand, dass das in ihrem Wissen intendierte Einzelne dieses Kriterium nicht erfüllt. In einer ersten Phase zeigt sich, dass das Kriterium des reinen Seins nicht diskriminativ auf einen einzelnen Gegenstand zutrifft, sondern auf *jeden* Gegenstand hinsichtlich der allgemeinen Eigenschaft, ein Einzelnes zu sein. Mit dem Kriterium des Seins allein kann die sinnliche Gewissheit daher nicht ihr Wissen „Jetzt ist Tag" gegenüber der widersprechenden Aussage „Jetzt ist Nacht" rechtfertigen. In einer zweiten Phase versucht sie ihren jeweiligen Akt der Ostension als das eigentlich Objektive in ihrem Wissen auszuzeichnen. Doch sie muss wieder erfahren, dass der Akt des Meinens zwar das Kriterium des Seins erfüllt, aber nicht als Einzelnes, sondern als Allgemeines, indem er gegenüber dem von ihm jeweils Gemeinten indifferent ist. Das Meinen erscheint ihr plötzlich als Vielfältiges, das auch andere Personen zur Rechtfertigung des von *ihnen* jeweils Gemeinten einsetzen können. In einer dritten Phase soll daher der im Meinen jeweils *aufgezeigte* Gegenstand das Wahre sein. Doch als Aufgezeigter erscheint der Gegenstand immer schon als Resultat eines diskriminatorischen

---

284 Hier greife ich auf die Rekonstruktion der sinnlichen Gewissheit in Kapitel II.2.2 vor. Vgl. auch Emundts 2012, 170 ff.

Prozesses – er ist dieses, *insofern* er nicht jenes ist. Das aufgezeigte Einzelne erfüllt somit das Kriterium des Seins, aber nur insofern es durch einen Prozess der Diskrimination *hindurch* als ein Bleibendes erscheint.

In Hegels Darstellung ist damit implizit eine neue Gegenstandskonzeption entstanden, die den Rahmen der sinnlichen Gewissheit sprengt. Als Aufgezeigtes ist der Gegenstand etwas *Bestimmtes*, d. h. er wird durch allgemeine Eigenschaften individuiert. Damit ist der Versuch, eine Gegenstandskonzeption mit der abstrakten Kategorie des Seins zu stabilisieren, immanent gescheitert. Diese neue Gegenstandskonzeption vertritt die Gestalt der *Wahrnehmung* ausdrücklich und ordnet ihr ein entsprechendes Kriterium der Objektivität zu: die Gleichheit mit sich selbst. Dieses Kriterium ist letztlich eine Spezifikation des alten: Das reine Sein wird spezifiziert als ein Sein, das sich in einem Prozess des abgrenzenden Bestimmens als Identisches durchhält.

Für das Beispiel der sinnlichen Gewissheit lässt sich Hegels oben erläuterte Sequenz des Erfahrungsprozesses wie folgt zusammenfassen:
1. *Nicht-Übereinstimmung von Wissen und Gegenstand.* So, wie der Gegenstand im Wissen erscheint, ist das Kriterium des reinen Seins nicht gemäß seiner Beschreibung im Wissen auf ihn anwendbar.
2. *Veränderung des Wissens.* Gemäß dem Anspruch, etwas Objektives zu wissen, muss der Wissensanspruch und damit implizit die Gegenstandskonzeption angepasst werden. Die sinnliche Gewissheit beschreibt ihren Gegenstand schließlich so, dass er *als* Aufgezeigtes, d. h. als ein bestimmtes Einzelnes, das Wahre sein soll.
3. *Veränderung des Gegenstands.* Im Aufzeigen erscheint der Gegenstand jedoch als etwas Allgemeines und nicht als reine Einzelheit. Es zeigt sich, dass das Kriterium des Seins nicht durch ein Einzelnes als solches erfüllt werden kann, sondern nur durch etwas Bestimmtes. Mit dieser Gegenstandskonzeption auf der Seite des Wissens verändert sich das Kriterium auf der Seite der Wahrheit: Das Kriterium des reinen Seins wird revidiert und als Identität mit sich („Sichselbstgleiches") spezifiziert. Die Objektivitätskonzeption, d. h. der Maßstab des Bewusstseins hat sich verändert.

3.2.2 Herabsinken und Entspringen des Gegenstandes

Die Erfahrung, die das Bewusstsein mit dem ihm erscheinenden Gegenstand macht, führt zur Revision seiner Konzeption von Objektivität, d. i. seiner Auffassung des Ansich bzw. des Wahren. Diese Erfahrung stellt eine immanente Kritik dar, weil sie von den Bestimmungen des Wissens und der Wahrheit ausgeht, die das Bewusstsein selbst unterschreibt. Doch sind die dafür ins Spiel gebrachte Gegenstandskonzeption sowie die Kriterien nicht interne Setzungen des Bewusstseins? Liegt darin nicht das in I.3 formulierte skeptische Racheproblem offen zutage, dass wir in eine einseitig subjektive Erläuterung zurückgefallen sind? Damit würde die Methode immanenter Kritik weiterhin für Strouds Trilemma angreifbar sein. Das Brücken- und Idealismusproblem wurden bereits für alternative Lesarten aufgeworfen (3.2.1). Im gegenwärtigen Fall könnte der Skeptiker das Substitutionsproblem aufwerfen: Die Erfahrung lehre nur, welche Objektivitätskriterien unterstellt werden müssen, damit wir Erkenntnis konsistent denken können, d.h. um eine stabile Konstellation von Wissen und Wahrheit zu postulieren.

Der Einwand beruht auf einem Missverständnis: Die Erfahrung des Bewusstseins erbringt zunächst nur den *negativen* Nachweis, dass eine gewisse kategoriale Bestimmung *nicht* als stabiles Kriterium für Objektivität fungieren kann. Dieses negative Resultat beschreibt Hegel so, dass „was zuerst als der Gegenstand *erschien* [H.v.m.], dem Bewußtseyn zu einem Wissen von ihm herabsinkt" (61). Dieses Herabsinken des erscheinenden Gegenstandes zeigt, dass er das zugrunde gelegte Kriterium für Objektivität nicht unter seiner intendierten Beschreibung erfüllen *kann*. Aus der gemachten Erfahrung wird also nicht, wie mit dem Substitutionseinwand kritisiert, auf die positive ontologische Aussage geschlossen, dass ein bestimmtes Objektivitätskriterium erfüllt sein muss. Vielmehr soll durch die Erfahrung *gelernt* werden, dass für ein bestimmtes Kriterium sich diese Frage nicht sinnvollerweise stellen lässt. Das Prüfverfahren ist gerade darin ein „sich vollbringende[r] Skepticismus" (56), dass es die alte Konzeption des Gegenstandes *als* dem Wahren bzw. als Paradigma von Objektivität nachhaltig *destruiert*. Dazu muss die Erfahrung des Scheiterns in ihrer sachlichen Notwendigkeit evident werden und zwar so, dass diese Notwendigkeit sich *am* erscheinenden Gegenstand selbst, d.h. in der Erfahrungsstellung der jeweiligen Bewusstseinsgestalt, ausweisen lässt. Diese doppelte Anforderung versuche ich im folgenden Abschnitt 3.3.2 durch die Parallelen zwischen Hegels Prüfverfahren und der Methode geometrischer Konstruktion einzuholen.

Die Erfahrung des Herabsinkens hat nach Hegel aber auch die positive Kehrseite der „Entstehung des neuen Gegenstandes" (61). Nach der hier entwickelten Lesart bedeutet das, dass der erscheinende Gegenstand die Kriterien auf eine *andere* als die intendierte Weise erfüllt. Wird die Gegenstandskonzeption dieser Weise, in welcher der Gegenstand in der Erfahrung erscheint, entsprechend angepasst, ergeben sich aufgrund der Korrelation der Momente des Wissens und der Wahrheit neu spezifizierte Kriterien für Objektivität. Doch auch dies ist kein Schluss auf eine positive ontologische Aussage, sondern gleichsam nur eine Weiterbestimmung des für ontologische Aussagen zulässigen Vokabulars. Ferner ist zu betonen, dass die Anpassung der Kriterien keine beliebige oder willkürliche ist, sondern sie ergibt sich zwingend aus der gemachten Erfahrung, da der erscheinende Gegenstand selbst die Kriterien nur unter einer anderen Beschreibung erfüllt (und indem dies sich als begrifflich notwendig nachvollziehen lässt, siehe 3.3.2 und 4.).

Wenn das Ineinander von Herabsinken und Entspringen dergestalt als Erfahrung verstanden wird, die *mit* und *an* dem im Wissen erscheinenden Gegenstand gemacht wird, verschwindet auch das Problem, wie das natürliche Bewusstsein offenbar dazu komme, seinen bisherigen Gegenstand als seine Setzung zu entlarven, einen neuen Gegenstand zu setzen und denselben trotzdem erneut als externe, nicht-gesetzte Realität anzusehen (jedenfalls in *PhG* Kapitel I-III). Denn die Position des Gegenstandes sowie des Wahren bleibt für das Bewusstsein im Grunde konstant, es lernt nur durch die Weise, wie der Gegenstand ihm erscheint, dass es sich ein falsches Bild von ihm gemacht hat und ihn gleichsam mit neuen Augen sieht. Wie genau dieser gewandelte Blick und der darin in neuem Lichte erscheinende Gegenstand zustande kommt, erläutere ich im Anschluss anhand von Hegels Unterscheidung zwischen der Binnenperspektive des Bewusstseins und der Metaperspektive des Phänomenologen im Verbund mit der Analogie geometrischer Konstruktion (siehe 3.3.2 und 4.)

Es ergibt sich somit der in Abschnitt 1.2 skizzierte Lernprozess nach dem Muster bestimmter Negation: Die neue Objektivitätskonzeption wird aus dem Scheitern der alten entwickelt und als deren Selbstaufklärung verstanden. Auf diesem therapeutischen Weg wird dem Problem objektiver Geltung bzw. der (metaepistemologischen) Skepsis schrittweise die Grundlage entzogen.[285]

---

[285] Daher ist Pippin emphatisch zuzustimmen, wenn er Hegels phänomenologisches Programm wie folgt charakterisiert: „Hegel is just as radically *altering the terms within which* the problem of the ‚objectivity' of ‚Spirit's self-moving Notion' ought to be understood as he is defending such an objectivity claim. [...] [T]he only strategy Hegel can use, consistent with his own idealism, will be to *undercut* the presuppositions involved in standard realist assumptions about ‚being as it is in itself.' That is, Hegel will try to undermine and exclude the *relevance* of such doubts, progressively and systematically, rather than answer them directly." (Pippin 1989, 97f.) Das Resultat von Pippins quasi-therapeutischem Programm ist demnach, eine idealistische Objektivitätskonzeption dergestalt als außer Konkurrenz stehend auszuweisen, dass ihre Kontrastierung mit dem Realismus – welche z. B. für Strouds Idealismusproblem entscheidend ist – gar nicht mehr angebracht wäre: „[to state] a fundamentally antirealist, idealist position, as if it *could have no realist competitor*, and so can be construed as itself constitutive of ‚reality as it is (could be) in itself.'" (Pippin 1989, 99) Pippins Lesart will somit m. E. Hegel einen Anspruch auf objektive Geltung zuschreiben und stellt in diesem Sinne keineswegs eine ‚*non-metaphysical interpretation*' dar (so etwa Lumsden 2007, 55, u. Kreines 2006, 467, obwohl Kreines den ontologischen Anspruch Pippins durchaus sieht [Kreines 2006, 470]; vgl. auch Pippins Selbstauskunft in Pippin 1990, 843, und die präzisere Analyse seiner Position in Siep 1991). Es ist vielmehr die Durchführung von Pippins Rekonstruktion, die ihm das hier erwähnte Racheproblem einhandelt (siehe Fn. 290 u. II.4.2.2).

Das Ineinander von Herabsinken und Entspringen erläutert Hegel anhand der etwas dunklen Unterscheidung zweier Gegenstände bzw. eines zweideutigen Wahren, die sich dem Bewusstsein in seiner Erfahrung auftue: „Wir sehen, daß das Bewußtseyn itzt zwey Gegenstände hat, den einen das erste *an sich*, den zweyten, *das für es seyn dieses an sich*." (60) Nach meiner Lesart stellt die Gegenstandskonzeption, auf die sich das Bewusstsein bei der Rechtfertigung seines Wissensanspruches beruft, jenes „erste *an sich*" dar, während der unter dieser Beschreibung tatsächlich entdeckte erscheinende Gegenstand das *„für es seyn dieses an sich"* darstellt.[286] Anhand dieser Zuordnung wird verständlich, weshalb laut Hegel die Depotenzierung des ersten angeblichen Ansich in die Neubestimmung des Wahren einfließt:

> „Allein wie vorhin gezeigt worden, ändert sich ihm dabey der erste Gegenstand; er hört auf das an sich zu seyn, und wird zu einem solchen, der nur *für es* das *an sich* ist; somit aber ist dann diß: *das für es seyn dieses an sich*, das wahre, das heißt aber, diß ist das *Wesen*, oder sein *Gegenstand*. Dieser neue Gegenstand enthält die Nichtigkeit des ersten, er ist die über ihn gemachte Erfahrung." (60)

Das obige Beispiel der sinnlichen Gewissheit veranschaulichte diesen Vorgang bereits: Ihr erster Gegenstand war das angeblich rein Unmittelbare, die Einzelheit des Dieses. Der Gegenstand entpuppte sich aber als nicht an sich bestehend, sondern *erschien* letztlich als Bewegung des Aufzeigens, d.i. als Vermitteltes und Allgemeines. In der Binnenperspektive der sinnlichen Gewissheit endet die Suche nach einer seinem Kriterium des Seins entsprechenden Unmittelbarkeit in der Aporie, d.i. dem „Herabsinken" des aufgezeigten *Diesen* zu einem bloßen Wissen, das den Status einer „Reflexion des Bewußtseyns in sich selbst" (60) hat. Aber unserer Metaperspektive als Phänomenologen – auf die in Abschnitt 4 näher eingegangen wird – zeigt sich eben auch, dass im aufgezeigten Allgemeinen eine ganz andere Gegenstandskonzeption erscheint, die das Kriterium des Seins auf eine neue, kategorial weiterbestimmte Weise erfüllt. Deshalb wird das aufgezeigte

---

[286] Schlösser hingegen interpretiert diese Zweideutigkeit radikaler: Die Seite des Wahren entpuppe sich hier bereits als auf die Seite des Wissens „hinübergerückt" (Schlösser 2006a, 191). Schlössers Lesart beinhaltet jedoch nicht, wie die hier entwickelte, den erscheinenden Gegenstand als Schnittpunkt der beiden Seiten. Vgl. auch B. Theunissens Lesart, nach welcher der Zusammenhang von Herabsinken und Entspringen so zu verstehen sei, dass „sich das Bewusstsein als neue einstellige prüfende Wissensrelation […] ausdifferenziert, deren Inhalt die dem Bewusstsein als ‚Gegenstand' gegebene alte Wissensrelation […] mitsamt ihrem Inhalt ist" (Theunissen 2014, 234). Bei dieser Lesart wird zwar die Seite der Wahrheit nicht auf die des Wissens herübergerückt, aber der neue Gegenstand scheint unter der Hand zu einer „Wissensrelation" zu werden, statt deren Relatum zu bleiben.

Dieses „der neue Gegenstand [...], womit auch eine neue Gestalt des Bewußtseyns auftritt, welcher etwas anderes das Wesen ist als der vorhergehenden." (61) Im gegenwärtigen Beispiel ist der neue Gegenstand das *Ding* der *Wahrnehmung* und das ihm korrelierte Objektivitätskriterium der ‚Sichselbstgleichheit'. Für diese Erläuterung ist freilich entscheidend, wie der erscheinende Gegenstand in den Erfahrungsprozess eintritt; dieser Frage sind die nächsten beiden Abschnitte gewidmet.

3.3 Die ‚Selbstkonstruktion' des erscheinenden Gegenstands

Jede Rekonstruktion von Hegels Modell der Prüfung hat zu erklären, wie die Nicht-Übereinstimmung von Wissen und Wahrheit auftritt. Sie muss etwas ausweisen, das zwischen beiden Momenten als Differenzerzeuger fungiert. Dabei ist auch zu erklären, warum die Nicht-Übereinstimmung so zuverlässig und unweigerlich auftritt, dass das Prüfungsverfahren die Notwendigkeit der Darstellung garantiert (siehe 1.2). Nach meiner Lesart liegt der gesuchte Differenzerzeuger in dem ‚erscheinenden Gegenstand' des Bewusstseins, d.i. dem oben analysierten ‚Für-es-Sein-des-Ansich'. Ich werde im Folgenden eine unorthodoxe Auffassung darüber vertreten, wie der erscheinende Gegenstand in den Prüfungsprozess eintritt – ich werde in Analogie zur Methode der geometrischen Konstruktion von einer ‚Selbstkonstruktion' des Gegenstandes sprechen.

Deshalb ist es geboten, meine Hypothese der Selbstkonstruktion gegenüber alternativen Lesarten zu empfehlen. Mir wird es dabei nicht in erster Linie um exegetische Fragen gehen, sondern darum, Hegel eine möglichst starke systematische Position gegenüber dem Problem objektiver Geltung zuzuschreiben. Freilich muss keine Hegel-Lesart sich selbst dieses Ziel stecken, aber sie kann daran gemessen werden. Zunächst werde ich zeigen, dass viele der einschlägigen alternativen Lesarten Hegels Position schwächen, indem sie jeweils auf einer von zwei Weisen Strouds Trilemma anheimfallen (zum Trilemma, siehe I.2.1). Meine Interpretation zeigt demgegenüber einen dritten Weg auf.

3.3.1 Internalistische und externalistische Interpretationsansätze
Hegel schildert die Prüfung des Bewusstseins als Vergleichung von Wissen und Gegenstand (siehe 3.2), wobei er zuvor klarstellte, dass der Gegenstand einerseits als an sich unabhängig vom Wissen bestehendes Reales ausgezeichnet wird, diese Auszeichnung als solche aber andererseits eine dem Bewusstsein interne Setzung darstellt (siehe 2.1). Dieser exegetische Befund legt zwei alternative Deutungen der Differenz von Wissen und Gegenstand nahe:

(1) Die Differenz tritt vollständig ‚intern' im Selbstverständnis des Bewusstseins auf, d.h. sie ist in seinen ‚Setzungen' von Wissen und Wahrheit immer schon angelegt.
(2) Die Differenz tritt ein, weil das Wissen mit einem dem Bewusstsein ‚externen' Gegenstand konfrontiert wird.

Ich werde all jene Lesarten, die eine Version der These (1) vertreten, als ‚internalistische' Interpretationen bezeichnen, und alle jene, die eine Version der These (2) vertreten, als ‚externalistische' Interpretationen.

Zu den klaren Vorteilen einer internalistischen Interpretation gehört, dass sie problemlos sowohl für die Notwendigkeit als auch für die Immanenz der Kritik aufkommen kann. Denn die Differenz ist im Selbstverständnis einer Bewusstseinsgestalt *ab ovo* angelegt.[287] Dann muss sie nur durch ein bestimmtes begriffliches Räsonnement zutage gefördert werden. Zu dieser Gruppe gehören erstens Ansätze, die Hegels Prüfungsverfahren als Analyse logisch-begrifflicher Inkonsistenzen verstehen. Demnach widersprechen sich die kategorialen Bestimmungen, mit denen eine Bewusstseinsgestalt Wissen und Wahrheit definiert, oder sie sind auf eine andere, rein begriffliche Weise kritisierbar.[288] Zweitens gehören zu dieser Gruppe Ansätze, die die Prüfung bzw. Kritik einer Bewusstseinsgestalt als transzendentales Argument verstehen.[289] Die Differenz tritt in diesem Fall auf, wenn eine Bewusstseinsgestalt einen Wissensanspruch erhebt, welcher dem implizit von ihm vorausgesetzten Begriffsschema widerspricht.

Der systematische Nachteil internalistischer Interpretationen ist, dass sie es sehr schwer haben, einen Anspruch auf objektive Geltung zu begründen, oder ihn

---

[287] Vgl. Pippin 1989, 114: „[A]s the Introduction has made clear, the relation to objects he [Hegel] is interested in involves a relation to a criterion of objecthood, the possibility of objects, *and* that this criterion is ‚affirmed' by consciousness ‚from within itself' as *its* subjective condition." Während Pippin noch an einem intern zu prüfenden Kriterium für Gegenständlichkeit festhält, vertritt Heidemann angesichts von Hegels Aporie des Maßstabs eine noch dezidierter „internalistische" (Heidemann 2007, 241) Lesart des Prüfungsverfahrens: „[Das Bewusstsein] prüft vielmehr, ob sein Wissen so strukturiert ist, dass es den jeweilig spezifischen Prinzipien eines Fürwahrhaltens entspricht, durch die das Wissen solcher Gegenstände bzw. Sachverhalte ausgezeichnet ist." (Heidemann 2007, 234) Nach Heidemann wird somit im Grunde die von einer Bewusstseinsgestalt vertretene Konzeption epistemischer Rechtfertigung mit den von ihr erhobenen Wissensansprüchen verglichen.
[288] So etwa Koch 2006a, 26; Puntel 1973, 288 ff.; Theunissen 2014, 247. Vgl. auch Stern 1990, 44. Auch Schlössers Rekonstruktion ist hier einzuordnen, weil nach ihr das Prüfungsverfahren auf der idealistischen These eines bestimmungslogischen Holismus basiert, in dessen Rahmen Wissen und Wahrheit interdependente Bestimmungen sind (siehe Schlösser 2006a, 190 f., der dafür eine Version des Grenzarguments ins Feld führt).
[289] So etwa Taylor 1972; Neuhouser 1986; Pippin 1989; Stewart 2000, oder Horstmann 2006, 38. Zum Status transzendentaler Argumente innerhalb der *PhG*, siehe Abschnitt 5.

gar nicht erst erheben. Da die Prüfung letztlich ein rein begriffliches Räsonnement darstellt, steht sie vor Strouds Substitutionseinwand, dem zufolge die Prüfung höchstens zeigt, welche begrifflichen Bestimmungen an einem Gegenstand *unterstellt* werden müssen, um Wissen von ihm für möglich zu halten. Auf dem Problemniveau, das Kapitel I.2 vorgibt, kann sich Hegel nämlich nicht ohne Weiteres auf ambitionierte transzendentale Argumente berufen. Wenn die Prüfung dennoch eine ontologische Aussagekraft haben soll, dann muss die idealistische Zusatzannahme bemüht werden, dass der Gegenstand als Wahres konstitutiv auf das Wissen des Bewusstseins bezogen ist – was auf eine *petitio principii* im Sinne von Strouds Idealismusproblem hinausliefe.[290]

Demgegenüber haben externalistische Interpretationen den systematischen Vorteil, dass ihnen zufolge Hegel einen ontologischen bzw. objektiven Geltungsanspruch erhebt. Sie können Hegel ferner einen Wissensbegriff zuschreiben, der unseren realistischen Alltagsintuitionen eher entspricht. Ihre methodologische Herausforderung liegt darin, die Immanenz und Notwendigkeit der Prüfung zu wahren. Hegels Dilemma des Maßstabs droht dabei erneut aufzubrechen: Wie soll das Bewusstsein aus seinem Wissen heraustreten, um es mit einem externen Gegenstand zu vergleichen? Und wie kann garantiert werden, dass sich jedem zu kritisierenden Wissensanspruch auch der passende Gegenstand entgegenstellen wird?

Diese Fragen lassen sich als Varianten von Strouds Brückenproblem verstehen: Wie kann im Rahmen der Prüfung eine notwendige Beziehung zwischen dem Wissensanspruch des Bewusstseins und einer externen Wirklichkeit hergestellt werden? Viele externalistische Interpretationen folgen der von Strouds Trilemma

---

290 Diese Prämisse wird von Schlösser 2006a, 190, offen deklariert. Versteckter bedient sich Pippins Rekonstruktion einer solchen idealistischen Prämisse, um Hegel eine Argumentation nach dem Muster objektiv gültiger transzendentaler Argumente zuzuschreiben. Dies lässt sich am Changieren Pippins zwischen Aussagen über Bedingungen der Erfahrung und Bedingungen der Gegenstände der Erfahrung ablesen: „Hegel believes that, as more adequate accounts of the conditions of apprehension and comprehension unfold, it will continue to be the case that the nature of possible *objects* of experience will also be progressively better illuminated. This means that Hegel thinks himself entitled to the claim, as a result of his analysis, that there cannot be indeterminate Being or mere presence (*as an object of experience* [H.v.m.])" (Pippin 1989, 124) Pippin verwehrt sich zwar gegen die Prämisse eines kantischen transzendentalen Idealismus (vgl. Pippin 1989, 125), aber er ist m. E. darauf verpflichtet. Denn Pippin begnügt sich nicht damit, von einem „object of experience" zu sprechen, sondern er geht von objektiv gültigen transzendentalen Konditionalen aus, die Gegenstände als solche mit den Bedingungen der Erfahrung verknüpfen, z. B. folgendes: „The claim is that an object must *itself* be capable of exhibiting a property complexity in experience for there to be the mediated taking-to-be-true necessary for any perceptual intending." (Pippin 1989, 125) Siehe die Diskussion in Abschnitt 5 sowie in II.4.2, Abschnitt 2.

vorgezeichneten Bahn und vertreten eine Form des Verifikationsprinzips. Brinkmanns Interpretation zum Beispiel verpflichtet Hegel auf das Verifikationsprinzip, indem sie von vornherein annimmt, dass die Erscheinungsweise eines Gegenstands *für* das Bewusstsein notwendig widerspiegele, was der Gegenstand an sich ist.[291] Westphal argumentiert etwas subtiler, aber im Grunde nach demselben Muster, dass alle Wissensansprüche des Bewusstseins durch die Welt *falsifiziert* werden müssen.[292]

Die Interpretation von Emundts nimmt hier m. E. eine interessante Zwischenposition ein. Einerseits vereinigt sie die Immanenz der vom Bewusstsein gemachten Erfahrungen mit deren realem Gegenstandsbezug, indem sie die Prüfung als vom Bewusstsein selbst vollzogenen Lernprozess darstellt, in welchem vom Bewusstsein erhobene praktische Erwartungshaltungen durch Erlebnisse mit der Welt enttäuscht und diese Erlebnisse reflektiert werden.[293] Andererseits beruht diese Rekonstruktion auf einer systematischen Unschärfe, die die versteckte Prämisse eines Verifikations- bzw. Falsifikationsprinzips kaschieren könnte. Emundts differenziert nicht eindeutig zwischen der *Erfahrung* oder dem *Erlebnis*, dass eine Erwartung enttäuscht wurde, und der *tatsächlichen* Falsifikation dieser Erwartung durch die Welt.[294]

Diese Ambiguität erzeugt Strouds Substitutionsproblem: Was rechtfertigt die erkenntnistheoretische Annahme, dass Erfahrungen und Erlebnisse einen Zugang zur Welt bieten? Emundts scheint anzunehmen, dass gewisse Erfahrungen *garantieren*, dass eine bestimmte Erwartung durch die Welt falsifiziert bzw. verifiziert

---

291 Vgl. Brinkmann 2010, 95, H.v.m.: „[W]e must already be convinced that the way in which the object displays itself for consciousness (its subjective appearance) is a manifestation of its objective nature".

292 Vgl. Westphal 1989, 109: „What consciousness takes to instantiate its conception of knowledge or its conception of the world would be found *not* to instantiate those conceptions." Dieses Postulat expliziert Westphal in einem Konditionalsatz, der ein lupenreines weltbezogenes transzendentales Konditional darstellt: „The *internal coherence* of a form of consciousness *is only possible if* its conceptions of the world and of knowledge *correspond to the world itself* and to knowledge itself." (Westphal 1989, 109, H.v.m.) Spätestens diese Behauptung stellt Westphal vor Strouds Trilemma.

293 Vgl. Emundts 2012, 79 f.: „Mit Erfahrung ist meiner Interpretation zufolge [...] gemeint, dass das Bewusstsein etwas aus seinen Erlebnissen mit der Welt lernt. [...] Die jeweils geprüfte Position muss aufgegeben werden, weil sie durch Erfahrungen widerlegt wird. Dabei braucht man kein Argument nachzuvollziehen und muss nicht irgendeine Inkonsistenz zwischen Überzeugungen feststellen."

294 Die Ambiguität von phänomenalem Erlebnischarakter und in ihm beschlossenen Weltbezug findet sich bereits in Emundts' rekonstruktiver Definition des Hegel'schen Erfahrungsbegriffs: „Mit Erfahrung ist meiner Interpretation zufolge vielmehr wirklich gemeint, dass das Bewusstsein etwas aus seinen Erlebnissen mit der Welt lernt." (Emundts 2012, 79)

wird.²⁹⁵ Emundts' Interpretation kann der Annahme eines Verifikationsprinzips nur entgehen, wenn sie Erfahrungen in einem starken Sinn als empirische Tatsachen begreift. Dann stellt sich aber die Frage, ob diese Kritik noch immanent ist, indem Hegels Darstellung Weltwissen einbringen muss, das die jeweils kritisierte Bewusstseinsgestalt nicht zugestehen würde oder nicht als gegeben anerkennen müsste.²⁹⁶ Selbst wenn man davon ausgeht, dass eine Gestalt gewisse empirische Erfahrungen macht, bliebe offen, woher die Allgemeingültigkeit und Notwendigkeit dieser Erfahrungen rührt.²⁹⁷

3.3.2 Die Hypothese der ‚Selbstkonstruktion' des Gegenstandes

Woher also den erforderlichen Differenzerzeuger nehmen und nicht stehlen? Die Gegenüberstellung internalistischer und externalistischer Interpretationen zeigte die Schwierigkeit, einen Differenzerzeuger zu bestimmen, der folgende Merkmale der Prüfung aufrecht erhält: (i) die objektive Geltung des Ergebnisses der Prüfung, (ii) die Notwendigkeit und Allgemeingültigkeit des Ergebnisses, (iii) die Immanenz der Prüfung. Zudem zeigte die obige Auseinandersetzung, dass die Bestimmtheit des Gegenstandes weder aus einer externen oder gar empirischen

---

295 Die implizite Annahme eines Brückenprinzips, das Verifikation bzw. Falsifikation garantiert, wird m. E. in folgender Charakteristik des Prüfungsszenarios augenfällig: „Geprüft wird, ob sich die entsprechenden Vorstellungen von der Welt und sich selbst […], die man für ihre Rechtfertigung benötigt, in Erfahrungen bestätigen lassen. Auf diese Weise kann eine allgemeine Frage nach der Möglichkeit der Rechtfertigung durch konkrete Erfahrungen mit den Dingen in der Welt überprüft werden" (Emundts 2012, 46). Hier geschieht ein stillschweigender Übergang von bestätigenden „Erfahrungen" zur Behauptung, dass diese Erfahrungen „mit den Dingen in der Welt" gemacht werden (Emundts 2012, 46).
296 Siehe den Einwand von Schmidt 2014, 164; vgl. die Antizipation dieses Einwands in Emundts 2012, 84 f., 131.
297 Emundts reagiert auf das Problem, indem sie manchen Einzelfällen der Falsifikation von Wissensansprüchen einen *paradigmatischen* Status zuerkennt: „Dass die Prüfung einer Behauptung negativ ausfällt, muss natürlich im Allgemeinen kein Grund dafür sein, den Maßstab der Prüfung aufzugeben. Dies ist allerdings dann der Fall, wenn in der Prüfung nicht der einzelne Fall falsifiziert wurde, sondern wenn sich zeigt, dass die Prüfung aus prinzipiellen Gründen nicht positiv ausfallen konnte." (Emundts 2012, 175) Es ist jedoch fraglich, wie einer Bewusstseinsgestalt in der sie enttäuschenden Erfahrung zugänglich sein soll, dass diese aus prinzipiellen und nicht kontingenten Gründen enttäuschend ausfiel. Es scheint, dass Emundts zwei Reaktionen des Bewusstseins gleichermaßen zulassen muss: Entweder lernt es aus seinen Fehlern und erkennt in ihnen ein Defizit seiner eigenen Rechtfertigungspraxis oder es sucht andere Ausflüchte und beharrt auf seiner Sichtweise. Die Modifikation der eigenen Erwartungshaltung wäre dann aber ein im Grunde willkürlicher Entschluss des Bewusstseins, der von gewissen Enttäuschungserfahrungen zwar pragmatisch nahegelegt würde, aber einer strengen Notwendigkeit entbehrte.

Quelle gewonnen werden darf noch gleichsam analytisch und rein intern aus dem Selbstverständnis des Bewusstseins.

Ich möchte daher vorschlagen, die Nicht-Übereinstimmung von Wissen und Wahrheit *in Analogie zur geometrischen Konstruktion eines Begriffes in der Anschauung* zu verstehen.[298] In einem geometrischen Konstruktionsbeweis fungieren begriffliche Elemente wie Definitionen und Axiome als Anleitung für die Konstruktion einer ihnen entsprechenden Figur in der Anschauung. Die so konstruierte Figur macht dabei Zusammenhänge evident, die nicht analytisch aus den zugrunde gelegten Begriffen ableitbar sind; sie hat in diesem Sinne eine erkenntniserweiternde Funktion.

Das Prüfverfahren in Hegels *Phänomenologie* basiert nach meiner Lesart ebenfalls darauf, dass in der Position des erscheinenden Gegenstands eine Art Konstruktion in der Anschauung vorgenommen wird.[299] Die von einer Bewusstseinsgestalt definierten Kriterien fungieren als ‚Anleitung' für diese Konstruktion, der erscheinende Gegenstand verhält sich zu ihnen wie die konstruierte Figur zu Definitionen und Axiomen. Die Immanenz der Kritik (iii) bleibt dabei gewahrt, weil die Konstruktion sich nach den internen Vorgaben der jeweiligen Gestalt richtet. Die Verbindlichkeit der immanenten Kritik lässt sich so besser nachvollziehen: Der Akt der Konstruktion wird selbsttransparent und kontrolliert vollzogen und begründet den Anspruch, dass sich in der konstruierten Figur nichts finden soll, was nicht durch den Akt der Konstruktion bedingt wurde. Das Scheitern muss der Bewusstseinsgestalt also selbst zugerechnet werden, sodass „indem das Bewußtseyn sich selbst prüft, uns auch von dieser Seite nur das reine Zusehen bleibt." (59) Aber ‚in der Tat' des Konstruierens entsteht die Möglichkeit, dass die konstruierte Figur unerwartete, weitere Merkmale aufweist, die zwar in einem notwendigen Zusammenhang mit ihrer Konstruktion stehen, aber nicht von ihr intendiert wurden. Die Analogie kann auch dafür aufkommen, weshalb die vom Bewusstsein erfahrene Nicht-Übereinstimmung (ii) notwendig und allgemeingültig ist. So wie eine geometrische Konstruktion stets idealtypisch ist und

---

298 Das Vorbild ist hier Kants Theorie geometrischer Konstruktion. Für eine Ausleuchtung der Methode geometrischer Konstruktion als wissenschaftstheoretisches Paradigma der nachkantischen Philosophie, siehe den historischen Abriss in der Einleitung u. Schmid 2020. Ich gehe auf die methodologische Rolle dieser Analogie ausführlicher in IV.2 ein. Für eine nach diesem Paradigma entwickelte Theorie des Gedankenexperiments, siehe Ancillotti 2018.
299 Hegels kritische Anmerkungen gegenüber dem geometrischen Konstruktionsverfahren in der „Vorrede" (32 ff.) betreffen m. E. nur Defizite der spezifisch mathematischen Form geometrischer Konstruktion. Hegel moniert deren äußerlichen Charakter, bei dem der zu beweisende Satz und sein Beweis sowie die Schritte des Beweisverfahrens in keinem innerlichen, immanent notwendigen Zusammenhang stehen – dies ist bei der von mir im Folgenden eingeführten spekulativen Figur der ‚Selbstkonstruktion' des Gegenstandes anders (siehe auch IV.2).

apodiktische Aussagen begründen kann, so sind auch die Gegenstände der Bewusstseinsgestalten wesentlich etwas Paradigmatisches und insofern Allgemeines.[300]

Die geometrische Analogie schließt an den wichtigen Ausdruck „in der Tat" an, der im Text der *Phänomenologie* durchgängig als Marker für das Machen einer Erfahrung fungiert. Die Tat, mit der eine Erfahrung gemacht wird, könnte als Konstruktionsakt verstanden werden, ohne *als* ein solcher vom Bewusstsein vollzogen werden zu müssen. Denn das Tun des Bewusstseins ist in dessen Binnenperspektive ein solches, das praktische Erfahrungen mit der Welt macht. Der begriffliche Nachvollzug dieses Konstruktionaktes fällt vielmehr der Metaperspektive des Phänomenologen zu (siehe 4.2). Aus der begrifflichen Nachkonstruktion des anders als erwartet erscheinenden Gegenstands in der Metaperspektive lassen sich dann die Bestimmungen für die Konstruktion der nächsten Bewusstseinsgestalt gewinnen. Doch entscheidend ist zunächst, dass Erfahrungen einen geradezu praktischen Vollzugscharakter haben und in Erlebnisse der Nötigung und des Widerstands münden können;[301] dies lässt sich durch den Akt der Konstruktion und die an ihn geknüpften Erwartungen rekonstruktiv einholen.

Doch wie soll die Analogie zur geometrischen Konstruktion einen Anspruch auf objektive Geltung (i) legitimieren? Schließlich soll die Erfahrung sich nicht gleichsam in einem idealen Raum der reinen Anschauung abspielen, sondern etwas mit der Wirklichkeit zu tun haben. Außerdem wäre es angesichts von Strouds Trilemma unzulässig, sich nach dem Vorbild von Kants Theorie der geometrischen Konstruktion plötzlich auf eine synthetische Erkenntnis *a priori* zu berufen (siehe auch I.1.2). Meine Hypothese ist weniger anspruchsvoll, weil sie zunächst nur die *Form der Darstellung von Erfahrungen* betrifft: Die phänomenologische Darstellung von Erfahrungen soll für ihre Leserinnen und Leser in bestimmtem Sinne *evident* sein. Die Darstellung soll dabei zeigen: Erfahrungen werden *mit und an Gegenständen* gemacht – der Gegenstand stellt sich der Erwartungshaltung des Bewusstseins als Widerstand entgegen.[302] Zugleich bricht

---

300 Zur Allgemeinheit von Erfahrungen, siehe Emundts 2012, 72. Die Allgemeinheit der Konstruktion ermöglicht es gerade, dass an ihr stets „noch vieles andere beyher[spielt]" (64). So ergibt sich für Hegels Darstellung eine gewisse Freiheit der Einbildungskraft, mit welchem Beispielobjekt die Konstruktion durchgeführt wird. Diesen Gedanken werde ich in II.2.1 aufgreifen.
301 Hier folge ich den wichtigen Pointen von Emundts 2012, 70–86, zum besonderen Charakter der in der *PhG* dargestellten Erfahrungen.
302 Diesen Widerfahrnischarakter von Erfahrungen betont die Interpretation von Emundts, deutet ihn aber schlicht als Widerstand durch „die Welt": „Auf diese Weise kann eine allgemeine Frage nach der Möglichkeit der Rechtfertigung durch konkrete Erfahrungen mit den Dingen in der Welt überprüft werden, wenn man die Dinge mit einer seinen Vorstellungen von Erkenntnis entsprechenden Erwartung adressiert." (Emundts 2012, 46 f., siehe auch 70 f.)

der Gegenstand gerade nicht wie ein kontingentes Ereignis von außen über das Bewusstsein herein, sondern die Erfahrung ist – zumindest für unsere Reflexion aus der Metaperspektive – auf bestimmte Weise begrifflich notwendig. Diese zwei Aspekte kann das Modell geometrischer Konstruktion einholen, indem es zeigt, wie eine begrifflich artikulierbare und rational einholbare Aktivität zu einer irreduzibel intuitiven Evidenz führt, die vom anschaulichen Erscheinen eines Gegenstandes herrührt. Analog gesprochen ist es eine Sache, einen geometrischen Lehrsatz und seinen algebraisch formulierten Beweis logisch nachzuvollziehen, aber eine andere, seine Wahrheit durch einen Konstruktionsbeweis buchstäblich vor Augen geführt zu bekommen.[303] Die Konstruktion des erscheinenden Gegenstandes zeigt in diesem Sinne, wie das Bewusstsein *an einem Gegenstand* Erfahrungen machen kann, die zugleich rein immanent aus seiner Objektivitätskonzeption geschöpft sind. Schließlich wird anhand der mit dem geometrischen Modell eingeführten Momente von Evidenz und Anschaulichkeit deutlich, weshalb Hegel für seine Methode der Kritik beanspruchen kann, dass uns nur das „reine Zusehen" (59) bleibe.[304]

Ich werde im Folgenden von der ‚Selbstkonstruktion' des erscheinenden Gegenstandes sprechen, um diesen Charakter intuitiver Evidenz zu bezeichnen. Das Präfix ‚Selbst-' soll zum einen hervorheben, dass sich die Bestimmtheit des Gegenstandes dem Bewusstsein gleichsam *nolens volens* ergibt und gerade nicht bruchlos durch sein Selbstverständnis ‚vorkonstruiert' wird. Hierin liegt freilich ein wichtiger Unterschied zum üblichen Verfahren der geometrischen Konstruktion, welches genau das herausbekommt, was es begrifflich in seinen Konstruktionsakt hineingelegt hat (wenngleich in einer konstruierten Figur immer *mehr* Bestimmungen vorzufinden und synthetisch verbunden sein können, als analytisch in ihrer Definition enthalten sind). Doch in der hier vertretenen methodologischen Analogie zur geometrischen Konstruktion geht es nicht bloß um die Konstruktion von Begriffen in der Anschauung, sondern um die dabei stattfindende Herstellung von intuitiver Evidenz. Die Selbstkonstruktion des erschei-

---

303 Daher widerspreche ich Försters methodologischer Gegenüberstellung von Hegels Weg des diskursiven Denkens zu Goethes Weg der *scientia intuitiva* (Förster 2018, 362f.). Försters Untersuchung weist zu recht darauf hin, wie die Begrifflichkeit der Anschauung eine wichtige methodologische Beschreibungskategorie ist. Sie ist aber m. E. auch auf die Methode von Hegels *PhG* anwendbar (und zwar im Sinne Försters sowohl als „Weg *von unten*" als auch „*von oben*"). Siehe Kapitel II.4.4, Fn. 497.
304 Daher verbindet Hegels Methode einen therapeutischen mit einem ‚konstruktiven' Ansatz (siehe Quante 2011, 69ff., und die Diskussion in I.3, Fn. 164), wobei das konstruktive Moment als begriffliche Explikation und nicht als Einführung von dem Standpunkt des natürlichen Bewusstseins externen philosophischen Prämissen zu verstehen ist.

nenden Gegenstandes bedeutet, dass sein Erscheinen einerseits durch einen Konstruktionsakt und in Übereinstimmung mit dessen begrifflichen Vorgaben bedingt ist, dass sich aber andererseits dabei eine inhaltliche Evidenz einstellt, die nichts Vorgezeichnetes ist, sondern die sich gleichsam von selbst macht. Die Annahme der ‚Selbstkonstruktion' des Gegenstandes vereint somit die eine Seite des praktischen Involviertseins der Bewusstseinsgestalten und der Verbindlichkeit ihres immanenten Selbstverständnisses mit der für den therapeutischen Prozess ebenso wichtigen anderen Seite, dass den Bewusstseinsgestalten ihr Gegenstand im Zuge ihrer Erfahrungen als etwas Vorgegebenes und Widerständiges, nicht als etwas von ihnen Gemachtes erscheint.

Zum anderen markiere ich mit dieser terminologischen Festlegung vorgreifend eine wichtige Parallele zu Fichtes *WL 1804-II*, der die Begrifflichkeit von Selbst- und Nachkonstruktion entnommen ist.[305] Dass und warum es tatsächlich zu dieser Selbstkonstruktion des Gegenstandes kommt, wird von Hegel m. E. erst abschließend in „Das absolute Wissen" begründet, aber in der „Einleitung" bereits vorausgesetzt (siehe II.4).

4 Parallelität von Binnen- und Metaperspektive

Hegels „Einleitung" schildert die Erfahrung des Bewusstseins aus zwei Perspektiven: die *Binnenperspektive* der jeweiligen Bewusstseinsgestalt und die *Metaperspektive* des Phänomenologen, d. h. desjenigen, der mit Hegel die Kritik und Entwicklung der Bewusstseinsgestalten nachvollzieht. Im Folgenden werde ich erläutern, warum diese zweigleisige Darstellungsform der Schlüssel zur Therapie des Problems objektiver Geltung ist und zugleich der Schlussstein von Hegels Methode immanenter Kritik.

Meine These lautet, dass die therapeutische Transformation der realistischen Objektivitätskonzeption nur dann gelingt, wenn sie auf zwei parallelen Ebenen nachvollziehbar ist: einerseits als Selbstkonstruktion auf der Ebene eines unmittelbar gegenstandsbezogenen Widerfahrnisses und andererseits als Nachkonstruktion auf der Ebene seiner philosophischen Reflexion (siehe oben 3.3.2).

Diese systematische Anforderung skizziere ich vorab und füge sie dann in Hegels Methodologie ein. Wir können Hegels idealistische Objektivitätskonzeption nicht einfach anhand eines begrifflichen Räsonnements akzeptieren. Bes-

---

305 Die inhaltliche Übereinstimmung von Hegel und Fichte wird sich erst im Laufe der Untersuchung ergeben, sodass auch in dieser Hinsicht der Titel ‚Selbstkonstruktion' zunächst nur einen heuristischen Zweck erfüllt und die semantische Übereinstimmung mit dem Fichte'schen Terminus erst eine Hypothese ist. Zu einem abschließenden Fazit gelange ich in IV.2.

tenfalls ergäbe dies ein moderates transzendentales Argument, das Strouds Trilemma bzw. dem in I.3 geschilderten Racheproblem anheimfiele. Anders ist es mit Erfahrungen, die an und mit Gegenständen gemacht werden. Hier *zeigt es sich* (Selbstkonstruktion), dass eine bestimmte Gegenstandskonzeption gewisse Objektivitätskriterien nicht erfüllen kann. Wir lernen etwas über den Gegenstand, weil *er* uns über sich belehrt. Mithin ist der Skeptiker auf andere Weise gehalten, die in der Binnenperspektive des Bewusstseins gemachten und wirklich mitvollzogenen Erfahrungen in sein Selbstverständnis aufzunehmen, weil ihm die reflexive Distanzierung von denselben als ein ‚bloß begriffliches' Räsonnement nicht zu Gebote steht.[306]

Diese Erfahrung wäre aber ebenso einseitig und anfällig für das Racheproblem, wenn sie nicht auch begrifflich als notwendig eingeholt werden könnte (Nachkonstruktion). Es wäre uns sonst gar nicht transparent, dass eine bestimmte Erfahrung etwas Grundsätzliches über unsere Objektivitätskriterien aussagt – wir hätten das dabei erlebte Scheitern als zufälligen Irrtum abgetan. Zudem wären wir ohne die Reflexion und begriffliche Durchdringung unserer Erfahrung nicht in der Lage, sie in einen Lernprozess einzugliedern, der zur Aufklärung unserer Objektivitätskonzeption führt. Es muss einsichtig sein und bleiben, *was* wir für das Wahre hielten, und *wie* sich dies zu dem verhält, das sich uns an seiner Stelle als ‚an sich' Bestehendes zeigte. Schließlich wäre es sonst auch möglich, sich von unserer Erfahrung als bloß subjektivem Erlebnis zu distanzieren.

Beide Perspektiven müssen parallel geführt werden. Sie dürfen einander nicht überschneiden, damit die Therapie nicht einseitig als begriffliches Räsonnement oder als bloß psychologischer Vorgang abgetan werden kann. Zugleich müssen beide Perspektiven vollkommen übereinstimmen, um einander zu stützen: das begriffliche Räsonnement soll wirkliche Erfahrungen explizieren und diese sollen als notwendig durchdrungen werden.

Wie lässt sich diese therapeutische Funktion der zwei Perspektiven auf Hegels Methode immanenter Kritik übertragen? Hegels Methode erfordert eine Metaperspektive auf das Dargestellte, weil die immanente Kritik der Bewusstseinsgestalten in einen kumulativen *Lernprozess* eingebunden sein muss, der eine positive Neukonzeption von Objektivität (des Ansich) aus der alten herausbildet (siehe 1.2). Die Binnenperspektive des Bewusstseins kann dies jedoch nicht leisten, da eine jeweilige Bewusstseinsgestalt zunächst nur erfährt, dass ihre jeweilige Konzeption des Ansichseins defizient ist. Dies war das negative Ergebnis des

---

306 Hier trifft sich meine Lesart mit Emundts' Betonung der therapeutischen Rolle des praktischen Machens und Durchlaufens von Erfahrungen in der *PhG* (siehe Emundts 2012, 85 f., 101). Die Irreduzibilität des Vollzugscharakters von Erfahrungen greife ich nochmals in II.4.4 auf (siehe Fn. 493).

„Herabsinkens", das zeigt, was *nicht* an sich sein kann (siehe 3.2.2). Die Integration in eine umfassendere Konzeption – das „Entspringen" des neuen Gegenstandes – bedeutet bereits den Übergang zu einer neuen Bewusstseinsgestalt. Hier führt Hegel die Perspektive ‚für uns' ein: „die *Entstehung* des neuen Gegenstandes [...], ist es, was *für uns* [H.v.m.] gleichsam hinter seinem Rücken vorgeht." (61) Mit der ersten Person Plural schließt Hegel offenbar sowohl sich als Autor als auch den Leser, der die Darstellung mitvollziehen soll, mit ein.[307]

Die Perspektive des ‚für uns' oder des Phänomenologen bringt die jeweiligen Gegenstände der Bewusstseinsgestalten in einen übergreifenden genetischen Zusammenhang. Für jede einzelne Gestalt gilt: „der *Inhalt* aber dessen, was uns entsteht, ist *für es*, und wir begreifen nur das formelle desselben, oder sein reines Entstehen; *für es* ist diß entstandene nur als Gegenstand, *für uns* zugleich als Bewegung und Werden." (61) Aus dieser formellen Betrachtung des jeweiligen Entspringens des Gegenstandes ergebe sich „die ganze Folge der Gestalten des Bewußtseyns in ihrer Notwendigkeit" (61). Der Phänomenologe bringt somit einen im Sinne der von Hegel unterschiedenen Kritikverfahren ‚transzendentalen' Blickwinkel ins Spiel (siehe 1.1), der die immanenten Erfahrungen der Bewusstseinsgestalten als Folge begrifflich notwendiger, aufeinander aufbauender Lernfortschritte lesbar macht. Die hier als Selbstkonstruktion beschriebenen Widerfahrnisse des Bewusstseins werden somit in der Metaperspektive des Phänomenologen erst zu eigentlichen Erfahrungen, die einen Lernprozess vorantreiben.[308]

1. Beide Perspektiven sind sowohl irreduzibel als auch komplementär: Die Metaperspektive des Phänomenologen ist ebenso darauf angewiesen, dass das Bewusstsein eine (a) von ihr getrennte Teilnehmerperspektive hat, (b) deren Erfahrungen den Status einer Selbstkonstruktion haben.

(a) Der Binnenperspektive des Bewusstseins muss die begriffliche Perspektive des Phänomenologen *intransparent* sein, weil die Erfahrung sonst nicht unmit-

---

[307] Zur narratologischen bzw. ‚diegetischen' Darstellungsfunktion des „für uns", siehe Westerkamp 2021, 16.

[308] Emundts beschreibt die Rollen von Teilnehmer- und Beobachterperspektive auf ähnliche Weise: „Erfahrungen gehen demnach mit einer Nötigung einher, die der, der Erfahrungen macht, direkt erlebt, während sie aus der Perspektive der dritten Person als notwendige Korrekturen einer falschen Erwartung interpretiert werden können." (Emundts 2012, 57) Wie Kapitel II.2 zeigen soll, bestätigt die Struktur zumindest der ersten vier Kapitel der *PhG* diese Aufgabenteilung der beiden Perspektiven: Jedes Kapitel wird gerahmt von einer begrifflichen Exposition der jeweiligen Bewusstseinsgestalt und dem Resultat ihrer Erfahrung. Im Mittelteil findet sich dann die Erfahrung, wie sie in der Binnenperspektive des Bewusstseins auftritt, oft eingeleitet durch Formulierungen wie „[s]ehen wir nun zu, welche Erfahrung das Bewußtseyn in seinem wirklichen Wahrnehmen macht" (74).

telbar *mit dem* erscheinenden Gegenstand selbst gemacht würde, sondern immer schon einen begrifflich präformierten und vorherbestimmten Prozess darstellte.[309] (b) Wäre die Erfahrung des Bewusstseins keine intuitiv evidente Selbstkonstruktion, so hätte die Notwendigkeit ihrer begrifflichen Nachkonstruktion durch den Phänomenologen kein *Korrelat* in der Erfahrung. Die Metaperspektive soll *explizieren*, was sich in der Erfahrung ergeben hat, und keine eigene „Zuthat" (61) beimischen. Ansonsten wäre die Kritik nicht mehr immanent, sondern fiele in den transzendental-dogmatischen Ansatz zurück, der ein privilegiertes Begriffsschema für sich beansprucht (siehe 1.1).[310]

2. Umgekehrt ist die Binnenperspektive des Bewusstseins auf die Metaperspektive des Phänomenologen angewiesen. Denn ohne eine begriffliche Nachkonstruktion lässt sich nicht ausschließen, dass die Erfahrungen des Bewusstseins bloß psychologische Erlebnisse oder womöglich rein performative Widersprüche sind (siehe I.2.1). Der Binnenperspektive des Bewusstseins droht somit das Stroud'sche Substitutionsproblem, weil das Bewusstsein zwar *mit* einem Gegenstand Erfahrungen macht, diese aber erst durch Handlungen bzw. Setzungen des Bewusstseins (wie die Erhebung von Wissensansprüchen) möglich werden. Ferner ist die der Selbstkonstruktion des Gegenstandes zukommende Notwendigkeit nur mit begrifflichen Mitteln von einer bloß psychologischen Denk- bzw. Erfahrungsnotwendigkeit zu unterscheiden. Ohne begriffliche Gründe bleibt stets vorstellbar, dass das Bewusstsein aus sehr hartnäckigen, aber rein

---

309 Vgl. Schlösser unveröffentlicht, 16 f.
310 Genau hier überspannt m. E. Marx den Bogen seiner Interpretation, indem er das *movens* des phänomenologischen Ganges in der Perspektive des Phänomenologen verortet, vgl. Marx 1981, 105: „Uns ist hier nur wichtig, daß somit die Darstellung – und d. h. der Phänomenologe – der ‚Initiator' der Bewegung ist, die das erscheinende Wissen vollzieht." – Houlgates Interpretation scheint eine gegenüber Marx konträre Position zu beziehen. Sie ist jedoch ambivalent, was das *movens* des Entwicklungsganges angeht. Einerseits schreibt Houlgate dem Phänomenologen ebenfalls eine sehr substantielle Rolle zu, indem erst dieser die Übergänge zwischen den Bewusstseinsgestalten herstelle: „We phenomenologists not only effect the transition from one shape to another, but in many cases, though not necessarily all, we also play a role in working out what the new object must be for the new shape of consciousness." (Houlgate 2013, 27). Andererseits trage die Perspektive des Phänomenologen keine inhaltlich externen Elemente ein, die nicht schon irgendwie immanent in der Binnenperspektive des Bewusstseins enthalten seien: „the macro-transition from one shape to another is not engineered by the phenomenologist, but is made necessary by what emerges in the *experience* of that shape. The new object is fully present for the succeeding shape, but it first emerges as a new object – more or less explicitly – in the preceding one. Furthermore, in working out ‚more precisely' what that new object must be for the next shape of consciousness, all the phenomenologist is doing is rendering explicit what is implicit in that object; he is not giving his own philosophical account of that object." (Houlgate 2013, 27 f.).

kontingenten Gründen mit seinem Wissensanspruch scheitert. Erst in der begrifflichen Nachkonstruktion wird die Notwendigkeit der Erfahrungen des Bewusstseins so gesichert, dass sie der Revision seiner Objektivitätskonzeption dienen können.

3. Da beide Perspektiven parallel verlaufen sollen, wird zum Problem, wie sie übereinstimmen – ja sogar schlussendlich konvergieren, wie Hegel am Ende der „Einleitung" andeutet –, wenn sie dergestalt voneinander isoliert sind.[311] Diese Schwierigkeit ist schon in Hegels methodologischen Überlegungen zur Form immanenter Kritik verankert. Wie in Abschnitt 1 gezeigt, entwickelt Hegel seine transzendental-kritische Methode der immanenten Kritik aus der *bestimmten Negation* zweier anderer Ansätze, des dogmatischen und des transzendental-dogmatischen Ansatzes. So steht zu erwarten, dass diese Ansätze in aufgehobener Form in Hegels Methode fortbestehen müssen, aber jeweils allein nicht hinreichend sind, um Hegels Methode zu charakterisieren. Wie in 1.1 ausgeführt, bleibt der erste, dogmatische Ansatz hinsichtlich der Binnenperspektive der jeweiligen Bewusstseinsgestalt erhalten, insofern diese nur das ‚Sein' ihrer Auffassung gelten lassen will und gerade so ihre Erfahrungen machen wird. Wie wir nun sehen können, entspricht dem zweiten Ansatz die Perspektive des Phänomenologen, welcher die Erfahrungen des Bewusstseins als begrifflich notwendig durchschaut und als Erscheinungsformen der Wissenschaft auf diese zurückführt.

Die phänomenologische Darstellung wird somit um das Element einer äußeren Zutat nicht ganz herumkommen, um die Bewegung der Kritik *als Kritik* hervortreten zu lassen und sie in einer zusammenhängenden Darstellung (nach dem Schema bestimmter Negation) zu stabilisieren.[312] Eine zentrale Herausforderung an das Programm einer immanenten Kritik besteht somit darin, die für eine Kritik nötige Zutat möglichst zu minimieren, um die Immanenz der Darstellung nicht zu gefährden. Deshalb ist es erforderlich, die beiden notwendigen, aber jeweils einzeln nicht hinreichenden Momente der Phänomenologie zu verbinden: (i) die Selbstkonstruktion der immanenten Erfahrung des Bewusstseins und (ii) ihre begriffliche Nachkonstruktion durch den Phänomenologen.[313] Da beide Momente, wie gezeigt, irreduzibel sind, ist die Behauptung ihrer gehaltlichen Identität nicht trivial. Demnach ist die diese Identität herstellende Be-

---

311 Zur Konvergenz beider Perspektiven im absoluten Wissen, siehe II.4.4.2.
312 Zum Problematik der Zutat, vgl. Heidemann 2007, 260–266, u. Siep 2000, 78 f.
313 Vgl. Heinrichs' 1974, 69, Analyse, die ihn zu einer ähnlichen Struktur der vorstellungsmäßigen „Konstruktion" von Erfahrung und deren begrifflicher „Rekonstruktion" in der Metaperspektive führt, die jedoch weder einen Bezug zum Paradigma der geometrischen Methode herstellt noch die dabei eingezogenen Reflexionsebenen in derselben Weise aufteilt wie die vorliegende Lesart (vgl. Heinrichs 1974, 52–54).

hauptung der Selbstkonstruktion des Inhalts *in* seiner Nachkonstruktion ebenfalls nicht trivial. Nur wenn sie plausibilisiert werden kann, wird es der hegelschen Phänomenologie möglich sein, dem Stroud'schen Trilemma auf die hier anvisierte Weise zu entgehen. Diese Hypothek wird Hegels phänomenologisches Programm bis zum Kapitel „Das absolute Wissen" begleiten (siehe II.4.4), wo sie nach meiner Lesart aufgelöst werden soll. Sie stellt aber wohlgemerkt keine Prämisse dar, welche (zirkulärerweise) für die Gültigkeit des Prüfverfahrens vorausgesetzt würde, denn dieses kann – wie die Analogie zur geometrischen Konstruktion zeigen sollte – rein immanent den jeweils erscheinenden Gegenstand betrachten.[314]

5 Verwendet die *Phänomenologie* transzendentale Argumente?

Angesichts des in Kapitel I.2 mit Stroud formulierten Trilemmas wäre es systematisch unbefriedigend, wenn Hegels *Phänomenologie* nichts weiter enthielte als barock ausgeschmückte transzendentale Argumente nach dem Vorbild Strawsons. Denn wir bekämen dann nichts an die Hand, um die metaepistemologischen Zweifel am Anspruch auf objektive Geltung auszuräumen. Doch es könnte natürlich aus exegetischen Gründen zwingend sein, Hegels Darstellung so zu rekonstruieren. Ferner ist der Hegel in meiner Rekonstruktion zugeschriebene therapeutische Ansatz zumindest mit dem Einsatz moderater transzendentaler Argumente kompatibel (siehe I.3.5).

Was die exegetische Seite der Frage betrifft, spricht zum einen Hegels Methode immanenter Kritik gegen den Einsatz transzendentaler Argumente und zum anderen sein Modell des Bewusstseins und seiner Erfahrung. Wie in Abschnitt 2 gezeigt, modelliert Hegel die Struktur des natürlichen Bewusstseins gerade deshalb auf eine so komplexe und nuancierte Weise, um das Verhältnis von intentionaler Bezugnahme und ihrem Gegenstand kritisch zu untersuchen und von theoretischen Vorannahmen möglichst frei zu halten. Zudem bietet Hegels Modell des Bewusstseins alle nötigen Ressourcen, um das skeptische Problem objektiver Geltung zu formulieren – das natürliche Bewusstsein hätte somit ein Prüfverfahren allein nach dem Muster transzendentaler Argumente gar nicht immanent zu akzeptieren. Ferner zeigen meine Rekonstruktion der Erfahrung in Abschnitt 3

---

314 Zu diesem Zirkelvorwurf, siehe Heidemann 2007, 262 ff., dessen spezifische Interpretation des Prüfverfahrens als einer „Geschichte des Selbstbewusstseins" jedoch anfälliger für diesen Einwand ist, weil sie die Parallelführung und zugleich gehaltliche Identität der Darstellungsperspektiven nicht so streng zu fassen vermag, wie es die vorliegende Interpretation versucht.

sowie meine Kritik an internalistischen Interpretationen (3.3.1), dass die Erfahrung des Bewusstseins nicht ausschließlich als begriffliches Räsonnement dargestellt werden darf, sondern sich primär an ihrem erscheinenden Gegenstand vollzieht.

Die jüngere Diskussion um die Verwendung transzendentaler Argumente in Hegels *Phänomenologie* konzentriert sich auf methodologische Aspekte, die von mir in Abschnitt 1 erörtert wurden. Die Rekonstruktion Taylors ist hier paradigmatisch.[315] Ihr hält Houlgate vor, dass sie die Bedingung immanenter Kritik verletze.[316] Nach Houlgate setzen transzendentale Argumente im Allgemein einen gesonderten *philosophischen Standpunkt* voraus, um in einer Bewusstseinsgestalt das zu entdecken, was ihr selbst verborgen bleibt, nämlich diejenigen Elemente ihrer Erfahrung, welche auf die im Rücken des Bewusstseins liegenden Voraussetzungen verweisen. Erst von philosophischer Warte aus könnten nämlich die wesentlich *impliziten* und ihrerseits theoriebeladenen begrifflichen Voraussetzungen sichtbar gemacht werden, welche die Bewusstseinsgestalten selber gar nicht vertreten bzw. anerkennen möchten.[317] Damit passen transzendentale Argumente eher zum Muster der von Hegel aus methodologischen Gründen verworfenen transzendental-dogmatischen Kritik (siehe 1.1).[318] Nach Houlgate be-

---

315 Dem eingangs skizzierten Bild einer im Stile Strawsons geschriebenen *Phänomenologie* am nächsten kommt die Rekonstruktion von Taylor 1972. Ihr zufolge ergeben die ersten drei Kapitel der PhG eine präsuppositionslogische Verkettung von transzendentalen Bedingungen der Erfahrung (Taylor 1972, 183). Taylor liest den Prozess immanenter Kritik so, dass das Bewusstsein seine ‚effektive Erfahrung' mit seinem ‚Modell' dieser Erfahrung vergleiche und sich dabei in Widersprüche verwickele: „In other words, natural consciousness can be transformed from within, because it is not just a given effective experience but an effective experience shaped by a certain *idea* of what experience is." (Taylor 1972, 158) Für Interpretationen, die an Taylor anschließen, siehe Fn. 289.
316 Vgl. Houlgate 2015, 183 ff. Auch Pinkard kritisiert die mangelnde Immanenz von Taylors Modell, siehe Pinkard 1994, 350 f., En. 11. Weitere Kritiker des Taylor'schen Paradigmas transzendentaler Argumente als Interpretament der Hegel'schen Methode sind Emundts 2012, 86, u. Forster 1998, 161–163.
317 „Phenomenology does not argue from features of consciousness which the philosopher takes for granted back to conditions of consciousness that only the philosopher can see (or that consciousness itself can see only with the help of the philosopher)." (Houlgate 2015, 186) Bei Taylor 1972 ist der exogene Charakter dieser Prämissen sehr auffällig (für die sinnliche Gewissheit das Wittgenstein'sche Prinzip, dass Wissen Sagbarkeit impliziert; für die Wahrnehmung das Prinzip der Bestimmtheit durch Negation sowie das Prinzip der Identität Ununterscheidbarer; für den Verstand, insoweit er Thema ist, die Kritik Humes am empiristischen Substanz- und Kausalitätsbegriff sowie der Ausgang von *intersensorial particulars*).
318 Houlgate etikettiert diesen methodologischen Ansatz als „quasi-transcendental" (siehe Houlgate 2015, 181 ff.). Vgl. Claesges' ähnlich gelagerte Kritik an Puntel (Claesges 1981, 80). Quantes Kritik an Hegels *Phänomenologie* setzt ebenfalls (implizit) voraus, dass diese in Houl-

treibt Hegel demgegenüber eine rein zusehende Betrachtung von dem, was innerhalb der Binnenperspektive einer Bewusstseinsgestalt erscheint, und kritisiere sie deshalb strikt immanent.[319]

Houlgate klammert jedoch die Metaperspektive des Phänomenologen zu stark aus: Könnte sich nicht hier eine transzendentale Argumentationsebene eröffnen, die eben doch immanent verfährt, weil die Metaperspektive der Erfahrung des Bewusstseins nur zusieht? Diese Alternative, die nicht einfach zurück zu Taylors Ansatz führt, eröffnet Stern.[320] Demnach fungieren transzendentale Argumente nicht als *movens* der in der *Phänomenologie* dargestellten Entwicklung, aber diese Entwicklung etabliert trotzdem mittelbar transzendentale Konditionale, die zudem objektiv gültig sein könnten.[321] Problematisch an diesem Ansatz ist jedoch, dass die begriffliche Nachkonstruktion der Erfahrung in der Metaperspektive wiederum bei der alten Form eines weltbezogenen transzendentalen Arguments landet, die erstens für Strouds Trilemma anfällig ist und zweitens Hegels Ansatz zu nah an das kantische Modell von Bedingungen der Erfahrung zu rücken scheint.

Meine Rekonstruktion der Hegel'schen Methode immanenter Kritik betont die Parallelität von Binnen- und Metaperspektive, daher kann sie sowohl Houlgates Einwand als auch Sterns Ansatz einbeziehen. Aus meiner Rekonstruktion von Erfahrung sowie der Notwendigkeit einer eigenständigen, anschaulichen Darstellungsform für die Binnenperspektive des Bewusstseins folgt, dass das *movens* der phänomenologischen Entwicklung nicht auf transzendentalen Argumenten basiert, sondern auf Erfahrungen mit der Selbstkonstruktion des erscheinenden Gegenstands. Wie in Abschnitt 4 gezeigt, muss Hegel die nicht unproblematische

---

gates Sinne *quasi-transcendental* verfährt. Quante zufolge müssten die Bewusstseinsgestalten solche sein, die „durch philosophische Argumente dazu gebracht werden könnten, die ihnen implizit zukommenden Strukturen, Annahmen und Ansprüche explizit als ihre eigenen anzuerkennen. Ob es Hegel aber gelungen ist, ein plausibles und alternativloses Modell von Subjekten vorzulegen, die in der Lage sind, derartige Wissensansprüche zu erheben, muss bezweifelt werden." (Quante 2011, 87) Da Hegel diese Methodologie aber gar nicht vertritt und auch sein Modell des Bewusstseins weniger voraussetzungsreich ist, was ich beides hier zu zeigen versucht habe, lässt sich auch Quantes Kritik an Hegels Methode in diesem Punkt zurückweisen.
319 Houlgate 2015, 186: „The phenomenologist's task is, rather, to trace the *experience* that consciousness itself makes (and must make) of its object."
320 Stern 2013a, 90f.: „the phenomenology [...] operates at two levels: consciousness itself, as it moves from one position to the next in finding that the first is incoherent, and the philosophical observer, who can see *why* that incoherence has arisen [...]. It is then at this philosophical level that transcendental lessons can be learned, even if such claims (contra Taylor) are not what drives the dialectic itself at this stage in the *Phenomenology*."
321 Diesen Vorschlag unterbreitet Stern 2013a, 91.

Annahme vertreten, dass diese Erfahrung vollständig begrifflich nachkonstruierbar ist, also die Binnen- und Metaperspektive letztlich denselben Gehalt haben. Daraus folgt aber, dass die Erfahrung als begrifflich notwendige Entwicklung rekonstruierbar sein muss, und es liegt nahe, diese Notwendigkeit nach dem Muster moderater transzendentaler Argumente zu verstehen.

Demnach entwickelt sich im Gang der Erfahrung implizit auch ein komplexeres Begriffsschema von Wissen und Objektivität, dessen kategoriale Struktur in der Metaperspektive unserer philosophischen Reflexion zutage tritt. Die objektive Geltung dieses Begriffsschemas wird aber nicht *durch* die an ihm entdeckten Strukturen etabliert. Houlgates Einwand trifft meine Rekonstruktion somit nicht, weil die Bewusstseinsgestalten genuin durch Erfahrungen widerlegt werden und nicht durch die Aufweisung impliziter begrifflicher Voraussetzungen von einer privilegierten philosophischen Warte aus. Vielmehr ist es das die Erfahrung und ihre begriffliche Reflexion *umfassende* Ganze der Darstellung, das uns Leserinnen und Leser dazu führen soll, von der realistischen Objektivitätskonzeption des natürlichen Bewusstseins abzulassen. Erst durch die Parallelität beider Perspektiven der Darstellung werden wir in einen zwingenden Prozess der Selbstaufklärung unseres Objektivitätsbegriffs involviert, an dessen Ende die Therapie des Problems objektiver Geltung stehen kann.

2 Hegels Kritik der Objektivitätskonzeption des natürlichen Bewusstseins

Im vorigen Kapitel II.1 wurde gezeigt, dass Hegels Methode immanenter Kritik einen therapeutischen Lösungsansatz für das Problem der objektiven Geltung von Wissensansprüchen darstellt. Hegels Ansatz besteht darin, unsere alltägliche, skepsisanfällige Konzeption von Objektivität von innen heraus zu transformieren. In diesem Kapitel rekonstruiere ich Hegels Argumentation in *PhG* I-III (der Abschnitt „A. Bewußtseyn") mit dem Ziel, meine Lesart der Hegel'schen Methode an ihrer Durchführung zu bewähren und dabei Hegels erste Schritte im Prozess der Therapie nachzuvollziehen.

In einem ersten Schritt (**1.**) erörtere ich den methodologischen Hintersinn von Hegels Darstellungsform, welche die Erfahrung der ersten Bewusstseinsgestalten in drei Phasen gliedert. In einem zweiten Schritt zeichne ich nach, wie sich die Erfahrungen der Gestalten der sinnlichen Gewissheit (**2.**), der Wahrnehmung (**3.**) und des Verstandes (**4.**) nach diesem Muster entwickeln. In meiner Deutung dient diese Drei-Phasen-Entwicklung dem Ziel, die realistische Objektivitätskonzeption des natürlichen Bewusstseins schrittweise in die idealistische Konzeption der Gestalten des Selbstbewusstseins zu überführen (siehe insbesondere 3.2 und 4.2).

Mein Fokus gilt auch im Folgenden der Form von Hegels Darstellung und den argumentativ-systematischen Potentialen, die sie freisetzt. Freilich sind Form und Inhalt hier eng verknüpft. Nach meiner Lesart basiert Hegels therapeutische Methode weder auf transzendentalen Argumenten noch fragt sie primär nach den Bedingungen der Bezugnahme bzw. des Wissens. Daraus folgt für meine Herangehensweise, dass ich Hegel nicht so verstehe, dass seine Darstellung dem Argumentationsmuster ‚Soll Erkenntnis/Bezugnahme möglich sein, so muss vorausgesetzt werden, dass ...' folgt, wobei als Ermöglichungsbedingung entweder das zu verwendende Begriffsschema (in einem moderaten transzendentalen Argument) oder eine gewisse Verfasstheit des Gegenstandes der Bezugnahme eingesetzt würde (in einem ambitionierten Argument).[322] Hegel stellt nach meiner Auffassung auch nicht die Frage, unter welchen Bedingungen ‚Objekte für uns' möglich sind, da dies nur eine Variante der ersten Frage wäre, indem sie den Sinn

---

[322] Vgl. die „transzendentalistische" Argumentation in Horstmann 2006, 27 f., und die Kritik ähnlicher Lesarten in I.1.5.

von ‚Objekt' bereits hinsichtlich der Bedingungen unserer Bezugnahme relativiert.[323]

Die Frage, die in Hegels Darstellung nach meiner Rekonstruktion im Mittelpunkt steht, lautet: Wie kann ich den Gegenstand meines Wissens als von demselben unabhängiges Reales verstehen? Die Prüfung der Bewusstseinsgestalten bezieht sich letzten Endes auf die Prüfung des zugrunde gelegten „Maßstabes", d. h. des jeweiligen Kriteriums für Objektivität. Selbstverständlich geht damit auch die Prüfung eines Wissensanspruches einher, sodass eine Lesart, der zufolge Hegel für Bedingungen von Erkenntnis argumentiert, mit der meinen durchaus kompatibel ist.[324]

1 Phasen der Prüfung und ihre therapeutische Funktion

Es ist nicht unüblich, Hegels Darstellung der Erfahrungen, die insbesondere die ersten drei Bewusstseinsgestalten im Abschnitt „A. Bewußtseyn" machen, jeweils in drei Phasen zu gliedern.[325] Es bleibt jedoch oft unausgemacht, was die argumentative Pointe dieser Gliederung ist und wie sie sich zu dem fünfschrittigen Prüfungsverfahren gemäß der „Einleitung" verhält (siehe II.1.3). Meiner Lesart zufolge haben die Phasen als Darstellungsform die Funktion, im Erfahrungsprozess einer jeweiligen Bewusstseinsgestalt die Destruktion ihres ursprünglichen Kriteriums für Objektivität sowie die Herleitung eines neuen, revidierten Kriteriums zu plausibilisieren. Die Phasen sind den fünf Schritten des Prüfungsverfahrens der „Einleitung" wie folgt gemäß Abb. 1 zuzuordnen.

Was ist der therapeutische Zweck der jeweiligen Phase? In kritischer Absicht sollen die Phasen zeigen, dass die Gegenstandskonzeption einer Bewusstseinsgestalt ihr Objektivitätskriterium *nicht erfüllen kann*; die Anwendung des Kriteriums im gegebenen Fall also nicht sinnvoll möglich ist. In konstruktiver Absicht soll sich am dem Bewusstsein *erscheinenden* Gegenstand zeigen, dass die Objektivitätskriterien auf eine andere, unerwartete Weise erfüllt werden können, die aber an eine andere Gegenstandskonzeption geknüpft ist. In der Metaperspektive

---

323 So z. B. die Prämisse der Interpretation von Horstmann 2006, 16: „So gilt zu beachten, daß die transzendentalen objektiven Bedingungen nur dann von etwas, das sich als Objekt der Bezugnahme qualifizieren soll, erfüllt sein müssen, wenn es ein Objekt ‚für uns' sein soll."
324 Denn das Bewusstsein wurde von mir als Operation des Differenzierens von Wissen und Wahrheit rekonstruiert, sodass jede Bewusstseinsgestalt eine komplexe Konstellation darstellt, in welcher der jeweilige Wissensanspruch mit einer bestimmten Gegenstandskonzeption und diese wiederum mit einem Objektivitätskriterium korreliert.
325 So z. B. Emundts 2012, 183; Houlgate 2013; Schmidt 2009a; Stern 2013b.

1 Phasen der Prüfung und ihre therapeutische Funktion — 173

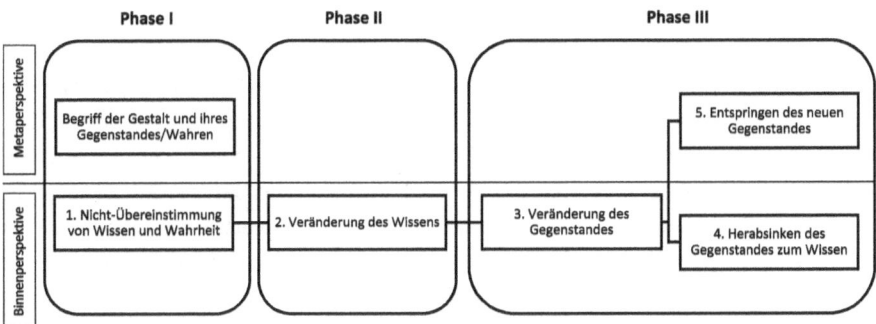

Abbildung 1

des Phänomenologen wird aus dieser doppelten Erfahrung ein neues, der angepassten Gegenstandskonzeption entsprechendes Objektivitätskriterium hergeleitet.

Phase I entspricht dem ersten Schritt der Prüfung, der Nicht-Übereinstimmung von Wissen und Wahrheit: Der im Wissen erscheinende Gegenstand erfüllt nicht das Objektivitätskriterium, das seinen Status als Wahres bestimmen soll. Die Erwartung der Bewusstseinsgestalt an ihre Gegenstandskonzeption sowie ihr darauf gegründeter Wissensanspruch werden somit enttäuscht. Diese Enttäuschung lässt sich bereits als Herabsinken der ursprünglich intendierten Beschreibung des Gegenstandes zum bloßen Wissen lesen – d.h. herab von ihrem Anspruch, eine Beschreibung des Wahren zu geben, zu einer gescheiterten Bezugnahme.[326]

Phase II entspricht der Veränderung des Wissens, die Hegel auch als „Reflexion" des Bewusstseins in sich selbst umschreibt. Hier versucht die jeweilige Bewusstseinsgestalt, ihre Gegenstandskonzeption zu retten, d.h. ihren Status als Wahres zu erhalten, indem sie die Nicht-Erfüllung der Kriterien *sich selbst* zuschreibt statt ihrem Gegenstand. Dementsprechend versucht die Bewusstseinsgestalt das zu tun, was in ihrer Macht steht, nämlich die *Anwendung* ihrer Kriterien entsprechend der in Phase I aufgetretenen Nicht-Übereinstimmung so zu modifizieren, dass sie auf den Gegenstand zutreffen. Dazu knüpft sie die Rechtfertigung ihres Wissensanspruches an subjektive bzw. von ihr subjektseitig garantierbare Bedingungen. Die Bewusstseinsgestalt erfährt jedoch, dass ihre sub-

---

[326] Man könnte also davon sprechen, dass *innerhalb* jeder Phase ebenso Erfahrungen mit dem Gegenstand gemacht werden – und sich zumindest die ersten drei Schritte des Prüfungsverfahrens wiederholen – wie die Phasen insgesamt *eine* Erfahrung darstellen.

jektseitige Korrektur nicht ausreicht, sondern eine neue Nicht-Übereinstimmung tritt ein.

Phase III entspricht der auf diese Veränderung des Wissens folgenden Veränderung des Gegenstandes sowie den damit verknüpften Schritten des „Herabsinkens" des alten Gegenstandes sowie des „Entspringens" des neuen. Die Veränderung des Gegenstandes tritt deshalb ein, weil die Bewusstseinsgestalt in Phase II erfahren hat, dass sie ihre Korrektur der Kriterienverwendung vielmehr in objektseitiger Bedeutung nehmen muss. Das heißt, sie muss die angepassten Anwendungsbedingungen für ihr Objektivitätskriterium dem Gegenstand selbst zuschreiben. Dies geschieht durch eine nochmalige Anpassung der Rechtfertigung ihres Wissensanspruches. In deren Zuge verändert sich noch einmal die Beschreibung, unter der der Gegenstand vom Wissen als Wahres erfasst werden soll. Doch auch hier zeigt sich, dass der Gegenstand anders erscheint, als erwartet. Wie in Phase I und II sinkt also die ursprüngliche Beschreibung des Gegenstandes zu etwas herab, das nicht das zugrunde gelegte Kriterium für Objektivität erfüllt. Weil es der Bewusstseinsgestalt aber weder in Phase II noch Phase III gelungen ist, durch angepasste Anwendungsbedingungen ihre Gegenstandskonzeption als Wahres zu stabilisieren, endet sie in der Aporie. Denn ihr stehen keine alternativen Züge zur Anpassung ihres Wissensanspruches mehr offen, mit denen sie ihre Gegenstandskonzeption und ihr Objektivitätskriterium in Deckung bringen könnte. Dies ist das „Herabsinken" des intendierten Gegenstandes zum Wissen: Der Gegenstand, der für das Bewusstsein erscheint, erfüllt nicht die Zuordnung von Gegenstandskonzeption und Objektivitätskriterium der Bewusstseinsgestalt.

In der Metaperspektive des Phänomenologen können „wir" jedoch sehen, dass ihr Kriterium auf eine andere Weise durch den ihr in den Phasen jeweils erscheinenden Gegenstand erfüllt wurde. Die Anpassung der Gegenstandskonzeption an diese Erscheinungsweise – die ich in II.1 in Analogie zur geometrischen Konstruktion als Selbstkonstruktion des Gegenstandes erläutert habe – führt im Rahmen von Hegels Modell des Bewusstseins (siehe II.1.2) zur Weiterbestimmung des zugrunde gelegten Objektivitätskriteriums.

Somit erwächst die Revision des Kriteriums *aus* der in der Binnenperspektive einer Bewusstseinsgestalt gemachten Erfahrung und hat deshalb die angestrebte therapeutische Wirkung: Die Revision ergibt sich als immanenter Lernprozess, der zur Selbstaufklärung über unsere alte Objektivitätskonzeption führt. Das alte Kriterium wird nämlich nicht verworfen, sondern im Sinne der gemachten Erfahrung weiterbestimmt, sodass das neue Kriterium als dessen *konkretere* Form angesehen werden kann und entsprechend die neue Gegenstandskonzeption als die Wahrheit der alten. So wird z. B. das abstrakte Objektivitätskriterium der sinnlichen Gewissheit, das „Sein" des „Dieses", in der Wahrnehmung nur weiter spezifiziert, sodass wir sagen können: Das punktuell-momenthafte Sein des „Dieses" ist in Wahrheit bzw. konkreter gefasst das qualitativ bestimmte, konstante Sein des „Dinges".

2 Sinnliche Gewissheit: Objektivität *qua* Identifikation

Die erste Gestalt des Bewusstseins ist die sinnliche Gewissheit. Sie beansprucht ein unmittelbares Wissen, indem sie sich auf die unmittelbare sinnliche Präsenz ihres Gegenstandes beruft. Der so erkannte Gegenstand soll eben das jeweils aktual angeschaute *Einzelding* sein; ihre Gegenstandskonzeption bedient sich implizit der Kategorie der Einzelheit. Der sich unter dieser Beschreibung unmittelbar anbietende Objekttyp sind demnach materielle, raumzeitlich lokalisierbare Einzeldinge.[327] Das Auftreten der sinnlichen Gewissheit ähnelt G. E. Moores emphatischem Hervorzeigen seiner zwei Hände: Die Gewissheit bezüglich von etwas derart unmittelbar Präsentem und Konkretem scheint schlechthin unbestreitbar.[328]

Die Unmittelbarkeit der sinnlichen Gewissheit eignet sich als Startpunkt für Hegels therapeutischen Transformationsprozess, weil sie eine sehr minimalistische Form der realistischen Objektivitätskonzeption zugrunde legt, also anschlussfähig und voraussetzungsarm ist. Der Bezugsgegenstand wird gemäß der Seite der Wahrheit als vom Wissen unabhängig Vorliegendes bestimmt: „Der Gegenstand aber *ist*, das Wahre, und das Wesen; er *ist*, gleichgültig dagegen ob er gewußt wird oder nicht" (64). Das Objektive im Wissen der sinnlichen Gewissheit, also das, was sie selbst nicht hergestellt hat und das ihrem Anspruch auf *Wissen* Rückhalt geben soll, ist demnach die schlichte Existenz ihres Gegenstandes. Der Gegenstand ist ihr nur deshalb unmittelbar sinnlich präsent und dem „reinen Anschauen" (67) zugänglich, *weil* er real existiert: „das Wissen aber ist nicht, wenn nicht der Gegenstand ist." (64) Weil die sinnliche Gewissheit sich auf keine weiteren Vermittlungsinstanzen ihres Wissens stützen will, geht sie davon aus, dass die Existenz ihres Gegenstandes sowohl notwendig als auch hinreichend sei,

---

327 Vgl. Horstmann 2006, 39.
328 Nach Koch hingegen ist die sinnliche Gewissheit als Anfangsgestalt „strenggenommen gar keine Bewußtseinsgestalt[]" (Koch 2006a, 22), da die beiden Momente des An-sich und des Für-es in ihr „beziehungslos auseinanderfallen" (Koch 2006a, 22). Diese Diagnose ist nach der vorliegenden Interpretation nicht angemessen, um das angewendete Prüfverfahren zu charakterisieren, und es ist fraglich, ob ein derartiges Auseinanderfallen von Wissen und Wahrem die unmittelbare, an G.E. Moores Händebeispiel erinnernde Gewissheit dieser Bewusstseinsgestalt trifft.

um ihren Wissensanspruch zu bewahrheiten. Das von der sinnlichen Gewissheit vertretene Kriterium für Objektivität lässt sich somit wie folgt definieren:

[Kriterium des Seins:] x ist etwas Objektives genau dann, wenn es als Existierendes ausweisbar ist.

2.1 Phasen: Sein oder Nichtsein der Einzelheit

In Phase I bezieht sich die sinnliche Gewissheit auf ihren Gegenstand als Dieses, d.h. als im Hier und Jetzt aktual präsentes Einzelding. Ihre Gegenstandskonzeption lässt das von ihr gemeinte Einzelne jedoch vollständig unterbestimmt. Dementsprechend können verschiedene Einzeldinge (bzw. einzelne Ereignisse und Sachverhalte) angeführt werden, die allesamt das Kriterium des Seins erfüllen. Die Existenz des einen Einzeldings bedeutet jedoch die Nichtexistenz des anderen, insofern es dem Bewusstsein um die unmittelbare sinnliche Präsenz eines Einzeldings im Hier und Jetzt geht. Dabei sind ‚Hier' und ‚Jetzt' nicht etwa selbst als indexikalische Ausdrücke anzusehen, sondern in gegenständlicher Bedeutung zu nehmen, die freilich der sinnlichen Gewissheit nur vermittelt durch eine entsprechende demonstrative Bezugnahme zugänglich ist.[329] So kann der Aussage „das Jetzt ist Tag" die Aussage entgegengehalten werden „das Jetzt ist Nacht". Solche Beispiele bewegen sich gleichsam unter dem Radar der sinnlichen Gewissheit, weil ihre Kriterien zu unterbestimmt sind, um sie auszuschließen.[330] Das intendierte Dieses bzw. das Hier und Jetzt *erscheinen* der sinnlichen Gewissheit dabei jeweils als etwas Allgemeines, das über verschiedene Bezugnahmen hinweg existieren bzw. nicht als inexistent konstatiert werden muss. Das bestimmungslose Einzelne hingegen, welches das Kriterium des Seins erfüllen sollte, zeigt sich gerade jeweils als inexistent. Die in Phase I mit dem als Hier und Jetzt erscheinenden Gegenstand gemachte Erfahrung führt somit zu folgender Einsicht in die Anwendbarkeit des zugrunde gelegten Objektivitätskriteriums:

(1) [Phase I:] Das Kriterium des Seins wird vom Gegenstand *nicht* erfüllt, insofern er ein Einzelnes ist, *sondern* insofern er ein Allgemeines ist, d.h. mit sich identisch bleibt.

In Phase II reagiert die sinnliche Gewissheit mit einer Reflexion in sich, indem sie ihre Gegenstandskonzeption durch die rechte Anwendung des Kriteriums zu stabilisieren sucht. Die sinnliche Gewissheit rekurriert dazu auf eine radikal subjektive Anwendungsbedingung: Im Meinen selbst, d.h. dem Akt der identifi-

---

[329] Siehe Koch 2014, 35, u. vgl. Heidemann 2004/5.
[330] Vgl. der ähnliche Umgang mit den Vorgaben der sinnlichen Gewissheit in Emundts 2012, 175.

zierenden Bezugnahme, sollen Anwendung und Erfüllung des Kriteriums zusammenfallen. Indem ich *dieses* Einzelne *meine*, soll es mir bereits gelungen sein, mich auf ein existierendes Einzelding zu beziehen. Vor allem soll so die vormalige Erfahrung der Inexistenz des Einzelnen vermieden werden, weil ich angesichts anderer Beispiele darauf beharren kann, eben nur *dies* (und nicht jenes) gemeint zu haben.

Hierbei erfährt die sinnliche Gewissheit jedoch, dass der Akt des Meinens zwar das Kriterium des Seins erfüllt, aber selbst nichts Einzelnes, sondern etwas Allgemeines ist, indem er gegenüber dem von ihm jeweils Intendierten indifferent ist. Das unmittelbar gewisse ‚Ich' in der Aussageform ‚Ich meine dieses' *erscheint* als ein gegen Unterschiede indifferentes, in allen Bezugnahmen existentes Allgemeines bzw. Identisches.[331] Zudem hat die sinnliche Gewissheit implizit erfahren, dass sie durch den Akt des Meinens *differenzieren* muss zwischen diesem, das sie meint, und jenem, das sie nicht meint:

(2) [Phase II:] Das Kriterium des Seins wird vom Gegenstand *nicht* erfüllt, insofern er unmittelbar als ein identisches Einzelnes identifizierbar ist, *sondern* insofern er von anderem unterschieden werden kann.

In Phase III reagiert die sinnliche Gewissheit darauf, dass der Rückzug auf die subjektive Anwendungsbedingung des ‚Ich meine …' nicht hinreichend war, um ein Einzelnes als seiend auszuweisen. Sie nimmt daher die in Phasen I und II gemachten Erfahrungen zusammen und beruft sich auf ihren einzelnen Akt der Ostension, der sich an einem bestimmten Einzelnen gleichsam festklammert, um sich nicht davon abbringen zu lassen, dass *dieser* von ihm als existierend gewusst werde. Das aufgezeigte Dieses *erscheint* jedoch nicht wie intendiert *als Einzelnes* unmittelbar seiend, sondern seiend als etwas, das durch einen diskriminativen Prozess hindurch als Identisches ausweisbar ist:

(3) [Phase III:] Das Kriterium des Seins wird vom Gegenstand *nicht* erfüllt, insofern er ein von anderem unterschiedenes Einzelnes ist, *sondern* insofern er sich als Identisches in einem Prozess des Unterscheidens durchhält.

Ob es Hegel gelingt, die sinnliche Gewissheit in diesem Rückzug auf eine private Ostension immanent zu kritisieren, ist seit Feuerbachs Einwand eine besonders umstrittene Frage.[332] Als Widerlegung ungeeignet sind Versuche, die von

---

[331] „Was darin nicht verschwindet, ist *Ich*, als *allgemeines*, dessen Sehen weder ein Sehen des Baums noch dieses Hauses, sondern ein einfaches Sehen ist […]." (66)

[332] Vgl. Feuerbach 1975, 33 f.: „Dem sinnlichen Bewußtsein ist eben die Sprache das Unreale, das Nichtige. Wie soll also das sinnliche Bewußtsein dadurch, daß das einzelne Sein sich nicht sagen läßt, sich widerlegt finden oder widerlegt sein? […] Aber das Bewußtsein lässt sich nicht irremachen, es hält nach wie vor fest an der Realität der einzelnen Dinge." Hegels Darstellung wirft

der sinnlichen Gewissheit nicht geteilte Prämissen ins Spiel bringen, z. B. die Anforderung sprachlicher Bestimmbarkeit.[333] Ebenfalls unzureichend ist Hegels Beispiel des Jetzt, an dem evident wird, dass jeder einzelne Jetzt-Moment im Fluss der Zeit schlechthin unbeständig ist und aus einer immer schon abgelaufenen Zeitfolge herausgegriffen wird.[334] Denn erstens strebt Hegel keine Konklusion lediglich über Jetzt-Momente an und zweitens könnte sich die sinnliche Gewissheit am performativen Selbstwiderspruch, etwas Gewesenes als Jetzt zu meinen, schlicht nicht stören, da für sie die Bedingungen ihrer identifizierenden Bezugnahme gerade nicht konstitutiv für das Einzelne sind, das sie meint.[335]

Meine Interpretation soll hier nur einen leicht außer Acht gelassenen Aspekt hinzufügen: Die sinnliche Gewissheit lernt in ihren Erfahrungen stets auch etwas über die Anwendbarkeit ihres Objektivitätskriteriums „Sein". Erstens erscheint ihr vieles als seiend – wie das Jetzt als Allgemeines –, das nicht in ihre intendierte Gegenstandskonzeption der Einzelheit passt, aber dennoch Gegenstand ihrer unterbestimmten Bezugnahme auf ein „Dieses", „Hier" und „Jetzt" sein kann.

---

diese Schwierigkeit selbst ausdrücklich auf, indem sie den Ausstieg der sinnlichen Gewissheit aus dem bisher diskursiv und dialogisch geführten Prüfungsverfahren kommentiert: „Da hiemit die Gewißheit nicht mehr herzutreten will […] so treten wir zu ihr hinzu, und lassen uns das Itzt zeigen" (67). Zu dieser dialogischen Dimension der Prüfung, siehe Emundts 2012, 126 ff.

333 Eindeutig ungeeignet ist daher der sprachliche Einwand, dass wer nichts als „dieses" sagt, unfähig ist, die Nicht-Identität zweier Individuen auszudrücken, da „dieses" als indexikalischer Ausdruck auf beide gleichermaßen referieren kann. Denn die sinnliche Gewissheit könnte problemlos zugeben, dass sie mit „dieses" zwar nichts Spezifisches zu *sagen* vermag, aber trotzdem etwas Spezifisches *meinen* könne. Hegel selbst konzediert, dass es möglich sei, solch eine sprachliche Widerlegung „gar nicht *zum Worte kommen* zu lassen" (70). An diesem Problem scheitert Taylors Rekonstruktion (vgl. Taylor 1972, 163 ff.), welche die externe Prämisse einführt, dass alles Wissbare auch sagbar sein muss. Houlgate 2015, 183 f., ist also zuzustimmen, dass Hegels Bemerkungen zur Sprache dessen Kritik nur erläutern, aber nicht selbst voranbringen sollen (übereinstimmend auch Emundts 2012, 171, u. Pippin 1989, 119). Bowman 2004 bettet die eigentümliche Sprachlosigkeit der sinnlichen Gewissheit in einen religionsphilosophischen Kontext ein, den Hegels Verweis auf die Eleusischen Mysterien aufgreift.

334 Darauf beruft sich die Rekonstruktion in Houlgate 2013, 39.

335 Dies ist das Problem von Pippins Rekonstruktion der sinnlichen Gewissheit, da sie darauf basiert, dass wir von den Bedingungen einer subjektseitigen Kapazität der Bezugnahme auf die Bedingungen schließen können, denen die Gegenstände der Bezugnahme unterliegen: „What is important for Hegel is what sense certainty must presuppose, not simply about its own experience but about ‚what there is,' about ‚sense objects,' as Hegel says […]." (Pippin 1989, 123) Pippin verkehrt diese Prämisse jedoch zu der Konklusion, die Hegel anvisiere: „Hegel begins here to try to show the dependence of any claim about objects on the specification of the conditions for its apprehension, and the vacuity of claims about objects, or what objects might be like, that do not include a reference to such conditions." (Pippin 1989, 123) Zu meiner Kritik an Pippins Verwendung transzendentaler Argumente, siehe Fn. 290.

Zweitens sind das Nichtsein bzw. die numerische Differenz zwischen Einzelnen die unabweisbare Kehrseite ihrer Kriterien und sie müssen auch von der sinnlichen Gewissheit anerkannt werden, da sie ohne einen solchen Kontrast der Nicht-Erfüllung ihrer Kriterien keinen Wissensanspruch im eigentlichen Sinne erheben würde (siehe II.1.2).

Vor diesem Hintergrund ist bereits die Erfahrung möglich, dass das verfließende Jetzt „im Andersseyn bleibt, was es ist" (68), d. h. sich in einem Prozess des Unterscheidens (hier: des Apprehendierens von Unterschieden) als Identisches durchhält. Dies ist eine positive Erfahrung davon, wie etwas sich als von einzelnen Bezugnahmen unabhängig existierend erweisen kann. Insofern es auch eine negative Erfahrung gibt – dass das gemeinte Einzelne, z. B. „das Jetzt ist Tag", als inexistent verschwindet –, kann zumindest deren *Möglichkeit* als in der Selbstkonstruktion des Begriffs der Einzelheit bzw. des „Dieses", „Jetzt", usf. *per se* Angelegtes angesehen werden. Die sinnliche Gewissheit erfährt nämlich, dass ihre Gegenstandskonzeption eine offene Flanke hinsichtlich ihres Objektivitätskriteriums hat und umgekehrt, dass ihr Kriterium vielfältiger anwendbar ist.[336] Zwar mögen die zur Widerlegung angebrachten Beispiele von außen stammen, aber diese offene Flanke der Unterbestimmtheit und damit des potentiellen Nichtseins ihres Gegenstandes hat die Konzeption der sinnlichen Gewissheit von Haus aus.

2.2 Transformation des Kriteriums: Bestimmtheit und Allgemeinheit

In der Metaperspektive des Phänomenologen lassen sich diese positiven wie negativen Gehalte der Erfahrung auf einer begrifflichen Ebene betrachten. In Phase I wurde die Erfahrung (1) gemacht, dass Einzelnes nicht ohne Bezug zu einem Allgemeinen das Kriterium des Seins erfüllt, d. h. je ein *Bestimmtes* ist. In Phase II zeigte sich (2), dass das Kriterium des Seins mit dem Begriff der Identität bzw.

---

[336] Mit dieser Rekonstruktion lässt sich Feuerbachs Einwand begegnen (siehe Fn. 332): Die sinnliche Gewissheit mag sich in der Tat nicht von der Meinung abbringen lassen, unmittelbar etwas Einzelnes zu *wissen*, aber sie muss diesem Einzelnen zuschreiben, *in Wahrheit* etwas durch Bestimmtheit Vermitteltes zu sein. Sogar Feuerbach selbst kommt nicht umhin, die Bestimmtheit des Einzelnen durch Allgemeinheit und Negation *objektiv* anzuerkennen: „Das sinnliche Sein, das Dieses vergeht, aber es kommt wieder ein anderes Sein, das gleichfalls ein Dieses ist, an seine Stelle." (Feuerbach 1975, 35) Er hält nur an dem Selbstverständnis der sinnlichen Gewissheit fest, diese Vermitteltheit nicht als solche zum Gegenstand ihres Wissens zu machen, selbst wenn dies *de facto* bereits geschehen ist. So lässt sich Feuerbachs Resümee als implizite Bestätigung der hegelschen Position lesen: „Und es ist darum das sinnliche Sein das bleibende, unwandelbare Sein dem *sinnlichen* Bewußtsein." (Feuerbach 1975, 35)

Sichselbstgleichheit verknüpft ist. In Phase III werden (1) und (2) vermittels der mit der Bewegung des Aufzeigens gemachten Erfahrung verknüpft (3): Die Identität des Bestimmten ist etwas Allgemeines, das sich trotz bestehender Unterschiede und über diese hinweg durchhält. Aus diesen Erfahrungen ist das neue Objektivitätskriterium der Gestalt der Wahrnehmung herleitbar: Was unabhängig von Wissen existiert, ist ein Sichselbstgleiches, das als bestimmtes Einzelding kraft allgemeiner Eigenschaften *reidentifizierbar* sein muss. Die Erfahrung der sinnlichen Gewissheit stellt sich somit aus der Metaperspektive wie folgt dar:

(1) [Phase I:] Das Kriterium des Seins wird vom Gegenstand *nicht* erfüllt, insofern er ein Einzelnes ist, *sondern* insofern er ein Allgemeines ist, d. h. mit sich identisch bleibt.

(2) [Phase II:] Das Kriterium des Seins wird vom Gegenstand *nicht* erfüllt, insofern er unmittelbar als ein identisches Einzelnes identifizierbar ist, *sondern* insofern er von anderem unterschieden werden kann.

(3) [Phase III:] Das Kriterium des Seins wird vom Gegenstand *nicht* erfüllt, insofern er ein von anderem unterschiedenes Einzelnes ist, *sondern* insofern er sich als Identisches in einem Prozess des Unterscheidens durchhält.

(4) [Neues Kriterium (Wahrnehmung):] x ist etwas Objektives, gdw. es als etwas Bestimmtes reidentifizierbar ist.

3 Wahrnehmung: Objektivität *qua* Reidentifizierbarkeit

Die Gestalt der Wahrnehmung vertritt eine robustere Objektivitätskonzeption als die sinnliche Gewissheit mit ihrem ephemeren Phänomenalismus des sinnlich Präsenten. Die Wahrnehmung betrachtet ihren Gegenstand zwar ebenfalls als zunächst sinnlich gegebenes *ready-made object*, aber sie fixiert den phänomenalen „Reichthum des sinnlichen Wissens" (71) in beständigen Substanzkernen, an denen die wandelbare Vielfalt der raumzeitlichen Anschauung zu Akzidentien gerinnt.[337] Diese substanzhaften Dinge sind ferner nicht mehr in privater Ostension zu erfassen, sondern auf allgemein mitteilbare Weise zugänglich, indem sie von jedem bzw. jederzeit anhand derselben allgemeinen qualitativen Bestimmungen reidentifiziert werden können: „Wie die Allgemeinheit ihr Princip überhaupt, so sind auch ihre [...] Momente, Ich ein allgemeines, und der Gegenstand ein allgemeiner." (71) Hegel geht dabei von den in der zuvor gemachten Erfahrung verknüpften Begriffen der Allgemeinheit und Einzelheit aus und präsentiert diese

---

[337] Vgl. Harris 1997, 239.

Gegenstandskonzeption als deren anschauliche Selbstkonstruktion: „Da sein Princip das Allgemeine, in seiner Einfachheit ein *vermitteltes* ist, so muß er diß als seine Natur an ihm ausdrücken: *er zeigt sich* [H.v.m.] dadurch als *das Ding von vielen Eigenschafften.*" (71)

Was das Ding von vielen Eigenschaften als Wahres auszeichnen soll, ist genau jene Beständigkeit, die dem einzelnen Hier und Jetzt der sinnlichen Gewissheit aufgrund der Abstraktion vom für das Einzelne konstitutiven Allgemeinen verwehrt geblieben ist. Wie oben hergeleitet, gründet diese Beständigkeit in den allgemeinen Eigenschaften, die das jeweilige Ding als ein bestimmtes qualitativ ausmachen. Das Ding ist somit etwas Objektives, insofern es ein qualitativ *reidentifizierbares* Einzelding ist:

> [Kriterium der Reidentifikation:] x ist etwas Objektives, gdw. es als etwas Bestimmtes reidentifizierbar ist.

Der Wissensanspruch der Wahrnehmung gründet sich auf dieses Objektivitätskriterium: „Sein Kriterium der Wahrheit ist daher die *Sichselbstgleichheit* und sein Verhalten, als sich selbst gleiches aufzufassen" (74). Damit die Wahrnehmung das Ding korrekt reidentifiziert, muss sie nur als „reines Auffassen" (73) an das Ding herangehen, um dessen Bestimmtheiten so aufzunehmen, wie sie an diesem selbst unmittelbar vorhanden sind – dann gelingt es ihr, das Ding als „Sichselbstgleiches" zu erfassen, andernfalls liegt eine „Täuschung" (74) vor, d. h. eine falsche Weise des Auffassens.

3.1 Phasen: Bestimmtheit und Unbestimmtheit des Dinges

Phase I von Hegels Darstellung der Wahrnehmung entfaltet die Art und Weise, wie der Gegenstand als *erscheint:* „er *zeigt sich* [H.v.m.] dadurch *das Ding von vielen Eigenschafften*" (71). Die Wahrnehmung erfährt bei ihrem reinen Auffassen bzw. „Nehmen" des „Wahren", dass ihr Kriterium nur auf eine *Hinsicht* des Gegenstandes angewendet werden kann, jede Hinsicht aber dergestalt isoliert gerade der Bestimmtheit ermangelt, durch die das Kriterium der Reidentifikation erfüllbar sein soll.

In der Gegenstandskonzeption der Wahrnehmung soll die Bestimmtheit des Wahren ermöglichen, dass es *als Einzelding* reidentifizierbar ist. Als „*rein Einer*" (74) betrachtet, geraten am Gegenstand jedoch seine Eigenschaften aus dem Blick, die ihn allererst als ein Bestimmtes unterscheidbar machen sollen. Wird hingegen bloß die Bestimmtheit durch allgemeine, verschiedentlich instanziierte Qualitäten betrachtet, steht nur die „*Gemeinschafft* mit Andern" (74) im Vordergrund und die diskriminative Funktion der Eigenschaften geht verloren. Die Unterschiedenheit von anderem lässt sich auch nicht in eine der Hinsichten hineinnehmen, weil wiederum entweder nur das Ding oder seine Eigenschaften fokussiert werden. Im ersten Fall *erscheint* das Ding als „ausschließendes Eins" (74), d. h. als eigenschaftsloses Substrat, das selbst etwas völlig Unbestimmtes ist. Im zweiten Fall *erscheint* es als „*gemeinschafftliches Medium*" (74), d. h. als bloß aggregathaftes Bündel von Eigenschaften. Hier muss aber unbestimmt bleiben, warum gerade diese und nur diese Auswahl von Eigenschaften in einem bestimmten Bündel vereinigt ist, weil die Einheit des Bündels durch eine weitere dem Bündel hinzugefügte Eigenschaft dem Auffassen darzubieten in einen Bradley'schen Regress führen würde.[338]

Auf begrifflicher Metaebene betrachtet ist entscheidend, dass das Ding dabei jeweils in eine Differenz zu sich selbst tritt. Es ist in keiner der Hinsichten ein Sichselbstgleiches, d. h. ein als etwas Bestimmtes Reidentifizierbares. Seine durchgängige Identität zeigt sich nur implizit in den Übergängen von einer Hinsicht zur anderen, welche die Wahrnehmung jeweils als Korrektur einer Täuschung durch falsches Auffassen deutet. Diese Übergänge zwischen Hinsichten zeigen, dass die Eigenschaften eigentlich *aspekthaft* am Ding erscheinen, sodass das Ding *in* seinen Aspekten als deren kernhafte Mitte wahrgenommen wird und die Aspekte wesenhaft *am* Ding wahrgenommen werden:[339]

(5) [Phase I:] Das Kriterium der Reidentifikation wird vom Gegenstand *nicht* erfüllt, insofern er ein eigenschaftsloses Substrat (Einzelnes) oder ein Bündel gewisser Eigenschaften (Allgemeines) ist, *sondern* insofern Eigenschaften an ihm als Aspekte unterscheidbar sind.

In Phase II findet sich die Gestalt der Wahrnehmung durch seine Scheiternserfahrung „*in seinem Auffassen* zugleich aus dem Wahren *heraus in sich reflectirt*" (75). Das heißt, sie versucht ihr Scheitern auf die fälschliche Anwendung des Objektivitätskriteriums zurückzuführen. Um das Ding als Sichselbstgleiches zu stabilisieren, schreibt die Wahrnehmung daher die Unterschiede der verschiedenen Hinsichten sich selbst und seinem Auffassen zu.

Hegel schildert dies wie einen semantischen Aufstieg. Die vorher im Wahrnehmen verwendeten Operatoren der Hinsichtnahme – z. B. das Salz ist „weiß, und *auch* kubisch" (76) und „*insofern* es weiß ist, ist es nicht kubisch" (76) – werden nun als solche erwähnt. Die Wahrnehmung schreibt sich selbst „das *Insofern*" (76) des Unterscheidens zu und behauptet, dass das Ding als „das *Auch*" (76) seiner vielen Eigenschaften ein Sichselbstgleiches sei. Aber aus denselben für Phase I geltend gemachten Gründen muss *beides* – der Differenz- und der Iden-

---

[338] Hier orientiere ich mich an der Lesart von Stern 2013b, 67 f.
[339] Für eine phänomenologische Analyse der räumlichen Dingwahrnehmung, welche ausdrücklich an Hegel anschließt und die von ihm analytisch zergliederte Aspekthaftigkeit ganzheitlich expliziert, siehe Plessner 1975, 81–85, bes. 83.

titätsaspekt – dem Ding objektseitig zugeschrieben werden. Die in sich reflektierte Wahrnehmung reagiert zunächst damit, sich die Hinsicht der Vielheit zuzuschreiben und dem Ding die der Einheit, wechselt dann aber in die umgekehrte Hinsichtnahme (vgl. 77). Aber dabei *erscheint* das Ding dementsprechend *ebenso* als „Auch" wie als unterschiedenes „Eins" und wird darin erneut sich selbst ungleich.[340] Die Bestimmtheit durch Unterschiede erfordert, dass die im Ding als „Auch" für fertig vorhanden erklärten eigenschaftlichen Aspekte *in Relation* zu anderem gesetzt werden müssen (was hier zuerst in der Form geschah, dass sie vom Bewusstsein in Relation zu seiner Hinsichtnahme gesetzt wurden):

(6) [Phase II:] Das Kriterium der Reidentifikation wird vom Gegenstand *nicht* erfüllt, insofern seine Aspekte für sich existieren, *sondern* insofern sie in Relation zu anderem stehen.

In Phase III geht die Wahrnehmung dazu über, ihren Wissensanspruch an die gemachte Erfahrung anzupassen, indem sie die für die Bestimmtheit des Dinges konstitutive Abgrenzung gegen anderes anerkennt. Sie hält aber daran fest, dass ihr Gegenstand ein fertig gegebenes, *ready-made object* und als solches nur zu „nehmen" sei. Deshalb wird dem Ding die Beziehung zu anderem als bloß akzidentelle, *externe* Relation zugeschrieben: „Das Ding ist also wohl an und für sich, sich selbst gleich; aber diese Einheit mit sich selbst wird durch andere Dinge gestört; so ist die Einheit des Dings erhalten, und zugleich das Andersseyn außer ihm, so wie außer dem Bewußtseyn." (77) Die Hinsichtnahme muss also relationale Bestimmungen des Dinges beachten, wenn sie die Bestimmtheit der Eigenschaften bzw. des Dinges erfassen will, aber diese Relationen sind extern, d. h. sie sind nicht als solche in der Essenz des Dinges verankert,[341] sondern nur im Wahrnehmen, das mehrere Dinge vergleicht. Dieses Manöver erinnert an die traditionelle Relationstheorie, der zufolge relationale Akzidentien einem Ding nicht eigentlich inhärieren, sondern einerseits in der intrinsisch bestimmten Essenz des Dinges gründen und ihm andererseits erst durch unsere Vergleichung mit anderem zugeschrieben werden.[342]

---

340 „Das Bewußtseyn findet also durch diese Vergleichung, daß nicht nur *sein* Nehmen des Wahren, die *Verschiedenheit des Auffassens* und *des in sich Zurückgehens* an ihm hat, sondern daß vielmehr das Wahre selbst, das Ding, sich [H.v.m.] auf diese gedoppelte Weise *zeigt* [H.v.m.]." (77) Vgl. Schmidt 2009a, 286 f.
341 Die Essenz ist die „*einfache Bestimmtheit*, welche seinen *wesentlichen* es von andern unterscheidenden Charakter ausmacht" (78).
342 Vgl. die Diskussion von Leibniz' Theorie relationaler Akzidentien in Della Rocca 2012, die auf ähnliche Probleme hinweist, wie die von Hegels Kritik der Wahrnehmung aufgeworfenen. Einen ähnlichen, auf die Identität des Ununterscheidbaren fokussierten Bezug zu Leibniz' Relationstheorie im Wahrnehmungskapitel stellen Schmidt 2009a, 286, u. Solomon 1983, 343 ff., her. Zu Hegels Kritik externer Relationen im Allgemeinen, siehe Horstmann 1984.

Wie kann Hegel den angepassten Wissensanspruch der Wahrnehmung kritisieren ohne sich auf eine externe Prämisse zu stützen, wie z. B. das Prinzip *omnia determinatio est negatio*?[343] Denn die Wahrnehmung gesteht zwar zu, dass ihre *Bezugnahme* auf Bestimmtheiten nicht ohne Unterscheidung möglich ist, aber sie leugnet schlicht, dass diese Unterscheidung ihrem Gegenstand an sich zukommt. Nach meiner Lesart scheitert die Wahrnehmung daran, wie ihr die in angeblich bloß externen Relationen stehenden Dinge *erscheinen:* Jedes Ding wird als relational bestimmtes wahrgenommen. Aber der Konzeption der Wahrnehmung zufolge muss jedes Ding als gegen das andere gleichgültiges, relationsloses „Eins" konstruiert werden. Dann ist die relationale Bestimmtheit, durch die das Kriterium der Reidentifikation erfüllt wird, aber nichts, was die Wahrnehmung an den Dingen vorfinden bzw. bloß „nehmen" kann. Sie findet für die externen Relationen in ihrer Gegenstandskonzeption gleichsam keinen Platz. Das isolierte, substantielle Ding zeigt sich somit als in sich Widersprüchliches – und also nicht als Sichselbstgleiches: Es soll relationale Bestimmungen begründen, insofern es selbst eine relationslose, intrinsisch bestimmte Essenz hat, und *vice versa.*[344] Die relationale Bestimmtheit des Dinges zeigt sich somit ebenfalls in aspekthafter Weise am Ding selbst: Es erfüllt das Objektivitätskriterium der Reidentifikation, insofern es sowohl ein mit sich Identisches als auch ein in sich aspekthaft Unterschiedenes ist.

(7) [Phase III:] Das Kriterium der Reidentifikation wird vom Gegenstand *nicht* erfüllt, insofern er in externen Relationen steht, *sondern* insofern seine relationalen Bestimmungen ihm als Aspekte zukommen.

3.2 Transformation des Kriteriums: Der Grund der Relation

Wie Hegel im Kapitel „Krafft und Verstand" anmerkt, sind in der Wahrnehmung aus phänomenologischer Metaperspektive bereits die Weichen gestellt, damit sich

---

343 Auf diese Prämisse stützt sich letztlich die Interpretation in Taylor 1972, 170.

344 „Die Bestimmtheit, welche den wesentlichen Charakter des Dinges ausmacht, und es von allen anderen unterscheidet, ist nun so bestimmt, daß das Ding dadurch im Gegensatze mit andern ist [...]. Ding aber, [...] ist es nur, insofern es nicht in dieser Beziehung auf andere steht" (78). Diese widersprechenden Hinsichten muss aber das Ding der Wahrnehmung in sich vereinigen, um ein Bestimmtes zu sein: „der Gegenstand ist vielmehr *in einer und derselben Rücksicht das Gegentheil seiner selbst, für sich insofern er für anderes, und für anderes insofern er für sich ist.*"
(79) Vgl. die übereinstimmende relationstheoretische Überlegung Bradleys: „Contradiction everywhere is the attempt to take what is plural and diverse as being one and the same [...]. And we have seen that without both diversity and unity the relational experience is lost, while to combine these two aspects it has left to it no possible ‚how' or way" (Bradley 1935, 635).

3 Wahrnehmung: Objektivität *qua* Reidentifizierbarkeit — 185

die idealistische Objektivitätskonzeption des Selbstbewusstseins durchsetzen kann. In der bisherigen Entwicklung von sinnlicher Gewissheit und Wahrnehmen habe sich „der wahre Gegenstand des Bewußtseins [...] als *Begriff*" (82) entpuppt. Doch die realistische Objektivitätskonzeption des Bewusstseins ist noch nicht bereit, dies vor Augen geführt zu bekommen, daher „erkennt es [das Bewusstsein] in jenem reflectirten Gegenstande nicht sich." (82) Selbst für die nächste Gestalt des Verstandes gilt, dass ihr das Wahre „noch nicht Begriff ist, oder das des *für sich seyns* des Bewußtseyns entbehrt, und das der Verstand, *ohne sich darin zu wissen* [H.v.m.], gewähren läßt." (82) Dieses implizite Resultat ist in Bezug auf das Wahrnehmen – das unwillkürlich „zu Gedanken gekommen" (82) sei – zu skizzieren.

In der Metaperspektive des Phänomenologen ergibt sich aus der Erfahrung der ersten Phase (5), dass die Reidentifizierbarkeit eines Dinges nicht einfach dadurch gewährleistet wird, dass es ein mit sich selbst identisches Bestimmtes ist und so vorliegt. Sie zeigt bereits in Ansätzen, dass es so etwas wie einen *allgemeinen Begriff* geben muss, d. h. etwas, das die allgemeinen Merkmale des Dinges in sich vereint, das aber weder selbst ein solches Merkmal ist noch ein einzelnes, von ihnen abstrahiertes Substrat. In der zweiten Phase (6) wird am Hinsichtnehmen der Wahrnehmung ferner so etwas wie eine *Subsumtion* vorgeführt, indem die Wahrnehmung sukzessive anschauliche Merkmale aufgreift und dabei einen gedanklich festgehaltenen Begriff zu haben scheint, der sie bei der bestimmten Verknüpfung der Merkmale durch das „Insofern" und „Auch" anleitet. Schließlich zeigt die in der dritten Phase (7) entwickelte Vorstellung einer Essenz, dass der Begriff als *Regel* oder *Grund* fungieren muss, welcher erstens festlegt, welche Bestimmungen für ein Ding wesentlich sind, und dies zweitens so tut, dass er die gedankliche Einheit der Bestimmungen bildet.

(5) [Phase I:] Das Kriterium der Reidentifikation wird vom Gegenstand *nicht* erfüllt, insofern er ein eigenschaftsloses Substrat (Einzelnes) oder eine Menge gewisser Eigenschaften (Allgemeines) ist, *sondern* insofern Eigenschaften an ihm als Aspekte unterscheidbar sind.

(6) [Phase II:] Das Kriterium der Reidentifikation wird vom Gegenstand *nicht* erfüllt, insofern seine Aspekte für sich existieren, *sondern* insofern sie in Relation zu anderem stehen.

(7) [Phase III:] Das Kriterium der Reidentifikation wird vom Gegenstand *nicht* erfüllt, insofern er in externen Relationen steht, *sondern* insofern seine relationalen Bestimmungen ihm als Aspekte zukommen.

Was hier als Begriff skizziert wurde, der (mit Kant gesprochen) in sich differenzierte Bestimmungen zur Einheit der Rekognition bringt, erscheint dem Bewusstsein wie gesagt noch nicht als solcher. Sein Objektivitätskriterium ist noch an der Gegenstandskonzeption eines materiellen, raumzeitlichen Einzeldings orientiert. Daher versinnlicht es gewissermaßen den hier in der Metaperspektive nachgezeichneten bestimmungslogischen Prozess des Begreifens und stellt sich den Begriff als *Kraft* vor: „[D]ie selbständig gesetzten [Unterschiede, Sz.] gehen unmittelbar in ihre Einheit, und ihre Einheit unmittelbar in die Entfaltung über, und diese wieder zurück in die Reduction. Diese Bewegung ist aber dasjenige was *Krafft* genannt wird" (84). Die Kraft fungiert wie der Begriff als allgemeine Regel bzw. Grund einzelner Bestimmungen, indem sie Ursache mannigfaltiger Wirkungen ist, sodass einzelne sinnliche Bestimmtheiten gemeinschaftlich ihre Äußerung darstellen. Die Kraft hält sich somit als Identisches *in* ihrer Ausbreitung in unterschiedliche Bestimmtheiten durch. Dieser Gegenstandskonzeption entspricht das Kriterium der kausalen Rolle:

(8) [Neues Kriterium (Verstand):] x ist etwas Objektives, gdw. wenn es kausale Kraft besitzt, d.h. als allgemeiner Grund verschiedener Bestimmtheiten fungiert.

4 Verstand: Objektivität *qua* kausale Rolle

Meine obige Erläuterung des Übergangs zur Gestalt des Verstandes gab bereits einen Vorblick auf das mit dieser Gestalt zu erreichende Resultat: Den Übergang zur idealistischen Objektivitätskonzeption des Selbstbewusstseins, der zufolge der Gegenstand nichts vom Wissen Unabhängiges oder ihm Äußerliches ist, sondern durch das Selbstbewusstsein konstituiert wird. Wie bereits angezeigt, steht der Verstand anfangs demgegenüber ganz auf dem Boden der realistischen Objektivitätskonzeption und begreift seinen Gegenstand als (physische) „Kraft". Für Hegels therapeutische Strategie muss im Selbstverständnis des Verstandes auch die Kontinuität zur Wahrnehmung bestehen, damit der Konzeptionswandel hin zu einer im Grundriss kantischen Position sich weiterhin als immanente Selbstaufklärung darstellt.[345]

Dieses Selbstverständnis des Verstandes, das Hegels Darstellung mit vielfältigen Anspielungen auf Newton, Kant und andere illustriert, sei hier kurz skiz-

---

345 Vgl. Emundts 2012, 220: „Die Position, die Kraft als etwas physisch Gegebenes auffasst, vollendet die Reihe der Positionen, die die Annahme teilen, dass der Maßstab für Erkenntnis der materielle raum-zeitliche Gegenstand ist. Die im Kapitel *Kraft und Verstand* vollzogene endgültige Aufgabe dieser Annahme kann für eine Erkenntnistheorie kaum überschätzt werden. Bereits hier möchte ich aber auch bemerken, dass Hegel meint, diese Aufgabe mit Kant zu vollziehen: Es ist die Kopernikanische Wende, die von Hegel erläutert und dann in ihrer von Kant gezogenen Konsequenz kritisiert wird."

ziert.³⁴⁶ Die Kraft ist gewissermaßen ein noch robusterer Gegenstand als das Ding der Wahrnehmung, weil sie nicht passiv neben anderem vorliegt, sondern sich aktiv im „Spiel der Kräfte" behauptet.³⁴⁷ Insgesamt klebt der Verstand nicht mehr an der kontingenten und wechselhaften Oberfläche des Sinnlichen als des ‚manifesten Weltbildes' (Sellars) fest, sondern sein Wissensanspruch richtet sich auf die Tiefenstrukturen eines wisssenschaftlichen Weltbildes, das hinter dem Sinnlichen die „übersinnliche" Welt der die sinnlichen Erscheinungen explanatorisch tragenden nomologischen Zusammenhänge und theoretischen Entitäten aufdeckt.

Der Wissensanspruch des Verstandes besteht zunächst darin, Kräfte *wahrzunehmen*, mit der Rechtfertigung, dass die wahrgenommenen Bestimmtheiten sich als Äußerungen einer Kraft und diese als deren Grund bzw. kausaler Ursprung *verstehen* lassen.³⁴⁸ Das Kriterium der kausalen Rolle verbürgt somit den Status des im Wissen erfassten Gegenstandes als vom Bewusstsein unabhängig existierende, physische Kraft:

[Kriterium der kausalen Rolle:] x ist etwas Objektives, gdw. wenn es eine kausale Rolle als allgemeiner Grund von verschiedenen Bestimmtheiten spielt.

Der Wissensanspruch des Verstandes wird sich in der oben skizzierten Richtung weiterentwickeln, sodass das gedankliche Erfassen des Inneren der sinnlichen Erscheinung immer mehr in den Vordergrund tritt. Das Wissen richtet sich später auf empirische Gesetze statt unmittelbar auf physische Kräfte und beruft sich nicht mehr auf einzelne Beobachtungen, sondern auf komplexere nomologische Erklärungen.

---

346 Vgl. die unterschiedlichen Kontextualisierungen der Gestalt des Verstandes bei Emundts 2012, 222; Harris 1997, 261; Schlösser 1996, 150; Schmidt 2009a, 288–290, u. Stekeler 2014, 538.
347 Ferner drohten die Eigenschaften des Wahrnehmungsdinges stets, sich als gegen ihren Träger gleichgültige und kontingente Akzidentien zu verflüchtigen. Demgegenüber ermöglicht es der Kraftbegriff, die Eigenschaften als sekundäre Qualitäten zu verstehen (z.B. im Locke'schen Sinne aktiver und passiver Kräfte; eine verwandte Beobachtung zu Locke machen Solomon 1983, 343, 364, u. Stekeler 2014, 629), die notwendigerweise unter bestimmten Bedingungen an Dingen einer gewissen Art hervortreten. Hegels Beispiel der sollizitierenden und sollizitierten Kraft lässt sich m.E. in diesem Sinne verstehen, weil in der dort stattfindenden „Austauschung der Bestimmtheiten" (86) die Aspekte des Wahrnehmungsdinges durch eine kausale Interaktion zum Vorschein kommen.
348 Hegel bemerkt zu seinem Vorbegriff der Kraft, den er in der Metaperspektive entwickelt, „diß wird für das Bewußtseyn in der Wahrnehmung der Bewegung der Krafft." (87) Diese Bewegung, in der Bestimmungen entfaltet und auf ihren Grund zurückgeführt werden, fängt zunächst als „Bewegung des Wahrnehmens" (84) an, d.h. als Beobachten, und geht dann zum es übersteigenden Resultat einer theoretischen Erklärung über, die die Kraft „als *ungegenständliches*, oder als *Inneres* der Dinge" (85) versteht.

4.1 Phasen: Setzen und Gesetztsein der Kraft

In Phase I hält die Gestalt des Verstandes an ihrer realistischen Auffassung fest, dass ihr Wahres als empirischer Gegenstand (bzw. als auf rein empirische Beobachtung gegründet) anzusehen ist, dessen begriffliche Struktur objektseitig vorfindlich ist.[349] Obwohl die Gegenstandskonzeption des Verstandes konstant bleibt, variiert der ihm *erscheinende* Gegenstand. Zunächst erscheint die Kraft als (i) physisches, direkt wahrnehmbares Phänomen, dann sukzessive als (ii) „Inneres" der Dinge und (iii) als „Gesetz" bzw. „ruhiges Reich von Gesetzen". In allen Fällen ergibt sich, dass der jeweils erscheinende Gegenstand nicht in der vom Verstand intendierten Weise das Kriterium der kausalen Rolle erfüllt.

(i) Bereits die Beobachtung der kausalen Interaktion zweier Kräfte *zeigt*, dass es sich bei den Kräften um keine „eignen Substanzen, welche sie trügen und erhielten" (87), handelt, die für sich bestünden und dann in eine Beziehung träten, sondern dass die Zuordnung kausaler Rollen von der beobachteten Wechselwirkung ausgehen muss: „[W]as sie sind, sind sie nur in dieser Mitte und Berührung" (87). Der Verstand transformiert somit die von der Wahrnehmung vertretene Konzeption externer Relationen (siehe 3.1) zum ontologischen Primat der Relation.[350] Der Grund der Bestimmtheit im Spiel der Kräfte sind nicht die darin verwobenen physischen Kräfte, sondern der Begriff der Kraft bzw. die dem physischen Vorgang zugrunde gelegte kausale Relation: „das Spiel der Kräffte hat nur eben diese negative Bedeutung, *nicht an sich* [...] zu seyn." (90, H.v.m.)

(ii) Mit dem Begriff der Kraft hat sich der Sache nach bereits gezeigt, dass die Begriffe des Verstandes konstitutiv für das sind, was dem Bewusstsein gegenständlich erscheint, aber der Verstand hält weiter an seiner realistischen Einstellung gegenüber der Kraft fest und reifiziert den Begriff der Kraft zum „Inneren" als dem inwendigen Grund der beobachtbaren Erscheinungen.[351] Derart von den

---

[349] Da sich die charakteristische, von jeder Bewusstseinsgestalt vollzogene zweite Phase der „Reflexion in sich" erst im „Erklären" des Verstandes vollzieht, ordne ich der Phase I die §§ 10–22 des Kapitels zu. Emundts gelangt mit ihrer an Hegels Kantkritik orientierten Rekonstruktion zu einer anderen Zuordnung, siehe Emundts 2012, 220 ff.

[350] Vgl. übereinstimmend Schmidt 2009a, 290: „So the metaphysical force must not be conceived as a property of something; rather, it is a *pure* force, a free-standing disposition without any bearer in which it inheres." Ich stimme mit Schmidts Beobachtung überein, jedoch nicht ohne Weiteres seiner spinozistischen Interpretation von „metaphysical force".

[351] Der Begriff der Kraft ist „sie, wie sie in ihrem wahren Wesen nur als *Gegenstand des Verstandes* ist" (88), wobei das „sinnlich gegenständliche überhaupt nur negative Bedeutung hat, das Bewußtseyn also daraus sich in sich als in das Wahre reflectirt ist" (88). Doch die Binnenperspektive des Bewusstseins hält daran fest, dass das Wahre ein *Anderes*, vom Bewusstsein Unterschiedenes ist. Daher macht es „als Bewußtseyn wieder diß Wahre zum gegenständlichen

Phänomenen abgekapselt *erscheint* das Innere jedoch als „das bleibende *Jenseits*" (89), d. h. als in sich Unbestimmtes, das somit nicht als Grund von Bestimmtheit fungieren kann.

(iii) Das Innere erfüllt demnach das Kriterium der kausalen Rolle vielmehr nur dann, wenn es als „Gesetz" konzipiert wird, damit die Bestimmtheiten der Phänomene jeweils als dessen *Erscheinung* verstanden werden können.[352] Anhand unterschiedlicher Spezifikationen des Gesetzes versucht Hegel jedoch zu zeigen, dass das Gesetz dabei nicht als unabhängig vom Verstand vorliegende, rein empirisch zu ermittelnde Gesetzmäßigkeit verstanden werden darf. Hegels Kritik zeigt, dass das Gesetz die Rolle des Grunds von Bestimmtheit nicht erfüllen kann, weil es der dafür erforderlichen „innre[n] *Nothwendigkeit*" (93) in der Beziehung zwischen Besonderem und Allgemeinem entbehrt. Das Defizit innerer Notwendigkeit betrifft die allgemeine Form des Gesetzes im Verhältnis zu bestimmten Gesetzen (§ 19), das bestimmte Gesetz im Verhältnis zur durch es bestimmten Kraft (§ 21) und die Form des bestimmten Gesetzes im Verhältnis zu seinem Inhalt (§ 22).[353]

Die in Phase I gemachten Erfahrungen konvergieren darin, dass der erscheinende Gegenstand nicht für sich einen allgemeinen Grund von Bestimmtheit darstellt, sondern stets nur in Relation zu etwas anderem, sei es zu einer sollizitierenden Kraft oder zu einer Vielfalt von Gesetzen bzw. *ceteris paribus*-Fällen. Das Kriterium der kausalen Rolle wird erst erfüllt, wenn eine diese Relation von Allgemeinem und seiner Besonderung herstellende Erklärung hinzugefügt wird:

(9) [Phase I:] Das Kriterium der kausalen Rolle wird vom Gegenstand *nicht* erfüllt, insofern er *qua* einzelner Bestimmung (Wirkung) oder *qua* Allgemeinem (Gesetz) identifiziert wird, *sondern* insofern er als Relation zwischen gewissen Bestimmtheiten und etwas Allgemeinem reidentifizierbar ist.

In Phase II versucht die Gestalt des Verstandes ihre Gegenstandskonzeption zu stabilisieren, indem sie sich auf ihr „Erklären" als Anwendungsbedingung des Kriteriums beruft: Das Innere der Kraft erfüllt das Objektivitätskriterium, insofern

---

Innern" (88) und unterscheidet „diese Reflexion der Dinge von seiner Reflexion in sich selbst" (88). Demgemäß modifiziert sich der Wissensanspruch des Bewusstseins dergestalt, dass es „ein mittelbares Verhältnis zu dem Innern hat, und als Verstand *durch diese Mitte des Spiels der Kräffte in den wahren Hintergrund der Dinge blickt.*" (88)

352 „Dieser Unterschied als allgemeiner ist daher das einfache an dem Spiele der Krafft selbst, und das Wahre desselben; er ist das Gesetz der Krafft." (91)

353 Vgl. die detaillierten Rekonstruktionen von Emundts 2012, 238–252; Schlösser 1996, 459 ff., u. Schmidt 2009a, 291–293.

seine Erscheinung als gesetzmäßig *erklärbar* ist.[354] Die subjektseitige Erklärung soll ferner die Form des allgemeinen Gesetzes mit der Bestimmtheit der einzelnen Erscheinungen vermitteln.[355] Das Erklären gibt sich dabei als Tautologie aus, weil es seinem Selbstverständnis nach nur Identitätsaussagen expliziert, die unabhängig von seiner Explikation wahr sind.[356] Zum Beispiel könnte gesagt werden, dass der Blitz *nichts anderes* sei als eine elektrische Entladung zufolge des Gesetzes der Elektrizität. Diese Identitätsaussage ist gehaltvoll, gerade weil sie *erklärt* werden muss: Sie verbindet solches, das a priori unterschiedlich ist – den einzelnen Blitz; seine Einordnung als besonderer Fall eines Gesetzes; die dem Blitz zugrunde liegende elektromagnetische Kraft und deren allgemeines Gesetz. Aber wenn die Erklärung zutrifft, handelt es sich bei Blitz und gesetzmäßiger Entladung um etwas notwendig Identisches.[357] Die in der Erklärung der Identitätsaussage angeführten Unterschiede sind also gar keine zur Sache selbst gehörigen – dennoch mussten sie für die Erklärung gemacht werden.[358] Das Erklären zeigt damit, dass die Relationen der Identität und Differenz für die Erfüllung des Kriteriums der kausalen Rolle auf eigentümliche Weise verschränkt werden müssen: „[E]s ist diese BEWEGUNG, daß *allerdings ein Unterschied gemacht, aber, weil er keiner ist, wieder aufgehoben wird.*" (95)

(10) [Phase II:] Das Kriterium der kausalen Rolle wird vom Gegenstand *nicht* erfüllt, insofern er in einer externen Relation zu gewissen Bestimmtheiten steht, *sondern* insofern diese Relation zu seinen Identitätsbedingungen gehört.

Der Übergang zu Phase III wird von Hegel so dargestellt, dass der im Erklären gemachte Unterschied auch objektseitig erscheint, d. h. „*sich* [H.v.m.] hiemit als Unterschied *der Sache selbst* [...] dar[stellt]" (96). Im Sinne des Prüfungsverfah-

---

354 Vgl. Stekeler 2014, 631: „Die ‚Dinge an sich' sind, wie Hegel sieht, also aus rein tautologischen Gründen nicht rein *perzeptiv* erkennbar. Als bloße Dinge an sich sind sie auch nicht eigentlich *wirkkausal*, sondern nur *erklärungskausal* in der Welt der Wahrnehmbaren ‚wirksam'."
355 „Aber dieser innre Unterschied fällt nur erst noch in *den Verstand*; und ist noch nicht *an der Sache selbst gesetzt*. Es ist also nur die *eigne* Nothwendigkeit, was der Verstand ausspricht" (94).
356 „In dieser tautologischen Bewegung beharrt [...], der Verstand bey der ruhigen Einheit seines Gegenstandes und die Bewegung fällt nur in ihn selbst, nicht in den Gegenstand" (95). So wird z. B. der Blitz als einzelnes physisches Phänomen mit dem allgemeinen Gesetz der Elektrizität erklärt, aber sogleich hinzugefügt, dass der Blitz ja identisch sei mit der sich in ihm äußernden elektrischen Kraft, die ihrerseits exakt so beschaffen sei wie das Gesetz (siehe 95). Vgl. Schlösser 1996, 460, u. Schmidt 2009a, 294.
357 Vgl. Kripke 1980, 123–129.
358 „Es wird also ein *Gesetz* ausgesprochen, von diesem wird sein an sich allgemeines, oder der Grund, als die *Krafft*, unterschieden; aber von diesem Unterschiede wird gesagt, daß er keiner, sondern vielmehr der Grund ganz so beschaffen sey, wie das Gesetz." (95)

rens gesprochen: Das vormalige „Für-es-Sein des Ansich", d. h. die Weise, wie das Innere im Erklären aufgefasst wurde, rückt somit selbst in die Position des Wahren.[359] Wie aber ist dieser Vorgang aus der Binnenperspektive des Verstandes nachvollziehbar, die doch davon ausgeht, dass das Erklären etwas rein äußerliches ist? Der Verstand geht erstens davon aus, dass sein Erklären zwar äußerlich, aber sachgemäß ist, und zweitens geht er von der ontologischen Dualität Erscheinung/Inneres aus. Daraus folgt, dass die in den Identitätsaussagen des Erklärens gesetzten Unterschiede jeweils ein ontologisches Korrelat haben müssen. Ferner hält der Verstand daran fest, dass die ontologische Dualität bestehen bleibt. Deshalb wird die mit dem Unterschied gesetzte relationale Bestimmtheit der Gesetze (z. B. dass sie im Magneten als Gegensatz von Nordpol und Südpol erscheinen [98]) in reifizierter Form als „*verkehrte* Welt" (96) vorgestellt. Der im Erklären zugleich gesetzte Aspekt der Identität wird ebenso in reifizierter Form der übersinnlichen Welt des „*ruhige*[n] *Reich*[s] *von Gesetzen*" (91) zugeordnet.[360] Die „verkehrte" Welt kann jedoch nicht das Kriterium der kausalen Rolle erfüllen, weil sie nicht für ihre eigene Bestimmtheit aufkommen kann. Sie soll zwar den allgemeinen Grund für die Unterschiede abgeben, die in das „ruhige Reich der Gesetze" eintreten, aber sie kann dies nur unter Voraussetzung dieser anderen übersinnlichen Welt und ihrer Identität mit derselben.[361] Dabei zeigt sich, dass die dergestalt als verschiedene Welten reifizierten Aspekte der Identität und der Differenz miteinander verschränkt werden müssen, wie sie es bereits im „Erklären" waren:[362]

(11) [Phase III:] Das Kriterium der kausalen Rolle wird vom Gegenstand *nicht* erfüllt, insofern ihm eine interne Relation zu gewissen Bestimmtheiten zukommt, *sondern* insofern er durch eine Relation bestimmt wird, welche dieselben sowohl von ihm unterscheidet als auch mit ihm als Allgemeinem identifiziert.

---

359 Vgl. Schlösser 1996, 462.
360 Vgl. Emundts 2012, 273, u. Schmidt 2009a, 296 f.
361 „So hat die übersinnliche Welt, welche die verkehrte ist, über die andere zugleich übergegriffen, und sie an sich selbst; sie ist für sich die verkehrte, d. h. die verkehrte ihrer selbst" (99).
362 Der Fehler liegt also darin, den Grund der Bestimmtheit als „zwey Welten, oder an zwey substantielle Elemente vertheilt" (101) anzusehen – an ein Prinzip der Identitätsbedingungen des Grundes und an ein Prinzip seiner Differenzierbarkeit –, sodass der Primat der Relation, welche intern zwischen Identität und Differenz besteht, wieder aufgehoben wird.

4.2 Transformation des Kriteriums: Selbstbewusstsein

In der phänomenologischen Metaperspektive gibt Hegel der Erfahrung des Verstandes eine kühne, bereits mehrfach angedeutete Wendung: Die gemachte Erfahrung wird als Darstellung des Begriffs der „einfachen Unendlichkeit" rekonstruiert, der wiederum die wesentliche Struktur sowohl des Begrifflichen überhaupt als auch des Selbstbewusstseins ausmachen soll.[363] Hegels Rekonfiguration der bisher eingeführten begrifflichen Elemente zum Begriff des Selbstbewusstseins ist sehr komplex und wird von mir hier weitgehend ausgeklammert.[364] Im Zentrum steht die am Erklären aufgewiesene Struktur des symmetrischen „*Unterscheiden[s] des Ununterschiedenen*" (101). Sie soll die reflexive Struktur des Selbstbewusstseins abbilden, in welcher die Unterscheidung von wissendem und gewusstem Ich einerseits die Bedingung dafür ist, sich der Identität des Ich gewahr zu sein, diese Identität aber andererseits die Bedingung für jene Unterscheidung ist.[365]

Gemäß meiner Rekonstruktion der Hegel'schen Methode als Therapie ist diese Entwicklung in der Metaperspektive des Phänomenologen anzusiedeln, die aber nur die begriffliche Nachkonstruktion dessen leisten soll, was bereits vom Bewusstsein erfahren wurde.[366] Die oben angeführten Formen, in denen der Gegenstand dem Verstand *erschien*, geben daher den entscheidenden Ansatzpunkt zur Neubestimmung des Objektivitätskriteriums. An ihnen finden sich die Strukturmomente des Begriffs der Unendlichkeit wieder.

In der ersten Phase (9) ergab sich, dass etwas nur dann der Grund von Bestimmtheit ist, wenn es eine notwendige Relation zwischen dem Allgemeinem und seiner Besonderung enthält. Diese Relation, z. B. zwischen dem Gesetz und seinen Anwendungsfällen, ist nun so zu verstehen, dass das Allgemeine sich in unter-

---

363 Die „einfache Unendlichkeit" (99) ist laut Hegel „der absolute Begriff" (99) und „*Selbstbewußtseyn*" (101). Nach der Lesart von Knappik 2016b, 159, ergebe sich in *PhG* III nicht mehr als eine „*structural, rather than numerical identity*" zwischen Bewusstsein und Gegenstand, indem dieser dieselbe Struktur des inneren Unterschieds aufweise wie das Selbstbewusstsein, das jemand von der numerischen Identität seines Ich hat. Knappiks Lesart spielt m. E. die Rolle des Selbstbewusstseins als Kriterium für Objektivität herunter – siehe (12) unten –, die letztlich im Übergang zu *PhG* IV dazu führt, das Objekt dem Selbstbewusstsein unterzuordnen (siehe I.3.1)
364 Eine detaillierte Rekonstruktion gibt Schlösser 1996, 465 ff.
365 „*Ich unterscheide mich von mir selbst, und es ist darin unmittelbar für mich, daß diß unterschiedene nicht unterschieden ist. Ich, das Gleichnamige stoße mich von mir selbst ab; aber diß unterschiedne, ungleichgesetzte, ist unmittelbar, indem es unterschieden ist, kein Unterschied für mich.*" (101)
366 Meine Interpretation der Darstellungsperspektiven der *PhG* (I.1.4) verpflichtet mich darauf, dass ich die Entwicklung des Begriffes der Unendlichkeit nicht, wie Emundts, als Ausdruck einer gesonderten „Perspektive Hegels" ansehen kann (Emundts 2012, 279).

schiedlichen Bestimmtheiten als Identisches durchhält, d. h. in seinem Anderssein.[367] Die zweite Phase (10) zeigte, dass der dabei zu vollziehende Übergang vom Aspekt der Identität zu dem der Differenz dem Gegenstand in einem ontologischen Sinn zukommen muss und nicht in eine bloße externe Relation zu einem subjektseitigen Erklären fallen darf.[368] Der Kollaps der verkehrten Welt ergab in der dritten Phase (11), dass Identität und Differenz ihrerseits in einem symmetrischen Verhältnis stehen müssen, das Hegel zur „Einheit" beider ausdeutet.[369] Da Hegel zufolge diese Strukturmomente der Unendlichkeit die oben skizzierte Struktur des Selbstbewusstseins abbilden, ergibt sich folgendes neues Objektivitätskriterium:

(12) [Selbstbewusstsein:] x ist etwas Objektives, gdw. wenn die Aktivität der Bestimmung von x die Einheit des Selbstbewusstseins herstellt.

Selbst wenn sich der Übergang zur Konzeption des Selbstbewusstseins aus der begrifflichen Metaperspektive nachvollziehen lässt, bleibt aber noch strittig, wie er sich in der Binnenperspektive des Bewusstseins darstellt und welche systematische These genau mit ihm verbunden sein soll.[370] Ich habe mich vorgreifend in 3.2 des kantischen Theorierahmens bedient, um Hegels These zu erläutern – wie sich in II.3 zeigen wird, bildet der Bezug zu Kants transzendentalem Idealismus auch in Hegels rückblickender Darstellung des „Bewußtseyn"-Abschnitts ein Leitmotiv. In diesem Sinne weitergedacht besagt das neue Kriterium so etwas wie die These, dass das Selbstbewusstsein eine notwendige Bedingung von Objektivität ist. Gegenstände haben demnach nur dann den Status von etwas Objektivem, wenn sie begrifflich strukturiert und in Urteilen bestimmbar sind, sodass sie zur Einheit der Apperzeption gebracht werden können.

Für die hier fokussierte therapeutische Bedeutung der Entwicklung ist entscheidend, dass sich im Zuge der oben rekonstruierten Erfahrung das Verhältnis des Bewusstseins zu seinem Gegenstand grundlegend wandelt. Wie ich in II.3 näher ausführe, ist das primäre Ziel, immanent zu einer idealistischen Einstellung gegenüber dem Gegenstand zu führen, die ihn nicht mehr als unabhängig vom Wissen bestehendes Anderes ansieht. Hegel selbst weist darauf hin, dass das erreichte Resultat noch sehr abstrakt ist: „Das Selbstbewußtseyn aber ist erst *für sich* geworden, noch nicht *als Einheit* mit dem Bewußtseyn überhaupt." (102) Hegel zeigt damit an, dass die bestimmte Form, in welcher das Selbstbewusstsein

---

367 „α) es ist ein sich *selbstgleiches*, welches aber der *Unterschied* an sich ist" (99).
368 „β) Das entzweite, welches die in dem *Gesetze* vorgestellten Theile ausmacht, stellt sich als Bestehendes dar" (99).
369 „γ) Durch den Begriff des innern Unterschiedes aber ist diß [...] ein *Unterschied*, welcher kein *Unterschied* ist, oder nur ein Unterschied des *Gleichnamigen*, und sein Wesen die Einheit" (99).
370 Vgl. die sehr unterschiedlichen Deutungen des Übergangs in Emundts 2012, 282–84; Houlgate 2013, 82; Knappik 2016, 156–160; Pippin 1989, 138 ff.; Schmidt 2009a, 298–300; Stern 2013, 79 ff.

die Wahrheit des Bewusstseins darstellen soll, noch gar nicht gefunden ist. Er deutet dabei einen Konflikt von Bewusstsein und Selbstbewusstsein an, der zu einer folgenreichen Wendung in seiner Argumentation führen wird, die ich in II.3 anhand der Gestalt des unglücklichen Bewusstseins analysieren werde.

Im Blick auf die Herausbildung einer idealistischen Objektivitätskonzeption ist hier das negative Ergebnis von (1)–(12) festzuhalten: ‚Objektiv' im vom natürlichen Bewusstsein intendierten Sinne sind *nicht* die materiellen Dinge der sinnlichen Welt als schlicht vorhandene *ready-made objects*. Denn es hat sich nicht bewährt, die Bestimmtheit der Gegenstände als etwas an sich Vorhandenes anzusehen, sondern sie zeigt sich schlussendlich als etwas Begriffliches, das für und durch das Selbstbewusstsein gesetzt ist. Hegels Darstellung der Erfahrung im Abschnitt „A. Bewußtseyn" dient somit dazu, die realistische Objektivitätskonzeption des Bewusstseins intern zu einer idealistischen Konzeption nach kantischem Vorbild zu transformieren:

> „Der *nothwendige Fortgang* von den bisherigen Gestalten des Bewußtseyns, welchen ihr Wahres ein Ding, ein anderes war, als sie selbst, drückt eben diß aus, daß nicht allein das Bewußtseyn vom Dinge nur für ein Selbstbewußtseyn möglich ist, sondern daß diß allein die Wahrheit jener Gestalten ist." (102)

Der „*nothwendige Fortgang*" der dargestellten Entwicklung garantiert dabei, dass sie das Selbstverständnis des Bewusstseins miterfasst und die von ihm selbst eingebrachte Objektivitätskonzeption transformiert. Dies stellte sich hier wie folgt dar: Das Bewusstsein setzte in seinem Wissensanspruch zunächst voraus, dass sein Gegenstand unabhängig von ihm seiend ist (2.). Das Kriterium musste aber modifiziert werden, weil nur etwas Bestimmtes, das als solches reidentifizierbar (‚sichselbstgleich') ist, im robusten Sinne ein Seiendes ist (2.2). Auch dieses Kriterium musste modifiziert werden, weil die in der Reidentifikation vorausgesetzte Objektkonstanz sowie der innere Zusammenhang identitätsstiftender Eigenschaften nur dann gegeben sind, wenn der Gegenstand ein selbständiger Grund von Bestimmtheit ist (3.2). Das dergestalt weiterbestimmte Kriterium musste schließlich noch einmal modifiziert werden, weil die notwendige Beziehung zwischen den Bestimmtheiten und ihrem Grund nur durch eine Aktivität des Bestimmens garantiert werden kann, welche die Struktur des Selbstbewusstseins hat (4.2).[371]

---

[371] Daher gelange ich zu einem anderen Resultat von *PhG* III als Emundts, laut der Hegel dort zeige, dass Lebewesen das Paradigma für selbständig existierende, konstant individuierbare Gegenstände seien und nicht physikalische Körper (Emundts 2012, 349). Da dieses Resultat auf der Ebene einer Theorie der Objektarten angesiedelt ist und nicht auf der Ebene der von ihnen zu erfüllenden Objektivitätskriterien, könnten beide Lesarten jedoch kompatibel sein.

3 Die Rache des Skeptikers im „unglücklichen Bewusstsein"

Mit Hegels phänomenologischer Entwicklung der Gestalt des Bewusstseins zu der des Selbstbewusstseins scheinen wir das in Kapitel II.1 gesteckte Ziel erreicht zu haben: Die vom Bewusstsein vertretene realistische Konzeption von Objektivität wurde einer immanenten Kritik unterzogen und es ergaben sich die Grundzüge einer neuen, idealistischen Konzeption von Objektivität, die von einer internen Beziehung zwischen Wissen und Gegenstand ausgeht. Ist also die anvisierte Therapie des Problems objektiver Geltung geglückt? Haben wir mit Hegel bereits einen Standpunkt absoluten Wissens erreicht, von dem aus die Kluft zwischen der Welt ‚für uns' und der Welt ‚an sich' verschwunden ist?

In diesem Kapitel werde ich zeigen, dass Hegel mit der Gestalt des unglücklichen Bewusstseins auf die kritische Brechung der bisherigen Entwicklung abzielt, welche auch die in deren Zuge entwickelte idealistische Objektivitätskonzeption betrifft. Diese kritische Brechung und Rückwendung auf den bisherigen Gang dient Hegel erstens dazu, den Übergang zu seiner finalen Konzeption des absoluten Wissens vorzubereiten, und zweitens dazu, sie gegen konkurrierende idealistische Positionen abzugrenzen, vor allem gegen Kant und den frühen Fichte. Hegel nutzt dabei die Gestalt des „unglücklichen Bewußtseyns", um das von mir in I.3 angezeigte skeptische Racheproblem des (transzendentalen) Idealismus innerhalb der phänomenologischen Darstellungsform aufzuwerfen.

Wie ich im **1.** Abschnitt zeige, basiert das Racheproblem auf einem Hegels Darstellung durchziehenden Konflikt des Selbstbewusstseins mit dem von ihm nicht eliminierbaren Pol eines gegenständlichen „Anderen". Diesen Konflikt verfolge ich anhand von zentralen Stationen im Abschnitt „B. Selbstbewußtseyn" bis zu „C. Vernunft". In diesen Kontext bette ich das unglückliche Bewusstsein ein und erläutere davon ausgehend den systematischen Gehalt der es kennzeichnenden „Entzweyung" **(2.)**. In den darauffolgenden Abschnitten **(3.–5.)** rekonstruiere ich die Sequenz von Erfahrungen, die das unglückliche Bewusstsein mit seiner Entzweiung macht, als Explikationsstufen von Hegels immanenter Kritik des Idealismus.

Worin besteht das von Hegel hier aufgeworfene Racheproblem? Dies lässt sich aus dem Hegels *Phänomenologie* zugeschriebenen Projekt einer philosophischen Therapie ersehen. Wenn wir auf den zwischen den Kapiteln *PhG* III und IV stattfindenden Übergang zur idealistischen Objektivitätskonzeption des Selbstbewusstseins blicken, stellt sich folgende Frage: Wie können wir einerseits behaupten, eine aufgeklärte Form unserer alltäglichen, realistischen Konzeption von Objektivität erreicht zu haben, und andererseits die unabhängige Realität unseres Gegenstandes von vornherein bestreiten? Wie in Kapitel II.1 gezeigt, lässt sich Hegels therapeutischer Anspruch einer immanenten Kritik nur dann einlösen, wenn die von ihm kritisierte Konzeption nicht aufgegeben, sondern transformiert wird und als aufgehobene weiter mitläuft. Im Selbstbewusstseinskapitel scheint aber das Gegenteil der Fall: Wir stehen vor dem Dilemma, einerseits einen transzendentalen Standpunkt einnehmen zu wollen, der Wissen gemäß einer selbstbezüglichen Struktur versteht, und andererseits an den empirischen Standpunkt gebunden zu bleiben, der sich auf die Welt als ein von ihm unabhängiges Gegenüber richtet. Dieses Dilemma nenne ich den Konflikt zwischen der ‚idealistischen' und der ‚realistischen' Einstellung gegenüber dem Gegenstand des Bewusstseins. Wenn dieser Konflikt nicht befriedigend gelöst werden kann, droht Hegels Position der Rückfall in einen einseitig subjektiven Idealismus. Denn entweder würde die realistische Einstellung dogmatisch nivelliert (was Strouds Idealismusproblem aufwürfe) oder sie würde neben dem transzendentalen Standpunkt bestehen bleiben, was diesen als endlichen, auf eine phänomenale ‚Welt für uns' beschränkten Standpunkt erscheinen ließe (bzw. Strouds Substitutions- und Brückenprobleme aufwürfe).

Das Unglück des unglücklichen Bewusstseins besteht in einer allegorisch-religiösen Form des oben skizzierten Dilemmas: Das unglückliche Bewusstsein ist das eines Menschen, der sich nach der Vereinigung mit dem Göttlichen sehnt, sich aber als endliches, leibliches Wesen von diesem ausgeschlossen vorfindet. Während Gott gegenüber der Wirklichkeit als deren Schöpfer eine idealistische Einstellung einzunehmen vermag, kettet die Leiblichkeit den Menschen an die realistische Einstellung. Hegel schildert dies als Entzweiung *innerhalb* eines Selbstbewusstseins, das zwischen den Standpunkten des empirischen Ich und des transzendentalen Ich hin und her gerissen ist. Die innere Entzweiung des unglücklichen Bewusstseins spiegelt somit eine noch unaufgelöste systematische Spannung wider, mit der eine idealistische Objektivitätskonzeption behaftet ist, welche auf selbstreflektierte Weise unseren realistischen Intuitionen Rechnung zu tragen versucht.

1 Der Konflikt des Selbstbewusstseins mit dem „Anderen"

Das unglückliche Bewusstsein ist die letzte Gestalt, die im Abschnitt „B. Selbstbewußtseyn" auftritt. In ihr spitzt sich der eingangs skizzierte Konflikt zu, der zwischen den Einstellungen des Bewusstseins und des Selbstbewusstseins im ganzen Abschnitt ausgetragen wird. Um die systematische Tragweite dieses Konflikts zu ermessen und Hegels Argumentation im Kapitel „IV.C Das unglückliche Bewußtseyn" nachzuvollziehen, müssen diese Motivstränge zurückverfolgt werden, die sich in der Gestalt des unglücklichen Bewusstseins bündeln. Dies ist das Ziel der folgenden, schlaglichtartigen Analyse.

1.1 Knechtschaft: Kampf mit der realistischen Einstellung

Hegels immanente Kritik an der realistischen Objektivitätskonzeption des natürlichen Bewusstseins ist mit dem Abschnitt „A. Bewußtseyn" noch nicht abgeschlossen. Dies zeigen die den Abschnitt „B. Selbstbewußtseyn" einrahmenden Übergänge. Beide thematisieren einen latenten Konflikt, der sich zwischen den in der Form des Selbstbewusstseins auftretenden Bewusstseinsgestalten und der (Nicht-)Anerkennung ihres Gegenstandes als eines an sich bestehenden Anderen entzündet.

Rückblickend vom Abschnitt „C. Vernunft" aus gesehen, resultiert die Entwicklung des Selbstbewusstseins in der Position des *„Idealismus"* (133), die mit der auf Fichte gemünzten Gewissheit „Ich bin Ich" (133) so ernst macht, dass das „Ich, welches mir Gegenstand ist, [...] Gegenstand mit dem Bewußtseyn des *Nichtseyns* irgend eines andern [ist]" (133). Dieser Idealismus markiert den vorläufigen Endpunkt in der Entwicklung der idealistischen Objektivitätskonzeption, welche die Trennung von Wissen und Wahrheit aufheben soll. Der Idealismus der „Vernunft" erkennt nur das Ich und schlechthin nichts anderes als real an. In ihm vollendet sich das, was ich im Folgenden die *idealistische Einstellung* gegenüber dem Gegenstand nennen werde: Der Gegenstand wird als mit dem Ich Identisches angesehen bzw. nicht als vom Ich unabhängiges Anderes anerkannt.

Demgegenüber ist der Startpunkt jener Entwicklung die *realistische Einstellung* des natürlichen Bewusstseins (siehe II.1.2): Der Gegenstand wird als vom Ich und seinem Wissen unabhängiges Reales anerkannt. Wie Hegels Exposition des Vernunftkapitels klarstellt, arbeiten sich *sowohl* der Abschnitt „A. Bewusstseyn" *als auch* der Abschnitt „B. Selbstbewußtseyn" an der realistischen Einstellung ab. Zunächst verschwinde „das Andersseyn als *an sich*" (133), sodann verschwinde in der Entwicklung des Selbstbewusstseins „das Andersseyn insofern es nur *für es* ist" (133).[372] Demnach hatte auch das Selbstbewusstsein noch einen „Kampf" (133) mit dem Anderssein des Gegenstandes zu kämpfen.

---

372 Ersteres geschieht nach Hegel in *PhG* I – III, d. h. in der „dialektischen Bewegung des Meynens, Wahrnehmens und des Verstandes" (133), letzteres in *PhG* IV, d. h. der „Bewegung durch die Selbständigkeit des Bewußtseyns in Herrschaft und Knechtschafft, durch den Gedanken der Freyheit, die skeptische Befreyung, und den Kampf der absoluten Befreyung des in sich entzweyten Bewußtseyns." (133)

Vorblickend ergibt sich jener Kampf bereits aus den ersten Sätzen des Abschnitts „B. Selbstbewußtseyn" (bzw. von *PhG* IV). Laut Hegel verschwindet dem Selbstbewusstsein einerseits das Wahre als ein Anderes des Bewusstseins, d. h. die realistische Objektivitätskonzeption wird aufgegeben.³⁷³ Andererseits bleibt der Pol des Gegenstandes und damit das Modell aus Hegels „Einleitung" grundsätzlich erhalten:³⁷⁴ „[D]as Bewußtseyn ist sich selbst das Wahre. *Es ist darin zwar auch ein Andersseyn; das Bewußtseyn unterscheidet nemlich, aber ein solches, das für es zugleich ein nicht unterschiedenes ist.*" (103, H.v.m.) Der hier umrissene Konflikt zwischen den beiden gegensätzlichen Standpunkten wird den gesamten Entwicklungsverlauf von *PhG* IV bestimmen.³⁷⁵

Schon bald macht die neu entstandene Gestalt des Selbstbewusstseins jedoch „die Erfahrung von der Selbständigkeit seines Gegenstandes" (107) – der ihm als Anderssein erscheinende Gegenstand leistet erheblich mehr Widerstand als erwartet gegen seine Einverleibung in das Ich. Diese als Dialektik der „Begierde" zum „Kampf auf Leben und Tod" entfaltete Erfahrung führt zur Konstellation von Herr und Knecht.

Hegel überträgt in den Figuren von Herr und Knecht den Gegensatz der idealistischen und der realistischen Einstellung in die Struktur des Selbstbewusstseins.³⁷⁶ Der Gegensatz tritt nunmehr als der von ‚transzendentalem Ich' und ‚empirischem Ich' auf. In Hegels allegorischer Darstellungsform ist der Knecht an die sinnliche Welt gekettet, die er für den Herrn bearbeiten muss, damit dieser die widerstandslose Befriedigung seiner Begierde genießen kann (vgl. 113). Dem Knecht ist dabei die realistische Einstellung gegenüber dem Gegenstand zugewiesen, weil er diesen zwar bearbeitet, ihn aber nicht als Anderes seiner

---

373 „In den bisherigen Weisen der Gewißheit ist dem Bewußtseyn das Wahre, *etwas anderes, als es selbst*. Der Begriff dieses Wahren *verschwindet* aber in der Erfahrung von ihm; wie der Gegenstand unmittelbar *an sich* war, […] diß Ansich ergibt sich als eine Weise, wie er nur für ein anderes ist" (103, H.v.m.)

374 In seiner Kommentierung des Übergangs (siehe das Zitat in Fn. 373) greift Hegel auf das methodologische Vokabular aus der „Einleitung" zurück, insbesondere die Formel des ‚Für-es-Seins des Ansich' (siehe Kapitel II.1.3). Er stellt klar, dass im Zuge der Entwicklung eine Verschiebung stattgefunden hat, indem das Bewusstsein von der realistischen Auffassung seines Gegenstandes abrückt: „diß *Ansich* ergibt sich als eine Weise, wie er nur für ein anderes ist" (103). Das Bewusstsein gibt dabei die Unterscheidung von Wissen und Wahrheit nicht ganz auf (entsprechend schreibt Hegel „diß *Ansich*" und nicht ‚*das* Ansich'), geht aber in der Folge von deren Korrelation aus. Das Bewusstsein nimmt so eine idealistische Einstellung gegenüber seinem Gegenstand ein.

375 Siehe übereinstimmend Knappik 2016b, 159, Fn. 29.

376 Dies legt McDowell m. E. überzeugend dar, siehe McDowell 2009d. Meine Lesart knüpft hier an die McDowells an, basiert jedoch auf unabhängigen textlichen und systematischen Erwägungen.

selbst vernichten kann.[377] Das Selbstbewusstsein des Knechts ist somit das eines *empirischen Ich* im kantischen Sinne, welches ebenso rezeptiv den mannigfaltigen Affektionen der sinnlichen Welt ausgesetzt ist, wie es sie in Akten der Synthesis, d. i. als „formirende[s] *Thun*" (115), bearbeiten kann. Demgegenüber kann der Herr die Befriedigung seiner Begierde „rein" (113), d. i. von der Vielfalt der sinnlichen Welt ungetrübt, genießen: Sein Selbstbewusstsein besteht in nichts weiter als dem formalen ‚Ich = Ich', d. i. der Einheit der Apperzeption im kantischen Sinne. Die Unterjochung des Knechts unter den Herrn steht demnach für die Unterstellung der sinnlichen Mannigfaltigkeit, die das empirische Ich apprehendiert, unter die Einheit der Apperzeption bzw. das *transzendentale Ich*.[378]

Herr und Knecht treten jedoch als zwei selbständige Akteure auf, die zudem durch ein äußerliches, asymmetrisches Herrschaftsverhältnis verbunden sind, d. h. die ihnen zukommenden Formen des Selbstbewusstseins sind noch nicht miteinander vereinigt.[379] Die therapeutische *Aufhebung* der realistischen in eine idealistische Objektivitätskonzeption ist somit noch nicht gelungen. Hegel zeigt, dass die idealistische Einstellung des Herrn sich in Wahrheit gar nicht auf den Gegenstand erstreckt, sondern „die *gegenständliche* Seite oder das *Bestehen*" (115) gänzlich an den Knecht delegiert. Umgekehrt bleibt der Knecht weiterhin an die realistische Einstellung „gekettet" und gelangt noch zu keinem Selbstbewusstsein, das die gegenständliche Seite und die von derselben dargebotene Mannigfaltigkeit in sich als Apperzeptionseinheit aufzunehmen vermag.

---

377 „[D]er Knecht bezieht sich als Selbstbewußtseyn überhaupt, auf das Ding auch negativ und hebt es auf; aber es ist zugleich selbständig *für ihn* [H.v.m.], und er kann darum durch sein Negiren nicht bis zur Vernichtung mit ihm fertig werden, oder er *bearbeitet* es nur." (113)

378 Vgl. McDowell 2009d, 163: „Enslaving another individual who backs down in a struggle to the death stands in for an attempt on the part of self-consciousness – the apperceptive I – to acknowledge the indispensability to it of, but refuse to identify itself with, the subject of a life lived through and conditioned by ‚the whole expanse of the sensible world' – which is in fact itself, qua empirical subject [...]. This self-consciousness conceives its ‚objective mode' as a distinct consciousness, bound up with and dependent on external objects".

379 Vgl. McDowell 2009d, 163. Der Dissens zwischen den ‚orthodoxen' und ‚heterodoxen' Lesarten des Herr-Knecht-Kapitels sollte m. E. nicht auf die Frage reduziert werden, ob in ihr zwei Aspekte eines Selbstbewusstseins oder zwei numerisch verschiedene selbstbewusste Wesen auftreten. Vielmehr ist die Frage einerseits allgemeiner die, wie das Allegorische von Hegels Darstellung verstanden werden soll, und spezieller die, ob intersubjektive Anerkennungsverhältnisse nicht ebenfalls nach dem Schema von ‚transzendentalem' und ‚empirischen' Subjekt verstanden werden können (vgl. die Diskussion zwischen Houlgate 2009a, 2009b, u. McDowell 2009b, 2009c). Die ‚orthodoxe', intersubjektive Lesart vertreten u. a. Kojève 1975; Siep 1979, 2000, u. Brandom 2019. ‚Heterodoxe' Lesarten entwickeln McDowell 2009d; Stekeler 2014, u. Gabriel 2017.

1.2 Befreiung: Die idealistische Einstellung von Stoizismus und Skeptizismus

Um der Lösung des Konflikts einen Schritt näher zu kommen, muss Hegels Darstellung zuerst die durch zwei Akteure repräsentierten Momente vereinigen. Den ersten Versuch macht der *Stoizismus*, welcher aus der Gestalt des Knechts hervorgeht und sich zunächst ebenfalls an die gegenständliche Welt gekettet erscheint, d. h. das Selbstbewusstsein eines empirischen Ich hat. Aus dieser Lage heraus versucht das stoische Selbstbewusstsein dennoch zur idealistischen Einstellung zurückzufinden, d. h. „wie auf dem Throne so in den Fesseln, in aller Abhängigkeit seines einzelnen Daseyns frey zu seyn" (117), indem es sich in die Sphäre reinen Denkens, d.i. in das transzendentale Ich der Apperzeption, zurückzieht.[380] Der Wissensanspruch des Stoizismus basiert entsprechend auf der Spontaneität seines Denkens. Er lässt sich wie folgt ausdrücken: Im Denken beziehe ich mich auf einen bestimmten Gehalt, aber insofern *ich* es bin, der ihn denkt, bin ich nicht bei etwas Anderem, sondern nur bei mir selbst und meinem Denkakt und folglich gegenüber allem Anderen *frei*.[381] Der Stoizismus nimmt somit eine idealistische Einstellung ein, weil er den Gehalt seines Denkens als abhängig von seinem spontanen Denkakt ansieht.

Der Stoizismus macht jedoch die Erfahrung, dass das ‚Ich denke' der Apperzeption das rein „*inhaltslose* Denken" (118) ist. Daher kann das in die Apperzeptionseinheit investierte Selbstbewusstsein des Stoikers – wie schon das des Herrn – nicht für die Bestimmtheit des Inhalts seines Denkens aufkommen: „Das Bewußtseyn vertilgt den Inhalt wohl als ein fremdes *Seyn*, indem es ihn denkt; aber der Begriff ist *bestimmter* Begriff, und diese *Bestimmtheit* desselben ist das Fremde, das er an ihm hat." (118) Daher erscheint ihm die Bestimmtheit seines Denkens als „Fremde[s]" (118) und „*gegebene*[s]" (118), d. h. als von einer anderen, externen Quelle herrührend. Die äußerlich gegebene Bestimmtheit ist aber gerade nichts vom Selbstbewusstsein Gesetztes und widerspricht somit dem Objektivitätskriterium des Stoikers. Das reine Denken des Stoizismus scheitert somit daran,

---

380 Vgl. Houlgate 2013, 104, der seiner Lesart noch hinzufügt, dass die Identität des Selbstbewusstseins mit dem Gegenstand durch sein Begreifen desselben zustande komme: „When it understands something through concepts, by contrast, consciousness takes the thing to have the same form as its own thought. [...] Thought, at this point, is conscious of an identity between itself and its object, only because it recognizes *itself* more explicitly in the object than the slave did."
381 „Im Denken *bin* Ich *frey*, weil ich nicht in einem Andern bin, sondern schlechthin bey mir selbst bleibe, und der Gegenstand, der mir das Wesen ist, in ungetrennter Einheit mein Fürmichseyn ist; und meine Bewegung in Begriffen ist eine Bewegung in mir selbst." (117) Für eine spekulative Ausführung des Grundgedankens, dass der propositionale Gehalt des Denkens im Selbstbewusstsein der Form ‚Ich denke, dass *p*' gleichsam aufgeht, siehe Rödl 2018.

die „lebendige Welt" (118) der realistischen Einstellung in die idealistische Einstellung zu integrieren. Der Stoiker ist durch diese Erfahrung wieder auf sich als empirisches Ich zurückgeworfen.

Die Gestalt des *Skeptizismus* antwortet auf diese Erfahrung mit einer zweigleisigen Strategie. Zum einen bekennt sie sich freimütig dazu, „ein ganz *zufälliges, einzelnes* Bewußtseyn zu seyn – ein Bewußtseyn, das *empirisch* ist" (120). Zum anderen weigert sich der Skeptiker aber, dieses empirische Bewusstsein als Realität anzuerkennen, d.h. gegenüber der gegenständlichen Welt und ihrer Mannigfaltigkeit die realistische Einstellung einzunehmen. Dazu bedient sich der Skeptiker ebenfalls der spontanen Aktivität des Denkens, die er als „das Seyn der *vielfachbestimmten* Welt vernichtende[s] Denken" (119) einsetzt. Angesichts eines „für reell sich gebende[n]" (120) Gegenstandes reflektiert der Skeptiker darauf, dass derselbe in der Wahrnehmung *für ihn* erscheint, und dass es also er selbst ist, der dem Gegenstand den Status einer objektiven Realität *zuschreibt*. Er reflektiert also auf „sein eignes Verhalten zu ihm [dem Gegenständlichen, Sz.], worin es als gegenständlich gilt, und geltend gemacht wird." (120) Durch diese Reflexion auf das eigene Als-seiend-Setzen im Bewusstsein wird „alles unterschiedene Seyn zu einem Unterschiede des Selbstbewußtseyns" (119).[382]

In der Erfahrung des Skeptizismus scheitert jedoch der Versuch, sich durch Reflexion auf das eigene Bewusstsein als transzendentales Ich aufzuspielen, weil er sich durch seine reaktive Haltung gegenüber ihm äußerlich gegebenen Bestimmtheiten performativ selbst widerlegt. Die stete Veranlassung der skeptischen Negation der Realität durch kontingente äußere Affektionen wird so offenkundig; sie verkehrt dessen Ziel, sein Wissen als empirisches Ich an die „Unwandelbarkeit und Gleichheit" (121) des transzendentalen Ich anzugleichen. Vielmehr zeigen sich im Tun des Skeptizismus dessen „Zufälligkeit und Ungleichheit mit sich" (121), welche seine Verstrickung in die Welt des empirischen Bewusstseins offenbart und seine Verleugnung ihrer Realität Lügen straft.[383]

---

[382] Für eine weniger spekulative Annäherung des Selbstbewusstseins an Kants These, dass das Ich der Apperzeption alle Vorstellungen begleiten kann, siehe Knappik 2016b, 155. Siehe auch Houlgate 2013, 107: „Like the master, therefore, the sceptic knows itself to be a pure I with the freedom to negate all the things before it." Hegel schildert diese skeptische Strategie auf noch komplexere Weise als hier geschehen, indem sie laut ihm die „*dialektische Bewegung*" (119), „welche die sinnliche Gewißheit, die Wahrnehmung und der Verstand ist" (119), inkorporiert. Hier wird das am Anfang von Abschnitt 1 erörterte Verschwinden des Gegenstandes aufgegriffen. Wie Hegel nun erläutert, „*geschieht*" (120) es dem Bewusstsein in seinen ersten drei Gestaltungen nämlich, „daß ihm, ohne zu wissen wie, sein Wahres und Reelles verschwindet" (120).

[383] Das skeptische Bewusstsein „spricht die Nichtigkeit des Sehens, Hörens, und sofort aus, und es *sieht, hört,* und sofort, *selbst;* [...]. Sein Thun und seine Worte widersprechen sich immer" (121).

Die hier rekonstruierte Entwicklung dient Hegel zur Entfaltung der Weisen, wie die alte realistische Objektivitätskonzeption sich auch im Versuch ihrer idealistischen Überwindung immer wieder Bahn bricht. Hegels Darstellung im Abschnitt „Selbstbewußtseyn" variiert somit das in I.3 formulierte skeptische Racheproblem der therapeutischen Strategie. Weder die Unterjochung des Knechts, noch der Rückzug in die Kontemplation des Stoikers oder die geschäftige Unruhe des Skeptikers haben den Eindruck abzuschütteln vermocht, dass ihr Standpunkt ein bloß *subjektiver* ist, der unweigerlich mit der realistischen Einstellung gegenüber der sinnlichen Welt *konfligiert*.

1.3 Prekäre Auflösung? Der Idealismus als Gestalt der Vernunft

Die anhand des Abschnitts „B. Selbstbewußtseyn" bzw. *PhG* IV entfalteten Motivstränge führen direkt in den Abschnitt „C. Vernunft" (bzw. „V. Gewißheit und Wahrheit der Vernunft"). Dieser Zusammenhang ist für den inneren Aufbau von Hegels Darstellung sehr wichtig und begründet auch die Scharnierstellung des unglücklichen Bewusstseins. Denn das unglückliche Bewusstsein ist nicht nur die Bewusstseinsgestalt, aus der die Vernunft hervorgeht, sondern ist zugleich – wie ich zu zeigen versuche – Hegels kritischer Kommentar zu den im Idealismus der Vernunft angelegten systematischen Defiziten.

Die folgende, exegetisch orientierte Skizze der Vernunft in deren unmittelbarer Anfangsgestalt soll daher rückblickend meine Lesart des Selbstbewusstsein-Abschnitts weiter bestätigen, da ich mich nicht auf die ‚heterodoxe' Lesart von Herr und Knecht als entscheidende Prämisse stützen möchte. Vorblickend kann ich so die systematische Bedeutung der Gestalt des unglücklichen Bewusstseins klarstellen und die bei meiner Rekonstruktion verwendeten Anleihen bei Kant und Fichte rechtfertigen.

Im Kapitel „C. Vernunft" scheint zunächst der angezeigte Konflikt überwunden zu sein, der zwischen dem Bewusstsein und seiner realistischen Einstellung einerseits und dem Selbstbewusstsein und seiner idealistischen Einstellung andererseits zutage trat. Es scheint sich jene Balance beider Einstellungen ergeben zu haben, die das Ziel der von Hegel verfolgten therapeutischen Strategie ist: eine idealistische Objektivitätskonzeption, die nicht als einseitig subjektiver Idealismus charakterisiert werden kann. Hegel schildert diese Balance zwischen dem realistischen und idealistischen Moment wie folgt:

> „Es traten zwey Seiten nach einander auf, die eine, worin das Wesen oder das Wahre für das Bewußtseyn, die Bestimmtheit des *Seyns*, die andere die hatte nur *für es* zu seyn. Aber beyde

reducirten sich in Eine Wahrheit, daß was *ist*, oder das *Ansich* nur ist, insofern es *für* das Bewußtseyn, und was *für es* ist, auch *an sich* ist." (133)

Die zwei angeführten Bestimmungen des Wahren bzw. Ansich beziehen sich auf die Objektivitätskriterien der Gestalten des Bewusstseins und Selbstbewusstseins – d. h. das ausgehend von der sinnlichen Gewissheit spezifizierte Sein und das ausgehend von der Begierde spezifizierte Sein für das Bewusstsein. Hegel skizziert ein diesen Gegensatz überwindendes Objektivitätskriterium, das beide „in Eine Wahrheit [reducirt]" (133). Strukturell betrachet steht Hegel damit bereits am Ziel seiner therapeutischen Transformation des Objektivitätsbegriffs.[384]

Doch der am Abschnitt „B. Selbstbewußtseyn" aufgezeigte Konflikt ist bei näherem Hinsehen noch nicht gelöst. Dies zeigt bereits die einseitige Formulierung, mit der die Vernunft ihre Objektivitätskonzeption artikuliert: „daß alle Wirklichkeit nichts anders ist, als es; sein Denken ist unmittelbar selbst die Wirklichkeit; es verhält sich also als *Idealismus* zu ihr." (132, H.v.m.) Der Idealismus der Vernunft erhebt damit die Identität des Selbstbewusstseins als solche zu seinem Objektivitätskriterium: „Die Vernunft beruft sich auf das Selbstbewußtseyn eines jeden Bewußtseyns: *Ich bin Ich*; mein Gegenstand und Wesen ist *Ich*" (134). Dabei erhält das bereits am Stoizismus aufgezeigte Manöver, sich auf das Selbstbewusstsein *in* allem Bewusstsein zu berufen, einen eindeutigen Bezug zum transzendentalen Ich bei Kant und Fichte: „die Einheit der Apperception ist die Wahrheit des Wissens" (136).[385] Die Vernunft vertritt somit in Reinform jene ‚idealistische Einstellung' gegenüber ihrem Gegenstand, die bereits an den Gestalten der Begierde, des Herrn und des Stoizismus aufgezeigt wurde.

Wie schon ihre Vorformen ist die Vernunft daher auch mit dem Gegensatz des Andersseins geschlagen und darauf angewiesen, die realistische Einstellung des Bewusstseins zu negieren bzw. zu nivellieren:

---

[384] Die hier erreichte Abschlussfigur könnte auch eine Erklärung für das bemerkenswerte Stadium in der Textgenese der *PhG* sein, dass sie in einem früheren Entwurf mit dem Abschnitt „C. Die Wissenschaft" schließen sollte, dem in der Endfassung das Vernunftkapitel entspricht (siehe Förster 2018, 348–353, u. vgl. Forster 1998, 505–510). Meine Lesart des unglücklichen Bewusstseins gibt einen systematischen Grund, weshalb Hegel diesen Plan verwerfen musste: Die später dem unglücklichen Bewusstsein in den Mund gelegten Widersprüche waren noch nicht gelöst und motivieren den weiteren Entwicklungsgang von „Geist" und „Religion" zum absoluten Wissen (siehe II.4.3). Auch Förster betont die Schlüsselstellung des unglücklichen Bewusstseins an der Scharnierstelle des Entwurfs „C. Die Wissenschaft" (Förster 2018, 352). Siehe die weitere Diskussion in Fn. 470.

[385] So auch Hyppolite 1946, 219, zur oben zitierten Passage von 134: „C'est l'idéalisme de Kant et de Fichte qui est particulièrement visé dans ce passage".

> Die Vernunft „*sanctioniert* [H.v.m.] [...] die Wahrheit der andern Gewißheit nemlich der: *es ist* ANDERES *für mich*; Anderes als Ich ist mir Gegenstand und Wesen, oder indem *Ich* mir Gegenstand und Wesen bin, bin ich es nur, indem Ich mich von dem Andern überhaupt zurückziehe" (134).

Auch die idealistische Einstellung der Vernunft gegenüber ihrem Gegenstand steht somit im Konflikt mit der realistischen Einstellung gegenüber demselben. Hegels Skizze der Vernunft wirft dabei das in I.3 formulierte Racheproblem auf, dass die Vernunft diesen Konflikt nicht meistern kann, sodass sie in die Position eines einseitig subjektiven Idealismus zurückfällt:

> Die Vernunft befinde sich „in unmittelbarem Widerspruche, ein gedoppeltes schlechthin entgegengesetztes als das Wesen zu behaupten, die *Einheit der Apperception* und ebenso das *Ding*, welches wenn es auch *fremder Anstoß*, oder *empirisches* Wesen, oder *Sinnlichkeit*, oder *das Ding an sich* genannt wird, in seinem Begriffe dasselbe jener Einheit fremde bleibt." (137)

Hegel unterscheidet hier zwischen den verschiedenen terminologischen Benennungen des „Dinges" und dem ihnen allen gemeinsamen „Begriff"; das zeigt, dass sein Augenmerk der typologischen Kritik am Idealismus als einer theoretischen Position gilt und nicht in erster Linie Kant und Fichte, mit deren theoretischem Vokabular er sie illustriert. Die hier genannten systematischen Optionen, den Gegenstand und sein Anderssein in eine idealistische Konzeption zu integrieren (als ‚Anstoß', ‚Sinnlichkeit', ‚empirische Bestimmtheit', usw.), werden entsprechend auch in den Erfahrungen des unglücklichen Bewusstseins aufgefächert.[386]

Wie Hegel bemerkt, verhält sich der Idealismus der Vernunft analog zur Gestalt des Skeptizismus, von der hier (1.2) gezeigt wurde, dass sie zwischen der Einheit der Apperzeption und der vom empirischen Ich apprehendierten Mannigfaltigkeit hin und her oszilliert.[387] Hegel attestiert der Vernunft damit dieselbe Entzweiung in die Standpunkte des Stoizismus und Skeptizismus, die ich im Folgenden als Kern des unglücklichen Bewusstseins ausweisen werde (siehe 2.): Die Vernunft tritt dementsprechend „einmal als das unruhige *hin-* und *hergehen*" (136) und „das andermal vielmehr als die *ruhige* ihrer Wahrheit gewisse *Einheit*" (136) auf. In seiner skizzenhaften Entfaltung dieses Widerspruchs kritisiert Hegel den Versuch des Idealismus, die Wirklichkeit und ihre Mannigfaltigkeit unter die

---

[386] Zu Hegels Kritik des „schlechten Idealismus" und seiner verschiedenen Vertreter im Vernunftkapitel, siehe Daskalaki 2012, 98–101.
[387] „Dieser Idealismus wird daher eine ebensolche sich widersprechende Doppelsinnigkeit, als der Skepticismus, nur daß wie dieser sich negativ, jener sich positiv ausdrückt" (136).

Einheit der „einfache[n] *Kategorie*" (134) zu bringen, welche die Einheit des Seins mit dem Selbstbewusstsein herstellen soll.[388] Diesen Versuch, Bestimmtheit durch kategoriale Formen zu vermitteln, unternimmt das unglückliche Bewusstsein nach meiner Lesart mit den Ritualen der „Erhebung" und „Andacht" (siehe 3.).

Hierbei besteht zunächst das Problem, wie die Mannigfaltigkeit in die Einheit der Apperzeption aufgenommen werden soll: „Sein erstes Aussprechen ist nur dieses abstracte leere Wort, daß alles *sein* ist." (136) Wie schon anhand der Gestalt des Stoizismus gezeigt, muss dafür eine externe Quelle der Bestimmtheit eingebunden werden: „für die *Erfüllung* des leeren *Meins* [...] bedarf seine Vernunft eines fremden Anstoßes, in welchem erst die *Mannigfaltigkeit* des Empfindens oder Vorstellens liege." (136) Das Problem eines „fremden Anstoßes" (das sich terminologisch bei Fichte, aber auch in Kants Affektionsbegriff findet) steht beim unglücklichen Bewusstsein im Hintergrund seiner „Arbeit" bzw. seines „Dankens" (siehe 4.), die dessen Status als externe ‚fremde' Ursache aufheben sollen.

Schließlich führt nach Hegel die Spannung von Allgemeinheit und Mannigfaltigkeit bzw. Einzelheit, welche die Kategorie dabei zu bewältigen hat, zur Einsetzung einer Vermittlungsinstanz: „Die Einzelheit ist ihr [der Kategorie, Sz.] Uebergang aus ihrem Begriffe zu einer *äußern* Realität; das reine *Schema*" (135). Die theoretische Funktion dieses Schemas wird von Hegel nach meiner Lesart bereits anhand der Buße des unglücklichen Bewusstseins bzw. an seiner Anrufung eines priesterlichen Mittlers kritisiert (siehe 5.).

Schon das zitierte Wiederauftreten der Haltungen des Stoizismus und Skeptizismus zeigt, dass in der Gestalt der Vernunft ein früherer, durch den Entwicklungsgang noch nicht hinreichend transformierter Widerspruch am Werke ist.[389] Dies wird meine Lesart des unglücklichen Bewusstseins bestätigen. Die Aporie des unglücklichen Bewusstseins wird in der Vernunft also nicht gelöst, sondern unter positivem Vorzeichen schlicht übernommen: „Damit daß das Selbstbewußtseyn Vernunft ist, schlägt sein bisher negatives Verhältniß zu dem Andersseyn in ein positives um." (132)[390] Zugespitzt formuliert, porträtiert Hegels Skizze der Vernunft dieselbe als unglückliches Bewusstsein mit optimistischem Anstrich. Die Aporie des unglücklichen Bewusstseins wird daher auch bis zum Kapitel „Das absolute Wissen" untergründig fortbestehen (siehe II.4).

---

388 Zur Bestimmung der „Kategorie" im Vernunftkapitel, siehe Daskalaki 2012, 101–104, 216.
389 Vgl. Pippins Urteil, dass „Reason's determination of itself in relation to reality replays (now at a self-conscious level) much of the earlier dialectic of consciousness and self-consciousness, as it struggles to formulate for itself its own relation to objects and to other subjects." (Pippin 1989, 168)
390 Siehe Fn. 387.

2 Das unglückliche Bewusstsein als Racheproblem des Idealismus

Die Gestalt des unglücklichen Bewusstseins geht aus den oben rekonstruierten Erfahrungen von Herr und Knecht sowie des Stoizismus und Skeptizismus hervor (1.1-2), die es auf einem höheren Reflexionsniveau in sich vereint. Darin gelangt der Konflikt zwischen der realistischen Einstellung des Bewusstseins und der idealistischen Einstellung des Selbstbewusstseins zu einer neuen Zuspitzung. Wie ich zeigen werde, nutzt Hegel die Gestalt des unglücklichen Bewusstseins, um seinen eigenen Argumentationsgang kritisch zu hinterfragen und ihn vor ein Racheproblem des in I.3 erörterten Typs zu stellen.

Bemerkenswert am unglücklichen Bewusstsein ist schon allein dies, dass es die einzige Bewusstseinsgestalt in der *Phänomenologie* ist, die nicht selbstsicher mit einem für gerechtfertigt gehaltenen Wissensanspruch startet, sondern sich allererst auf die Suche nach einem solchen begibt. Darin zeigt sich das unglückliche Bewusstsein als Gegenbild zur absolut selbstgewissen Gestalt der Vernunft, die aus ihm entspringen wird und mit der Hegel die Idealismen Kants und Fichtes ironisch aufgreift.

Das Unglück des unglücklichen Bewusstseins besteht darin, dass es ein „*in sich entzweyte*[s] Bewußtseyn" (122) ist, das zwischen den Standpunkten des empirischen Ich und des transzendentalen Ich nicht nur hin und her gerissen ist, wie bereits der Skeptizismus, sondern sich dessen auch schmerzlich bewusst ist:

> „Diese neue Gestalt ist hiedurch ein solches, welches *für sich* das gedoppelte Bewußtseyn seiner, als [i] des sich befreyenden, unwandelbaren und sichselbstgleichen, und seiner als [ii] des absolut sich verwirrenden und verkehrenden, – und [iii] das Bewußtseyn dieses Widerspruchs ist. [...] Hiedurch ist die Verdopplung, welche früher an zwey einzelne, an den Herrn und den Knecht, sich vertheilte, in eines eingekehrt" (121).

Hegel verdeutlicht mit dem Verweis auf die Figuren von Herr und Knecht, dass im unglücklichen Bewusstsein zwei Formen des Selbstbewusstseins in eine komplexere Form überführt worden sind: (i) das sich in ungebrochener idealistischer Einstellung haltende „sichselbstgleiche" (121) und „unwandelbare" (121) Selbstbewusstsein der Apperzeption und (ii) das mit der realistischen Einstellung gegenüber dem Anderen ringende Selbstbewusstsein des empirischen Ich. Wie Hegels Wortwahl anzeigt, stehen diese beiden Pole der Entzweiung wiederum für das stoische und das skeptische Selbstbewusstsein. Das unglückliche Bewusstsein zeichnet schließlich (iii) das reflexive Bewusstsein aus, zwischen beide Pole gestellt zu sein und ihre augenscheinliche Unvereinbarkeit erfahren zu haben.

Das unglückliche Bewusstsein weiß somit, dass es sich – an sich betrachtet – zur gegenständlichen Wirklichkeit als transzendentales Ich verhält wie schon die

Gestalten des Herrn oder Stoikers. *Eigentlich* hält es die idealistische Einstellung für den wahren Standpunkt und vertritt eine entsprechend idealistische Konzeption von Objektivität. Doch zugleich *erscheint* sich das unglückliche Bewusstsein wie schon der Knecht und Skeptiker als auf den Standpunkt des empirischen Ich zurückgeworfen, was ihm eine realistische Einstellung gegenüber der gegenständlichen Wirklichkeit abverlangt. Der Standpunkt des transzendentalen Ich als des „sich befreyenden, unwandelbaren und sichselbstgleichen" (121) gilt ihm (wie allen Gestalten des Selbstbewusstseins) daher „als das Wesen" (122). Demgegenüber wertet es den Standpunkt des „vielfach[] wandelbare[n]" (122) empirischen Ich ab und deklariert ihn „als das *Unwesentliche*" (122). Es hat gewissermaßen ein doppeltes Selbst: sein wahres, transzendentales Ich und sein falsches, empirisches Ich.[391]

Das unglückliche Bewusstsein kann beide Standpunkte zunächst nicht vereinigen. Denn es kann weder einen Standpunkt isoliert einnehmen – wie es die vorangegangenen Gestalten nach denen von Herr und Knecht versucht haben – noch beide miteinander harmonisieren: Es muss also „in dem einen Bewußtseyn immer auch das andere haben, und so aus jedem unmittelbar [...], wieder daraus ausgetrieben werden." (122) Das Vorhandensein dieser Spannung beweist dem unglücklichen Bewusstsein, dass es noch nicht mit seinem wahren Selbst vereinigt ist, weshalb es sich einseitig in den Standpunkt des empirischen Ich versetzt sieht.[392] Es ist daher des transzendentalen Ich „als *seines* Wesens sich bewußt, jedoch so, daß *es selbst* für sich wieder nicht diß Wesen ist." (122)

Diese Ausgangslage führt zum systematisch entscheidenden Zug in Hegels Darstellung: Das unglückliche Bewusstsein entäußert die seinem Selbstbewusstsein interne Entzweiung und nimmt ihr gegenüber die realistische Einstellung ein. Aus der Perspektive der Entzweiung werden somit die Standpunkte des wandelbaren und unwandelbaren Bewusstseins reifiziert zu *„für es* einander fremde[n] Wesen"* (122). Dies ermöglicht es Hegels Darstellung einerseits, das Verhältnis von transzendentalem Ich und empirischem Ich ausgehend von der

---

391 Nach Hyppolite spielt Hegel mit dieser Grundspannung auf Fichte an und dessen Unterscheidung von endlichem Ich und absolutem Ich: „La plus haute synthèse à laquelle parvient Fichte n'est selon Hegel qu'une expression de la conscience malheureuse. Le moi se saisit comme fini et seulement comme fini, mais comme il est en même temps moi infini (le moi ne saurait être autrement s'il est vraiment moi), il aspire à dépasser sa limite; il s'efforce de rejoindre une thèse qui lui est toujours transcendante." (Hyppolite 1946, 192) Dieser von Hyppolite angenommene Bezug zum Fichte der *GWL* wird sich in Abschnitt 3.2 bestätigt finden; er ist abzugrenzen von Wahls weit pauschalerer Eintragung des Fiche'schen Gegensatzes Ich/Nicht-Ich in den Aufriss des Kapitels (Wahl 1951, 58 f.).

392 „[E]s selbst, weil es das Bewußtseyn dieses Widerspruchs ist, stellt sich die Seite des wandelbaren Bewußtseyns, und ist sich das unwesentliche" (122).

Prämisse ihrer Einheit zu betrachten, aber andererseits ihre Verhältnisbestimmung zu problematisieren und weiterzuentwickeln.

Diese Entäußerung und Reifikation des entzweiten, unglücklichen Bewusstseins stellt Hegel in der Form einer religiösen Allegorie dar. Das unglückliche Bewusstsein versteht sich als endliches, „wandelbares" Menschenwesen, das sich nach der Vereinigung mit dem „unwandelbaren" Göttlichen sehnt. Die Perspektive des transzendentalen Ich wird zur göttlichen Instanz des „Unwandelbaren" reifiziert, die dem unglücklichen Bewusstsein als „unerreichbare[s] *Jenseits*" (125) gegenübersteht.[393] Die Sphäre der Religion bietet sich aus mehreren Gründen dafür an. Erstens bewegen sich religiöse Vollzüge nach Hegel in der Form der Vorstellung, für die kennzeichnend ist, dass sie ihr Vorgestelltes in realistischer Einstellung als vom Subjekt getrenntes, mit sinnlichen Prädikaten bestimmtes Wesen erfasst.[394] Zweitens läuft zur architektonischen Scharnierfunktion des unglücklichen Bewusstseins in der *Phänomenologie* auch eine entsprechende kultur- bzw. geistesgeschichtliche Erzählung parallel (auf die in Kapitel II.4 als Trias von Gewissen, offenbarer Religion und absolutem Wissen weiter eingegangen wird). Hegels Darstellung ist daher gespickt mit einem christlich-religiösen Vokabular[395] und einem breiten Spektrum an religionsgeschichtlichen Anspielungen, welche von den Gottesbildern in Judentum und Christentum bis zu den Selbstkasteiungen Martin Luthers reichen.[396] Da es sich hierbei um Vorstellungen im Hegel'schen Sinne handelt, werde ich sie im Folgenden allegorisch verstehen, um weiteren Aufschluss über die ihnen zugrunde gelegten systematischen Aspekte des Idealismus kantisch-fichtescher Prägung zu erhalten.

---

[393] Stern 2013b, 107: „[T]he Unhappy Consciousness is therefore painfully aware of the gap that exists between itself as a contingent, finite individual, and a realm of eternal and universal reason, since the Stoic logos has now become an unknowable Beyond. So, whereas the Stoic held that the capacity for rational contemplation belonged to man, it is now seen as a capacity that belongs to ,an alien Being', to a higher form of consciousness which the Unhappy Consciousness now sets above itself."

[394] Siehe Drilo 2015, 211 ff.

[395] Zur Religiosität des unglücklichen Bewusstseins, siehe Förster 2018, 325. Schon Hegels Darstellung des Skeptizismus bedient sich einer religiösen Sprache, die auf die Gestalt des unglücklichen Bewusstseins vorausdeutet. Sie evoziert das Bild eines reuigen Sünders, der beständig zwischen Sündenbekenntnis, Freispruch von der Sünde und Rückfall in dieselbe oszilliert. Einerseits „bekennt" (120) der Skeptizismus sich dazu, ein „*verlornes* Selbstbewußtseyn" (120) zu sein, andererseits glaubt er, die „Erhebung" (121) über die Kontingenz seines empirischen Daseins fertig zu bringen; schließlich „bekennt" er wiederum sein „Zurückfallen in die *Unwesentlichkeit*" (121) desselben.

[396] Vgl. die ausführlichen Deutungen in Harris 1997, 395–446; Hyppolite 1946, 184–208, u. Wahl 1951, 119–147. Siehe auch Matějčková 2018, 127–132, die die neuzeitlichen und auf Schelling und Fichte deutenden Motivstränge betont.

3 Annäherung des empirischen Standpunkts an den transzendentalen

Erhebung und Andacht sind die ersten der religiös konnotierten Rituale des unglücklichen Bewusstseins, mit denen es sich mit dem Unwandelbaren zu vereinigen versucht. Ihre systematische Bedeutung besteht darin, den Standpunkt des transzendentalen Ich für die dem empirischen Ich erschlossene Mannigfaltigkeit bzw. Bestimmtheit der sinnlichen Welt zu öffnen. Die „Erhebung" macht dabei die Erfahrung, dass das transzendentale Ich ein Bestimmbares ist, d. h. das Unwandelbare zwar ein Allgemeines ist, aber die Kategorie der Einzelheit auch in ihm einen Platz hat. Die „Andacht" ergänzt diese kategoriale Annäherung der beiden Standpunkte um die Dimensionen von Rezeptivität und Spontaneität.

3.1 „Erhebung": Einzelheit und Allgemeinheit

Die „Erhebung" geht vom Selbstverständnis des empirischen Ich aus, das „Unwesentliche" in der Beziehung zum Unwandelbaren zu sein. Hegel schildert diese Bewegung als Ausgang vom „Schmerz" (122), den das empirische Ich über die Nichtigkeit seines „Daseyns und Thuns" (122) empfindet: „Es geht in die Erhebung *hieraus* zum Unwandelbaren über." (122, H.v.m.)[397] Die Herabsetzung der empirischen Perspektive und die Aufwertung des transzendentalen Standpunkts gehen hier Hand in Hand: Die Selbstzurücknahme des einzelnen Bewusstseins *als* Unwesentliches ermöglicht erst die Erhebung zum transzendentalen Standpunkt, weil es sich erst so als auf ihn Verwiesenes begreift.[398]

---

[397] Wenngleich Hegel diese Bewegung nicht eingehender charakterisiert, so lässt sie sich in Abgrenzung von Stoizismus und Skeptizismus bestimmen. Der Stoizismus erkennt seinen Ausgangspunkt, die Einzelheit des endlichen Ich, gar nicht erst an und ist daher nach Hegel als „das abstracte von der *Einzelheit* überhaupt *wegsehende* Denken" (125) ganz unfähig, zu ihm herabzusteigen. Der Skeptizismus hingegen komme über den Ausgangspunkt gar nicht hinaus und ist „in der That nur die Einzelheit" (125). In der Erhebung wird demgegenüber der Ausgangspunkt des empirischen Ich gleichsam zum Sprungbrett: „Es geht in die Erhebung *hieraus* zum Unwandelbaren über." (122, H.v.m.)
[398] Vgl. Schlössers dieses Motiv entfaltende Rekonstruktion des Religionskapitels: „Die Beziehung setzt bei der Selbstzurücknahme des Endlichen in Anbetracht des Unendlichen an. Die Zurücknahme gründet in der Selbsterkenntnis des Ersteren als nur endlich. Hier steht also gerade nicht der Ausgriff auf das Andere am Anfang – und durch die Zurücknahme wird auch nicht eine Identität mit ihm in Anspruch genommen, sondern gerade eine fundamentale Differenz affirmiert. Nun entwickelt sich dieses Verhältnis kraft des Ausgangsaktes weiter: Insofern das End-

In systematischer Hinsicht lässt sich diese Verwiesenheit als Konstitutionszusammenhang deuten. So kommt der Transzendentalphilosoph zwar nicht umhin, den empirischen Standpunkt der Erfahrung einzunehmen, doch er kann sich darauf besinnen, dass dieser Standpunkt auf transzendentalen Ermöglichungsbedingungen beruht. Diese Besinnung führt zur zeitweisen Suspension der empirischen Perspektive, damit wir uns der Wahrheit des transzendentalen Standpunkts vergewissern, auch wenn wir sie nicht aus empirischer Perspektive nachvollziehen können.[399]

In Hegels Darstellung erfährt die Erhebung jedoch, dass sie an den Standpunkt des empirischen Ich gekettet bleibt und keine vollständige Abstraktion von ihm zustande zu bringen vermag. Der Vorrang der transzendentalen Perspektive lässt sich nur in Bezug auf die Perspektive des empirischen Ich artikulieren. So ist das „Bewußtseyn des Unwandelbaren" (123) nicht ohne Rekurs auf die Einzelheit des wandelbaren Bewusstseins zu haben: „Das Unwandelbare, das in das Bewußtseyn tritt, ist ebendadurch zugleich von der Einzelnheit berührt, und nur mit dieser gegenwärtig" (123).

Die Erfahrung der Erhebung hat das positive Resultat, mit einer Veränderung des im Wissen erscheinenden Gegenstands einherzugehen. Denn das transzendentale Bewusstsein des Unwandelbaren erscheint nun als „von der Einzelnheit berührt" (123), d.h. als die Perspektive des empirischen Ich *integrierend* und sie nicht mehr nivellierend. Hegel charakterisiert diese Integration beider Perspektiven als doppeltes Hervortreten von Einzelheit und Unwandelbarem aneinander.[400] Dem unglücklichen Bewusstsein erscheint das Unwandelbare nunmehr als

---

liche nicht auf sich selbst und seiner Selbstständigkeit beharrt, ist in ihm auch das Unendliche gegenwärtig." (Schlösser 2015, 113)

399 So handhabt es Sacks (siehe I.3.4): Indem wir die Notwendigkeit gewisser Strukturen der Erfahrungswelt entdecken, ‚erheben' wir uns zum *critical stance*, der diese Notwendigkeit als transzendentales *feature* nicht der Welt, sondern unserer Erfahrung zu deuten weiß. Doch dann ist der Weg zurück zum *pre-critical stance* abgeschnitten, weil wir gegenüber der Erfahrungswelt nicht mehr die realistische Einstellung einnehmen können.

400 „In dieser Bewegung aber erfährt es eben dieses *Hervortreten der Einzelnheit* AM *Unwandelbaren*, und des *Unwandelbaren* AN *der Einzelnheit*. Es wird *für es* die Einzelnheit *überhaupt* am unwandelbaren Wesen, und zugleich die *seinige* an ihm." (123) Da Hegels Schilderung hier auf die logische Kategorie der Einzelheit fokussiert ist, bleibt diese neue Konzeption zunächst etwas unterbestimmt und mindestens doppeldeutig. Auf der einen Seite beschreibt Hegel das Unwandelbare als ein Allgemeines. Auf der anderen Seite beschreibt Hegel das Unwandelbare als ein Individuum, das im Modus der sinnlichen Gewissheit als „sinnliches *Eins*" (124) gegenständlich wird. Im letzteren Fall spielt Hegel wahrscheinlich auf Jesus von Nazareth an, der als historische Person analog zum *Hier* und *Jetzt* der sinnlichen Gewissheit „in der Zeit verschwunden, und im Raume und ferne gewesen ist, und schlechthin ferne bleibt" (124). In der Variante bei Hyppolite 1946, 201, spielt Hegel auf den ersten Kreuzzug an, der das Grab Jesu in Jerusalem zum Ziel hatte.

„eine *Gestalt* der *Einzelheit* wie es selbst" (123). Diese Gestaltetheit des Unwandelbaren ermöglicht den Übergang zu einer neuen Konzeption des Wahren, die das stoische Ich des reinen Denkens ersetzt durch eine die Bestimmtheit des Bewusstseins integrierenden Konzeption.[401] Deshalb beschreibt Hegel diese „Gestaltung" (124) des Unwandelbaren als das „begründende[] der Hoffnung" (124) des Einzelnen, sich nicht mehr selbst aufgeben zu müssen, sondern sich im Allgemeinen des Unwandelbaren wiederfinden zu können. Die Erfahrung der Erhebung führt damit zu einer teilweisen Transformation des Dilemmas: Die Perspektive des wandelbaren Ich muss nicht mehr überwunden, sondern in die rechte „Beziehung auf den *gestalteten Unwandelbaren*" (124) gebracht werden.[402]

3.2 „Andacht": Rezeptivität und Spontaneität

Ausgehend von der Erfahrung der Erhebung versucht das unglückliche Bewusstsein im Ritual der „Andacht", sich seiner Identität mit dem transzendentalen Ich *von innerhalb* seiner Perspektive als empirisches Ich zu vergewissern. Dazu muss eine Wissensform gefunden werden, die jene „Mitte" zugänglich macht, „worin das abstracte Denken die Einzelheit des Bewußtseyns als Einzelheit berührt." (125) In dieser Mitte, welche in der Gestalt des Stoizismus noch fehlte, wird somit die apperzeptive Einheit des transzendentalen Ich beziehbar auf das einzelne empirische Ich. Die Andacht findet diesen Schnittpunkt im „unendlichen reinen innern Fühlen" (125). In diesem Fühlen soll sich das einzelne

---

Beide Lesarten finden sich bei Wahl 1951. – Das Leben und Sterben Jesu in einem fernen Land und zu einer längst vergangenen Zeit stehen im Kontrast zu ihrer theologischen Bedeutung als universelles Heilgeschehen. In der Erfahrung der Andacht wird dieses Motiv an der Geschichte der Frauen am leeren Grab wieder aufgegriffen. Wenn Jesus nur als historische Person angesehen wird, d. h. gleichsam im Modus der sinnlichen Gewissheit, kann dem Bewusstsein „daher nur das *Grab* seines Lebens zur Gegenwart kommen." (126) Jesus als Auferstandener, so die Andeutung, ist hingegen nur im Geist lebendig. Im Blick auf das Heilsgeschehen ist Jesus daher als „die *verschwundene Einzelheit* [...] nicht die wahre Einzelheit" (126), sondern seine Individualität ist nur „als wahrhafte oder als allgemeine zu finden." (126)

401 Hegel beschreibt diese Veränderung des dem Gegenstand korrelierten Wesen oder Ansich wie folgt: „Denn das *Einsseyn* des Einzelnen mit dem Unwandelbaren ist ihm [dem entzweiten Bewusstsein, Sz.] nunmehr *Wesen* und *Gegenstand*, wie im Begriffe nur das gestaltlose, abstracte Unwandelbare der wesentliche Gegenstand war" (124).
402 Hierbei spielt der verwendete maskuline Artikel „*der* gestaltete Unwandelbare" wieder auf den individuellen und personalen Charakter des Unwandelbaren an, wahrscheinlich auf Jesus von Nazareth (siehe ausführlich Wahl 1951, 129–131; auch in Hyppolite 1946, 194, wird das ‚Gestaltetsein' als „l'incarnation de Dieu, la figure du Christ historique" gedeutet; siehe auch Fn. 400).

Bewusstsein als „*reine*[s] *Gemüth*" (126) erscheinen und darin sich seiner Gleichheit mit dem Unwandelbaren gewahr werden, indem dieses ebenfalls „ein solches reines Gemüth ist" (125).

In Hegels Darstellung hat die Andacht einen Bezug zur *Spontaneität* des Subjekts, insofern sie eine defiziente Form des spontanen Denkens ist, d.i. ein „musicalisches Denken" (125), das als Andacht „nur *an* das Denken *hin*[geht]" (125). Der Bezug zur *Rezeptivität* ergibt sich daraus, dass die Andacht zugleich „inner[es] Fühlen" (125) ist, d. h. wesentlich passiv ist und einen *Rückgang* des empirischen Ich darstellt, welches von der Zerstreutheit in die wandelbare Vielfalt des Lebens zurückgeht in die unwandelbare Innerlichkeit seines Gemüts. Dem entspricht die Allegorie der religiösen Andacht als einer meditativen Form innerer Sammlung.

Doch inwiefern *berühren* sich im „unendlichen reinen innern Fühlen" (125) Spontaneität und Rezeptivität auf die geforderte Weise? Hegels Darstellung spielt terminologisch vornehmlich auf Fichte an. Aber auch ein möglicher Bezug zu Kant ist in dieser Frage erhellend. Im kantischen Theorierahmen ist nämlich ebenfalls das „*reine Gemüth*" (126) der Schnittpunkt von „abstracte[m] Denken" (125) und der „Einzelheit des [empirischen] Bewußtseyns" (125) – als *innerer Sinn*. Der innere Sinn ist sowohl das Medium der Rezeptivität, d. h. aller durch Affektion geweckten Vorstellungen, als auch das Medium des spontanen Denkakts ‚Ich denke', der die Einheit der Apperzeption zum Bewusstsein bringt.[403] Wenn das Ritual der Andacht eine solche innere Wahrnehmung verstattet, ist es dem empirischen Ich daher möglich, sich der Einheit von apperzeptivem Selbstbewusstsein und seinem durch Rezeptivität gekennzeichneten wandelbaren Bewusstsein zu vergewissern.[404]

---

[403] Diese Ambivalenz bzw. Überlagerung der empirischen und transzendentalen Ebenen drückt sich bei Kant wie folgt aus: Die innere Wahrnehmung solle „nicht als empirische Erkenntnis, sondern muß als Erkenntnis des Empirischen überhaupt angesehen werden, und gehört zur Untersuchung der Möglichkeit einer jeden Erfahrung, welche allerdings transzendental ist." (Kant 1998, A 343/B 401)

[404] Eine mit der Andacht verwandte Strategie, die ohne den kantischen Theorierahmen auskommt, verfolgt Rödl, dem zufolge die Unvollständigkeit, die charakteristisch für das empirische Wissen ist, sich als identisch mit dem reinen Selbstbewusstsein des Urteilens entpuppt. Nach Rödl zeige sich somit, dass der Standpunkt des Selbstbewusstseins nicht auf einen einseitig-subjektiven Idealismus führe, weil er kein konträres Gegenstück in irgend einer anderen Art des Wissens hat und trotzdem mit dem empirischen Wissen kontrastierbar ist: „Hence it is precisely in the consciousness of its irresolvable incompleteness that judgment knows itself to be complete." (Rödl 2018, 157) Diese spekulative Einsicht wird ermöglicht durch die innere Spannung dessen, was Rödl den *original act of the power of knowledge* nennt: „The original act therefore is complete in the manner of being incomplete: the comprehension of its own completion is nothing other

Noch deutlicher spielt Hegel auf Fichtes Gefühlstheorie in der *GWL* an, wie bereits die Schlüsselbegriffe „Streben" (124), „unendliche[] *Sehnsucht*" (125) und „Selbstgefühl" (126) anzeigen.[405] Fichtes Problemstellung entspricht der des unglücklichen Bewusstseins, insofern auch die §§ 5–11 der *GWL* um das Problem kreisen, wie der Standpunkt des endlichen, empirischen Ich zu dem des transzendentalen, bzw. „absoluten Ich" erhoben werden kann, und insbesondere wie die als „Anstoß" postulierte Affektion darin eingeholt werden kann. Hegel spielt auf diesen Komplex an, indem er die Andacht als das „unendliche[] reine[] inner[e] Fühlen" (125) charakterisiert.

Wie helfen nun Reinheit und Unendlichkeit des Fühlens, um die Enzweiung des unglücklichen Bewusstseins aufzuheben? An der Rezeptivität des empirischen Subjekts lassen sich zwei Richtungen unterscheiden: eine nach außen zum affizierenden Objekt ausgehende und eine nach innen zum affizierten Subjekt zurücklaufende. Wenn die Rezeptivität bloß innerlich als Modifikation des Gemüts betrachtet wird, dann zeigt sich an beiden Richtungen jeweils auch ein Aspekt von Spontaneität: das Sich-nach-Außen-Offenhalten für Affektionen und das In-sich-Aufnehmen derselben. Die fortdauernde bzw. „unendliche" Offenheit nach beiden Richtungen ermöglicht es, mannigfaltige Affektionen unter die Einheit der Apperzeption zu bringen.[406] In dieser Perspektive ist es also möglich, sich des spontanen *Angeeignetseins* der eigenen Rezeptivität bewusst zu werden. Dazu wird das rezeptive Fühlen selbst gefühlt, um sich jene Affizierbarkeit ermöglichende Offenheit nach den beiden Richtungen zu gegenwärtigen. Dieses Fühlen ist „rein", insofern es dem Subjekt die spontane *Habe* seines eigenen Fühlens erschließt – es ist gewissermaßen das ‚Gefühlsgefühl'.[407] Das reine Fühlen ist somit wesentlich *Selbstgefühl* des Gemüts *in* seinem rezeptiven Bestimmtwerden: „so ist an sich diß Gefühl *Selbst*gefühl, es hat den Gegenstand seines reinen Fühlens gefühlt, und dieser ist es selbst" (126). Die Andacht er-

---

than the self-conscious progress [...] of empirical inquiry." (Rödl 2018, 154) Man könnte gemäß dem Obigen also sagen, dass das Innewerden dieses *original act* Rödls Äquivalent zur Andacht des unglücklichen Bewusstseins ist.

405 Diese Parallele bemerkt auch Hyppolite 1946, 191, u. pauschaler Wahl 1951, 58 f. Vgl. die Hegels Wortwahl direkt entsprechenden Kategorien bei Fichte 1965 (GA I/2), 397 („*unendliches Streben*"), 431 („*Sehnen*"), 433 („*Selbstgefühl*").

406 Vgl. Fichte 1965 (GA I/2), 433: „Das Ich kann sich *für sich selbst* gültig [...] nicht *nach aussen* richten, ohne sich selbst erst begrenzt zu haben; denn bis dahin giebt es weder ein Innen, noch ein Aussen für dasselbe. Diese Begrenzung seiner selbst geschah durch das deducirte *Selbstgefühl*. Dann kann es sich eben so wenig nach aussen richten, wenn nicht die Aussen-Welt sich ihm *in ihm selbst* auf irgend eine Art offenbart. Dies aber geschieht erst durch das Sehnen."

407 Die letztere Formulierung übernehme ich von Herms 2003, 413, aus seiner Rekonstruktion von Schleiermachers (in vielen Hinsichten zu Fichtes paralleler) Selbstbewusstseinstheorie.

möglicht es also dem empirischen Ich eine idealistische Einstellung gegenüber seinem Affiziertwerden einzunehmen. Das jeweils rezeptiv Gefühlte kann als spontan Gesetztes angesehen werden, insofern jedes Fühlen die spontane Habe dieses Fühlens einschließt.

Die Andacht scheitert jedoch an der Inkompatibilität der realistischen und der idealistischen Einstellung. Die Rezeptivität des Fühlens kann letztlich nie ganz mit der Spontaneität des Denkens verschmelzen – sie bleibt bloße ‚Andacht'. Denn *insofern* ich rezeptiv bin, d.h. passiv etwas fühlend, kann ich nicht die aktiv-spontane, idealistische Einstellung einnehmen, die das rezeptiv Gefühlte als von mir Gesetzes und mit mir Gleiches ansieht. Die beiden Einstellungen wurden vermittelt durch Rezeptivität und Spontaneität aneinander angenähert, aber das empirische Ich fällt trotzdem wieder auf sich als Rezeptives zurück: „statt das Wesen zu ergreifen *fühlt* es [das Bewusstsein] nur, und ist in sich zurückgefallen" (126), vielmehr hat es „nur die Unwesentlichkeit ergriffen" (126). Die Erfahrung der Andacht verdeutlicht somit erneut das Racheproblem, dass die Weise des Aufstiegs zum transzendentalen Standpunkt dahin zurückfällt, dass wir uns doch nur „als das dem Unwandelbaren entgegengesetzte" (126) erreichen.

Das Positive in der Erfahrung der Andacht ist die Veränderung des erscheinenden Gegenstands, dem Ich des unglücklichen Bewusstseins. Im Selbstgefühl der Andacht erscheint sich das einzelne Bewusstsein somit als eine selbstständige Einheit von Spontaneität *und* Rezeptivität: „es tritt also hieraus als Selbstgefühl oder für sich seyendes Wirkliches auf." (126) Damit verändert sich das Selbstverständnis des unglücklichen Bewusstseins: Seine Wandelbarkeit als empirisches Ich wird nicht mehr schlechthin dem transzendentalen Ich als seinem „Wesen" entgegengesetzt. Die Einzelheit des empirischen Ich wird aufgewertet und erhält den Rang eines Wirklichen.[408]

Diese Erfahrung transformiert auch die systematische Aufgabe, die Entzweiung der Standpunkte bzw. Einstellungen zu überwinden. Sie liegt nun nicht mehr darin, die eigene Rezeptivität in der Andacht gleichsam auszuleeren und auf ein reines Gemüt hin zu übersteigen. Vielmehr wird eine Vollzugseinheit von Spontaneität und Rezeptivität sichtbar – das Bearbeiten und Genießen rezeptiv gegebener Gegenstände als Allegorie zur kantischen Synthesis des Mannigfaltigen –, welche die Einheit des empirischen Ich mit dem transzendentalen Ich herzustellen verspricht.

---

408 „Zunächst aber ist die *Rückkehr des Gemüths in sich selbst* so zu nehmen, daß es sich als *einzelnes Wirklichkeit* hat." (126)

4 Subjektive Einheitsstiftung in „Arbeit" und „Danken"

Die nun erreichte Entwicklungsstufe von Hegels Allegorie des unglücklichen Bewusstseins nähert sie immer weiter dem Komplexitätsniveau des Kant'schen bzw. Fichte'schen Idealismus an. Die im Folgenden nachgezeichneten Erfahrungen lassen sich somit als Hegels metatheoretischer Kommentar zu diesen Positionen lesen. Es ist jedoch weniger entscheidend, was Hegels tatsächlicher intertextueller Bezugspunkt ist, als was seine Allegorie strukturell über die Systematik idealistischer Positionen aussagt.

Durch seine bisherigen Erfahrungen gelangt das unglückliche Bewusstsein zu dem neuen Selbstverständnis, dass es als empirisches Ich am Selbstbewusstsein des Unwandelbaren *teilhat*, indem es Spontaneität und Rezeptivität in sich vereinigt. Damit kehrt das Verhalten zur gegenständlichen Welt zurück zum bereits von Herr und Knecht praktizierten Modus der Begierde und Arbeit: „In dieser Rückkehr in sich ist für uns sein *zweytes Verhältniß* geworden, das der Begierde und Arbeit, welche dem Bewußtseyn die innerliche Gewißheit seiner selbst [...], durch Aufheben und Genießen des fremden Wesens [...] in der Form der selbständigen Dinge bewährt." (126) Doch wie gelangt das unglückliche Bewusstsein nun zum Genuss seiner Arbeit, welcher dem Knecht verwehrt blieb? Um die in der Arbeit angelegte realistische Einstellung in die idealistische Einstellung des Selbstbewusstseins zu integrieren, geht das unglückliche Bewusstsein zwei weitere Schritte.

Erstens (4.1) bettet es seine Arbeit in eine gewandelte Auffassung der gegenständlichen Welt ein, die ihm zwar in ihren Äußerungen Widerstand leistet, deren Inneres sich ihm aber hingibt, damit seine Arbeit fruchtet. Diese neue Gegenstandskonzeption werde ich als Analogie zu Kants Unterscheidung von ‚empirischer Realität' und ‚transzendentaler Idealität' der Erscheinungen lesen, jedoch unter umgekehrten Vorzeichen.

Zweitens (4.2) entwickelt das unglückliche Bewusstsein eine Rechtfertigung für diese Auffassung: sein Danken für die Früchte der Arbeit. Das Dankgebet interpretiere ich als Protoform eines transzendentalen Arguments: Das unglückliche Bewusstsein erklärt die Gunst des Unwandelbaren zur Ermöglichungsbedingung seiner subjektiven Aktivität des Arbeitens.

Die Kombination von Arbeit und Danken soll so den Konflikt der realistischen und idealistischen Einstellung auflösen: Zwar arbeitet das Subjekt aktiv die Selbständigkeit der gegenständlichen Welt hinweg und gelangt so zum „Genuß" seines Selbstbewusstseins, aber im rezeptiven Danken für die Früchte seiner Arbeit erkennt es den, dem es sie verdankt, als von ihm unabhängige Größe an. Jedoch wird Hegel diesen Ansatz schließlich als einseitig subjektiven Lösungsversuch kritisieren und damit an ihm das Wiederauftreten des Racheproblems aufzeigen.

4.1 „Begierde" und „Arbeit" als Synthesis

Durch die doppelseitige Tätigkeit von „Begierde und Arbeit" (126) verknüpft das unglückliche Bewusstsein die idealistische und die realistische Einstellung. Die Begierde sucht das selbständige Sein der empirischen Gegenstände zu vernichten, um ihr reines Selbstbewusstsein ohne Beziehung auf ein Anderes zu „genießen".[409] Die Arbeit hingegen behandelt ihre Gegenstände als materiell selbständige, gibt ihnen aber eine durch das Selbstbewusstsein bestimmte Form. Indem das unglückliche Bewusstsein die *Sequenz* von „Begierde, Arbeit und Genuß" (128) durchläuft – bzw. die Ordnung des „Wollens, Vollbringens, Genießens" (128) –, gelingt es ihm, durch seine arbeitende Aktivität sein empirisches Bewusstsein rezeptiver Affektion wieder mit dem Genuss seines transzendentalen Selbstbewusstseins auszugleichen.[410]

Diese sequentielle Darstellung lese ich als Hinweis, dass Hegels Begriff der Arbeit (auch) als Allegorie zum kantischen Modell der *Synthesis* zu verstehen ist.[411] Die Arbeit des Knechts ist bereits „formirende[s] *Thun*" (115): Sie arbeitet das natürliche Dasein hinweg, indem es ihm eine Form aufprägt. Dabei gelangt der Knecht noch nicht zum Genuss, weil es nicht die Identität seines *eigenen* Selbstbewusstseins ist, die er damit herstellt (sondern die des Herrn). Das unglückliche Bewusstsein hingegen kann nach dem kantischen Modell verfahren: Durch die Aufnahme des rezeptiv Gegebenen in Akte der Synthesis verliert der affizierende Gegenstand seinen Status als vollständig subjektunabhängige Realität. Vielmehr wird der affizierende Gegenstand erst vermittels der Synthesis aus sinnlichen Data als solcher rekonstruiert.[412] Dabei dient die Synthesis des rezeptiv Gegebenen nach Regeln dazu, empirische Bestimmtheiten in die Einheit des Selbstbewusstseins aufzunehmen.

---

409 Die Begierde, so betont Hegel auch hier, „vernichtet den selbständigen Gegenstand" (107) des empirischen Bewusstseins.
410 Die Arbeit tritt dem „*selbstständige*[n] *Seyn*" (113) als „*gehemmte* Begierde" (115) gegenüber, in welcher „[d]ie negative Beziehung auf den Gegenstand [...] zur *Form* desselben [wird]" (115). Im Verlauf der Darstellung arbeitete zunächst nur der Knecht, damit der Herr die Befriedigung seiner Begierde genießen konnte (siehe Abschnitt 2.1).
411 Zur dieser Hypothese entsprechenden Lesart von „Herrschaft und Knechtschaft", siehe 1.1.
412 Vgl. die dem entsprechende Kant-Interpretation bei Allison 2004, 62.

Somit werden die vorher auf die Figuren von Herr und Knecht verteilten Momente im unglücklichen Bewusstsein vereinigt: Die Kooperation von Spontaneität und Rezeptivität in der Synthesis ermöglicht es dem unglücklichen Bewusstsein, seine empirische Bestimmtheit in ein transzendentales Selbstbewusstsein zu integrieren und dasselbe zu genießen.

Der Wissensanspruch der Begierde und Arbeit droht jedoch dem performativen Racheproblem anheimzufallen, dass die spontane Synthesis von Gegenständen deren Erscheinungsweise als subjektunabhängige Dinge untergräbt. Denn als durch Synthesis hergestellte Einheiten sind sie als etwas vom Subjekt Gemachtes anzusehen. Wie sich ergab, soll aber die realistische Einstellung des empirischen Ich erhalten bleiben. Auf dieses Desiderat antwortet das unglückliche Bewusstsein mit einer an Kant transzendentalen Idealismus (siehe I.3.2) erinnernden Gegenstandskonzeption. Für das unglückliche Bewusstsein hat die ihm gegenständliche Welt nämlich eine *Innenseite*, die einerseits objektiv und unabhängig von ihm besteht, aber andererseits dafür garantiert, dass es seiner Synthesis gelingt, die gegenständliche Wirklichkeit in der beschriebenen Form aufzuheben:

> „Die Wirklichkeit, gegen welche sich die Begierde und Arbeit wendet, ist diesem Bewußtseyn nicht mehr ein *an sich nichtiges*, [...] sondern ein solches, wie es selbst ist, eine *entzwey gebrochene Wirklichkeit*, welche nur einerseits an sich nichtig, anderseits aber auch eine geheiligte Welt ist; sie ist Gestalt des Unwandelbaren, denn dieses hat die Einzelnheit an sich erhalten, und weil es als das Unwandelbare Allgemeines ist, hat seine Einzelnheit überhaupt die Bedeutung aller Wirklichkeit." (127)

Die „geheiligte Welt" steht als „Gestalt des Unwandelbaren" für eine idealistische Gegenstandskonzeption, in welcher das transzendentale Selbstbewusstsein die empirische Welt durchgängig bestimmt und so als Allgemeines „die Bedeutung aller Wirklichkeit [hat]" (127). Diese Formulierung wird fast wortgleich als Leitsatz der Vernunft wiederkehren, in der das Ich die Gewissheit hat, „alle Realität zu seyn" (133). Dass die Welt als eine „geheiligte" angesehen wird, hält jedoch auch die relative Gültigkeit der realistischen Einstellung aufrecht. Denn die Welt wird zwar durch Synthesis konstituiert, sie ist aber dadurch nicht „an sich nichtig" (127), sondern ihr als geheiligter Welt *verdankt* sich vielmehr das Gelingen der Synthesis seitens des empirischen Ich:

> „Allein indem diese [die Wirklichkeit, Sz.] ihm [dem Bewusstsein, Sz.] Gestalt des Unwandelbaren ist, vermag es nicht sie durch sich aufzuheben. Sondern indem es zwar zur Vernichtung der Wirklichkeit und zum Genusse gelangt, so geschieht für es diß wesentlich dadurch, daß das Unwandelbare selbst seine Gestalt *preisgibt*, und ihm zum Genusse *überläßt*." (127)

In Hegels allegorischer Darstellung ermöglicht nur die Selbstpreisgabe des Unwandelbaren den Erfolg der arbeitend-begehrenden Aktivität des Bewusstseins. Das Sich-Überlassen und Sich-Preisgeben zum Genuss sind Anspielungen auf die Eucharistiefeier, die in ihrer theologischen Bedeutung nur unterstreichen, dass es hier um die Unterscheidung einer empirischen und einer transzendentalen Ebene der Wirklichkeit geht.[413]

Das unglückliche Bewusstsein konzipiert dieses Verhältnis zum Unwandelbaren nach dem aus dem Kapitel „III. Krafft und Verstand, Erscheinung und übersinnliche Welt" bekannten Modell von Kraft und Äußerung.[414] Die Arbeit, d.i. die Aktivität der Synthesis, richtet sich auf eine unabhängige Wirklichkeit (das rezeptiv Gegebene) und befindet sich mit ihr in einem Spiel der Kräfte bzw. „Spiel der Bewegung gegen die andre" (127). Doch beides, das „thätige Disseits" (127) und die „passive Wirklichkeit" (127), sind nur Äußerungen ein und desselben zugrundeliegenden übersinnlichen Inneren: Sie sind „beyde in das Unwandelbare zurückgegangen" (127). Als Inneres fungiert das Unwandelbare als transzendentale Innenseite der gegenständlichen Wirklichkeit empirischer Erfahrung. Sie verbindet sie darin miteinander, obwohl beide an der Oberfläche, d. h. in der natürlichen, realistischen Einstellung, einander als Selbständige gegenüberste-

---

[413] Trotz der weiteren Anspielungen auf den Rhythmus von Arbeitswoche und Sonntagsmesse (*ora et labora*) sowie Erntedank ist das Motiv der Eucharistiefeier am prominentesten (so auch Wahl 1951, 145). Schon Hegels Rede von der „*entzwey gebrochene[n] Wirklichkeit*" (127) spielt auf das Brechen des Brotes im Abendmahl an, in welchem die Präsenz Christi sich manifestiert. Dem entspricht auch die Spezifikation dieser Gebrochenheit: „in ein *Verhältniß zur Wirklichkeit* oder das *Fürsichseyn* und in ein *Ansichseyn* sich zu brechen" (127). Die Doppelseitigkeit von „*Verhältniß zur Wirklichkeit*" und „*Ansichseyn*" kennzeichnet auch die Lehre von der substantiellen Präsenz Christi im Abendmahl, der zufolge die Akzidenzien von Brot und Wein erhalten bleiben, aber deren substantielle Natur wechselt (vgl. Drilo 2015, 224). Indem der Leib Christi seine Akzidenzien „*preisgibt*", „*überläßt*" er sich in der Mahlfeier „*zum Genusse*" (127) und gleicht so dem Inneren der Kraft, welches selbst unsichtbar bleibt, aber für die sichtbare Erscheinung bestimmend ist. – Strukturell finden wir bereits hier die Anlage für ein weltbezogenes transzendentales Argument: Es soll die durch das Unwandelbare bestimmte Welt selbst sein, welche den Erfolg der Arbeit als subjektiver Kapazität der Synthesis garantiert. Harris 1997, 420, deutet die Anleihe bei der Eucharistie ähnlich: „The great mystery of the Mass symbolizes this truth. Lord and serf together see the miracle that makes their life possible take place before their eyes. Unchangeable as it is, the Unchangeable gives itself to us, and lets us act on it to change it. This contradiction resolves itself fairly simply, because the active powers by which we change it are themselves the gift of the Unchangeable."

[414] In „Krafft und Verstand" finden sich bereits entsprechende Anspielungen auf den transzendentalen Idealismus Kants: „in diesem *innern Wahren*, als dem *absolut allgemeinen*, [...] schließt sich erst über der *sinnlichen* als der *erscheinenden* Welt, nunmehr eine *übersinnliche* als die *wahre* Welt auf [...]; ein Ansich, welches die erste [...] Erscheinung der Vernunft [ist]" (89). Siehe die Analyse in Kapitel II.2.4.

hen. Die Wirklichkeit ist eine „entzwey gebrochene" (127), indem sie einerseits innerlich dem Unwandelbaren angehört, also im kantischen Sinne transzendental ideal ist, und andererseits als empirische Realität sich vielmehr als „passive Wirklichkeit" (127) zeigt.[415]

Mit dieser allegorischen Approximation des transzendentalen Idealismus wird denkbar, wie die Wirklichkeit durch Synthesis in das Selbstbewusstsein aufgenommen werden kann, ohne dessen Produkt zu werden. Die Wirklichkeit wird dazu als Erscheinung einer sich von sich selbst abstoßenden Kraft konzipiert: „Das Extrem der Wirklichkeit [...] kann aber nur darum aufgehoben werden, weil ihr unwandelbares Wesen sie selbst aufhebt, sich von sich abstößt, und das abgestoßene der Tätigkeit preisgibt." (127) In umgekehrter Blickrichtung wird so denkbar, weshalb die Synthesis des einzelnen Bewusstseins mit der Struktur der Wirklichkeit übereinstimmt. Das Tun des Bewusstseins wird auf ein entsprechend verfasstes inneres Vermögen zurückgeführt: „die Fähigkeiten und Kräffte, eine fremde Gabe, welche das Unwandelbare ebenso dem Bewußtseyn überläßt, um sie zu gebrauchen." (127) Demnach vermag das empirische Ich die Wirklichkeit gar nicht aus eigener Kraft aufzuheben, d.h. als seine Setzung zu begreifen. Vielmehr *erlaubt* ihm jene „fremde Gabe" nur, an der allgemeinen, transzendentalen Synthesis des gestalteten Unwandelbaren *teilzuhaben*.[416]

Somit wird auf der transzendentalen Ebene, d.h. relativ zur Innenseite der „geheiligten" Welt, artikulierbar, inwiefern die Welt vom empirischen Bewusstsein unabhängig ist. Doch diese transzendentale Ebene muss dem empirischen Ich auch aus seiner eigenen Perspektive zugänglich sein. Andernfalls könnte es seinen Wissensanspruch nicht begründen, dass es in seiner Arbeit bzw. Synthesis mit einem sinnlichen Mannigfaltigem tun hat, welches von diesem selbst her mit der Einheit seines Selbstbewusstseins affin ist.

---

415 Ich lasse hier die weitere Komplexitätssteigerung beiseite, dass sich mit dieser Entwicklung das Verhältnis der realistischen und der idealistischen Einstellung zeitweise umkehrt. Denn die empirische Wirklichkeit erscheint nicht mehr als widerständiges Anderes, sondern als passive, der Arbeit und dem Genießen ausgelieferte. Der Rekurs auf das Innere dieser Wirklichkeit, der sie zur „Gestalt des Unwandelbaren" (127) erklärt, dient vielmehr dazu, ihr gegenüber die realistische Einstellung wieder ins Recht zu setzen. Im Grundsatz bleibt es aber bei der konstatierten Unterscheidung zweier Ebenen von Realität, der inneren, transzendentalen und der äußeren, empirischen.

416 „Statt also aus seinem Thun in sich zurückzukehren, [...] reflectirt es vielmehr diese Bewegung des Thuns in das andre Extrem zurück, welches hierdurch als rein allgemeines als die absolute Macht dargestellt ist" (128).

4.2 Das „Danken" als transzendentales Argument

Wie kann das unglückliche Bewusstsein dafür garantieren, dass das Unwandelbare ihm wie postuliert entgegenkommt, d. h. sich selbst in Gestalt der geheiligten Welt der Arbeit preisgibt? Hier folgt das unglückliche Bewusstsein der monastischen Praxis *ora et labora:* Es supplementiert seine Arbeit durch das Ritual des Dankgebets. Im Danken erhält das Bewusstsein die Gewissheit, dass seine Arbeit die gegenständliche Wirklichkeit bestimmen bzw. aufheben kann, gerade weil es dies nicht aus eigener Kraft vollbringt. Im Danken kommt die Einheit des empirischen Ich, das arbeitet und genießt, mit dem transzendentalen Ich zustande, weil dieses jenem als Bedingung vorgeschaltet wird:[417]

> „Daß das unwandelbare Bewußtseyn auf seine Gestalt *Verzicht thut* und sie *preisgibt,* dagegen das einzelne Bewußtseyn *dankt,* d. h. die Befriedigung des Bewußtseyns seiner *Selbständigkeit* sich *versagt,* und das Wesen des Thuns von sich ab dem Jenseits zuweist, durch diese beyde Momente des *gegenseitigen* sich *aufgebens* beyder Theile entsteht hiemit allerdings dem Bewußtseyn seine *Einheit* mit dem Unwandelbaren." (128)

Das Bewusstsein „versagt" (128) sich die Befriedigung seiner Selbständigkeit, weil es die Frucht seiner Arbeit auf eine objektive Ermöglichungsbedingung zurückführt, die es nicht selbst hergestellt hat. Das Wesen seines Tuns wird daher einem „Jenseits" (128) zugewiesen. Zugleich vergewissert sich das unglückliche Bewusstsein im Danken des Erfülltseins dieser objektiven Bedingung. Seine Arbeit gelingt ja und verschafft ihm einen bestimmten Genuss, aber eben unselbständigerweise. Diese im Danken anerkannte Unselbständigkeit erlaubt einen Schluss

---

[417] Hegels Darstellung des Dankens ist eng am Begriff der *Anerkennung* orientiert (ohne dass dadurch das Beschriebene diesen Begriff vollumfänglich erfüllte oder gänzlich zu einem sozialen, intersubjektiven Vorgang würde). Hegel spricht vom „dankende[n] Anerkennen" (129), da das Bewusstsein im Danken „das andre Extrem als das Wesen *anerkennt*" (128). Das Danken weist dabei die für das Anerkennen charakteristische Form der Selbstnegation auf. Denn das Danken beinhaltet eine Selbstaufgabe der eigenen Wirkmächtigkeit, indem es erstens „das Wesen des Thuns von sich ab dem Jenseits zuweist" (128) und somit zweitens „die Befriedigung des Bewußtseyns seiner *Selbständigkeit sich versagt.*" (128) Auch seitens des Unwandelbaren findet eine doppelte Selbstnegation statt, indem es „auf seine Gestalt *Verzicht thut* und sie *preisgibt*" (128). Diese beiderseitige Selbstnegation bildet ein quasi-reziprokes, gleichartiges Tun, das beide Glieder in einem asymmetrischen Verhältnis vereinigt: „durch diese beyden Momente des *gegenseitigen* sich *aufgebens* beider Theile entsteht hiemit allerdings dem Bewußtseyn seine *Einheit* mit dem Unwandelbaren" (128). Die Einheit des empirischen Ich mit dem transzendentalen Ich entsteht somit durch ein quasi-reziprokes Verhältnis: Die Selbstzurücknahme des Bewusstseins korreliert mit der Selbstpreisgabe des Unwandelbaren.

auf ihre Bedingung. Das Danken verfährt somit strukturanalog zu einem transzendentalen Argument:
(1) Mein Bearbeiten der gegenständlichen Welt geht mit dem Selbstverständnis einher, dass diese Welt etwas Selbständiges, meiner Bearbeitung Widerständiges ist.
(2) Mich in dieser Weise zu verstehen ist nur möglich, wenn ich der Welt zuschreibe, der wesentlich mitbestimmende Faktor für das Gelingen meiner Arbeit zu sein.
(3) Wenn daher meine Arbeit fruchtet, dann ist dies nur möglich, weil die Welt sich selbst dafür preisgibt.[418]

Die Pointe dieses weltbezogenen transzendentalen Arguments besteht darin, dass ich nur dann glauben kann, in tätiger Interaktion mit einer objektiven Welt zu stehen, wenn das Gelingen oder Misslingen jener Interaktion von der Welt mitbestimmt wird. Wäre das Gelingen meiner Aktivität allein von mir abhängig, dann könnte ich sie nicht konsistent als *Interaktion mit* einer unabhängig von mir bestehenden Welt denken. Für die infragestehende Aktivität des Arbeitens ist jedoch konstitutiv, dass sie als eine derartige Interaktion verstanden wird.

Hegels immanente Kritik der Strategie des Dankens ähnelt Strouds Substitutionseinwand gegen weltbezogene transzendentale Argumente (siehe I.2.1). Hegel diagnostiziert, dass das Danken einen performativen Widerspruch begeht, wenn es einerseits ein Geschenk anzunehmen vorgibt, dies aber mit einer impliziten Gegenleistung aufwiegt bzw. sogar einfordert:

> „Sein *Danken* ebenso, [...] ist selbst *sein eignes* Thun, welches das Thun des andern Extrems aufwiegt, und der sich preisgebenden Wohlthat ein *gleiches* Thun entgegenstellt" (128).[419]

Entscheidend ist, dass das Danken des Bewustseins „*sein eignes* Thun" (128) ist, also eine Aktivität anstelle der eigentlich geforderten Passivität des Empfangens darstellt. Genauer gesagt ist das Danken ein vom einzelnen Bewustsein ausgehender *Akt der Zuschreibung*, welcher das Unwandelbare allererst in die Rolle des Wesens *einsetzt*. Doch alleine *qua* Zuschreibungsakt ist die Selbstpreisgabe des Unwandelbaren gerade nicht das, was sie sein soll, d.i. ein objektseitiges Ge-

---

418 „Allein indem diese [die Wirklichkeit, Sz.] ihm [dem Bewusstsein, Sz.] Gestalt des Unwandelbaren ist, vermag es nicht sie durch sich aufzuheben. Sondern in indem es zwar zur Vernichtung der Wirklichkeit und zum Genusse gelangt, so geschieht für es diß wesentlich dadurch, daß das Unwandelbare selbst seine Gestalt *preisgibt*, und ihm zum Genusse *überläßt*." (127)
419 Im allegorischen Kontext spätmittelalterlicher Frömmigkeit entspräche dies der Werkgerechtigkeit, die göttliche Gnade implizit als Verdienst erwerben zu wollen; zu diesen theologischen Hintergründen, siehe Fn. 428 u. 433.

schehen, das alle Wirklichkeit umfasst. Im Danken wird die angebliche Selbstpreisgabe vielmehr zu einer *subjektiven* Unterstellung des Bewusstseins, die es seiner Arbeit, d. h. einzelnen Synthesisakten, jeweils *post factum* unterlegt: „sogar selbst im Danken, worin das Gegentheil zu geschehen scheint, [reflektiert sich die Bewegung, Sz.] in das *Extrem der Einzelnheit*." (128)

Die performative Selbstverkehrung des Dankens führt sodann zu einer Strouds Brückenproblem analogen Situation (vgl. I.2.1). Denn allein von der Tatsache, dass ich den subjektiven Akt des Dankens vollziehe, lässt sich nicht auf die Wahrheit des Aktinhalts schließen. Sich als mit einer objektiven Welt interagierend *verstehen* und der Welt die Ermöglichung geglückter Interaktionen *zuzuschreiben* ist nicht dasselbe, wie *tatsächlich* mit einer den eigenen Handlungserfolg ermöglichenden objektiven Welt zu interagieren. Der im Danken formulierte Wissensanspruch des unglücklichen Bewusstseins scheitert also an seinem Kriterium für Objektivität, bzw. den Teilkriterien Selbstbestimmtheit und Unwandelbarkeit.[420]

Daraus ergibt sich eine komplementäre Kritik an Begierde und Arbeit. Die Arbeit wurde nach dem Schema von Kraft und Äußerung so modelliert, dass sie durch eine extra-subjektive Instanz ermöglicht wird (siehe 4.1). Demgegenüber macht das Bewusstsein die Erfahrung, dass es gar nicht auf eine solche Instanz rekurrieren musste: Es hat nach seinen eigenen Regeln der Synthesis „*gewollt*", aus eigener Spontaneität „*gethan*" und die so erreichte Aufhebung des Objekts als in seiner Binnenperspektive transparenten Vorgang „*genossen*":

> „[D]as Bewußtseyn entsagt zwar zum *Scheine*, der Befriedigung seines Selbstgefühls; erlangt aber die *wirkliche* Befriedigung desselben; denn *es ist* Begierde, Arbeit und Genuß gewesen; es hat als Bewußtseyn *gewollt*, *gethan* und *genossen*." (128)

Die ungebrochene Spontaneität des Bewusstseins in seinem Tun konterkariert seine Behauptung, dass die genannten Momente seines Tuns vielmehr durch eine extra-subjektive Instanz erfüllt werden sollen. Analog zu Strouds Substitutionseinwand geschieht die Entsagung nur „zum *Scheine*" (128): Über das ‚eigene' Tun der Synthesis wurde nur der Deckmantel der *Überzeugung* gelegt, dass sie dies eine ‚fremde' Ermöglichungsbedingung habe.

---

[420] Dass die Welt als gestaltetes Unwandelbares selbstbestimmt sein soll bedeutet, dass sie *von sich aus* und *unabhängig* von einem ‚Sollizitiertwerden' durch das Bewusstsein die Bedingungen für den Erfolg seines Arbeitens erfüllen soll. Ferner soll das Erfülltsein unwandelbar sein in dem Sinne, dass es unabhängig von den einzelnen, wandelbaren Akten des Dankens besteht und also nichts jeweils *ad hoc* Unterstelltes ist.

Hegels Kritik an der latenten Heuchelei des Dankens wirft somit erneut das Racheproblem auf, dass die Form des Übergangs zu einer idealistischen Objektivitätskonzeption in eine einseitig subjektive Position zurückfällt. Im religiösen Kontext von Hegels Darstellung führt dies das Motiv der Sünde bzw. Buße ein: Das unglückliche Bewusstsein muss von seinem eigenmächtigen Tun, das sich in Arbeit wie Danken in den Vordergrund drängte, Abstand nehmen.

5 Objektive Einheitsstiftung im Schematismus der ‚Buße'

In der Erfahrung, die das unglückliche Bewusstsein mit Arbeit und Danken macht, wird es erneut auf sich selbst als empirisches Ich zurückgeworfen. Die Problemlage hat sich jedoch verändert: Jetzt dominiert die idealistische Einstellung, aber auf Seiten des empirischen Ich, weil es dem Danken nicht gelang, einen objektiven Ermöglichungsgrund für das Gelingen der Arbeit geltend zu machen. Die Allegorie illustriert das Problem, dass die subjektive Synthesis, die rezeptiv Gegebenes zur Einheit des Selbstbewusstseins bringt, nicht zum Selbstläufer werden darf. Auch im Rahmen der Form des transzendentalen Idealismus, die das unglückliche Bewusstsein mit seiner Vorstellung des Inneren der geheiligten Welt entwirft, muss eine objektive Ordnung der empirischen Welt denkbar sein, die nicht durch eine willkürliche, apprehensive oder produktive Synthesis zusammengewürfelt wird. Vielmehr muss die Synthesis als Aktivität des *transzendentalen* Ich verstanden werden. Dann ist es z. B. möglich, diese Aktivität als an objektive, allgemeine Regeln gebunden zu begreifen.

Diese Erfahrung stellt sich dem unglücklichen Bewusstsein so dar, dass es seine subjektive Aktivität als eigenes Tun zurückstellen muss, um dem fremden Tun des weiterhin objektiv vorgestellten Unwandelbaren Raum zu geben. Es wendet sich daher dem Ritual der *Buße* zu, um sich von der „*Schuld* seines Thuns" (130) zu befreien. Dabei ruft es die Figur eines Mittlers an, welcher als „Diener" zwischen ihm als empirischem Ich, das sich des eigenwilligen Tuns schuldig gemacht hat, und dem Unwandelbaren als dem transzendentalen Ich vermittelt:

> „In ihr [der Mitte] also befreyt dieses sich von dem Thun und Genusse als dem *seinen*; es stößt von sich als *fürsich*seyendem Extreme das Wesen seines *Willens* ab, und wirft auf die Mitte oder den Diener die Eigenheit und Freyheit des Entschlusses und damit die *Schuld* seines Thuns." (130)

Die systematische Vermittlungsfunktion dieses Dieners ist nun näher zu bestimmen. Sie ergibt sich aus der Weise, wie sich der Buße die Polarität von empirischem Ich und transzendentalem Ich darstellt. Im Rahmen von Hegels religiöser

Allegorie lese ich den „Diener" als Figur eines Priesters bzw. mittelalterlichen Beichtvaters.[421]

5.1 Der Priester als „Schema"

Durch die mit Arbeit, Genuss und Danken gemachte Erfahrung sieht sich das empirische Ich radikal auf sich „als *dieses wirkliche[] Einzelne[]*" (129) zurückgeworfen. Daher reduziert es sein Selbstbild auf seine *Leiblichkeit:* Das Subjekt geht in den „thierischen Functionen" (129) seines Leibes auf. Den Leib hält es für den „Feind in seiner eigensten Gestalt" (129), da hier seine Entfernung zur Perspektive des transzendentalen Ich am größten zu sein scheint: Durch den Leib ist es an eine einzelne Raum-Zeit-Stelle gebunden und seine Interaktion mit der Welt wird nicht primär durch ein Vermögen wie den Verstand, sondern durch seine Sinnlichkeit vermittelt.[422] Dementsprechend geht das Bewusstsein nicht mehr wie zuvor die Arbeit und Begierde davon aus, dass seine spontane, synthetische Aktivität in einer transzendentalen Perspektive betrachtet werden kann: Es „verlieren Thun und Genuß allen *allgemeinen Inhalt und Bedeutung*" (129). Der Gegensatz zum Standpunkt des transzendentalen Ich könnte nunmehr kaum größer sein als vor der Erfahrung der Erhebung: Die radikale Vereinzelung des unglücklichen Bewusstseins schneidet es kategorial von jeglicher Allgemeinheit ab. Das ihm entgegengesetze Unwandelbare steht vielmehr für „das allgemeine Wesen" (129) bzw. das allgemeine, apperzeptive Selbstbewusstsein. Deshalb bedarf es der Vermittlung eines Dritten – der Figur des Priesters. Der Priester fungiert gleichsam als Brückenprinzip zwischen dem Einzelnen und dem göttlichen Un-

---

[421] Die Figur des Priesters trägt bereits christusähnliche Züge, da die Teilhabe an Einzelheit und Unwandelbarem auch als die zwei Naturen Christi und der gegenseitige Dienst als Fürsprache des Menschensohnes beim Vater verstanden werden könnten. Auch die auf den göttlichen Mittler anspielende Verwendung von „Vermittler" (130) deutet darauf hin. Doch in dieser Gestalt der Religiosität, die der Äußerlichkeit des Ritus verhaftet bleibt, wird die Mitte m. E. eindeutig nur als Priester verstanden (so auch Harris 1997, 429, u. Houlgate 2013, 118). Vielmehr bereitet Hegel mit jenen Anspielungen den Boden für eine christologische *Aufhebung* der priesterlichen Konzeption. Dafür spricht Hegels allgemeine Anmerkung, dass hier noch „nicht das Unwandelbare *an und für sich selbst* entstanden" (123) ist. Ferner ist die in der Buße geschehene „Aufopferung" selbst nicht das Tun des ansichseienden Wesens, was dem Kreuzestod des inkarnierten Gottes entspräche, sondern zunächst nur Tun des unglücklichen Bewusstseins (vgl. 131, Zeilen 4f.,12ff.).

[422] Zum Leib als „Feind in eigenster Gestalt", siehe Harris' Analyse, dass Hegel auf das Mönchsleben Martin Luthers anspiele (Harris 1997, 424), in welchem bekanntlich die Aporie der Werkgerechtigkeit durch Bußhandlungen (neben deren Pervertierung durch den Ablasshandel) eine zentrale Erfahrung darstellt (siehe Köpf 2017).

wandelbaren und hat insofern eine geradezu philosophisch-therapeutische Funktion: Er soll das unglückliche Bewusstsein überzeugen, dass es die ersehnte Einheit nicht mehr von selbst herzustellen braucht, somit von dieser Aufgabe wie vom Versuch ihrer Bewältigung gleichermaßen ‚ablassen' darf.

Entscheidend für die Vermittlungsfunktion des Priesters ist, dass er sowohl an der Allgemeinheit des Unwandelbaren als auch an der Einzelheit des verleiblichten Bewusstseins teilhat. Seine Teilhabe an beiden Seiten ermöglicht dem Priester, zwischen ihnen zu vermitteln, d.i. die Einzelheit des empirischen Ich wieder in die Allgemeinheit des transzendentalen Ich zu integrieren. Diese Vermittlung illustriert Hegel anhand der Präsentation der Hostie vor der Gemeinde, bei welcher der Priester „beyde Extreme *einander vorstellt*, und der gegenseitige Diener eines jeden bey dem andern ist." (130, H.v.m.)[423]

Mit der Vermittlungsfunktion des Priesters stellt Hegel eine Analogie zu Kants Schematismuslehre her. Eine solche Analogie begegnet ausdrücklich im anschließenden Vernunftkapitel als „das reine *Schema*" (135), das zwischen der reinen, allgemeinen Kategorie und der Einzelheit vermittelt. So wie die Gestalt der Vernunft aus der des unglücklichen Bewusstseins entspringt, stellt der priesterliche Mittler eine allegorische Vorform dieses Schemas dar.[424] Kants Schematismus antwortet auf die Frage, wie etwas so Heterogenes wie allgemeine Begriffe und die Mannigfaltigkeit sinnlicher Eindrücke in Urteilen verbunden werden können. Die durch das Vermögen der Einbildungskraft erstellten Schemata dienen also auch als Vermittler zwischen der Bestimmtheit empirischen Bewusstseins und der durch Begriffe hergestellten Einheit des Selbstbewusstseins.

Meine Lesart wird insbesondere durch Hegels Bemerkung nahegelegt, dass der Priester als Mitte in einem „Schluß" (129) fungiere, d.h. als Mittelterm bestimmt werden muss. Wenn diese Schlussform anhand der oben erläuterten Zu-

---

[423] Vgl. Harris 1997, 432f.
[424] Diese Ähnlichkeit der Priesterfigur mit dem kantischen Schematismus bemerkt auch Houlgate beiläufig, erläutert sie aber nicht näher (Houlgate 2013, 118). Was Houlgate nicht bemerkt, ist die intratextuelle Parallele zum „Schema" im Vernunftkapitel. Im Folgenden zeige ich ferner, dass die Bußhandlungen des Bewusstseins im Detail mit dem kantischen Modell korrelieren. Houlgates Nebenbemerkung ist merkwürdig, insofern die Parallele zum kantischen Schematismus quer zu seiner Lesart des Selbstbewusstsein-Kapitels steht. Denn für ihn steht in diesem Kapitel das Thema des Selbstwissens im Zentrum und nicht das Thema des Welt- bzw. Gegenstandsbezugs (siehe auch Houlgates Diskussion mit John McDowell, die um diesen Punkt kreist: Houlgate 2009a, 2009b; ich danke Stephen Houlgate für klärende Diskussionen). Kants Schematismus ist jedoch gerade dazu gedacht, die Anwendung von Kategorien auf in sinnlichen Anschauungen gegebene Gegenstände sicherzustellen (vgl. Kant 1998, A 138/B 177).

ordnung Allgemeinheit–Verstand und Einzelheit–Sinnlichkeit rekonstruiert wird, springt die Analogie zum kantischen Schematismus ins Auge:[425]

(OS) Der Priester ist unmittelbar teilhabend am Unwandelbaren. / Das Schema partizipiert an der Form des Verstandes.
(US) Der Priester ist unmittelbar teilhabend an der Einzelheit des verleiblichten Bewusstseins. / Das Schema partizipiert an der Form der Sinnlichkeit.
(K) Die Einzelheit des verleiblichten Bewusstseins ist mittelbar teilhabend am Unwandelbaren. / Der Schematismus ermöglicht die Anwendung der Kategorien auf das Mannigfaltige der sinnlichen Anschauung.

Kants Schema und Hegels Priester-Allegorie erfüllen somit die gleiche Funktion, Allgemeinheit und Einzelheit im Verhältnis von reiner Kategorie und sinnlichem Inhalt zu vermitteln. Der Vorteil gegenüber dem vorigen Modell des Dankens liegt darin, die realistische Einstellung gegenüber dem empirischen Gegenstand zu stabilisieren: Durch den Mittler kann sich das empirische Bewusstsein vergewissern, dass seine sinnlich-mannigfaltige Bestimmtheit in die Einheit des Selbstbewusstseins aufgenommen wird, ohne dass es durch seine eigene Aktivität dafür sorgen müsste. Anders gesagt: Wie die sinnliche Mannigfaltigkeit synthetisiert wird, um sie unter allgemeine Regeln zu bringen, wird durch den Mittler übernommen und ist nicht mehr Sache des empirischen Ich und seiner Apprehension. Daher kann das empirische Ich die ihm erscheinende Wirklichkeit weiterhin als Gegebenes und nicht von ihm Gemachtes ansehen und muss in ihr trotzdem nichts Fremdes, womöglich Unzugängliches wähnen.

Hegels Allegorie entfaltet diese Vermittlungsleistung des Priesters in einem hohen Detailgrad, weil die vorangegangene Entwicklung das Komplexitätsniveau entsprechend gesteigert hat. So haben Priester bzw. Schema auch eine Zwischenstellung hinsichtlich der Dimension von Rezeptivität und Spontaneität. Ich folge zunächst Hegels Darstellung und gehe dann auf ihren systematischen Aspekt ein.

Hegels Darstellung orientiert sich an der mittelalterlichen Ordnung der Buße in *contritio cordis*, *confessio oris*, *satisfactio operis*, auf welche die *absolutio* durch

---

425 Vgl. Kant 1998, A 138/B 177: „Nun ist es klar, daß es ein Drittes geben müsse, was einerseits mit der Kategorie, andererseits mit der Erscheinung in Gleichartigkeit stehen muß und die Anwendung der ersteren auf die letzte möglich macht. Diese vermittelnde Vorstellung muß rein (ohne alles Empirische) und doch einerseits *intellektuell*, andererseits *sinnlich* sein. Eine solche ist das *transzendentale Schema*."

den Priester folgt.[426] Hegel kritisiert das Danken dafür, nur die ersten beiden Schritte, *contritio cordis* und *confessio oris*, im Sinne des „*innern* Anerkennen[s] des Dankens durch Herz, Gesinnung und Mund" (130) zu gehen und so die „Eigenheit" (130) seines Tuns bloß zum Scheine aufzugeben. Im dritten Schritt, der *satisfactio operis*, liegt demzufolge das Proprium der Buße in Hegels Darstellung.[427] Demzufolge erfordert die Teilhabe am vermittelnden Tun des Priesters vom einzelnen Bewusstsein die Bußhandlungen

> „des Aufgebens [i] des eignen Entschlusses, dann [ii] des Eigenthumes und [iii] Genusses, und endlich das positive Moment des [iv] Treibens eines unverstandenen Geschäfftes" (130).

Den performativen Kern dieser Bußhandlungen bildet (i) das Aufgeben des eigenen Entschlusses. Hier spielt Hegel darauf an, dass die Bußhandlungen einen während der Beichte gegebenen Rat des Priesters darstellen (vgl. 130); die jeweilige Bußhandlung hört daher „nach der Seite des Thuns oder des *Willens* auf, die eigne zu seyn" (130). Die Selbstaufgabe der eigenen Spontaneität in der Buße ermöglicht, dass das eigene Tun durch das fremde Tun des Unwandelbaren ersetzt wird: „[D]as Aufgeben des eignen Willens ist nur einerseits negativ, […] zugleich aber positiv, nemlich das Setzen des Willens als eines *Andern*, und bestimmt des Willens als eines nicht einzelnen, sondern allgemeinen." (131) Die Pointe der „Aufopferung" (131) des eigenen, vereinzelten Willens ist, dass sie implizit die Teilhabe an einem überindividuellen, allgemeinen Willen ermöglicht.[428]

Das Aufgeben der Selbstbestimmtheit und der Früchte des eigenen Tuns in (i)–(iv) bildet wiederum eine funktionale Analogie zu Kants Schematismuslehre. Analog zum (i) „Aufgeben des eigenen Entschlusses" kennzeichnet den Schematismus laut Kant, dass er erstens ein unwillkürlicher Prozess ist, und zweitens

---

426 Auch hier wird von Hegel womöglich auf Luther angespielt und dessen Kritik am Ablass (vgl. Wolff 2017, 306).
427 Die Werke der Buße sind traditionell vorgeschriebene Gebete, deren Latein den Laien unverständlich war (siehe Houlgate 2013, 119), sowie Fasten, Kasteiungen und Spenden (Hegel spielt m. E. auf den mittelalterlichen Ablass an, wenn er schildert, dass das Bewusstsein „von dem Besitze, den es durch die Arbeit erworben, etwas abläßt" [130]); wie wir sehen werden, spielen sie eine entsprechend zentrale Rolle im Text. Houlgate liest diese Werke als Beispiele der „evangelical counsels" (siehe Houlgate 2013, 119), verliert aber so den spezifischen Kontext der Buße und die von Hegel aufgeworfene Willensfreiheits- und Schuldthematik aus dem Blick.
428 Das entsprechende theologische Bild, das Hegel schon früh mit dem Begriffspaar „Wollen und Vollbringen" (128) aufruft, ist m. E. das Einwohnen des Geistes im von der Sünde freigesprochenen Menschen, durch welches nach paulinischer Formel Gott „Wollen und Vollbringen wirkt" (Phil 2,13). Diesen Aspekt der Buße betont auch Moyar 2017, 176, konnotiert ihn aber positiver als es m. E. Hegels immanenter Kritik auch der Buße des unglücklichen Bewusstseins angemessen ist.

keine Aktivität des Verstandes, sondern eines eigenständigen Vermögens der Einbildungskraft ist.[429] Die Einbildungskraft ist daher auch nicht das (ii) „Eigentum" des Subjekts, sondern ein autochthones Vermögen, „eine verborgene Kunst in den Tiefen der menschlichen Seele"[430]. Daher kann es diese Synthesis nicht (iii) als Produkt seines eigenen Tuns „genießen", insofern die Aktivität der Einbildungskraft eine andere Quelle als die apperzeptive Spontaneität des Verstandes hat, „deren wahre Handgriffe wir der Natur schwerlich jemals abraten [werden]".[431] Da die Schemata noch keine ,verständlichen' Begriffe sind, sondern nur Bilder geben sollen, ist das Subjekt im Schematisieren schließlich (iv) etwas „ganz Fremdes ihm sinnloses vorstellend und sprechend" (130).[432] Wie die Analogie zu Kants Schematismus veranschaulicht, hat eine solche Vermittlungskonzeption den Preis, dass das empirische Ich in seinem Weltbezug nicht durchgängig selbstbestimmt und spontan ist.

5.2 Kritik des „fremden Thuns"

Die detailreiche Allegorie der Bußhandlungen des unglücklichen Bewusstseins zeigt, dass die Vermittlungsfunktion des Schematismus mit der Entsagung von der eigenen Spontaneität erkauft wird. Das eigene Tun des empirischen Ich besteht lediglich in dem Akt der Selbstaufopferung, durch den es die Vermittlung seines Bewusstseins mit dem Standpunkt des transzendentalen Ich an das fremde Tun des Priesters delegiert. Dies ist gleichsam der zu zahlende Ablass, um den Konflikt der Einstellungen des Bewusstseins und des Selbstbewusstseins durch eine Vermittlungsinstanz aussetzen zu können.

Hier setzt Hegels immanente Kritik der Buße an. Die oben erläuterten Bußhandlungen des Einzelnen haben nämlich zur Konsequenz, sein eigenes Tun so zu entkernen, dass es ihm kaum mehr zurechenbar ist und nur den passiv empfangenen Rat des Priesters widerspiegelt. Dadurch wird der transzendentale Standpunkt des Unwandelbaren, der das Ziel der Vermittlung bildet, dem empirischen Ich *de facto* unzugänglich. Hegel schildert dies so, dass die Vermittlung durch den Priester dem einzelnen Bewusstsein nur eine „gebrochne Gewißheit" verstattet:

---

429 Kant 1998, A 132/B 171.
430 Kant 1998, A 141/B 180.
431 Kant 1998, A 141/B 181.
432 Zur weder begrifflichen noch bloß bildlichen Natur des Schemas, siehe Kant 1998, A 138/B 177 bzw. A 142/B 181.

> „[Das einzelne Bewusstsein] läßt sich von dem vermittelnden Diener diese selbst noch gebrochne Gewißheit aussprechen, daß nur *an sich* sein Unglück das verkehrte, nemlich [...] seeliger Genuß; sein ärmliches Thun ebenso *an sich* das verkehrte, nemlich absolutes Thun [ist] [...]. Aber *für es* selbst bleibt [...] sein wirkliches Thun ein ärmliches, und sein Genuß der Schmerz, und das Aufgehobenseyn derselben, in der positiven Bedeutung ein *Jenseits.*" (131)

Das einzelne Bewusstsein muss sich seine Gewissheit vom Priester „aussprechen" lassen wie eine Verheißung, die erst im Jenseits gänzlich erfüllt wird.[433] Denn die Weise, wie sich das empirische Ich gegenwärtig als leibliche Einzelheit weiß, stimmt nicht mit dem überein, wie diese ärmliche Existenz in transzendentaler Hinsicht „*an sich* das verkehrte" (131) sein soll. Diese jenseitige Verheißung einer verkehrten bzw. geheiligten Welt muss es als Glaubenssatz hinnehmen. Die Teilhabe des empirischen Ich am transzendentalen Ich ist somit noch nicht in befriedigender Form hergestellt, weil sie nicht vom Standpunkt des empirischen Ich aus zugänglich ist.[434] Dies stellt eine Variante von Strouds Brückenproblem dar, insofern der objektive Geltungsanspruch an ein externes, vermittelndes Prinzip delegiert wird, dessen eigene Gültigkeit wiederum problematisch bleiben muss und nicht zirkulär vorausgesetzt werden darf.

Wie in Abschnitt 1.3 aufgezeigt, gelingt es noch nicht einmal der Gestalt der Vernunft, die Aporien des unglücklichen Bewusstseins zu lösen. Da Hegel das Entspringen der Vernunft aus der Gestalt des priesterlichen Mittlers herleitet,[435]

---

433 Hegels Rede von der „Verkehrung" von Unglück und ärmlichem Tun in „seligen Genuss" und „absolutes Tun" ist womöglich eine Anspielung auf die christliche Jenseitsvorstellung vom Paradies, in dem die Letzten die Ersten sein werden (Mt 19,30). Dass aber schon das *diesseitige* Tun in Hegels Darstellung ein ‚verkehrtes' ist, könnte auf die lutherische Formel *simul iustus et peccator* anspielen. Der gläubige Mensch ist Luther zufolge einerseits gerechtfertigt, aber andererseits zugleich immer noch ein Sünder (vgl. Slenczka 2017, 487). Die Freiheit von der Schuld, die *iustificatio*, ist die Heilsgewissheit, dass Gott dem Menschen die Schuld nicht anrechnet, er *de iure* also freigesprochen ist. In seinem irdischen Leben erfährt sich der Mensch jedoch weiterhin *de facto* als Sünder. Die Heilsgewissheit ist nach Luther somit ähnlich wie für das Buße tuende unglückliche Bewusstsein eine „gebrochne Gewißheit" (131).
434 Vgl. Stern 1990, 48, der die intersubjektive Dimension dieses Gegensatzes dabei betont: „Thus, though the unhappy consciousness has surrendered itself to some extent to the universal and altruistic concerns of the ‚good life' enjoined by the priest, it has not properly ‚internalized' this universality, and so the opposition between its own individuality and the universal ethical realm remains unresolved."
435 „Seine Wahrheit ist dasjenige, welches in dem Schlusse, worin die Extreme absolut auseinander gehalten auftraten, als die Mitte erscheint, welche es dem Bewußtseyn ausspricht, daß das einzelne auf sich Verzicht gethan, und dem einzelnen, daß das Unwandelbare kein Extrem mehr für es, sondern mit ihm versöhnt ist. Die Mitte ist [...] das Bewußtseyn ihrer Einheit, welche sie dem Bewußtseyn und damit *sich selbst* ausspricht, die Gewißheit alle Wahrheit zu seyn." (132) Siehe auch Moyar 2017, 176.

gilt dies insbesondere für den Gegensatz von ‚fremdem' und ‚eigenem' Tun, den die Vernunft selbstgewiss, aber gänzlich unvermittelt nivelliert. Die Erfahrung des unglücklichen Bewusstseins zeigte: Sowohl das einseitig eigene Tun des Dankens als auch das einseitig fremde Tun in der Buße vermögen den Konflikt der idealistischen und der realistischen Einstellung nicht aufzulösen. Diese Einseitigkeit führte jeweils in das Racheproblem, dass eine Einstellung die andere zurückdrängte, wodurch entweder der Substitutionseinwand oder das Brückenproblem des Stroud'schen Trilemmas aufgeworfen wurden. Es muss also eine Einheit von eigenem und fremdem Tun gefunden werden, um eine ausbalancierte idealistische Objektivitätskonzeption zu stabilisieren. Wie ich im nächsten Kapitel anhand meiner Lesart der spekulativen Identität von Substanz und Subjekt zeige, leistet dies erst das absolute Wissen als ‚Selbstkonstruktion' der inhaltlichen Darstellung.

4 Therapeutische Auflösung des Problems im „absoluten Wissen"

Eine gelungene Therapie des Problems objektiver Geltung muss an einen Punkt führen, an dem das Problem nicht bloß verschwunden ist – der metaepistemologische Skeptiker also nicht widerlegt, sondern nur (mit Stern gesprochen) zum Schweigen gebracht worden wäre –, vielmehr muss das Problem als Ergebnis eines Prozesses rationaler Selbstaufklärung *verabschiedet* werden. Damit Hegels *Phänomenologie* diesen Punkt erreicht, muss sie mehr leisten, als bloß den ‚Bauplan' einer idealistischen Objektivitätskonzeption zu formulieren, welche die Trennung von Wissen und Gegenstand überwindet und keiner immanenten Kritik mehr zugänglich zu sein scheint. Wir müssen den von Hegel dargestellten Konzeptionswandel, d.i. den Gang der Erfahrung, in einer rückblickenden, selbstreflektierten Perspektive erfassen, damit die schlussendlich erreichte idealistische Objektivitätskonzeption als *Resultat* eines Prozesses der Selbstaufklärung akzeptiert werden kann. Andernfalls würde uns die zuletzt dargestellte Konzeption nicht auch *als* Vollendung des zu ihr führenden Aufklärungs- bzw. Lernprozesses gegenwärtig werden.

Für meine Rekonstruktion der *Phänomenologie* als therapeutischer Auflösung des Problems objektiver Geltung ist daher das letzte Kapitel „Das absolute Wissen" von besonderer Bedeutung, weil es den Endpunkt in der Entwicklung des Bewusstseins zum Geist darstellt. Hegel hat in „Das absolute Wissen" die geforderte Reflexion in doppelter Weise anzustellen: Er muss sowohl den Inhalt der vorausgegangenen Entwicklung thematisieren als auch die Form seiner Darstellung reflexiv einholen. Auf der inhaltlichen Ebene ist rückblickend zu fragen: Gelingt es, die alte, realistische Objektivitätskonzeption zu *integrieren* und sie also zu transformieren und nicht einfach durch ein alternatives Begriffsschema zu ersetzen? Auf der Darstellungsebene ist zu fragen: Ist der *Übergang* zur neuen Konzeption nach dem Maßstab der alten Konzeption zulässig und zugleich vor dem Racheproblem gefeit, durch einen rein immanenten Übergang der alten Konzeption verhaftet zu bleiben?

Die im vorigen Kapitel II.3 betrachtete Gestalt des unglücklichen Bewusstseins wirft in beiden Fragehinsichten Probleme auf, die Hegel – so meine These – erst im „absoluten Wissen" lösen kann. Die konzeptionelle Integration der realistischen Objektivitätsauffassung muss den inneren Konflikt des unglücklichen Bewusstseins mit der realistischen Einstellung des Bewusstseins auflösen (siehe II.3). Ziel ist daher die „Versöhnung" des Bewusstseins, welches seinen Gegenstand als von ihm unabhängiges Anderes ansieht, mit dem Selbstbewusstsein, das seinen formalen Gegenstand als mit sich identisch ansieht. Der Übergang zu dieser Versöhnung darf jedoch nicht selbst einseitig sein. Wie das unglückliche Bewusstsein zeigte, entsteht sonst das Racheproblem, dass die Vereinigung beider Einstellungen entweder als eigenes Tun des Selbst oder als fremdes Tun einer externen Instanz erscheint und somit Bewusstsein und Selbstbewusstsein in der Konstellation des Stroud'schen Trilemmas wieder entgegengesetzt werden.

Im Folgenden zeige ich, wie Hegel das absolute Wissen in Stellung bringt, um diese Desiderate einzulösen. In einem ersten Schritt (**1.**) betrachte ich die die konzeptionelle Aufgabe, die realistische und die idealistische Einstellung auszubalancieren. Ich zeige, dass Hegels spekulatives Theorem der *Identität von Substanz und Subjekt* sie zu lösen vermag. Zweitens (**2.**) zeige ich, dass das absolute Wissen nur in einer bestimmten Lesart das Theorem der Identität von Substanz und Subjekt impliziert. In dieser Lesart ist das absolute Wissen als das ‚Sich-Begreifen des Begriffs' zu verstehen, d.i. als besondere Vollzugsform von Wissen, die ein Fall des von mir eingeführten Methodenbegriffs der Selbstkonstruktion ist.

In einem dritten Schritt (**3.**) wende ich mich dem Problem der Übernahme dieser Objektivitätskonzeption zu. Ich stelle einen *Hiatus* zwischen der Erfahrung der Bewusstseinsgestalten und der Reflexionsform des absoluten Wissens fest, d.h. eine Bruchstelle im Abschluss der phänomenologischen Darstellung. Mit diesem Hiatus ist auch das Racheproblem des unglücklichen Bewusstseins verbunden. Anhand meiner Analyse des Hiatus- bzw. Racheproblems gewinne ich ein Set von sieben aufeinander aufbauenden Bedingungen, die Hegels Darstellung erfüllen muss, um das Problem des performativen Rückfalls in die alte, dichotome Objektivitätskonzeption zu lösen.

Schließlich (**4.**) zeige ich, wie die Vollzugsform des absoluten Wissens dazu beiträgt, das Anforderungsprofil jener Bedingungen zu erfüllen. Damit das Hiatusproblem nicht durch eine externe Zutat reproduziert wird, muss Hegels Darstellung in einer möglichst minimalistischen Weise auf sich selbst Bezug nehmen. Dazu verwendet Hegel das textstrategische Stilmittel des ‚versammelnden Aufzeigens' bzw. der „Erinnerung" (4.1). Im erinnernden Aufzeigen wird ein Hiatus in der Darstellungsform vermieden, indem die im Medium des Begriffs erfasste Nachkonstruktion der Erfahrung dieselbe Qualität einer evidenten Selbstkonstruktion hat, wie sie für den dem Bewusstsein erscheinenden Gegenstand konstatiert wurde (4.2.1). Dabei tritt die gehaltliche Identität der beiden Darstellungsperspektiven des Bewusstseins und des ‚für uns' hervor, sodass beide Perspektiven im Mitvollzug der Darstellung durch den Leser der *PhG* konvergieren (4.2.2).

1 Objektivität im Begriff

Welche Konzeption von Objektivität präsentiert Hegel in „Das absolute Wissen" und wie gelingt es ihr, die obigen Desiderate an eine therapeutische Auflösung des Problems objektiver Geltung einzulösen? In 1.1 entfalte ich Hegels Leitmotive der Versöhnung des Bewusstseins mit dem Selbstbewusstsein sowie der Identität von Substanz und Subjekt als eine zwischen Idealismus und Realismus ausbalancierte Konzeption von Objektivität. In 1.2 betrachte ich die Rolle der von Hegel dabei eingesetzten ‚logischen' Erläuterungsebene.

1.1 Die „Versöhnung" von Bewusstsein und Selbstbewusstsein

Hegel rekapituliert in §§ 1–10 von „Das absolute Wissen" einige ausgewählte Stationen des bisherigen Ganges der *Phänomenologie*, um an ihnen die Herausbildung der idealistischen Objektivitätskonzeption nachzuzeichnen, die nun im absoluten Wissen ausdrücklich erfasst werden soll. Das zentrale Motiv dieser finalen Objektivitätskonzeption ist die „Versöhnung des Bewußtseyns mit dem Selbstbewußtseyn" (425). Die angestrebte Versöhnung antwortet auf den in II.3 am unglücklichen Bewusstsein aufgezeigten Konflikt zwischen der realistischen Einstellung gegenüber dem Gegenstand als einem vom Wissen unabhängigen Anderen und der idealistischen Einstellung des Selbstbewusstseins, die den Gegenstand als mit dem Selbstbewusstsein identisch bzw. als Strukturmoment desselben ansieht. Schon das unglückliche Bewusstsein versuchte aus dieser Entzweiung zu einer Form der Versöhnung zu finden, scheiterte jedoch an dem Racheproblem, dass jeder seiner Versuche einseitig die realistische oder idealistische Einstellung privilegierte (siehe II.3.4–5). Es gelangt somit nicht, die Seite des Gegenstandes bzw. des Ansich unter der Vorgabe ihrer Einheit mit der Seite des Wissens zu stabilisieren.

In „Das absolute Wissen" greift Hegel diesen Konflikt des unglücklichen Bewusstseins auf, jedoch auf einem höheren Abstraktionsniveau, auf dem das dort entfaltete erkenntnistheoretische Tableau ausgeblendet wird.[436] Hegel

---

[436] Mithin haben wir es nicht mehr direkt mit den Perspektiven des empirischen und transzendentalen Ich zu tun, die das unglückliche Bewusstsein noch zu vereinen suchte (siehe II.3.2). Gleichwohl ist Hegels an logischen Elementarbgriffen orientierte Explikation seiner Objektivitätskonzeption daran anschlussfähig. Das zeigt erstens Hegels Anknüpfung an die Gestalt der Vernunft (siehe 1.2) und zweitens ergibt es sich aus Hegels Lösung des Hiatusproblems (siehe 4.2.2). Letztlich müsste m. E. Hegels Begriff des Geistes bemüht werden, um am Geist als „*Ich*, das *Wir*, und *Wir*, das *Ich* ist" (108) aufzuzeigen, dass die Unterscheidung des empirischen und

übernimmt vielmehr das konzeptionelle Problem einer vom Racheproblem freien Balance zwischen der realistischen und der idealistischen Einstellung. Dies zeigt bereits seine einleitende Bemerkung in § 1 von „Das absolute Wissen", die betont, dass im Zuge der *Phänomenologie* entwickelte idealistische Konzeption zwar die „Ueberwindung des Gegenstandes des Bewußtseyns" (422) anstrebt, bei ihrer Deutung aber jegliche Einseitigkeit vermieden werden soll:

> „Die Ueberwindung des Gegenstandes des Bewußtseyns ist nicht als das einseitige zu nehmen, [1.] daß er sich als in das Selbst zurückkehrend zeigte, sondern bestimmter so, daß er sowohl [2.] als solcher sich ihm als verschwindend darstellte, als noch vielmehr, [3.] daß die Entäusserung des Selbstbewußtseyns es ist, welche die Dingheit setzt, und [4.] daß diese Entäusserung nicht nur negative, sondern positive Bedeutung, sie nicht nur für uns oder an sich, sondern [5.] für es selbst hat." (422)

In der von mir 1.–5. nummerierten Sequenz verfeinert Hegel schrittweise die Art der Überwindung des Gegenstandes hin zu einer ausbalancierten Objektivitätskonzeption. Der erste Schritt (1.) entspricht dem kruden Missverständnis des Idealismus als eines Rückzugs ins Subjektive, welcher den Gegenstand vollständig in sekundäre Qualitäten auflöst. Er greift die „Reflexion in sich" auf, d.i. die Privilegierung der Seite intentionaler Bezugnahme, die eine wiederkehrende Phase in den Erfahrungen der Bewusstseinsgestalten bildet (siehe II.2.1). Der zweite Schritt (2.) geht zu einem resoluter ontologischen Verständnis des Idealismus über, dem zufolge der Gegenstand „als solcher" (422) sich dem Bewusstsein als „verschwindend" (422) darstellt. Dieses Verschwinden des Gegenstandes entspricht der im Abschnitt „A. Bewußtseyn" gemachten Erfahrung, dass ein stabiles Objektivitätskriterium allein in der Einheit des Selbstbewusstseins zu finden ist (siehe II.2.4 u. II.3.1).[437]

Der dritte Schritt (3.) konterkariert scheinbar das Verschwinden des Gegenstandes, vielmehr schildert er dessen Hervorgehen aus dem Selbstbewusstsein. Damit greift Hegel die Problemlage des unglücklichen Bewusstseins wieder auf,

---

transzendentalen Ich in ihm aufgehoben ist. Zu diesen Entwicklungslinien im Aufbau der *PhG*, siehe das Folgende, Abschnitt 3.2 u. Moyar 2017.

437 Moyar ordnet Schritt (1.) dem Ende von „Krafft und Verstand" zu und Schritt (2.) den Erfahrungen aus *PhG* IV.B von Stoizismus, Skeptizismus und dem unglücklichen Bewusstsein (Moyar 2017, 175). Ich ordne vielmehr beides Schritt (2.) zu, weil ich das Verschwinden des Gegenstandes „als solchen" erst mit dem Übergang zu *PhG* IV gegeben sehe (siehe II.3.1). Obwohl ich Moyars Betonung der zentralen Rolle des unglücklichen Bewusstseins und der von ihm her zu verstehenden „Vernunft" emphatisch zustimme, ordne ich letztere vielmehr Schritt (3.) zu, weil erst nach Auftreten des unglücklichen Bewusstseins die mit der Entäußerung angesprochene Problematik vollständig vorliegt, wie die idealistische und realistische Einstellung zu versöhnen sind.

indem er eine *Symmetrie* im Verhältnis von Bewusstsein und Selbstbewusstsein einfordert: Der Gegenstand verschwindet dem Selbstbewusstsein als an sich Unabhängiges, aber er geht ebenso als „für es" Unabhängiges aus diesem selbst hervor. Diese Symmetrie wurde als erstes ausdrücklich von der Gestalt der Vernunft vertreten, die davon ausging, dass das Selbstbewusstsein sich selbst als gegenständliche Realität vorfindet.[438] Doch die Struktur der *Entäußerung* in das Ding ist hier noch ebenso abstrakt wie zuerst angeführte Rückkehr desselben in das Selbst. Die Entäußerung darf weder als Selbstverlust noch als bloß subjektive Projektion oder als Produktionsidealismus verstanden werden, sondern muss laut Hegel viertens eine (4.) „positive Bedeutung" (422) haben und zwar fünftens (5.) nicht für eine privilegierte Metaperspektive, sondern für das Selbstbewusstsein selbst.[439] Die idealistische Einstellung muss demnach erhalten bleiben, obwohl mit der Seite des Gegenstandes auch die realistische Einstellung nun zu ihrem Recht kommt.

Die in den obigen fünf Schritten entfaltete Symmetrie zwischen der realistischen und idealistischen Einstellung führt zu einer Objektivitätskonzeption, in der es nicht möglich ist, die Seite des Gegenstandes gegen die des Wissens auszuspielen. Denn der Gegenstand wird als ein Anderes des Bewusstseins bzw. Wissens nicht nivelliert, aber das Bewusstsein ist zugleich „in *seinem* Andersseyn als solchem bey sich" (422), d.h. der Gegenstand ist nichts wesentlich anderes als das Wissen. Mit McDowell kann hier von einer „genuine balance between subjective and objective"[440] gesprochen werden, die kein Prioritätsverhältnis zwischen beiden Seiten mehr zulässt. Damit wäre die Gefahr eines Rückfalls in eine einseitig idealistische Objektivitätskonzeption gebannt, welcher sich z. B. ergäbe, wenn wir beim ersten Schritt stehen blieben und einen Rückzug in das Subjekt konstatierten, oder wenn wir beim dritten Schritt stehen blieben und die Entäußerung als subjektive Projektion in eine ephemere Erscheinungswelt erläuterten. Die mit Hegel verfolgte therapeutische Selbstaufklärung des Objektivitätsbegriffs wäre somit an ihrem Ziel angekommen: Die Versöhnung des Bewusstseins mit

---

438 Siehe meine Erörterung des Vernunftkapitels in II.3.1.
439 Moyar fasst Schritte (3.)–(5.) zusammen und ordnet sie dem Übergang „*within* Reason from a theoretical posture to a practical posture, from Reason A to Reason B" zu (Moyar 2017, 175). Für meine Lesart ist die Frage realistischer und idealistischer Einstellungen dem Unterschied des Theoretischen und Praktischen vorgeordnet, weil sie beide betrifft. Meine Lesart ist freilich mit Moyars Zuordnung kompatibel, obwohl ich im Blick auf Hegels weitere Rekapitulation, welche das Gewissen ins Zentrum rückt, den Übergang zur praktischen Vernunft eher als Auftakt zu Schritten (4.)–(5.) lesen würde, die sich womöglich erst im durch das absolute Wissen erinnerten Gewissen vollenden. Hier ist zu erwähnen, dass auch Moyar dem Gewissen eine zentrale Stellung einräumt und dem womöglich nicht widersprechen würde (siehe Moyar 2017, 184 ff., 188 f.).
440 McDowell 2009d, 152.

dem Selbstbewusstsein schafft einen Ausgleich, der unsere realistischen Intuitionen vollumfänglich integriert, sie aber von ihrer einseitigen Bedeutung und damit von ihrem Konflikt mit dem idealistischen Standpunkt befreit hat.[441]

Die von Hegel angestrebte ausbalancierte Konzeption wird deutlicher, wenn Hegels zweites zentrales Motiv, die Einheit von Substanz und Subjekt, hinzugenommen wird. Dieses Motiv führt Hegel in der „Vorrede" ein, um auszudrücken, dass der Begriff der Objektivität vollständig in die Sphäre des Geistes aufgehoben ist, wobei der Geist die oben skizzierte Einheit von Selbstbewusstsein und Bewusstsein herstellt:

> „[D]aß die Substanz wesentlich Subject ist, ist in der Vorstellung ausgedrückt, welche das Absolute als *Geist* ausspricht, – der erhabenste Begriff, und der der neuern Zeit und ihrer Religion angehört. Das Geistige ist allein das *Wirkliche*; es ist das Wesen oder *an sich* seyende […] und in […] seinem Aussersichseyn in sich selbst bleibende" (22).

Meiner Lesart zufolge ist Hegels Aussage, dass das Geistige „allein das *Wirkliche* […] oder *an sich* seyende" (22) sei, nicht als Behauptung eines Panpsychismus oder ähnlichem zu verstehen, sondern als Pointierung einer idealistischen Objektivitätskonzeption, der zufolge die Kriterien für Realität und Wahrheit nur im Horizont einer als „Geist" explizierten Struktur des Selbstbewusstseins anwendbar sind. Die Stoßrichtung von Hegels Bemerkung, „daß die Substanz wesentlich Subject ist" (22), zielt somit darauf, den Begriff der Substanz – als Begriff schlechthin für das ursprünglich Reale und selbständig Existierende – durch den Begriff des Subjekts zu bestimmen, d.h. durch den Begriff des Selbstbewusstseins.[442]

Diese Stoßrichtung führt Hegel in „Das absolute Wissen" fort, indem er die „Substanz" als Korrelat der realistischen Einstellung des Bewusstseins behandelt und entsprechend das „Subject" als Korrelat der idealistischen Einstellung des Selbstbewusstseins:

> „Der Geist aber hat sich uns gezeigt […] *diese Bewegung* des Selbsts [zu sein], das sich seiner selbst entäussert und sich in seine Substanz versenkt, und ebenso als Subject aus ihr in sich

---

[441] Somit kann wiederum McDowells Pointierung der ‚Balance' des Subjektiven und Objektiven zugestimmt werden, dass „[t]o hold that the very idea of objectivity can be understood only as part of such a structure is exactly *not* to abandon the independently real in favour of projections from subjectivity." (McDowell 2009d, 153, H.v.m.) Die oben zitierte Hegel-Passage und ihr Kontext sind jedoch nicht frei von einer subjektiven Schlagseite, welche bisweilen „das negative des Gegenstandes" (422) betont und somit einer Verabsolutierung des Selbstbewusstseins den Vorzug vor der skizzierten Symmetrie zu geben scheint; darauf werde ich in 1.2 noch eingehen.
[442] Vgl. Henrich 1971, 96.

gegangen ist, und sie zum Gegenstande und Inhalte macht, als es diesen Unterschied der Gegenständlichkeit und des Inhalts aufhebt." (431)

Der Geist entäußert sich laut Hegel als „Selbst" in seine Substanz und „ebenso" (431), d. h. auf gleichberechtigte Weise, gehe er aus dieser in sich zurück. In der Terminologie von „Substanz" und „Subject" finden wir somit die oben anhand von § 1 erläuterte Symmetrie zwischen der Entäußerung des Selbstbewusstseins und der Rückkehr des Gegenstandes in das Selbst wieder. Die Vereinigung von Substanz und Subjekt führt dementsprechend sowohl dazu, dass das Selbstbewusstsein die Substanz „zum Gegenstande [...] macht" (431) als auch diesen „Unterschied der Gegenständlichkeit [...] aufhebt." (431)[443] Freilich ist noch unausgemacht, was konkret unter „Substanz" und „Subject" zu verstehen ist; offenbar können sie nicht jeweils direkt der Seite des Gegenstandes oder des Selbstbewusstseins zugeordnet werden. Wie sich in 1.2 zeigen wird, heben sie dieses Verhältnis auf ein höheres Abstraktionsniveau.

Die Entäußerung des Subjekts in die Substanz bedeutet demnach einen Übergang von der idealistischen Einstellung des Selbstbewusstseins in die realistische Einstellung des Bewusstseins: „Weder hat Ich sich in der *Form* des *Selbstbewußtseyns* gegen die Form der Substantialität und Gegenständlichkeit festzuhalten, als ob es Angst vor seiner Entäusserung hätte" (431). Das zweite Moment ist die Rückkehr des Subjekts aus der Substanz. Wie Hegel erläutert, wird hierbei die realistische Einstellung aufgehoben und mit der idealistischen Einstellung ausbalanciert: „[D]ie Kraft des Geistes ist vielmehr, in seiner Entäusserung sich selbst gleich zu bleiben, und [...] das *Fürsichseyn* ebensosehr nur als Moment zu setzen, wie das Ansichseyn" (431). Hegels Pointe besteht darin, dass der Gegensatz beider Einstellungen aufgelöst wird, insofern beide Momente dem

---

443 Die Korrelation von Substanz und Subjekt mit den Einstellungen des Bewusstseins und Selbstbewusstseins gilt auch in Kontexten, in denen ihre Identität noch nicht feststeht. Wenn man von der Einheit von Substanz und Subjekt abstrahierte, so wäre laut Hegel die isolierte Bestimmung der Substanz nur in der realistischen Einstellung des „Anschauens" gegeben: „[d]ie Substanz für sich allein wäre das inhaltsleere Anschauen oder das Anschauen eines Inhalts, der als bestimmter nur Accidentalität hätte" (431). Mit dem durch Kant und Fichte besetzten Terminus des „Anschauens" bedient sich Hegel des Bilds eines Gegebenen, das ich außer mir im Raum anschaue als etwas Vorgefundenes; das stets bloß faktische und insofern kontingente Vorfinden des Angeschauten erhellt ferner, weshalb laut Hegel der angeschaute Inhalt nur „Accidentalität" hätte, d. h. „ohne Nothwendigkeit" (431) wäre. Das Entsprechende gilt für ein isoliert verstandenes Subjekt als Modus der Selbstreflexion, welcher als Form von Selbstbewusstsein eine idealistische Einstellung einnähme: „aller Inhalt müßte [...] ausser ihr [= der Substanz für sich allein, Sz.] in die Reflexion fallen, die ihr nicht angehört, weil sie nicht Subject, nicht das über sich und sich in sich reflectirende oder nicht als Geist begriffen wäre." (431)

Ganzen *einer* Bewegung angehören, in der das eine „ebensosehr nur als Moment zu setzen" (431) ist wie das andere. Daher werde ich im Folgenden von einer *Identität* sprechen, die zwischen Substanz und Subjekt herrscht.[444]

Die obige Analyse hat an der Objektivitätskonzeption, die Hegel in „Das absolute Wissen" zu formulieren unternimmt, eine gewisse symmetrische Struktur herausgestellt, sie aber inhaltlich noch weitgehend unbestimmt gelassen. Unter den Leitworten der „Versöhnung" des Bewusstseins mit dem Selbstbewusstsein sowie der Identität von „Substanz" und „Subject" formuliert Hegel eine Konzeption von Objektivität, die gegen die einseitige Betitelung als Idealismus (oder Realismus) immun sein soll.

Für die Therapie des Problems objektiver Geltung sind solche strukturellen Gesichtspunkte sehr wichtig. Der metaepistemologische Skeptiker versucht gerade mit ihnen eine ‚metaphysische Unzufriedenheit' mit unserer epistemischen Situation herbeizuführen. Sobald sich eine Asymmetrie zwischen der idealistischen oder realistischen Einstellung auftut, kann der Skeptiker – wie anhand des unglücklichen Bewusstseins ausgeführt – uns das Zugeständnis einer einseitig subjektiven Position oder dogmatischer Voraussetzungen bezüglich der Übereinstimmung unserer Begriffe mit Gegenständen abringen.

1.2 Der Gegenstand als Begriff

Hegels Begriff des Geistes sowie die Identität von Substanz und Subjekt schaffen wie gezeigt den konzeptionellen Rahmen für die Überwindung der realistischen Auffassung des Gegenstandes. Doch wie ist sie konkret anzustellen und wie lässt sich etwas so Handgreifliches wie empirische Gegenstände als Entäußerung des Selbstbewusstseins auffassen? Die Versuche des unglücklichen Bewusstseins, diese Frage mit einer Variante des transzendentalen Idealismus zu beantworten, z. B. mit Rekurs auf die Synthesis des sinnlichen Mannigfaltigen durch ein transzendentales Subjekt, scheiterten wie in II.3 gezeigt.

In „Das absolute Wissen" präsentiert Hegel demgegenüber eine Perspektive auf den Gegenstand, welche den Gestalten des Bewusstseins bisher verschlossen war, weil sie die Differenz von Bewusstsein bzw. Wissen und Gegenstand bzw. Wahrem gänzlich beiseite lässt. Er schlägt ein „reines Begreifen des Gegenstandes" (423) vor, das den Gegenstand als „geistige[s] Wesen" (423) ansieht, d. h. als logisches Gebilde gewisser kategorialer Bestimmungen. Hier kann folgende Abkürzung zur gesuchten Identität von Substanz und Subjekt erwogen werden.

---

444 Vgl. die Erläuterung dieser Symmetrie in Henrich 1971, 95.

Die Entwicklung der *Phänomenologie* zeigt, dass das, was den Gegenstand als etwas Objektives ausmacht, an begrifflichen Bestimmungen festgemacht werden muss. Dies eröffnet die Perspektive für eine Art von Essenzialismus oder Begriffsrealismus, dem zufolge die Dinge gleichsam von Hause aus begrifflich bestimmt sind.[445] Mit der zusätzlichen These, dass die Totalität der begrifflichen Bestimmungen den Geist ausmacht, ließe sich dann Hegels zitierte Bemerkung „Das Geistige ist allein das *Wirkliche*" (22) nachvollziehen. Demnach „erscheint der Gegenstand im Bewußtseyn als solchem noch nicht als die geistige Wesenheit" (423), aber in einer entsprechend aufgeklärten, logischen Perspektive verschwinde der Schein eines dem Denken irgendwie äußerlichen oder entzogenen Anderen und das rein begriffliche Wesen der Dinge trete hervor. Im Medium des Begriffs könne der Geist somit die Wirklichkeit als mit sich identisch erfassen.[446] Dieses „*reine* Selbsterkennen im absoluten Andersseyn" (22) ordnet Hegel bereits in der „Vorrede" dem Standpunkt der *Wissenschaft* zu. Im Kapitel „Das absolute Wissen" stellt Hegel dieser ‚abkürzenden' Lesart zufolge somit klar, dass die Perspektive der Wissenschaft in der Gestalt des absoluten Wissens erscheint (vgl. 427 f.).

Eignet sich die eben skizzierte Lesart der logischen bzw. ‚wissenschaftlichen' Perspektive für die angestrebte Therapie des Problems objektiver Geltung? Bei allem Skizzenhaften der hier erwogenen Position erscheint sie äußerst spekulativ und in mehreren Hinsichten fragwürdig. In erster Linie ist noch nicht einmal klar, ob die Frage objektiver Geltung auf dem Standpunkt der logischen Wissenschaft überhaupt gestellt werden kann, da in ihr der Geist nur mit sich selbst bzw. seinen Begriffen zu tun hat. Für die Wissenschaft sind Begriffe als solche zwar ihr Inhalt und so gleichsam ihr Gegenstand, aber daraus ergibt sich noch nicht, dass und wie alle möglichen Gegenstände des Wissens im Grunde nur Begriffe sein können. Ferner wäre unklar, ob eine solche Position nicht wider Willen in einen Platonismus abgleitet, der Begriffe ontologisch hypostasiert von ihren mannigfaltigen sinnlichen Instanzen abtrennt.[447]

---

445 Vgl. Illetterati 2017, 160; Knappik 2016a; Stern 1990, 4, 74, 120; Stern 2009, 356. Vgl. dagegen die inferentialistische, dem Anti-Realismus zugeneigte Lesart in Moyar 2016 u. Moyar 2017, 176–186.

446 Vgl. die Rekonstruktion dieser monistischen Struktur bei Henrich 1982, 166, die jedoch den epistemischen, nicht den ontologischen Charakter des Verhältnisses zum Anderen betont.

447 Ein solcher Platonismus unterläge zudem Hegels eigener Kritik an einem solchen zweistufigen Wirklichkeitsmodell in „Krafft und Verstand" (siehe II.2.4). Des Weiteren müsste – wenn es denn möglich wäre, das Modell des natürlichen Bewusstseins auf die Perspektive der Wissenschaft abzubilden – vom Reichtum der phänomenalen Welt im großen Stil abstrahiert werden (analog zur Kritik der sinnlichen Gewissheit). Die verschiedensten Gegenstände der natürlichen und sittlichen Welt glichen einander in der wissenschaftlichen Perspektive wie ein Ei dem an-

Welche Funktion hat also Hegels logische Betrachtung des Gegenstandes für die hier rekonstruierte therapeutische Methodologie? Wie ich in den folgenden Abschnitten ausführen werde, nutzt Hegel das logische Vokabular, um die von den Bewusstseinsgestalten gemachten Erfahrungen mit ihrem Gegenstand in eine sie umgreifende Perspektive zu *übersetzen*. Hegels begriffliche Nachkonstruktion der Erfahrung dient somit nicht dazu, eine metaphysische These wie den skizzierten Begriffsrealismus aufzustellen, sondern die solchen Thesen vorgängige und in ihrer Artikulation vorausgesetzte Objektivitätskonzeption zu bestimmen.

Um die oben umrissene Versöhnung von Bewusstsein und Selbstbewusstsein darzustellen, hat Hegels Rückblick den Gegenstand in der „Totalität seiner Bestimmungen [...] durch das Auffassen einer jeden einzelnen derselben, als des Selbsts" (422) als identisch mit dem Selbstbewusstsein auszuweisen. Deshalb ist Hegels eigentlichem Rückblick noch in § 2 ein Rekurs auf die Entwicklung des Gegenstandes in den drei Kapiteln von „A. Bewußtseyn" vorgelagert, welche den Gegenstand in seinen konstitutiven Momenten entwickeln, erstens *„unmittelbares Seyn, oder ein Ding überhaupt"* (422), zweitens *„Verhältniß, oder Seyn für anderes"* (422) und drittens *„Fürsichseyn"* (422) zu sein. Hegel charakterisiert die Totalität dieser drei konstitutiven Momente des Gegenstandes in logischem Vokabular „als Ganzes, der Schluß oder die Bewegung des Allgemeinen durch die Bestimmung zur Einzelheit" (423). Damit sichert sich Hegel den Zugriff auf die gesuchte Totalität des Gegenstandes, indem ihre Ganzheit durch die logische Schlussform einsichtig wird.[448] In dem anschließenden Rückblick bilden diese logischen Momente den Leitfaden, um „die Momente des eigentlichen Begriffes oder reinen Wissens in der Form von Gestaltungen des Bewußtseyns" (425) nachzuverfolgen, d. h. sie strukturieren Hegels Rückgriff auf zuvor ‚phänomenologisch' dargestellte Erfahrungen.

Am anschließenden Rückblick in §§ 3 – 6 ist auffallend, dass er die konzeptionell unzureichenden Erfahrungen ausklammert, die *vor* dem Auftreten des unglücklichen Bewusstseins gemacht wurden, und ebenso das anschließende

---

deren, selbst wenn empirische und nicht nur logische Begriffe mit einbezogen würden. Schließlich wirft der Univeralienrealismus als metaphysische These gerade die erkenntnistheoretischen Fragen auf, die er hier beantworten müsste, und als bloß logische Betrachtungsweise wäre er nicht hinreichend aussagekräftig. Die genannten Probleme müssen auch für die von Stern und anderen favorisierten aristotelischen Fassungen des Begriffsrealismus (siehe Fn. 445) beantwortet werden, da auch dort das Verhältnis von substantiellen Formen und akzidentellen Bestimmtheiten ausgelotet und die ontologische Privilegierung der ersteren begründet werden muss. Ich danke Gustav Melichar für wertvolle Hinweise zu dieser Thematik.

[448] Zu den genannten logischen Elementarbestimmungen und ihrem Verhältnis zur Schlusslehre der *Logik*, vgl. Melichar 2020, 466 – 494; Moyar 2016; Stern 1990, 66 ff.

Religionskapitel (weil dieses der anderen Erläuterungsform des Ansich angehört, siehe 3.2).[449] Dem Moment der Einzelheit ordnet Hegel in § 3 die Gestalt der beobachtenden Vernunft zu, die zu dem Urteile gelangt, dass „das *Seyn des Ich ein Ding ist*" (423) und dabei „ein sinnliches unmittelbares Ding" (423) meine. Wir befinden uns damit auf der abstraktesten Stufe, auf der die Entäußerung des Selbstbewusstseins bestimmt werden kann. Dem Moment der Bestimmtheit wird in § 4 die Umkehr des Satzes der beobachtenden Vernunft zugeordnet, die sich in der Gestalt des aufgeklärten Geistes ergeben hat: „*Das Ding ist Ich* [...] es ist nichts an sich; es hat nur Bedeutung im Verhältnisse, nur *durch Ich* und *seine Beziehung auf dasselbe*" (423). Damit wird auf einer weniger abstrakten Stufe der Entäußerung des Ich die gesuchte „positive" Bedeutung gegeben, die jedoch das realistische Moment zu stark nivelliert. Dem Moment der Allgemeinheit bzw. des Wesens ordnet Hegel in § 5 die Gestalt des Gewissens bzw. moralischen Selbstbewusstseins zu, der das Sein nichts als sein Wille bzw. sein Wissen ist. Hier sieht das Selbst den Gegenstand nicht nur als wesentlich relational auf ihn Bezogenes, sondern als seine Selbstentäußerung an: „[D]as gegenständliche Element, in welches es [das Gewissen, Sz.] als handelnd sich hinausstellt, ist nichts anderes, als das reine Weissen des Selbsts von sich." (424)

Wie Hegel in § 6 ausführt, vereinigt das Gewissen sogar alle drei logischen Momente von Gegenständlichkeit in sich. Daran wird deutlich, dass der therapeutische Zweck von Hegels Rückschau bereits erfüllt ist, wenn sie zeigt, dass die Seite des Gegenstands vollständig mit der idealistischen Einstellung des Selbstbewusstseins ausbalanciert werden kann. Auf diesem Abstraktionsniveau ist es nicht erforderlich, diese Balance in ein erkenntnistheoretisches Modell einzu-

---

[449] Daher verfehlt m. E. Sterns Interpretation des Hegel'schen Rückblicks in paradigmatischer Weise sowohl dessen Skopus als auch dessen argumentative Intention: „Hegel thus briefly sketches ways in which consciousness must learn to bring these limited conceptions together, recapitulating the various stages that the dialectic has already taken. He begins with Consciousness and he argues that it should now be apparent to us [...] that the standpoints adopted by consciousness [...] were one-sided, and that the truth lies in seeing how no one of them does justice to the way in which individuality, particularity and universality are related in the object[.] [...] Likewise, Hegel discusses the various standpoints of Self-Consciousness, Reason, and Spirit, reminding us how each on its own proved to be incomplete" (Stern 2013b, 196f.). Wenn meine Lesart zutrifft, dann hat Hegels Rückblick eine spezifischere konzeptionelle Aufgabe und soll nicht summarisch daran erinnern, dass die Bewusstseinsgestalten jeweils unvollständig sind – schon die von Stern angeführte Gestalt des Selbstbewusstseins wird von Hegel gar nicht erwähnt. Auch die Funktion der Rekapitulation des Bewusstsein-Abschnitts, die Totalität der logischen Momente des Gegenstandes aufzuzeigen, wird von Stern m. E. verkannt als Angabe des eigentlichen Resultats statt als Heuristik für die noch anzustellende Rückschau. Vgl. die detaillierte Rekonstruktion bei Moyar 2017, 179–186.

zeichnen oder sie überhaupt auf andere Formen des Weltbezugs auszudehnen, als den sehr speziellen Fall des Gewissens, den Hegel als Abschlussfigur heranzieht. Entsprechend sollte auch unter der Identität von Substanz und Subjekt keine metaphysische These (wie etwa ein das Attribut des Denkens privilegierender Substanzmonismus) verstanden werden, sondern der Versuch, den Begriff der Objektivität neu auszuloten und seine Strukturmomente der realistischen und der idealistischen Einstellung in eine neue Konfiguration zu bringen.

2 Das absolute Wissen als Sich-Begreifen des Begriffs

Das „absolute Wissen" bezeichnet den Standpunkt, auf dem Hegels finale Objektivitätskonzeption einleuchten soll. Diese Konzeption wurde im vorigen Abschnitt auf die Formel der Identität von Substanz und Subjekt gebracht. Soll Hegels Therapie des Problems objektiver Geltung also im absoluten Wissen ans Ziel gelangen, so muss das absolute Wissen so rekonstruiert werden, dass dieses die Identität von Substanz und Subjekt aufweist oder impliziert. Im vorliegenden Abschnitt betrachte ich daher das absolute Wissen nur in konzeptioneller Hinsicht als Form des Wissens.[450]

Hegels terminologische Einführung des Ausdrucks „absolutes Wissen" in § 11 definiert ihn als eine Gestalt des Geistes, die sich durch eine besondere Form des Wissensvollzugs auszeichnet sowie durch einen besonderen Gegenstand, den Geist:

> „Diese letzte Gestalt des Geistes, der Geist, der seinem vollständigen und wahren Inhalte zugleich die Form des Selbst gibt, und dadurch seinen Begriff ebenso realisiert als er in dieser Realisierung in seinem Begriffe bleibt, ist das absolute Wissen; es ist der sich in Geistgestalt wissende Geist oder das *begreifende Wissen*." (427)

Bereits diese erste Definition wirft die Frage auf, inwieweit Form und Inhalt dieses Wissens unterscheidbar sind. Es könnte entweder sein, dass die formale Struktur des Wissensvollzugs, das *„begreifende Wissen"*, von dessen bestimmtem Inhalt, „de[m] sich in Geistgestalt wissende[n] Geist", unterscheidbar ist oder dass Form

---

[450] Die von Hegel intendierte Darstellungs- und Verwirklichungsform dieses Wissens als Bewusstseinsgestalt oder als Wissenschaft erwähne ich hier nur kurz und gehe in einem gesonderten Schritt näher auf sie ein (4.2.2), der die in noch 3.1 zu entwickelnden Parameter von Hegels Darstellung einbezieht.

und Inhalt dieses Wissens im strengen Sinne identisch sind.[451] Hieraus ergibt sich eine Typologie möglicher Lesarten. Ich werde sie nun im Ausschlussverfahren danach prüfen, ob sie der konzeptionell geforderten Identität von Substanz und Subjekt in angemessener Weise Rechnung tragen.

2.1 Logische Lesart

Die erste, ‚logische' Lesart ist minimalistisch: Das absolute Wissen wäre ihr zufolge einfach ein Denken auf philosophischem Reflexionsniveau, d. h. ein Denken, welches insofern „*begreiffend[]*" (427) ist, als es Begriffe *als* Begriffe thematisiert. Die entsprechende Gestalt des Bewusstseins wäre eine solche, deren Gegenstand Begriffe als solche sind und die ihr Wissen nach dem internen Kriterium prüft, ob sie einen Begriff im Denken konsistent erfasst; Hegels Begriff von Wissenschaft wäre ebenfalls in einem generischen Sinne zu verstehen.[452]

Doch ist diese Lesart auch der Forderung angemessen, dass das absolute Wissen die Identität von Substanz und Subjekt impliziert? Allenfalls wenn sie auf die formale Beiordnung von Bewusstsein und Selbstbewusstsein beschränkt wäre. Beide fallen im Vollzug des Aktes, einen Begriff *als* diesen Begriff zu denken, zusammen: Ich richte mich in dieser propositionalen Einstellung einerseits auf einen Gegenstand, den bestimmten gedanklichen Gehalt, und andererseits entsteht mir dabei das apperzeptive Selbstbewusstsein, dass der Gehalt ein von mir Gedachter ist.[453] In diesem Sinne interpretiert Pippin die in der „Vorrede"

---

451 Diese zwei Lesarten übertragen sich auf Hegels Erweiterung seiner Definition des absoluten Wissens um den Begriff der Wissenschaft: „Der Geist in diesem Elemente [des Begriffs, Sz.] dem Bewußtseyn erscheinend [...] ist die Wissenschaft." (428) Hier ist analog zu fragen, ob es sich bei „die Wissenschaft" um einen generischen oder spezifischen Begriff von Wissenschaft handelt, denn auch Hegels Gebrauch des definiten Artikels verschafft hier keine Eindeutigkeit. Es liegt freilich nahe, hier das „System der Logik als speculativer Philosophie" (447) einzusetzen, das in Hegels Selbstanzeige der *PhG* genannt wird.
452 Eindeutig eine in diesem Sinne logische Lesart vertritt Stekeler, der Hegel auch einen entsprechenden generischen Sinn von „Wissenschaft" unterstellt. Im absoluten Wissen werde die allgemeine Form wissenschaftlicher Praxis nur auf ein höheres Reflexions- und Abstraktionsniveau gehoben: „Das absolute Wissen ist die letzte Gestalt des Geistes in unserer Reihe. Es ist die Gestalt gemeinsam betriebener *Wissenschaft*. In der Wissenschaft entwickeln und kontrollieren wir gemeinsam die Formen des unterscheidenden, verbal-artikulierten und mit inferentiellen Normalfolgen oder Normalfallerwartungen verbundenen Wissens" (Stekeler 2014, 986). Dieser generische Begriff der Wissenschaft wird von Horstmann 2014, 49, philologisch erhärtet.
453 In diesem Sinne lässt sich folgende Erläuterung Hegels so lesen, dass sie nur die allgemeine Form des Urteils ‚Ich denke, dass *p*' expliziert: „Die *Wahrheit* ist nicht nur *ansich* vollkommen der *Gewißheit* gleich, sondern hat auch die *Gestalt* der Gewißheit seiner selbst [...]. Diese Gleichheit

artikulierte Identität von Substanz und Subjekt als „expressing the necessary role of apperceptive judging in the possibility of experience."⁴⁵⁴ Im Unterschied zum leeren Denken des Stoizismus eignet diesem gehaltvollen Denken bestimmter Begriffe die „*Form der Gegenständlichkeit*" (427), aber sein Gegenstand ist als gedachter „ebensosehr aufgehobne[r] Gegenstand" (429).

Der Typ der logischen Lesart kann jedoch nur die formale Beiordnung von Bewusstsein und Selbstbewusstsein erläutern, nicht deren innere Einheit und schon gar nicht die dadurch mögliche Einheit der realistischen und idealistischen Einstellungen. Diese Version des begreifenden Wissens ist zu generisch, als dass sie über die Gestalt des Skeptizismus hinauskäme, der sich auf genau diese Weise einen bestimmten begrifflichen Gehalt im Denken aneignet und zum apperzeptiven Selbstbewusstsein bringt, aber diesen Gehalt von einer äußeren Quelle beziehen muss, d. h. ihn nicht *aus* der Form seines Denkvollzuges generieren kann.⁴⁵⁵ Das Defizit der logischen Lesart liegt also nicht *per se* in ihrer resolut ‚nicht-metaphysischen' Deutung des absoluten Wissens, sondern in ihrem Unvermögen, das Theorem der Identität von Substanz und Subjekt vollständig abzubilden.

2.2 Transzendental-idealistische Lesart

Es hat sich gezeigt, dass das absolute Wissen eine anspruchsvoller gefasste *Einheit* von Form und Inhalt auszeichnet. Eine solche *Koinzidenz* von Denken und Gedachtem legen Hegels anschließende Ausführungen zur Form des absoluten Wissens nahe: „in dieser selbstischen *Form*, worin das Daseyn unmittelbar Gedanke ist, ist der Inhalt *Begriff*." (432) Diese Koinzidenz ist zugleich eine geltungstheoretische Pointe Hegels: Das absolute Wissen ist zwar stets und wesentlich spontaner Vollzug eines einzelnen Subjekts, das einen gewissen Inhalt denkt, aber zugleich vollzieht sich darin das Denken als ein Allgemeines und Objektives; das absolute Wissen „ist Ich, das *dieses* und kein anderes *Ich* und das ebenso unmittelbar [...] aufgehobenes *allgemeines Ich* ist." (428) Dazu wird ein besonderer gedanklicher Gehalt erfordert, der nicht nur (wie im Skeptizismus) Gedachtes überhaupt, d.h. inhaltsleeres „*fürsich*eyendes Wissen, das *Begreiffen*

---

aber ist darin, daß der Inhalt die Gestalt des Selbst erhalten." (427) Siehe Rödl 2018, 6 f., und meine Diskussion von „Stoizismus" und „Andacht" in II.3.
454 Pippin 1989, 104.
455 Vgl. Pippins ähnlich gelagerte Kritik kategorientheoretischer Lesarten von Hegels *Logik* (Pippin 1989, 178).

überhaupt" (428) ist, sondern als dieser bestimmte Gehalt zur Form des begreifenden Denkens als solcher gehört.

Es ist also nötig, zu einer stärkeren Lesart überzugehen. Aber wir können uns auf die verhältnismäßig bescheidene Lesart des ‚transzendental-idealistischen' Typs zurückziehen, der zufolge Form und Inhalt des absoluten Wissens koinzidieren, weil die in ihm erfassten Begriffe notwendige Bedingungen des Denkens bzw. der Erfahrung überhaupt sind. Doch auch die zweite Lesart ist m. E. nicht ausreichend, um die Identität von Substanz und Subjekt als Implikat des absoluten Wissens auszuweisen, da sie nicht die Einheit der realistischen und idealistischen Einstellungen zustande bringt.

Wenn im absoluten Wissen nach kantischem Vorbild transzendentale Bedingungen gegenstandsbezogener Erfahrung aufgestellt würden, könnte die realistische Einstellung integriert werden. Dies ist Pippins Lesart, der zufolge Hegel durch den Aufweis transzendentaler Bedingungen des Denkens notwendige Kriterien für Objektivität aufstellt: „the phenomenological version of this account of the development of forms of thought, [is] a way of trying to show the indispensability of some form or other in the possible apprehension of any determinate object."[456] Pippins Ansatz an der transzendentalen Unhintergehbarkeit („indispensability") von Kriterien für Objektivität ähnelt der hier entwickelten therapeutischen Lesart, indem diese Unhintergehbarkeit es erlauben würde, das, was die Realität an sich sein soll, gemäß einer idealistischen Objektivitätskonzeption zu bestimmen.[457] Folglich situiert Pippin das absolute Wissen *jenseits* der Dichotomie von Idealismus und Realismus: „[Hegel] is referring to the conditions of human knowledge ‚absolutized,' no longer threatened by Kant's thing-in-itself skepticism."[458]

Doch Pippins Ansatz scheitert m. E. in für die transzendental-idealistische Lesart exemplarischer Weise an dem Racheproblem des unglücklichen Bewusstseins. Denn Pippin widerlegt seine eigene Behauptung, dass Hegel unhintergehbare Bedingungen des Denkens von Objekten aufstelle, performativ bereits dadurch, dass er dabei eine gehaltvolle Unterscheidung zwischen „forms of thought" und der „possible apprehension of any determinate object" trifft. Wären die von Pippin beschworenen Formen wie behauptet unhintergehbar, so wäre es undenkbar, dass ein Gegenstand sie nicht aufweisen könnte, d. h. die objektive

---

[456] Pippin 1989, 169. Siehe meine Besprechung Pippins in II.1, Fn. 290.
[457] Das quasi-therapeutische Programm Pippins lautet: „[to state] a fundamentally antirealist, idealist position, as if it *could have no realist competitor*, and so can be construed as itself constitutive of ‚reality as it is (could be) in itself.'" (Pippin 1989, 99) Siehe auch die Besprechung von Pippins Ansatz in II.1.3, Fn. 285.
[458] Pippin 1989, 168.

Form der Gegenstände wäre begrifflich gar nicht von den Formen des Denkens unterscheidbar. Insgesamt offenbart Pippins Ansatz bei ‚Formen des Denkens' bzw. bei auf dieselben gerichteten transzendentalen Argumenten[459] eine einseitig idealistische Einstellung gegenüber den herausgestellten Bedingungen, die sie in erster Linie *als* Formen des Denkens thematisiert.[460]

2.3 Real-idealistische Lesart

Wie aber soll es anders möglich sein, die von Hegel für das absolute Wissen angesetzte „selbstische[] *Form*, worin das Daseyn unmittelbar Gedanke ist" (432) zu lesen, denn als Beschreibung der idealistischen Einstellung des denkenden Ich gegenüber dem durch es Gedachten? Um die realistische Einstellung zur Geltung zu bringen, muss die „selbstische" Form des Begriffs diesem selbst zugeschrieben werden, d. h. der Begriff ist selbst als *Subjekt* zu konzipieren. In der Tat charakterisiert Hegel den Begriff, der den Inhalt des absoluten Wissens ausmacht, stellenweise wie ein autonomes Subjekt: „Der Inhalt ist nach der *Freyheit* seines *Seyns* das sich entäussernde Selbst" (432).

Dafür ist eine dezidiert spekulative Auffassung des Begrifflichen erforderlich, welche die Gehalte und den Fortgang des spekulativen Denkens als Produkte der *Selbstbestimmung des Begriffs* versteht, wie sie etwa folgende Passage nahelegt: „der reine Begriff, und dessen Fortbewegung hängt allein an seiner reinen *Bestimmtheit.*" (432) Die Entfaltung der begrifflichen Bestimmungen ist demnach nicht auf die Aktivität unseres Denkens zurückzuführen, sondern auf die „organische *in sich selbst gegründete* Bewegung" (432) des Begriffs selbst. Der spekulative Begriff verwirkliche demnach die Identität von Substanz und Subjekt, insofern er analog zu Platons Idee des Guten sowohl das Prinzip des Denkens als auch eine in realistischer Einstellung erfasste Substanz ist. Das absolute Wissen wäre demnach als Wissen *des Absoluten* im Sinne eines *genitivus subiectivus* zu

---

459 Vgl. die ähnlich gelagerte, aber rein methodologische Kritik an Pippin in Houlgate 2015, 193.
460 An der ebenfalls transzendentalen Lesart Brinkmanns wird diese Form der latenten Dominanz der idealistischen Einstellung besonders augenfällig, da sie ihren angeblich absoluten Idealismus vermittels der diese Absolutheit konterkarierenden „internality assumption" artikuliert: „The *Phenomenology*'s argument rests on the viability of this internality assumption, i. e. the assumption that not only the experience of the object but also its objective nature are internal to consciousness." (Brinkmann 2010, 96) Siehe auch meine Besprechung Brinkmanns in II.1, Fn. 291.

verstehen, der Akzent läge auf der Seite der Substanz.[461] Deshalb nenne ich diesen Typ Lesart ‚real-idealistisch'.

Bei dieser Lesart bleibt jedoch m. E. die idealistische Einstellung auf der Strecke. Zwar soll unser selbstbewusstes Denken in gewisser Weise den substanzhaft vorgestellten Begriff *manifestieren* oder an ihm partizipieren,[462] aber dass dies tatsächlich der Fall ist, lässt sich mit dieser Lesart nicht begründen. Denn die Gewissheit, das Absolute zu manifestieren, ist *ex hypothesi* nichts Subjektives, sondern hängt von der Aktivität des in der realistischen Einstellung erfassten Absoluten ab. Die Frage, wie wir nun von dieser objektseitigen Aktivität wissen können oder wie sie sich in unserem Denken manifestiere, führt diese Lesart in einen vitiösen Zirkel. Mithin ergibt sich ein dem unglücklichen Bewusstsein analoges, reifiziertes Verständnis des transzendentalen Ich und das damit einhergehende Stroud'sche Brückenproblem.[463]

Selbst wenn diese erkenntnistheoretische Frage beantwortet werden könnte, wäre die Balance zwischen der idealistischen und der realistischen Einstellung zugunsten der letzteren dahin, denn es bliebe beim Primat des substanzhaft verstandenen Absoluten.[464]

---

461 Das Problem einer latenten Dominanz der *realistischen* Einstellung wird bei Taylors Erläuterung der Bestimmung der Substanz als Subjekt besonders augenfällig: „The result is a unity of the self and the [...] substance of things; which unity as always can be seen as a convergence from each direction; the self is lifted up to essence by seeing itself as the vehicle of *Geist*; but the [...] substance ‚comes down' to the self in a sense in coming to grasp itself as subject" (Taylor 1975, 214). Taylor möchte eine symmetrische „convergence in each direction" ausdrücken, behandelt aber jeweils die Substanz als Fix- und Höhepunkt, zu dem sich das Subjekt zu erheben oder die zum Subjekt herabzusteigen hat. Ähnlich ergeht es Taylors Charakterisierung des absoluten Wissens: „Absolute knowledge is the full understanding that substance must become subject, that subject must go beyond itself, become divided [...] in order to return to unity with itself." (Taylor 1975, 214) Eine in diesem Sinne real-idealistische Lesart vertritt auch Hyppolite, dem zufolge das Objekt des absoluten Wissens eine „substance spirituelle" (Hyppolite 1946, Bd. 2, 556) ist, womit er bereits sprachlich die Substanz als logisches Subjekt gegenüber dem Prädikat der Subjektivität vorordnet.
462 Sehr deutlich wird dies ebenfalls bei Taylor: „substance ‚comes down' to the self in a sense in coming to grasp itself as subject (and *therefore needing a finite subject as its vehicle*)." (Taylor 1975, 214, H.v.m.)
463 Pluder diagnostiziert und konzediert diese Schwierigkeit der Partizipation an einem, wie Pluder es nennt, „subjektartigen Absoluten": „Dennoch ist ein solcher Ansatz nicht unproblematisch: Die Trennung von unmittelbarem Bewusstsein und dem Subjekt als die Wirklichkeit generierender Instanz ist nicht zuletzt angesichts der faktischen Täuschung kaum ausgeprägter vorzustellen." (Pluder 2012, 590)
464 Dies wird an Houlgates Lesart des absoluten Wissens deutlich, die vordergründig von einer strikten Identität von Sein und Denken ausgeht, also gegen eine solche Einseitigkeit gefeit zu sein scheint. Mithin ähnelt Houlgates Erläuterung des absoluten Wissens sehr meinem unten entfal-

2.4 Das Sich-Begreifen des Begriffs als Selbstkonstruktion

Was in der real-idealistischen Lesart fehlt, ist eine angemessene Konzeption der numerischen Identität von Substanz und Subjekt. Dazu muss das Verhältnis von Substanz und Subjekt vollständig symmetrisch sein, wie in Abschnitt 1.1 erläutert wurde. Wenn der „Begriff" nach Hegel also das „nach der *Freyheit* seines *Seyns* das sich entäussernde Selbst" (432) ist, dann sollte diese Freiheit des Seins vom „sich entäussernde[n] Selbst" her verstanden werden. Die Entäußerung des Subjekts in die Substanz hat demnach die Bedeutung eines *Freilassens* der Substanz in die Selbständigkeit des Seins. Das Freilassen ist eine Denkfigur, die Hegel bereits am Handeln des Gewissens vorgeführt hat.⁴⁶⁵ Im Freilassen nimmt das Subjekt zum einen gegenüber der Substanz eine realistische Einstellung ein, weil diese dabei als Selbständiges anerkannt wird. Zum anderen behält das Subjekt im Freilassen ebenso die idealistische Einstellung, weil die Substanz *als durch das Subjekt freigelassene* gegenständlich ist. Diese Bewegung kann ebenso unter umgekehrtem Vorzeichen als Subjektwerdung der Substanz beschrieben werden und zwar so, dass die Substanz aus ihrem Anderssein zu sich selbst in die idealistische Einstellung zurückkehrt. Mit diesem Verständnis der Entäußerung des Subjekts gelingt eine der Identität von Substanz und Subjekt adäquatere Lesart der bereits oben angeführten Passage, dass „der Inhalt [...] allein dadurch *begriffen* [ist], daß Ich in seinem Andersseyn bey sich selbst ist." (428)⁴⁶⁶

---

teten Begriff der Selbstkonstruktion des Inhalts in der Nachkonstruktion: „absolute knowing understands itself to be the consciousness that being, or substance, comes to have *of itself*. The individual, who knows ‚absolutely', knows himself to be a specific individual [...]. He also knows his knowing to be his own activity [...]. Yet he also knows his own activity to be the activity *of* substance itself: he knows that substance knows itself in his knowing." (Houlgate 2013, 187) – Bei Houlgate wird jedoch diese Identität in einseitig substanzartiger Weise *reifiziert*: „[absolute knowing] understands the being from which it *differs* to have the *same* form as it does and so no longer to be essentially *other* than it." (Houlgate 2013, 187) Die angebliche Identität von Substanz und Subjekt gerät hier zu einer *Isomorphie* zwischen Wissen und Gegenstand, welche *trotz* ihres Unterschieds „the *same* form" gemeinsam haben sollen.
465 Siehe Fn. 474.
466 Jaeschkes Interpretation des absoluten Wissens scheint auf dieselbe Symmetrie zu zielen: „‚Absolutes Wissen' ist Wissen nicht eines ‚Gegenstandes' oder gar desjenigen erträumten Gegenstandes, der ‚das Absolute' wäre, sondern es ist Wissen des Geistes von sich, von seinem Wesen. Dieses Wissen liegt darin, daß das Denken das ihm vermeintlich vorgegebene, ihm gegenüberstehende Objekt in Bestimmungen der Subjektivität transformiert – *oder besser, daß es erkennt, daß diese Transformation immer schon geschehen ist* und nur noch ins Bewußtsein gehoben werden muß." (Jaeschke 2004, 197 f., H.v.m.) In spiegelbildlicher Weise zu Taylor (siehe Fn. 461) überakzentuiert Jaeschke hier die *idealistische* Einstellung, indem seine Rekonstruktion die Struktur des Gegenstandsbezugs gänzlich in die der reflexiven Selbstbeziehung auflöst. Dass

2 Das absolute Wissen als Sich-Begreifen des Begriffs — 249

Aus der hier als ‚Freilassen' ausgeführten Symmetrie zwischen Substanz und Subjekt folgt, dass die Vollzugsform des absoluten Wissens weder als spontanes Ergreifen eines Inhalts noch als passives Ergriffenwerden durch einen Inhalt adäquat beschrieben werden kann. Wie gezeigt, würde ersteres die idealistische Einstellung gegenüber dem Inhalt überakzentuieren, letzteres die realistische Einstellung. Vielmehr muss das absolute Wissen eine Einstellung einnehmen, die ihren Gegenstand sowohl idealistisch als durch sie Erzeugtes ansieht als auch realistisch als Nicht-Erzeugtes anerkennt. Diese scheinbar paradoxe Anforderung kann nur eine Einstellung erfüllen, welche ihren Gegenstand als *Sich-Erzeugendes* ansieht, das *sich* durch die Einstellungseinnahme *hindurch* erzeugt. Aktivität und Passivität halten sich hier die Waage. Daher muss das absolute Wissen als Sich-Erzeugen beschrieben werden, genauer: als *Sich-Begreifen des Begriffs im Denken*. Nur so schwebt das absolute Wissen in der Mitte zwischen der realistischen und der idealistischen Einstellung und erfasst die Identität von Substanz und Subjekt auf eine vollständig ausbalancierte Weise.

Daraus folgt wiederum, dass das absolute Wissen den Status einer *Selbstkonstruktion* hat.[467] Denn sein Inhalt, der Begriff, ist dem Obigen zufolge aus sich heraus bestimmt. Das heißt in realistischer Einstellung betrachtet: Der Begriff muss sich seinen Gehalt selbst geben, wie dies oben als real-idealistische Lesart ausgeführt wurde. Zugleich muss der Inhalt diese Selbstbestimmung in der idealistischen Einstellung des selbstbezüglichen Denkens vollziehen. Diese Selbstkonstruktion des Inhalts findet im absoluten Wissen statt, insofern es als Sich-Erzeugen des Begriffs beschrieben werden muss. Das sowohl spontane als auch passive Sich-Erzeugen des Begriffs beschreibt Hegel m. E. in folgender Passage:

> „das Wissen besteht vielmehr in dieser scheinbaren Unthätigkeit, welche nur betrachtet, wie das Unterschiedne sich an ihm selbst bewegt, und in seine Einheit zurückkehrt." (431)

Hegels Schilderung verdeutlicht, dass das absolute Wissen bloß eine „scheinbare[] Unthätigkeit [ist], welche nur betrachtet", weil es einerseits rezeptiv im Betrachten an der Selbstbewegung des Inhalts partizipiert, aber andererseits

---

Jaeschke also doch der ‚transzendental-idealistischen' Lesart zuzuordnen ist, zeigt m. E. bereits seine Identifikation von Hegels Ansatz mit dem des frühen Fichte anhand des Diktums „Das ‚Ding' ist stets ein ‚Gedachtes'" (Jaeschke 2004, 202).
467 Diese Terminologie habe ich in Kapitel II.1.3 eingeführt. Sie wird in Abschnitt 4.2 nochmals aufgegriffen und in IV.2 abschließend diskutiert.

diesen Inhalt spontan *im* Akt seines Betrachtens hervorbringt.[468] Was betrachtet wird, ist der sich selbst aufhebende Unterschied zwischen der Form selbstbewussten Denkens und deren Inhalt, der als ‚Selbstkonstruktion' des Inhalts *im* Betrachten auf den Akt des Betrachtens selbst ausgreift.[469] Aufgrund der Selbstkonstruktion des Inhalts erscheint dieser in Hegels Worten daher als „*an ihm selbst bewegt*" (H.v.m.).

Durch das obige Ausschlussverfahren wurde somit gezeigt, dass die Identität von Substanz und Subjekt nur dann ein Implikat des absoluten Wissens ist, wenn dieses als ein besonderer spekulativer Wissensmodus verstanden wird, in welchem es zur Selbstkonstruktion seines Inhalts kommt.

3 Ein Hiatus zwischen Erfahrung und Reflexion?

Die obige Rekonstruktion des absoluten Wissens sollte zeigen, dass es den Übergang zu Hegels finaler Objektivitätskonzeption vollendet – doch wie ist es selbst im Prozess der phänomenologischen Entwicklung zustande gekommen? Es entsteht folgendes Problem: Selbst wenn Hegels Konzeption der Identität von Substanz und Subjekt im absoluten Wissen einleuchtet, so scheint noch ein *Hiatus* zu überwinden zu sein zwischen jenem in sich abgeschlossenen spekulativen Denkvollzug und der vorangegangenen Entwicklung der Bewusstseinsgestalten. Das Problem eines Hiatus besteht in konzeptioneller sowie in performativer Hinsicht und stellt Hegels Darstellungsform der *Phänomenologie* vor ein Dilemma.

Der Hiatus betrifft zum einen die Übersetzbarkeit des im absoluten Wissen erfassten Objektivitätskriteriums in die Erkenntnisformen der Bewusstseinsgestalten, die auf die eine oder andere Weise jeweils ein Wissen von realen Gegenständen beanspruchen und dies nicht zugunsten eines spekulativen Wissens

---

[468] Diese Einheit von Spontaneität und Rezeptivität veranschaulicht Hegels Gleichsetzung des Erscheinens und Sichhervorbringens des ‚Elements' des absoluten Wissens: „Der Geist in diesem Elemente *erscheinend*, oder *was hier dasselbe ist* [H.v.m.], darin von ihm hervorgebracht, *ist die Wissenschaft*." (428) Röttges pointiert (in Bezug auf Hegels *Logik*) diesen Aspekt treffend so, „daß unter der Selbstbewegung des Inhalts nicht ein voridealistischer, quasi-ontischer Vorgang zu verstehen ist, sondern die noch zu explizierende Vermittlung zwischen subjektiver Spontaneität des Denkens und der Rezeption objektiver Bestimmtheiten" (Röttges 1981, 4). Die Metapher der Selbstbewegung führt Hegel bereits in der „Vorrede" als zentrales Merkmal seiner philosophischen Darstellungsform an (vgl. 33, Z. 31; 34, Z. 30; 38, Z. 24; 40, Z. 36; 41, Z. 28; 48, Z. 25); vgl. auch, in Bezug auf Hegels *WdL*, Heckenroth 2021, 346.
[469] Das Betrachten durch das absolute Wissen ist darum auch keine äußerliche Zutat einer dem Inhalt gegenüber akzidentellen propositionalen Einstellung (siehe Abschnitt 4.2).

von Gedankendingen aufgegeben haben. Ist diese Übersetzbarkeit nicht gewährleistet, erreichte die spekulative Wissenschaft zwar in ihrer Sphäre objektiv gültiges Wissen von reinen Denkbestimmungen, aber es bliebe unklar, welchen ontologischen Status diese Denkbestimmungen außerhalb jenes augenscheinlich in sich abgekapselten logischen Wissens haben. Bestünde solch ein Hiatus, wäre das therapeutische Projekt der *Phänomenologie* gescheitert, da Hegels finale Objektivitätskonzeption nicht *als Explikation* unserer alltäglichen Konzeption gelten könnte, sondern als eine konkurrierende idealistische Konzeption oder schlicht als Themenwechsel angesehen werden müsste.

Zum anderen betrifft der Hiatus die performative Seite des *Übergangs* zur im absoluten Wissen erfassten Objektivitätskonzeption. Das Begreifen des absoluten Wissens muss nicht nur fähig sein, unsere alltägliche Objektivitätskonzeption auf einer logischen Ebene zu explizieren, sondern es muss auch aus einer immanenten Kritik derselben *resultieren*. Andernfalls hätten wir keinen zwingenden Grund, diesen spekulativen Begriff als Nachfolgerkonzeption zu akzeptieren. Denn Hegel mag uns eine konsistente Neubeschreibung unseres Wissens anbieten, aber das sagt noch nichts hinreichend darüber aus, ob wir sie übernehmen müssen oder sollten. Dazu muss sie aus einem Lernprozess erwachsen, der durch am Gegenstand gemachte Erfahrungen mit unseren Objektivitätskriterien zustande kommt (siehe II.1.1).

Ferner muss der Übergang das Racheproblem des unglücklichen Bewusstseins vermeiden, dass sie durch die Art des Übergangs der alten Konzeption verhaftet bleibt. Das unglückliche Bewusstsein z. B. versicherte sich durch sein Dankgebet seiner Einheit mit dem Göttlichen, konterkarierte diese Einheit aber dadurch, dass es sie durch sein eigenes Tun als Dankendes herzustellen suchte, also gar nicht aus der Einheit mit dem fremden Tun des Göttlichen handelte (siehe II.3.4). Ebenso darf der Übergang zur Konzeption des absoluten Wissens nicht als einseitig erscheinen, z. B. als eigenes Tun des Selbstbewusstseins bzw. Subjekts oder als fremdes Tun der Substanz.

Die konzeptionelle und performative Seite des Hiatusproblems sind miteinander verschränkt. Denn die Übernahme der neuen Konzeption kann rückwirkend zu einer veränderten Auffassung des Prozesses führen, durch den sie erreicht wurde, und somit das Racheproblem des unglücklichen Bewusstseins zum Verschwinden bringen. Retrospektiv könnte so klar werden, dass der Gang der Erfahrung die Subjektwerdung der Substanz darstellt. Umgekehrt aber gelingt die Übernahme der neuen Konzeption nur dann, wenn wir durch einen Prozess zu ihr gelangen, welcher sie nicht konterkariert und immanent von unserer alten Konzeption ausgeht. Die alte Konzeption ist aber die dichotomische Konzeption des natürlichen Bewusstseins, die von der Inkompatibilität der idealistischen und realistischen Einstellungen ausgeht. Damit steht Hegels genetisch strukturierte

Argumentation der *Phänomenologie* vor einem *Dilemma:* Entweder muss die neue, ausbalancierte Konzeption zirkulär vorausgesetzt werden, um den Übergang zu ihr vor dem Racheproblem zu feien, oder der Übergang scheitert an der alten, dichotomischen Konzeption, von der er ausgehen muss.

Sind das Dilemma und die beiden Desiderate – explikative Kraft und Resultatcharakter bzw. Übergang – nicht schon dadurch aufgelöst, dass Hegels Darstellung auf den parallelen Ebenen der Binnenperspektive des Bewusstseins und der Metaperspektive des Phänomenologen verläuft? Die stets mitlaufende Metaperspektive auf die Erfahrungen des Bewusstseins wurde bereits als deren begriffliche Nachkonstruktion bestimmt, ermöglicht sie also nicht die oben umrissene logische Rekonstruktion der Überwindung des Gegenstandes (siehe 1.2)? Die Einnahme der Metaperspektive ist dafür jedoch nicht hinreichend. Erstens wurde noch nicht abschließend geklärt, ob sie eine inhaltliche Zutat darstellt oder den Gehalt der Erfahrungen in der Binnenperspektive rein abzubilden vermag; die Parallelität beider Perspektiven stellte sich als eine unausgewiesene Prämisse Hegels heraus (siehe II.1.4). Zweitens ist mit der Metaperspektive allein kein bestimmter Gehalt vorgegeben; die Objektivitätskonzeption des absoluten Wissens – die Identität von Substanz und Subjekt – muss überdies aus einer ganzen Reihe von Erfahrungen zusammengestellt werden.

Wie ich in Abschnitt 4.2 zeigen werde, erfordert der Übergang zur Objektivitätskonzeption des absoluten Wissens vielmehr, dass die Parallelität beider Perspektiven der Darstellung aufgegeben wird und beide konvergieren: Im absoluten Wissen muss die Einheit von Begriff und Gegenstand erfasst werden, die zuvor im Rücken der Bewusstseinsgestalten nur ‚für uns' sichtbar war. Ohne die Konvergenz beider Perspektiven bleibt drittens das Racheproblem des unglücklichen Bewusstseins ungelöst: Die Metaperspektive des Phänomenologen liefert in isolierter Betrachtung höchstens ein moderates transzendentales Argument, wie unser Begriffsschema von Objektivität strukturiert sein muss – ihre begriffliche Rekonstruktionsform hat nicht ohne Weiteres objektive Geltung. Die Darstellung der Konvergenz beider Perspektiven stellt wiederum vor das skizzierte Dilemma: Geht sie von der Binnenperspektive aus und bleibt womöglich in der Differenz des Bewusstseins befangen oder geht sie von der Metaperspektive aus und setzt deren Deutung der Erfahrung zirkulär voraus?

Um das Dilemma zu vermeiden, das aus dem Hiatus zwischen der Erfahrung und der Reflexionsform des absoluten Wissens entsteht, muss Hegels Darstellung eine Reihe von Bedingungen erfüllen. Ich werde sie zuerst (3.1) anhand der systematischen Frage nach einer gelingenden therapeutischen Methodologie entwickeln und dann (3.2) den Aufbau von Hegels Darstellung in „Das absolute Wissen" von diesen Bedingungen her aufschlüsseln.

3.1 Anforderungen an die Form der Darstellung

Das oben umrissene Dilemma entsteht, weil der Übergang zur Zielkonzeption einen bestimmten Status haben muss, den er erst innerhalb der Zielkonzeption hat, diese aber allererst durch den Übergang erreicht werden kann. Erst nachdem wir einen über unsere Objektivitätskonzeption aufgeklärten Standpunkt erreicht haben, können wir z. B. einsehen, warum der Übergang nicht für skeptische Einwände wie Strouds Substitutionseinwand anfällig ist. Das zwingt dazu, die *Reflexion* auf den *Status* des Übergangs von dem *Vollzugsaspekt* des Übergangs zu trennen und zwar so, das sie jeweils unterschiedlichen Blickrichtungen angehören. Weil es sich dem therapeutischen Ansatz zufolge um einen Lernprozess handeln soll, lässt sich die eine Blickrichtung als zu einem aufgeklärten Standpunkt ‚aufsteigend' beschreiben, die andere als von ihm her ‚absteigend' bzw. zurückblickend.

(1) *Perspektivendualität:* Der Übergang muss aus zwei getrennten Blickrichtungen nachvollzogen werden, einer aufsteigenden und einer absteigenden.

Demnach geschieht der Übergang zum absoluten Wissen aus zwei Blickrichtungen: (a) aufsteigend aus der Perspektive der alten Konzeption als immanente Kritik derselben und (b) absteigend aus der Perspektive der neuen Konzeption als retrospektive Validierung des aufsteigend vollzogenen Übergangs. Dann braucht die aufsteigende Blickrichtung die neue Konzeption nicht auf zirkuläre Weise vorauszusetzen. Und die absteigende Blickrichtung kann ebenso den Zirkel vermeiden, die Validität ihres nicht-dichotomen Verständnisses des Übergangs bereits vorauszusetzen, d.h. mit ihrer Retrospektive immer schon zu spät zu kommen.[470]

Um einen vitiösen Zirkel auf der Ebene der aufsteigenden Blickrichtung zu vermeiden, darf sie natürlich keine Beschreibung des Übergangs enthalten, die derjenigen gleichkommt, die erst in der absteigenden Perspektive der Zielkonzeption verfügbar ist. Demnach gilt:

(2) *Immanenz der Erfahrung:* Der Übergang darf in aufsteigender Blickrichtung nicht als solcher thematisch vollzogen werden.

---

470 Das Desiderat der Perspektivendualität gibt somit eine alternative Begründung für Försters auf das Modell der *scientia intuitiva* gestützte These, dass Hegel für die *Phänomenologie* einen „Abstieg" vom abstrakten Absoluten braucht, das in Hegels früherem Entwurf „C. Die Wissenschaft" dargestellt wurde (Förster 2018, 356f., siehe Fn. 384). Im Gegensatz zu Förster sehe ich diesen Abstieg jedoch erst im absoluten Wissen selbst vollzogen, indem dieses den Gang der Erfahrung nachkonstruiert. Siehe Fn. 497.

Die neue Konzeption muss daher aufsteigend zunächst den Status eines *impliziten* Resultats haben. Dementsprechend muss Hegel die neue Konzeption als Resultat einer immanenten Kritik ausweisen, d. h. als Resultat von Erfahrungen, die gerade nicht auf dem Reflexionsniveau der Metaperspektive des Phänomenologen gemacht werden.

Damit die Entwicklung der neuen Konzeption in der geforderten Weise immanent geschieht und die Reflexionsebene der absteigenden Blickrichtung nicht voraussetzt, gilt ferner:

>   (3) *Nachträglichkeit der Reflexion:* Die aufsteigend-absteigende Struktur des Übergangs darf erst retrospektiv in der absteigenden Blickrichtung thematisch werden.

Entscheidend für Hegels therapeutischen Ansatz ist seine Form immanenter Kritik (II.1.1): Die Zielkonzeption soll als *Aufklärung* der alten Konzeption des natürlichen Bewusstseins dargestellt und nicht als konkurrierende bzw. alternative Gegenposition durchgesetzt werden. Daher muss die bruchlose, von einer inhaltlichen Zutat freie Übersetzbarkeit der alten Konzeption in die neue sichergestellt werden und damit die Fähigkeit der Zielkonzeption, rückblickend eine valide Deutung des Übergangs zu geben:

>   (4) *Inhaltsidentität:* Die absteigende Blickrichtung muss den Status einer inhaltlich zutatsfreien Explikation des bereits aufsteigend erreichten Resultats haben.

Doch wie kann der vitiöse Zirkel auf der Ebene der absteigenden Blickrichtung vermieden werden, dass die retrospektive Explikation des vollzogenen Übergangs im Lichte der neuen Konzeption immer schon zu spät kommt, da sie das Gelingen des Übergangs bereits voraussetzt? Dies ist nur möglich, wenn die Einnahme der absteigenden Blickrichtung auf den Übergang diesen erst vollendet, sie also selbst ein Moment des Übergangs bildet, statt sein Gelingen vorauszusetzen:

>   (5) *Reflexivität:* Der Übergang ist erst mit Einnahme der absteigenden Blickrichtung abschließend vollzogen.

Bedingung (5) zufolge ist der Übergang zur Zielkonzeption notwendig selbstreflexiv: Erst wenn wir im absoluten Wissen einsehen, was der in den Bewusstseinsgestalten sich entwickelnde Geist implizit immer schon war, haben wir einen adäquaten Begriff des Geistes. Der Gang der Entwicklung muss somit zu ihrem Resultat dazugehören.[471]

Dies wirft jedoch wieder das Zirkelproblem des Dilemmas auf, dass die Einsicht in die Notwendigkeit der absteigenden Blickrichtung diese bereits voraus-

---

471 Vgl. die analoge Rekonstruktion der *WdL* bei Heckenroth 2021, 246–254, bes. 252.

setzen muss. Das Zirkelproblem stellt sich jedoch nur dann, wenn eine *alternative* Explikation des Übergangs denkbar ist, es also noch eine in den alten Dichotomien verbleibende Erläuterung des Übergangs in der aufsteigenden Blickrichtung gäbe:

(6) *Unhintergehbarkeit:* Die absteigende Blickrichtung muss das notwendige Resultat des aufsteigenden Übergangs sein.

Demnach ist es nicht möglich, den Übergangsprozess in aufsteigender Blickrichtung nach einem anderen Begriffsschema zu explizieren als nach dem der Zielkonzeption. Hegels Darstellung muss also äquivalent zu einem begrifflichen transzendentalen Argument zeigen, dass die Reihe der Bewusstseinsgestalten notwendig zum absoluten Wissen führt.

Schließlich darf es nicht wiederum eines weiteren, vermittelnden Übergangs bedürfen, um von der aufsteigenden in die absteigende Blickrichtung überzugehen, sonst entstünde ein infiniter Regress von Übergängen:

(7) *Genetische Notwendigkeit:* Die aufsteigend-absteigende Struktur des Übergangs muss der Zielkonzeption intern sein.

Demzufolge ist die von Hegel anvisierte Konzeption notwendigerweise das Resultat einer *bestimmten Entwicklung,* welche deren *Darstellung in der Reflexion,* d.i. die absteigende Blickrichtung, miteinschließt.[472]

3.2 Der Aufbau von Hegels Darstellung („Gewissen" und „Religion")

Die in (1)–(7) formulierten Desiderate bilden ein Set aufeinander aufbauender Bedingungen, welche Hegels Darstellung erfüllen muss, um dem durch den Hiatus von Erfahrung und Reflexion gestellten Dilemma zu entgehen. Wenn meine Hypothese zutrifft, dann muss sich die Argumentationsstruktur von „Das absolute Wissen" entlang dieser Bedingungen rekonstruieren lassen. Dies skizziere ich zunächst mit besonderem Augenmerk auf Bedingungen (1)–(3), um die Funktion des absoluten Wissens als absteigende Blickrichtung näher zu bestimmen.

Wie die Bedingung der Perspektivendualität (1) erwarten lässt, unterscheidet Hegel eine aufsteigende und eine absteigende Blickrichtung auf den Prozess, an dessen Ende die Identität von Substanz und Subjekt steht, welche bereits als Hegels Zielkonzeption herausgestellt wurde (siehe 1.1).[473] Da die *aufsteigende* Blickrichtung von einer einseitigen bzw. dichotomen Konzeption ausgeht, muss

---

[472] Vgl., ebenso analog, Heckenroth 2021, 251.
[473] Vgl. Daskalakis (2012, 213–220) Darstellung der Entwicklung von *PhG* I–V als „doppelte Bewegung der Umkehrung der Substanz ins Subjekt und umgekehrt" (Daskalaki 2012, 220).

sie diese Identität ebenso auf einseitige Weise darstellen. Somit muss Hegels Darstellung der Identität von Substanz und Subjekt jeweils von einer ihrer beiden Glieder gemäß der realistischen bzw. der idealistischen Einstellung ausgehen. Den einseitig realistischen aufsteigenden Übergang nennt Hegel die „Form des *Ansichseyns*" (425), welche den Übergang von der Substanz zum Subjekt darstellt. Dieser Übergang geschieht laut Hegel in der Gestalt der *offenbaren Religion*, in welcher die göttliche Substanz zunächst Mensch wird, d. h. sich in einem einzelnen Subjekt manifestiert, und dann als Geist in der religiösen Gemeinschaft Selbstbewusstsein erlangt. Den komplementären Übergang vom Subjekt zur Substanz nennt Hegel die „Form des *Fürsichseyns*" (425). Dieser Form ordnet Hegel die Gestalt des *Gewissens* zu, in welcher ein einzelnes Subjekt sich in seinem Handeln gegenständlich manifestiert und dadurch vermittelt eine sittliche Substanz anerkennt.[474]

Wie oben gezeigt, muss es auch eine *absteigende* Blickrichtung geben, welche jene einseitige Darstellungsform ablegt und den Übergang von der nicht-dichotomen Zielkonzeption aus artikuliert, d. h. die „Vereinigung beyder Seiten" (425) des Ansichseins und Fürsichseins aufzeigt. In ihr kommt nach Hegel dementsprechend „der Geist dazu, sich zu wissen [...] wie er *an und für sich* ist." (425) Diese dritte Form ordnet Hegel der Gestalt des *absoluten Wissens* zu, „welche diese Reihe der Gestaltungen des Geistes beschließt" (425).

Der Immanenz-Bedingung (2) entsprechend ist der Übergang zur Identität von Substanz und Subjekt in den Formen des „*Ansichseyns*" und „*Fürsichseyns*" selbst noch unthematisch, da sie von einer einseitigen Konzeption ausgehen. In der offenbaren Religion liegt dies an ihrer realistischen Einstellung des Vorstellens,

---

474 Nach meiner Lesart ist die treibende Kraft des Gewissens die Spannung zwischen der selbstgenügsamen, radikal idealistischen Einstellung des einzelnen Gewissens gegenüber seinem Handeln und der im Handeln aufbrechenden Vergegenständlichung und Entäußerung, die auf die realistische Einstellung führt. Dieses Spannungsverhältnis führt Schlösser zur Diagnose einer unauflösbaren Tragik des Handelns (Schlösser 2008, 453), die ihn aber die Konzeption einer in der Objektivität der Handlung aufscheinenden sittlichen Substanz verwerfen lässt (Schlösser 2008, 450). Halbigs Lesart zufolge kritisiert Hegel im Gewissen das praktische Selbstverständnis von Akteuren hinsichtlich von Handlungs*gründen* (siehe Halbig 2008, 502). Auch mit Halbigs Lesart ließe sich die unweigerliche ‚Tragik' des Handelns – ein Stück weit – denken, insofern einzelne Handlungen in der Regel nicht vollständig rationalisierbar sind bzw. nicht auf eindeutige Gründe ‚all things considered' verweisen. Moyars Lesart des Gewissens in „Das absolute Wissen" geht hingegen auf mir nicht nachvollziehbare Weise davon aus, dass die Momente der Allgemeinheit und Einzelheit des Handelns bereits versöhnt worden sind (Moyar 2017, 186). Auf die elaborate Rekonstruktion von Hegels Gewissenstheorie in Moyar 2011 (und ihre angesichts des Unmittelbarkeitsanspruchs des Gewissens kontroverse Veranschlagung einer phronetischen Kompetenz praktischer Überlegung [siehe Moyar 2011, 155]) kann hier nicht näher eingegangen werden. Zum Auftreten der realistischen Einstellung im Gewissenskapitel, siehe auch Fn. 476.

die Hegel dementsprechend als „Form der Gegenständlichkeit" (422) charakterisiert. Gott wird zunächst als Substanz vorgestellt, d. h. als an sich seiendes Wesen, das strukturell in der Ausgangsposition des vom unglücklichen Bewusstsein ersehnten Unwandelbaren steht. Im Gewissen findet sich dagegen eine Konzeption, die von der „Seite der Reflexion in sich" (425) bzw. der „Seite des Selbstbewußtseyns" (425) ausgeht. Das Gewissen nimmt dabei eine idealistische Einstellung ein, weil es seinem Handeln bzw. der Weise, wie es für andere existiert, allein nach der Maßgabe seiner guten Absichten Objektivität zugesteht.

Vor diesem Hintergrund wird gemäß der Nachträglichkeitsbedingung (3) verständlich, weshalb Hegel in „Das absolute Wissen" die Entwicklungen in den Gestalten der offenbaren Religion und insbesondere des Gewissens ausführlich *rekapitulieren* muss und nicht bloß auf sie verweisen kann wie auf bereits bewiesene Theoreme. Denn wie für die Immanenz-Bedingung (2) gezeigt, muss die Unterscheidung zweier Blickrichtungen, durch welche die Reflexion und begrifflich neu zugeschnittene Artikulation beider Gestalten *als* Formen des Ansichseins bzw. Fürsichseins erst möglich wird, *außerhalb* der beiden Kapitel stattfinden, die diese Übergangsmomente in aufsteigender Blickrichtung darstellen.

Demgegenüber muss die Darstellungsform des absoluten Wissens die Bedingung der Inhaltsidentität (4) erfüllen und sich in reflektierter Form als *Explikation* des Übergangs in aufsteigender Blickrichtung ausweisen. Daher *wiederholt* sich die Doppelung der Erläuterungsformen des Ansichseins und Fürsichseins in Hegels Ausführungen zur dritten, dem absoluten Wissen zugeordneten Form, um diese als Entfaltung von jenen und nicht als deren additive Ergänzung darzustellen.

Die gemäß der Perspektivendualität (1) in den Formen des Ansichseins und Fürsichseins dargestellten Gestalten des Gewissens und der offenbaren Religion ergeben zwar jeweils die gesuchte „Versöhnung des Bewußtseyns mit dem Selbstbewußtseyn" (425), aber stets einseitig im Rahmen der realistischen oder idealistischen Einstellung. Hegel muss jedoch zusätzlich zeigen, dass auch dieser einseitige Rahmen wenigstens *implizit* in diesen Gestalten aufbricht. Denn nur so kann er sowohl die Immanenz-Bedingung (2) erfüllen, dass dieses Aufbrechen als solches nicht thematisch wird, als auch die Inhaltsidentität-Bedingung (4), dass das absolute Wissen nur eine Explikation des bereits Vollzogenen darstellt. In diesem Sinne ist folgende komprimierte Bemerkung Hegels zu verstehen: „Diese Vereinigung [beider Seiten, Sz.] aber ist *an sich* schon geschehen, zwar auch in der Religion, in der Rückkehr der Vorstellung in das Selbstbewußtsein, aber nicht nach der eigentlichen Form" (425). So findet in der offenbaren Religion nicht nur eine Versöhnung zwischen dem religiösen Bewusstsein von einem gegenständlichen Gott und dem Selbstbewusstsein der Gemeinde statt, sondern auch eine implizite Rückkehr zur idealistischen Einstellung, indem es Gott selbst ist, der als Geist seiner Gemeinde ein Selbstbewusstsein *von sich* hat.[475] Ebenso findet im Gewissen nicht nur eine Versöhnung zwischen dem innerlichen Selbstbewusstsein des Einzelnen und dem Bewusstsein seines öffentlich gegenständlichen Handelns statt, sondern im Schuldeingeständnis der schönen Seele geschieht auch implizit die Entäußerung des Selbstbewusstseins in die realistische Einstellung gegenüber seinem Handeln, das es der Beurteilung durch andere preisgibt.[476]

4 Vermittlung des Hiatus durch das absolute Wissen

Wie ich im Folgenden zeige, löst Hegel das Problem eines Hiatus zwischen der Objektivitätskonzeption des absoluten Wissens und dem Gang der Erfahrung, indem er eine „Gleichung von Prinzip und Prozess"[477] etabliert: Das absolute Wissen soll als Prinzip der Entwicklung der Bewusstseinsgestalten ausgewiesen werden. Diesen Grundgedanken erläutere ich anhand der für Hegels Darstellung aufgestellten Bedingungen.

In 4.1 erläutere ich die Funktion des absoluten Wissens in Bezug auf die Bedingungen der Inhaltsidentität (4) sowie Reflexivität (5) der auf- und absteigenden Blickrichtungen der Darstellung. In 4.2 betrachte ich schließlich die Funktion des absoluten Wissens in Bezug auf die Bedingungen der Unhintergehbarkeit (6) und genetischen Notwendigkeit (7) der absteigenden Blickrichtung, d. h. der Perspektive des absoluten Wissens. Hegel überträgt nach meiner Lesart die Identität von Substanz und Subjekt auf die Ebene der Darstellungsform: Im absoluten

---

[475] Zur Verquickung der Formen des Bewusstseins und Selbstbewusstseins in der offenbaren Religion, siehe Schlösser 2015, 113, wo sie als „vertikale" und „horizontale" Ebene des religiösen Geistes analysiert werden.

[476] Der am Ende des Gewissenskapitels in der gegenseitigen Anerkennung auftretende „erscheinende Gott mitten unter ihnen" (362) markiert entsprechend den Übergang zur realistischen Einstellung des religiösen Vorstellens (diese religiöse Dimension und ihre gleichsam vertikale Umwendung des Anerkennungsmotivs wird in der Interpretation von Brandom schlicht überblendet, weshalb er auch die steile These vertritt, dass die *PhG* im Grunde bereits mit dem Gewissenskapitel ihren philosophischen Schluss- und Höhepunkt erreicht habe; siehe Brandom 2019, 583). Die realistische Einstellung tritt motivisch bereits mit der Entäußerung des Gewissens in der Handlung auf (vgl. Schlösser 2008, 453), deren Bedeutung für die Retrospektive in „Das absolute Wissen" ich demnach in der Form des Gegenstandsbezugs sehe, statt im Begriff des Handelns als Verhalten nach sozialen Normen (was Pippin 2008, 220 f., betont). Zum Gewissen, siehe auch Fn. 474.

[477] Vgl. Henrich 1971, 95.

Wissen begreifen wir die zuvor gemachten Erfahrungen als Selbstentfaltung des Begriffs. Was daher in der Binnenperspektive der Bewusstseinsgestalten als Widerständigkeit des Gegenstandes erfahren wurde, entpuppt sich nun als die realistische Seite der Selbstkonstruktion des Begriffs des Geistes. Im absoluten Wissen konvergieren daher die Binnenperspektive des Bewusstseins und die Metaperspektive des Phänomenologen. Die Konvergenz beider Perspektiven vollendet die therapeutische Auflösung des Problems objektiver Geltung, insofern sie die Leserinnen und Leser der *Phänomenologie* dazu bringt, die Erfahrungen der Bewusstseinsgestalten sich als notwendige zu eigen zu machen.

4.1 Das versammelnde Aufzeigen als Zutat der Reflexion

Um das Problem des Hiatus zwischen Erfahrung und Reflexion zu lösen, muss Hegel gemäß der Identitätsbedingung (4) zeigen, dass das absolute Wissen die ihm vorausgehende Entwicklung *expliziert*, und gemäß der Reflexivitätsbedingung (5), dass dabei erst der Übergang zur Identität von Substanz und Subjekt *vollendet* wird. Beide Bedingungen stehen in einer gewissen Spannung, die sich auch in folgender zentralen Passage widerspiegelt, in der Hegel das absolute Wissen als „de[n] Begriff" einführt, welcher die Resultate der Erfahrungen von offenbarer Religion und Gewissen expliziert:

> „Was also in der Religion *Inhalt* oder Form des Vorstellens eines *andern* war, dasselbe ist hier [im Gewissen, Sz.] eignes *Thun des Selbsts*; der Begriff verbindet es, daß der *Inhalt* eignes Thun des Selbsts ist; – denn dieser Begriff ist, wie wir sehen, das Wissen des Thuns des Selbsts in sich als aller Wesenheit und alles Daseyns, das Wissen von *diesem Subjecte* als der *Substanz*, von der Substanz als diesem Wissen seines Thuns." (427)

Hegel schildert hier den Übergang zur Identität von Substanz und Subjekt ausgehend von der Konzeption des Gewissens, d. h. in aufsteigender Blickrichtung. Dem Gewissen zufolge ist das gegenständliche Dasein seines Handelns nichts anderes als der Ausdruck seines introspektiven Selbstbewusstseins, gute Absichten zu hegen; dies formuliert Hegel hier so, dass „das Wissen des Thuns des Selbsts in sich als aller Wesenheit und alles Daseyns" (427) gelte. Diese Auffassung beinhaltet in Hegels Schilderung den Übergang zur Identität von Substanz und Subjekt, da sie den wechselseitigen Umschlag der idealistischen Einstellung in die realistische Einstellung beinhaltet. Der Umschlag in die realistische Einstellung vollzieht sich im „Wissen von *diesem Subjecte* als der *Substanz*" (427) und der umgekehrte Umschlag in die idealistische Einstellung in der Auffassung „von der Substanz als diesem Wissen seines Thuns" (427). Die letztere Formulierung markiert deutlich die oben in 2.4 konstatierte Form der Selbstkonstruktion des

Inhalts: Die mit der realistischen Einstellung assoziierte „Substanz" sei nichts anderes als das „Wissen seines Thuns", d. h. sie ist ein *im* Tun des Selbsts *Sich-Erzeugendes*.

Damit ist die im absoluten Wissen erfasste Identität von Substanz und Subjekt gemäß der Identitätsbedingung (4) als *Explikation* des Gewissens erläutert, das hier für den Kulminationspunkt des Übergangs in der aufsteigenden Blickrichtung steht. Sollte dies aber bedeuten, dass dann die Reflexivitätsbedingung (5) nicht erfüllt würde, weil der Übergang zur Identität von Substanz und Subjekt bereits aufsteigend im Gewissen vollendet worden ist? Wie Hegels Formulierung „der Begriff verbindet es" (427) anzeigt, ergibt sich die Identitätsbeziehung von Substanz und Subjekt erst rückblickend in der Perspektive des Begriffs, d. h. des absoluten Wissens.

Aber steht im Kontext der zitierten Passage nicht das Gewissen selbst in Gestalt der schönen Seele für den „Begriff" (siehe 425) und ist die Identitätsbeziehung also doch immanent zugänglich? Nein, da die Betrachtung der schönen Seele *als* Begriff, der sich zunächst seiner Realisierung verweigert, eine nachträgliche ist, in welcher die Gestalt des Gewissens allererst in einen für das absolute Wissen anschlussfähigen begrifflichen Rahmen gestellt wird. Dies verdeutlicht Hegels anschließende Bemerkung, indem sie auf eine Zutat seitens der phänomenologischen Metaperspektive – dem ‚Wir' – hinweist.[478] Da laut Hegel das Versammeln der Momente und das „Festhalten des Begriffes in der Form des Begriffes" *unsere* Zutat ist, dann kann die schöne Seele nur rückblickend und kraft dieser Zutat *als* der Begriff expliziert werden, durch welchen die Identität von Substanz und Subjekt zutage tritt. Sofern das absolute Wissen diese Zutat begrifflicher Reflexion darstellt, erfüllt es somit die Reflexivitätsbedingung (5), der zufolge der Übergang zur Zielkonzeption erst durch Einnahme der absteigenden Blickrichtung vollendet wird.

Die Rolle des absoluten Wissens als Zutat der Reflexion droht jedoch die Immanenz des Übergangs zur Zielkonzeption zu gefährden und wiederum in das in Abschnitt 3 erläuterte Dilemma zu geraten. Dem Status dieser Zutat widme ich mich in Abschnitten 4.1.2 und 4.2. Zuvor ist aber zu erörtern, in welcher Bedeutung von „absolutes Wissen" die Bedingungen der Inhaltsidentität (4) und Reflexivität (5) erfüllt werden, damit klar ist, in welcher Bedeutung die Frage nach einer Zutat entsprechend zu verstehen ist.

---

478 „Was *wir* [H.v.m.] hier *hinzugethan* [H.v.m.], ist allein theils die Versammlung der einzelnen Momente [...] theils das Festhalten des Begriffes in der Form des Begriffes, dessen Inhalt sich in jenen Momenten, und der sich in der Form einer *Gestalt des Bewußtseyns* schon selbst ergeben hätte." (427)

4.1.1 Das absolute Wissen als „Gestalt" und „Wissenschaft"

Hegels Terminus „absolutes Wissen" ist ambig. In Abschnitt 2 wurde zwar vorgeschlagen, „absolutes Wissen" primär in einem verbalen Sinn als (a) *Vollzugsform* einer besonderen Art des spekulativen Wissens zu verstehen, aber „absolutes Wissen" kann ebenso die Bedeutung (b) einer *Gestalt des Bewusstseins* oder (c) *der Wissenschaft* haben. So könnte die Inhaltsidentitätsbedingung (4), d.i. der explikative Charakter des absoluten Wissens, doch auch sichergestellt werden, wenn dasselbe die im Gang der *Phänomenologie* auf die offenbare Religion mit immanenter Notwendigkeit folgende *Gestalt* wäre. Hingegen deutet die Reflexivitätsbedingung (5), die Vollendung des Übergangs zur Zielkonzeption im absoluten Wissen, eher auf die *Wissenschaft* der spekulativen Logik hin, da diese die höchste Klarheit und Vollständigkeit in der Darstellung der Zielkonzeption erwarten lässt. Wie ich im Folgenden zeige, sind (b) und (c) jedoch keine Optionen für Hegels Darstellung, sodass nur (a), das absolute Wissen als Modus des Wissensvollzugs, übrig bleibt.

Hegel sagt ausdrücklich nicht, dass das absolute Wissen eine im Gang der *Phänomenologie* vorkommende Gestalt des Bewusstseins sei. Er versichert nur im Konjunktiv, dass das absolute Wissen „sich in der Form einer *Gestalt des Bewußtseyns* schon selbst ergeben *hätte* [H.v.m.]." (427)[479] Andernfalls wäre es auch widersprüchlich, im selben Kontext die Blickrichtung des absoluten Wissens als „hinzugethan" (427) durch die Metaperspektive des Phänomenologen zu beschreiben. Es könnte jedoch sein, dass Hegel die Gestalt des absoluten Wissens im Anschluss an diese Passage gewissermaßen nachreicht und nicht, wie es im Zitierten den Anschein hat, auf den Gang der *Phänomenologie* als etwas Abgeschlossenes zurückblickt.[480] Dagegen spricht, dass Hegels Darstellung auch noch die genetische Notwendigkeitsbedingung (7) erfüllen muss, der zufolge die aufsteigend-absteigende Struktur des Übergangs der Zielkonzeption intern ist. Dies erfordert einen Rückblick auf die Entwicklung der Bewusstseinsgestalten, welcher die Übergänge *zwischen* den einzelnen Gestalten thematisieren muss, d.h. die Darstellungsform der *Phänomenologie* reflektiert. Dies kann die Darstellung einer Bewusstseinsgestalt *innerhalb* des Ganges der *Phänomenologie* nicht leisten, da die einzelnen Gestalten im Prüfungsverfahren gemäß der „Einleitung" keinen für

---

479 Zum Konjunktiv „hätte" vgl. Heinrichs 1974, 477, der jedoch darin einen Bruch in der Darstellung markiert sieht (dies kritisiere ich in Fn. 490); worin Heinrichs zuzustimmen ist, ist Hegels Änderung der Darstellungsform zu der der „Versammlung".
480 Diese These vertritt Fulda 2007, 348, der in „Das absolute Wissen" daher auch Erfahrungen am Werke sieht (Fulda 2007, 364f.). Wie ich unten und in Fn. 482 ausführe, halte ich das für eine falsche Charakterisierung der Rolle des die PhG abschließenden Kapitels.

sie selbst thematischen Bezug zu ihrer Genese haben.[481] Selbst wenn die Metaperspektive des Phänomenologen die Bewusstseinsgestalt des absoluten Wissens instanziiert, ist ein *Wechsel der Darstellungsform* erforderlich; das absolute Wissen erfüllt also die Notwendigkeitsbedingung (7) nicht *qua* Bewusstseinsgestalt, sondern nur *qua* wissenschaftlicher Darstellung in der Metaperspektive.[482]

Wenn die wissenschaftliche Darstellungsform entscheidend ist, dann ist vielleicht das absolute Wissen in seiner Bedeutung (b) als Wissenschaft dasjenige, was die hier erörterten Bedingungen erfüllt? Wie in Abschnitt 2 gezeigt, muss „die Wissenschaft" dabei als definite Kennzeichnung für eine spekulative Wissenschaft verstanden werden, welche das Theorem der Identität von Substanz und Subjekt enthält. Doch dann würde das spiegelbildliche Problem auftreten, dass die spekulative Wissenschaft keine *Gestalt* des Bewusstseins mehr darstellen kann. Hegel grenzt nämlich die Wissenschaft der Phänomenologie, welche Wissen und Wahrheit unterscheidende Bewusstseinsgestalten beinhaltet, von der Wissenschaft ab, die demgegenüber reine Begriffe betrachte.[483] Doch das absolute Wissen *muss* als Gestalt des Bewusstseins auftreten *können*, wenn die genetische Notwendigkeitsbedingung (7) erfüllt werden soll, dass die immanente Entwicklung der *Phänomenologie* deren Selbstreflexion einschließen muss. Andernfalls wäre auch nicht klar, inwiefern die das absolute Wissen instanziierende Wissenschaft überhaupt ein *Resultat* jener Entwicklung darstellt. Selbst wenn nachträglich gezeigt werden könnte, dass „jedem abstracten Momente der Wis-

---

481 Die Entstehung und Veränderung ihres jeweiligen Gegenstandes geschieht stets „im Rücken" der jeweiligen Gestalt (siehe 61).

482 Ansonsten würde das Problem des Hiatus zwischen Konzeption und Übergang wieder aufbrechen, das in Abschnitt 3 geschildert wurde. Denn die Genese der Bewusstseinsgestalten gründet in *Erfahrungen:* Die Gestalt des absoluten Wissens hätte demnach zu reflektieren, ob die Erfahrung eine legitime, nicht-dichotome Übergangsweise darstellt. Dass das absolute Wissen selbst Erfahrungen machte – wie Fulda 2007, 364, meint – scheint nicht möglich, wenn es diejenige Gestalt des Bewusstseins darstellen soll, welche den Gang der *PhG* beendet. Denn Erfahrungen werden gemäß der „Einleitung" nur dann gemacht, wenn die Momente des Wissens und der Wahrheit *nicht* übereinstimmen; dies ist bei der letzten Gestalt des Ganges aber *ipso facto* nicht möglich.

483 „Wenn in der Phänomenologie des Geistes jedes Moment der Unterschied des Wissens und der Wahrheit, und die Bewegung ist, in welcher er sich aufhebt, so enthält dagegen die Wissenschaft diesen Unterschied und dessen Aufheben *nicht* [H.v.m.], sondern indem das Moment die Form des Begriffs hat, vereinigt es die gegenständliche Form der Wahrheit und des wissenden Selbsts in unmittelbarer Einheit." (432) Zum Unterschied von „der Wissenschaft" und der Wissenschaft der Logik bei Hegel, siehe Horstmann 2014, 49 f., 54–57.

senschaft eine Gestalt des erscheinenden Geistes [entspricht]" (432),[484] so müsste dazu die spekulative Logik zuvor in Gänze entfaltet worden sein. Dann wäre aber das Projekt einer Phänomenologie des Geistes paradoxerweise erst im zweiten Teil der Systems abgeschlossen, in den sie einleiten sollte, mithin könnte die Reflexivitätsbedingung (5), d.i. die Vollendung des Übergangs zur Zielkonzeption, nicht innerhalb der *Phänomenologie* erfüllt werden, sondern erst in der Logik.[485]

4.1.2 Das absolute Wissen als Vollzugsform des versammelnden Aufzeigens

Wie das in Abschnitt 3 aufgeworfene Hiatusproblem zeigt, darf der Übergang zur absteigenden Blickrichtung des absoluten Wissens kein inhaltlich gehaltvoller Schritt sein. In gewissem Sinne darf es sich beim Wechsel der Blickrichtung um gar keinen eigentlichen Übergang handeln, da sonst innerhalb der Darstellung ein Regress von erforderlichen Übergängen entstünde (siehe 3.1). Wenn also das, was im Kapitel „Das absolute Wissen" dargestellt wird, keine inhaltliche Ergänzung sein darf, die den Gang der *Phänomenologie* fortschreibt, dann muss es die *Form* betreffen, in welcher der Inhalt des Ganges dargestellt wird. Damit ist der Eindruck argumentativer Dürftigkeit und Unausgeführtheit erklärt, den der Leser angesichts von „Das absolute Wissen" leichthin hat: Er ist nicht in Hegels Eile bei der Fertigstellung des Manuskripts zu suchen, sondern ist notwendig, um den Eindruck einer inhaltlichen Zutat zu vermeiden.[486]

Doch wie verhält sich diese Anforderung zur oben bemerkten Zutat, die Hegel für seine Darstellungsform in „Das absolute Wissen" eingesteht? Hegel schildert die Zutat – hier: in seiner Darstellung der Gestalt des Gewissens – wie folgt:

„Was *wir* [H.v.m.] hier *hinzugethan* [H.v.m.], ist allein theils die *Versammlung* der einzelnen Momente, [...] theils das Festhalten des Begriffes in der Form des Begriffes" (427).

---

484 Für diese direkte Entsprechung zwischen den Bestimmungen von Logik und Phänomenologie argumentieren u. a. Forster 1998, 519–535; Fulda 1966 u. Heinrichs 1974; siehe auch den Diskussionsüberblick in Bowman 2018, 19–24.
485 Dies ist freilich mit einer rein propädeutischen Einleitungsfunktion der Phänomenologie gegenüber der Logik kompatibel, welche für letztere keine Geltungsansprüche begründen muss (siehe Bowman 2018, 31–36; Fulda 1965; Hösle 1998, 58, Fn. 78, u. vgl. die Argumente in Melichar 2020, 300–302). Zum Verhältnis der spekulativen Logik zur Phänomenologie, siehe Abschnitt 4.2.2.
486 Als Produkt der Eile deuten ihn Hyppolite 1946, Bd. 2, 553, u. Solomon 1983, 635. Für die historischen Hintergründe der Textentstehung und ihre philosophische Relevanz, siehe Förster 2008, 347–53.

Die Zutat, die für den bruchlosen Übergang *in* die Blickrichtung des absoluten Wissens verantwortlich ist, beschreibt Hegel nach zwei Aspekten: „*Versammlung*" und „Festhalten des Begriffes in der Form des Begriffes". Hierbei handelt es sich um ein methodologisches Vokabular, welches das ganze Kapitel durchzieht. Der Aspekt des Versammelns, d. h. der Rekurs auf die Momente im Gang der *Phänomenologie*, wird zumeist als „Erinnern" dieser Momente angesprochen.[487] Das Festhalten der Begriffsform wird von Hegel zumeist ‚Aufzeigen' genannt. Beide Aspekte sind stets an die Erwähnung des „*Wir*" der Metaperspektive des Phänomenologen geknüpft, woran deutlich wird, dass es sich beim versammelnden Aufzeigen um *dieselbe* Zutat des „reinen Zusehens" handeln muss, welche Hegels „Einleitung" in der Metaperspektive des Phänomenologen anführt.[488]

Die Funktion der Erinnerung wird bereits an der ersten rückblickenden Sequenz von „Das absolute Wissen" deutlich, die aufzeigen soll, wie der Gegenstand im Gang der Erfahrung implizit als „geistige Wesenheit" (423) hervortritt, wie er später explizit im Rahmen der Wissenschaft erfasst wird (siehe 1.2). Dafür ist laut Hegel bloß die Erinnerung der zurückliegenden Entwicklung erforderlich: „Es ist hiemit für diese Seite des Erfassens des Gegenstandes wie es in der Gestalt des Bewußtseyns ist, *nur* [H.v.m.] an die frühern Gestalten desselben zu *erinnern* [H.v.m.]" (423). Auch hier bedient sich Hegel ebenfalls des Vokabulars von Versammeln und Aufzeigen: In der Erinnerung sei „eine Anzahl solcher Gestalten, die *wir zusammennehmen*" (423, H.v.m.), in den Blick zu nehmen, um so die Totalität ihrer Entwicklung zu erfassen, welche „nur aufgelöst in ihre Momente *aufgezeigt* werden kann." (423, H.v.m.)

Hält man sich an Hegels terminologische Verwendung von „Aufzeigen" und „Versammeln", wird zweierlei deutlich. Erstens handelt es sich um zwei Aspekte *einer* Darstellungsform – das Versammeln ist ein Aufzeigen und *vice versa*. Durch die Versammlung der Entwicklungsstationen des Bewusstseins wird z. B. die geistige Wesenheit des Gegenstandes aufgezeigt. Umgekehrt bedeutet das Aufzeigen der logischen Momente des Gegenstandes (Einzelheit, Bestimmtheit, All-

---

487 Zum Begriff der „Erinnerung", der Bedeutung des „Versammelns" und deren Unterschied zur Erfahrung, vgl. Emundts 2012, 91: „Die Erinnerung tritt anstelle der Erfahrung: Nicht aktuelle Teilnahme bestimmt die Haltung der Position, die sich im Geist-Kapitel bewähren soll, sondern eine Art Sammeln gemachter Erfahrungen." Emundts zufolge wechselt Hegel bereits im Geist-Kapitel in die Darstellungsform der Erinnerung (jedoch, was entscheidend ist, ohne Aufgabe des Erfahrungsbezugs). Meine gegenwärtige Analyse ist damit kompatibel, betont jedoch die spezielle Rolle des Erinnerns für das absolute Wissen, weil Hegel hier den systematischen Abschluss seiner Darstellung anstrebt.
488 Siehe II.1.4.

gemeinheit) zugleich deren Versammlung zu einer Totalität (als Schluss).[489] Zweitens betont Hegel mit den Verben „aufzeigen" und „versammeln", dass er zum bisher Dargestellten *inhaltlich* nichts hinzufügt, sondern denselben Inhalt nur in eine neue Form bringt. Es wird nur versammelnd aufgezeigt, was sich bereits in der Erfahrung ergeben hat. Doch dieser Schritt der Reflexion ist entscheidend, wie Hegels Bemerkung zu seinem Rückblick in § 6 verdeutlicht: „Diß sind die Momente, aus denen sich die Versöhnung des Geistes mit seinem eigentlichen Bewußtseyn zusammensetzt; sie für sich sind einzeln, und *ihre geistige Einheit allein ist es, welche die Krafft dieser Versöhnung ausmacht.*" (424, H.v.m.)

Doch die offensichtliche Parallele zur Zutat des reinen Zusehens aus der „Einleitung" weckt hier Zweifel: Bleibt es nicht trotzdem dabei, dass Hegel dies stets ausdrücklich als unsere Zutat behandelt, d.h. als Zutat seitens der Metaperspektive des Phänomenologen? Und ist diese Zutat als „Festhalten[] des Begriffs in der Form des Begriffs" nicht inhaltlich mit Vorgriffen auf Hegels Logik vorbelastet? Der nächste Abschnitt wird auf diese kritischen Rückfragen antworten, dass die Blickrichtung des absoluten Wissens als eine sich selbst aufhebende Zutat konzipiert wird, welche auch dazu dienen soll, die Zutat der „Einleitung" zu rechtfertigen.

4.2 Aufhebung der Zutat: Konvergenz von Binnen- und Metaperspektive

Der Übergang zur absteigenden Blickrichtung des absoluten Wissens kommt, wie in Abschnitt 4.1 gezeigt, um die Zutat einer gewissen Form, die der begrifflichen Reflexion in der Metaperspektive des Phänomenologen, nicht herum. Wie kann Hegel vermeiden, dass diese Zutat als inhaltlich vorbelastet zurückgewiesen werden kann?

Für sich genommen scheint das absolute Wissen diese Anforderung zu erfüllen, insofern seine Form und sein Inhalt identisch sind, wie in Abschnitt 2 gezeigt wurde. Auch in der das absolute Wissen instanziierenden spekulativen Wissenschaft bilden ihre inhaltlichen Bestimmungen und die Form ihrer begrifflichen Reflexion eine „organische in sich selbst gegründete Bewegung" (432), d.h. eine bruchlose Einheit von Momenten. Wenn hier bereits die Struktur der gesuchten Lösung zu finden ist, dann müssen die Erfahrungen der Bewusstseinsgestalten und ihre begriffliche Reflexion im absoluten Wissen nur *zwei Formen desselben Inhalts* sein, d.h. im Sinne der Perspektivendualität-Bedingung (1) zwei Blickrichtungen auf denselben Übergang darstellen. *Neben* der speku-

---

[489] Siehe Abschnitt 1.2.

lativen Logik muss es also bereits eine Wissenschaft geben, welche im Modus des absoluten Wissens auf die Entwicklung der Erfahrung bezogen ist, aber dabei die Einheit von Form und Inhalt verwirklicht. Genau dies leistet die Phänomenologie des Geistes als „*Wissenschaft* des *erscheinenden Wissens*" (434): Sie ist wesentlich auf die Erfahrung bzw. das Erscheinen des Wissens bezogen.

Doch wie kann die wissenschaftliche Form als Prinzip des Inhalts herausgestellt werden, ohne bereits die Gültigkeit der wissenschaftlichen Darstellung vorauszusetzen? Die Differenz zwischen Form und Inhalt muss in dem Sinn aufgehoben werden, dass die Form nicht mehr als womöglich äußerliche oder akzidentelle Zutat angesehen werden kann, sondern ihre intrinsische und notwendige Verknüpfung mit ihrem Inhalt hervortritt. Die Form muss ihren Status als Zutat gewissermaßen *von selbst aufheben*. Wie ich nun zu zeigen versuche, löst Hegel dieses Problem durch die Übertragung des Theorems der Identität von Substanz und Subjekt auf die Form der phänomenologischen Darstellung, indem die beiden Perspektiven der Darstellung, d.i. die Binnenperspektive des Bewusstseins und die Metaperspektive des Phänomenologen, miteinander konvergieren.

Wenn die Zutat der begrifflichen Form durch das absolute Wissen mit ihrem Inhalt, d.i. der Erfahrung, verschmelzen soll, dann müssen beide durch einander begriffen werden können. Die Form der begrifflichen Nachkonstruktion muss den Inhalt so darstellen, dass er sich diese Form selbst gibt. Darin liegt die Analogie zur Subjektwerdung der Substanz: die Erfahrung kulminiert in ihrer Reflexion. Umgekehrt müssen die Bestimmungen des Inhalts aus der begrifflichen Form als solcher generiert werden. Darin liegt die Analogie zur Entäußerung des Subjekts in die Substanz. Hegel kann das Problem der Zutat somit lösen, wenn die Identität von Substanz und Subjekt auf die Ebene der Darstellungsform übertragen wird als interner Zusammenhang von Erfahrung und Reflexion.[490]

Aber folgt daraus nicht, dass das absolute Wissen bereits erreicht sein muss, weil erst auf seinem Standpunkt die Identität von Substanz und Subjekt über-

---

490 Auch Heinrichs 1974, 66–71, betont den inneren Zusammenhang von Erfahrung und logischer Reflexion in der *PhG*, dem zufolge der spekulative Begriff die Rekonstruktion des in der Erfahrung Gegebenen darstellt, und teilt insofern mit der hier vorgelegten Lesart die Stoßrichtung. Heinrichs' Lesart unterscheidet sich jedoch signifikant darin, dass er dabei nicht das Paradigma der geometrischen Konstruktion am Werke sieht und das Verhältnis Form-Inhalt nicht gemäß der Identität von Substanz und Subjekt aufschlüsselt. Daher erläutert Heinrichs das Verhältnis der beiden Darstellungsperspektiven nicht als Identität, sondern als „*Synthese*" im spekulativen Begriff als einem Dritten (Heinrichs 1974, 69) und geht entsprechend beim Übergang zum absoluten Wissen von einem „Sprung" in der Darstellung aus (Heinrichs 1974, 477 f.). Ferner teile ich nicht Heinrichs etwas unvermittelte und überzogene Schlussfolgerung, Hegel präsentiere dabei eine „*philosophische Wissenssoziologie*" (Heinrichs 1974, 70).

4 Vermittlung des Hiatus durch das absolute Wissen — 267

haupt zutage tritt? In der Tat gehört das absolute Wissen noch zur Zutat der begrifflichen Nachkonstruktion in der Metaperspektive des Phänomenologen. Doch nun ist ein Weg aufgezeigt worden, wie von dort ausgehend die Verschmelzung mit der aufsteigenden Blickrichtung der Erfahrung möglich ist: Die synoptische Versammlung der Entwicklungsmomente in „Das absolute Wissen" soll eine geradezu ergreifende Sachlogik des Inhalts offenbaren, welche dieselbe Qualität von Notwendigkeit hat wie die Erfahrungen, die sich den Bewusstseinsgestalten hinsichtlich ihres Gegenstandes ohne deren Zutun ergeben hatten.

Wer dabei von der Sachlogik des Inhalts ergriffen wird und den Schnittpunkt von gemachter Erfahrung und Reflexion – d. h. versammelnd-aufzeigender Erinnerung – markiert, ist die Leserin oder der Leser der *Phänomenologie*. Denn das von Hegel betrachtete Bewusstsein gelangt nicht auf einmal wundersam hinter seinen eigenen Rücken hinsichtlich der Genese seiner phänomenologischen Darstellung. Vielmehr sind es die Leserinnen und Leser, die immer schon im Rücken der Bewusstseinsgestalten gestanden und sowohl deren Binnenperspektive als auch die Metaperspektive auf deren Entwicklung eingenommen haben.[491] Die Übergänge zwischen den einzelnen Gestalten, welche den Entwicklungsprozess der *PhG* ausmachen, gefährden deshalb nicht die Parallelität der Darstellungsperspektiven, da es der Standpunkt des Lesers ist, auf dem Erfahrungen sowohl mitvollzogen als auch reflektiert werden.[492] Die Leserinnen und Leser sind schließlich auch die eigentlichen Adressaten von Hegels therapeutischem Ansatz. Mit der Verschmelzung von Form und Inhalt der Darstellung führt Hegel sie zur Einsicht, dass sie die dargestellte Entwicklung auch für ihre eigene Objektivitätskonzeption akzeptieren müssen. Dazu ist es aber, wie schon in II.1.4 betont, erforderlich, dass der jeweilige Leser nicht nur die begriffliche Seite der Darstellung, sondern auch die darin dargestellten Erfahrungen mitvollzogen hat, mithin

---

[491] Zur Bedeutung der Figur des Lesers für die Darstellung der *PhG*, siehe Heinrichs 1974, 23 f.; Kreß 1996, 46, u. Westphal 1989, 98.

[492] Damit ist der von Heidemann 2007, 262–266, und anderen vorgebrachte Einwand der Zirkularität von Hegels Darstellung m. E. zumindest auf methodologischer Ebene entkräftet: Die Notwendigkeit und Vollständigkeit des Ganges der *PhG* erweist sich in und durch Erfahrungen, ohne dass die Metaperspektive des Phänomenologen einen privilegierten Zugang zu den impliziten Voraussetzungen der Bewusstseinsgestalten haben müsste (siehe II.1.5) oder den Standpunkt der spekulativen Logik bzw. des absoluten Wissens in aufsteigender Blickrichtung voraussetzen müsste. Das zeigen erstens die Parallelführung der Darstellungsebenen gemäß der Analogie geometrischer Konstruktion (II.1), zweitens die Form des versammelnden Aufzeigens im absoluten Wissen (Abschnitt 4.1) und drittens die Position des Lesers, die dies alles in sich vereint (Abschnitt 4.2).

die Selbstkonstruktion des dem Bewusstsein erscheinenden Gegenstandes erfahren hat.[493]

4.2.1 ‚Selbstkonstruktion' des Inhalts der Darstellung

Was ist die Qualität, hinsichtlich derer der Vollzug des absoluten Wissens und die Erfahrung übereinkommen? Nach meiner Lesart ist es die *Selbstkonstruktion des Inhalts*, die beides vereint. In II.1.3.3 wurde die Erfahrung als ‚Selbstkonstruktion des Gegenstandes' erläutert, um so den Widerfahrnischarakter von Erfahrungen einzuholen, in denen der Gegenstand dem jeweiligen Bewusstsein „ohne zu wissen, wie ihm geschieht, sich darbietet" (61). Wie nun in Abschnitt 2.4 gezeigt, findet im absoluten Wissen eine ebensolche Selbstkonstruktion statt, insofern sein Vollzug in jener „scheinbaren Unthätigkeit" besteht, „welche nur betrachtet, wie das Unterschiedne sich an ihm selbst bewegt, und in seine Einheit zurückkehrt." (431) Die Selbstentfaltung des Inhalts – von mir das ‚Sich-Begreifen des Begriffs' genannt – wird vom absoluten Wissen ebenso nur mitvollzogen, wie die Bewusstseinsgestalten in der Erfahrung die Selbstkonstruktion ihres Gegenstandes mitvollziehen. Was beide Formen der Selbstkonstruktion unterscheidet, ist die reflexive Selbsttransparenz des absoluten Wissens, welche den passiven Sinn des betrachtenden Mitvollzugs mit der idealistischen Einstellung ausbalanciert, die Bestimmungen des Inhalts dabei aktiv im Begreifen durchdringen zu können. Dem erfahrenden Bewusstsein dagegen geschieht die Entstehung seines Gegenstandes notwendig „hinter seinem Rücken" (61). Da Form und Inhalt des absoluten Wissens identisch sind, bedeutet dies, dass in ihm die sich selbst konstruierende Entwicklung der Erfahrung *als* eine solche erfasst wird, die notwendigerweise in ihre Nachkonstruktion, d. h. Reflexion mündet: „Die vollendete gegenständliche Darstellung ist erst zugleich die Reflexion derselben oder das Werden derselben zum Selbst." (429)

---

493 Vgl. übereinstimmend Emundts zur therapeutischen Funktion des Erfahrungsbegriffs, die auch die Position des Lesers adressiert: „Sie [die *PhG*] richtet sich ebenso mit einer Analyse ihrer täglichen Erfahrungen an sie [d.i. diejenigen, die Hegels Erkenntnisbegriff nicht teilen, Sz.] wie mit dem Versuch, sie dazu zu bringen, Positionen einzunehmen, durch die sie die Erfahrungen machen werden, die sie letztlich zur Hegelschen Auffassung bringen werden. Sie ist in diesem Sinne ein therapeutisches Projekt. Ein therapeutisches Projekt, das unter anderem mit Einübungen in Praktiken, mit Erinnerungen und Wiederholungen arbeitet. Eine Art von Therapie ist auch insofern nötig, als die Person, die Hegels Antwort auf die Frage, was Erkenntnis ist, gibt, eine grundlegend neue Sicht auf alles hat. [...] Dass ein solches Resultat durch ein Argument allein erreicht werden kann, ist eher zweifelhaft. [...] [Hegels Auffassung von Erkenntnis] begreifen wir, wenn wir diese Erfahrungen analysieren. Wer dies noch nicht begriffen hat, muss die *Phänomenologie* lesen." (Emundts 2012, 85 f.)

4.2.2 Konvergenz der Darstellungsebenen

Indem die Identität von Substanz und Subjekt nun als Zusammenhang von Erfahrung und Reflexion expliziert wurde, haben wir jenen Punkt erreicht, an dem die zwei Ebenen von Hegels phänomenologischer Darstellungsform ineinander übergehen. Diese Konvergenz deutet Hegel bereits am Ende der „Einleitung" an, indem er den Punkt antizipiert, an welchem der Übergang zur spekulativen Logik als der „eigentlichen Wissenschafft des Geistes" (62) geschieht, d. h. „wo die Erscheinung dem Wesen gleich wird, seine Darstellung hiemit mit eben diesem Punkte der eigentlichen Wissenschafft des Geistes zusammenfällt" (62). Auf den ersten Blick besagt diese Passage, dass die phänomenologische Darstellungsform am Ende zusammenbricht, wenn wir von ihr zum Standpunkt der spekulativen Logik übergehen. Doch offenbar kann die *Phänomenologie* diesen Bruch *innerhalb* ihrer Darstellung nicht mehr enthalten. Die Passage ergänzt jedoch einen weiteren Schritt, welcher von der wissenschaftlichen Erkenntnis zurück zur Selbsterkenntnis des „Wesens" des Bewusstseins führt: „und endlich, indem es selbst diß sein Wesen erfaßt, wird es die Natur des absoluten Wissens selbst bezeichnen." (62) Diesen weiteren Schritt lese ich als *Vollzug* des absoluten Wissens im Sinne eines Wissensmodus, der auf die Entwicklung des natürlichen Bewusstseins hin zum Geist (als seinem „Wesen") bezogen ist.[494]

Die gehaltliche Identität der Binnenperspektive des Bewusstseins und ihrer begrifflichen Nachkonstruktion in der Metaperspektive des Phänomenologen wurde von Hegel bisher nur postuliert. Darin bestand die Zutat des reinen Zusehens in der „Einleitung" (siehe II.1.4). Durch den Vollzug des absoluten Wissens ergibt sich nunmehr die Selbstkonstruktion der Erfahrung bzw. ihres Gegenstandes *in* der Perspektive der begrifflichen Nachkonstruktion. Denn mit dem absoluten Wissen hat sie einen Punkt erreicht, an dem sich die Entwicklung des Gegenstandes als reflexiv transparente Selbstkonstruktion des Begriffs darstellt. Dadurch wird die Identität des Gehalts beider Darstellungsperspektiven nunmehr transparent und die anfängliche Zutat hebt sich selbst auf. Denn die Zutat führt durch die sich mit ihr ereignende Selbstkonstruktion des Begriffs in den Gang der *Phänomenologie* zurück und zwar mit derselben uns ergreifenden Notwendigkeit, die wir als Erfahrung bereits mitverfolgt haben.[495]

---

[494] Meine Interpretation entgeht daher den Einwänden von Theunissen 2014, 277, die eine Unterscheidung zweier Schritte in dieser Passage angreifen, weil ich den Standpunkt der Wissenschaft von dem innerhalb der *PhG* erreichten absoluten Wissen unterscheide.

[495] Vor diesem Hintergrund lese ich Hegels Rede vom „Erkennen" in seiner Charakterisierung der Identität von Substanz und Subjekt auch als rückblickende Anspielung auf die Aporie des „Erkennens" in § 1 der „Einleitung": „[Der Geist] ist an sich die Bewegung, die das Erkennen ist, – die Verwandlung jenes *Ansichs* in das *Fürsich*" (429). Die von Hegel schon am Anfang protreptisch

Die Identifikation mit dem Standpunkt des absoluten Wissens kommt also zustande, wenn die in der Reflexion transparent werdende begriffliche Notwendigkeit als *dieselbe*, zunächst ‚blinde' Notwendigkeit erkannt wird, welche die Entwicklung der Bewusstseinsgestalten vorantrieb.[496] Der bisher nur vorausgesetzte Status der Erfahrung als Selbstkonstruktion lässt sich somit ebenfalls einholen. Denn es hat sich gezeigt, dass (i) die Erfahrung eine durchgängig begriffslogisch erfassbare Struktur aufweist – weil sie denselben Gehalt hat wie ihre begriffliche Nachkonstruktion durch den Phänomenologen –, und dass (ii) das diese Struktur erfassende absolute Wissen seinerseits den Status einer Selbstkonstruktion hat. Daraus folgt, dass sich der reflexiv transparente Status der Selbstkonstruktion des geistigen Inhalts auf die Erfahrung *vererbt* als seine „gegenständliche Darstellung" (429).

Wir sehen dadurch ein, dass die Erfahrung gleichsam die blinde Anschauung der Selbstentfaltung dieser logisch-kategorialen Struktur ist, welche den Bewusstseinsgestalten analog zur räumlichen Anschauung im Gewand eines unmittelbar vorgefundenen Gegenstands begegnet. Hegel selbst übernimmt die kantische Terminologie von Anschauung und Begriff, um das Verhältnis der zwei Ebenen seiner Darstellung zu charakterisieren. Gegenüber der Wissenschaft steht die geschichtliche Entwicklung des Geistes, die sich zu jener verhalte wie die Anschauung zum Begriff: In der Entwicklung des Geistes „tritt sein Ganzes *angeschaut* [H.v.m.] seinem einfachen Selbstbewußtseyn gegenüber [...] in seinen *angeschauten* [H.v.m.] reinen Begriff, in *die Zeit*" (429) Die Einheit beider Ebenen im absoluten Wissen ließe sich insofern als ‚intellektuelle Anschauung' charakterisieren.[497]

---

kritisierte Zutat eines Werkzeugs oder Mediums, welches das „*Ansich*" in das Wissen bzw. „*Fürsich*" transportiert (siehe 54 u. Fn. 251), hat sich somit als überflüssig erwiesen: Das Erkennen selbst ist das Absolute (in dem hier spezifizierten Sinne).

496 Dieser Unterschied entspricht dem von „Nötigung" und „Notwendigkeit", mit dem Emundts diese zwei Perspektiven erläutert (siehe Emundts 2012, 57; zitiert in Fn. 308). Meine These über das absolute Wissen besagt in diesem Sinne, dass die vom Leser erlangte Einsicht in die Notwendigkeit der Erfahrung selbst eine Art erstpersonal erfahrene Nötigung ist, nämlich die des Ergriffenwerdens durch den Inhalt, welche hier als Sich-Erzeugen bzw. Sich-Begreifen des Begriffs beschrieben wurde.

497 Deshalb muss ich hier erneut Försters Entgegensetzung von Hegels diskursiver Methodologie und dem Modell einer *scientia intuitiva* widersprechen sowie der isolierten Zuordnung der Aufstiegsbewegung zu letzterer (Förster 2018, 362; siehe auch Fn. 303 u. Fn. 470). Zur positiven methodologischen Funktion der intellektuellen Anschauung in Hegels Logik, siehe Düsing 1986, 126–128; Düsing 2016, 25, u. Heckenroth 2021, 342–352. Und siehe die Erläuterungen zum ‚demonstrativen Aspekt' der geometrischen Konstruktion in IV.2.

Daraus ergibt sich als Korollar die von Hegel konstatierte isomorphe Abbildbarkeit der Bestimmungen der *Logik* auf die Bewusstseinsgestalten der *Phänomenologie*.[498] Sie erklärt schließlich, wie Hegel von der Phänomenologie als „Wissenschaft" sprechen kann, weil sie das absolute Wissen als Modus des Wissensvollzugs instanziieren kann, ohne schon selbst jene spekulative Logik zu sein oder sie vorauszusetzen.[499]

Das im Kapitel „Das absolute Wissen" durchgeführte ‚versammelnde Aufzeigen' soll also in den Vollzugsmodus des absoluten Wissens münden und dabei zugleich in absteigender Blickrichtung zurück in die Entwicklung der Erfahrung führen. Damit sind die letzten in Abschnitt 3.1 aufgestellten Bedingungen der Inhaltsidentität (6) und genetischen Notwendigkeit (7) erfüllt. Indem die Entwicklung der Erfahrung *immanent* auf den Modus des absoluten Wissens führt, bleibt die Inhaltsidentität (6) gewahrt: Die Notwendigkeit des Ganges der Erfahrung zeigt, dass die Einnahme des Standpunkts des absoluten Wissens eine notwendige Bedingung ist, um die Konzeption der Identität von Substanz und Subjekt vollständig zu erfassen. Damit enthält der in der *Phänomenologie* dargestellte Weg selbst – d. h. die „Erinnerung der Geister [...] nach der Seite ihrer begriffnen Organisation" (433 f.) – das geforderte Äquivalent eines moderaten transzendentalen Arguments, welches die Notwendigkeit der absteigenden Blickrichtung des absoluten Wissens beweist.[500] Auch die Notwendigkeitsbedingung (7) wird erfüllt, indem die Nachkonstruktion des absoluten Wissens die Selbstentfaltung des Ganges der *Phänomenologie* wiederholt. Daraus ergibt sich, dass die aufsteigend-absteigende Struktur des Übergangs der Identität von Substanz und Subjekt intern ist. Das in Abschnitt 3 aufgeworfene Problem des Hiatus zwischen Erfahrung und Reflexion ist somit gelöst. Hegels Therapie des Problems objektiver Geltung ist damit an ihr Ziel gekommen, indem sie die Ausgangskonzeption des natürlichen Bewusstseins mitsamt der sie transformierenden Erfahrungen in den Standpunkt des absoluten Wissens aufgehoben und das für diesen Transformationsprozess erforderliche methodologische Gerüst wieder abgebaut hat.

---

498 Zur These der Isomorphie von spekulativer Logik und Phänomenologie, siehe Fn. 484.

499 Eine ähnliche Lesart der spekulativen Einheit von absolutem Wissen und Erfahrung im von der Logik unterschiedenen Medium der *phänomenologischen* Wissenschaft vertritt Houlgate: „The reason why the *PhG* expands the idea of absolute knowing in this way is clear. In that text Hegel recognizes explicitly what he only hints at in the *Logic*; namely, that absolute knowing is the element, not only of logic (and speculative philosophy), but also of the *PhG* itself. Absolute knowing is the understanding of the ‚transformation' of substance into Concept, because it is the understanding of the experience of consciousness as it comes to be absolute knowing itself – that is to say, because it is *phenomenological*, as well as logical-ontological, science." (Houlgate 1998, 64)

500 Zum transzendentalen Status der Übergänge in der *PhG*, siehe Kapitel II.1.5.

5 Fazit: Der Standpunkt des Skeptikers zwischen Leben und Reflexion

In diesem Kapitel schließe ich mit den Folgerungen, die sich aus der rekonstruierten Argumentation für die Therapie des Problems objektiver Geltung ergeben. Ausgehend von Strouds Trilemma (I.2), beruht das Problem einerseits auf einer realistischen Objektivitätskonzeption und andererseits auf der reflexiven Selbstdistanzierung des Skeptikers gegenüber dem Akt der Zuschreibung von Objektivität. Die von Hegels *Phänomenologie* anvisierte Identität von Substanz und Subjekt stellt demgegenüber eine idealistische Objektivitätskonzeption dar, die zeigt, dass unsere Kriterien für Objektivität deshalb einen Rückhalt in der Wirklichkeit haben, weil es sich um eine *geistige* Wirklichkeit handelt und unsere Kriterien solche sind, die der Geist sich als Subjekt selbst gibt, ohne dass darum die Welt in ihrer Substantialität geleugnet werden müsste.[501]

In „Das absolute Wissen" soll der Übergang zu dieser Konzeption im Medium von Hegels Darstellung nicht nur beschrieben, sondern eigens vollzogen werden, indem der Prozess ihrer Entfaltung (wie in II.4.4 gezeigt) bis zur Perspektive der Leserinnen und Leser der *Phänomenologie* durchgreift. Sie gilt daher auch für eine skeptisch gestimmte Leserin, die sich in einer letzten metatheoretischen Volte vom gesamten phänomenologischen Narrativ zu distanzieren versucht. Diese Volte bestünde in der Reflexion auf den Unterschied zwischen der Darstellung und ihrem Erfasstwerden, d.h. zwischen der immanenten Notwendigkeit des Narrativs, welcher eine von den Bewusstseinsgestalten notwendigerweise vorausgesetzte Objektivitätskonzeption entwickelt, und der Freiheit der Leserin, diese Konzeption zu übernehmen wie auch deren tatsächliches Erfülltsein von der bloß subjektiven Unterstellung derselben zu unterscheiden.

---

[501] Nach meiner Lesart ist Hegel somit nicht auf die stärkere „epistemological defense" verpflichtet, die Forster ihm zuschreibt: „[S]kepticism assumes a general distinction between concepts and their instances in the world [...] that any concept could exist in the absence of instances, that is, without having or ever having had instances. The general strategy against the skeptic which Hegel bases on this insight is to show that this assumption is false." (Forster 1989, 122) Zwar begründet auch Forster diese Strategie mit Hegels „doctrine of the absolute identity of concept and object in the Absolute" (Forster 1989, 122), aber er liest sie nicht in einem therapeutischen Sinne, sondern lädt sie mit der verifikationistischen Zusatzannahme auf, dass unsere begrifflichen Gegenstandskriterien, sofern sie Hegels „concept" angehören, erfüllt sein müssen. Meine Lesart nimmt sich demgegenüber bescheidener aus, indem sie zeigt, dass Hegel den skeptischen Zweifel zweiter Ordnung an diesen Kriterien auszuräumen vermag, indem er die Nicht-Übereinstimmung von Kriterien und Wirklichkeit neu konzipiert.

Diese letzte skeptische Volte unterbindet der Modus des absoluten Wissens, indem er einen *immanenten Übergang* zwischen der Reflexion auf die Bedingungen von Objektivität und dem Standpunkt der Erfahrung nicht nur ausweist, sondern durch Hegels Darstellung selbst vollzieht.[502] Die freie Reflexion führt aus begrifflichen Gründen auf dieselbe Affirmation der Konzeption, welche sich in den Erfahrungen der Bewusstseinsgestalten ergibt. Dabei geht es wohlgemerkt nicht mehr um die Notwendigkeit, bestimmte Kriterien für Objektivität zu adoptieren und für prinzipiell erfüllbar und erfüllt zu halten. Zu solch einer Konklusion würde auch ein moderates transzendentales Argument führen. Vielmehr betrifft die im absoluten Wissen vollzogene Affirmation unsere Einstellung *zu* dieser Notwendigkeit, d. h. ihren metaepistemologischen Status: Halten wir die entwickelte Konzeption für schlechthin gültig oder bloß für eine Anwendungsbedingung unseres gegenwärtigen Begriffsschemas, von deren objektiver Gültigkeit wir uns reflexiv distanzieren können? Indem das absolute Wissen die Identität von Substanz und Subjekt etabliert, kollabiert die in der Frage entworfene Alternative: Die objektive Gültigkeit der Konzeption ist von ihrer Denknotwendigkeit in unserem Begriffsschema nicht mehr sinnvoll unterscheidbar, sondern allein im Rahmen einer instabilen äußeren Reflexion.[503]

Und dennoch: Ist die äußerliche Reflexion des Skeptikers nicht auch weiterhin möglich und steht sie ihm nicht billigerweise zur Verfügung, um überhaupt Zweifel an unserem immanenten Selbstverständnis wecken zu können? Ferner könnte sich die Spirale des metatheoretischen Zweifels doch in immer weiteren Volten ungehindert weiterdrehen: Auch von dem Modus des absoluten Wissens können wir uns distanzieren, sobald wir ihn nicht mehr unmittelbar vollziehen, sondern *post factum* auf ihn als subjektiven Denkakt reflektieren.

---

502 Durch diesen immanenten Übergang, für den II.4.4 ausführlich argumentiert wurde, entgeht Hegel auch der Kritik von Heidemann 2007, 266–270, an internalistischen (und externalistischen) Rekonstruktionen von Hegels Konzeption epistemischer Rechtfertigung, dass diese externe Zutaten in Hegels Darstellungsform importieren müssten. Letztlich steht Hegels Ansatz auch jenseits dieser Alternative, wie ich in IV.1.2 erläutere.

503 Zu diesem Resultat will letztlich auch Pippins Interpretation gelangen durch die „phenomenological version of [...] the development of forms of thought, a way of trying to show the indispensability of some form or other in the possible apprehension of any determinate object" (Pippin 1989, 169). Dies wurde in Abschnitt 2.2 entgegen dem etwas vorschnellen Verdikt einer ‚nicht-metaphysischen' Lesart seitens mancher Kritiker gezeigt (siehe Fn. 456 und Fn. 285 in II.1). Aus den von mir genannten Gründen (Strouds Trilemma wäre zudem als direktes Gegenargument anzuführen) scheitert Pippins Rekonstruktion jedoch, weil sie dieses Resultat im Medium transzendentaler Argumente zu erreichen trachtet. Ferner ist das terminologische Festhalten an der Schema-Inhalt-Unterscheidung problematisch, wie ich in IV.1.2 (Fn. 807) erläutere.

Die Pointe der Hegelschen Einsicht in die Identität von Substanz und Subjekt besteht darin, diese Möglichkeit äußerer Reflexion zuzugestehen, sie aber als gänzlich **1.** ‚leere' und **2.** ‚blinde' Kritik zu entlarven, die keinen unausweichlichen aporetischen Druck auf unser rationales Selbstverständnis mehr ausübt, wie es für echte skeptische Probleme kennzeichnend ist.

1 ‚Leere' des skeptischen Zweifels und Wiedergewinnung des realistischen Standpunkts

Erstens wird die skeptische Reflexion als *leer* entlarvt. Denn die Argumentation von „Das absolute Wissen" zeigt auf, dass die *Phänomenologie* kein begriffliches Glasperlenspiel spielt, sondern eine adäquate *Nachkonstruktion* gelebter Erfahrung darstellt. Der im absoluten Wissen rekonstruierte Standpunkt ist demnach letztlich identisch mit dem Standpunkt der Unmittelbarkeit des Lebens und daher auch mit dem Standpunkt, den der Skeptiker unweigerlich in seinem faktischen Welt- und Selbstverhältnis stets einnimmt. Zwar besteht die Möglichkeit äußerlicher Reflexion – mit anderen Worten: Die Identifikation des Skeptikers mit dem Standpunkt des Lebens ist ein Akt der Freiheit. Aber sobald sich der Skeptiker auf die phänomenale Realität des alltäglichen Lebens eingelassen hat, kann er diese nicht mehr hintergründig oder gleichsam mit dem zweiten Auge für eine Fiktion und bloße Bühnenstaffage halten; dasselbe gilt auch für die auf diesem Standpunkt implizit vorausgesetzte Konzeption von Wissen und Objektivität. Und dies gilt ebenso für die Erfahrungen der Bewusstseinsgestalten, die wir Leserinnen und Leser der *PhG* durch Einnahme der Binnenperspektive des Bewusstseins mitvollzogen haben, und die uns über den dem Bewusstsein erscheinenden Gegenstand belehrt haben.

Zwar sagt die pragmatische Instabilität einer skeptischen Haltung allein noch nichts über deren reflexive Konsistenz aus, doch Hegels Vereinigung von Leben und Reflexion geht noch weiter als das. Indem Hegel den Standpunkt der Erfahrung in den Modus absoluten Wissens überführt, eignet er sich in der Reflexion auch den unmittelbaren *Glauben* an die Realität an, welcher den Standpunkt der Erfahrung auszeichnet. Dieser Glauben ist dann nichts Irrationales mehr und auch kein *factum brutum*, sondern wird als *freie* Selbstentäußerung des Begriffs durchdrungen.[504] Der Standpunkt des natürlichen Bewusstseins und seiner rea-

---

[504] Dieses Verhältnis des Begriffs zu seiner Realisierung charakterisiert Hegel als notwendigen und zugleich freien Übergang von der Wissenschaft zur sinnlichen Gewissheit und deren unmittelbarem Glauben an das Sein: „Die Wissenschaft enthält in ihr selbst diese Nothwendigkeit, der Form des reinen Begriffs sich zu entäussern und den Uebergang des Begriffes ins *Bewußtseyn*.

listischen Einstellung wird somit auf der spekulativen Ebene des absoluten Wissens wiedergewonnen und darin vollendet sich die philosophische Therapie der ihm anhaftenden skeptischen Probleme.[505]

Es ist daher kein Zufall, dass in „Das absolute Wissen" die freie Selbstentäußerung des Begriffs in die Gestalt der sinnlichen Gewissheit zurückführt, die sich gerade durch ihren (scheinbar) unmittelbaren Glauben an die Realität auszeichnet (vgl. 432). Der Umschlag des absoluten Wissens in die sinnliche Gewissheit ist somit auch als Hegels Kommentierung von Jacobis Konzeption des „Glaubens" anzusehen.[506] Dieser intertextuelle Bezug ist nicht nur von historischem Interesse, sondern erhellt schlaglichtartig den Bezug des im absoluten Wissen erreichten philosophischen Bewusstseins zum Standpunkt des Lebens und dessen direktem Realismus, den Jacobi mit radikaler Konsequenz gegen jegliche theoretische oder idealistische Überformung abzugrenzen sucht.[507] Wenn Hegel daher die Rolle der aufsteigenden Blickrichtung der Erfahrung schildert, bedient er sich der Terminologie Jacobis,[508] um anzuzeigen, dass die Erfahrung grundsätzlich auf der Reflexionsstufe von Jacobis Glauben angesiedelt ist, d.h. eine Art des Hingegebenseins darstellt:

> „Es muß aus diesem Grunde gesagt werden, daß nichts *gewußt* wird, was nicht in der *Erfahrung* ist, oder wie dasselbe auch ausgedrückt wird, was nicht als *gefühlte Wahrheit*, als *innerlich geoffenbartes* Ewiges, als *geglaubtes* Heiliges [...] vorhanden ist." (429)[509]

[...] welche in ihrem Unterschiede die *Gewißheit vom Unmittelbaren* ist, oder das *sinnliche Bewußtseyn*, – [...] dieses Entlassen seiner aus der Form seines Selbst ist die höchste Freyheit und Sicherheit seines Wissens von sich." (432)
505 Siehe übereinstimmend Moyar 2017, 192.
506 Vgl. Bowman 2004, 38, Fn. 129, der auf mehreren Ebenen Bezüge zwischen beiden herstellt, sich aber eines Urteils über die Einordnung Jacobis enthält; Sandkaulen 2016, 179, hingegen stellt einen direkten Bezug her. Die sich im absoluten Wissen ergebende positive Wendung des Umschlags in eine unmittelbare Gewissheit, der zudem mit dem Substanzmoment der Selbstkonstruktion eine realistische Einstellung mit sich führt, zeigt m.E. entgegen Sandkaulens Einschätzung, dass sich in Hegels PhG doch ein affirmativer Anschluss an Jacobis Glauben als „realitätserschließender und -bezeugender Vollzug" (Sandkaulen 2019b, 46) finden lässt, der freilich von der Bewusstseinsgestalt der sinnlichen Gewissheit zu unterscheiden ist. Zu Hegels Jacobi-Rezeption in der Jenaer Zeit, siehe Vieweg 1999, 162–170.
507 Vgl. Sandkaulen 2016, 184, welche die Charakterisierung von Jacobis Position als „direkten Realismus" grundsätzlich unterschreibt, aber gegen einen „naiven" Realismus abgrenzt (siehe auch Sandkaulen 2017, 14 ff.).
508 Siehe die Anmerkungen der Herausgeber in Hegel 1980, 523, sowie Siep 2000, 251.
509 Vgl. die Kommentierung dieser Passage in Emundts 2012, 397, die sich auf den hier ausgedrückten Aspekt des wirklichen „Erlebens" beschränkt.

Hegels Pointe in dieser Passage besteht darin, dass die Erfahrung letztlich in den Modus des absoluten Wissens übergeht, indem die Substanz, die im „Glauben" Jacobis in der realistischen Einstellung erscheint, sich als Subjekt bestimmt:

> „Denn die Erfahrung ist ebendiß, daß der Inhalt – und er ist der Geist – *an* sich, Substanz [...] ist. Diese Substanz aber, die der Geist ist, [...] ist an sich die Bewegung, die das Erkennen ist, – die Verwandlung jenes *Ansichs* in das *Fürsich*, der *Substanz* in *das Subject*" (429).

Hegels Bestimmung der Substanz als Subjekt kommentiert damit auch Jacobis substantivische Konzeption einer Vernunft, „die den Menschen hat",[510] die aber nur durch den irrationalen Sprung in den Glauben gegenwärtig werden könne. Im Vergleich zu Jacobis *salto mortale* entwirft Hegel dagegen den Glauben als eine rational nachvollziehbare Selbstentäußerung der Vernunft,[511] der Rückgang in die sinnliche Gewissheit ist demnach *contra* Jacobi eher ein *salto rationale* des absoluten Wissens zu nennen.[512]

---

510 Jacobi 1998, 259. Ich möchte hier wohlgemerkt nicht die These vertreten, dass Hegel sich letztlich der Position Jacobis annähert, sondern nur deren produktive Aneignung herausstellen, die angesichts der tiefgreifenden Differenzen zwischen beiden überraschend genug ist. Vgl. die kritischen Bemerkungen in Sandkaulen 2000, 256, Fn. 77, zum Unterschied zwischen Jacobis Vernunftbegriff und der Hegel'schen Identität von Substanz und Subjekt.
511 „[D]ieses Entlassen seiner [des Begriffs] aus der Form seines Selbst ist die höchste Freyheit und Sicherheit seines Wissens von sich" (432).
512 Damit gelange ich hinsichtlich von Hegels *PhG* zu einem ähnlichen Ergebnis wie Halbig in Bezug auf Hegels enzyklopädisches System. Laut Halbig zielt Hegel auf einen direkten Realismus ab (Halbig 2002, 367), suche diesen aber im Gegensatz zur hier entwickelten therapeutischen Strategie direkt mit einer spekulativen Begründungsfigur zu erreichen: „Da die Logik mit der Metaphysik zusammenfällt, bilden die Begriffe, die explizit im Kategoriensystem der Logik entfaltet werden, aber auch [...] dem *Common sense* selbstverständlich verfügbar sind, auch die ontologisch fundamentale Struktur der Wirklichkeit, die ‚Bestimmungen des Wesens der Dinge'" (Halbig 2002, 370 f.). – Die von Halbig konstatierte Begründung durch die kategoriale Einheit von Logik und Metaphysik steht jedoch vor dem Racheproblem eines Rückfalls in Strouds Trilemma. Denn entweder wird diese Begründung vom Boden des Logischen ausgehend entfaltet – etwa durch den Aufweis der Unhintergehbarkeit und notwendigen Verknüpfung gewisser Kategorien –, dann hätte der Übergang zur Metaphysik den Status eines wahrheits- bzw. weltbezogenen transzendentalen Arguments. Alternativ geht die Begründung vom Boden der Metaphysik aus, was zum Idealismusproblem führt, dass dafür die Einheit von Seins- und Denkbestimmungen bereits vorausgesetzt werden muss. Zum Projekt der Wiedergewinnung des *Common-Sense*-Realismus in Hegels System, siehe Halbig et al. 2001.

2 ‚Blindheit' des skeptischen Zweifels und transzendentale Selbstvergewisserung

Zweitens wird die skeptische Reflexion als *blind* entlarvt. Hegels Anspruch nach soll die wissenschaftliche Darstellung der Erfahrungen des Bewusstseins deren begriffliche Notwendigkeit darlegen und dem Skeptiker somit jegliche begrifflichen Ressourcen rauben, eine alternative, realistische Objektivitätskonzeption zu artikulieren, die nicht bereits in einer der betrachteten Bewusstseinsgestalten als Selbstmissverständnis einsichtig gemacht wurde. Selbst wenn dieser extreme Anspruch auf systematische Vollständigkeit abgeschwächt wird,[513] vermag „Das absolute Wissen" zu zeigen, dass die rationale Durchdringung unserer alltäglichen Wissensansprüche nicht notwendig in einer skeptischen Aporie endet, sondern dass der Standpunkt des Lebens auf eine reflexiv stabile Weise als ‚vernünftig' ausweisbar ist. Diese durch die immanente Kritik des Bewusstseins erreichte Transparenz unseres alltäglichen Wissens bzw. des darin ausgedrückten ‚Glaubens' an die Realität wird von McDowell treffend artikuliert: „The *Phenomenology* educates ‚consciousness' into seeing its *ordinary* intellectual activity (theoretical and practical) as the free movement of the Notion".[514] Während das unglückliche Bewusstsein noch daran verzweifelte, seinen Verrichtungen als leibliches, empirisches Subjekt eine ‚transzendentale' Bedeutung und Rechtfertigung zu geben (siehe II.3), stellt sich durch die versammelnde Reflexion des Erfahrungsganges im absoluten Wissens die gesuchte Einheit des empirischen und transzendentalen Subjekts von selbst ein. Im Begreifen der Identität von Substanz und Subjekt erfassen wir uns unmittelbar als Geist, indem wir am begrifflichen Sich-Erfassen des Geistes partizipieren.

Wie aber ist es möglich, dass die in der *Phänomenologie* erreichte rationale Durchdringung des natürlichen Bewusstseins, d.i. seine „Läuterung zum Geiste"

---

513 Siehe die kritische Diskussion in IV.3.1.
514 McDowell 2009a, 88. Mit einer ‚konstruktiven' und nicht einer therapeutischen Stoßrichtung kommt Quante zu einer ähnlichen Diagnose: „Erst am Ende des Bildungsganges, im absoluten Wissen, sind die impliziten Annahmen und Geltungsansprüche des natürlichen Bewusstseins auf befriedigende Weise *interpretiert*. Erst in der spekulativen Philosophie sind, so kann man Hegel verstehen, die impliziten Geltungsansprüche des Common Sense begründet und die *richtigen Bedeutungen* seiner basalen Annahmen entwickelt." (Quante 2011, 78, H.v.m.) – Meine therapeutische Lesart des von Quante treffend skizzierten Vorganges betont den Aspekt der Reinterpretation und Transformation der realistischen Objektivitätskonzeption (siehe Herv.) und vertritt gegenüber Quante eine eher deflationäre Auffassung der dabei geleisteten philosophischen Begründung von Geltungsansprüchen. Zudem haben in meiner Lesart des therapeutischen Charakters der *PhG* Erfahrungen eine grundlegendere und eigene Rolle, die näher mit Emundts' therapeutischem Erfahrungsbegriff verwandt ist (vgl. Emundts 2012, 85f.).

gemäß Hegels „Einleitung", den Skeptiker als ‚blind' entlarvt, *ohne* dafür weltbezogene transzendentale Argumente zu verwenden? Meiner vorliegenden Interpretation zufolge liegt die Antwort in Hegels therapeutische Methodologie. Sie soll dafür garantieren, dass das natürliche Bewusstsein über seine Objektivitätskonzeption aufgeklärt und diese in eine idealistische Konzeption transformiert wird, ohne dass ein externer Standpunkt bezogen oder skepsisanfällige Voraussetzungen eingegangen werden müssen. Ein zentraler Baustein dieser Methodologie ist die Parallelität von Binnen- und Metaperspektive in der phänomenologischen Darstellung (siehe in II.4.4 und II.1.4).

Erstens können durch diese Parallelführung *rückblickend* transzendentale Konditionale ausgesagt werden (siehe II.1.5). So etwa die in II.2 anhand des Abschnitts „A. Bewußtseyn" rekonstruierten Bedingungen, unter denen Objektivitätskriterien wie ‚seiend', ‚stabil reidentifizierbar', usw. erfüllbar sind. Da es mit dem Vollzug des absoluten Wissens gegeben ist, dass wir uns in einem Fall des Wissens befinden, – sodass nicht alle Wissensansprüche wie die der Bewusstseinsgestalten in der Aporie enden[515] – und dieser Vollzug die reflexive Aneignung des Erfahrungsganges beinhaltet (siehe II.4.4.1), folgt, dass diese komplexe Struktur kategorialer Bedingungen erfüllt sein muss. Damit sind beide Seiten der korrelierten Bestimmungen des Wissens und der Wahrheit stabilisiert. Lokale skeptische Zweifel, z. B. daran, dass wir von der Existenz reidentifizierbarer Einzeldinge wissen können, lassen sich zumindest als Zweifel an der hinreichenden Rechtfertigung unseres Wissens ausräumen.[516]

Zweitens mündet diese Parallelführung wie gezeigt in die Konvergenz beider Perspektiven: Im absoluten Wissen *vereinigen* sich Erfahrung und ihre begriffliche Reflexion in der Selbstkonstruktion des Inhalts der Darstellung (siehe 4.2 in II.4). Diese Einsicht hat ein höheres Abstraktionsniveau als die retrospektive Nachkonstruktion transzendentaler Konditionale. Sie bedeutet kein bestimmtes Wissen von diesem oder jenem, welches sich einem bestimmten Begriffsrahmen und entsprechenden epistemischen Normen fügen muss (wie etwa Wahrnehmungswissen im Unterschied zu naturwissenschaftlichem Beobachtungswissen). Vielmehr leuchtet im absoluten Wissen ein, dass unser Wissen und die Welt keine getrennten Größen sind, sondern dass unser alltäglicher Standpunkt des Wissens und Wissenkönnens sich auf eine geistige, d. h. begrifflich durchdrungene Wirklichkeit bezieht.

---

515 Ich danke Paul Franks, dass er mich auf die Möglichkeit einer solchen skeptischen bzw. nihilistischen Lesart der *Phänomenologie* aufmerksam gemacht hat.
516 Ich verstehe den Zweifel an der Rechtfertigung hier im Sinne von Sterns *justificatory scepticism* (siehe Fn. 36); weshalb ich beim stärkeren *epistemic scepticism*, den auch weltbezogene transzendentale Argumente angreifen, zurückhaltend bin, erläutere ich im Folgenden.

Die Kehrseite dieser gleichsam holistischen Einsicht ist es aber, dass sie nur auf jenem hohen Abstraktionsniveau zu haben ist. Denn wie gezeigt muss das systematische *Ganze* des Erfahrungsganges in die Reflexion als versammelndes Aufzeigen einfließen, damit beide Perspektiven konvergieren können und die Notwendigkeit der therapeutischen Transformation des Objektivitätsbegriffs gewährleistet ist. Es ist daher nicht möglich, einzelne, endliche Wissensansprüche aus dem absoluten Wissen herauszutrennen und sich mit diesem Stückwerk gegen jeglichen Zweifel erhaben zu fühlen – in gewissem Sinne ist genau dies der Irrtum, den die in der *Phänomenologie* destruierten Bewusstseinsgestalten verkörpern. Das absolute Wissen rehabilitiert also *nicht* durch die Hintertür weltbezogene transzendentale Argumente und kann nicht nach Belieben als Stroud'sches Brückenprinzip den moderaten transzendentalen Konditionalen unterlegt werden, die sich rückblickend aus dem Gang der Erfahrung ergeben. Gleichwohl erreichen wir dennoch mehr, als die Stroud'sche metaepistemologische Skepsis uns zugestehen will, weil wir im absoluten Wissen die *allgemeine Einbettung* unserer partikularen Wissensansprüche in den wissenden Selbstbezug des Geistes nachvollziehen, die von Hegel als Identität von Substanz und Subjekt gedacht wird.[517]

Gegenüber dieser rationalen Durchdringung des Standpunktes des Lebens und der Erfahrung erscheint das Beharren auf dem Standpunkt des Zweifels angesichts seiner ausgewiesenen (1.) Leere und (2.) Blindheit vielmehr als irrational und dogmatisch. Gleichwohl bleibt der Zweifel ein Akt der Freiheit und seine Unterlassung kann niemals erzwungen werden. Hegels Argumentation verleiht uns aber *dieselbe Freiheit* gegenüber dem skeptischen Zweifel, ihn als leer und blind zurückzuweisen, da er weder gegenüber dem Standpunkt der Erfahrung noch in ihrer begrifflichen Reflexion bestehen bleibt. Die reflexive Distanzierung des Skeptikers vom Standpunkt des absoluten Wissens stellt demnach eine bloße äußerliche Reflexion dar, die wir mit dem Entschluss bannen können, uns auf Hegels phänomenologische Darstellung der Erfahrung einzulassen.

---

517 Eine mit meiner Lesart verwandte Engführung der Identität von Substanz und Subjekt mit einem für den Skeptiker unhintergehbaren Objektivitätskriterium findet sich in Quantes Interpretation des absoluten Wissens: „Der Standpunkt des absoluten Wissens ist erreicht, wenn das Denken sich in seinem Objektbezug auf sich selbst bezieht, wenn – wie es in der *Phänomenologie* heißt – die Substanz zugleich als Subjekt begriffen ist. Jedes Subjekt, das epistemische Ansprüche erhebt, ist eine Instanz dieses Selbstbewusstseins und hat daher implizit den Maßstab der Wahrheit als Identität von Denken und Sein in sich." (Quante 2011, 85) Wie oben bereits angezeigt, vertrete ich im Unterschied zu Quante eine andere Auffassung der methodologischen Begründung dieses Standpunkts und ich verstehe die Einbettung einzelner Wissenssubjekte in das absolute Wissen nicht, wie im Zitat nahegelegt, als Instanziierungsrelation. Eine kritische Stellungnahme zum Erfolg von Hegels therapeutischer Methodologie gebe ich in IV.3.1.

III. **Die performative Strategie von Fichtes** *Wissenschaftslehre 1804-II*

1 Theoretischer Anspruch und Methodologie nach den „Prolegomena"

In Kapitel I.3 habe ich die Hypothese aufgestellt, dass Fichtes zweiter Vortrag der Wissenschaftslehre im Jahre 1804 (*WL 1804-II*) eine Therapie des Problems der objektiven Geltung transzendentaler Argumente darstellt.[518] Im Folgenden werde ich zu zeigen versuchen, dass und wie Fichtes *WL 1804-II* dieses therapeutische Programm umsetzt. Dazu wende ich mich den von Fichte „Prolegomena" genannten Vorlesungsstunden zu, in denen er seinen Begriff der Wissenschaftslehre erläutert und Auskunft über seine Methode gibt.

Kennzeichnend für Fichtes Vorgehen ist dessen metatheoretisches Reflexionsniveau. Als ‚metatheoretisch' bezeichne ich erstens die selbstreflexive Art, in der Fichte die Wissenschaftslehre als Theorie entwickelt, indem er seinen Standpunkt als Theoretiker und die von ihm präsentierte Darstellung der Theorie in die Theorieentwicklung einbindet. Daraus ergibt sich Fichtes Ansatz in den Prolegomena, auf die Wissenschaftslehre vom Nachdenken über ihr systematisches Anforderungsprofil her zuzugehen, wobei sowohl dieses Profil als auch der es erfüllende Theorieentwurf selbstkorrigierend weiterentwickelt werden. Zweitens verstehe ich darunter das spezifische Verfahren Fichtes, seine Theorieentwicklung mit einem Metavokabular zu kommentieren, das es ihm ermöglicht, Darstellungs- und Vollzugsebene der Wissenschaftslehre aufeinander zu beziehen. So beschreibt Fichte z. B. die in seinem Vortrag verwendete Form eines hypothetischen Räsonnements mit dem metatheoretischen Begriff des „Soll" und bezieht diesen Begriff in den Prozess der Theoriebildung wiederum mit ein, indem er das „Soll" selbst zum Gegenstand weiterer hypothetischer Überlegungen macht.

Diese eigentümliche Vorgehensweise Fichtes zwingt bei der Rekonstruktion dazu, Fichtes Theorie als wesentlich im Fluss zu betrachten und sie eher als fortgesetzte Auseinandersetzung mit in ihrer Artikulation aufkommenden systematischen Fragen denn als statisches Begriffssystem zu lesen. Ich werde mich im

---

518 Sofern nicht anders angegeben, beziehen sich alle Seitenangaben in Teil III auf Fichte 1985 (GA II/8). Die einzelnen Vorträge bzw. Stunden von Fichtes Vorlesung werden nach der Konvention von Barth 2004 als Paragraphen gezählt. Der Text der *WL 1804-II* ist in zwei Fassungen überliefert: die SW-Ausgabe von Immanuel Hermann Fichte und die sog. „Copia"; beide sind wahrscheinlich Abschriften desselben, verschollenen Originals (siehe XVI). Die Fassungen stimmen grundsätzlich sehr genau überein, enthalten aber jeweils eigene, sich nicht überschneidende Textpassagen. Ich gebe bei Zitaten tendenziell der Copia den Vorzug, versuche aber das verfügbare Textmaterial möglichst auszuschöpfen.

Folgenden daher auf Leitmotive konzentrieren, die auch für Fichtes spätere, nach den Prolegomena einsetzende Argumentation zentral sind.

In einem ersten Schritt (**1.**) werde ich die hier skizzierten methodologischen Eigenheiten von Fichtes Vorgehen näher beleuchten, um meinen Zugriff auf den Text abzusichern und insbesondere die pragmatische Dimension der Darstellung aufzuzeigen, die auf den performativen Mitvollzug des Vortrags abzielt.

Auf dieser Grundlage wende ich mich zweitens (**2.**) Fichtes eigenen Erläuterungen des systematischen Anforderungsprofils der Wissenschaftslehre in §§ 1–2 zu und zeige, inwiefern dazu eine Therapie des Problems objektiver Geltung sowie die Überwindung der realistischen Objektivitätskonzeption gehört.

Davon ausgehend betrachte ich in Abschnitten **3.–5.** die eröffnenden Züge von Fichtes Theorieentwicklung in §§ 3–4. Hier steht die Einführung und der metatheoretische Status der Begriffe des „Lichts" und des „Begriffs" im Zentrum. In einem letzten Schritt (**6.**) gebe ich einen summarischen Abriss der weiteren Entwicklung in den §§ 5–10 im Blick auf die dabei aufgestellten Erfolgsbedingungen für Fichtes therapeutisches Programm.

1 Methodologische Prämissen

Die didaktische Form der *WL 1804-II* spiegelt Fichtes philosophische Grundüberzeugung wider, dass das Wissen als solches wesentlich eine Aktivität ist, die untrennbar mit der erstpersonalen Ausübung von Spontaneität durch vernünftige Subjekte zusammenhängt.[519] Somit ist auch die „Wissenschaftslehre" – als eine Theorie, die das Wissen als solches zum Gegenstand hat, und somit selbst eine ausgezeichnete, selbstreflexive Form des Wissens ist – etwas, das erstpersonal und spontan vollzogen werden muss. Dieser Prämisse entsprechend betont Fichte bereits in der ersten Vorlesungsstunde (= § 1), dass sein Vortrag ein „leerer Schall" (5) sein würde, wenn seine Hörerinnen und Hörer nicht je für sich den „Entschlusse" (3) fassten „dieses Denken […] an seiner eignen Person zu versuchen" (3).

Als Vortragender kann Fichte demnach nur *über* die Wissenschaftslehre sprechen, aber der gedankliche Nachvollzug des Gesagten ist etwas, das die Hörer selbst *tun* müssen. Gesagtes dagegen bloß weiterzusagen gehört laut Fichte zu einem Zeitalter, in welchem „das Leben nur *historisch* und *symbolisch* geworden ist, zu einem *wirklichen* Leben aber es gar selten kommt." (3) Das „*historisch*[e]" und das „*wirkliche*[]" Leben entsprechen hier respektive dem Sprechakt einer indirekten Rede bzw. einer Aussage mit behauptender Kraft, mit der ein Sprecher

---

[519] Vgl. Zöller 1998, 72.

sich normativ an das Gesagte bindet sowie an das, was aus demselben folgt. Die Darstellung der Wissenschaftslehre hat somit eine irreduzibel pragmatische Dimension: Fichte gibt eine bestimmte, begrifflich artikulierte Gedankenfolge vor, die seitens der Hörer durch einen Akt der „Construction" selbst zu vollziehen ist.[520]

Bereits in der ersten Vorlesung ergänzt Fichte diese pragmatische Konstellation um das Element einer sich als Einsicht selbst erzeugenden Wahrheit: Die vom Hörer zu vollziehenden Konstruktionsakte sind nur „die Bedingungen der Einsicht" (5), die Einsicht selbst hingegen werde „ohne alles sein weiteres Zuthun sich schon von selbst ergeben" (5). Das Einleuchten eines Gedankens als wahr ist demnach nichts, das wir willentlich herbeiführen könnten, aber auch nichts, was sich ohne unseren Denkvollzug ereignen würde.[521] Fichte betont mit seiner Rede vom „Sicherzeugen[] der Einsicht" (5) vielmehr, dass Einsichten von selbst einleuchten. Wenn die Wahrheit sich dergestalt als Einsicht erzeugt, dann sind nach Fichte Einsichten epistemisch transparent, d. h. im Einsehen wissen wir, dass wir die Wahrheit wissen. In methodologischer Hinsicht zeigt sich hier bereits Fichtes Orientierung am Modell der geometrischen Konstruktion, um die Art und Weise zu beschreiben, wie sein Vortrag bzw. dessen Nachvollzug zu Einsichten führen soll.[522]

Diese Konstellation wird von Fichte als „das erste Prolegomenon" (5) seiner didaktischen Hinführung zur eigentlichen Wissenschaftslehre vorausgesetzt. Mit ihr skizziert Fichte in groben Umrissen die Position, für die er im weiteren Vortrag

---

520 Zur Pragmatik der Wissenschaftslehre, siehe Schlösser 2001, 164 (siehe auch die von Schlösser 2001, 180, Fn. 103, formulierte Kritik an der Sprachpragmatik, die Baumanns 1981 dem frühen Fichte zuschreibt). Zum Status performativer transzendentaler Argumente ziehe ich am Ende des Kapitels Konsequenzen, siehe Fn. 574.
521 „[D]aß hier in allem Ernste vorausgesetzt wird: es gebe Wahrheit, die allein wahr sei, und alles Andere außer ihr unbedingt falsch; und diese Wahrheit lasse sich wirklich finden und leuchte unmittelbar ein, als schlechthin wahr: es lasse aber kein Fünklein derselben historisch, als Bestimmung eines fremden Gemüthes, sich auffassen und mittheilen, sondern wer sie besitzen solle, müsse sie durchaus selber aus sich erzeugen. Der Vortragende könne nur die Bedingungen der Einsicht angeben; diese Bedingungen müsse nun Jeder selbst an sich vollziehen, sein geistiges Leben in aller Energie daransetzen, und sodann werde die Einsicht ohne alles sein weiteres Zuthun sich schon von selbst ergeben. [...] es erzeuge sich aber selber nur unter der Bedingung, daß er *selbst*, die Person, Etwas erzeuge, nämlich die Bedingung jenes Sicherzeugens der Einsicht." (5)
522 Zum Paradigma geometrischer Konstruktion in Fichtes Wissenschaftslehre, siehe Wood 2012, 243–274. Zu seiner Einlösung durch eine Konzeption intellektueller Anschauung beim frühen Fichte, siehe affirmativ Gueroult 1930, Bd. I, 175–177; Schmid 2020, und kritisch Stolzenberg 1986, 7, 34–56. Ich werde auf die methodologische Rolle dieses Paradigmas in IV.2 näher eingehen.

argumentieren bzw. deren Einleuchten er vorbereiten wird. Sie wirft folgende, leitmotivisch zu verstehende Fragen auf.

1. Wie verhält sich die *eine* Wahrheit, „die allein wahr sei, und alles Andere außer ihr unbedingt falsch" (5), zu der Vielfalt wahrer oder wahrheitsfähiger Urteile? Fichte avisiert offenbar einen Sinn von Wahrheit, der grundlegender ist als die Wahrheit einer einzelnen Aussage oder die Relationen der Korrespondenz oder Kohärenz, mit der diese jeweils begründet werden könnte. Demnach ist auch die „Einsicht", von der Fichte spricht, als eine singuläre und ausgezeichnete Einsicht zu verstehen. Zugleich gebraucht Fichte die Begriffe des Einleuchtens und Einsehens im Sinne allgemeiner, verschiedentlich instanziierbarer epistemischer Zustände. Dies lässt hinter Fichtes Postulat eine monistische Konzeption vermuten, was die weiteren Prolegomena bestätigen (siehe Abschnitt 2.1).

2. Wie verhält sich die Wahrheit zu ihrem Erfasstwerden in der Einsicht? Fichte differenziert zwar zwischen der Wahrheit, die sich „finden" lässt, und der Einsicht, in der sie wirklich gefunden wird. Aber es besteht offenbar eine interne Relation zwischen beidem. Die Einsicht wird einerseits im Sinne oben bemerkten epistemischen Selbsttransparenz erläutert: Wenn ein Subjekt die Einsicht in sich verwirklicht hat, dann „leuchte unmittelbar ein" (5), dass es die Wahrheit erfasst hat, d.h. dass es sich in einem Zustand des Wissens befindet. Ferner ist die entsprechende Aktivität des Subjekts eine notwendige Bedingung für Wissen: Wer die Wahrheit „besitzen solle, müsse sie durchaus selber aus sich erzeugen" (5). Andererseits ist die Aktivität des Subjekts nicht hinreichend, um in den Zustand des Einsehens zu gelangen: Die Wahrheit leuchte „ohne alles [...] weitere[] Zuthun" (5) des Subjekts ein. Demnach sind unsere Akte der Konstruktion oder anderweitige Prozeduren epistemischer Rechtfertigung – unser „geistiges Leben in aller Energie" (5) – nicht hinreichend, um die Einsicht zu erzeugen, vielmehr erzeugt diese sich selbst.

3. Fichtes Betonung des pragmatischen Aufforderungscharakters seines Vortrags wirft schließlich folgende Frage auf: Wie verhält sich das Unbedingte und Notwendige der Einsicht (nach 2.) zu ihrer Bedingtheit durch unsere vorausgehende Denktätigkeit, die anzustellen ein freier und somit grundsätzlich kontingenter Entschluss ist?

Fichte strukturiert seinen Vortrag im Sinne der hier skizzierten Konstellation. Die einleitenden Vorlesungen oder „Prolegomena" verhalten sich zur darzustellenden Wissenschaftslehre zunächst wie das historische zum wirklichen Leben – mithin seien die Prolegomena nur als der „historische[] Bericht[] von der W.-L." (40) anzusehen. Fichte expliziert diesen Kontrast im Sinne der kantischen Dualität von Begriff und Anschauung: Die Prolegomena geben nur den „*leeren* Begriffe" (7) der Wissenschaftslehre.[523] Angesichts des ersten Prolegomenons liegt es also nahe, die Wissenschaftslehre selber als eine mit dem Einleuchten verknüpfte Aktivität zu verstehen und nicht als System von Sätzen. Die entscheidende Frage an Fichtes Darstellung scheint also die zu sein, in welcher Vorlesung die Einsicht erzeugt wird, mit der wir Eingang in die Wissenschaftslehre erhalten.

Die erste methodische Pointe von Fichtes Prolegomena ist, dass sie keine Prämissen formuliert, die im Voraus zu akzeptieren wären, sondern dass sie bereits als hypothetisches Räsonnement zu wirklichen Einsichten führen soll. Der hypothetisch entwickelte Begriff der Wissenschaftslehre dient Fichte somit als ,Sprungbrett' für eine im oben gekennzeichneten Sinn sicherzeugende Einsicht. Wie sich im Nachhinein herausstellen wird, steht hinter diesem Verfahren die Auffassung, dass wir uns in solchen Einsichten *über* die theoretische Form der Wissenschaftslehre bereits in einem Fall von Wissen befinden.[524] Da der Gegenstand der Wissenschaftslehre das Wissen selbst ist, lassen sich somit Objekt- und Metaebene der Theorie nicht voneinander isolieren.

Darin liegt die zweite Pointe von Fichtes Prolegomena, dass nämlich ihr Übergang zur „Wissenschaftslehre selber" fließend ist.[525] Während häufig nur §§ 1–2 zu den Prolegomena gezählt werden,[526] streut Fichte in §§ 3–9 *passim* Bemerkungen, dass das bisher Erreichte nur zu den Prolegomena gehöre, um dann in § 9 zu konstatieren, dass wir „unvermerkt aus den Prolegomenen in die Wissenschaft gekommen sind" (126).[527] Der Übergang ist fließend, weil er letztlich nur im Wechsel von einem bloß historischen zum wirklichen Leben besteht, d. h. im Mitvollzug gewisser Einsichten.[528] Andererseits müssen diese Einsichten das gesuchte Prinzip der Wissenschaftslehre auch in adäquater, ihrem vollständig entwickelten Begriff entsprechender Form verwirklichen, weshalb umgekehrt der Übergang zur Wissenschaftslehre selber erst so spät gelingt (siehe 6.2).

---

523 „[W]er diese Prolegomenen gehört und verstanden hat, der hat einen richtigen, angemessenen [...] *Begrif* von der Wl. [= Wissenschaftslehre, Sz.] bekommen, dadurch aber noch kein Fünklein von der Wl. selber, und dieser Unterschied zwischen dem blossen *leeren* Begriffe, und der wirklichen und wahrhaften Sache, der allenthalben von Bedeutung ist, ist es besonders in unserm Falle." (7)
524 Siehe III.4.1.
525 Siehe auch Lemanski 2013, 191.
526 Z.B. bei Schmidt 2004, 68.
527 Nach Gueroult 1930, Bd. II, 112, z. B. geschieht der Übergang mit dem Auftreten des Urbegriffs in § 7 (siehe 6.1).
528 „Wir sind unvermerkt aus den Prolegomenen in die Wissenschaft gekommen; und zwar begab es sich mit diesem Uebergange also: wir hatten das Verfahren der W.-L. durch Beispiele zu erläutern, und bedienten uns, weil ich nach dem Zustande des Auditoriums dies möglich fand, gleich des ursprünglichen Beispiels, der Sache selber." (126)

2 Der Begriff der Wissenschaftslehre (§§ 1–2)

Fichte steht in den Prolegomena vor der didaktischen Aufgabe, einen Begriff der Wissenschaftslehre zu entwickeln, die seinen Hörern im gekennzeichneten „historischen" Sinne vielleicht bekannt, der Sache nach und als eigener Vollzug aber unbekannt ist. Dazu geht Fichte von etwas Bekanntem aus, um eine Nominaldefinition der Wissenschaftslehre zu geben, die einerseits sachlich adäquat, aber andererseits hinreichend offen und schematisch ist, um durch die im Gang des Vortrags erzeugten Einsichten weiter spezifiziert werden zu können. Fichte befolgt dabei die aristotelische Regel der Definition: Die nächsthöhere Gattung der Wissenschaftslehre ist die Philosophie (1.); die Wissenschaftslehre selbst gehört zur Spezies der Transzendentalphilosophie (2.) und unterscheidet sich vom artgleichen System Kants durch das Proprium eines absoluten Einheitspunkts von Sein und Denken (3.). Der inhaltlich gehaltvollste Ansatzpunkt ist hier die Bezugnahme auf Kant, doch Fichte legt seine Darstellung strategisch so an, dass er dem kantischen System anhand des vorgegebenen Gattungsbegriffs einen gewissen Zuschnitt gibt. Mit dieser ersten Definition wird von Fichte in hypothetischer Form aufgestellt, welche vornehmlich strukturellen Bedingungen eine Theorie erfüllen muss, wenn sie Wissenschaftslehre sein soll.

2.1 Einheits- und prinzipientheoretischer Vorbegriff

Zum Gattungsbegriff der Philosophie gehört laut Fichte die Aufgabe „[a]lles *Mannigfaltige* [...] *zurückzuführen auf absolute Einheit.*" (8) Fichte bedient sich hier eines einheits- und prinzipientheoretischen Vokabulars, das zunächst an die neuplatonische Henologie erinnert, dessen Zweck aber die möglichst voraussetzungsarme Entwicklung der systematischen Struktur der Wissenschaftslehre ist. Dabei steht das erste Prolegomenon, dem zufolge es nur eine einzige Wahrheit gibt, im Hintergrund: Die absolute Einheit sei „rein in sich geschlossen, *das Wahre*, Unveränderliche an sich" (8, H.v.m.). Fichte bringt seine Konzeption der Wahrheit mit dieser einheitstheoretischen Zuspitzung in ein für monistische Ontologien typisches Spannungsfeld: Zum einen ist das Wahre „in sich geschlossen" (8) und gegen alles Mannigfaltige abgekapselt, da es sonst keine *absolute* Einheit wäre, zum anderen ist das Mannigfaltige nicht nichts, sondern als Erscheinung des Einen auf dieses zurückzuführen. Zwischen Einheit und Vielheit vermittelt die „continuirliche[] Einsicht des Philosophen selber, also: daß er das Mannigfaltige durch das Eine, und das Eine durch das Mannigfaltige wechselseitig begreife" (8).

Auf diese Struktur lässt sich Fichtes spätere Gliederung der *WL 1804-II* in eine „Vernunft- und Wahrheitslehre" (228) sowie eine „Erscheinungs- und Scheinlehre" (228) abbilden. Nach der gängigen Lesart der Wissenschaftslehre steht die Wahrheitslehre für die Einsicht in das Prinzip höchster Einheit – das „Sein" –, die in § 15 stattfinde, während die §§ 16–28 zur Erscheinungslehre gehören, welche das Wissen als Bild und Erscheinung dieser Einheit aus dem Prinzip ableitet. Die §§ 1–14 fungieren als Aufstieg zur Einsicht in die absolute Einheit, d.i. als Weg der Rückführung des Mannigfaltigen, bei dem das Eine durch das Mannigfaltige begriffen wird.[529]

Der Standpunkt des philosophischen Begreifens, der zwischen Einheit und ihrer Erscheinung vermitteln soll, steht jedoch selbst vor der Schwierigkeit, dass auf dem Weg seiner Rückführung aus der absoluten Einheit einerseits heraustritt, andererseits zu ihr gehören muss. Fichte betont die Absolutheit und Geschlossenheit der Einheit gerade damit sie als höchstes Prinzip fungieren kann, das selbständig und dergestalt Grund seiner eigenen Bestimmtheit ist, dass aus ihm alles Mannigfaltige (analytisch) abgeleitet bzw. auf das es (synthetisch) zurückgeführt werden kann.[530] Zugleich stellt die Relation von Prinzip und Prinzipiat aber wieder eine Differenz dar, die nicht in die Einheit als absolute fallen darf. Dass die Einheit in sich geschlossen ist, hat daher die janusköpfige Bedeutung, sie einerseits von ihrer Prinzipienfunktion abzuspalten und sie andererseits in die Funktion eines höchsten und selbständigen Prinzips einzusetzen. Daher geht Fichte im Zuge der Entwicklung seines Einheitsbegriffs so weit, die „rechte Einheit" (86) jenseits aller Differenz von „der erscheinenden Einheit" (86) zu unterscheiden, welche sich in einem Verhältnis zur Differenz befindet; die absolute Einheit sei Prinzip von beidem, der „erscheinenden Einheit und erscheinenden Disjunktion zugleich" (86), was freilich erneut die Frage aufwirft, wo diese Differenzierung wiederum herrühren soll.

---

529 Zur Diskussion um die Gliederung der *WL 1804-II*, siehe Asmuth 2009, 54–57; Gueroult 1930, Bd. II, 136f.; Lemanski 2013, 190ff.; Schnell 2009, 43, u. Widmann 1977 (dessen überkomplexe Gliederung jedoch fragwürdig ist, weil sie auf einem formalistischen Konstruktionsprinzip beruht, das sich m. E. nicht überzeugend am Text der *WL 1804-II* ausweisen lässt; vgl. Widmann 1977, 36–39).

530 Vgl. Schlösser 2001, 58: „Das Verhältnis von dem Etwas zu seiner Bestimmtheit und Beziehungsweise ist nicht so zu denken, daß zuerst das Etwas gleichsam für sich gesetzt wird, zu dem sodann Bestimmtheit und Beziehungsweise von außen hinzutreten. [...] Auf diese Situation reagiert ein fichtescher Ansatz mit der These, daß sich die Bestimmtheit aus dem Etwas selbst unmittelbar ergeben muß. [...] [D]iese Überlegung heißt ja, daß Bestimmtheit [...] nach dem Muster von Selbstbestimmung zu verstehen ist: Ich selbst gebe mir eine Bestimmung, hebe mich aber zugleich von ihr als etwas ab, das über sie hinausgeht".

Dieses einheitstheoretische Spannungsfeld verkompliziert das architektonische Verhältnis von Wahrheits- und Erscheinungslehre.[531] Es legt m. E. nahe, dass die Erscheinungslehre zwei Aufgaben zu lösen hat: Erneut aufsteigend die Einheit in ihrer Funktion als Prinzip der Differenz wiederzugewinnen (§§ 16–27) und von dort aus zur Ableitung des Mannigfaltigen überzugehen (§ 28). Auch das Verhältnis des Aufstiegs zur Einheit wird demnach nicht bruchlos sein können, bzw. es wird fraglich, ob es sich um eine lineare, sukzessive von Differenzen abstrahierende Aufstiegsbewegung zum Einen handeln kann.[532]

2.2 Transzendentalphilosophie und Objektivität

Bei der definitorischen Bestimmung der Wissenschaftslehre greift Fichte in geradezu stenographischer Kürze auf Elemente von Kants kritischer Philosophie zurück. Für meine Rekonstruktion ist nicht Fichtes fragwürdige Kant-Anbindung, sondern die dabei getroffenen systematischen Weichenstellungen von Interesse.

Fichte grenzt Kants Transzendentalphilosophie von allen anderen philosophischen Systemen ab, welche mit ihrem höchsten Prinzip eine Art des *metaphysischen Realismus* vertreten hätten: „So viel aus allen Philosophien bis auf Kant klar hervorgeht, wurde das Absolute gesetzt in das *Sein*, in das todte Ding, als Ding; das Ding sollte sein das Ansich." (12) Mit der Begrifflichkeit des „todte[n] Ding[es]", das im Kontrast zur „lebendigen" Einsicht steht, sowie des „Ansich" umreißt Fichte die unkritische Übernahme der realistischen Objektivitätskonzeption. Der erste Schritt in Richtung kritischer Philosophie bestehe in der Besinnung, dass es das Sein nur in Relation zu einem Bewusstsein gebe, d. h. nur in der „Vorstellung des Dinges" (14).[533] Fichte skizziert hier den Übergang von einem metaphysischen Realismus, der unkritisch vom intentionalen Bewusstsein als unhintergehbarer Zugangsbedingung von Gegenständlichkeit abstrahiert, zu einem kritisch reflektierten Standpunkt, der Objektivität im Sinne von Reinholds

---

531 Vgl. Barth 2004, 280: „Es wird die Gültigkeit einer Differenz begründet, deren Geltung auf der Ebene ihres Prinzips gerade im Dienste der Prinzipienfunktion aufgehoben ist. Das besagt aber, daß die Geltung der so begründeten Differenz nicht grundsätzlich verneint wird, sondern eben nur mit Bezug auf ihren Ermöglichungsgrund Bestand hat." Barth motiviert ebenfalls Fichtes Unterscheidung von Wahrheits- und Erscheinungslehre aus dieser Überlegung.
532 Diese Hypothesen zur Gliederung der Erscheinungslehre werde ich in III.4.1 bestätigen.
533 „Nun kann doch jeder, wenn er sich nur besinnen will, inne werden, daß schlechthin alles Sein ein *Denken* oder *Bewußtsein* desselben setzt: daß daher das bloße Sein immer nur die Eine Hälfte zu einer zweiten, dem Denken desselben, sonach Glied einer ursprünglichen, und höher liegenden Disjunktion ist, welche nur dem sich nicht Besinnenden, und flach Denkenden verschwindet." (12)

Satz des Bewusstseins als der Vorstellung *interne* Relation von vorstellendem Bewusstsein und vorgestelltem Ding expliziert.[534] Diese kritische Position grenzt Fichte ferner von einem *subjektiven Idealismus* ab, der das Absolute in das „*subjektive* Wissen" (14) setze, also wiederum in nur ein Glied der Relation von Sein und Denken.

Doch wenn die Unterscheidung zwischen Sein und Denken (bzw. Vorstellung und Gegenstand) erschöpfend ist, welcher Kandidat für ein höchstes Prinzip bleibt noch übrig? Die obige einheitstheoretische Überlegung (2.1) zeigte: Das höchste Prinzip muss als *absolute* Einheit einerseits *über* seinen Disjunktionsgliedern stehen, andererseits müssen diese allein *aus* demselben in ihrer Einheit und Unterschiedenheit begreiflich werden. Eine solche Einheit ergibt sich nach Fichte aus der kritischen Reflexion auf die relationale Einheit von Sein und Denken:

> „Die absolute Einheit kann daher eben so wenig in das Sein, als in das ihm gegenüberstehende Bewußtsein; eben so wenig in das Ding, als in die Vorstellung des Dinges gesetzt werden; sondern in das so eben von uns entdeckte Princip der absoluten *Einheit* und *Unabtrennbarkeit* beider, das zugleich, wie wir ebenfalls gesehen haben, das Princip der *Disjunktion* beider ist; und welches wir nennen wollen *reines Wissen*, Wissen an sich, also Wissen durchaus von keinem Objekte, weil es sodann kein Wissen *an sich* wäre, sondern zu seinem Sein noch der Objektivität bedürfte; zum Unterschiede von *Bewußtsein*, das stets ein Sein setzt, und darum nur die Eine Hälfte ist. – Dies entdeckte nun Kant, und wurde dadurch der Stifter der *Transscendental-Philosophie*. Die W.-L. ist Transscendental-Philosophie, so wie die kantische" (12, 14).

Fichte grenzt hier das „Wissen an sich" vom „*Bewußtsein*" ab, jedoch so, dass das Bewusstsein seinerseits noch ein Wissen bleibt, aber ein Wissen *von* einem (intentionalen) Objekt. Die Einheit von Sein und Denken sei *qua* differenzloser Einheit dagegen ein Wissen „von keinem Objekte", sondern „*reines Wissen*" (14).

Fichte bringt somit das Wissen als solches – genauer: „Wissen an sich" (14), welcher Ausdruck nicht von einem definiten Artikel begleitet wird und somit als nominalisiertes Verb zu lesen ist –, als neue Objektivitätskonzeption ins Spiel, welche aus der Dichotomie realistischer und idealistischer Konzeptionen ausbricht. Da das Wissen in Fichtes Skizze weder einseitig subjektiv zu verstehen ist noch einem Objekt entgegengesetzt werden kann, ist sogar der Begriff „Objektivität" laut Fichte irreführend, weil dieser der Subjekt-Objekt-Spaltung verhaftet ist. Der Sache nach lässt sich das reine Wissen aber durchaus als Objektivitätskonzeption verstehen, weil sie in der Skizze als Grundlage und Prinzip jener gewöhnlichen Objektivitätskonzeptionen fungiert.

---

534 Vgl. Reinhold 2003, 99. Zur Ableitung von Reinholds Satz des Bewusstseins, siehe III.4.4.

Fichte zufolge liegt das Proprium der Wissenschaftslehre gegenüber der Kant'schen Transzendentalphilosophie darin, dass die Wissenschaftslehre das höchste Prinzip (genannt „A") in seiner absoluten Selbständigkeit erfasse:

> „Kant begriff sehr wohl A als Band von S[ein] und D[enken] [...]; aber er begriff es nicht in seiner absoluten Selbständigkeit [...]; und hierin unterscheide sich die W.-L. von ihm. Daher muß es die Behauptung der W.-L. sein, daß das Wissen oder Gewißheit [...] wirklich eine *rein für sich bestehende Substanz* sei, daß sie, als solche von uns realisiert werden könne, und daß eben in dieser Realisierung die wirkliche Realisierung der W.-L. bestehe." (36)

Fichte argumentiert hier entsprechend seiner einheitstheoretischen Überlegung: Wenn Sein und Denken in einer *absoluten* Einheit verbunden werden sollen, muss diese Einheit selbständig und in sich geschlossen sein, d. h. *nicht* relational bestimmt. Die Anforderung absoluter Einheit gilt ebenso für die Ableitung der Disjunktion von Sein und Denken: Die Disjunktion darf nicht vorausgesetzt werden und ihre Einheit *post factum* hinzugedacht, sondern die Disjunktion muss aus der Einheit selbst ableitbar sein.[535]

Fichte stellt damit klar: Das reine Wissen (bzw. das Wissen an sich) soll den *Grund* der intentionalen Bezogenheit von Vorstellungen auf Gegenstände enthalten, d. h. sowohl die Einheit als auch die Disjunktion der beiden begreiflich machen, wie sie Reinholds Satz des Bewusstseins ausdrückt. Daraus können wir bereits folgern, dass das reine Wissen nicht *innerhalb* der intentionalen Beziehung erfasst werden kann, die es begründen soll. Denn sonst würde die Einheit nicht *als* Einheit, sondern als Glied einer Disjunktion erfasst.

Das bedeutet erstens, dass die Qualität, gemäß der das reine Wissen ein Wissen ist, nicht in der repräsentationalen Struktur des sog. „gewöhnliche[n] Wissen[s]" (375) liegen kann. Mithin kann das reine Wissen keinen propositionalen Gehalt oder einen intentionalen Bezugssinn haben. Zur positiven Bestimmung des reinen Wissens greift Fichte bereits in den Prolegomena auf den Begriff der Gewissheit zurück: „[R]eines Wissen an und für sich, darum Wissen von Nichts, oder, falls folgender Ausdruck Sie besser erinnern sollte, zu setzen sei in die *Wahrheit* und *Gewißheit* an und für sich, die da nicht ist Gewißheit von irgend Etwas, indem dadurch schon die Disjunktion zwischen Sein und Wissen gesetzt

---

[535] Daher erläutert Fichte den Unterschied der Wissenschaftslehre zur kantischen Philosophie wie folgt anhand der Form einer deduktiv ableitenden „Synthesis a priori": „Sein [Kants, Sz.] höchstes Princip ist eine Synthesis post factum: dies nämlich heißt: wenn man zwei Glieder einer Disjunktion durch Selbstbeobachtung im Bewußtsein vorfindet, und nun durch die Vernunft gedrungen, einsieht, sie müssen an sich doch Eins sein [...]. Es sollte aber eine Synthesis a priori sein, die zugleich Analysis ist, indem sie den Grund der Einheit und der Zweiheit zugleich aufstellt." (44)

würde." (20) Diese Bestimmung wird Fichte in § 23 in das Zentrum seiner ausgearbeiteten Objektivitätskonzeption stellen (siehe III.4).

Zweitens folgt hieraus die später ins Zentrum rückende Schwierigkeit der „Objektivirung" des Wissens, welche das Problem aufwirft, wie ein Wissen *von* jenem reinen Wissen möglich ist, wenn es doch unmöglich sei, dasselbe zum Relatum bzw. Objekt intentionaler Bezugnahme zu machen. Wie die Konzeption einer absoluten Einheit zeigt, sind sowohl die *Hypostasierung* der Einheit zu einem Dritten, das zur Disjunktion von Sein und Denken hinzutritt, als auch die *Auflösung* der Einheit in die Relation von Sein und Denken unzulässig. In beiden Fällen bliebe es bei einer Disjunktion – entweder zwischen Sein und Denken als basaler Relation oder zwischen dieser Relation und ihrem hypostasierten Einheitsgrund. Wenn Fichte also die „absolute[] Selbständigkeit" (36) der Einheit fordert und sie als „*rein für sich bestehende Substanz*" (36) bestimmt, dann ist vom reifizierenden Bezugssinn dieser Redeweise zu abstrahieren. Es wäre somit nutzlos, der hypostasierten Substanz die Etiketten ‚reines Wissen' oder ‚absolutes Ich' anzuheften, um sich scheinbar von der realistischen Objektivitätskonzeption abzugrenzen: „[E]s kommt nicht darauf an, wie man dieses Seyn nennt, sondern wie man es innerlich faßt und hält. Nenne man es immerhin Ich. Wenn man es ursprüngl[ich] objektivirend in sich entfremdet, so ist es eben doch das alte Ding an sich." (13)

2.3 Grundriss einer Therapie des Problems objektiver Geltung

Fichtes Vorbegriff der Wissenschaftslehre erfüllt das Anforderungsprofil für eine therapeutische Auflösung des Problems objektiver Geltung. Der Anknüpfungspunkt an die realistische Objektivitätskonzeption ist schon dadurch gegeben, dass Fichte das „gewöhnliche" Wissen entsprechend zu Reinholds Satz des Bewusstseins modelliert (was auch in Hegels *Phänomenologie* geschieht, siehe II.1). Bereits aus Fichtes propädeutischer Skizze des reinen Wissens wird ersichtlich, dass die Wissenschaftslehre einen kritischen Standpunkt einnimmt, der analog zum Entwurf von Sacks' (I.3.4) die realistische Objektivitätskonzeption mitsamt der Struktur intentionalen Gegenstandsbezugs einklammert. Dieser kritische Standpunkt dient Fichte ebenfalls dazu, eine neue Konzeption von Objektivität zu entfalten, denn er hält an den Begriffen des Wissens und der Wahrheit fest, versucht sie aber in einer neuen, am Gewissheitsbegriff orientierten Weise zu verstehen. Auch Fichtes einheitstheoretische Erläuterung des reinen Wissens zeigt, dass es die realistische Objektivitätskonzeption sowohl übersteigt als auch umfasst. Fichtes dezidierte Orientierung am Begriff des Wissens, die in der Fluchtlinie seiner früheren, am Begriff des Ich ausgerichteten Bemühungen steht,[536] spricht m. E. dafür, sie hier als ‚idealistische' Objektivitätskonzeption zu bezeichnen, freilich nur zur äußerlichen Abgrenzung gegen Spielarten des metaphysischen Realismus.

Der Bezug zum Problem objektiver Geltung ergibt sich auch aus dem Deduktionsprogramm, das Fichte in den Prolegomena formuliert. Weil das reine Wissen das „Band" von Sein und Denken bildet, muss die Struktur des repräsentationalen Wissens – was auch die realistische Objektivitätskonzeption miteinschließt – aus ihm ableitbar sein. Fichte erläutert das als durchgängige Korrelation der Bestimmungen von Sein und Denken (siehe Abschnitt 3). Im kantischen Theorierahmen, auf den sich Fichte hier ausdrücklich beruft, entspricht das im groben Umriss der transzendentalen Deduktion der Kategorien, d. h. dem Nachweis ihrer objektiven Gültigkeit für alle Gegenstände einer möglichen Erfahrung.

In § 2 ergänzt Fichte dieses Deduktionsprogramm um die Ableitung einer zweiten Disjunktion: den Zusammenhang (y) zwischen der „sinnlichen" Welt der Erfahrung (x) und der „übersinnlichen", moralischen Welt (z).[537] Auch hier bestehe ein Unterschied zwischen Kants Transzendentalphilosophie und der Wissenschaftslehre: Kants System enthalte die Disjunktionsglieder als getrennte „drei Absoluta" (32), die Fichte respektive Kants *KU*, *KrV* und *KpV* zuordnet, während die Wissenschaftslehre ihre innere Einheit begreifen könne. Fichte verschränkt beide Disjunktionen miteinander als „unabtrennbare" Weisen, in denen die absolute Einheit sich spalte.[538] Diese Bemerkung gibt den Hinweis, die Herleitung der zweiten Disjunktion als Deduktion der theoretischen und praktischen Formen des Weltbezugs zu verstehen.[539] Auf die Relation von Sein und Denken abgebildet, ergeben sich zwei Passungsformen (*directions of fit*) – die Bestimmung des Den-

---

536 Zu dieser bedeutenden Akzentverschiebung in den Fassungen der Wissenschaftslehre, siehe Schlösser 2006b. Ich klammere das historische Verhältnis der *WL 1804-II* zu Fichtes früheren Entwürfen hier aus. In der Forschung gibt es hier ein breites Spektrum von Einschätzungen. Für eine starke Kontinuität plädieren u. a. Schmidt 2004, 64, für die Diskontinuität u. a. Hühn 1992, 179, und für eine Mittelposition Asmuth 1999, 10, u. Gueroult 1930, Bd. I, 174.
537 „Daß ich nun die W.-L. an diesem historischen Punkte, von welchem denn auch allerdings meine von *Kant* ganz unabhängige Spekulation ehemals ausgegangen, charakterisire: – eben in der Erforschung der für *Kant* unerforschlichen Wurzel, in welcher die sinnliche und die übersinnliche Welt zusammenhängt, dann in der wirklichen und begreiflichen Ableitung beider Welten aus Einem Princip, besteht ihr Wesen." (32)
538 Die Wissenschaftslehre enthalte die „Einsicht der unmittelbaren *Unabtrennbarkeit* dieser beiderlei Weisen, sich zu spalten" (34). Zu Fichtes Bezugnahme auf Kants drei Kritiken, siehe die erhellende Erläuterung in Pecina 2007, 184–188.
539 Siehe Schlösser 2001, 56.

kens durch das Sein (x) und die Bestimmung des Seins durch das Denken bzw. Ich (z) – sowie das Verhältnis dieser beiden Verhältnisse (y).

Wenn es Fichte gelingt, mit der Wissenschaftslehre zur Einsicht in das reine Wissen zu führen, wird die notwendige Beziehung zwischen den Formen des propositionalen Wissens und der Welt auf einer transzendentalen Reflexionsebene einsichtig. Skeptische Zweifel an der objektiven Geltung sowohl dieser Einsicht als auch jener Formen würden sich nicht mehr stellen, weil der solche Zweifel tragende Gegensatz von Sein und Denken nicht mehr bestünde. Aus dem gleichen Grund könnte Fichte den Vorwurf zurückweisen, dem zufolge seine Lösung des Problems objektiver Geltung auf einem subjektiven Idealismus bzw. einem einseitig subjektiven Wissen beruhe – als welcher die Wissenschaftslehre laut Fichte immer missverstanden worden sei (siehe 16). Denn der Vorwurf eines Subjektivismus ist nur vor dem Hintergrund der Disjunktion von Sein und Denken haltbar.

Die Fichte anvisierte Einsicht, dass das reine Wissen eine absolute Einheit darstellt, welche die Formen des intentionalen Weltbezugs sowohl übersteigt als auch fundiert, würde also einer Therapie des Problems objektiver Geltung entsprechen. Mit dem eingangs skizzierten Sicherzeugen dieser Einsicht wären das Problem objektiver Geltung sowie skeptische Zweifel als gegenstandslos verschwunden.

3 Erster Aufweis des „reinen Wissens" (§ 3)

Fichte hat in §§ 1–2 das Prinzip der Wissenschaftslehre formal als das Band von Sein und Denken bestimmt. Um einen Übergang von den Prolegomena in die WL selbst zu finden, wechselt er von der Ebene eines historischen Berichts *über* die WL auf die performative Ebene des lebendigen *Vollzugs* der Konstruktion jenes Begriffs von Einheit:

> „Ich fordre Sie auf, nach der Reihe vorzustellen; so haben Sie, wenn Sie sich Ihrer entsinnen, mit diesen Ihren Bestimmungen, das Objekt und seine Vorstellung. Nun frage ich aber weiter: *wissen* Sie denn nicht in allen diesen Bestimmungen, und ist nicht Ihr Wissen, als Wissen, bei aller Verschiedenheit der Objekte, dasselbe, sich selber gleiche Wissen?" (36)

Fichtes „Experiment" fordert im ersten Teil dazu auf, sich zu „entsinnen" (38), um die Korrelation von Seins- und Denkbestimmungen im vorstellenden Bewusstsein einzusehen. Diese Korrelation wird offenbar, wenn wir bemerken, dass jedes Sein, auf das wir uns beziehen mögen, ein je von uns Vorgestelltes ist, zu welcher

Vorstellung wir wiederum ‚Ich denke' sagen können.⁵⁴⁰ Dieser Akt der Aufmerksamkeit entdeckt die intentionale Struktur des Bewusstseins. Im zweiten Teil fordert Fichte zu einem weiteren Schritt der Besinnung auf, bei dem wir von den einzelnen Bestimmungen abstrahieren und die apperzeptive Identität des Denkens eigens reflektieren. Wir vergegenwärtigen uns dabei, dass das Denken als solches in diesen verschiedenen Denkbestimmungen stets dasselbe bleibt. Dann, so Fichte, ergebe sich uns folgende Einsicht von selbst:

> „So gewiß Sie nun diese Frage mit Ja beantworten, [...] so gewiß leuchtet Ihnen ein und stellt sich Ihnen dar das Wissen bei aller Verschiedenheit der Objekte: daher in gänzlicher Abstraktion [von] der Objektivität [...] als doch übrig bleibend; also substant, und in aller Veränderung der Objekte sich selbst gleich bleibend; also als qualitative in sich durchaus unveränderliche Einheit." (36, 38)

Nach Fichte leuchtet uns die gesuchte Einheit reinen Wissens von sich aus ein. Denn es ist ja nicht so, dass wir „alle mögliche Veränderlichkeit der Objekte durchgegangen und erschöpft" hätten, vielmehr leuchte das reine Wissen „[u]nabhängig daher von diesem Versuche, und darum schlechthin a priori [...] durch sich selber ein" (38). Und zwar leuchte das reine Wissen in zweierlei Hinsicht ein. Als variabel Bestimmbares erscheint das Wissen einerseits als „das blosse reine *Wandelbare*" (40), in das verschiedene Objekt–Vorstellung-Paare einsetzbar sind. Andererseits erscheint das Wissen als im Wandel sich gleich bleibend, d.i. als „das Eine Unwandelbare" (40), hinsichtlich dessen von allem Wandel der Bestimmtheit abstrahiert werden kann und muss.

Fichtes Experiment fördert im Grunde die kantische Einheit der Apperzeption zutage. Die eingeleuchtete Einheit betrifft jedoch die transzendentale Einheit des *Wissens* und nicht ein einseitiges Abstraktionsprodukt auf der Seite des Denkens. Gleichwohl verwendet Fichte ein bewusstseinstheoretisch geprägtes Vokabular und adressiert die Introspektion seiner Hörer – inwiefern wird hier also mehr evident als das kantische ‚Ich denke' oder noch elementarer die cartesische Evidenz des *cogito*? In der Tat liegt für Fichte das Defizit der kantischen Apperzeptionseinheit darin, eine bloß „faktische Evidenz" darzustellen, welche von dem ausgeht, was man „durch Selbstbeobachtung im Bewußtsein vorfindet" (44). Doch Kant bleibe zumindest nicht hier stehen, sondern *schließe* von der im Bewusstsein vorgefundenen Zweiheit von Sein und Denken auf deren Einheit bzw. „Band".⁵⁴¹ Fichte betrachtet die Einheit der Apperzeption somit als eine tran-

---

540 Zur Bedingung der ungeteilten Aufmerksamkeit, siehe 66 f.
541 Fichtes Darstellung Kants changiert hier zwischen der Disjunktion von Sein und Denken, die den Ausgangspunkt des obigen Experiments bildet, und der Disjunktion in sinnliche und über-

szendentale, das Ich-Bewusstsein im Sinne eines mentalen Zustands übersteigende Einheit, d.h. er versteht sie im geltungslogischen Sinne als „Uniformitätsbedingung allen Wissens-von-etwas".[542]

Kant vermag nach Fichte jedoch nicht die einheitstheoretisch formulierten Desiderate an das Prinzip der Wissenschaftslehre einzulösen. Erstens fungiere die Apperzeptionseinheit nicht als Prinzip der *Disjunktion* von Sein und Denken. Das zweiteilige Experiment gibt ein regressives Argument für die Einheit der Apperzeption, aber es zeigt sich nicht, wie die intentionale Struktur des Bewusstseins aus ihr ableitbar ist.[543] Zweitens wird das Wissen in der kantischen Apperzeptionseinheit nicht als absolut, d.i. für sich bestehende Einheit erfasst.[544]

Fichte beansprucht für sich, im obigen Experiment Kants Verfahren einen Schritt weiter getrieben zu haben, indem aus der Identität des Wissens *in* allem Wandel einleuchte, dass das Wissen eine *unabhängig* von allem Wandel bestehende Einheit sei. Statt einer Relationseinheit ergebe ich somit die absolute Einheit des Wissens: „Daß *über* [H.v.m.] allem *Wandel*, und der von dem Wandel unzertrennlichen *Subjekt–Objektivität*, doch noch das Wissen als unwandelbar, sich selber gleich, für sich bestehe, haben wir eingesehen." (52) Fichtes Formulierung, dass jenseits aller Subjekt-Objekt-Relation „doch noch das Wissen" (52) bestehe, verdeutlicht, dass es ihm darum geht, einen sehr elementaren Sinn von Wissen freizulegen. Wie schon in 2.2 bemerkt, ist also nicht die Hypostasierung des Wissens zu einer geistigen Substanz das Ziel, sondern die Einsicht in die absolute Selbständigkeit des Wissens. Ist das Wissen dergestalt selbständig, d.h. eine „sich selbst gleiche und in sich geschlossene Einheit" (40), dann hätte sich auch die skeptische Problematik objektiver Geltung erledigt, welche im hier ver-

---

sinnliche Welt, zu der eine gemeinsame „Wurzel" postuliert wird. Da Fichtes Programmatik darauf abzielt, beide Disjunktionen als unabtrennbar voneinander abzuleiten, klammere ich diese Mehrdeutigkeit in der obigen Rekonstruktion aus.
542 Barth 2004, 299.
543 Vgl. 44: „Sein höchstes Princip ist eine Synthesis post factum: dies nämlich heißt: wenn man zwei Glieder einer Disjunktion durch Selbstbeobachtung im Bewußtsein vorfindet, und nun durch die Vernunft gedrungen, einsieht, sie müssen an sich doch Eins sein, ungeachtet man gar nicht angeben kann, wie sie bei dieser Einheit zugleich zu Zweien werden; kurz, ganz und gar dasselbe Verfahren, nach welchem wir in der ersten Stunde aus der Vorgefundenen Zweiheit des *Seins* und des *Denkens* zu A als dem doch erforderlichen Bande desselben aufstiegen; um uns erst den der W.-L. mit Kant gemeinschaftlichen Transscendentalismus zu construiren, wobei es denn doch sein Bewenden nicht haben sollte."
544 „Kants höchste Evidenz, sagte ich, ist faktisch, und nicht einmal die höchste faktische. Die höchste faktische Evidenz ist heute von uns aufgestellt worden: die Einsicht des absoluten Fürsichbestehens des Wissens, ohne alle Bestimmung durch irgend Etwas ausser ihm, irgend eine Wandelbarkeit; im Gegensätze des kantischen Absoluten" (44).

wendeten Schema den Übergang zwischen einem subjektiven Wissen zum Sein problematisiert. Denn dieser Übergang wäre keiner, der den Horizont des Wissens überschreiten oder aus der Sphäre des Wissens heraustreten müsste. Vielmehr könnte vom Prinzip des reinen Wissens aus begreiflich werden, wie dieser Übergang möglich ist.

Haben wir also mit Fichtes Experiment bereits das Prinzip der Wissenschaftslehre eingesehen? Laut Fichte hat es zwar den Anschein, aber bei näherer Reflexion zeigt sich, dass die entscheidende Einsicht in das Prinzip noch verfehlt wurde. Im Zuge dieser kritischen Reflexion auf die Bedingungen, unter denen die gesuchte Einsicht erst erreicht wäre, entwickelt in §§ 3–8 Fichte das Profil der Wissenschaftslehre weiter.

4 Metatheoretische Reflexion des Einleuchtens

Fichte konstatiert an der bisher erreichten Einsicht das Defizit, dass sie bloß „faktisch" und nicht „genetisch" sei (42). Dieses Defizit betrifft wesentlich die Art und Weise, *wie* die Einsicht von uns erfasst bzw. im Zuge von Fichtes Räsonnement zustande gebracht werden sollte. Die nähere Bestimmung des Prinzips der Wissenschaftslehre hat also das Verhältnis des Prinzips zur theoretischen Reflexion zu thematisieren.

Das metatheoretische Reflexionsniveau von Fichtes Überlegungen wird dadurch noch einmal gesteigert. Es wird nicht mehr nur die allgemeine Form der aufzustellenden Theorie reflektiert, sondern Fichte verhandelt das Verhältnis zwischen der Theorie und ihrem Gegenstand theorieintern bzw. bezieht es in den Prozess der Theoriebildung selbstreflexiv mit ein. Für das Anliegen der therapeutischen Auflösung des Problems objektiver Geltung ist diese Metareflexion von Vorteil: Sie bringt die performativen Bedingungen ins Spiel, unter denen wir dazu gelangen, die realistische Objektivitätskonzeption hinter uns zu lassen und die Einsicht in Fichtes (idealistische) Konzeption des reinen Wissens zu erfassen.

4.1 Faktizität und das Erfordernis der Selbstkonstruktion

Fichte stellt fest, dass die bisher erreichte Einsicht, dass das reine Wissen eine für sich bestehende Einheit sei, bedeutet wider dem ersten Anschein nicht die Verwirklichung des Prinzips der Wissenschaftslehre: „Wir scheinen denn auch nur; und dies ist ein *leerer* Schein. Wir sehen bloß ein, *daß* es so ist, wir sehen aber nicht ein: *was* es denn, als diese qualitative Einheit, eigentlich ist." (41) Der Kontrast von „*daß*" und „*was*" meint hier, dass das Bestehen der Einheit und ihre

Rolle als Prinzip von Bestimmtheit bzw. Disjunktion bisher nur etwas bloß Kontingentes, lediglich „faktisch" Festgestelltes ist. Das Defizit der Faktizität besteht erstens hinsichtlich des *Inhalts* der Einsicht und zweitens hinsichtlich ihrer *Genese* innerhalb von Fichtes Reflexionsgang.

Das *inhaltliche* Defizit lässt sich bereits aus Fichtes prinzipientheoretischer Vorüberlegung nachvollziehen: In der durch das Experiment erreichten Einsicht wird das reine Wissen als unwandelbare Einheit erfasst, aber als solche steht sie unverbunden neben dem Wandelbaren der Bestimmungen des Denkens und Seins. Ausgehend von der genetischen Faktizität entfaltet Fichte das metatheoretische Reflexionsniveau seiner weiteren Argumentation. Die *genetische* Seite betrifft die Bedingtheit der erreichten Einsicht durch das vorausgehende Räsonnement, d.i. das obige zweiteilige Experiment (Abschnitt 3). Der erste Schritt des Experiments – die Reflexion auf die Wandelbarkeit in der Bestimmtheit von Sein und Denken – bildet laut Fichte den „terminus a quo" (40) von dem notwendig auszugehen war, um die Einsicht in die Einheit als *terminus ad quem* zu erreichen. Der im Räsonnement des Experiments genommene Umweg über das Wandelbare konterkariert damit das von allem Wandel abstrahierte, unbedingte Fürsichbestehen des Unwandelbaren, wie es Inhalt der so erzeugten Einsicht ist.

Damit der Inhalt der Einsicht und ihre Genese nicht mehr in einem „faktischen" Verhältnis stehen, folgert Fichte, dass das „Wesen des Wissens [...] *sich selber construiren* müsse" (42, H.v.m.), um „genetisch in sich selber" (42) zu sein. Mit dem Gedanken der *Selbstkonstruktion* des Inhalts der Einsicht rekurriert Fichte auf die bereits als erstes Prolegomenon aufgestellte These, dass die Wahrheit durch eine „sicherzeugende Evidenz" einleuchte.

4.2 Metatheoretische Einführung von „Begriff" und „Licht" (§ 4)

Fichte gibt seiner metatheoretischen Reflexion in § 4 eine entscheidende Wendung, indem er das entdeckte Verhältnis des Inhalts und der Genesis der Einsicht auf seine einheitstheoretische Systematik zurücküberträgt. Zuvor schien es, als ob die Wissenschaftslehre nur das Verhältnis zwischen der absoluten Einheit und dem Mannigfaltigen zu klären habe. Fichtes metatheoretische Reflexion zeigt aber nun, dass der Standpunkt der Wissenschaftslehre und die auf ihm einzusehende Ableitung einer Disjunktion in dieses Verhältnis mit einzutragen sind. Zunächst ist dabei dem janusköpfigen Verhältnis der Einheit zu ihrem Prinzipiat Rechnung zu tragen: Die Einheit des unwandelbaren Wissens muss zum einen absolut, in sich abgeschlossen sein („A"), andererseits aber eine genetische Beziehung zu ihrem Prinzipiat, dem Wandelbaren, haben (d.i. die Disjunktion von Sein und Denken „S – D" und der Formen des Weltbezugs „x y z", siehe 2.3). Die Genesis als solche beinhaltet somit, dass die Einheit eine Differenz aus sich erzeugt; das Prinzip der Ableitung ist daher ein „Princip der Sonderung" (56). Fichte bringt die in der Wissenschaftslehre zu erreichende Einsicht auf folgendes Schema (das Prinzip der Genesis bzw. Sonderung wird in ihm als Punkt repräsentiert):

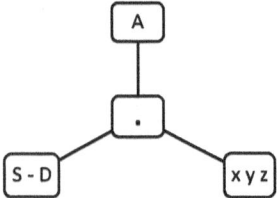

Abbildung 2

Die bisherige metatheoretische Reflexion lässt erwarten, dass die Wissenschaftslehre, welche die gesuchte „genetische" Einsicht zu verwirklichen hat, im „Punkte" steht. Dies entspräche ihrer Vermittlungsfunktion zwischen Einheit und Mannigfaltigem. Fichte nutzt das Schema, um augenfällig zu machen, dass aber der isolierte Aspekt der Genesis als Erzeugungsfunktion nicht hinreichend ist, weil sie ohne Bezug zum Prinzip keine Bestimmtheit zu generieren vermag.[545] Ebenso zeigt das Schema, dass die Einheit in der Position des „A" nicht als genetisches Prinzip, sondern in *hypostasierter* Form erfasst wird, d.i. „objektiv, und darum innerlich todt" (56). Der Standpunkt der Wissenschaftslehre müsse daher die Einheit A und die reine Genesis verbinden, sodass sie „eigentlich und der Strenge nach in keinem von beiden [...] sondern in dem Vereinigungspunkte beider steht." (56) Dieser dritte, im Schema nicht verzeichnete Einheitspunkt steht demnach für die geforderte Einheit von Einheits- und Disjunktionsprinzip (siehe 2.1).

Wenn die in der Wissenschaftslehre zu erreichende Einsicht also in jenen dritten Einheitspunkt des unwandelbaren Wissens und seiner Disjunktion versetzen soll, wie muss sie zu diesem Zweck beschaffen sein? Fichte nutzt erneut das aufgestellte Schema um zu zeigen, dass dazu eine wesentlich *nicht-diskursive* Form des Einsehens erforderlich ist. Die Spaltung der Einheit müsse „schlechthin unmittelbar" (52) geschehen, sodass das metastufige Verhältnis von Einheit und Disjunktion „in demselben Schlage" (56) erzeugt werde. Wie oben gezeigt, ist es nicht hinreichend, in einer Hinsicht die Einheit als in sich geschlossen und ab-

---

[545] „*Bloße* Genesis ist überhaupt Nichts; auch ist hier gar nicht bloße Genesis, sondern die *bestimmte* Genesis des absolut qualitativen A gefordert worden" (56).

solut zu betrachten und in einer anderen Hinsicht in Bezug auf ihre Sonderung, vielmehr muss die geforderte Einsicht beides umfassen und zwar so, dass dabei nicht wiederum eine latente Relation vorausgesetzt wird. Doch der Vollzug einer solchen Spaltung in ein und demselben Schlage kann Fichte zufolge „in seiner Unmittelbarkeit nicht ausgesprochen oder nachconstruirt werden" (52) – denn „alles Aussprechen oder Nachconstruiren = Begreifen, ist in sich mittelbar." (52) Mit Husserl gesprochen beschreibt Fichte hier die ‚vorprädikative Evidenz' einer prädikativ nur nachträglich und in je einseitig ausgedrückten Relationsbegriffen zu erfassenden Sachlage.[546]

Die Wissenschaftslehre stößt somit intern auf eine Grenze diskursiver Erfassbarkeit bzw. sprachlicher Mitteilbarkeit.[547] Im Extrem bedeutete dies erstens, dass Fichtes Vortrag gänzlich untauglich wäre, um zum Vollzug der geforderten Einsicht anzuleiten, und zweitens, dass die Wissenschaftslehre keine Theorie im eigentlichen Sinne mehr wäre, weil sie nichts erklären oder begreifen würde. Fichte entfaltet dieses Spannungsverhältnis von unmittelbarem Einleuchten und diskursiver Vermittlung zunächst auf der hier verfolgten metatheoretischen Reflexionsebene als Frage nach der kognitiven Zugänglichkeit des gesuchten Prinzips. Da aber Objekt- und Reflexionsebene der Wissenschaftslehre nicht zu trennen sind, bricht in der Folge diese Ambivalenz hinsichtlich des Prinzips selbst auf.

4.2.1 Propädeutische Vernichtung des Begreifens

Anhand des obigen Schemas führt Fichte vor, wie die anvisierte Einsicht in diskursiver Form erfasst würde. Die Einheit des „A" mit dem „Punkt" der Disjunktion wird in diskursiver Form als symmetrische Relation erfasst, die ihrerseits auf eine sequenzielle Weise entfaltet werden müsste: ausgehend von A als *terminus ad quo* und daran anknüpfend den Punkt und ebenso *vice versa*.[548] Um die Notwendigkeit dieser Relation auszudrücken, erhielte die Erläuterung eine inferentielle

---

546 Vgl. das vorprädikative Erfassen von Relationssachlagen nach Husserl 1999, 37, 286.
547 Zur allgemeinen Problematik der sprachlichen Mitteilbarkeit bei Fichte, siehe Asmuth 1999, 153–169; Hühn 1992; Janke 1981, u. Westerkamp 2021, 118–136, 263.
548 „Nachconstruirt und ausgesprochen wird er, grade so, wie wir es in diesem Augenblicke ausgesprochen haben: daß man nämlich ausgehe von A, und, zeigend, es könne dabei nicht bleiben, den Punkt daranknüpfe; oder ausgehe vom Punkte, und, zeigend, es könne dabei nicht bleiben, A daranknüpfe; übrigens wohl wissend, und es auch sagend und bedeutend, daß weder A noch der Punkt *an sich* sei, und unsere ganze Rede das Ansich gar nicht ausdrücken könne, sondern das an sich durchaus nicht Nachzuconstruirende, nur in einem leeren und objektiven Bilde zu Bildende, sei die organische *Einheit* beider." (54)

Form: Wird A gesetzt, so muss der Punkt der Genesis gesetzt werden, und umgekehrt. Was dabei verloren geht, ist gerade die „organische *Einheit* beider" (54). Das Aussprechen der Einheit unterscheidet die Glieder der Einheit bereits durch den Akt der Bezeichnung voneinander, d. h. es objektiviert sie als Bezugsgegenstände (zum „Objektiviren", siehe 5.1). Selbst der ergänzte Zusatz, dass die unterschiedenen Relationen bzw. ihre Glieder eben an sich identisch seien, muss das nicht-diskursive Erfassthaben dieser Identität – gleichsam ihre vorprädikative Evidenz[549] – bereits voraussetzen.

Wie kann die Wissenschaftslehre mit dieser Polarität von begrifflicher Nachkonstruktion und der intuitiven Selbstkonstruktion des reinen Wissens umgehen? Fichte entwickelt in § 4 einen Ausweg, der sowohl der Unverfügbarkeit der unmittelbar intuitiven Einsicht als auch der Unhintergehbarkeit des Begreifens im Medium der Darstellung Rechnung trägt. Das Begreifen muss sich selbst „vernichten", damit die eigentliche, wesentlich nicht-diskursive Einsicht in die organische Einheit von Prinzip und Prinzipiat hervortreten könne. Den Ansatz der Selbstvernichtung des Begreifens entwickelt Fichte anhand folgender selbstreflexiver Überlegung:[550]

1. Wie die obigen Ausführungen zeigten: „alles Aussprechen oder Nachconstruiren = Begreifen, ist in sich mittelbar." (52) Denn es konnte gezeigt werden, dass die in der Einsicht erfasste unmittelbare, organische Einheit als solche nicht diskursiv erfassbar ist.

2. Wenn wir auf (**1.**) reflektieren, sehen wir, dass hier das Begreifen angesichts der organischen Einheit des Wissens seine eigene Gültigkeit einschränkt. Doch gerade dabei ergibt sich eine wenigstens negative Weise, wie diese Einheit als *nicht*-diskursiv zu Erfassendes einleuchtet: „Also da Nachconstruiren Begreifen ist, und dieses Begreifen hier, als an sich gültig, ausdrücklich sich selber aufgiebt; so ist hier eben das Begreifen des durchaus Unbegreiflichen, *als* Unbegreiflichen vollzogen." (54)

3. Wenn die Selbstreflexion des Begreifens konsequent fortgesetzt wird, dann gehört auch die in (**2.**) gegebene Bestimmung des Unbegreiflichen zur Form des Begreifens. Obgleich dieses Prädikat nur die Negation des Begreifens aussagen soll, so bleibt es ein Prädikat, das sich durch seine Abgrenzung gegen das Begreifen als durch dieses bestimmt erweist. Auch die Bestimmung der Unbegreiflichkeit muss daher in ihrer Gültigkeit eingeschränkt werden.

---

549 Zum Status des Vorprädikativen, siehe Fn. 546.
550 Zum Folgenden und der selbstbezüglichen Form der Vernichtung des Begreifens, siehe Asmuth 1999, 206 f.; Janke 1993, 243 ff.; Schmidt 2004, 66 f., 73 ff.

4. Die Selbstaufgabe des Begreifens scheint vollendet, wenn wir auch vom Prädikat der Unbegreiflichkeit abstrahieren und nur dessen *Träger* betrachten, d.i. das nicht-diskursiv einleuchtende reine Wissen. Am reinen Wissen bleibt daher nur sein Subjekt- bzw. Trägersein übrig: „Diese Unbegreiflichkeit als ein fremdes, aus dem Wissen herbeigeführtes Merkmal erkannt, sagte ich oben, bleibt am Absoluten nur das reine Fürsichbestehen, die Substantialität übrig" (58). Durch die Negation des Begreifens leuchtet somit erneut das Wissen als rein für sich Bestehendes ein, wie es schon zuvor in unserem Experiment als Unwandelbares einleuchtete (siehe Abschnitt 3).

5. Doch ist auch dieses Einleuchten der „Substantialität" des reinen Wissens nicht ein Artefakt des Begreifens? Es könnte eingewendet werden, dass „Fürsichbestehen" ebenso ein Prädikat ist wie das ‚Unbegreiflichsein'. Mit einem Träger von Prädikaten scheinen wir an die objektivierende Form des prädikativen Wissens gebunden zu bleiben. Fichte widerspricht diesem Einwand mit dem Hinweis auf die Genese der Einsicht: Das Sichvernichten des Begreifens in (**3.**) war bereits vollendet, ehe die Einsicht der Substantialität des Wissens in (**4.**) erreicht wurde: „[E]s ist richtig, daß diese wenigstens nicht aus dem Begriffe abstammt, indem sie erst nach seiner Vernichtung eintritt." (58) Fichte kommentiert dabei nicht bloß den psychologischen Prozess, der beim Erfassen des Gedankens einer für sich bestehenden Einheit ablief, sondern den geltungslogischen Status dieses Gedankens. Das Fürsichbestehen des Wissens wurde in einer diskursiven Gedankenfolge etabliert, aber *als* etwas, das unabhängig von derselben gültig sein soll. Die Sequenz (**1.**)–(**3.**) besteht daher „in unserm Construiren durch das Princip der Sonderung" (56), aber dieses ist ein Konstruieren „dessen, was durchaus nicht, *inwiefern* es construirt wird, sondern *an sich* gültig sein soll" (56). Unbegreiflichkeit und Fürsichbestehen stellen dementsprechend die Grundcharaktere aller „in unserm Wissen vorkommende[n] Realität" (60) dar.

6. Die genetische Analyse der Einsicht und der geltungslogische Status derselben führen Fichte zur Umkehr der Erkenntnisordnung: Die *intuitive Evidenz*, dass das Wissen eine für sich bestehende Einheit bildet, musste dem gesamten Räsonnement vorausgehen, weil das Begreifen allein sich als unfähig entpuppte, dieses Fürsichbestehen in seiner organischen Einheit zu erfassen. Die Selbstvernichtung des Begreifens hat also ihren Grund nicht im Begreifen selbst, sondern in der Evidenz: „die Construction *als* Construction wird nun durch die Evidenz des für sich Bestehenden geläugnet; also wird durch diese Evidenz grade das Unbegreifliche, [...] gesetzt" (56).

4.2.2 Einführung des Lichts als Prinzip

Fichtes Selbstreflexion seines Räsonnements führt ihn nicht nur zur Einführung der intuitiven Evidenz als eigenständiger Erkenntnisquelle, die nicht auf einen diskursiven Gehalt reduzibel ist.[551] Die Reflexion führt ihn auch zur Identifikation dieser Erkenntnisquelle mit dem gesuchten Prinzip, dem er entsprechend den Namen „reines Licht" (95) gibt. Unsere subjektive Evidenz ist demnach „nur der Exponent und das Correlat des reinen Lichtes, und dieses sein genetisches Princip" (58). Die positive Einsicht in das Wesen des reinen Wissens und die in (1.)–(6.) nachvollzogene Destruktion des begreifenden Zugangs zu demselben erscheinen in dieser Betrachtung nur als zwei Seiten derselben Medaille. Das Licht erfüllt somit die prinzipientheoretische Rolle, die im ersten Prolegomenon der einen Wahrheit zugeschrieben wurde, welche von sich aus unmittelbar einleuchte (siehe Abschnitt 1).

Fichtes Einführung des Lichts als Prinzip bedient sich ebenfalls einer metatheoretischen Reflexion auf die Genese der in (1.)–(6.) erzeugten Einsicht in das fürsichbestehende Unbegreifliche sowie die Genese der ersten Einsicht in das Unwandelbare (Abschnitt 3.). Fichte konstatiert rückblickend folgende genetische Bedingung für beide Einsichten:

(1) „[S]oll das Unwandelbare *einleuchten*, so muß es zum Wandel kommen." (58, H.v.m.)

(2) „Soll das absolut Unbegreifliche, als allein für sich bestehend, *einleuchten*, so muß der Begriff vernichtet, und damit er vernichtet werden könne, gesetzt werden" (56, H.v.m.).

In der Form von Antezedens und Konsequens der obigen Konditionale wird ein bisher nur impliziter Zusammenhang sichtbar. In beiden Konditionalen wird das Antezedens durch das Verb „einleuchten" charakterisiert: Sollen Unwandelbares bzw. Unbegreifliches *einleuchten*, so muss das Moment der Differenz, für das „Wandel" und „Begriff" stehen, zunächst gesetzt und dann zurückgenommen werden.

Fichtes Analyse thematisiert dieses Einleuchten nun durch einen für seine Darstellungsweise charakteristischen semantischen Aufstieg: Das in (1) und (2) bloß *verwendete* Vokabular des Einleuchtens wird von ihm nun eigens als „Licht" *erwähnt*. Dadurch wird es möglich, die Genese der Einsicht als eine Aktivität des in (6.) herausgestellten Lichts zu beschreiben: „Und so ist nun das reine Licht als

---

[551] „Also weg mit Zeichen und Wort! Es bleibt nichts übrig, als unser lebendiges Denken und Einsehen selber, das sich nicht an die Tafel zeichnen, noch auf irgend eine Art stellvertreten läßt, sondern das eben in natura geliefert werden muß" (94).

der Eine Mittelpunkt und das Eine Princip sowohl des Seins als des Begriffes durchdrungen." (58)[552]

Dementsprechend wird das Setzen und Vernichten des Begriffs in (1.)–(3.) als „Äußerung des reinen Lichtes" (59) verstanden und das Fürsichbestehende (4.) als „das Resultat [...] und gleichsam der todte Absatz dieser Äußerung" (59), d. h. beide werden auf das Licht als Prinzip zurückgeführt:

(3) „Soll es zu diesem [dem reinen Licht] wirklich kommen, so muß der Begriff gesetzt und vernichtet, und ein an sich unbegreifliches Sein gesetzt werden" (60).

Damit hat Fichte eine neue Bestimmung des von der WL zu erfassenden höchsten Prinzips gewonnen: Das Licht im Unterschied zu seinen Prinzipiaten des Begriffs und des „todte[n]" bzw. unbegreiflichen Seins. Damit Fichtes therapeutischer Ansatz erfolgreich ist – d. h. damit die von ihm anvisierte Objektivitätskonzeption einleuchtet und sich gegen die realistische Konzeption behauptet, deren Reflexionsniveau auf der Disjunktionsebene von Sein und Denken angesiedelt ist –, muss also das Prinzip des Lichts in intuitiver Einsicht erfasst werden.

Auf den ersten Blick wiederholt sich in diesem Resultat nur das in § 2 angeführte Schema „A/D.S." (24), sodass „Begriff" und „unbegreifliches Sein" nur für die bereits bekannten Glieder der Disjunktion von Sein und Denken zu stehen scheinen. Fichtes hier rekonstruierte metatheoretische Reflexion zeigt jedoch vielmehr, nach welchen Prinzipien sich die *Ableitung* dieser Disjunktion zu richten hat. Die Trias von Licht, Begriff und Sein fungiert somit als höherstufiger Erklärungsgrund für die Art und Weise, wie die Realität im Wissen als Mannigfaltigkeit und Wandel erscheint, mithin drückt (3) laut Fichte „das Grundgesetz alles Wissens aus" (60).[553]

---

[552] Siehe die Ausführungen zum formalen Modus der Reflexion im folgenden Abschnitt 5, Fn. 554 und vgl. die Lesart von Gabriel 2019, 449 f., die das Verhältnis von Faktizität und Genesis insgesamt mit einem semantischen Aufstieg gleichsetzt, sowie die an Heidegger anschließende Lesart von Bruno 2021. In meiner Lesart haben sowohl der semantische Aufstieg (durch den formalen Modus der Reflexion) als auch das Heidegger'sche Konzept der Faktizität (durch den *hiatus irrationalis* bzw. hier das „todte Sein") ihren Platz, erschöpfen aber nicht den konstruktiven und performativen Sinn der Genesis bzw. privativ des Faktums.

[553] „Daher, was auch die in unserm Wissen vorkommende Realität, ausser dem gemeinsamen Grundcharakter ihrer Unbegreiflichkeit, noch für weiterhin zu bestimmende Charaktere an sich tragen möge: so ist [...] die Mannigfaltigkeit und der Wandel dieser verschiedenen Charaktere [...] rein abzuleiten aus der Wechselwirkung des Lichtes mit sich selber, in seinem verschiedenen Verhältnisse zum *Begriffe* und zum unbegreiflichen Sein." (60) Zur fundamentalen Rolle dieses „Grundgesetzes" in Fichtes Methode, siehe Janke 1970, 314 ff.

5 Die Hürde der Reflexion: Immanenz und Objektivierung der Einsicht

Noch in § 4 skizziert Fichte in dicht gedrängter Folge die zwei wesentlichen Hürden, welche der Einsicht in das Licht als des höchsten Prinzips im Wege stehen. Fichtes Anmerkungen geben einen programmatischen Aufriss der Schwierigkeiten, vor welche sein therapeutischer Ansatz gestellt ist. Im Grunde betreffen beide Hürden die pragmatische Komponente des skeptischen Zweifels (siehe I.2), d.i. die Fähigkeit eines Denkers, sich von den eigenen Denkakten bzw. Überzeugungen reflexiv zu distanzieren. Fichte führt in entsprechender Weise vor, wie die Reflexion uns von der Unmittelbarkeit des Einleuchtens bzw. des Vollzuges entfremdet und dabei die in der Wissenschaftslehre erhobenen Geltungsansprüche fragwürdig werden lässt.

5.1 Immanenz und Emanenz der Einsicht

Die erste Hürde entsteht durch Selbstreflexion „auf die Form, auf unsern wirklichen Zustand des Einsehens" (62), d.i. die Gegebenheitsweise der Einsicht im Bewusstsein. Dies nenne ich im Folgenden den ‚formalen Modus' der Reflexion, weil er die Aufmerksamkeit weg vom Gehalt einer Einsicht hin zur Form ihres Einleuchtens im Bewusstsein lenkt.[554] Dabei tritt eine Ambivalenz auf zwischen der Geltung des eingesehenen Gehalts und dem subjektiven Bewusstsein seiner Evidenz, durch die jene erfasst bzw. zugänglich wird. Im Folgenden werde ich daher terminologisch zwischen der ‚Evidenz' als primär subjektivem Sinn des

---

[554] Meine terminologische Unterscheidung des formalen und materialen Modus der Reflexion entlehne ich Carnaps Unterscheidung zwischen der „inhaltlichen" und „formalen" Redeweise (Carnap 1968, 180f.), um eine allgemeine Struktur sichtbar zu machen, die beim Erfassen von Einsichten in verschiedenen Weisen auftritt und von Fichte verschiedentlich thematisiert wird, z.B. als „Immanenz" und „Emanenz" der Einsicht oder in den später auftretenden Positionen des Realismus und Idealismus. Entscheidend ist der semantische bzw. reflexive Aufstieg, der mit dem Wechsel in den formalen Modus stattfindet. – Carnaps ursprüngliche Terminologie ist mit der von mir gewählten nicht deckungsgleich, zum einen weil sie eine rein sprachanalytische Unterscheidung trifft und zum anderen weil Carnap die „inhaltliche" Redeweise als „Pseudo-Objektsätze" fasst und wiederum von „realen Objektsätzen" abgrenzt (Carnap 1968, 212). Der materiale Modus, wie ihn Fichte als Emanenz der Einsicht fasst, ähnelt eher der unreflektierten Behauptung von realen Objektsätzen. Gleichwohl ist Carnaps Kritik an den Objektbezug nur fingierenden Pseudo-Objektsätzen (Carnap 1968, 225ff.) analog zu Fichtes Kritik an der Emanenz verstehen, die dieser später der Position des niederen Idealismus in den Mund legt (siehe III.2.2.1).

Gewissseins ('mir erscheint es gewiss'/'ich bin mir gewiss') und der 'Gewissheit' im geltungslogisch objektiven Sinn von 'es ist gewiss' unterscheiden.[555]

Ist diese Ambivalenz einmal eröffnet, bieten sich zwei verschiedene Interpretationsweisen an, wie die Genese der Einsicht zu verstehen ist. Als subjektive Evidenz ist die Einsicht uns zuzurechnen, als denjenigen, die auf Fichtes Aufforderung hin gewisse Konstruktionsakte vollziehen:

> „Ich denke doch wohl, *wir*, die wir hier zugegen sind, und es wirklich eingesehen haben, waren es, welche einsahen. Soviel ich mich, und ich denke wir alle uns erinnern, ging dieses so zu, daß wir die Begriffe und Prämissen, von denen wir ausgingen, frei construirten, sie eben so frei an einander hielten, und in diesem Aneinanderhalten von der Ueberzeugung ergriffen wurden [...]. Also wir erzeugten wenigstens die Bedingungen der sich ergebenden Einsicht [...]." (62)

Vom Evidenzbewusstsein lässt sich eine direkte Linie zu jenem diskursiven Räsonnement ziehen, das seinem Eintreten vorausgegangenen ist. Das Räsonnement wird entlang dieser Linie dann als Sequenz von Denkakten beschrieben, die wir bewusst und aus freien Stücken vollzogen haben. Darin scheint die Bedingtheit der Einsicht durch unsere subjektive Tätigkeit auf. Es entsteht somit ein Kontrast in der Modalität: Der Gehalt der Einsicht leuchtet als notwendig ein, aber er scheint darin zugleich durch eine Reihe kontingenter bzw. willkürlicher Konstruktionsakte bedingt zu sein. Es ist mitunter möglich, diese Sequenz psychologistisch auszudeuten und den gezogenen Schluss mit dem empirisch dabei ablaufenden Denkprozess zu identifizieren.[556]

Die andere Interpretationsweise betont die geltungslogische Seite der Evidenz: In unserem Bewusstsein erfassen wir einen Gehalt, der unabhängig davon gültig ist, ob wir seiner bewusst sind oder nicht. Auf der geltungslogischen Ebene lässt sich ebenfalls eine Linie vom Einleuchten zur Sequenz unserer Denkakte ziehen, die jedoch über diese hinaus zum *Grund* reicht, weshalb wir sie so und nicht anders vollziehen mussten. Mit anderen Worten: Unsere Tätigkeit lässt sich nicht adäquat als bloße Sukzession von mentalen Zuständen oder Akten beschreiben, sondern muss als *rationale* Tätigkeit und daher als wesentlich geordnete Sequenz von Akten beschrieben werden. Dementsprechend müssen auch solche mentalen Zustände, die Evidenz nur als ein Mir-so-Scheinen ausdrücken, von solchen unterschieden werden, deren Evidenzbewusstsein auch eine *Er-*

---

555 Diese Unterscheidung übernehme ich von Schlösser 2001, 125 f.; siehe auch Kant 1998, A 829 / B 857.
556 Vgl. Husserl 2009, Bd. 2, 34, zum Unterschied zwischen dem Schließen als „Denkbewußtsein [...] logische[r] Gründe" und als assoziativem Zusammenhang von „*Überzeugungen* als psychischen Erlebnissen, bzw. Dispositionen".

kenntnis ausdrückt. In dieser rationalen Perspektive auf unsere Tätigkeit muss es einen ihr zugrunde liegenden Geltungsgrund geben, d. h. etwas, das einen Bewusstseinszustand als Evidenz autorisiert, was nicht selbst wiederum nur ein weiterer Bewusstseinszustand bzw. der subjektive Akt des Für-gültig-Haltens sein kann – sonst entstünde laut Fichte der folgende Regress:

> „Aber gehen wir nicht zu eilfertig zu Werke, sondern bedenken wir dies ein wenig tiefer. Erzeugten wir denn nun das, was wir erzeugten, eben weil wir es erzeugen wollten, also zufolge einer frühern Erkenntniß, die wir auch wohl erzeugt haben werden, weil wir sie haben erzeugen wollen, zufolge einer noch frühern Erkenntniß, und so in's Unendliche fort, wodurch es nimmermehr zu einer ersten Erzeugung käme? Irgend einmal muß doch der Begriff, falls er erzeugt wird, schlechthin und durchaus durch sich selber sich erzeugen, ohne alle Hinzukunft und ohne alles Bedürfniß eines *Wir*; denn dieses Wir setzt, wie uns gleichfalls einleuchtet, überall schon ein vorhergehendes Wissen, und kann zu einem unmittelbaren Wissen gar nicht gelangen. Also wir konnten die Bedingungen nicht erzeugen, sondern sie erzeugten sich unmittelbar durch sich selber: die von aller Willkühr und Freiheit und Ich durchaus unabhängige Vernunft mußte sie aus und durch sich selber erzeugen" (62).

Fichte entwickelt hier aus der Ambivalenz des reflektierten Einsehens den folgenreichen Kontrast zwischen der „Willkühr und Freiheit" des „Ich" oder „Wir", d. h. des jeweiligen Subjekts der Denk- und Bewusstseinstätigkeit, und der „Vernunft", d. h. dem allgemeinen Standpunkt des rationalen bzw. transzendentalen Subjekts.[557] Die Ambivalenz der Einsicht betrifft somit laut Fichte auch den „Träger" (62) des Einleuchtens und zwar in dem doppelten Sinne des *movens* der Aktivität des Einleuchtens und seines Grundes (man könnte modern gesprochen sagen: des der Einsicht zugrunde gelegten Wahrmachers).[558] Die Frage ist also:

> „was [...] das Princip und der wahre *Träger* [H.v.m.] dieser Einsicht gewesen sein möge, ob *wir*, wie es schien, oder die sich aus sich selber erzeugende Vernunft, wie es gleichfalls schien" (62).

Nach der ersten Interpretationsweise ist der Träger unserer Einsicht sowie unserer konstruierenden Denktätigkeit „*immanent* in dem schlechthin erscheinenden letzten Sein, dem Ich" (64), nach der zweiten „*emanent*, in der Vernunft und an sich" (64). Nach Fichte ist die Frage nach dem Träger zunächst unentscheidbar, weil der formale Modus der Reflexion notwendig die skizzierte Ambivalenz erzeugt („beides leuchtet ein, beides daher ist gleich wahr", 64). Diese Unentscheidbarkeit liefert den Ansatzpunkt für die später von Fichte entwickelte Dia-

---

[557] Dieser Kontrast fungiert in Fichtes Darstellung als Leitmotiv und wird von mir in Kapitel III.4.4 wieder aufgegriffen als Kontrast zwischen dem Faktum und dem Gesetz der Projektion.
[558] Zum hier verwendeten Begriff des Wahrmachers, siehe I.1.2, Fn. 41.

lektik „idealistischer" und „realistischer" Positionen, die die skizzierten Interpretationsweisen weiterentwickeln und verstärken (siehe III.2). Doch schon hier wird die Hürde für Fichtes therapeutische Strategie deutlich: Wenn Fichtes Überwindung der realistischen Objektivitätskonzeption voraussetzt, dass wir zu einer *sich selbst erzeugenden* Einsicht gelangen (siehe 2.3), dann darf nicht ambivalent bleiben, was der eigentliche „Träger" dieser Erzeugung ist.

5.2 Objektivierung des Lichts

Die zweite Hürde entsteht dadurch, dass *über* einen Gedanken oder eine Aktivität zu reflektieren bedeutet, den jeweiligen Bezugspunkt der Reflexion zu vergegenständlichen. Diese Tendenz zur „Objektivirung" (210) ist eine vielfältige, die in Fichtes Schilderungen nicht nur der rückblickenden Reflexion zu eigen ist, sondern auch dem intentionalen Bewusstsein als solchen, der diskursiven Form des Begreifens und damit der Form des Urteils und sogar der Einsicht, insofern sie als „objektivirende Intuition" (192) auftritt.[559] Fichtes erste ausdrückliche Beobachtung der Objektivierung in § 4 ist entsprechend mehrdeutig. Sie betrifft sowohl die propositionale Form des zuvor eingesehenen Grundgesetzes des Wissens (siehe 4.2.2), das als Aussage *über* das Licht zu verstehen ist, als auch die in der Reflexion angestellte *Betrachtung* des Lichtes als solche:

> „Ehe wir auf die Beantwortung uns einlassen, gehen wir wieder zurück zu dem Inhalte der in Rücksicht ihres Princips streitig gewordenen Einsicht [...]. Wir sahen ein: soll *das Licht* sein, so müsse der Begriff gesetzt und vernichtet werden. Es war daher in dieser Einsicht überhaupt nicht das Licht unmittelbar, und die Einsicht ging nicht in ihm auf, und fiel mit ihm zusammen, sondern es war nur eine Einsicht in *Beziehung* auf das Licht, eine dasselbe objektivirende [...] – was auch das Princip und der wahre Träger dieser Einsicht gewesen sein möge, [...] so ist in diesem Träger das Licht doch gar nicht *unmittelbar*, sondern nur mittelbar in einem Stellvertreter und Abbilde seiner selber." (62, 64)

Das Licht wird in der fraglichen Einsicht nur repräsentiert, d. h. „in einem Stellvertreter und Abbilde" betrachtet. Dergestalt *über* das Licht zu sprechen kommt

---

[559] Wie ich später zeigen werde, gehören diese Phänomene der Objektivierung für Fichte allesamt zur repräsentationalen Form des Wissens, die er als Produkt einer „proiectio per hiatum irrationalem" (236) beschreibt (siehe III.3.2 u. 4.4). Die Struktur des „hiatus" steht für den Abbruch des genetischen Zusammenhangs, sodass Vorstellung und Vorgestelltes in ihren oben genannten Ausprägungen einander ohne erkennbaren inneren Zusammenhang gegenüberstehen: „absolute Projektion eines Objektes, über dessen Entstehen keine Rechenschaft abgelegt werden kann, wo es demnach in der Mitte zwischen Projektion und Projektum finster und leer ist" (236). Zum „hiatus irrationalis" im Werk Fichtes, siehe Riedel 1999.

dem von Fichte in § 1 beklagten bloß historischen Zugang zum Leben gleich, der eben nicht selbst lebendig ist. Das Problematische an der Objektivierung des Lichtes ist, dass das Licht in dieser Form der Bezugnahme gar nicht so vorkommen kann, wie es seiner Rolle als Prinzip gemäß soll, nämlich im Aktivitäts- und Vollzugssinn des Einleuchtens. Wie Fichte später klarstellt, geschieht eine solche Objektivierung unweigerlich mit jeder reflektierenden Bezugnahme: „Durch diese Betrachtung *als solche* wird eben das Licht innerlich objektivirt und getödtet" (96, H.v.m.).

Diese Hürde der Reflexion steht in der oben zitierten Passage quer zur ersten Hürde, dass der Träger der Einsicht ambivalent bleibt. Beides hängt jedoch zusammen, da es ohne die objektivierende Reflexion gar nicht möglich ist, das Licht als „Träger", d.h. als Substrat in den Blick zu bekommen.[560] Gleichwohl lassen sich der nicht-objektivierte Vollzugssinn des Lichts und die „Emanenz" der Einsicht einander zuordnen und umgekehrt Objektivierung und „Immanenz". Fichte wird später jedoch am Beispiel der Position des Realismus zeigen, dass es auch eine objektivierende Weise gibt, jene Emanenz zu fassen (siehe III.2.5). Die Tendenz zur Objektivierung ist somit die grundlegendere Hürde, die Fichtes Vortrag zu nehmen hat, um die anvisierte Einsicht in das Licht bzw. reine Wissen als eines wesentlich nicht-repräsentational verfassten und eigentlich nur performativ zu erfassenden Wissens zu stabilisieren. Mithin stellt sich durch die stete Objektivierung des Einleuchtens in seiner diskursiven Darstellung die Frage, inwieweit Einsichten epistemisch selbsttransparent sein können, wenn doch jede objektivierende Reflexion oder Rede über sie bereits den Vollzugscharakter vermissen lässt, mit welchem ihre Wahrheit als evident hervortreten soll.[561]

---

560 „[W]ir haben ja betrachtet das Licht, und es objektivirt: das Licht hat daher [...] eine doppelte Aeusserung und Existenz, theils seine innere Existenz und Leben, bedingt durch Vernichtung des Begriffes, bedingend und setzend absolutes Sein; theils ein *Aeusseres* und *Objektives*, in und für unsere Einsicht." (116,118)

561 ‚Epistemisch selbsttransparent' verstehe ich im Folgenden im Sinne von Williamson, für den ein Zustand C dann und nur dann *luminous* ist, wenn das Bestehen von C notwendig mit dem Wissen (oder der Möglichkeit des Wissens) um dieses Bestehen verknüpft ist (siehe Williamson 2000, 95f.). Auf Fichte übertragen wäre also die Frage nach der *luminosity* von Einsichten zu stellen bzw. die weitergehende Frage, ob wir etwas dann und nur dann wissen, wenn es uns in irgend einer Form als evident eingeleuchtet hat (zur Selbsttransparenz des Evidenzbewusstseins, siehe III.2.3.2).

6 Die Form der Therapie: Vernichtung des Begreifens (§§ 5–10)

Fichtes weitere Überlegungen in den §§ 5–10 entfalten im Wesentlichen das bereits in §§ 3-4 aufgezeigte Spannungsfeld. In einer komplexen, wendungsreichen Argumentation wird von Fichte immer wieder neu vorgeführt, dass die Einsicht in das Licht sich noch nicht in der rechten Weise eingestellt hat, sondern an einer der oben erläuterten Hürden der Reflexion scheitert. Fichte nutzt dieses Scheitern zugleich zur Weiterentwicklung des Begriffs der Wissenschaftslehre und ihres Prinzips. Ich beschränke mich auf zwei Stationen in diesem Gang, welche Fichtes therapeutischen Ansatz weiterbestimmen helfen und dessen Hinwendung zur Form der transzendentalen Voraussetzung motivieren, die ich im folgenden Kapitel III.2 rekonstruiere.

6.1 Aufwertung des Begreifens im „Urbegriff"

Die erste Station ist die zeitweise Aufwertung des „Begriffs" zum Rang des höchsten Prinzips in § 7. Während Fichte in der in Abschnitt 4.2 rekonstruierten Überlegung den Begriff nur als die zu vernichtende Form der diskursiven Darstellung kennt, porträtiert er ihn hier als „*Urbegriff*" (102), der das eigentliche Prinzip des Einleuchtens und des Wissens zu sein scheint. Fichtes komplexe Argumentation lässt sich in zwei Hauptschritten zusammenfassen, die ich folgend skizziere.

Im ersten Schritt entwickelt Fichte eine angereicherte Konzeption des Begriffs als „Durch" bzw. „Durcheinander", die als Prinzip und allgemeinste Grundbestimmung des diskursiven Denkens im Ganzen fungieren soll.[562] Dazu analysiert Fichte die Struktur von Vorstellungen bzw. Begriffen sowie von Urteilen und Schlüssen anhand der mit der Präposition ‚durch' bzw. ‚durcheinander' angezeigten Form eines Wechselverhältnisses. Vorstellungen (und Begriffe als allgemeine Vorstellungen) beziehen sich dieser Analyse zufolge stets als „*Bild*" auf ihr „Abgebildetes" (102), d.i. ihr intentionales Objekt.[563] Da keine Vorstellung ohne ihr Vorgestelltes ist und umgekehrt, sind sie intern aufeinander bezogene Relata

---

[562] Vgl. Schlösser 2001, 69–72, für eine ausführliche Analyse der Bedeutungen des „Durch", wie sie Fichte in den Prolegomena etabliert. Mit meiner Interpretation der „Aufwertung" des Begreifens folge ich ebenfalls Schlösser 2001, 75 ff., u. Schlösser 2009.
[563] Zu Kontext und Geschichte des hier verwendeten Bildbegriffs, siehe Asmuth 1997; Drechsler 1955; Sandkaulen 2010.

derselben Relation, welche somit die Form des Durch instanziiert.[564] Insofern nach Fichte „das eine *Durcheinander* [...] alle Consequenz, wie sie auch gefaßt werden möge, innerlich erst zusammenhält" (106), bildet es auch die elementare Form aller Urteile und Schlüsse. Diese von Fichte nicht weiter explizierte Grundidee lässt sich wie folgt erläutern: In kategorischen Urteilen wird der Subjektterm ‚durch' den Prädikatsterm begriffen und zwar so, dass beide in der Kopula eine irreduzible Einheit bilden (die sog. ‚Einheit der Proposition'[565]). In gültigen Schlüssen wird die Konklusion ‚durch' ihre Prämissen eingesehen und zwar so, dass auch dies eine Einheit bildet.[566]

Im zweiten Schritt greift Fichte darauf zurück, dass sich das Licht in der Einsicht von § 4 nur in objektivierter Form zeigte (siehe 5.2). Als objektiviert erscheint das Licht aber nur in repräsentationaler Form, d.i. gerade in der relationalen Form des „Durch" als Bild des ursprünglich vollzugsartigen Lichts. Die andere Seite dieser Relation ist jedoch das Abgebildete, das gerade nicht mit seinem Bild identisch sein soll. Damit ist auch das Gegenstück zur Objektivierung, d.i. das Licht als innerliches und lebendiges Vollzugsmoment, das zuvor die Vernichtung des Begreifens erforderlich zu machen schien (siehe 4.2.1), in die Form des Begriffs hineingezogen. Die scheinbar dem Begreifen äußerliche Instanz eines ursprünglichen Lichts entpuppt sich dieser Überlegung zufolge als aus der Struktur des Durch erklärbar: Das Licht ist, was es ist, *als* Abgebildetes. In der Struktur des Durch hat das Begreifen zudem die gesuchte Form der Einheit und Differenz, die sich beim gesuchten Prinzip „in einem Schlage" ergeben soll (siehe 4.2), nämlich indem das Durch eine interne Relation ist, die ihre Relata umfasst.[567]

---

564 „[I]st es denn nicht an sich wahr, daß Bild ein Abgebildetes, und umgekehrt verlange? [...] Wollen wir denn das Wahre an sich in zwei Theile trennen, und diese Theile durch das leere Flickwort *und* [...] bloß alligiren? [...] Was daher bleibt nun Gemeinschaftliches übrig, als bedingend den ganzen Wandel? Offenbar nur das eine *Durcheinander*" (106).
565 Vgl. Gaskins formalere, aber analoge Idee eines „logical predicate of a sentence [...] according to which the logical predicate is so defined that it embodies the copulative structure – and hence the unity – of the whole sentence." (Gaskin 2008, 332)
566 Diese logische Einheit könnte gemäß der Tautologie ‚Wenn ⌜Konjunktion der Prämissen⌝, dann ⌜Konklusion⌝' darstellbar sein. Vgl. die auf der in III.4.4 erläuterten Theorie des Bildens aufbauende Idee in Fichtes *Vom Unterschiede zwischen der Logik und der Philosophie selbst*: „Alles wirkl. Denken ist diese synthetische Einheit: ist ein Syllogismus. Es ist kein Begriff ohne Urtheil, u. Schluß: denn der Begriff ist nur im Begreifen, drum im Urtheilen, alles Urtheilen aber geht einher nach einem Gesetze, u. ist drum ein Schliessen aus dem Gesetze: ein anwenden desselben auf den vorliegenden Fall." (Fichte 2006 [GA II/14], 347)
567 „[W]o ruht jetzt die höchste Einheit, und das wahre Princip? Nicht mehr, wie oben, da wir lebendig im Lichte aufgingen, im Lichte selber; und eben so wenig in dem jetzt nachzuweisenden Repräsentanten, und Bilde des Lichtes: denn es ist klar, daß ein Repräsentant, ohne die Repräsentation des darin Repräsentirten, ein Bild, ohne Abbildung des Abgebildeten, Nichts ist: kurz,

Als „Urbegriff" und „Durch" gefasst, entpuppt sich das Begreifen somit als das eigentliche höchste Prinzip.[568]

6.2 Licht oder Begriff: blinde oder leere Therapie?

Die zweite Station erreicht Fichtes Überlegungsgang in §§ 9–10, weil hier das Programm entwickelt wird, Begriff und Licht als die beiden Pole des in § 4 umrissenen Spannungsfeldes zu vereinen. Dies ist im Grunde auch das weitere Programm von Fichtes weiterer Darstellung der *WL 1804-II*.[569] Zuvor oszillierte die Darstellung zwischen den Perspektiven der diskursiven Nachkonstruktion von Einsichten und des vollzugshaften Aufgehens in der Selbstkonstruktion der Einsicht. Nun zeigt Fichte, dass ihre Polarität zwar nicht einfach aufgehoben werden kann, aber eine Vermittlung gefunden werden muss. Diese programmatische These lese ich im Folgenden so, dass eine Therapie des Problems objektiver Geltung ohne Integration der Form des Begriffs ‚blind' ist, aber ohne unmittelbare Präsenz des Lichts ‚leer'.

Fichte begründet seine These in § 9 zunächst in für ihn charakteristische Weise durch eine metatheoretische Reflexion. Im bisherigen Gang habe sich gezeigt, dass wir in Licht und Begriff jeweils „wechselnd das Absolute gesetzt haben [...] und in Absicht deren wir uns eben in Zweifel befinden welches von beiden das wahre Absolute sei." (130,132) Damit zeigt sich in den Bestimmungen des höchsten Prinzips selbst eine Disjunktion, die nach dem aus Abschnitt 2.1 geläufigen Schema auf eine höhere Einheit zurückzuführen ist, die diese Disjunk-

---

daß ein Bild, als solches, schon seiner Natur nach, keine Selbstständigkeit in sich hat, sondern auf ein Ursprüngliches ausser ihm hinweist. Hier ist daher nicht mehr, wie oben, nur eine faktische Evidenz, wie bei A und . , sondern, sogar begreiflich, Einheit nicht ohne Disjunktion, und umgekehrt. [...] [S]o ist ja hier offenbar absolute Einheit, im Inhalte, welche nur in der lebendigen Vollziehung des Denkens sich in eine ausserwesentliche, dem Inhalte gar nichts verschlagende, und in ihm nicht begründete Disjunktion spaltet" (102).
568 „[D]enn dasjenige, was vorher [...] unser Ursprüngliches war, geht, in der Art wie es also einleuchtete, in seiner Objektivität, aus diesem Begriffe erst hervor, als das Eine seiner Disjunktionsglieder; er ist daher ursprünglicher, als das Licht selber, in jener Bedeutung; daher so weit, als wir bis jetzt sahen, das wahre Ursprüngliche." (102,104).
569 Mithin konstatiert Fichte in § 9 gegenüber seiner Hörerschaft: „Sie [können] alles Vorhergehende betrachten, als das Bedingniß der klaren Einsicht für das heutige. Für materiale Einsicht in den Gegenstand unserer Untersuchung ist dadurch [das Vorhergehende, Sz.] noch Nichts gewonnen" (136).

tion aus sich entlässt.⁵⁷⁰ Die Aufgabe ist also „[d]iese Einheit des L[ichts] und B[egriffs] zu finden" (132), was freilich wieder auf die Form des Begriffs bzw. Durch führt, indem die Glieder einer Disjunktion wechselseitig bestimmt werden sollen (vgl. 142). Der bisherige Gang hat zudem gezeigt, dass Begriff und Licht die einzigen zur Lösung dieser Aufgabe verfügbaren Erkenntnisquellen darstellen. Die Wissenschaftslehre droht bei ihrer Suche nach einer höheren Einheit in eine Aporie zu geraten, wenn sie den Gegensatz von Begriff und Licht nicht auflöst.⁵⁷¹

Was folgt daraus für die Therapie des Problems objektiver Geltung? Begriff und Licht betreffen die Art und Weise, wie Fichtes Objektivitätskonzeption von uns übernommen werden soll, indem sie uns einleuchtet. Wie Fichte mit dem suggestiven Begriff des Lichts andeutet, soll sich die skeptische Problematik objektiver Geltung gleichsam vor unseren Augen auflösen und eine andere Ansicht des Wissens gelichtet werden.

Wenn nun das Licht in die Position der „Einheit des L und B" rücken soll, dann muss sie nach Fichte in Abstraktion von allem Bezug zum Begreifen eine Prinzipienfunktion übernehmen, d. h. als rein „innerlich in sich selber lebendig" (142).⁵⁷² Die Therapie würde dementsprechend im völligen Verschwinden des Problems objektiver Geltung bestehen, das ja als solches einen Bezug zum Begreifen und zum repräsentationalen Wissens hat. Und zwar müsste das Problem in einem derart radikalen Sinne verschwinden, dass nicht einmal mehr von einer Therapie gesprochen werden könnte, die eine vermeintliche Hürde für das Nachdenken auflöst. Statt einer Einsicht fänden wir nur das mystische Schweigen:

> „Unser wahres L[icht] ist dermalen = 0 und daß diesem unmittelbar nicht weiter beizukommen ist, ist klar: es vernichtet alle Einsicht. Jener erste Weg wäre daher durch den ersten Versuch schon erschöpft. Es bleibt uns nichts weiter übrig, als uns an [den] B[egriff] zu halten" (154).

---

570 „[Es ist] klar, daß wir, in unserer wissenschaftlichen Erzeugung ausgehend von beiden, doch dem Wesen nach ein höheres gemeinschaftliches *Disjunktions-* und *Einheits*-Princip beider erhalten; darum beide, bisher als absolut hingestellte, diese ihre Absolutheit verlieren, und lediglich eine relative behalten" (132).
571 Vgl. Schlösser 2001, 78–80, u. Schmidt 2004, 75 f.: „Es ergibt sich also folgendes Dilemma: Einerseits muß das Absolute, um absolut sein zu können, jenseits des Begriffs liegen, andererseits muß es, um reflexiv erkennbar zu sein, im Begriff auftauchen können."
572 „Was macht hier das innere Leben zum *innern*? Offenbar, daß es nicht ist das äussere. Aeusseres aber wird es in der Einsicht: also, was unmittelbar folgt und dasselbe sagt: zu einem [inneren] Leben wird es dadurch, daß es durchaus ausser aller Einsicht, der Einsicht unzugänglich, und diese *negirend* ist. [...] das daher eben nur unmittelbar im Leben selber, und ausserdem nirgends angetroffen werden kann." (142)

Die vermeintlich therapeutische Auflösung darf somit nicht so weit getrieben werden, dass ihr jegliche Intelligibilität verloren geht. Wir sind also an den Begriff verwiesen, damit die Therapie nicht ‚blind' bleibt.

Doch das Medium des Begreifens stellt nun vor das umgekehrte Problem, dass es den Zugang zur eigentlichen Quelle der therapeutischen Auflösung verstellt, nämlich die Quelle des wirklichen intuitiven Einleuchtens des reinen Wissens und damit von Fichtes Objektivitätskonzeption. Der Grund, weshalb wir Fichtes Konzeption akzeptieren, soll ja nicht in einer begrifflichen Konstruktion liegen, die wir auf Anweisung Fichtes vollzogen haben. Die Stärke von Fichtes therapeutischem Ansatz liegt gerade in dem performativem Aspekt des wirklichen „Lebens", wodurch der Konzeptionswandel sich von einem hypothetischen Räsonnement unterscheidet, von welchem wir uns im Stile von Strouds Substitutionseinwand reflexiv distanzieren könnten. Deshalb bleibt als Ausweg laut Fichte nur, dass im Begriff als Durch ein interner Bezug zu jenem performativen Aspekt des Lebens hergestellt wird:

> „Wie wäre es, wenn grade das inwendige Leben des absoluten Lichtes = 0, *sein* Leben wäre, und dadurch zuvörderst, das *Durch* selber ableitbar würde aus dem Lichte, durch den Syllogismus: soll es zu einer Aeusserung, – äussern Existenz, des immanenten Lebens, *als solchen* kommen, so ist dies nur an einem absolut existenten Durch möglich." (154)

Um die Prinzipiengrößen Licht bzw. Leben und Begriff zu verbinden, ohne sie zu nivellieren, müssen wir versuchen, „den Begriff so zu bestimmen, daß er uns *aus sich heraus* auf das Absolute verweist",[573] wie Schmidt das Programm von § 10 zusammenfasst. Die Beziehung des Begriffs auf das Leben des Lichts würde somit garantieren, dass die Therapie nicht ‚leer' bleibt, d.h. dass die Aspekte des wirklichen Vollzuges und des intuitiven Klarwerdens nicht fehlen, die für die tatsächliche Auflösung des Problems objektiver Geltung (bzw. der Gültigkeit der realistischen Objektivitätskonzeption) vonnöten sind.

Die entscheidende Frage ist nun, ob Fichte dieses Vorhaben auch umsetzen kann oder ob er sich in eine unmögliche Situation gebracht hat, denn Licht und Begriff scheinen sich wie Feuer und Wasser gegenseitig auszuschließen bzw. auf das jeweils andere überzugreifen. Der Ausgang vom Begreifen soll dem therapeutischen Prozess die nötige Intelligibilität sichern, aber wie kann dieser Anspruch aufrecht erhalten werden, wenn der Bezug zum Licht allein durch die *Selbstvernichtung* des Begreifens hergestellt werden kann? Bestünde die Therapie darin, die reine Paradoxie des Begreifens des Unbegreiflichen zu affirmieren, würde das Heilmittel ärger wirken als die Krankheit. Das nächste Kapitel be-

---

573 Schmidt 2004, 76.

handelt Fichtes Versuch, die Selbstvernichtung des Begreifens im Stile eines transzendentalen Arguments zu formulieren, um ihr die nötige Intelligibilität zu sichern.[574]

---

574 Der Interpretation Thomas-Fogiels zufolge besteht Fichtes Methode in der Verwendung performativer transzendentaler Argumente des Apel'schen, retorsiven Typs (Thomas-Fogiel 2014, 74; übereinstimmend Richli 2000; zu Apel, siehe I.1.3.4). Damit trägt sie der im Obigen entfalteten Spannung zwischen Begreifen und intuitivem Einleuchten m. E. nicht hinreichend Rechnung. Nach Thomas-Fogiel geht Fichte in der *WL 1804-II* so vor, dass er anhand von performativen Widersprüchen negative Aussagen der Form „you cannot say that *x*" beweise, um sie dann in positive Aussagen der Form „you cannot *not* say that *y*" zu überführen (Thomas-Fogiel 2014, 79). Das Prinzip dieser Argumentationsweise sei: „The law of identity as adequacy between *Tun* and *Sagen* (self-reference)" (Thomas-Fogiel 2014, 74). – Meine Rekonstruktion stimmt mit der Thomas-Fogiels insoweit überein, als dass ich ebenfalls denke, dass die Reflexion auf Tun und Sagen ein zentrales argumentatives Werkzeug in Fichtes *WL 1804-II* ist. Wie ich jedoch in III.4.3 – 4 zu zeigen versuche, formuliert Fichte performative Tautologien, in denen Akt und Inhalt übereinstimmen, nicht primär um die Notwendigkeit einer Aussage zu beweisen, sondern um des performativen Moments selber willen. Umgekehrt bedeuten die performativen Widersprüche zwischen Tun und Sagen bei Fichte nicht Verstöße gegen universelle Sinnbedingungen wie bei Apel, sondern zeigen eher die Diskrepanz zwischen dem Vollzugsmoment als solchen und seiner Nachkonstruktion auf. Siehe auch meine Erläuterung der Argumentationsfigur der ‚performativen Tautologie' in Fn. 77. – Darüber hinaus bleibt bei Thomas-Fogiel 2014 unklar, was genau das Kriterium für einen performativen Widerspruch sein soll und wie dieser eine erkenntniserweiternde, neue Begriffsbestimmungen generierende Funktion erfüllen kann. Thomas-Fogiels Formulierungen des Kriteriums changieren zwischen „identity", „adequacy", „congruence" und „self-referentiality" (Thomas-Fogiel 2014, *passim*). Des Weiteren bleibt unklar, *was* genau widersprüchlich sein soll, ob 1. sprachliche Äußerungen, 2. Sprechakte, 3. Propositionen oder 4. Erklärungen. Auch hier changieren die Auskünfte zwischen 1. „congruence between a statement and its utterance" (Thomas-Fogiel 2014, 76), 2. „the congruence between what is said (the contents of a discourse) and the procedures employed to say what is said" (Thomas-Fogiel 2014, 77), 3. „the adequacy between a statement's contents and the statement's status" (Thomas-Fogiel 2014, 74) und 4. „identity [...] between ‚what was to be explained' and the ‚ground of explanation'" (Thomas-Fogiel 2014, 74).

2 Aporie der transzendentalen Argumentationsfigur in der Dialektik von Idealismus und Realismus

Fichtes therapeutische Auflösung des Problems objektiver Geltung baut auf einem irreduziblen Vollzugsmoment auf, das von den Verstellungen der Reflexion und des begrifflichen Denkens freigehalten werden muss. Zugleich kann sich Fichtes Therapie nicht völlig von der Form des Begreifens abkapseln, sondern muss rational einholbar und sprachfähig bleiben. Dieses doppelte Desiderat führte wie oben gezeigt auf das Programm von § 10, ausgehend vom Begreifen einen Bezug zum „Licht" als dem erforderlichen Vollzugsmoment intuitiven Einleuchtens herzustellen.

Im Folgenden versuche ich zu zeigen, dass Fichte in §§ 11–13 den internen Verweis des Begriffs auf das Licht bzw. dessen „Leben" in der Form eines transzendentalen Arguments konzipiert (**1.**): Er stellt die ‚Voraussetzungsthese' auf, dass das im Begreifen selbst aufweisbare Vollzugsmoment ein an sich bestehendes Prinzip von Spontaneität zur Bedingung seiner Möglichkeit hat.

Die von Fichte in einer Aufstiegsbewegung gegeneinander ausgespielten Positionen des „Idealismus" und „Realismus" rekonstruiere ich als zwei konkurrierende Interpretationen dieser Voraussetzungsthese (**2.**). Der Idealismus vertritt eine abschwächende Interpretation, die mit Strouds Substitutionseinwand vergleichbar ist. Der Realismus vertritt eine stärkere Interpretation, die aber für eine Reihe von Gegeneinwänden seitens des Idealismus anfällig ist. Aus dem Wettstreit der konkurrierenden Positionen versucht Fichte den Raum der Optionen auszuschöpfen, in denen an der Voraussetzungsthese und somit an der Form des Begreifens festgehalten werden kann (**3.**).

Die hier rekonstruierte ‚Dialektik' von Idealismus und Realismus dient Fichte somit als Grundlage, um in §§ 14–15 die Form des Begreifens immanent in die Aporie zu führen und so ihre performative Übersteigung zu motivieren, was ich in Kapitel III.3 betrachten werde.

1 Das „Leben" als transzendentale Voraussetzung des Begreifens (§ 11)

In § 11 nimmt Fichte die in § 10 gestellte Aufgabe in Angriff, im diskursiven Begreifen einen internen Bezug zum „Leben des Lichts" als eines wesentlich performativen, intuitiven Wissens herzustellen. Meine Rekonstruktion geht von der

Beobachtung aus, dass Fichte die Lösung dieser Aufgabe in der Form eines *transzendentalen Arguments* formuliert, in welchem das Leben des Lichts als die transzendentale Voraussetzung des Begreifens (des „Durch") einleuchtet:

> „Soll es wirklich zu einem Durch kommen, so wird ein inneres, an sich vom Durch unabhängiges, auf sich selber ruhendes Leben, als Bedingung der Möglichkeit vorausgesetzt." (176)[575]

Ist das von Fichte hier aufgestellte transzendentale Konditional gültig, dann ist der Vollzug des Begreifens nur möglich, wenn ein „auf sich selber ruhendes Leben" wirklich besteht. Fichte formuliert diese Voraussetzungsthese in der für den Begriff als „Durch" charakteristischen Konditionalform („Soll ..., so muss ...'), was verdeutlicht, dass hier die Grenze des Begreifens innerhalb desselben artikuliert werden soll.[576] Das vom Begreifen vorausgesetzte „Leben" hat dabei alle zentralen Merkmale einer ontologisch selbständigen, denkunabhängigen Realität: Es ist „an sich vom Durch unabhängig[]" und „auf sich selber ruhend[]", was beides die Bestimmung des Lichts als eines „Fürsichbestehenden" aus den Prolegomena aufgreift (siehe III.1.4).

Fichtes Voraussetzungsthese stellt somit der Form nach ein wahrheits- bzw. weltbezogenes transzendentales Argument dar.[577] Das Begreifen soll als subjektiv unhintergehbares Faktum für das Erfülltsein seiner objektiven Ermöglichungsbedingung bürgen. Freilich nimmt hier nicht die Welt im geläufigen Sinne die Stelle der objektiven Bedingung ein, aber das „Leben" ist wie gezeigt nicht weniger eine unabhängig subsistente Realität.[578] Das Leben bzw. Licht ist in Fichtes Disjunktionsschema vielmehr die Bedingung für die abgeleitete Form von Objektivität, welche die Welt als Gegenstand unserer theoretischen und praktischen Bezugnahmen hat.[579] Fichte schließt hier offenkundig an die Figur der Selbst-

---

575 So Fichtes Zusammenfassung in § 12. Die gleichbedeutende Formulierung aus § 11 lautet: „Soll es zu einer Existenz des Durch kommen; so wird ein absolutes, in sich selbst begründetes Leben vorausgesetzt." (166)

576 Vgl. Fichtes Reformulierung der Selbstvernichtung des Begriffs in der 8. Vorlesung: „Der Begriff findet seine Gränze; begreift sich selber als begränzt, und sein vollendetes sich Begreifen ist eben das Begreifen dieser Gränze." (124)

577 Auch Schlösser stellt einen Bezug der Voraussetzungsthese zur Form transzendentaler Argumente her, siehe Schlösser 2001, 84 ff., was ich hier aufgreife und anhand des im I. Teil Entwickelten zu vertiefen suche.

578 Siehe auch 121: „Leben [...] liegt *im Lichte*, welches Eins ist mit der Realität [...]: und diese ganze Realität als solche, ihrer Form nach, ist überhaupt nichts mehr, als die Grabstätte des Begriffes".

579 Siehe III.1.6.

1 Das „Leben" als transzendentale Voraussetzung des Begreifens (§ 11) — 319

vernichtung des Begreifens aus den Prolegomena an – das Begreifen bezieht sich auf eine es ermöglichende Instanz *außerhalb* des Begreifens und vernichtet in diesem Sinne sich selbst –, und spezifiziert sie durch die Form der Voraussetzung im Stil eines transzendentalen Arguments. Die funktionale Rolle des Lebens ist in diesem Kontext die einer Realität, welche vom Begreifen nicht nur unabhängig ist, sondern jenseits desselben für sich besteht. Die Voraussetzungsthese ist daher analog zu einem *weltbezogenen* transzendentalen Argument zu verstehen, wenngleich anzumerken ist, dass Fichte mit der Position des Idealismus eine alternative Interpretation ins Spiel bringen wird, die eher zum Typ selbstbezogener transzendentaler Argumente passt.[580]

Doch wie etabliert Fichte die Voraussetzungsthese? In § 11 argumentiert Fichte in äußerst knapper und skizzenhafter Form, indem er seine Hörerschaft an die Charakteristik des Begriffs als „Durch" und das an diesem bemerkte Vollzugsmoment erinnert:

> „Was es heiße: *es kommt wirklich zu einem Durch*, es wird ein Durch *vollzogen*, es ist ein Durch *existent*, ist wohl unmittelbar klar. Ich glaube ferner, daß Jedem, der über die Möglichkeit dieser Existenz nachdenkt, einleuchten werde, es gehöre dazu, ausser dem bloßen *Durch*, der *Form* nach, noch *Etwas:* im Durch liegt bloß die formelle Zweiheit der Glieder; soll es zu einer Vollziehung desselben kommen, so bedarf es eines Uebergehens von Einem zum Andern, also es bedarf einer *lebendigen* Einheit zur Zweiheit." (160)

Fichtes skizzenhafte Überlegung bezieht sich auf die relationale Form des „Durch" (B wir *durch* A begriffen und umgekehrt). Wenn eine Instanz des Durch einleuchtet, z. B. die Relation von Bild und Abgebildetem, setzt dies das subjektive Durchlaufen der Glieder der Relation voraus, damit sie *als* eine Einheit bildend erfasst werden können. Dann spricht Fichte davon, dass das Durch *„existent"* oder *„wirklich"* ist. Das wirkliche, d.i. „vollzogen[e]" Begreifen ist demnach notwendig das „Uebergehen[] von Einem zum Andern".

---

[580] Aufgrund des Abstraktionsgrads der Prinzipien des Begreifens und des Lebens lässt sich die Voraussetzungsthese nicht nur als bestimmtes transzendentales Konditional lesen, sondern als Grundform (weltbezogener) transzendentaler Argumente überhaupt. Hier ist Cassams Analyse dieser Grundform erhellend (Cassam 1987, 357 ff.). Jedes transzendentale Argument hat ihr zufolge erstens eine Begriffskomponente (*conceptual component*), welche den begrifflich-notwendigen Zusammenhang von Bedingtem und Bedingung im transzendentalen Konditional festschreibt. Zweitens gehört eine Erfüllungskomponente (*satisfaction component*) dazu, welche für dasjenige steht, was jeweils die begriffliche Rolle als Bedingtes und Bedingung zu erfüllen hat. Je nachdem, welche modale Stärke und welchen Grad der Bestimmtheit die Begriffskomponente hat, kann sie die Erfüllungskomponente mehr oder weniger eindeutig festlegen. Diese Eindeutigkeit herzustellen ist die nach Cassam insbesondere an weltbezogene transzendentale Argumente ergehende *uniqueness challenge* (Cassam 1987, 378). Siehe die Diskussion in I.2.2 (Fn. 118).

Doch als interne Relation betrachtet, gibt es im Durch *keine* genuine Priorität eines Relatums vor dem anderen, weil jedes nur aus seiner internen relationalen Bezogenheit auf das jeweils andere begriffen werden kann.[581] So stellt Fichte in § 7 fest, dass bereits die minimale Darstellungsform des Durch als „daß b a und a b setze" (106) dieser Relationseinheit äußerlich ist, indem das „leere Flickwort *und*" (106) eine Trennung der Relata sowie eine Priorisierung des einen Relatums vor dem anderen ausdrücke, die der Sache nach gar nicht im Begriff des Durch enthalten sei.[582] Die gleichsam vorprädikative Einheit der Relation wird somit ebenso durch das subjektive Erfassen derselben konterkariert, das stets konsekutiv von einem Relatum als *terminus a quo* zum anderen als *terminus ad quem* fortschreiten muss: „[S]o ist ja hier offenbar absolute Einheit, im Inhalte, welche nur in *der lebendigen Vollziehung* des Denkens sich in eine ausserwesentliche, dem Inhalte gar nichts verschlagende, und in ihm nicht begründete Disjunktion spaltet" (103).[583] Mit diesen Prämissen im Hintergrund schließt Fichte darauf, dass die im Vollzug des Begreifens verwirklichte Aktivität des „Uebergehens von Einem zum Andern" in einem „Leben" gründen muss, das unabhängig vom Begreifen wirklich ist:

> „Es ist daraus klar, daß das Leben *als* Leben nicht im Durch liegen könne, obwohl die Form, welche hier das Leben annimmt, als ein Uebergehen von Einem zum Andern, im Durch liegt: – so wie denn überhaupt das Leben schlechthin von sich selber ist, und nicht vom Tode genommen werden kann. – *Resultat:* Existenz eines *Durch* setzt ein ursprüngliches, an sich gar nicht im Durch, sondern durchaus in sich selbst begründetes *Leben* voraus." (160)

Das von Fichte erreichte „*Resultat*" ist das oben erläuterte transzendentale Konditional, dem zufolge das Vollzugsmoment im Begreifen ein unabhängig vom Begreifen wirkliches Prinzip der Spontaneität als Bedingung seiner Möglichkeit voraussetzt. In der davon ausgehenden Argumentationssequenz von §§ 11–14

---

581 Siehe die auf Husserl zurückgreifende Erläuterung der vorprädikativen Einheit von Relationssachlagen in III.1, Fn. 546.
582 Siehe 106: „Reduciren Sie nur das als ein Wahres übrig Bleibende auf den kürzesten Ausdruck. Etwa daß b a und a b setze? Wollen wir denn das Wahre an sich in zwei Theile trennen, und diese Theile durch das leere Flickwort und [...] bloß alligiren? Wie dürften wir; da ja noch überdies klar ist, daß die Bestimmtheit der Glieder nur von ihrer Stellung in der Reihe herkommt, das Bild z. B. consequens ist, weil das Abgebildete antecedens u. v. v. [...] Was daher bleibt nun Gemeinschaftliches übrig, als bedingend den ganzen Wandel? Offenbar nur das eine *Durcheinander*, das *alle* Consequenz, wie sie auch gefaßt werden möge, innerlich erst zusammenhält".
583 Dass diese Einheit der Relation im Durch selbst liegt, der Begriff sich somit selbst nicht in der Disjunktion seiner diskursiven Entfaltung erschöpft, ist ein Resultat der weiteren Entwicklung von §§ 5–7, die über die in § 4 vorgeführte Vernichtung des Begreifens hinausgeht, welche lediglich diese „ausserwesentliche" Form dem Begreifen als solchen zugeschrieben hatte (siehe III.1.4).

wird es jedoch weniger um dieses Argument im Einzelnen gehen, als um seine Form der transzendentalen Voraussetzung sowie die Grundlage seines Geltungsanspruches, den die Positionen des Idealismus und Realismus je unterschiedlich interpretieren.

Exkurs zu Carrolls Schildkröte

Obwohl es für das Weitere wie angemerkt nicht schlachtentscheidend ist, will ich dennoch in einem Exkurs versuchen, Fichtes Argument zu plausibilisieren. Denn Fichtes Argument mag befremdlich wirken, wenn man es im Lichte von Freges und Husserls Psychologismuskritik betrachtet: Welche Relevanz kann das Vollzugsmoment eines scheinbar psychologischen Denkprozesses überhaupt für das Begreifen in einem geltungslogischen Sinne haben? Zumal wird im transzendentalen Konditional das Leben als eine vom Begriff *als solchen* unabhängige Bedingung ausgegeben, nicht nur als eine von unserem subjektiven Vollziehen bzw. Erfassen unabhängige. Um diesen Psychologismusvorwurf auszuräumen, schlage ich vor, Fichtes Argument in Analogie zu Lewis Carrolls (Charles Dodgsons) vieldiskutierter philosophischer Fabel „What the Tortoise said to Achilles" zu verstehen.[584]

Carrolls Fabel wirft die Frage auf, wie logisches Schließen überhaupt möglich ist, d.h. worin das Zwingende im Übergang von Prämissen zu einer Konklusion besteht, wenn die Konklusion logisch aus den Prämissen folgt. Carroll formuliert zwar kein transzendentales Argument, aber er zeigt ohne Rekurs auf einen fragwürdigen Psychologismus eine Lücke auf, die der Form des logischen Schließens inhärent ist – eine Lücke, die durch Fichtes Argument mit der Bedingung des „Lebens" gefüllt werden könnte.

Die Fabel schildert das Gespräch zwischen der Schildkröte und Achilles, der der Schildkröte demonstriert, dass ein mathematischer Satz C logisch zwingend aus Prämissen A und B folgt. Die Schildkröte akzeptiert zwar Prämissen A und B, will sich aber partout nicht dazu bewegen lassen, auch C zu akzeptieren. Die Schildkröte beruft sich dabei auf die Beobachtung, dass der logisch zwingende Übergang zu C eine weitere Prämisse voraussetze, der sie zuvor ihr Einverständnis gegeben haben muss, nämlich die Aussage ‚Wenn A und B, dann C', welche die Form der von Achilles eingeforderten logischen Folgerung als materiales Konditional expliziert. Das ergänzte Set der Prämissen A, B und ‚Wenn A und B, dann C' ergibt somit einen *modus ponens*, dem zufolge der Schluss auf C zwingend sein

---

[584] Die folgende Zusammenfassung bezieht sich auf Carroll 1895.

sollte. Doch auch nachdem die Schildkröte diese Prämisse zugestanden hat, will sie sich nicht zur Akzeptanz von C bewegen lassen, weil das Set der Prämissen verändert wurde. Der logisch zwingende Schluss basiere nunmehr auf einer anderen Instanz des *modus ponens*-Schlussschemas, nämlich ‚Wenn A und B und (Wenn A und B, dann C), dann C'. Doch diese Instanz als weitere Prämisse aufzunehmen würde das Set der Prämissen wieder verändern. Weil die Schildkröte den kategorialen Unterschied zwischen Prämissen und logischen Schlussregeln nicht anerkennt, führt Achilles' Versuch, den Übergang des logischen Schließens durch die Aufnahme weiterer, die angewandte Schlussregel explizierenden Prämissen zu erzwingen, in einen unendlichen Regress.[585]

Da ich in III.1.6 gezeigt habe, dass Fichtes Bestimmung des Begreifens als „Durch" auch die Form logischen Schließens umfasst, lässt sich auch das für Fichtes Argument zentrale „Uebergehen von Einem zum andern" in einem analogen Sinne verstehen:

> „Es ist daraus klar, daß das Leben *als* Leben nicht im Durch liegen könne, obwohl die Form, welche hier das Leben annimmt, als ein Uebergehen von Einem zum Andern, im Durch liegt" (160).

Analog zu Carroll zeigt Fichte: Die „Form", d.i. die Regeln des logischen Schließens, liegt zwar im Begriff als Durch, doch sie allein ermöglicht noch nicht die *Aktivität* des logischen Schließens, d.h. das „Uebergehen" *gemäß* der Form.

Carrolls Regressargument führt erstens vor Augen, dass die Form des logischen Schließens der Schildkröte im Sinne eines propositionalen Wissens hinlänglich bekannt sein mag, dies aber noch nicht das *knowing how*, d.i. die entsprechende Fähigkeit des korrekten Schließens bzw. deren korrekte Ausübung beinhaltet. Der Vollzug des Schließens ist somit durch seine diskursiv explizierbare Regel unterbestimmt.[586] Diese Unterscheidung spiegelt sich in Fichtes Bemerkung wider, dass das Leben „als Leben, nicht im *Durch* liegen könne, obwohl die Form die das Leben hier annimmt [...] im *Durch* liegt" (161).

Zweitens weist Carroll auf den pragmatischen Unterschied hin, der zwischen der *Beschreibung* einer Aktivität als regelgeleitet und der *Bindung* an diese Regel im Vollzug der Aktivität besteht. Ersteres ist in der Terminologie von Sellars eine

---

585 Dies wäre die gängigste Interpretation von Carrolls Fabel laut Engel 2007, 726.
586 In dieser Hinsicht decken sich Carrolls Überlegungen auch mit Brandoms von Wittgenstein inspiriertes Regressargument gegen den „Regulismus", welches zeigen soll, dass propositionales Regelwissen nicht die praktische Fähigkeit des Regelfolgens ersetzen kann (Brandom 1994, 18 ff.). Siehe auch Engel 2007, 727.

„Zustandsregel", letzteres eine „Handlungsregel".[587] Die Schildkröte behandelt das *modus ponens*-Schema demnach nicht als Handlungsregel, d.i. als eine unmittelbare praktische Aufforderung, die logische Folgerung C zu akzeptieren, sondern als Zustandregel, die den gültigen Übergang zur Konklusion als Konditional ‚Wenn A und B, dann C' nur beschreibt. Achilles' ins Unendliche fortlaufende Buchführung über die zu akzeptierenden Prämissen gelangt daher nie zu einem Set, das auf den Übergang zur Konklusion verpflichtet, weil der jeweils intendierte Übergang nie als Handlungsregel gilt, sondern mit immer weiter iterierten Zustandsregeln nur beschrieben wird. In einem verwandten Sinn ist Fichte zufolge „die *Erklärung* des Durch [...] selbst ein Durch" (160), d.h. sie entspricht einer begrifflichen Zustandsregel. Aber diese Erklärung zeigt noch nicht, wie ein „wirkliches" Durch möglich ist, da das Leben, als die zur Bindung an Handlungsregeln erforderliche Spontaneität, „schlechthin von sich selber ist, und nicht vom Tode genommen werden kann." (160)

Drittens illustriert Carrolls Fabel die von Fichte beanspruchte Unbedingtheit des „Lebens" als eines „durchaus in sich selber begründeten" (161), indem sie an der Unbelehrbarkeit der Schildkröte den axiomatischen, nicht wiederum deduktiv rechtfertigbaren Status der logischen Schlussregeln ausweist.[588] Wie Carrolls Schildkröte vorführt, kommt die Hinzufügung der Schlussregel als Prämisse immer zu spät, da die Schlussregel zu beherrschen und anzuerkennen es allererst ermöglicht, logisch zu denken, d.h. aus Prämissen zu folgern. Damit wird die *konstitutive Rolle* der logischen Schlussregel des *modus ponens* aufgewiesen, deren Geltung dem Versuch des prämissengestützten Argumentierens vorausgeht, weil sie ihn erst ermöglicht.

2 Phase I: Ambitionierte vs. moderate Interpretation der Voraussetzungsthese

Fichtes Voraussetzungsthese, dass der Vollzug des Begreifens die Wirklichkeit eines unabhängig bestehenden Lebens voraussetzt, wurde von mir als transzen-

---

587 Zu Sellars, siehe Hübner 2015, 141. Ich danke Luz Christopher Seiberth für Hinweise und Erläuterungen zu Sellars. Bei Fichte wie Carroll steht dabei die Frage im Hintergrund, wie die Übernahme normativer Verpflichtungen geschieht bzw. wodurch man den Gesetzen der Logik unterworfen ist. In der Voraussetzung des „Lebens" variiert Fichte dabei seinen seit dem Frühwerk zentralen Rekurs auf die Spontaneität des Subjekts, durch welche das Subjekt sich an selbst gegebene Regeln bindet. Zum Problem der Logikbegründung bei Fichte, siehe Stange 2010. Zu Carroll und der Frage der „*normative force*", siehe Engel 2007, 728.
588 Siehe Engel 2007, 727.

dentales Konditional gelesen. Wenn die Voraussetzungsthese *einleuchtet*, scheint Fichtes Therapie des Problems objektiver Geltung insofern geglückt zu sein, als damit die Wirklichkeit des Lichts als des gesuchten Prinzips sowie die Fundierung des Begreifens in demselben ausgewiesen wird. Doch Fichte geht in § 11 dazu über, den Status dieses Einleuchtens und mit ihm das Vehikel der Voraussetzungsform bzw. der transzendentalen Argumentation zu hinterfragen. Fichte setzt dabei das Manöver reflexiver Distanzierung ein, das in III.1.5 bereits als objektivierende Reflexion sowie als formaler Modus der Reflexion erörtert wurde. Aus ihm entwickelt Fichte die zwei konkurrierenden Positionen des „Idealismus" und „Realismus", welche konträre Interpretationen der Voraussetzungsthese vertreten. Mit diesen beiden Protagonisten wird Fichte in §§ 11–14 den Kampf um die Ambiguität der Reflexion ausfechten und dadurch den mit der Voraussetzungsthese verfolgten Ansatz beim Begreifen an seine äußerste Grenze führen.

Die Reflexion auf das Einleuchten der Voraussetzungsthese objektiviert diese unweigerlich, d.h. sie raubt dem Einleuchten den Vollzugscharakter und zeigt, dass die Einsicht das Leben nur *als* Vorausgesetztes *repräsentiert:* „Das Leben selber ist daher in *dieser Einsicht* in der Form eines Durch, d. i. nur mittelbar erfaßt." (161) Die Frage ist also, was die Genese dieser Repräsentation erklärt. Nach Fichte sind zwei konträre Erklärungen möglich: die „horizontale" und die „perpendikuläre" Reihe.[589] Sie stehen respektive für die bereits als „Immanenz" und „Emanenz" aus den Prolegomena bekannten Auffassungen des Wahrmachers bzw. Trägers von Einsichten: Fungiert das „Leben des Lichts" selber als dem Begreifen *externer* Wahrmacher oder ist es das Begreifen, das seine eigenen *internen* Voraussetzungen als solche durchdringt?[590]

Der „horizontalen" Erklärung zufolge ist letzteres der Fall: Das Leben ist „in der Einsicht, also durch das erklärende Durch gesetzt" (161), d.h. das Begreifen und seine Bedingung stehen als Gleichartige auf ein und derselben, horizontalen Ebene. Dies ist die Erklärungsweise der von Fichte anschließend entwickelten Position des Idealismus. Der „perpendikulären" Erklärung zufolge sind das Begreifen und seine Bedingung ungleichartig, weil das Leben „in der Wahrheit und an sich, das antecedens" (163) ist, d. h. eine dem Begreifen vorgängige Bedingung ist. Dies ist die Erklärungsweise des ebenfalls in § 11 eingeführten Realismus.

---

[589] Zur Deutung der zwei Reihen, siehe Schlösser 2001, 83. Siehe dagegen die Lesart von Asmuth 2009, 62f., die allein in der perpendikulären Reihe eine genuin begründende Erklärungsform veranschlagt. Meine Lesart, dass beide Reihen jeweils eine Form der Erklärung darstellen, stützt sich neben ihrer Passung zu den Erklärungsweisen des Realismus und Idealismus auch auf die Entsprechung der horizontalen und perpendikulären Reihen zu der „doppelten Reihe" des Seins und Bewusstseins in Fichtes „Erster Einleitung" (Fichte 1970 [GA I/4], 196).

[590] Zum Begriff des Wahrmachers in diesem Zusammenhang, siehe III.1.4, Fn. 558.

Beide Erklärungsweisen stehen für unterschiedliche Interpretationen von transzendentalen Konditionalen. Der horizontalen Erklärung des Idealismus zufolge handelt es sich bei der Voraussetzungsthese um ein moderates transzendentales Argument: In der Reflexion auf unsere begreifenden Vollzüge müssen wir *unterstellen* oder die *Überzeugung* haben, dass diese Vollzüge durch ein von unserem Begreifen unabhängigen Grund ermöglicht werden. Die perpendikuläre Erklärung des Realismus dagegen beruft sich auf den Inhalt der Einsicht – „die innere *Bedeutung*, den Sinn und Gehalt" (161) –, dem zufolge ein *tatsächlich* für sich bestehendes Leben vorausgesetzt werden muss, das wir nicht konsistent durch die bloße Überzeugung vom Für-sich-Bestehen ersetzen können. Der Realist interpretiert die Voraussetzungsthese somit als ambitioniertes transzendentales Argument, denn er hält an der *uniqueness* des transzendentalen Konditionals fest (d. h. an der notwendigen Verknüpfung des Bedingten zu dieser und nur dieser es ermöglichenden Bedingung).[591]

Der Realismus versucht somit die Voraussetzungsthese in ihrer intendierten Interpretation zu retten, während der Idealismus – wie sich noch näher zeigen wird – sie analog zu Strouds Substitutionseinwand abzuschwächen versucht. Da die therapeutische Auflösung des Problems objektiver Geltung nur dann gelingt, wenn die Wirklichkeit des „Lebens" und damit auch des „Lichts" ausgewiesen wird, muss Fichte in seiner Wahrheitslehre eine „Vorliebe [...] für den Realismus" hegen (264; vgl. 172).

2.1 Der Substitutionseinwand des Idealismus

Die Position des Idealismus bedient sich des *formalen Modus* der Reflexion, d. h. sie reflektiert auf die Form der Einsicht, insofern diese ein repräsentationaler Zustand des Subjekts ist.[592] Im formalen Modus geraten daher sowohl die begriffliche Struktur einer Einsicht als auch ihre Bedingtheit durch den ihrem Evidentwerden vorausgehenden Denkvollzug in den Blick. Dies erlaubt es dem Idealismus, im Sinne der horizontalen Erklärungsweise die Voraussetzungsthese als ein Artefakt des Begreifens selbst zu interpretieren: „Der Mittelpunkt von allem bleibt hier der Begriff. *Nach*konstruieren: hier gewissermaßen *vor*konstruieren." (163)

Diese Position des Idealismus entwickelt Fichte in § 11 aus einem komplexen regressiven Argument, das vom Faktum der Einsicht ausgeht und nach seinen

---

591 Siehe Fn. 580.
592 Zur Unterscheidung des formalen und materialen Modus der Reflexion, siehe III.1.5, Fn. 554.

genetischen Bedingungen fragt.⁵⁹³ Ich zeichne hier nur die ersten Schritte desselben nach. Wenn wir auf die Form reflektieren, in der die Voraussetzungsthese eingeleuchtet hat, so zeigt sich: Das Konditional wird als kontrafaktisch robust erfasst, weil es als notwendiger, nicht nur faktischer Zusammenhang von Antezedens und Konsequens einleuchtet.⁵⁹⁴ Denn bereits aus der hypothetischen Annahme, dass ein vollzogenes bzw. lebendiges Durch *existierte*, soll folgen, dass dazu ein an sich bestehendes Leben vorausgesetzt *würde*. Um dieses kontrafaktische robuste modale Profil der Voraussetzungsthese einzusehen, muss das Antezedens zuerst als „problematisch" gesetzt werden. Dies ist nur in der dem Begriff als „Durch" bzw. „Soll" eigentümlichen Form möglich. Das hypothetische Räsonnement ist somit konstitutiv für die zu erreichende Einsicht.⁵⁹⁵ Die rein problematische Setzung des Antezedens zeigt wiederum, dass das Begreifen dem im Konsequens gesetzten Leben nicht konstitutionslogisch nachgeordnet sein kann. Denn sonst müsste der Vollzug des Begreifens immer schon assertorisch gesetzt sein und könnte nicht rein problematisch erwogen werden.⁵⁹⁶ Auf der nun erreichten Reflexionsstufe erscheint die Einsicht daher als Produkt allein des Begreifens: „Er daher, der Begriff, ist hier das antecedens, und absolute prius zu dem problematischen Gesetztsein der Existenz des Durch: und die letztere ist nur sein, des Begriffes, Ausdruck, das, was durch ihn ist" (162).

Fichtes regressive Argumentation führt bis zum inneren „Leben der Vernunft" (164) als der in der Voraussetzungsthese aufgestellten Bedingung. Aber obwohl diese Voraussetzung in ihrem Gehalt und ihrer epistemischen Rolle nachkonstruiert werden konnte, hat sich ihr Status im Blickwinkel des formalen Modus grundlegend gewandelt:

„[I]n der idealistischen Ansicht ist, oder lebt die Vernunft, *als* absolute Vernunft. Lebt sie aber nur *als* absolut (im Bilde dieses Als); so lebt sie nicht absolut, ihr Leben oder ihre

---

593 „Ohne Weiteres leuchtet ein, daß wir unser ganzes Verfahren so hätten aussprechen können: die Intuition eines ursprünglichen und absoluten Lebens *sei*, wie und aus welchem Princip kommt sie zu Stande?" (164)
594 Die Voraussetzungsthese ist in diesem Sinn kontrafaktisch robust, aber kein kontrafaktisches Konditional, weil das Antezedens nicht aktual falsch ist, sondern durch unser wirkliches Begreifen erfüllt wird (siehe Goebel 2017, 400).
595 „Er *construirt* ein *lebendiges Durch*, und dies zwar *problematisch*; *soll* dieses seyn, ist gesagt, so pp Es ist unmittelbar klar, und ich fordere Sie auf dieses anzuerkennen, und einzusehen, daß ein problematisches *soll* sich auf gar kein Daseyn gründet, sondern lediglich ist *im Begriffe*, und hinfällt, wenn der Begriff hinfällt." (163)
596 „Das *Soll* ist eben der unmittelbare Ausdruck seiner [des Begriffs] Selbstständigkeit; aber ist seine innere Form und Wesen selbstständig, so ist auch sein Inhalt selbstständig; daher die Existenz eines *Durch* kündigt sich hier an, als durchaus absolut und a priori, keinesweges gegründet wieder auf eine andere, ihr etwa vorhergehende wirkliche Existenz." (162)

Absolutheit ist selber durch ein höheres *Durch* vermittelt, wovon sie in diesem Standpunkte nur das posterious ist." (164, 166)

In der idealistischen Ansicht wird das Leben somit auch *als* absolutes Leben vorausgesetzt, aber nur „im Bilde dieses Als" (164), d.h. nur kraft des Voraussetzens und relativ zu ihm. Hier wird die Verwandtschaft des Idealismus mit Strouds Substitutionseinwand besonders deutlich:[597] Das transzendentale Konditional besagt demnach nicht, dass es ein Leben der Vernunft in einem absoluten Sinn wirklich gibt, sondern dass wir ein solches Leben voraussetzen und von seiner Absolutheit überzeugt sein müssen, wenn wir uns auf unsere begreifende Aktivität besinnen: Lebt die Vernunft „nur *als* absolut (im Bilde dieses Als); so lebt sie nicht absolut" (164).

Die Kopplung des Begreifens mit dem formalen Modus der Reflexion erlaubt es dem Idealismus, den Anschein eines unabhängig bestehenden Lebens als „Projektion" gleichsam wegzuerklären. Denn die repräsentationale Struktur von Bild und Abgebildetem ist nur eine Instanz der Form des Begreifens.[598] Die prätendierte Objektivität des Lebens ist demnach nur ein Artefakt der repräsentationalen Struktur der Einsicht: Sie ist „aus der blossen Form der Intuition, als projicirend ein für sich bestehendes, in der äußern Existentialform, vollkommen erklärbar" (177).

Die idealistische Erklärung entspricht somit Sacks' Diagnose einer *fictional force*, dass es zur Struktur unserer Erfahrung gehört, sich auf eine unabhängig von ihr bestehende ontologische Basis zu beziehen bzw. diese zu projizieren. Da die Einsicht unmittelbar an ihren Inhalt als an etwas an sich Bestehendes verfällt, kann die Diagnose einer Projektion erst im Zurücktreten vom unmittelbaren Einleuchten gestellt werden. Diesen dem *critical mode* von Sacks entsprechenden Schritt zurück vollzieht der formale Modus der Reflexion.[599]

Wie Fichte bemerkt, gerät die Argumentation des Idealismus damit jedoch in einen Zirkel: Sie muss die Einsicht immer schon im formalen Modus der Reflexion erfasst haben, um sie dann als Artefakt des Begreifens zu erklären. Die Substitution des „Lebens an sich" durch den Begriff als „immanentes Durch" wiederholt damit nur, was bereits am Anfang feststand: Die unmittelbare, intuitive Teilhabe

---

597 Diese Verwandtschaft stellt auch Schlösser 2001, 85, fest, verfolgt sie aber nicht weiter über § 11 hinaus.
598 Siehe III.1.6.
599 Vgl. Schmidt 2004, 78: „Der einfache Idealismus postiert sich *außerhalb* der Evidenz. Er beschränkt sich darauf, *über* sie zu sprechen und weigert sich, in die Evidenz selbst einzutreten."

am Leben wird ersetzt durch die (diskursive) Repräsentation dieses Lebens.[600] Der Zirkel der idealistischen Argumentation besteht somit nicht allein darin, dass sie als regressives transzendentales Argument von dem Faktum des Begreifens auf Bedingungen schließt, die dieses Faktum einerseits legitimieren sollen, deren Geltung aber andererseits nur kraft dieses Faktums angenommen wurde.[601] Der Zirkel besteht auch nicht allein darin, dass die Form des Begreifens latent von Anfang an importiert worden ist, indem festgestellt wurde, dass das Leben nur *als* Vorausgesetztes und daher nur *in* der begrifflichen Form des Soll eingeleuchtet hat.[602] Vielmehr besteht der Zirkel darin, dass die Reflexion die Einsicht von Anfang an dem Begreifen unterstellt hat, indem sie die Einsicht im formalen Modus als repräsentationalen Zustand in den Blick nimmt.

Die Zirkularität der idealistischen Erklärung zeigt, dass der formale Modus der Reflexion ihre höchste, nicht weiter von ihr rechtfertigbare Voraussetzung darstellt. Die Einnahme des Standpunkts der Reflexion hat daher den Charakter eines willkürlichen Entschlusses, d. h. einer subjektiven Maxime: „Also, die *Maxime der äussern Existential-Form* ist das Princip und der charakteristische Geist der idealistischen Ansicht." (164) Die Zurückweisung des Substitutionseinwands erfordert daher die Zurückweisung des formalen Modus der Reflexion. Dies ist der Ansatzpunkt des Realismus.

---

[600] „Also der *Grundcharakter* der idealen Ansicht ist, daß sie ausgeht von der nur *problematischen*, daher absolut in ihr selber begründeten, Voraussetzung eines Seyns, äußerlich und in emanenter ExistentialForm erfaßt und es ist sehr natürlich, daß sie dasselbe Seyn welches sie als absolut vorausgesetzt, in der genetischen Ableitung wieder als absolut findet: indem sie ja gar nicht darauf ausgeht, sich zu vernichten, sondern sich nur genetisch zu erzeugen." (165) Zur äußeren bzw. emanenten Existentialform, siehe die Ausführungen zur Projektion *per hiatum* in III.1.5 (Fn. 559) u. III.3.2.
[601] So erläutert Schlösser 2001, 84, eine mögliche Lesart der idealistischen Argumentation.
[602] Somit ist auch der Startpunkt der regressiven Argumentation nur augenscheinlich die Form des Soll: „die Intuition eines [...] absoluten Lebens *sei*, wie und aus welchem Princip kommt sie zustande?" (164) Die Einsicht („Intuition") wird hier zwar als bedingt durch einen Akt des Voraussetzens beschrieben, nämlich „der nur *problematischen* [...] Voraussetzung eines Seyns, äußerlich und in emanenter ExistentialForm erfaßt" (165). Damit ist die Form des Begreifens schon in die Beschreibung der Einsicht importiert worden. Doch damit dies möglich war, musste die Einsicht zuvor im formalen Modus der Reflexion, d.i. „in emanenter ExistentialForm erfaßt" (165) werden.

2.2 Das Brückenproblem des Realismus

Damit der Substitutionseinwand des Idealismus nicht wiederholt werden kann, muss der Realismus dessen reflexive Distanzierung von unserer Einsicht ausschalten. Damit das Einleuchten eines an sich bestehenden Lebens nicht als Artefakt des Begreifens verkannt wird, darf auf seine subjektive Form als repräsentationaler Zustand bzw. als Instanziierung des Begreifens schlicht nicht reflektiert werden. In performativer Hinsicht erfordert dies die restlose *Hingabe* an das Einleuchten eines Gehalts. Die realistische Nachkonstruktion der Einsicht muss deren Inhalt daher in einem *materialen Modus* erfassen und von dort aus die Genese der Einsicht erläutern:[603]

> „Offenbar ging die ganze Ansicht von der Maxime aus, auf das faktische sich begeben unsres Denkens und Einsehens, und die Erscheinung desselben im Gemüthe gar nicht zu reflektiren, sondern nur den *innern Inhalt* dieses Einsehens gelten zu lassen, und ihn allein gelten zu lassen; also mit andern Worten: die äußere Existentialform des Denkens in uns selber nicht zu beachten, sondern nur die innere desselben Denkens. Wir setzten eine absolute, als Gehalt des Denkens sich offenbarende Wahrheit, die allein wahr seyn könne." (171)

Der realistischen Maxime zufolge soll der Inhalt der Einsicht „allein gelten" (171). Die Tatsache unseres Evidenzbewusstseins muss vielmehr dadurch erklärt werden, dass uns eine „absolute, als Gehalt des Denkens sich offenbarende Wahrheit" (171) einleuchtet. Die Einsicht in die Voraussetzungsthese hat demnach in geltungslogischer Hinsicht einen *externen* Wahrmacher, welcher unabhängig ist vom Erfasstwerden der These in Akten des Für-gültig-Haltens.

Die wahrheits- und geltungstheoretische Auffassung des Realismus widerspricht jedoch seinem Tun, diese Wahrheit durch einen Akt der Hingabe „gelten zu lassen" (171). Die Maxime der Hingabe riskiert als „subjektive Bedingung" (178) des Einleuchtens in einen Dezisionismus abzuleiten: Ein selbst nicht mehr rechtfertigbarer Akt der Hingabe würde darüber entscheiden, welche Urteile als unmittelbar einleuchtend akzeptiert werden und welche dementsprechend keiner weiteren Rechtfertigung bedürften.[604] Wenn das Einleuchten des Inhalts nur in einem akzidentellen Sinne ein subjektiver Vorgang sein soll, dann konterkariert die Abhängigkeit des Einleuchtens von einem arbiträren Entschluss der Hingabe

---

[603] Zur Unterscheidung des formalen und materialen Modus der Reflexion, siehe III.1.5, Fn. 554.
[604] Nach Schmidt 2004, 78, „springt" der Realismus „unvermittelt aus dem Diskurs heraus[]".

zudem den Anspruch, dass es eine „absolute" Wahrheit ist, die sich in ihm offenbart.[605]

Um diesen Widerspruch zu lösen, muss die Maxime der Hingabe vom Evidenzbewusstsein als subjektiver Zugangsbedingung abstrahieren und dennoch daran festhalten, dass ein gewisser Inhalt als wahr einleuchtet.[606] Deshalb ist der Realismus gezwungen einen epistemischen Zustand – d.i. das „Beruhen im Inhalte" –, anzunehmen, dessen epistemischer Status nicht weiter erläuterbar ist: „Dieses *Beruhen im Inhalte* aber ist selber ein *absolutes Faktum*, das sich eben, ohne weitere Rechenschaft über sich geben zu wollen, absolute macht" (181, H.v.m.). Die Maxime der Hingabe führt somit in einen radikalen ‚Mythos des Gegebenen': Indem das Beruhen im Inhalt sich „absolute" selbst machen soll, muss es in einem derart exklusiven Sinne selbstautorisierend sein, dass es im Ganzen des Wissens zu einem Fremdkörper wird. Nicht einmal die inferentielle Beziehung zu anderem Wissen, das nicht mit dem eingeleuchteten Inhalt identisch ist, könnte anerkannt werden, weil es der Maxime der Hingabe widerspräche: „weil allein der *innere* Gehalt gelten sollte, so galt er wirklich auch nur allein, und vernichtete alles was in ihm nicht lag." (171) Das Beruhen im Inhalte könnte streng genommen nicht einmal mehr als Zustand des Wissens beschrieben werden, denn auch dies würde einen Schritt der Reflexion erfordern, womit die reine Hingabe an den Inhalt bereits aufgegeben worden wäre.

Indem die Wahrheit des Inhalts von ihrem Erfasstwerden schlechthin unabhängig sein soll, wird somit unbegreiflich, wie es überhaupt eine Beziehung zwischen Evidenzbewusstsein und Wahrheit geben kann.[607] Dies schildert Fichte als Begreifen der Unmöglichkeit einer „objektivierenden Intuition", d.h. eines Evidenzbewusstseins, welches das „Beruhen im Inhalte" reflexiv verfügbar machte: „Denn ist das immanente Leben in sich geschlossen, und ist in ihm schlechthin alle Realität befaßt; so läßt sich nicht nur [nicht] einsehen, wie es zu einer objektivirenden und entäussernden Intuition desselben kommen solle, sondern es läßt sich sogar einsehen, daß es zu einer solchen Intuition nie kom-

---

[605] Der Realismus kann auf den Vorwurf des Dezisionismus antworten, dass die Hingabe nicht darüber entscheide, *was* uns einleuchtet, sondern dasselbe nur unverstellt zur Geltung bringen soll. Es bleibe ein nicht von uns gesetztes Faktum, *dass* uns etwas einleuchtet. Doch auch diese Replik widerspricht der Maxime, dass das subjektive Evidenzbewusstsein gänzlich akzidentell sei und gar nicht in die Erläuterung einfließen solle.
[606] „[Die realistische Denkart] setzt, mit völliger Abstraktion von der Fakticität ihres Denkens den bloßen Inhalt desselben; als allein gültig, und schlechthin wahr voraus, und vernichtet nun freilich ganz consequent alle andere Wahrheit, die darin nicht enthalten ist" (180).
[607] „Durch die Anerkennung des absolut *immanenten* Lebens ist die Intuition vernichtet in Absicht ihrer genetischen Erklärbarkeit" (166).

men könne" (168). Die Berufung des Realismus auf einen externen, an sich gültigen Wahrmacher entpuppt sich als dermaßen übersteigert, dass die *absolute Unabhängigkeit* des Wahrmachers von unserem subjektiven Einsehen seine Funktion als Wahrmacher desselben unbegreiflich werden lässt.[608] Der Realismus steht somit vor dem Stroud'schen Brückenproblem, dass er nicht erklären kann, wie der an sich gültige Inhalt der Voraussetzungsthese notwendig zu deren Evidentwerden für uns führen soll.

Daran offenbart sich die Zirkularität des realistischen Ansatzes: Die Notwendigkeit und Legitimität der „Hingabe" als Zugangsbedingung zum Prinzip des immanenten Lebens kann er nicht erklären, sondern er setzt sie voraus. Das Hingegebensein an die Einsicht bleibt daher ein gleichsam in sich abgeschlossener Mythos des (evident) Gegebenen. Die einzige Weise, wie der Realismus sich als Position artikulieren kann, ist somit durch die subjektive *Maxime* der Hingabe. Wie eben gezeigt, wäre eine sachliche Rechtfertigung derselben *als* Maxime aber nicht möglich, weil die Hingabe dazu als subjektiver Entschluss bzw. als Einstellung und nicht als unmittelbare Teilhabe am immanenten Leben beschrieben werden müsste. Ironischerweise bleibt die Maxime des Realismus daher etwas Willkürliches. In der Position des Realismus erweist sich somit die freie Reflexion als ein irreduzibles Element. So schlägt die Artikulation des Realismus performativ in den Idealismus um, insofern dem Idealismus zufolge die subjektive Reflexion die genetische Bedingung des Einleuchtens darstellt. Deshalb schreibt Fichte, dass der Realismus „in seinem Effekte und Inhalte abläugnet, und widerlegt, was er im Grunde selber ist." (173)

Der Realismus löst sich damit selbst auf, insofern er eine Nachkonstruktion der Einsicht in die Voraussetzungsthese liefern sollte. Die Behauptung der Nichtgültigkeit der Reflexion, durch die das Substitutionsproblem zurückgewiesen werden sollte, führt auf das Stroud'sche Brückenproblem: Es bricht eine Kluft auf zwischen der Objektivität des eingeleuchteten Inhalts und seiner subjektiven Erfassung. Die Bedingung des Lebens wird zu einer *black box*, die für kein mögliches Evidenzbewusstsein zugänglich ist. Mit seiner gegensteuernden Maxime der „Hingabe" bzw. des „Beruhens im Inhalte" verfällt der Realismus einem Mythos des Gegebenen, der schließlich in den Idealismus umschlägt, indem er

---

[608] Der Realismus wendet diese Unbegreiflichkeit zunächst in die positive Denkfigur des Begreifens des Unbegreiflichen: „es läßt sich sogar einsehen, daß es zu einer solchen Intuition nie kommen könne" (168). Doch streng genommen lässt sich auch diese höherstufige Einsicht in die Verfasstheit des realistischen Wahrmachers „nicht wieder einsehen, sondern nur vollziehen" (168), d.h. sie ergibt sich selbst wiederum nur auf unerklärliche Weise aus der Hingabe an den Inhalt.

mit seiner Maxime wider Willen die subjektive Erfassung des Lebens gegenüber dessen wesentlicher Unverfügbarkeit privilegiert.

2.3 Die Pattsituation konträrer Maximen

In für Fichte charakteristischer Weise ergibt sich somit eine Pattsituation zwischen Idealismus und Realismus, in der beide kontradiktorische Positionen zu vertreten scheinen, aber die Position des jeweils anderen nur unter Voraussetzung der eigenen Maxime widerlegen können:[609]

> „Beide sind, wie wir gesehen haben, gleich möglich, und, falls man ihnen nur das Anfängen verstattet, gleich consequent im Fortgange; jeder widerspricht auf dieselbe Art dem anderen, der absolute Idealismus vernichtet die Möglichkeit des Realismus; der Realismus die des begreiflichen Seins und der Ableitbarkeit." (172)

Der Idealismus erfasst die Voraussetzungsthese im formalen Modus der Reflexion und kann von dort aus die Hingabe des Realisten als „Projektion" erklären. Der angeblich an sich bestehende Inhalt ist dem Idealisten zufolge nur ein Artefakt des Begreifens. Der Realismus vertritt die entgegengesetzte Maxime des materialen Modus bzw. der Hingabe an die Unmittelbarkeit der Evidenz. Deshalb will er dem Idealisten nicht zugestehen, dass dieser die Einsicht im formalen Modus erfasst.

Fichte hat damit die erkenntniskritische Aufarbeitung des Substitutionsproblems an einen Punkt geführt, an welchem das Problem rational unentscheidbar wird. Ob das transzendentale Konditional nur durch das Leben bzw. Licht selbst oder durch den Begriff erfüllt wird, ist nunmehr eine Frage des Standpunkts.[610]

---

[609] Für Fichtes Werk typisch sind solche Pattsituation zwischen zwei (in einem bestimmten Begriffsrahmen) kontradiktorisch entgegengesetzten Prinzipien, aus der jeweils in sich konsistente, aber einander widersprechende Systeme entwickelt werden können. Vgl. den auf Antithesen beruhenden Aufbau der *GWL*, den Gegensatz von Dogmatismus und Idealismus in Fichtes „Erster Einleitung" (siehe Fn. 589) sowie den analogen Gegensatz von Determinismus und Freiheitsbewusstsein im 1. Buch der *Bestimmung des Menschen* (siehe auch Asmuth 2009, 66).

[610] Indem Schmidt den „Fehler" (Schmidt 2004, 78) des Idealismus im Standpunkt der Reflexion diagnostiziert, stellt er sich unbemerkt auf den Standpunkt des entgegengesetzten Realismus, der die Hingabe an die Unmittelbarkeit des Einleuchtens fordert. Das verkennt die Pattsituation zwischen beiden Positionen sowie die Stärke des Idealismus: Die vermeintliche Unmittelbarkeit der Evidenz ist im Idealismus als Projektion *erklärbar*, daher kann sie für ihn gar nicht die fundierende Rolle spielen, die Schmidt ihr zuerkennen will. Schmidts Kritik beruft sich auf die „Evidenz selbst, die *unmittelbar* auf das Absolute verweist." (Schmidt 2004, 78) Damit exemplifiziert Schmidts Kritik die idealistische Projektionsthese geradezu, indem sie die Evidenz als auf

Wie lässt sich also die Frage beantworten, welcher Standpunkt der ‚wahre' ist, wenn sie ihrerseits von einem der beiden Standpunkte aus gestellt werden kann?

3 Phase II: ‚Dialektische' Entwicklung des höheren Realismus (§§ 12–14)

Die anhand von § 11 rekonstruierte Pattsituation zwischen Idealismus und Realismus wird von Fichte in den §§ 12–14 zu einer Reihe von Versuchen entfaltet, die beiden Positionen weiterzuentwickeln und jede gegenüber ihrer jeweiligen Konkurrentin zu stabilisieren. Die Pattsituation zwischen Idealismus und Realismus stellt vor das bereits in Hegels *PhG* angetroffene geltungstheoretische Isosthenieproblem, dass jede Position nur ihren eigenen Standpunkt anerkennt und eine externe Kritik daher möglich, aber folgenlos bleibt, indem der Standpunkt der Kritik keinen privilegierten Wahrheitsanspruch erheben kann. Fichte entwickelt deshalb ein eigenes Verfahren der Prüfung, das innerhalb seines therapeutischen Ansatzes eine doppelte Funktion hat. Erstens sollen die innerhalb der Form des Begreifens möglichen Positionen kombinatorisch erschöpft werden, um die Übersteigung der Form des Begreifens zu motivieren (siehe III.3.1). Zweitens hat der Prozess der Kritik eine wesentlich performative Komponente: Wir sollen uns mit den kritisierten Positionen identifizieren,[611] um selbst eine Art Bildungsprozess zu durchlaufen, an dessen Ende mit der Übersteigung des Begreifens auch ein entsprechender Vollzug steht, nämlich die Teilhabe am Zustand des Seins/Lebens (siehe III.3).[612]

---

das Absolute *verweisend* versteht, statt sie resolut in realistischer Manier als *Manifestation* des Absoluten anzusprechen.

611 Über Idealismus und Realismus schreibt Fichte, dass es Ansichten seien, in denen wir aufgehen und durch die wir uns mit dem Standpunkt der Wissenschaftslehre identifizieren, d. h. die WL ‚sind': „Bei den Ansichten, in denen wir zuletzt, in einer nach der andern, aufgegangen sind, die daher ohne Zweifel das Höchste enthalten, was wir, die W.-L., bis jetzt selber sind […]" (180). Vgl. Schlösser 2001, 96: „Wenn wir selbst in den Fortgang mit einbezogen sind, gängige Selbstbeschreibungen der epistemischen Praxis aber destruiert werden, so besteht die Aussicht, daß wir uns selbst durch den Gang in gerade denjenigen Modus begeben, den Fichte erreichen will: den Zustand der Unmittelbarkeit."

612 Dann ist das Ziel von Fichtes Methodik nicht einfach negativ, die „Ausweglosigkeit […] in dem gedanklichen Raisonnement erkenntnistheoretischer Selbstreflexion" (Schlösser 2001, 102) auszuweisen und so „in einem nächsten Schritt von dem Medium der Reflexion und von sich selbst als Akteur in ihr zu distanzieren und an jenem Zustand der Unmittelbarkeit zu partizipieren" (Schlösser 2001, 102). Die von Schlösser skizzierte Selbstdistanzierung tritt zwar von dem Medium der Reflexion und ihres begrifflichen Zugangs zurück, aber sie geht diesen Schritt im Bewusstsein einer Aporie. Der Gang der Reflexion entfaltet somit für Schlösser keinen genuin

Wie soll angesichts der scheinbar erschöpfenden Alternative von Idealismus und Realismus die Weiterentwicklung des Realismus gelingen und ein bloßes Oszillieren zwischen fixierten Standpunkten vermieden werden? Damit es sich um eine interne Selbstrevision der realistischen Position handelt, darf keine Bestimmung von außen hinzugefügt werden, vielmehr ist von demjenigen „faktischen" Element, das in der Reflexion zutage trat und zum Umschlag in den Idealismus führte, zu *abstrahieren*. Dazu wird eine neue begriffliche Konstruktion des realistischen Prinzips unternommen, deren Begriff von jenem faktischen Element abstrahiert. So wird etwa aus dem Begriff *an sich bestehendes Leben* im höheren Realismus der abstrahierte Begriff des *Ansich*, „an welches Merkmal wir uns nun allein halten, und indessen das Leben fallen lassen können." (182)

Es wird so ein höherstufiger Realismus konstruiert, dessen Prinzip durch Abgrenzung vom Idealismus zu größerer Klarheit gebracht wurde. Wenn sich wieder ein Umschlag in den Idealismus ereignet, so entsteht eine entsprechend höherstufige Form des Idealismus. Fichte nötigt so den Realismus, seinen Begriff des an sich seienden Lebens in immer weiteren Abstraktionsschritten anzupassen. Parallel wird das Prinzip des Idealismus in einem immer höheren Abstraktionsgrad herausgeschält, was Fichte von abgeleiteten Formen wie der faktischen Reflexion oder der Energie des Denkens zum „Urfaktum" des Selbstbewusstseins führen wird. Die jeweiligen Gattungen von Idealismus und Realismus werden dabei zwar nicht revidiert, aber Fichte entwickelt dabei unter der Hand eine Reihe von Unterarten.

Wie ist für die Entwicklung ein Endpunkt festzulegen? Es könnte doch angesichts der Ambiguität der Reflexion sein, dass die Entwicklung endlos weitergeht oder zwar ein reflexiv stabiler Realismus gefunden wird, aber ihm ein ebenso stabiler Idealismus gegenübersteht. Fichtes Methode folgt auch hier dem in den Prolegomena eingeführten Muster der Rückführung von Disjunktionen auf eine Einheit. Der Endpunkt ist erreicht, wenn eine Einheit gefunden ist, die keinerlei latente Disjunktionen enthält. Der Umschlag des Realismus in den Idealismus bzw. das Auftreten faktischer, unabgeleiteter Elemente hingegen zeigt an, dass noch eine Disjunktion vorhanden ist. Das Verfahren der iterierten Konstruktion der Prinzipien des Idealismus und Realismus dient dazu, die ihnen zugrunde liegende Disjunktion der beiden Existentialformen in immer höhere und allgemeinere Gattungen zurückzuverfolgen. Die vollendete Konstruktion des Realis-

---

positiven Antrieb zu diesem Schritt: Er wird überstiegen, indem er fallengelassen wird – aber er übersteigt nicht sich selbst. Zu meiner alternativen Interpretation des Überstiegs als ‚performativer Perspektivwechsel', siehe III.3.1 u. 3.3.

3 Phase II: ‚Dialektische' Entwicklung des höheren Realismus (§§ 12 – 14)

mus würde somit die von Fichte gesuchte Konstruktion absoluter Einheit leisten.[613]

Ferner bringt Fichte eine kombinatorische Überlegung in Anschlag, die darauf beruht, dass die Form des Begreifens als Relation des Durch bestimmt wurde. Das Durch bestimmt die Form der Repräsentation als Relation von Bild und Abgebildetem. Wie gezeigt beruft sich der Idealismus in seiner horizontalen Erklärungsweise auf die „ideale" Seite des repräsentierenden Bildes; deshalb kann er das vorausgesetzte Leben als Projektion erklären. Der Realismus dagegen beruft sich in seiner perpendikulären Erklärungsweise auf die „reale" Seite des Abgebildeten; deshalb kann er darauf beharren, dass dem Inhalt der Einsicht zufolge ein *wirkliches* Leben vorausgesetzt wird. Die in § 11 formulierten „niederen" Formen von Idealismus und Realismus sind derart einseitig, dass sie sich gänzlich auf ein Relatum der Bild-Relation versteifen. Für den „niederen" Idealismus (2.1) *gibt es* kein Abgebildetes jenseits des Bildes und für den „niederen" Realismus (2.2) ist die Reflexion auf den Bildcharakter des Evidenzbewusstseins streng genommen gar nicht anzustellen, es *gibt* daher für ihn das Bild nicht. Demgegenüber werden die „höheren" Formen von Idealismus und Realismus von einer Seite der Relation ausgehen, um die Gegenposition für sich zu vereinnahmen. Der höhere Realismus wird von der „Selbstkonstruktion" des Inhalts in der Einsicht sprechen, also die Verfasstheit des Bilds auf das Abgebildete zurückführen. Der höhere Idealismus hingegen wird zwar die Selbstkonstruktion des Inhalts anerkennen, sie aber als bedingt durch die „Energie" des Denkens ansehen, also in seiner Erklärung von der Seite des Bildes ausgehen und das Abgebildete gewissermaßen als dessen intentionales Objekt setzen.[614]

---

[613] Pluder 2012, 403–416, rekonstruiert das dialektische Prüfverfahren allein nach Fichtes formaler Maßgabe, dass alle Unterschiede genetisiert werden sollen, die freilich auch in der vorliegenden Lesart gilt. Dabei rückt m. E. jedoch in den Hintergrund, dass Fichtes Argumentation vom kontradiktorischen Gegensatz beider Positionen und der daraus resultierenden Umschlagsbewegung bei der immanenten Widerlegung des Realismus vorangetrieben wird – wodurch schließlich das systematische Motiv einer realistischen Interpretation der Voraussetzungsthese ausgeblendet wird.

[614] Zu dieser Kombinatorik – die zusätzlich zu den Relaten der Bildrelation auch die Richtungen, in der diese Relation expliziert werden kann, hinzufügt – siehe das Diagramm am Ende von § 7 (107), welches wiederum an die für Fichte zentrale Form der Fünffachheit anschließt (siehe Schnell 2009).

3.1 Höherer Realismus: Die „Selbstkonstruktion" des „Ansich"

Der von Fichte in § 12 entwickelte höhere Realismus antwortet auf die entstandene Problemlage, indem er in ein affirmatives Verhältnis zur Reflexion bzw. der äußeren Existentialform wechselt, sie aber seiner Maxime der „inneren Existentialform" subordiniert. Dies wird durch die Begründungsfigur der „Sich-Construction" (192; folgend auch ‚Selbstkonstruktion') möglich: Die subjektive Erfassung des Inhalts bzw. ihr Vehikel einer begrifflichen Konstruktion *gründet* im Inhalt dergestalt, dass er das Agens sowohl des Erfassens als auch des darin stattfindenden Begreifens ist: Ersteres ist ein Fortgerissenwerden durch den Inhalt, in letzterem konstruiert der Inhalt sich selbst. Die Konzeption der Selbstkonstruktion löst sowohl das Stroud'sche Substitutions- als auch das Brückenproblem, indem sie die Dichotomie von nachkonstruierender Reflexion und nicht-konstruiertem Ursprünglichem aufhebt. Demnach kann das ursprüngliche „Leben an sich" nicht durch ‚unsere' Reflexion substituiert werden, gibt sich aber zugleich dem Zugriff der Reflexion von selbst preis.[615]

Wie gelangt der höhere Realismus zu seiner neuen Konzeption? Da die zunächst versuchte Nachkonstruktion der Voraussetzungsthese als bedingt durch ein Leben an sich in den Idealismus umschlug, muss von dem Element abstrahiert werden, das darin faktisch blieb. Faktisch geblieben ist die Bestimmung des „Lebens". Davon abstrahierend bleibt dem Realismus zur Abweisung der idealistischen Reflexion das Ansichsein als solches, d. h. „das *Ansich* und *Insich* des Lebens, an welches Merkmal wir uns nun allein halten, und indessen das Leben fallen lassen können." (182)

Fichte gewinnt den Begriff des „Ansich" durch eine metatheoretische Reflexion auf das, was ein Realist *sagen* muss, wenn er das Leben an sich in seiner spezifischen Bedeutung als eine subjekt- und reflexionsunabhängige Instanz artikuliert. Fichte fragt also: „Wie bringt er denn nun dieses *an sich* selber zu stande. Construiren wir es ihm nach, energisch denkend das *an sich*." (183)

Für den Realisten wäre es nicht ausreichend, festzustellen, dass *im* Denken etwas objektiv Gültiges erfasst wird. Denn es bliebe unterbestimmt, ob sich dies in der Zuschreibung von Objektivität bzw. der reflektierenden Erfassung von etwas *als* objektiv gültig erschöpfte. Das Ansich muss im Denken als etwas bestimmt werden, das unabhängig von diesem Denken sowie allem möglichen Denken

---

615 Vgl. Schmidt 2004, 79: „Der Realismus wird zum höheren Realismus, wenn er die Beziehung Begriff – Absolutes klärt: [...] Das Absolute wird in der Selbstdurchstreichung des Begriffs zwar gedacht; aber obwohl *wir* diese Selbstdurchstreichung vollziehen, werden wir in diesem Vollzug zugleich von einer Evidenz *ergriffen*, so daß wir sagen können, es sei das Absolute selbst, das sich in der Selbstdurchstreichung des Begriffs *als* Absolutes setzt".

besteht.⁶¹⁶ Doch ist dies nicht wiederum eine nur im Denken vollzogene Zuschreibung, wenngleich die höherstufige Zuschreibung der Zuschreibungsunabhängigkeit? Damit die Konstruktion des Ansich nicht in den Idealismus verkehrt wird, muss die angedeutete Reflexionsspirale unterbunden werden. Die Bestimmung des Ansich muss das Denken über sich hinaustreiben zu etwas, das nicht mehr selbst Gedanke ist und nicht im Erfassen oder Zuschreiben von Unabhängigkeit aufgeht: „Resultat: das Ansich ist zu beschreiben lediglich als das sein Denken *Vernichtende*." (182)

Diese Einsicht, die den Ausgangspunkt des höheren Realismus bildet, hat jedoch *im Medium der Reflexion* bzw. des Denkens zu geschehen, um einen Rückfall in die alle Reflexion suspendierende Hingabe des niederen Realismus zu vermeiden:

> „Also Ihre Einsicht der Vernichtung des Denkens am Ansich setzt selber voraus das positive Denken; und der Satz steht so: *Im Denken* vernichtet sich das Denken am Ansich." (184, H.v.m.)

Wie entkommt die durch das „Ansich" eingesehene Selbstvernichtung oder Selbstbegrenzung des Denkens dem Idealismus, wo doch gerade hier das Denken in eine reflexive Form eingetreten zu sein scheint? Als Antwort bringt Fichte den oben skizzierten Begriff der Selbstkonstruktion ins Spiel. Fichte kann ihn jedoch nicht im Modus des Voraussetzens bzw. des Reflektierens auf implizite Voraussetzungen einführen, sondern muss ihn der Maxime der inneren Existentialform entsprechend aus der Weise des unmittelbaren Einleuchtens des Ansich gewinnen.

Deshalb beruft sich Fichte bei der Aufstellung des höheren Realismus nicht einfach auf die Weise, wie das Ansich als das Denken vernichtend einleuchtet, sondern er thematisiert, wie dieses Einleuchten in der Reflexion erfasst wird. Dabei ergibt sich, dass das Ansich sich selbst konstruiert:

> „Oben entstand uns nämlich die Einsicht und ergriff uns, daß, jenes Leben an sich gesetzt, durchaus Nichts ausser ihm sein könne. So sahen wir ein und konnten nicht anders. Hier sehen wir ein, daß der Realismus, oder wir selber, stehend in seinem Standpunkte, verfährt

---

616 „Bedenken Sie wohl, wenn Sie sagen: so ist's *an sich*, schlechthin an sich; so sagen Sie: so ist's durchaus unabhängig von meinem Sagen und Denken, und *allem* Sagen und Denken und Anschauen [...]. So, sagen Sie, müssen Sie das *Ansich* sich erklären, falls Sie es sich erklären wollen, und jede andere Erklärung gäbe nicht das *Ansich*." (182) Fichtes ausdrücklicher semantischer Aufstieg zum „sagen" und „erklären" des Realisten, d. h. zur Artikulationsebene seiner Position, ist der Grund, warum ich hier von einer ‚metatheoretischen' Reflexion spreche (siehe auch III.1).

wie das *Ansich*, vernichtend schlechthin Alles ausser sich: daß er daher gewissermaßen, wenigstens quoad effectum, das *Ansich* selbst ist" (184).

Der Reflexion gelingt es demnach nicht mehr, das realistisch verstandene Ansich einzuklammern und durch die bloße Zuschreibung von Denkunabhängigkeit zu substituieren. Vielmehr entpuppt sich die Reflexion als eine Manifestation des Ansich, indem sie „verfährt wie das *Ansich*" (184). Dies zeigte die obige Analyse der Rede des Realisten vom Ansich: die Reflexion auf die objektstufige Zuschreibung von Denkunabhängigkeit führte zur metastufigen Zuschreibung von Zuschreibungsunabhängigkeit. Auf dem Standpunkt des Realismus bedeutet diese Übereinstimmung von Sagen und Tun, dass die Reflexion vom Inhalt der Einsicht bestimmt wird und nicht umgekehrt.[617] Der Realismus muss demnach zeigen, dass das Ansich in einer Weise in der Reflexion präsent ist, die nicht Produkt der Reflexion sein oder als ein solches angesehen werden kann. Dazu kann sich die Nachkonstruktion des Realismus auf folgende Beobachtungen berufen.

Erstens hat die Vernichtung des Denkens durch das Ansich den Status einer unmittelbaren, unserer Willkür entzogenen Evidenz: Sie wird „nicht gedacht in freier Reflexion, wie das Ansich von uns gedacht werden *soll*, sondern sie leuchtet *unmittelbar* ein." (184) Zweitens wird das Ansich in einer Weise evident, die nicht bereits analytisch in seiner begrifflichen Konstruktion enthalten war. Die zum Begriff des Ansich hinzutretende Bestimmung der Vernichtung des Denkens stellt somit eine „absolute Intuition" (184) dar, welche durch den Standpunkt der Reflexion nicht gesetzt oder projiziert wurde, sondern vielmehr „uns mit sich fortreißt." (186) Drittens wurde das Ansich als ein schlechthin Einfaches konstruiert. Denn als nicht-diskursives Prinzip des Begreifens soll es als unbedingter Grund von Bestimmtheit fungieren, der somit seinerseits keine Negation oder Differenz implizierende begriffliche Bestimmtheit enthalten darf.[618] Dann kann auch die Weise, wie das Ansich gedacht und konstruiert wird, nicht dem reflektierenden Denken zugerechnet werden. Denn dieses kann nur gegebene Bestimmungen kombinieren oder analysieren. Die im Einleuchten des Ansich unmittelbar hin-

---

[617] Damit wird der niedere Idealismus der Maxime des Realismus auf die oben bereits beschriebene Weise subordiniert. Vgl. Schlösser 2001, 98: „[D]ie Spannung zwischen beiden Positionen wird dadurch abgebaut, daß die Stellung des Denkens in zwei Phasen aufgeteilt wird: Zunächst wird durch es [das Denken] etwas als Gehalt gesetzt. Sodann hebt sich das Denken, in Folge dessen, was der Gehalt ist, selbst auf."

[618] Schlösser führt die allgemeinere Überlegung an, dass der Bezug auf ein in sich bestimmtes Unbedingtes „schon in der Verfassung der Rationalität" (Schlösser 2001, 98) liege, und konstatiert, dass nur etwas Einfaches diese Rolle übernehmen könne.

zutretende Bestimmung *vernichtend das Denken* konnte daher nur „aus ihm in seiner Einfachheit hervorgehen[]" (186).⁶¹⁹ Die Reflexion entdeckt zwar, dass die Vernichtung des Denkens *im Denken* erfasst und konstruiert wurde, doch sie schreibt dies nicht dem es begleitenden ‚Ich denke' bzw. dem ‚Wir' der Reflexion zu, sondern muss es dem Ansich selbst zuschreiben: „*Wir* daher – es ist dies bedeutend, – construirten es gar nicht, sondern es construirte *sich durch sich selbst.*" (186)

In den beiden Beobachtungen behauptet der höhere Realismus, dass die Evidenz des Ansich unmittelbar in dessen Selbstkonstruktion gründet, sodass die Nachkonstruktion des Einleuchtens gar nicht auf uns als Subjekt der Reflexion rekurrieren muss.⁶²⁰ Dem höheren Realismus gelingt es somit scheinbar, die *uniqueness* der Voraussetzungsthese wieder durch ihren Inhalt zu sichern: Das Leben an sich konstruiert *sich selbst* in der These als entzogene Voraussetzung des Begreifens.

3.2 Höherer Idealismus: Das Ich als Prinzip der Reflexion

Gemäß dem zu Beginn des Abschnitts erörterten methodischen Schema erhebt sich gegen den höheren Realismus ein höherer Idealismus, der die idealistische „*Maxime der äussern Existential-Form*" (164) auf dem nun erreichten Abstraktionsniveau anwendet, um so erneut den Substitutionseinwand anzubringen, dass auch der höhere Realismus den Bannkreis der Reflexion nicht überschreitet.

Fichte entwickelt den höheren Idealismus in einer „*frei* hinaufsteigen[den]" (191) Form, die fließend zwischen der idealistischen Reflexion und ihrem realistischen Konter changiert, um das Prinzip des Idealismus in seiner höchsten Allgemeinheit aufzustellen. Die „freie" Form der Darstellung verdeckt leicht, dass dabei eine Reihe idealistischer Positionen derselben Gattung entwickelt wird, deren Prinzip vom Bewusstsein über das Selbstbewusstsein bis hin zum absoluten Ich weiterbestimmt wird. Im Folgenden soll diese implizit mitlaufende Ent-

---

619 „[C]onstruirten wir etwa dieses Ansich, es zusammensetzend aus Theilen [...]. Ich sollte nicht glauben, sondern wir setzten es eben schlechthin in reiner Einfachheit hin: und seine Bedeutung, als die eigentliche Construction: *Vernichtung* des Denkens, leuchtete uns schlechthin ein, ergriff uns, als aus ihm in seiner Einfachheit hervorgehend." (186)
620 „Also die absolute Sichconstruction des Absoluten, und das ursprüngliche Licht, sind ganz und gar das Eine, Unzertrennliche, und das Licht geht selber aus dieser Sichconstruction, so wie diese wieder aus dem absoluten Lichte hervor. Es bleibt demnach hier von einem vorgegebenen *Uns* Nichts übrig: – und dies wäre die *höhere* realistische Ansicht." (186)

wicklung als argumentativer Schlagabtausch zwischen den Arten des jeweils höheren Idealismus und Realismus rekonstruiert werden.

Der bisher betrachtete niedere Idealismus würde auf das Denken des Ansich reflektieren und konstatieren, dass das Ansich ein als Voraussetzung *Gedachtes* ist, das folglich von uns auf bestimmte Weise begrifflich konstruiert werden musste. Dieser Substitutionseinwand unterschreitet jedoch das Niveau des höheren Realismus, dem zufolge die Selbstkonstruktion des Ansich *im* Denken stattfindet, das Denken also durch den in ihm evident werdenden Inhalt bedingt ist. Der nun auftretende höhere Idealismus dagegen leugnet nicht den Status der Selbstkonstruktion, versucht jedoch aufzuzeigen, dass sie ihrerseits durch einen vorausgehenden Reflexionsakt „energischen" Denkens bedingt ist.[621] Denn das Ansich hätte auch „verblaßt" (185) gedacht werden können, ohne dass seine Selbstkonstruktion (als das *das Denken Vernichtende*) eingeleuchtet hätte. Das geschieht zum Beispiel in Existenzurteilen, welche die Bestimmung des Ansich unthematisch verwenden und behauptet werden können, ohne dass auf die Bedingungen ihrer objektiven Gültigkeit reflektiert werden müsste, wodurch erst die Vernichtung des Denkens am Ansich einleuchten würde.[622] Das Ansich muss also „energisch" gedacht werden und *dass* dies stattfindet ist angesichts der bestehenden Alternative des bloß „verblaßten" Denkens kontingent. Denkvollzug und Einsicht divergieren hinsichtlich ihrer Modalität: Die Kontingenz des die Einsicht erzeugenden Reflexionsaktes konterkariert die von der erzeugten Einsicht transportierte Notwendigkeit, welche ihre Beschreibung als Selbstkonstruktion rechtfertigen soll. Es ist daher unsere *freie* Reflexion und nicht die Selbstkonstruktion des Inhalts, welche die Einsicht in das Ansich bedingt.[623]

1. Wie ergibt sich der idealistische Substitutionseinwand aus dieser Reflexion auf die Erzeugungsbedingungen der Einsicht des höheren Realismus? Im Ge-

---

621 „Damit wir das ‚*Ansich*' einsähen, als vernichtend das Sehen, mußten wir ja energisch auf dasselbe reflektiren, und ohnerachtet wir nicht läugnen können, daß *es sich selber* construirte und mit sich *das Licht*, war doch dieses alles bedingt durch unsere energische Reflexion, diese sonach das nächste Glied von allem." (193)

622 Fichte charakterisiert das „kategorische Ist" in Existenzurteilen als unthematische Verwendung des Begriffs des Ansich: „Das hast du nun gethan, ohne alles dein Wollen, und ohne die mindeste Energie, Zeit deines Lebens; in den verschiedensten Gestalten, so oft du das Urtheil: das und das *ist* – aussprachst: – und eben, nicht über das Verfahren selbst, sondern wegen der Gedankenlosigkeit dabei hat dir die Philosophie den Krieg gemacht, und dich in ihre Zirkel gezogen." (188, siehe auch 201) Das „kategorische Ist" ist ein weiterer Aspekt der äußeren Existentialform, siehe Fn. 559.

623 Vgl. Schüssler 1972, 109: „1) Hätten wir uns nicht [...] selbst in *Freiheit* dazu bestimmt, ein Ansich zu denken, so wäre gar kein Ansich gesetzt. 2) Hätten wir es nicht mit *Energie*, sondern nur verblaßt gedacht, so wäre seine Bedeutung nicht eingesehen worden".

3 Phase II: ‚Dialektische' Entwicklung des höheren Realismus (§§ 12–14) —— 341

gensatz zum niederen Idealismus beruft sich der Einwand nicht mehr auf die begriffliche Form des realistischen Prinzips, sondern auf dessen kognitive Einbettung als solche, die bereits mit dem theoretischen Zugriff der Reflexion gegeben ist. In der Lesart, die Schüssler und Schmidt vertreten, folgt aus jener Einbettung, dass die angebliche Selbstkonstruktion des Ansich nur „bewußtseinsimmanent"[624] stattfinde, sodass wir nicht „aus der Reflexion heraus zum Absoluten selbst"[625] gelangten. Diese Lesart ist jedoch unplausibel, insofern sie dem Idealismus einen psychologistischen Fehlschluss unterstellt: Nur weil wir einen Gehalt stets *im* Bewusstsein als gültig erfassen, beschränkt das seine Geltung nicht auf unser jeweiliges Bewusstsein desselben.[626]

Plausibler ist eine Lesart, die den Unterschied zwischen gedanklichen Gehalten und propositionalen Einstellungen bewahrt, die aber dennoch die Aktivität energischen Denkens als konstitutiv für die Geltung von Gehalten ausweist. Diesem Erfordernis entspräche die Gleichsetzung von Wahrheits- und Behauptbarkeitsbedingungen, wenn letztere als Regeln des Denkvollzuges verstanden werden. Dann zeigte die obige Nachkonstruktion, dass wir die Gewissheit unserer Einsicht aus unserem Bewusstsein beziehen, die Regeln des Denkens korrekt bzw. „energisch" befolgt zu haben. Ein „energisches" Denken macht sich demnach zur Handlungsregel, was für das „verblaßte" Denken nur als Zustandsregel gilt.[627] Der Einwand des höheren Idealismus wäre somit folgender: Die Wahrheit der Aussage, dass sich das Ansich selbst konstruiert, ist nur im energischen Denken des Ansich zugänglich. Das Ansich als externer Wahrmacher dieser Aussage lässt sich somit substituieren durch den entsprechenden Vollzug energischen Denkens, welcher die Bedingung ist, um diese Aussage gerechtfertigt zu behaupten bzw. sich als Einsicht zuzuschreiben.

2. Fichte führt einen Konter des höheren Realisten an, welcher den Idealisten mit den eigenen Waffen zu schlagen versucht. Der Realist macht nun auf die „äußere Existentialform" aufmerksam, in der das energische Denken zugänglich

---

624 Schüssler 1972, 109: „Die *gesamte Selbstkonstruktion des Absoluten vollzieht sich im Bewußtsein*; das Sein an sich ist ins Bewußtsein zurückgeholt; es ist bewußtseinsimmanent. Und so hat der Idealismus sich behauptet."
625 Schmidt 2004, 80: „Wir können sehr gut zugeben, daß in der Selbstdurchstreichung des Begriffs [...] eine Evidenz eintritt, so *als ob* hier das Absolute selbst sich in der Selbstdurchstreichung *als* solches setzte. Aber in der Reflexion können wir nicht zugleich aus der Reflexion heraus zum Absoluten selbst, und alles was wir haben, ist die Evidenz *in* der Reflexion, die *wir* vollziehen".
626 Siehe auch die Diskussion von „Emanenz" und „Immanenz" in III.1.5.
627 Zu dieser Unterscheidung, siehe den Exkurs zu Carroll, Fn. 587.

werden muss. Dazu fordert Ficht den Idealisten zur pragmatischen Reflexion auf sein Tun auf, wenn er sich im Sagen auf das energische Denken beruft:

> „Du daher denkst das *Ansich*; dies ist Dein Princip. Woher weißt Du denn das? Gehe mit uns zu Deinem Princip. Du kannst mir nicht anders antworten, und wirst nie eine andere Antwort aufbringen, als diese: ich sehe es eben, bin mir desselben unmittelbar bewußt; und zwar siehst Du es schlechthin objektive, intuirend." (193)

Das energische Denken ist der Reflexion verfügbar, weil es unmittelbar vom *Bewusstsein* dieses Denkens begleitet wird. Doch das bloße Bewusstsein von etwas ist nicht hinreichend, um ein „verblaßtes" Denken vom hier geforderten „energischen" Denken zu unterscheiden. Im Bewusstsein muss auch die Evidenz des Gedachten zugänglich werden. Aber die unmittelbar in jedem Bewusstsein von etwas enthaltene Evidenz, *dass* mir etwas auf bestimmte Weise gegenwärtig ist, ist nicht identisch mit dem Evidentwerden des im Bewusstsein präsenten Gehalts. Vielmehr müssen dafür Denkvollzug, unmittelbares Evidenzbewusstsein („Intuition") und die Selbstpräsentation der Wahrheit des gedachten Gehalts zusammenfallen.[628] Doch für den Grund dieses Zusammenhangs kann der Idealist nicht aufkommen: Er kann ihn kraft seines Evidenzbewusstseins nur als faktisch gegeben konstatieren und muss also das voraussetzen, was er durch das Bewusstsein erweisen wollte.[629]

Das Bewusstsein ist im energischen Denken somit zwar unhintergehbar – es gibt keinen Denkvollzug ohne Bewusstsein desselben –, aber gerade deshalb bleibt „zweideutig [...], ob das Denken aus dieser Intuition, oder diese Intuition aus dem Denken entspringe" (195). Das unmittelbare Bewusstsein kann diese Zweideutigkeit nicht auflösen, weil es nur zeigt, *dass* Denkvollzug und Bewusstsein bisher und gegenwärtig immer zusammengegangen sind. Allein auf dieser Basis kann kein Grund angegeben werden, *weshalb* dieser Zusammenhang auch in Zukunft bzw. mit Notwendigkeit bestehen soll.[630] Der Realist hingegen hat eine genetische Erklärung anzubieten, der zufolge *aus* der Selbstkonstruktion des

---

[628] „Es ist daher freilich klar, und unmittelbar faktisch, daß du das wirkliche Denken von dem Bewußtsein desselben, und umgekehrt, nicht trennen kannst, und daß in dieser Facticität dein Denken seine Intuition, und diese Intuition die absolute Wahrheit und Gültigkeit seiner Aussage setzt" (194).

[629] „Aber du kannst das genetische Mittelglied dieser beiden Disjunktionsglieder nicht angeben. Du bleibst daher in einer Facticität befangen." (194) Vgl. die Interpretationen von Schlösser 2001, 100, u. Janke 1970, 378.

[630] Deshalb spricht Fichte davon, dass das Bewusstsein das wirkliche Denken „per hiatum einer absoluten Unbegreiflichkeit, und Unerklärbarkeit hindurch" (221) projiziert. Vgl. Schüssler 1972, 113 f.

Ansich dessen Einleuchten hervorgeht, somit das Licht als Prinzip des Einleuchtens abgeleitet wird, und aus diesem wiederum das Evidenzbewusstsein.[631]

3. Fichte deutet eine Replik des Idealisten an: „und so wäre dieser neue Idealismus theils weiter bestimmt; er setzt nicht einmal, wie es erst schien, eine Reflexion, die nach ihm bloß dem Denken anheimfällt, sondern er setzt die unmittelbare Intuition dieser Reflexion, als das absolute" (197). Statt das bloße Faktum des Evidenzbewusstseins zu konstatieren, könnte der Idealist sich auf die Selbsttransparenz seines Denkvollzugs berufen, d. h. die „unmittelbare Intuition dieser Reflexion" (197). Dann wird das energische Denken nicht potentiell von seinem Resultat, der faktischen Evidenz, entkoppelt, sondern das kontinuierliche *Selbstbewusstsein* im Denkvollzug garantiert, dass die Evidenz durch nichts anderes als das Denken selbst zustande kommt. Dieser Ansatz unterscheidet sich vom zuvor erörterten, insofern er die Aussage des unmittelbaren Bewusstseins nicht auf den in ihm präsenten Gehalt bezieht, sondern auf dessen bewusste Präsenz als solche. Wohlgemerkt soll bewusste Präsenz dabei nicht als hinreichender Grund für die Wahrheit des Gehalts fungieren,[632] sondern verbriefen, dass das Einleuchten des Gehalts an den Vollzug eines energischen Denkens gebunden ist. Dafür scheint das Selbstbewusstsein von alleine aufkommen zu können.

4. Mit der Wende zum Selbstbewusstsein gelangt die Entwicklung des höheren Idealismus zu ihrem inneren Endpunkt, an welchem die Reflexion sich selbst genügt:

> „Der widerlegte Idealismus machte [...] das unmittelbare Bewußtseyn, zum Absoluten, zum Urquell und zum Bewährer der Wahrheit; und zwar zeigte sich in ihm das *absolute* Bewußtseyn, als Einheit alles möglichen andern Bewußtseyns, als *Selbstbewußtsein*, in der Reflexion." (201)

Während die Reflexion erster Stufe einem Gedanken das Präfix ‚Ich denke …' im formalen Modus nur hinzufügt, erfasst die Reflexion zweiter Stufe sich darin

---

631 „[D]ein Bewußtsein setzt auf alle Fälle *Licht* voraus, und ist nur eine Bestimmung desselben: aber das Licht ist eingesehen worden, als selber hervorgehend aus dem Ansich, und seiner absoluten Sich-Construction; geht es aber aus dem Ansich hervor, so kann dieses nicht hinwiederum, wie du willst, aus jenem hervorgehen." (194) Für eine ausführlichere Behandlung dieses Einwands, siehe Schüssler 1972, 110 f. Offenbar erwägt Fichte damit eine Einschränkung der allgemeinen epistemischen Selbsttransparenz (*luminosity*) von Wissenszuständen (siehe III.1.5, Fn. 561).

632 Vgl. Schlösser 2001, 100: „[W]enn ich annehme, daß die Gedanken in der Regel von einer Einsicht in sie begleitet sind und durch diese ihr Gehalt schlechthin gültig sein soll, so wären alle Gedanken gültig."

selbst, indem das ‚Ich denke' sowohl den Inhalt als auch die Form ihres Bezugs ausmacht. Allein auf der ersten Stufe der Reflexion betrachtet, ist das Ich nur „gefunden und wahrgenommen" (204) und damit als psychologisches Ich „immer die individuelle Person eines jeden" (204). In der Reflexion der zweiten Stufe hingegen ist es „*reines* Ich" (204), weil es allein in der Form der Selbstbezugnahme besteht. Durch ihren Selbstbezug versichert sich die Reflexion somit performativ ihrer eigenen Unhintergehbarkeit. Die vorangegangenen Ausprägungen des Idealismus mussten dagegen stets ein faktisches Ingredienz der Einsicht als Ansatzpunkt für ihre Reflexion ausfindig machen (nämlich: deren begriffliche Form, Bedingtheit durch energisches Denken oder faktisches Begleitetwerden durch das ‚Ich denke'). Im Selbstbewusstsein zeigt sich, dass die Reflexion diese Faktizität jederzeit selbst und von sich aus einbringen kann, insofern sie mit dem Bewusstsein „[d]as Urfaktum und die Quelle alles Faktischen" (205) sich zu eigen gemacht hat.

Fichte ergänzt mit einer skizzenhaften Überlegung, dass das Ich auf der ersten und zweiten Stufe der Reflexion dieselbe Funktion der Selbstzuschreibung ausdrückt: „Das hier vorkommende Selbst oder Ich ist mithin das reine, sich selber ewig gleiche, unveränderliche – nicht das *Absolute*, wie bald sich näher finden wird, aber das absolute *Ich*." (200) Die Reflexion des Idealisten ist damit auf ihr höchstes Prinzip zurückgeführt worden: das absolute bzw. transzendentale Ich.[633] Mit Kant gesprochen: Weil jedes mögliche Bewusstsein der ursprünglich-synthetischen Einheit der Apperzeption angehört, ist auch jede Einsicht für jene reflexive Distanzierung anfällig, durch welche der Idealismus seinen Substitutionseinwand anbringt. Die von Fichte betonte „Hartnäckigkeit des Idealismus" (166) beruht somit darauf, dass dieser sich auf das im Denken unhintergehbare transzendentale Selbstbewusstsein berufen kann.

5. Der Konter des Realisten fragt abermals nach der Gegebenheitsweise des energischen Denkvollzugs. Dessen Erzeugen von Evidenz sei im Selbstbewusstsein als solchen nicht zugänglich, sondern nur das von ihm Erzeugte:

„Unserm Denken, als Denken, verbaliter als Erzeugen, können wir, laut der unmittelbaren Aussage unseres Bewußtseins, nicht Zusehen; wir sehen es nur, indem es *ist*, oder sein soll, und es ist schon oder soll sein, indem wir es sehen" (196).

Warum soll hier das Denken, „verbaliter als Erzeugen" (196) verstanden, dem Selbstbewusstsein unzugänglich sein, wo doch unzweifelhaft die Vorstellung ‚Ich

---

[633] Für eine ausführliche Begründung der Identität von absolutem und transzendentalem Ich in diesem Kontext sowie deren Beziehung zur „Tathandlung" der *GWL*, siehe Schmidt 2004, 81f., 112-114; vgl. Asmuth 1999, 248f., 305ff.

denke ...' jeden Denkvollzug begleiten können muss? Da wir Fichte zufolge dem Ansich bei seinem Erzeugen von Evidenz in der Tat zusehen können,[634] muss die Schwierigkeit beim spezifischen „Sehen" bzw. Bewusstsein des Denkens liegen, auf das sich der Idealist beruft.[635]

Folgende Überlegung könnte im Hintergrund stehen: Angenommen wir können dem Denken beim Erzeugen der Einsicht zusehen, dann würden wir eine Zuschauerposition auf einen Prozess einnehmen, den wir eigentlich selbst teilnehmend vollziehen sollen. Die Introspektion würde nur ein psychologisches Faktum zutage fördern, gewissermaßen einen Erlebnisbericht, aber nicht das Denken als logisch gültige, d.h. normativ verbindliche Erzeugung von Urteilen. Die introspektive Wendung zum Selbstbewusstsein wendet sich genauso von der Immanenz des Denkens ab wie es schon die Wendung zum Bewusstsein tat; mit ihr verbleiben wir in „bloßer *faktischer Ansicht*" (196) unserer Evidenz. Das ‚Ich denke ...' *begleitet* zwar jede Einsicht, aber wenn wir nur auf diese apperzeptive Gegebenheit reflektieren, können wir nicht entscheiden, ob ihr das energische Denken oder ein sich selbst konstruierender Inhalt zugrunde liegt.

6. Die realistische Erklärung des Einleuchtens kann sich somit gegen den Idealismus durchsetzen, weil dieser als wesentlich „faktische" Ansicht gar nicht zur Dimension des Erzeugens der Einsicht vordringen kann. Dagegen können wir laut Fichte dem Ansich durchaus bei dieser Erzeugung „zusehen", weil wir an seiner Selbstkonstruktion partizipieren: „sie wird *ein*gesehen, d.h. es wird hineingesehen auf ein Lebendiges in sich selber, und dieses Lebendige reißt die Einsicht mit sich fort" (192). Vom Ansich gilt nämlich gerade, dass es nicht durch uns bzw. durch das Denken erzeugt wird: „Du denkst ja das Ansich nicht, ursprünglich es construirend, – *erdenkst* es nicht" (188). Vielmehr erzeugt sich das Ansich als Evidenz *in uns* und lässt sich dann in faktischer Ansicht reflexiv erfassen: „es setzt sich selber in deinem Wissen und *als* dein Wissen ab." (188)

Da die faktische Ansicht des Bewusstseins auf das Ich der Apperzeption zurückgeführt wurde (4.), bietet die Selbstkonstruktion des Ansich die konzeptionelle Möglichkeit der „Erzeugung" dieses Ich, welches im Idealismus nur als „erzeugtes" vorliegt. Damit schließt sich der Kreis zu den Prolegomena, in denen die WL als Theorie beschrieben wurde, welche die bloß „faktische Evidenz" der kantischen Apperzeptionseinheit auf ein genetisches Einheitsprinzip zurück-

---

[634] „[D]agegen wir das Ansich sehen als *seiend*, und sich construirend *zugleich* und umgekehrt" (196). Vgl. 195: „Ganz anders verhält es sich mit dem Sehen seines Denkens worauf der Idealismus sich *beruft*. Wir werden da nehmlich ohne Zweifel nicht *behaupten wollen*, daß wir dem *Denken als Denken* d. i. als erzeugend *das Ansich*, im Erzeugen zusähen, so wie wir dem Ansich, im Erzeugen seiner Construktion allerdings wirklich, und in der That zusehen".
[635] Vgl. die darin übereinstimmende, aber anders begründete Lesart von Schüssler 1972, 112.

führt.⁶³⁶ Die Position des höheren Realismus behauptet sich daher als wahre Gestalt der Wissenschaftslehre und das Ansich als deren Prinzip und Absolutes.⁶³⁷

7. Die Dialektik von Idealismus und Realismus gelangt an einen Punkt, an dem der Realismus die Oberhand gewonnen zu haben scheint. Der Idealismus wurde auf das „absolute *Ich*" (200) als sein Grundprinzip zurückgeführt (4.), und es war möglich, den Realismus gegen dieses Prinzip zu stabilisieren (5.), ja sogar die Ableitbarkeit des Ich aus der Selbstkonstruktion des Ansich zu plausibilisieren (6.). Der höhere Realismus scheint somit nicht nur die von der Wissenschaftslehre geforderte durchgängige Ableitbarkeit einlösen zu können, sondern auch als überlegene Position hervorgegangen zu sein, die den Idealismus in sich aufgenommen hat.

---

636 Vgl. 43, 45.
637 „Sodann hat die W.-L. stets bezeugt, daß nur als *erzeugt* sie das Ich für rein anerkenne und es an die Spitze ihrer Deduktion, nicht etwa ihrer selbst, als Wissenschaft, stelle, indem ja doch da die Erzeugung *höher* liegen wird, als das Erzeugte. Diese Erzeugung eben des Ich, und mit ihm des ganzen Bewußtseins, ist jetzt unsere Aufgabe." (204) Zur Erzeugung des Ich, siehe III.4.4.1.

3 Die Destruktion des realistischen Objektivitätsbegriffs in der „Wahrheitslehre"

Die im vorigen Kapitel rekonstruierte aufsteigende Argumentation führt zur von Fichte als Zustand von *„Sein* und *Leben"* (228) beschriebenen Einsicht, welche den Inhalt des erstens Teils der Wissenschaftslehre ausmache, der „Vernunft- und Wahrheitslehre", die „in einer einzigen Einsicht [...] anheben und beschließen" (228) soll.[638] Als gleichsam unausgedehnter Punkt des Einleuchtens wirft die Wahrheitslehre von § 15 die Frage nach ihrer Anbindung an die zu ihr aufsteigende Argumentation in §§ 11–14 sowie an die „auf Wahrheit gegründete Erscheinungs- und Scheinlehre" (228) als dem zweiten Hauptteil auf. Auch ihr systematischer Status ist in vielfacher Hinsicht unklar. In der Forschung tut sich hier ein breites Spektrum ‚metaphysischer' und ‚nicht-metaphysischer' Deutungen auf: Handelt es sich z. B. um die neuplatonische *henosis* des unterschieds- und prädikatslosen Einen; den negativ-theologischen Existenzbeweis Gottes bzw. eines transzendenten Absoluten von metaphysisch-ontologischer Dignität (Janke/Gueroult); den Ausweis einer begriffstranszendenten, absoluten Immanenz bzw. monistischen Totalität (Asmuth/Pluder); den Eintritt in einen Zustand der selbstbezüglichen Gewissheit (Schlösser); die für Selbstbewusstsein konstitutive Tathandlung (Schmidt); einen spekulativen Begriff absoluter Vernunfteinheit (R. Barth), oder den urteilslogischen Sinn absoluter Geltung (Gerten)?[639]

Meine Rekonstruktion in III.1–2 zeigte, dass Fichtes Wissenschaftslehre gemäß der *WL 1804-II* auf eine Therapie des Problems objektiver Geltung abzielt und dabei eine performative Strategie verfolgt. Deshalb nehme ich im Folgenden eine methodologische Perspektive auf den in der Einsicht von § 15 erreichten Zustand

---

638 Zu Aufbau und Einteilung der WL siehe Kapitel III.1.1.
639 Vgl. in der genannten Reihenfolge des Spektrums: Cürsgen 2003 u. die noch unveröffentlichte Studie von Max Rohstock zu Fichtes „Henophanie"; Janke 1970, 44f., 390: „Das Ich muß zugrunde gehen, damit Gott Prinzip sein kann", siehe auch Gueroult 1930, Bd. II, 164–167; Asmuth 1999, 247–252; Pluder 2012, 436; Schlösser 2001, 102ff.; Schmidt 2004, 84; Barth 2004, 2007, 2009; Gerten 2019. Ich werde mich im Wesentlichen Schlössers Lesart anschließen. Zu ihr ist anzumerken, dass die Identifikation von Sein und Gewissheit erst retrospektiv von der Erscheinungslehre aus gesprochen ist und Schlösser bei § 15 nur von einem „Zustand" des Seins und Lebens spricht, welchen Ausdruck ich übernehme (siehe III.4.1 u. vgl. diese Redeweise mit der von Wissen als einem fragilen „Zustand" bei Kleist 1993, 323: „Denn nicht *wir* wissen, es ist allererst ein gewisser *Zustand* unsrer, welcher weiß"). Gertens ‚logische' Lesart klammert m. E. den Vollzugsaspekt von Wissen zu sehr aus und beachtet nicht, dass Fichte einen Punkt der „genetischen" Erzeugung von Geltung anvisiert. Auf die Deutungen insbesondere Barths, Schmidts und Jankes werde ich im Folgenden noch kritisch eingehen.

des Seins/Lebens ein und betrachte, wie Fichte den Übergang zu demselben argumentativ vorbereitet, rhetorisch evoziert und retrospektiv kommentiert. Meine Vorgehensweise ist folgende: In Abschnitt **1** gebe ich einen systematischen Aufriss von Fichtes Vorgehen im Blick auf die methodologischen Anforderungen an eine philosophische Therapie. In Abschnitt **2** erörtere ich Fichtes Kritik am realistischen Objektivitätsbegriff im Rückgriff auf die Ergebnisse von Kapitel II.2. In Abschnitt **3** analysiere ich Fichtes positive Konzeption des Seins/Lebens und erläutere in Abschnitt **4** ihren systematischen Beitrag zur Therapie des Problems objektiver Geltung. In Abschnitt **5** zeige ich, dass sich für Fichtes Ansatz ein skeptisches Racheproblem ergibt, das zu lösen den zweiten Teil der Wissenschaftslehre, die Erscheinungslehre, motiviert.

1 Die therapeutische Funktion von Sein und Leben

Ich lese Fichtes aufsteigende Argumentation von §§ 11–14 als Vorbereitung eines grundlegenden *Perspektivwechsels* auf das Wesen des Wissens, den Fichte im Übergang zu § 15 mit seiner Hörerschaft zu vollziehen beabsichtigt. Der Perspektivwechsel soll uns zu einer doppelten Einsicht führen: die negative Einsicht, dass der realistische Objektivitätsbegriff nur beschränkt gültig ist, und die positive Einsicht, dass alle Realität durch den vorgängigen Horizont des reinen Wissens erschlossen wird. Die Abkehr von der realistischen Objektivitätskonzeption entzieht dabei dem skeptischen Problem objektiver Geltung die Grundlage. Denn der skeptische Zweifel daran, ob transzendentale Voraussetzungen des Wissens in der Welt erfüllt werden, basiert auf der Annahme, dass die Welt wesentlich etwas vom Wissen Getrenntes ist.

Fichtes mit § 15 aufgestellter Grundsatz „*das Sein ist durchaus ein in sich geschlossenes Singulum des Lebens und Seins*" (242) besagt meiner Lesart zufolge: Es existiert keine Sphäre von Objektivität ‚außerhalb' des Wissens, vielmehr ist das Wissen selber die schlechthin unhintergehbare Realität. Ferner ist bezüglich des Prozesses der Therapie der Hintersinn zu beachten, dass die Übernahme dieser im Grundsatz ausgedrückten Objektivitätskonzeption deshalb zwingend ist, weil sie *performativ* durch die Verwirklichung des im Grundsatz nur diskursiv nachgebildeten Wissenssinns geschieht.

Die argumentative Strategie, mit der Fichte meiner Rekonstruktion zufolge seine Hörerschaft zum Einleuchten des Grundsatzes führt, skizziere ich hier vorgreifend, um sie in den folgenden Abschnitten am Text zu vertiefen.

1. Rückführung des Realismus auf die Form des Begreifens:
Die aufsteigende Argumentation von §§ 11–14 bereitet die Abkehr von der realistischen Objektivitätskonzeption vor, indem sie diese auf eine bestimmte Ansicht des Wissens zurückführt, die Fichte der diskursiven Form des „Begreifens" zuordnet. In der Ansicht des Begreifens hat das Wissen eine *repräsentationale Form*, gemäß welcher das Wissen sich als propositionaler Gehalt auf eine an sich bzw. außerhalb des Wissens existierende Welt bezieht. Fichte erreicht dieses Ergebnis durch die überraschende Einsicht, dass das Muttergestein des Realismus, der Gedanke des „Ansich", nichts weiter als ein Artefakt jener repräsentationalen Form ist. Selbst am Gedanken eines schlechthin Ansichseienden lässt sich also der latente Bezug zu einem (möglichen) repräsentierenden Bewusstsein nicht gänzlich eliminieren.

2. Aporie der Form des Begreifens:
Für die Ansicht des Begreifens bedeutet die Kritik am Ansich, dass der Versuch, die Wissenschaftslehre auf ein objektives, das Bewusstsein transzendierendes Fundament zu stellen, gescheitert ist. Mithin scheitert die Argumentationsform der transzendentalen Voraussetzung, die Fichte zu diesem Zweck eingeführt hatte, d.i. die These, dass ein an sich bestehendes „Leben des Lichts" die Ermöglichungsbedingung für die Aktivität des Begreifens sei. Das Begreifen kann vielmehr nur Geschöpfe seinesgleichen hervorbringen: Selbst die Denkfigur der Selbstvernichtung des Begreifens führt nicht weiter als zur wiederum begrifflichen Operation der Negation oder zur Form des Voraussetzens. Wenn die Maxime, ein objektives, d.h. absolut gültiges Fundament zu finden, nicht aufgegeben werden soll, muss daher die Form des Begreifens als solche zurückgewiesen werden. Fichte zeigt hier, dass der Realismus wie auch die Form des Begreifens über sich selbst hinausgetrieben werden.

3. Performativer Perspektivwechsel:
Die Aporie des Begreifens stellt vor das Problem, dass der Raum theoretisch-argumentativer Lösungsoptionen ausgeschöpft scheint. Diese Aporie nutzt Fichte als Hebelwirkung für folgende metatheoretische Pointe: Weil die gesuchte Ansicht des Wissens nicht auf diskursivem Wege als Theorieelement eingeführt werden kann, muss sie performativ erreicht werden. Fichte empfiehlt dabei keine dezisionistische Verzweiflungstat, sondern zeigt auf, dass der erforderliche Perspektivwechsel so grundlegend ist, dass dieser eine Veränderung der Denkhaltung erfordert. Derartige Perspektivwechsel sind etwas, das wir auch im philosophischen Nachdenken *tun* müssen und deren Vollzug nicht ersetzt werden kann durch eine ihnen vorgreifende Beschreibung. Ferner ersetzt, wie gestaltpsycho-

logische Kippfiguren veranschaulichen, auch eine als adäquat ausweisbare Beschreibung nicht das *Sehen* des Beschriebenen.

4. Eintritt des Einleuchtens:
Die Preisgabe des Begreifens würde uns von der aporetischen Aufgabe befreien, diskursiv einen Realitätsbezug herbeizudiskutieren, und uns statt dessen für eine neue Perspektive auf das Wissen öffnen. Aber dafür muss der anvisierte Perspektivwechsel erst einmal geschehen. Fichte postuliert nun, dass sich tatsächlich von selbst eine entsprechende Evidenz einstellt. Der so postulierte Perspektivwechsel ist aber nicht als dezisionistischer Akt, sondern als Ineinander zweier Bewegungen des Loslassens und Ergriffenwerdens zu verstehen. Schon indem wir von der Form der Repräsentation abstrahieren wollen, d. h. die Ansicht des Begreifens *loslassen*, werden wir von der Evidenz des reinen Wissens *ergriffen*. Bereits unsere Fähigkeit, uns von der diskursiven Form unseres Denkens als Verstellung zu distanzieren, beweist unsere implizit mitlaufende Teilhabe an einem nicht-repräsentationalen Sinn von Wissen. Das reine Wissen zeigt sich gerade darin als etwas, das immer schon im Hintergrund stand, indem es uns sofort ergreift, wenn der Blick für es freigeworden ist. Das Ergriffenwerden in der Einsicht ist dabei *ipso facto* die Verwirklichungsform des Seins/Lebens.

Die obige metatheoretische Reflexion (3.) zeigt jedoch: Der Vollzug dieser Einsicht ist selbst nicht diskursiv darstellbar. Fichte mag zwar umschreiben, wie unser Blick frei wird für das Wissen in seiner ursprünglichsten Form, aber das kann nicht das ersetzen, was wir dabei erblicken sollen. Die weitere Rekonstruktion der Argumentation muss daher in hypothetischer Form angeben, was für die Therapie des Problems objektiver Geltung folgte, wenn dieses Vollzugsmoment sich tatsächlich einstellen würde.

5. Faktische Vernichtung der Form des Begreifens:
Selbst wenn das Wissen auf eine bestimmte Weise einleuchtete, so könnte man einwenden, würde damit unser Blick entweder nur nach innen auf unser Bewusstsein gekehrt oder schlicht abgewendet vom Problem des Realitätsbezugs. Fichtes zweite metatheoretische Pointe ist, dass ein solcher Einwand nicht mehr triftig ist, wenn die postulierte Einsicht tatsächlich eingetreten ist. Denn jeglicher Zweifel an der Objektivität der erreichten Einsicht setzt die Gültigkeit der repräsentationalen Form des Wissens voraus. Nur in der Ansicht des Begreifens kann das Einleuchten als bloß subjektiver bzw. mentaler Zustand oder ähnliches erscheinen. Mit dem Vollzug des Perspektivwechsels, der wie gesagt *ipso facto* die Teilhabe am reinen Wissen bedeutet, ist diese reflexive Distanzierung vom Wissen nicht mehr möglich. Hier kommt erneut Fichtes Postulat zum Tragen, dass wir tatsächlich in den Zustand des Seins/Lebens als eines nicht-repräsentationalen

Wissensvollzugs eintreten. Diese irreduzibel performative Komponente von Fichtes therapeutischem Ansatz ist hier eine Stärke: Die Teilhabe am reinen Wissen ist selbstvalidierend; sofern uns die postulierte Einsicht ergreift, beweist sie die Ungültigkeit der realistischen Objektivitätskonzeption durch die Tat.

6. Geschlossenheit und Realität:
Was ist die positive Ansicht des Wissens, die sich uns mit dem Perspektivwechsel zeigt? Zunächst muss die Frage, wie es überhaupt möglich ist, die Teilhabe am reinen Wissen diskursiv zu beschreiben, bis zur Erörterung der Erscheinungslehre eingeklammert werden. Weil es sich um das intuitive Hervortreten des elementarsten, allgemeinsten und ursprünglichsten Sinns von Wissen handelt, kann eine Beschreibung jedenfalls nicht sehr reichhaltig ausfallen. Fichte wählt die Vokabeln „Sein", „Leben" und „Licht", wobei die letztere Bestimmung in § 15 noch im Hintergrund bleibt (was wiederum die in der Erscheinungslehre geklärte Frage der Darstellbarkeit betrifft). Sie umreißen das, was in den Prolegomena „absolute Einheit" hieß und was ich als Horizonthaftigkeit des reinen Wissens beschreiben werde (siehe Abschnitt 4).

Wenn wir am Interpretament des Perspektivwechsels festhalten, lässt sich der Begriff „Sein" als Nachfolgerkonzeption des „Ansich" des Realismus verstehen. Mit dem Ansich scheiterten wir wie gezeigt (1.) paradoxerweise daran, etwas schlechthin an sich Gültiges vorzustellen. Der Begriff des Seins überführt den Gedanken eines unbedingt oder absolut Gültigen auf die noch höhere Abstraktionsebene eines Unbedingten überhaupt. Wie Schlösser bemerkt, lässt sich nicht einmal die Frage des (Nicht-)Bestehens an es adressieren, insofern der Begriff ‚Sein' in bejahenden wie verneinenden Existenzurteilen vorausgesetzt wird.[640] Vielmehr ist ‚Sein' der allgemeinste Begriff, der in jeder sinnvollen Aussage ausdrücklich oder unausdrücklich mitläuft.[641] Dabei zeichnet sich der Begriff des Seins gerade durch seine Ambiguität aus, dass er einerseits „von der Sprache [...] substantivisch genommen" (230) werden kann, andererseits „verbaliter" (230) als „esse, in actu [...] unmittelbar im Leben selber" (230). Wie Fichtes scholastische Terminologie des *esse in actu* bzw. *esse in mero actu* (228) anzeigt, wird mit der Unterscheidung von einem substantivischen und verbalen Sinn von „Sein" somit die ontologische Differenz zwischen Sein und Seiendem mitgemeint. Um zu präzisieren, dass das in § 15 einleuchtende Sein kein substanzhaftes Bestehen meint, verwendet Fichte den eine prozessartige Aktivität anzeigenden Begriff

---

640 Schlösser 2001, 103.
641 Vgl. Heidegger 1993, 3.

„Leben" synonym mit „Sein". Auch der Begriff des Lebens konnotiert einen Sinn von Unbedingtheit, insofern das Lebendige sein Prinzip der Bewegung in sich selbst hat. Wenn demnach das reine Wissen als Sein und Leben einleuchtet, dann drückt dies den Gedanken aus, dass die Realität nicht außerhalb des Wissens, sondern *im* Wissen selber liegt (und zwar hinsichtlich ihrer Seinsweise und nicht als substanzhaftes Seiendes, das in ein containerartiges anderes Seiendes verlegt wird).

Der eben umrissene Perspektivwechsel in §§ 11–15 ähnelt der therapeutischen Strategie von Sacks (siehe I.3.4). Analog zur Fichte'schen Vernichtung des Begreifens weist Sacks den realistischen Objektivitätsbegriff als ungültig zurück, weil er sich als ein Artefakt der „unkritischen" Einstellung der Erfahrung entpuppt. Mit dieser Einsicht in die notwendige repräsentationale Struktur der Erfahrung begründet Sacks ebenfalls einen Perspektivwechsel, indem er zur „kritischen" Einstellung (*critical mode*) übergeht, welche vom Zwang ontologischer Reifikation befreit ist, weil sie ihn als strukturbedingt durchschaut hat. In der kritischen Einstellung kann Sacks dann feststellen, dass sich das Problem objektiver Geltung erledigt hat, weil an die Stelle einer objektiven Welt die Grundstruktur des Wissens selber getreten ist (bei Sacks verstanden als *qua* unmöglichem externen Einfluss notwendig invariante *background cognitive matrix*).

Die wesentlichen Unterschiede beider Ansätze markieren zugleich Fichtes Stärken gegenüber Sacks. An Sacks wurde in I.3 erstens kritisiert, dass er keinen Zusammenhang zwischen dem kritischen Objektivitätsbegriff der philosophischen Reflexion und dem unkritischen Objektivitätsbegriff der Erfahrung herstellen kann. Ich werde zwar auch für Fichte ein analoges Problem feststellen (Abschnitt 5), aber zeigen, dass seine „Erscheinungslehre" die Ressourcen bietet, es zu lösen (in III.4). Zweitens ist bei Sacks unklar, wie der Übergang zur kritischen Einstellung vollzogen wird und warum er zwingend sein soll. Fichte hingegen stellt den Vorgang des Perspektivwechsels ins Zentrum seiner Konzeption des reinen Wissens. Drittens droht Sacks auf der Ebene kritischer Reflexion der Objektivitätsbegriff ganz verloren zu gehen, weil die kritische Einstellung im Grunde nur eine *epoché* gegenüber ontologischen Festlegungen darstellt. Fichte dagegen expliziert das reine Wissen in der Begrifflichkeit des Seins und Lebens als der allen anderen Bestimmungen von Objektivität vorgängige Sinn von Sein bzw. Realität.[642]

---

[642] Zur weiteren kritischen Abwägung der Ansätze von Sacks und Fichte, siehe IV.1.2.2.

2 Die Aporie des Begreifens (§ 14)

Fichtes eingangs erläuterte therapeutische Strategie zielt darauf, uns für einen grundlegenden Perspektivwechsel in unserer Ansicht des Wissens zu öffnen, durch welchen das Problem objektiver Geltung aus dem Gesichtskreis der Wissenschaftslehre verschwindet. Um diesen Perspektivwechsel zu motivieren, versucht Fichte in § 14 die Aporie der bisher in der aufsteigenden Argumentation von §§ 11–13 leitenden Form des Begreifens aufzuzeigen, um deren Zurückweisung und performative Übersteigung im Zustand des Seins/Lebens zu motivieren.

Wie in Abschnitt 1 erläutert, ist der Boden für das intuitive, nicht-diskursive Einleuchten des Seins/Lebens erst dann bereitet, wenn die Form des Begreifens und damit die repräsentationale Form des Wissens *als solche* in eine Aporie geführt wurden. Die methodische Anlage von Fichtes Kritik an Idealismus und Realismus ist auf diesen Zweck abgestimmt (siehe III.2.3): Die dialektische Entwicklung einander auf ansteigendem Abstraktionsniveau ablösender Positionen führt zu einer abgeschlossenen Reihe von Kombinationen. Wenn Fichte also die letzte Position in dieser Reihe kritisiert, dann führt er die gesamte zu ihr führende Entwicklung in die Aporie. Diesen Schritt geht Fichte in § 14 mit dem Nachweis, dass die Position des „bis jetzt höchste[n] Realismus" (220) in den Idealismus umschlägt (Abschnitt 2.1).

In einem zweiten Schritt (2.2) betrachtet Fichte den Versuch seitens des Begreifens, auf die so herausgestellte Aporie nach dem in § 4 aufgestellten Muster der Selbstvernichtung des Begreifens zu reagieren (siehe III.1.3.3). Die Form des Begreifens versucht sich selbst zu negieren, indem sie vom Prinzip des höchsten Realismus, d.i. dem „Ansich", das abstrahiert, was als zur repräsentationalen Form des Bewusstseins gehörig erschien. Der so abstrahierte Begriff ist der des *Seins*. Fichte vollendet seine grundsätzliche Kritik des Begreifens, indem er bereits in § 14 anzeigt, dass auch diese Abstraktionsleistung nicht allein durch das Begreifen zustande kommen kann.

2.1 Kritik des Ansich und Umschlagen des Realismus in den Idealismus

Die Dialektik von Idealismus und Realismus führt an einen Punkt, an dem der Realismus die Oberhand zu behalten scheint (siehe III.2.5). Am Anfang von § 14 resümiert Fichte diesen Stand der Dialektik: Zwar wurde dem Idealismus zugestanden, dass das Einleuchten faktisch nur im Bewusstsein zugänglich ist, aber der Realismus konnte sich darauf berufen, dass dieses Faktum gegenüber seinem

Prinzip, dem „Ansich", keine Gültigkeit habe.⁶⁴³ Der Realismus verfährt somit nach folgender Maxime: Wenn die Wahrheit etwas an sich Gültiges sein soll, dann müssen wir im Urteilen von dem Faktum des Geltungs- bzw. Wahrheitsbewusstseins abstrahieren.⁶⁴⁴

Gemäß seinem dialektischen Prüfungsverfahren prüft Fichte auch diese höchste Form des Realismus auf ihre innere Konsistenz.⁶⁴⁵ Fichte setzt dazu bei einer „neuen Nachconstruktion des *Ansich*" (222) an, welche nun von der Energie des Denkens abstrahieren soll, die durch den höheren Idealismus als das faktische Ingredienz der Einsicht ausgewiesen wurde. Doch wie lässt sich die Unabhängigkeit des Ansich von der Reflexion ausweisen, wenn sich dessen „Selbstkonstruktion" nur *im Medium* der Reflexion erfassen lässt? Der Realismus muss dazu den Inhalt seiner Konzeption gegenüber der Form, wie sie im Denken erfasst wird, stabilisieren. Die von Fichte hier vorgeführte Strategie des Realismus analysiere ich im Folgenden als Übergang vom Findungskontext der Selbstkonstruktion – die Reflexion bzw. das Bewusstsein – zum von demselben unabhängigen Kontext der Rechtfertigung, in welchem der Findungskontext ausgeklammert und somit die Form des Bewusstseins als ungültig abstrahiert werden kann.

Den gesuchten Übergang ermöglicht bereits die Unterscheidung von Findungs- und Geltungskontext: Sie setzt voraus, dass es eine „Urbedeutung" (222) des Ansich gibt, die zwar nachkonstruierend erfasst werden kann, aber unabhängig davon gültig ist. Die Urbedeutung verhält sich demnach zur Nachkonstruktion wie das Husserl'sche *noema* zur es erfassenden *noesis*: Das *noema* ist als Gehalt unabhängig von seinem Erfasstwerden gültig, vielmehr hat sich die *noesis* nach ihm zu richten, indem sie ihn seiner internen Bestimmtheit gemäß erfassen

---

643 „Das Bewußtseyn ist in seiner ansich Gültigkeit abgewiesen, ohnerachtet zugestanden worden, daß wir aus demselben nicht herauskönnen." (217)

644 „Daher 1.) Haben wir dies nun einmal eingesehen, so wollen wir ja doch, ohnerachtet wir faktisch es nicht vernichten können, realiter, und über Wahrheit urtheilend, nicht daran glauben, sondern im Urtheile davon abstrahiren; ja wir müssen dies unter der Bedingung, daß wir zur Wahrheit gelangen wollen" (217).

645 Asmuth 1999, 301: „Realismus und Idealismus sind also potenzierte Weisen, in denen sich das Wissen über sein Verhältnis zum Absoluten ausspricht. Bedeutsam ist, daß der Idealismus einen Realismus in sich enthält. Der Idealismus hat eine doppelte Argumentationsstruktur: Er kennt das realistische Argument, überhöht es nur, indem er auf die Faktizität der Einsicht verweist. Der Realismus suspendiert die Reflexion, indem er auf die Identität des Inhalts verweist. Schließlich kollabieren *beide* Argumentationsweisen, da sie sich *beide* als Idealismus erweisen. Sie geben sich zu erkennen als das, was sie sind: potenzierte Weisen, das Absolute an-zusehen."

soll.[646] Analog gilt: Ohne die Urbedeutung hätte die Nachkonstruktion „als bloße *Nachconstruction* […] keinen Grund noch Leiter" (222). Um die funktionale Rolle des *noema* zu erfüllen, muss die Urbedeutung ferner als „*ursprünglich fertige* Construction" (223) bestimmt werden, d. h. als in sich fertig bestimmter Gehalt, der aller Nachkonstruktion und bewussten Erfassung vorhergeht.

Im Rechtfertigungskontext soll das Ansich so bestimmt sein, wie es vom Realismus *vorausgesetzt* wird, und nicht wie es in der Reflexion *gefunden* wird, d. h. in ihm geschieht die „Erwägung des *Ansich,* so wie es, als einen ursprünglichen, von aller lebendigen Construction unabhängigen, und diese selber leitenden Sinn habend, vorausgesetzt wurde" (240). Wir *erwägen* das Ansich in seiner „Urbedeutung" eben so, wie es *an sich* sein soll.

Der Übergang zum Rechtfertigungskontext ist dementsprechend schon mit der Aufforderung geschehen, das rein in seiner Urbedeutung zu erwägen. In der Tat ergibt sich daraus die Abweisung des höheren Idealismus: Wir müssen dann davon abstrahieren, dass die Selbstkonstruktion des Ansich uns im Medium energischen Denkens einleuchtete, d. h. „indem wir Leben, oder Urphantasie hinzuthaten und in dieser aufgingen" (222). Auch die Bestimmtheit der Selbstkonstruktion als eines in sich Lebendigen ist demnach als eine bloß äußerliche Zutat der Reflexion (bzw. der „Urphantasie"[647]) anzusehen. Das Leben an sich und die im energischen Denken erfasste Selbstkonstruktion des Ansich geben jeweils nur die „*versinnlichte*" (222) und nicht die „rein intelligirte Bedeutung des Ansich" (222).

Laut Fichte führt diese Nachkonstruktion der Urbedeutung des Ansich jedoch zur Widerlegung des höheren Realismus. Denn gerade im (eben durchgeführten) Versuch, von allem Effekt des Bewusstseins zu abstrahieren, tritt dieser wieder Effekt zutage. Er ergibt sich daraus, dass die Urbedeutung des Ansich nur durch *Negation* des ihm entgegengesetzten „Nicht-Ansich" bestimmt werden kann:

> „Wie man das Ansich auffassen möge, so ist es doch immer ein *Nicht-nicht ansich,* also bestimmt durch Negation eines ihm entgegengesetzten, somit als *Ansich,* selber ein relatives, Einheit einer Zweiheit" (223).

Weil sie selbst aus der Erwägung der „Urbedeutung" des Ansich nicht eliminiert werden kann, wird die *interne* Bezogenheit des Ansich auf das Bewusstsein er-

---

646 Vgl. Husserl 1922, 189–197. Zur allgemeinen Unterscheidung von Rechtfertigungs- und Findungskontext, siehe Hoyningen-Huene 1986 (503, Fn. 10, zu ihrem Nachweis bei Husserl); zu ihrer Anwendung auf Fichte, vgl. Schüz 2019, 243–245.
647 Zur Urphantasie als Gestalt der produktiven Einbildungskraft, siehe Janke 1970, 386 f., u. Schüssler 1972, 106 f.

wiesen. Der Übergang in den Rechtfertigungskontext zeigt: Ganz gleich „[w]ie man das Ansich auffassen möge", um zu verstehen, was „Ansich" als *noema* bedeutet, musste seine Abgrenzung vom Nichtansich immer schon mitgedacht worden sein.[648] Erst die Abgrenzung von einem *Sein für etwas*, d. h. von einem Sein für ein Bewusstsein, bestimmt den Gehalt von *Sein an sich*. Die Spaltung von Subjektivem und Objektivem zeigt sich somit als eine Präsupposition dafür, dass ‚*Ansich*sein' kein leeres Wort ist. Die Bestimmtheit durch Negation beinhaltet nämlich stets eine Relation zu dem, wovon etwas abgegrenzt wird. Das Ansich ist somit immer schon Glied einer Relation und kann nicht als absolute Einheit fungieren. Freilich wird in der erwogenen Urbedeutung nicht vorausgesetzt, dass es ein wirkliches Bewusstsein gibt oder gar, dass dasselbe das Ansich erst *als* ihm entgegengesetzt erfassen müsste. Aber die *Möglichkeit* eines solchen Bewusstseins musste vorausgesetzt werden. Denn für das Ansich muss zumindest kontrafaktisch gelten, dass es von seinem subjektiven Erfasstwerden unabhängig *sein würde*; damit ist es Gegenstand einer möglichen Repräsentation.[649]

Wie Fichte resümiert, stellt die implizite relationale Bestimmtheit des Ansich nichts anderes als jene Projektion *per hiatum* dar, die laut Fichte der wesentliche Effekt des Bewusstseins ist: Die Spaltung von Subjekt und Objekt wird als faktisch gegeben vorausgesetzt ohne dass erklärlich würde, weshalb beide zusammenhängen oder wie es zu ihrer Spaltung kam. Denn das Ansich soll ja ganz unabhängig und für sich bestehen, sodass seine relationale Bestimmtheit aus ihm nicht ableitbar ist, jedoch (wie eben gezeigt) faktisch zu seiner primären Bedeutung gehört.[650] Der höhere Realismus schlägt somit in den Idealismus um, da er

---

648 Vgl. Fichtes zusammenfassender Rückblick: „Da fand sich denn, bei näherer Erwägung des *Ansich*, so wie es, als einen ursprünglichen, von aller lebendigen Construction unabhängigen, und diese selber leitenden Sinn habend, vorausgesetzt wurde, daß es doch unverständlich bliebe, ohne ein *Nichtansich*, daß es daher im Verstände gar kein Ansich, d. h. an sich Verständliches sei, sondern nur verständlich werde durch sein Nebenglied" (240).
649 „‚Denken Sie ein Ansich,' hat es angehoben, und dieses Denken oder Bewußtsein war *möglich*. Diese Möglichkeit nun hat unsere ganze bis jetzt geführte Forschung bestimmt; also doch auf das Bewußtsein, wenn gleich nicht in seiner Wirklichkeit, dennoch in seiner Möglichkeit haben wir uns gestützt, und in dieser Qualität es zu unserm letzten Princip gehabt." (224) Vgl. das auf Kants Formel von ‚Gegenständen einer möglichen Erfahrung' gemünzte „Bewußtseinsmodell" des Anti-Realismus bei Willaschek 2003, 28.
650 „Denn wie aus der *Einheit*, als blosser reiner Einheit, ein Ansich und Nichtansich folge, läßt sich nicht erklären; freilich wohl, wenn sie schon vorausgesetzt wird, als Einheit des Ansich und Nichtansich; dann aber ist die *Unbegreiflichkeit* und *Unerklärlichkeit* in dieser *Bestimmtheit* der Einheit, und sie selber wäre nun das projectum per hiatum irrationalem." (225) Vgl. Schüssler 1972, 119.

konstitutiv auf ein zumindest mögliches Bewusstsein bezogen ist und diese Bezogenheit als unerklärliches Faktum voraussetzt.[651]

Könnte sich der Realismus nicht verteidigen, dass die angeblich in der Urbedeutung des Ansich aufgetane Relation eben nur ein weiteres Artefakt unserer faktischen Betrachtungsweise ist, von dem schlicht aufs Neue abstrahiert werden könnte? Diese Replik scheitert, weil der Übergang in den Rechtfertigungskontext gerade in der Aufforderung bestand, das Ansich in seiner Urbedeutung, d. h. strikt *als* an-sich-seiend zu denken. Die nun erneut angeführte Maxime der Abstraktion von allem faktischen Denken ist in dieser Aufforderung bereits enthalten; sie muss und kann daher nicht aufs Neue vom Realismus eingefordert werden. Die Selbstprüfung des Realismus bedient sich hier der Form einer performativen Tautologie:[652] Die im Gehalt des „Ansich" geforderte Abstraktion von allem Bewusstsein wurde wirklich vollzogen und dabei trat die Relation zum „Nichtansich" als konstitutives, nicht-abstrahierbares Moment hervor. Der Einwurf, dass nicht dem intendierten Gehalt des Ansich gemäß abstrahiert wurde, ist also nicht zutreffend. Vielmehr zeigte sich gerade *im* Erwägen der mit dem „Ansich" verbundenen Bedeutungsintention, dass seine (negierend-abgrenzende) Beziehung auf das Bewusstsein bzw. Denken keine seinem Gehalt äußerliche Begleiterscheinung ist.[653]

---

651 „Unser höchster Realismus daher, d. h. der höchste Standpunkt unsrer eignen Speculation, ist hier selber, als ein, bisher nur in seiner Wurzel verborgen gebliebener Idealismus aufgedeckt, er ist im Grunde faktisch und projectio per hiatum, besteht nicht vor seinem eignen Gericht, und ist nach der Regel, die er selbst aufstellt, aufzugeben." (225) Siehe auch Pluder 2012, 419–421, der das Wiederauftreten des „Durch" in dieser versteckten Relation hervorhebt. – Je nach Zählweise könnte hier von einem dritten, ‚höchsten' Typ des Realismus und einem ebensolchen dritten Typus des Idealismus gesprochen werden (vgl. auch die Rede vom „bis jetzt" höchsten Realismus auf 220). Fichte selbst suggeriert in seinen einleitenden Bemerkungen zu § 14, dass er einen neuen Typ des Idealismus aufstellen werde: „Es wurde gestern ein Idealismus aufgestellt, charakterisirt und widerlegt, der das absolute *Bewußtseyn*, in seiner *Wirklichkeit* nämlich, zum Princip machte; – in seiner Wirklichkeit sage ich jetzt, denn wir werden heute noch einen andern an einer Stelle entdecken, wo wir es wohl nicht erwarten, der dasselbe, nur *bloß in der Möglichkeit* zum Princip macht." (215)
652 Siehe I.1.3., Fn. 77.
653 Deshalb resümiert Fichte am Ende der bereits zitierten Passage aus § 15, dass die Relation am Ansich hervortrat, *so wie es vorausgesetzt* und nicht wie es faktisch gefunden wurde (siehe 240 u. 222).

2.2 Versuch der Abstraktion und Scheitern der „Selbstvernichtung"

Wie Fichtes Analyse des „Ansich" zeigt, gelingt es dem Realismus nicht, seiner Maxime treu zu bleiben. Aber die durch den Realismus vorgegebene Richtung behält Fichte bei, wenn er die Aufgabe aufstellt, vom Ansich „als Negation, und Glied einer Relation" (224) zu abstrahieren: „Dieses daher müssen wir unbedingt fallen lassen, wenn er, oder wenn unser ganzes System bestehen soll." (224) Fichte hält somit zunächst an der Strategie fest, die „Selbstvernichtung" des Begreifens zu betreiben. Das bisherige methodische Verfahren wird also weitergeführt und – wie sich zeigen wird – dabei gegen sich selbst gewendet. Dazu wird am realistischen „Seyn *an sich*" (227) von der Bestimmung des ‚an sich' abstrahiert – als dem faktischen Element, das auf die Möglichkeit repräsentierenden Bewusstseins verwies – und der dabei übrig bleibende Begriff „Sein" konstruiert. Nach Fichte resultiert der Begriff „Sein", wenn alle implizite Relation aufgegeben wird, weil so nurmehr das schlechthin auf sich Beruhende und Übrigbleibende, kurzum das Absolute *als solches* gedacht wird: „Das *Seyn*, und *Bestehen*, und *Beruhen*, energisch und als absolutes genommen bleibt übrig" (225).

Für das Gelingen von Fichtes therapeutischer Strategie ist entscheidend, dass das Sein *von sich aus* „übrig bleibt". Fichte darf nicht erneut in die Form der Voraussetzung verfallen oder anderweitig latent in der Form des Begreifens verbleiben. Folgende Lesarten führten in die Aporien des Begreifens zurück. Erstens wenn das „übrig bleiben" des Seins nichts weiter bedeutete, dass wir im Denken vom Sein als allgemeinster begrifflicher Bestimmung nicht abstrahieren können, denn dies würde dessen Bestehen wiederum auf das Denken relativieren.[654] Zweitens darf das „übrig bleiben" nicht im Sinne des bloß faktischen Überbleibens des reinen Wissens verstanden werden, wie es in § 4 der Prolegomena herausgestellt wurde, denn dabei trat gerade jene Projektion *per hiatum* ein, welche das „Sein" als einen substanzartigen Träger unterstellt, *von* welchem die Bestimmung des Ansichseins abstrahiert wird.[655] Drittens darf das „übrig bleiben"

---

[654] Vgl. die Diskussion von R. Barths Lesart in Fn. 659.
[655] Siehe III.1.4 u. vgl. 228: „Nach Aufgabe der absoluten Relation, die selber noch am ursprünglichen *Ansich*, das auf ein Nichtansich hinwies, sich zeigte, blieb uns Nichts übrig, als das reine bloße Sein". Auf den ersten Blick wiederholt sich hier die in den Prolegomena (§ 4) aufgestellte Einsicht in das Grundgesetz des Wissens: Der Begriff wird vernichtet und setzt ab, als durch seine Abstraktion übrig bleibend, ein unbegreifliches Sein (siehe Kapitel III.1.4). Doch jenes unbegreifliche Sein wurde gerade in der verdinglichten äußeren Existenzialform erfasst, die es vom Licht unterschied. Am nun erreichten Ende des aufsteigenden Ganges geht es nunmehr um die Erfassung dieses Lichts und der Rückfall in ein verdinglichtes Sein und eine ebensolche Vorstellung seines Übrigbleibens ist gerade zu vermeiden. Daher greift Jankes affirmative Deutung dieser Parallele m. E. zu kurz, siehe Janke 1970, 389 f.

sich nicht in der gewohnten linearen Folge von energisch gedachter begrifflicher Konstruktion und ihrem vorgeblich unabhängigen Einleuchten ergeben. Denn dann gerieten wir in die alte Aporie des höheren Realismus, der die von ihm behauptete Selbstkonstruktion der Einsicht nicht gegen ihre Bedingtheit durch das energische Denken stabilisieren konnte.[656]

Aber in welchem alternativen Sinn kann das Übrigbleiben bzw. Beruhen des Seins noch verstanden werden? Und ist überhaupt ausgemacht, dass es nicht doch durch die abstraktive Selbstvernichtung des Begreifens erfasst werden kann? Fichtes Darstellung legt nahe, dass Abstraktion und Übrigbleiben als zwei Seiten derselben Medaille, oder womöglich noch stärker: als *ein* ungeteilter Vorgang verstanden werden müssen. Dann wird nicht erst abstrahiert, um dann zu sehen, was auf wundersame Weise übrig bleibt, sondern *aus* der positiven Einsicht in das Sein (des Wissens) ergibt sich, dass von allem außer ihm abstrahiert werden kann. Die Abstraktion ist damit nur die Kehrseite des Übrigbleibens und dieses wiederum ist kein dem Sein äußerlicher modaler Status, sondern das Sein *ist* demnach nichts anderes als das schlechthin Übrigbleibende, daher wird es auch als „Beruhen" und „Bestehen" bezeichnet.[657]

Betrachten wir hingegen das vom „Sein an sich" abstrahierte „Sein" zunächst als begriffliche Konstruktion, so bleibt sie weiterhin in relationaler Form artikulierbar: Das Beruhen ist ein Beruhen *auf sich*; das absolute Sein soll *keines anderen* Seins bedürfen, hat also die relationale Bestimmtheit des „Nichtbedürfens" (226), etc. Fichte pocht mit der realistischen Maxime darauf, „daß das Letztere ein bloßer Zusatz zur Verdeutlichung und Versinnlichung wäre, der aber an und für sich gar Nichts bedeutet, und dem innern Wesen des Seins keinen Zusatz giebt zu seiner Vollendung und Selbstständigkeit." (224, 226) Doch was ist der Unterschied zum oben betrachteten Fall des Ansich, bei dem sich auf dieselbe Maxime berufen wurde? Laut Fichte können wir nun einsehen, dass die in der Reflexion bemerkte Relation des „Nichtbedürfens" eine rein *äußerliche* Bestimmung ist, die dem „innern Wesen des Seins" (226) nicht eigentlich zukommt – was demgegenüber für die Urbedeutung des Ansich mit dessen relationaler Bestimmung des „Nichtansich" noch der Fall war. Die Relation stößt sich hier von sich selbst ab: Sie impliziert als schlechthinniges Nichtbedürfen auch das „Nichtbedürfen des Nichtbedürfens, und wiederum das Nichtbedürfen dieses Nichtbedürfens von dem Nichtbedürfen" (226), usw.

---

656 Siehe III.2.3.2.
657 Hierin besteht eine weitere Parallele zum Grundgesetz des Wissens in den Prolegomena (§ 4), welches das unbegreifliche Sein ebenfalls inhaltlich allein dadurch bestimmt, dass dieses den Status des nach Abstraktion Übrigbleibenden hat (siehe III.1.4).

Doch ist diese unendlich iterierbare Relation des Nichtbedürfens nicht vielmehr der Nachweis für die unhintergehbare relationale Bestimmtheit auch des Seins? Sie wäre es, wenn nicht die *Einsicht in die Nichtigkeit* dieses Zusatzes wäre, die uns nach Fichte denselben als „in seiner unendlichen Wiederholbarkeit immer gleich, und gleich Nichts bedeutend" (226) durchschauen lässt. Die Pointe ist, dass diese Einsicht *keine begriffliche* sein kann. Denn wie eben gezeigt impliziert „Sein" auf semantischer Ebene gerade die Relation des Nichtbedürfens und ihre Iterationen (analog zur Implikation des „Nichtansich" durch das „Ansich") statt die Nichtigkeit dieser Zusätze einsichtig zu machen. Es handelt sich hier auch nicht um eine Variante der im höheren Realismus erzeugten Einsicht, dass das Ansich „als das sein Denken *Vernichtende*" (182) zu denken sei,[658] denn auch dann wären der negierende Zusatz und damit der Bezug auf das Denken essentiell. Fichte zeigt also, dass es einer *intuitiven* Einsicht bedarf, die bereits die relationale Form des Begreifens hinter sich gelassen hat, um uns die Nichtigkeit und Äußerlichkeit dieser Bestimmungen vor Augen zu führen:

> „Und da ich dieses einsehe, somit ungefähr eben so vernichtend mit dem leeren Beisatze umgehe, als das Wesen selber; so muß ich als Einsicht auf gewisse, eben noch zu erörternde Weise am Wesen Theil haben." (226)

Die für das Ansich nicht geglückte Abstraktion von aller Relation ist laut Fichte nunmehr bei der Konstruktion des „Seins" möglich, weil wir an dessen Wesen *teilhaben*, d. h. unser Standpunkt der Reflexion nicht im Begreifen aufgeht. Diese Teilhabe lässt sich nur durch die Tat beweisen, d.i. durch das *wirkliche* Aufgehen in jener Einsicht. Dass wir die geforderte Abstraktion tatsächlich vollziehen können, indem uns die absolute Abgeschlossenheit (Nichtbedürftigkeit) des Seins einleuchtet, beweist also, dass wir am Sein bereits teilhaben.[659] Ohne diese

---

[658] Zu dieser Denkfigur, siehe III.2.3.1. Daran will offenbar Barth 2009, 152, mt seiner Lesart der Vernunfteinheit als „Grenzbegriff" anknüpfen.

[659] Siehe übereinstimmend Pluder 2012, 423. – Deshalb handelt es sich beim Sein nicht, wie Barth konstatiert, nur um einen Begriff, nämlich den „durch eine Abstraktionsoperation gewonnene[n] Bestimmungsgehalt des Begriffs vom Absoluten" (Barth 2004, 292). Barth betont entsprechend nur den semantischen Aspekt der zu erzeugenden Einsicht: „Vom Gedanken des Ansichseins wird das Bestimmungsmerkmal der negierten Relation, also das Ansich, abstrahiert" (Barth 2004, 292f.). Doch wie oben gezeigt muss die von Barth geschilderte begriffliche Operation noch zusätzlich mit der intuitiven Einsicht einhergehen, dass jene ein gänzlich nichtiger Zusatz ist, was sie aber in der von Barth angeführten Logik begrifflicher Bestimmung gerade nicht ist. Ferner könnte eine solche dem Begreifen angehörende Operation statt dem Gedanken des Seins höchstens den Gedanken des Ansichseins erzeugen, also eine Einsicht, die den idealistischen Reflexionsrahmen des energischen Denkens gerade nicht sprengen würde. Alternativ müsste dem *Gedanken* vom Sein als Wahrmacher das in ihm gedachte *Wesen* des Seins gegenübergestellt

Teilhabe wäre es uns – wie Fichte vorführt – unmöglich, der Forderung höchster Abstraktion zu entsprechen.

Wenn wir in unserem Vollzug der Konstruktion des Seins bereits den Beweis einer intuitiven Einsicht haben, formuliert Fichte dann nicht ein transzendentales Argument? Das Obige scheint dem bekannten Schema des Realismus zu folgen, indem gezeigt wird, dass die vollzogene Abstraktion bzw. Einsicht nicht möglich wäre, wenn sie nicht eine Selbstkonstruktion darstellte. Dass Fichte sich in seinem Übergang nicht erneut auf die Form der transzendentalen Voraussetzung stützen will, wird zum einen die folgende Textanalyse zeigen. Zum anderen mag es sogar sein, dass das skizzierte transzendentale Konditional gültig ist, aber es kann nur *post factum* als gültig einleuchten, wenn die intuitive Einsicht in das Sein vollzogen wurde. Denn nur in wirklicher Einsicht lässt sich ausschließen, dass die Abstraktion von aller Relation tatsächlich geglückt ist und die relationale Bestimmtheit des Seins nicht bloß unter ein negatives Vorzeichen gesetzt wurde.[660]

Im Gegensatz zu einer verbreiteten Lesart des Übergangs zum Sein/Leben in § 14 komme ich somit zu dem Schluss, dass die zur Destruktion des Begreifens geforderte Abstraktion keinen selbstreflexiven *salto mortale* des Begreifens darstellt. Denn wie gezeigt sind die Ressourcen des Begreifens mit dem höchsten Realismus bereits erschöpft worden und also nicht hinreichend, die das Sein gegenüber dem Ansich auszeichende Abstraktion zu vollziehen.[661] Andernfalls würde das Paradoxe in der Denkfigur der „Selbstvernichtung" des Begreifens bzw. des „Begreifens des Unbegreiflichen" auch überstrapaziert. Die Funktion des Übergangs zur Einsicht in das Sein als *Perspektivwechsel* auf das Wissen kann jedenfalls nicht in der umstandslosen Bejahung eines Widerspruchs bestehen. Aus einem Widerspruch allein könnte weder ein positiver, neuer Sinn von Wissen noch ein tragfähiges Fundament für die Wissenschaftslehre gewonnen werden.[662]

---

werden, aber dies wäre nicht mit der oben kommentierten Feststellung Fichtes vereinbar, dass wir in der Einsicht „am Wesen Theil haben" (226). Zur weiteren Kritik an Barths Lesart, siehe Fn. 666.
660 Dieser Punkt wird von mir als Erfordernis der „faktischen" Vernichtung der repräsentationalen Form in Abschnitt 3.2 wieder aufgegriffen.
661 Gleiches muss für das Amalgam der realistischen und idealistischen Maximen gelten, das Schüssler 1972, 122, erwägt.
662 Die von mir kritisierte Lesart des Übergangs gibt es freilich in verschiedenen Varianten. In einer schwachen Variante wird dem Begreifen schlicht eine verborgene Fähigkeit unterlegt, sich in seiner Selbstbegrenzung doch zu übersteigen. So wie unter der Hand in Jankes „Verfahren der ‚absoluten Abstraktion'" (Janke 1970, 392): Dieses ist „ein hinwegsehendes Zusehen, das zusieht, was nach dem Abzug der Vergegenständlichung vom Absoluten ‚übrig' bleibt. Was übrig bleibt, ist nicht nichts [..., sondern:] das reine Sein." (Janke 1970, 393) Janke gelangt jedoch über die Paradoxie der Formel „hinwegsehendes Zusehen" nicht hinaus, indem sie das Sein als übrig bleibendes ‚etwas', das dem Zusehen gleichsam vorfindlich wird, trotz Beteuerung des Gegenteils

3 Der Perspektivwechsel zum Sein/Leben (§ 15)

Die Selbstvernichtung des Begreifens stieß an ihre eigene Grenze und deutete auf eine ihr unverfügbare intuitive Einsicht hin. Wie in meiner einleitenden Skizze gezeigt (1.), muss Fichte den angestrebten Perspektivwechsel auf das Wissen in dieser Weise darstellen und sich dabei auf das Postulat einer wirklich vollzogenen Einsicht stützen. Dass Fichte diesen Ansatz tatsächlich verfolgt, werde ich im Folgenden am Text von § 15 nachvollziehen. Anhand von Fichtes Ausführungen werde ich ferner zeigen, wie der Einsicht in das Sein/Leben – sofern sie wirklich vollzogen wird – die therapeutische Auflösung des Problems objektiver Geltung gelingt. Dazu bediene ich mich der in Kapitel I.2 entwickelten Messlatte von Strouds Trilemma, das zu Buche schlagen müsste, wenn sich Fichtes Argumentation doch verdeckt auf ein transzendentales Argument stützte.

3.1 Sein/Leben als nicht-repräsentationales Vollzugswissen

Schon die einleitenden Bemerkungen Fichtes in § 15 geben seiner Hörerschaft den entscheidenden Hinweis, dass seine nachfolgenden Ausführungen nur als Explikationen einer intuitiv zu vollziehenden Einsicht zu verstehen seien:

---

immer schon vergegenständlicht hat. Es bleibt also völlig unklar, ob und wie das Begreifen sowohl von sich wegsehen als auch so zusehen kann, dass die reifizierende Form allen Sehens dabei umgangen wird. – Schmidt vertritt eine subtilere Variante, welche aber noch expliziter darauf beruht, dem Begreifen die Bejahung eines Widerspruchs zuzumuten: „Durch die Selbstdurchstreichung des Begriffs begreifen wir das Absolute *als* unbegreifliches Absolutes. [...] Dann müssen wir aber mit diesem Begreifen des Unbegreiflichen *als* solchen auch *ernst* machen und einsehen, daß auch *dieses* Begreifen, gerade *weil* es seine Authentizität in genetischer Evidenz bei sich führt, ungültig ist: Nur dann öffnet sich der Begriff wirklich auf das Absolute hin. [...] Nur durch die Vermittlung dieser aktiven Selbstausstreichung stellt die Unmittelbarkeit des Absoluten sich in der Reflexion ein und läßt uns Reflektierende an seiner Absolutheit partizipieren." (Schmidt 2004, 82f.) Das Begreifen hat demnach eine positive Funktion, uns am Absoluten partizipieren zu lassen, gerade insofern es dieselbe verneint, weil es sonst mit seiner „Selbstausstreichung" nicht „*ernst*" machen könnte. Das Problem ist, dass dafür in ein und derselben Hinsicht Gegensätzliches und somit ein Widerspruch behauptet werden müsste. – Gegen den Versuch, in die Aporie des Begreifens einen Verweisungssinn zu legen, wendet Schlösser ferner ein, dass auch dann die von Fichte intendierte positive Fundierung der Formen des Weltbezugs nicht möglich sei (Schlösser 2001, 91). – Für eine nuancierte Rekonstruktion, die anhand von Fichtes *GWL* zeigt, wie ein antinomischer Widerspruch durch die Wendung ins Praktische stabilisiert werden kann, siehe Stange 2010.

„Mein heutiges Vorhaben ist dies, *zuvörderst* den gestern entdeckten Hauptpunkt ganz und vollständig auszuführen. [...] Zuvörderst der Punkt, den ich aufzustellen habe, ist das *Allerklarste* und zugleich das Allerverborgenste, da wo *keine* Klarheit ist. Viel Worte lassen sich über ihn nicht machen, sondern er muß eben mit Einem Schlage begriffen werden; um so weniger lassen sich über ihn Worte machen, noch durch sie dem Verständnisse nachhelfen, da die erste Grundwendung aller Sprachen, die *Objektivität*, schon längst in unserer Maxime aufgegeben ist, und hier in absoluter Einsicht vernichtet werden soll. Ich kann daher an dieser Stelle nur auf Ihre innere, durch die bisherigen Untersuchungen erworbene Klarheit und Schnelligkeit des Geistes rechnen." (228)

Diese scheinbar äußerlichen Vorbemerkungen geben wichtige Hinweise, wie Fichte das Einleuchten des Seins/Lebens verstanden haben will.[663] Fichte fordert seine Hörerschaft bezeichnenderweise dazu auf, einen „Punkt" mit ihm aufzustellen und nicht etwa „den Grundsatz" (229), wie es die Überschrift in der *SW*-Ausgabe verspricht. Später wird dieser „Punkt" zwar als „eine[] einzige[] Einsicht" (228) qualifiziert, aber das Sprachbild des ausdehnungslosen Punktes distanziert sie bereits von einem propositionalen oder relational bestimmten Gehalt, der einer ausgedehnten Erläuterung fähig wäre. Aufgrund des intuitiven bzw. nicht-

---

663 Laut Fichtes Vorbemerkung stehen seiner Hörerschaft drei Ressourcen für den Nachvollzug seines Vortrags zur Verfügung, die alle auf die nicht-repräsentationale Form der Einsicht sowie ihren Vollzugscharakter hinweisen. – Erstens der bereits „gestern entdeckte[] Hauptpunkt": Er bezieht sich auf die in § 14 als „Sein" eingeführte Abstraktion von der Form des Begreifens, die also in § 15 weiter expliziert werden soll. – Zweitens die „Klarheit und Schnelligkeit des Geistes": letztere meint wahrscheinlich das aus freier Willkür auszuübende Talent zur vollen Aufmerksamkeit (vgl. § 5, 66 f.), die Klarheit des Geistes hat dagegen einen innerlichen Bezug zum aufzustellenden Punkt selbst, der „das *Allerklarste*" ist. Wie Fichte nach geschehener Aufstellung des Punktes hinzufügt, ist dieser Ermöglichungsbedingung für alle Klarheit, also auch für die Klarheit des Geistes: „Dieses, so wie es jetzt aufgestellt ist, läßt sich nun an und für sich durch nichts *Anderes* klarer machen; denn es ist selber die Urquelle und der Grund aller andern Klarheit." (232) Demnach ist Fichtes Anweisung so zu verstehen, dass wir im Rückgang auf die „innere Klarheit" unseres eigenen Geistes zu jener ‚Urquelle' aller Klarheit geführt werden. – Drittens sind die Klarheit und Schnelligkeit des Geistes etwas „*durch* die bisherigen Untersuchungen erworbene[s]" (H.v.m.): Hier ist in erster Linie die Methode der Dialektik von Idealismus und Realismus angesprochen, in welcher der Standpunkt der Reflexion performativ eingebunden und einer Art Erfahrungsprozess unterzogen wurde (siehe III.2.3). Der Prozess der Dialektik führte uns wiederum zur Forderung höchster Abstraktion in § 14. Indem Fichte den *Erwerb* geistiger Klarheit und Aufmerksamkeit betont, zeigt er an, dass das „Allerklarste" durch ein methodisches Verfahren freigelegt und von Verstellungen befreit werden musste, damit es nun gleichsam wie von selbst ins Auge springen kann. Freilich bleibt die Einsicht irreduzibel intuitiv, somit scheint nicht ausgeschlossen, dass sie durch eine andere Form der Darstellung erreicht werden könnte. Nichtsdestotrotz spricht Fichtes Vorgehen in §§ 11–14 m. E. gegen die Einschätzung Asmuths, dass „die Analyse von Idealismus und Realismus gar nicht notwendig zu sein [scheint]. Der 10. Vortrag hätte argumentativ leicht mit der *Wahrheitslehre* des 15. Vortrags fortfahren können." (Asmuth 1999, 314)

diskursiven Charakters der Einsicht lassen sich über sie, wie Fichte ebenfalls anmerkt, auch nicht „[v]iel Worte" (228) machen, sondern sie ist „mit Einem Schlage" (228) zu erfassen.[664]

Mit einer Einsicht, die das „*Allerklarste*" (228) sowie „Grund aller andern Klarheit" (232) ist, handelt es sich bei dem aufzustellenden Punkt eindeutig um einen Fall von *Wissen* – und zwar nicht bloß um irgend ein Wissen, sondern um Wissen in einem sowohl ausgezeichneten als auch grundlegenden und allgemeinen Sinn. Wie sich hier bereits andeutet, zielt Fichte auf das Präsentwerden des Wissens *als solchen*, d.i. des ubiquitären Mediums alles Wissens, das wir rückblickend auf die Prolegomena „reines Wissen" und vorblickend auf § 23 „Gewissheit rein und an sich" nennen können. Das würde erklären, warum die Einsicht zugleich das „Allerverborgenste" ist. Erstens weil das reine Wissen dem Begreifen entzogen ist, da es kein repräsentationales Wissen von etwas ist. Zweitens weil es kein Kriterium geben kann, das uns einen Fall des hier anvisierten reinen Wissens erkennen ließe, weil bereits die Fähigkeit der korrekten Anwendung des Kriteriums voraussetzte, dass uns das Wissen als solches vertraut ist.[665]

Die gesammelten Beobachtungen zur obigen Passage bündeln sich in Fichtes adverbialem Gebrauch des Ausdrucks „in absoluter Einsicht": „[D]a die erste Grundwendung aller Sprachen, die *Objektivität*, schon längst in unserer Maxime aufgegeben ist, und hier *in absoluter Einsicht* [H.v.m.] vernichtet werden soll." (228) Der Akt der Vernichtung der Objektivität bezieht sich ausdrücklich nicht auf ‚eine' oder ‚diese' substantivisch gefasste Einsicht, sondern wird durch „in absoluter Einsicht" adverbial bestimmt. Die Vernichtung geschieht demnach *im Vollzug* des Einsehens und zwar absolut, d. h. unbedingt im Einsehen als solchem und ohne Bezug auf etwas außer demselben.

Fichtes spätere, substantivische Rede von „der einzigen Einsicht" meint also zunächst keinen bestimmten, als Grundsatz ausdrückbaren Inhalt, zu dem wir eine propositionale Einstellung hätten. Das Singuläre jener „einzigen" Einsicht besteht vielmehr darin, dass sie das reine Wissen als aller inhaltlichen Bestimmtheit vorgelagerten Horizont des Wissens eröffnet. Der Vollzugsaspekt des Einleuchtens bezieht sich ferner dezidiert auf „uns", die wir die Maxime des Realismus übernommen haben, von allem Effekt des Bewusstseins zu abstrahieren. Dieser Effekt des Bewusstseins, d.i. die „*Objektivität*" als repräsentationale Form des Wissens soll nun nicht nur gemäß einer realistischen Maxime und in nachträglicher Reflexion, sondern *in der Tat* „vernichtet" werden. Die adver-

---

[664] Zur mit dem Sprachbild des Punktes verbundenen Spaltung „in einem Schlage" siehe III.1.4.
[665] Vgl. die Überlegung in Schlösser 2001, 127.

biale Wendung „in absoluter Einsicht vernichtet" zeigt somit an: Wir partizipieren am Einleuchten als einem nicht-repräsentational verfassten Wissensvollzug und dieser ist *identisch* mit der Vernichtung der repräsentationalen Form des Wissens.

Die obige Analyse von Fichtes einleitender Bemerkung hilft uns, den Status seiner weiteren Erläuterungen als begriffliche Nachkonstruktion der anvisierten intuitiven Einsicht zu durchschauen. Sie verhütet dabei das Missverständnis, die in § 15 erreichte Einsicht für eine bloß begriffliche Erkenntnis zu halten.[666] Fichtes Kommentierung soll vielmehr augenfällig machen, dass es einen Bruch zwischen der Darstellungsebene und dem ihr zugrunde liegenden Vollzug gibt.[667]

Die wesentliche Ergänzung gegenüber den begrifflichen Explikationen des Seins in § 14 als „Beruhen" und „Bestehen" leistet in § 15 die Identifikation von „Sein" und „Leben":

---

666 Ohne den wirklichen Vollzug „in absoluter Einsicht" gäbe es nichts, das begrifflich nachkonstruiert werden könnte; außerdem wurde bereits in Abschnitt 2 gezeigt, dass das vollumfängliche Einleuchten des Seins zwar von einer begrifflichen Konstruktion auszugehen scheint, aber sich darin ein irreduzibel intuitives Vollzugsmoment verbirgt. (Vgl. Lemanski 2013, 219 f., zu den stilistischen Zügen einer „appellativ-transformativen Mystik" in §15.) – Dies blendet die Interpretation von R. Barth m. E. aus (siehe auch Fn. 659): „Nicht also das Absolute resultiert aus der Abstraktion, sondern die Abstraktion führt zu einer [...] adäquaten *Einsicht* vom Absoluten." (Barth 2004, 292) Die Einsicht bestehe darin, „Sein" als adäquaten *Begriff* des Absoluten auszuweisen. Barth sieht zwar, dass Fichtes Erläuterungen den Status einer Nachkonstruktion haben, aber er identifiziert diesen unplausiblerweise mit dem „epistemischen Status dieser Einsicht" (Barth 2004, 292), was erstens deren intuitiven Charakter unterschlägt und zweitens Fichtes üblichem Sprachgebrauch widerspricht, die nachträgliche Reflexion *auf* Einsichten als „Nachconstruction" zu bezeichnen. Schließlich ist an Barths Formulierung „adäquate[] *Einsicht* vom Absoluten" symptomatisch, dass sie das Absolute verdinglicht und die Einsicht wie einen repräsentationalen Zustand anspricht, der ‚adäquat' ist, weil er mit seinem Gegenstand übereinstimmt. Barths Beschränkung der in § 15 erreichten Einsicht auf eine begriffliche Nachkonstruktion ist somit kein Ausdruck erkenntniskritischer Strenge, sondern nimmt vielmehr die von Fichte anvisierte Destruktion des Begreifens nicht ernst genug. Vgl. Langs Kritik an Barth, die ausgehend von Fichtes Begründung der Erscheinungslehre (siehe III.4.1) ebenfalls zu zeigen versucht, dass das Prinzip der Wahrheitslehre bereits dort als wahr und gültig eingeleuchtet haben muss (Lang 2018, 74).

667 Fichtes retrospektive Erläuterung stellt offensichtlich Reflexionen an, die der leitenden Maxime widersprechen und eher für den längst fallen gelassenen höheren Idealismus typisch sind, indem sie auf das unmittelbare Bewusstsein energischen Denkens rekurrieren. Siehe 228: „Was ist nun in dieser Abstraktion von der Relation dieses reine Sein? Können wir es uns etwa noch deutlicher machen, und es nachconstruiren? Ich sage ja: selber die uns aufgelegte Abstraktion hilft uns. Es ist durchaus *von sich, in sich, durch sich*; dieses *sich* gar nicht genommen als Gegensatz, sondern *rein innerlich*, mit der befohlenen Abstraktion gefaßt, wie es sehr wohl gefaßt werden kann, und wie ich z. B. mir innigst bewußt bin, es zu fassen." Diese Passage zitiert R. Barth als Beleg für seine zur vorliegenden Lesart konträre Interpretation (Barth 2004, 292, Fn. 76), er kontextualisiert Fichtes Redeweise aber m. E. nicht hinreichend.

"[Das Sein ist] construirt, als ein esse in mero actu, so daß beides *Sein* und *Leben*, und *Leben* und *Sein* durchaus sich durchdringen, in einander aufgehen, und dasselbe sind" (228).

In § 11 wurde das „Leben" als transzendentale Voraussetzung des Begreifens eingeführt (siehe III.2.2), konnte aber seither seinen Status als etwas Problematisches und Bedingtes nicht abschütteln; nun soll das Leben als „Sein", d. h. als unbedingt und unhintergehbar aktual einleuchten. Das Sein soll wiederum als Leben einleuchten, d. h. sein Vollzugscharakter soll hervortreten und den falschen Anschein eines substanzhaften Seienden verschwinden lassen: „Das Sein, von der Sprache indessen substantivisch genommen, kann nicht sein, verbaliter, esse, in actu, ohne unmittelbar im Leben selber" (230).

Um die Identität von Sein und Leben weiter zu explizieren, wählt Fichte eine syllogistische Form der Nachkonstruktion:[668]

(OS) Sein und Leben bilden eine in sich abgeschlossene Einheit, d. h. es gibt kein Leben außerhalb des Seins.
(US) Wir leben (indem wir eine intuitive Einsicht vollziehen).
(K) Wir sind mit dem Sein identisch.

Der Syllogismus drückt in diskursiver Form aus, was durch die Abstraktion von aller Relation intuitiv erfasst werden sollte: Dass die In-sich-Geschlossenheit des Seins den Standpunkt der Reflexion mit einschließt. Das irreduzibel intuitive Moment dieser Einsicht wird am Untersatz des Syllogismus deutlich: „Wir" müssen selbst in einen Zustand unmittelbaren Lebens gelangen, um so *ipso facto* den Zustand des Seins zu verwirklichen. Indem wir die Identität von Sein und Leben einsehen, partizipieren wir dergestalt an der Einsicht, dass unsere Position als Subjekt des Einsehens sowie unsere reflexive Distanz zu demselben verschwinden. Wir denken somit nicht bloß den Gedanken des Seins *als* einer vollzugsartigen absoluten Einheit, sondern wir gehen in derselben auf, d. h. wir partizipieren selbst am Zustand des Seins.

Wie der Syllogismus zeigt, lässt sich der Zustand des Seins begrifflich beschreiben und so die Notwendigkeit seiner In-sich-Geschlossenheit verschie-

---

668 „Dieses einige *Seyn* und *Leben* kann nun durchaus nicht außer ihm selber seyn, oder aufgesucht werden und es kann außer ihm gar nichts seyn. [...] *Wir leben*, eben unmittelbar im Lebensacte selber; wir daher sind das Eine ungetheilte Seyn selber, in sich, von sich, durch sich; das schlechthin nicht aus sich herausgehen kann zur Zweiheit." (231) Dass es sich bei diesem syllogistischen Räsonnement um eine sekundäre Nachkonstruktion handelt, wird von Barth 2009, 153 f., entsprechend seiner Lesart der Erscheinungslehre gerade bestritten; siehe die kritische Diskussion derselben in Fn. 719.

dentlich einsichtig machen. In § 15 finden sich dementsprechend verschieden konnotierte Beschreibungen des Seins: (i) als absolute Einheit, die als solche kein von ihr unterschiedenes Außerhalb haben kann; (ii) als reiner Aktivitätssinn, den alle spontanen Akte gleichermaßen manifestieren müssen; (iii) als „in sich geschlossenes Ich" (231), das im Sinne des Selbstbezugs reflexiv geschlossen ist, d. h. als Einheit „immer ganz vorkommt wo ein Vorkommen, ein Leben nur statt findet, und nicht vorkommt außer ihrem Vorkommen" (241).[669] Aber die Validität dieser Beschreibungen und Räsonnements – *dass* (und wie) es eine solche (i) Einheit, (ii) Spontaneität oder (iii) Ichheit wirklich gibt – lässt sich nur durch den wirklichen Vollzug nachweisen. Die Geschlossenheit des Seins/Lebens ist demnach nicht nur ein Merkmal des Begriffs absoluter Einheit, sondern auch ein Merkmal des ihm vorgelagerten intuitiven Vollzugs.

3.2 Systematische Zwischenbetrachtung zu Strouds Trilemma

An Fichtes Nachkonstruktion des Zustands von Sein/Leben wurde aufgezeigt, dass es sich bei demselben um einen intuitiven, d. h. nicht-repräsentationalen Wissensvollzug handelt. Die Einsicht in das Sein/Leben ist somit selbstvalidierend in dem Sinne, dass es nicht zweierlei gibt – die Einsicht, dass das Leben wirklich ist, und seine Wirklichkeit –, sondern das Einleuchten des Seins/Lebens *ist* dessen Verwirklichung.

Fichtes Kritik an Realismus und Idealismus hilft bei der Eingrenzung dieses Sinns performativer Validierung (siehe III.2). Das unmittelbare Sein/Leben darf nicht nach dem Modell des niederen Realismus mit dem materialen Modus einer sich selbst vergessenden Reflexion verwechselt werden. Ebenso darf es nicht wie im höheren Realismus als Selbstkonstruktion eines gesondert bzw. „ansich" bestehenden Gehalts verstanden werden. Die Identität des Einleuchtens mit dem Zustand von Sein/Leben darf jedoch auch nicht im Sinne des niederen Idealismus verstanden werden, weil dies das Sein zu einer bloß subjektiven Setzung nivellieren würde. Vielmehr muss die repräsentationale Form des Wissens aufgegeben werden. Dann fällt erstens die für den Realismus konstitutive Differenz zwischen dem Gedanken und seinem Wahrmacher weg: Das Sein/Leben *ist* das Einleuchten desselben und umgekehrt. Zweitens fällt die für den Idealismus konstitutive

---

[669] Die oben erläuterte In-sich-Geschlossenheit des Seins ist somit m. E. der eigentliche Grundzug, auf den Fichtes Beschreibung desselben als Ich oder Ichheit zielt: „heute kam es uns nur darauf an, die, die reine Vernunft ausdrückende Einsicht, daß das Sein, oder das Absolute ein [in] sich selber geschlossenes Ich sei, in ihrer Unveränderlichkeit festzustellen." (234) Zum Verhältnis von Fichtes später Konzeption des Seins ab 1804 zum absoluten Ich der *GWL* siehe Fn. 633.

Differenz zwischen dem Gedanken und seinem Gedachtwerden weg, die auf der Selbstreflexion des „Wir" als dem Subjekt des Denkens beruht. Daher konstatiert Fichte in § 15, dass „wir" das Sein *sind*, das als „Sein" beschriebene Leben somit auch „unser" Leben ist.

Die Teilhabe am Zustand des Seins muss somit in einem nicht-repräsentationalen Wissensvollzug bestehen. Die skeptischen Einwände von Strouds Trilemma, die ich in II.2 den Positionen des Realismus und Idealismus zugeordnet habe, sind damit nicht mehr anwendbar. Das durch den Idealismus aufgeworfene (a) Substitutionsproblem ist verschwunden, da es keine Ambivalenz mehr zwischen dem an sich bestehenden Leben und unserer Repräsentation desselben *als* eines solchen geben kann. Es lässt sich somit nicht mehr einwenden, dass wir nur *glauben* müssten, den Zustand von Sein/Leben zu verwirklichen. Auch das für den niederen Realismus aufgeworfene (b) Brückenproblem verschwindet, da es gar keine Kluft mehr gibt zwischen dem Leben an sich und unserem Erfassen desselben. Da es nichts außerhalb des Seins/Lebens gibt, bedarf es auch keines epistemischen Vermittlungsprinzips mehr.

Aber geraten wir mit diesen Antworten nicht umso fataler in eine Variante von (c) Strouds Idealismusproblem? Mit der Berufung auf einen nicht-repräsentationalen Wissensvollzug scheint Fichte die Unterscheidung einzuebnen, die wir sonst zwischen unseren Überzeugungen als propositionalen Einstellungen einerseits und deren Wahrheit andererseits treffen. Eine derart geschwächte Konzeption der Objektivität von Wissensansprüchen würde höchstens eine auf einstellungsbasierte Tatsachen relativierte Gewissheit wie das cartesische *cogito* abbilden können. Das anfänglich noch mit der Maxime des Realismus verfolgte Anliegen, einer einstellungs*transzendenten* Wahrheit Geltung zu verschaffen, wäre schlicht aufgegeben worden. Wie ich nun zeigen werde, kann das Stroud'sche Idealismusproblem im Rahmen der Konzeption von § 15 gelöst werden, insofern sie die repräsentationale Form des Wissens als ungültig ausweist, d.i. „faktisch vernichtet". Dazu muss der Perspektivwechsel, durch den das reine Wissen als Sein/Leben einleuchtet, tatsächlich vollzogen worden sein, ansonsten drängt sich die repräsentationale Form und damit die Unterscheidung von subjektivem Wissen und Wahrheit wieder auf.[670]

---

[670] Wie ich in Abschnitt 5 jedoch zeige, tritt das Stroud'sche Idealismusproblem im Blick auf die Möglichkeit der Reflexion wieder auf und ist in dieser Form erst im Rahmen der Erscheinungslehre lösbar.

3.3 Faktische Vernichtung der „äußeren Existentialform"

Um den Einwand zu artikulieren, dass eine gewisse Unterscheidung *nivelliert* wird, muss dieselbe im Voraus als gültig akzeptiert worden sein. Im gegenwärtigen Fall von Strouds Idealismusproblem heißt das: Es müssen die Einsicht als propositionale Einstellung und ihr objektiver Gehalt auseinandergehalten werden. Dieses Auseinanderhalten sowie die Artikulation des Einwands geschehen vom Standpunkt der Reflexion aus: Indem wir darauf reflektieren, dass wir uns im subjektiven Zustand des Einleuchtens befinden, können wir denselben von der Wahrheit seines Inhalts unterscheiden, dem zufolge das Wissen die absolute Einheit des Seins/Lebens bildet. Mithin können wir die Frage stellen, wie ein derartiger subjektiver Zustand des Einleuchtens sich zu den realen Gegenständen verhält, die nicht in solchen Zuständen von Wissen aufgehen. Denn Fichte hat im Zuge seiner Kritik des Realismus gezeigt, dass die realistische Objektivitätskonzeption ihrerseits notwendig mit der repräsentationalen Form des Wissens verknüpft ist (siehe 2.1).

Doch gerade dieser Standpunkt der Reflexion und die von ihm in Anschlag gebrachte Form der Repräsentation sollen laut Fichte durch die Teilhabe am Zustand des Seins/Lebens als schlechthin ungültig einleuchten. Diese kategorische Zurückweisung der repräsentationalen Form und der mit ihr verknüpften realistischen Objektivitätskonzeption nennt Fichte die Vernichtung bzw. das Zugrundegehen der „äußere[n] Existentialform":

> „Es ist, daß ich noch dies hinzufüge, klar, daß, wie die äußere Existentialform, als solche, zu Grunde geht, zugleich ihr Gegensatz als solcher, daher mit dem Idealismus [...] zugleich der Realismus, als Gegensatz [...] zu Grunde geht. Die *Realität* bleibt, als inneres Seyn, wie wir uns eben ausdrücken müssen, um nur reden zu können; selber sie bleibt durchaus nicht, als Glied irgend einer Beziehung [...]; daher nicht objektiv, denn dieß Wort hat nur Bedeutung der Subjektivität gegenüber, welche in unserm Standpunkte selbst keine Bedeutung hat." (215)

Statt eine Unterscheidung auf argumentativ zirkuläre Weise zu nivellieren, soll vielmehr ihre Ungültigkeit und Scheinhaftigkeit evident werden: Die realistische Konzeption hat „in unserm Standpunkte selbst keine Bedeutung" (215). Die für Strouds Idealismusproblem vorausgesetzte objektiv–subjektiv-Unterscheidung wird als solche zurückgewiesen, da die Form der Relation gar nicht mehr gegeben ist. Die Einsicht in das Sein/Leben ist „daher nicht objektiv, denn dieß Wort hat nur Bedeutung der Subjektivität gegenüber" (215).

Die Ungültigkeit der realistischen Objektivitätskonzeption bedeutet aber für Fichte keine *Epoché* hinsichtlich jeglichen Realitätsbezugs wie bei Sacks (siehe Abschnitt 1). Vielmehr zeigt sich im Perspektivwechsel, der sich von der subjektivobjektiv-Unterscheidung abkehrt, eine ursprünglich im Wissen liegende, dieser Unterscheidung vorgängige „*Realität*" (215). Es ist das Hervortreten dieser Realität, d.i. die Aktualität des Seins/Lebens, welche die Gültigkeit der realistischen Ansicht destruiert. Wie in Abschnitt 2 gezeigt, hat Fichte den Aufstieg zur Wahrheitslehre so aufgebaut, dass die Einsicht in das Sein/Leben und die Abstraktion von der „äußeren Existentialform" zwei Seiten derselben Medaille sind: „nur dadurch daß man diese Substantialität, und Objektivität nicht blos dem Vorgeben nach, sondern in der That und Wahrheit der Ansicht aufgiebt, kommt man zur Vernunft." (231)[671]

Um derart nachhaltig vom Standpunkt der Reflexion sowie der Form der Repräsentation loszukommen, ist die wirkliche Teilhabe am Zustand des Seins/Lebens entscheidend. Andernfalls blieben wir auf dem Standpunkt der Reflexion stehen und könnten die Nichtgültigkeit desselben nicht in der erforderlichen Weise einsehen. Der performative Charakter des von Fichte anvisierten Perspektivwechsels ist somit entscheidend, damit er nicht für skeptischen Zweifel im Stile von Strouds Trilemma anfällig ist.

3.3.1 Das Ineinander von Vernichtung und Einleuchten

In der Interpretation von § 15 sowie der *WL 1804-II* im Allgemeinen ist die von mir als systematisch erforderlich gekennzeichnete Annahme strittig. Viele Interpretinnen und Interpreten halten sich an Fichtes zahlreiche Aussagen, dass die Form des Begreifens für uns unüberwindlich ist; entsprechend versuchen sie auch Fichtes Argumentation nach dem in § 4 gegebenen Muster der Selbstvernichtung des Begreifens zu rekonstruieren.[672] Ich werde nun am Text von § 15 zeigen, dass die herausgehobene Stellung der Wahrheitslehre für Fichte gerade darin besteht, die sonst unhintergehbar scheinende Form des Begreifens bzw. des repräsentationalen Wissens zu durchbrechen.

Fichte macht sich in § 15 selbst den Einwand, dass die Gültigkeit der repräsentationalen Form von ihm nur eingeklammert oder im Urteil suspendiert wurde, aber stets latent weiterbestanden habe. Dieser Einwand kommt der nachträgli-

---

[671] Diesen internen Zusammenhang bestätigt auch folgende Passage: „Die Einsicht, welche am Schlusse unseres ersten Theiles so merkwürdig wurde, daß das Sein ein absolut in sich geschlossenes, lebendiges und kräftiges esse wäre, war [...] faktisch gerade so zu Stande gekommen [...] *durch* Abstraktion von Allem, oder faktische Vernichtung aller Intuition." (386, 388, H.v.m.)
[672] Siehe u. a. Baumanns 1990, 254, 262; Pluder 2012, 424 f.; Schmidt 2004, 83. Janke kommt in seiner Deutung *de facto* nicht über die Voraussetzungsthese von § 11 hinaus, auf die er als „notwendige Bedingung [des] Lebendigseins" unter der Hand wieder einführt (siehe Janke 1970, 393, 395). Asmuths Lesart ist hier m. E. zweideutig, siehe Fn. 675.

chen Reflexion auf das Einsehen gleich, die der Idealismus mit Erfolg gegen die Positionen des Realismus eingesetzt hatte. Fichte stellt jedoch klar, dass diese Sichtweise eben nur in der nachträglichen Reflexion auf unsere Konstruktion des „Seins" gültig ist, aber nicht für den tatsächlichen Vollzug der dabei erzeugten Einsicht – dort werde die äußere Existentialform „sogar faktisch vernichtet":

> „Gestern, und auch noch heute beim Anfange unserer Betrachtung, ungeachtet wir das Sein nach seinem innern Wesen construirten, haben wir dasselbe, wenn wir uns nur besinnen, doch *objektiv vor uns liegen*, ungeachtet wir, jetzt nur noch der Maxime zufolge, diese Objektivität nicht gelten ließen: – zwar nicht *intelligibel*, und in der Vernunft; aber doch faktisch blieb das Sein sich selber entäussert. Aber, so wie in dieser Ueberlegung uns die Einsicht erfaßte, daß das Sein selber absolutes Ich, oder Wir wäre; so wurde die erst noch vorhandene Disjunktion des Sein [sic!], und *des Wir völlig, auch in der Fakticität, aufgehoben, und die erste Gestalt der Existentialform sogar faktisch vernichtet* [H.v.m.]." (232)

Fichtes Kommentar greift zwei Aspekte auf, die bereits herausgestellt wurden: das irreduzible intuitives Vollzugsmoment des Einleuchtens, d.i. „wie [...] uns die Einsicht erfaßte", und seine In-sich-Geschlossenheit, d.i. „daß das Sein selber absolutes Ich, oder Wir wäre". Beide Elemente sind laut Fichte erforderlich, damit die „erste Gestalt der Existentialform sogar faktisch vernichtet" wird.[673] Unser Eintritt in den Zustand des Seins/Lebens *ist* demnach die Vernichtung der repräsentationalen Form des Wissens und umgekehrt *ist* die Abstraktion von ihr bereits das Teilhaben am Zustand des Seins/Lebens, indem sie die Trennung vom „Wir" der Reflexion und dem Sein aufhebt.[674] Fichtes Ausführungen bestätigen somit die Struktur des Perspektivwechsels, die in Abschnitt 1 skizziert wurde: Das Loslassen von der realistischen Objektivitätskonzeption ist nur die Kehrseite des Ergriffenwerdens von der Einsicht in das reine Wissen bzw. Sein/Leben.

---

[673] In seiner weiteren Erläuterung kontrastiert Fichte eindeutig das bisherige Vorgehen bis § 14 mit der in § 15 erreichten Einsicht, in der das sonst von der Reflexion getrennte „Wir" mit dem Sein identisch wird. Die nunmehr erreichte Einsicht objektiviere „in der That" das Sein nicht mehr: „Vorher gingen wenigstens Wir faktisch aus uns heraus zum Sein [...]. Wie in der erzeugten Einsicht wir selbst das Sein werden, so können wir zufolge dieser Einsicht nicht mehr zum Sein herausgehen, denn wir sind es; und überhaupt absolut nicht aus uns herausgehen, weil das Sein nicht aus sich herausgehen kann. Die vorherige Maxime hat hier ihren Beweis, ihr Gesetz und ihre unmittelbare Realisation in der Einsicht erhalten: denn diese Einsicht objektivirt in der That das Sein nicht mehr." (232, 234)

[674] „[W]ir müssen aber einsehen, daß diese Objektivität eben so wenig, als irgend eine andere, Etwas bedeutet, und wir wissen ja, daß gar nicht von diesem *Wir an sich* die Rede ist, sondern lediglich von dem einen in sich selber lebenden *Wir in sich*, welches wir begreifen lediglich durch unsere eigene kräftige Vernichtung des Begreifens, das sich uns hier faktisch aufdrängte." (230)

In der faktischen Vernichtung der äußeren Existentialform liegt m. E. die Pointe des Aufbaus der aufsteigenden Argumentation. Wie in III.2 gezeigt, verfolgt Fichtes Dialektik von Idealismus und Realismus die repräsentationale Form des Wissens auf immer höhere Abstraktionsniveaus zurück, um zu dem Punkt zu gelangen, an dem diese Form in ihrer Wurzel erfasst wird. Mit der Abkehr von der Position des höchsten Realismus, die in Abschnitt 2 erörtert wurde, gelingt somit auch der Absprung aus der äußeren Existentialform:

> „Kurz die ganze äußere Existentialform ist in jeder Gestalt zu Grunde gegangen, denn sie ist es in der höchsten, in der sie vorkam, in dem *Ansich*; wir haben es nur noch mit dem innern Wesen zu thun" (227).

Der Textbefund ist meines Erachtens eindeutig: Die Einsicht, die in § 15 expliziert wird, soll nach Fichte die äußere Existentialform und damit die realistische Konzeption von Objektivität vollständig, d. h. auch *faktisch* vernichten.[675] Dieses Ergebnis passt zur herausgehobenen Stellung der Wahrheitslehre, da es seit Einführung der Unterscheidung zwischen Immanenz und Emanenz der Einsicht in § 4 gerade unmöglich schien, der äußeren Existentialform zu entkommen (siehe III.1.4). Auch „die Hartnäckigkeit des Idealismus" (166), welche die gesamte Dialektik von §§ 11–14 antrieb, beruhte auf der scheinbar unauslöschlichen Faktizität der äußeren Existentialform (siehe III.2.3–4). Doch gerade weil Fichte einen Standpunkt *jenseits* der Positionen von Idealismus und Realismus zu er-

---

675 Die „intelligible[] und faktische[]" Vernichtung betont auch Schüssler 1972, 128. Siehe übereinstimmend Asmuth 1999, 247–249, der darin ebenfalls einen klaren Schritt über den Realismus hinaus sieht (Asmuth 1999, 249). Asmuth liest an anderer Stelle jedoch die faktische Vernichtung im Sinne einer modalen Bestimmung: als kontingente im Gegensatz zu einer notwendigen Vernichtung (Asmuth 1999, 293). Dies widerspricht dem *wirklichen* Vernichten der Existentialform zwar nicht, aber Asmuth suggeriert m. E., die später in der Erscheinungslehre eingeholte Notwendigkeit der Vernichtung würde jene faktische in sich enthalten und noch über sie hinausgehen. Nach meiner Lesart ist die faktische Vernichtung der repräsentationalen Form erstens unüberbietbar, weil sie nichts mehr übrig lässt, an das wir die Frage adressieren könnten, ob es auch hätte nicht vernichtet werden können. Zweitens ist sie *identisch* mit der für die Wahrheitslehre spezifischen Einsicht in das Sein, sie passiert also nicht einfach beiläufig oder zufällig synchron, sondern als Einleuchten, was ihre im Wesen des Seins verankerte Notwendigkeit einschließt. – Die obigen Ausführungen widerlegen ferner mit Rücksicht auf die absolute Einsicht der Wahrheitslehre Langs Auffassung, dass „Einsicht" in der *WL 1804-II* stets einen Fall von intentionalem Bewusstsein bezeichne (Lang 2018, 63), die überdies Langs eigener performativen Lesart des Seins der Wahrheitslehre zu widersprechen scheint. Langs Bemerkungen zur Objektivierung des Seins fehlt die hier vorgenommene Differenzierung zwischen unmittelbarem Einsehen und der Besinnung auf dasselbe (vgl. Lang 2018, 64; zu dieser Differenzierung siehe Fn. 677).

reichen sucht, muss er über die bloße Nivellierung bzw. Einklammerung der äußeren Existentialform, die der Realismus versuchte, hinausgehen. In den späteren Vorlesungen, die auf die in § 15 erreichte Einsicht zurückgreifen, spricht Fichte entsprechend von ihr als einer „absoluten Einsicht"[676] bzw. von ihrer „Absolutheit" (246), um ihren besonderen Status hervorzuheben.

3.3.2 Reflexion *versus* Vollzug der Einsicht

Das Außergewöhnliche der von Fichte geforderten Einsicht mag jedoch auch skeptisch stimmen: Kann es Fichte mit der *faktischen* Vernichtung der äußeren Existentialform tatsächlich ernst meinen und dies systematisch durchhalten?

Wie meine Rekonstruktion des Idealismus (III.2.4.2) zeigte, tritt die repräsentationale Form des Wissens durch die Reflexion zutage. Die Reflexion kann dabei unterschiedlich fokussiert werden: als Reflexion (i) auf die begriffliche Form der Einsicht, (ii) auf das faktische Begleitetwerden des Als-wahr-Hervortretens durch das Bewusstsein bzw. das ‚Ich denke', oder (iii) auf die Setzung eines Bezugsobjekts, welche stets in der Urteilsform stattfindet, bzw. (iv) auf die Objektivierung, die den Inhalt der Einsicht als propositionalen Gehalt isoliert, wenn er von der subjektiven Form des Einsehens unterschieden wird (siehe III.1.5). Dies alles sind Facetten der repräsentationalen Form des Wissens, die nach Fichte ein unausweichlicher „Effekt" des Bewusstseins ist. Entscheidend ist, dass wir nach Fichte diesen „Effekt" bisher stets *vorfanden*, die Reflexion ihn also nicht zu erzeugen schien, sondern wir ihn durch unsere Reflexion als mit jeder Einsicht faktisch auftretendes Phänomen bzw. Tatsache unseres Bewusstseins feststellten. Wir konnten diesen Effekt jeweils nur *als immer schon eingetretenen* feststellen, ihn aber weder erklären noch anderweitig seine Notwendigkeit dartun (siehe III.2.4.2).

In § 15 bestreitet Fichte wohlgemerkt nicht, dass eine nachträgliche Reflexion auf das Einleuchten möglich ist und dabei eine Objektivierung des Seins/Lebens insofern auch faktisch stattfindet. Aber Fichtes Wortwahl verdeutlicht konsequent, dass die äußere Existentialform erst durch den Wechsel vom Vollzug in den reflexiven Modus (siehe III.2.3.1) nachträglicher Besinnung hervortritt. Die meiner Interpretation von § 15 scheinbar widersprechenden Passagen stehen jeweils in Kontexten, in denen eine solche Besinnung stattfindet, etwa indem explizit über die vollzogene Einsicht gesprochen wird oder der Vollzug der Einsicht in einem

---

676 Siehe 290, 367, 386, 399, 406. Bei einer frühen Erwähnung von „absolute[m] Einsehen" (168) bemerkt Fichte zwar, das „Bewußtsein in seiner Facticität wird gar nicht bestritten" (168), aber diese Bemerkung steht im Kontext des niederen Realismus, der nur eine gescheiterte Vorform der in § 15 beschriebenen absoluten Einsicht formuliert (siehe III.2.3.2).

willkürlichen Akt der Besinnung vergegenständlicht wird.⁶⁷⁷ Die Objektivierung des Einleuchtens des Seins/Lebens und das Heraustreten des „Wir" der Reflexion aus dem Vollzug derselben sind demnach *möglich*, aber kein unhintergehbares Faktum, sondern dies wird nur durch einen willkürlichen Akt der Besinnung verwirklicht.⁶⁷⁸

Im Vollzug des Seins/Lebens hingegen ist die Gültigkeit einer solchen Reflexion schlechthin abgewiesen: „Nun kann ich freilich, wenn ich auf mich Acht habe, immer inne werden, daß ich dieses reine Sein objektivire und projicire: aber daß dieses Nichts, und am Sein Nichts ändert, noch ihm zusetzt, weiß ich ja schon." (226)⁶⁷⁹ Doch ist eine solche Einsicht in die Nichtigkeit der Reflexion schon gleichbedeutend mit einer faktischen Vernichtung der äußeren Existentialform? Sie ist es, wenn sie in der Tat ein nicht-repräsentationales, intuitives Wissen verwirklicht. Dann ist die Objektivierung kein intrinsisches, wenngleich akzidentelles Merkmal der Einsicht. Vielmehr ist die Einsicht gar keine introspektiv vorfindliche Tatsache des Bewusstseins, sondern – nach dem Fichte'schen Paradigma der Tathandlung⁶⁸⁰ – ein *reiner Vollzugssinn von Wissen*, der darum notwendig präreflexiv und als solcher ungegenständlich ist.

---

677 Erst durch die reflektierende Besinnung tritt etwa der Unterschied zwischen dem Wir als Subjekt des Einsehens und dem Sein wieder hevor: „*Wir*, sage ich, – daß wir nun dieses Wir, *indem wir davon sprechen* [H.v.m.], mit seinem inwendigen Leben selbst wiederum objektiviren, dessen sind wir uns, *wenn wir uns recht besinnen* [H.v.m.], freilich unmittelbar bewußt" (231). Zur Kopplung von Besinnung und äußerer Existentialform siehe auch 232: „ungeachtet wir das Sein nach seinem innern Wesen construirten, haben wir dasselbe, *wenn wir uns nur besinnen* [H.v.m.], doch *objektiv vor uns liegen*, ungeachtet wir, jetzt nur noch der Maxime zufolge, diese Objektivität nicht gelten ließen: – [...] faktisch blieb das Sein sich selber entäussert" und 226: „Nun kann ich freilich, *wenn ich auf mich Acht habe* [H.v.m.], immer inne werden, daß ich dieses reine Sein objektivire und projicire".

678 „Nun springt freilich *unmittelbar* mit dieser Einsicht *kein* anderes objektivirendes Bewußtsein, – denn damit es dazu komme, bedarf es noch des in der Mitte liegenden sich Besinnens – wohl aber die Möglichkeit eines objektivirenden Bewußtseins, das Wir selber, heraus." (234, H.v.m.)

679 Vgl. auch 230: „Daß wir nun dieses Wir mit seinem inwendigen Leben selbst wiederum objektiviren, dessen sind wir uns, wenn wir uns recht besinnen, freilich unmittelbar bewußt: wir müssen aber einsehen, daß diese Objektivität eben so wenig, als irgend eine andere, Etwas bedeutet".

680 Vgl. Fn. 633.

4 Sein/Leben und die Unhintergehbarkeit des Wissens

Durch die Teilhabe am Zustand des Seins/Lebens wird das Wissen als unhintergehbare, in sich geschlossene Einheit erfasst, die schlechthin jenseits der Subjekt-Objekt-Spaltung steht. Die obige Analyse hat folgende Charakteristika festgestellt:
> (1) Als intuitiv zu erfassender *Vollzug* ist die Teilhabe am Zustand des Seins/Lebens nicht dem Zweifel an ihrer Realität und Gültigkeit ausgesetzt, weil sie sich performativ selbst validiert.
> (2) Als *nicht-repräsentationaler* Zustand entgeht sie dabei den Aporien transzendentaler Argumente, weil sie das Sein bzw. Leben unmittelbar aktualisiert und nicht mehr in der Form eines Vorausgesetzten oder als Ansich ausweisen muss.
> (3) Die Teilhabe am Sein/Leben lässt sich selber nicht repräsentieren, sondern nur vollziehen, sodass im Vollzug die repräsentationale Form des Wissens gänzlich „vernichtet" wurde.[681]

Indem das Sein *nach* der höchsten Abstraktion von der Form des Bewusstseins bzw. des repräsentationalen Wissens als für sich bestehend „übrig bleibt", wie Fichte schreibt (siehe 2.2), ist es darin auch als unhintergehbare Realität ausgewiesen:
> (4) Als „Sein" wird das Wissen selbst als eine unbedingte, schlechthin für sich bestehende Realität erfasst.
> (5) Die In-sich-Geschlossenheit des Seins/Lebens bedeutet, dass es keine Realität außerhalb des Wissens gibt.

Die absolute Einsicht, welche die Wahrheitslehre der *WL 1804-II* ausmacht, ist somit als Innewerden der Unhintergehbarkeit des Wissens zu verstehen. Als „*in sich geschlossenes Singulum*" (242) wird das reine Wissen gleichsam als der unverrückbare Horizont erfasst, innerhalb dessen sich epistemische Subjekte bewegen und ihre kognitiv-praktischen Fähigkeiten ausüben. So wie die Umgrenzung einer räumlichen Gestalt als bestimmte Modifikation des absoluten Raums angesehen werden kann, so ist das propositional verfasste Wissen mit seinen Unterarten in den ‚Raum' des absoluten Wissens eingebettet.[682] Wie anhand der Vernichtung der äußeren Existentialform gezeigt, ist der Unterschied zwischen

---

681 Vgl. 304, 306: „Frage: *Wissen*, was ist denn dies? Thue es, so thust du es eben; das Wissen in seiner qualitativen Absolutheit kannst du nicht wieder wissen; denn wenn du es wüßtest, und eben jetzt hinwüßtest, so steckt[e] dir das Absolute wieder nicht in dem Wissen, wovon du weißt, sondern eben in deinem Wissen davon, und so wird es immerfort gehen, wenn du auch noch tausendmal diese Procedur wiederholest".
682 Die Einbettung des propositionalen Wissens in das reine Wissen problematisiere ich im 5. Abschnitt.

dem reinem Wissen und allem anderen Wissen ein kategorialer: Das reine Wissen ist nicht als eine, vielleicht grundlegende Art von Wissen gegen andere Arten abgrenzbar, sondern ist als gattungsmäßiger Sinn von Wissen in ihnen sowohl manifest als auch dem Wesen nach vorgängig. Von der Einsicht des Seins/Lebens aus betrachtet, stellt sich der Skeptiker daher auf einen unmöglichen Standpunkt außerhalb des Wissens, den es ebenso wenig geben kann wie ein räumliches Außerhalb zum absoluten Raum. Im Unterschied zur hier bemühten Analogie mit dem absoluten Raum ist das als Sein/Leben erfasste Wissen jedoch nicht substanzartig, sondern prozesshaft zu denken und zwar so, dass sich auch die verdinglichende Bezugnahme auf den Prozess verbietet, weil seine spezifische Verfasstheit nur durch den ihm eigenen Vollzugssinn von Wissen erfassbar ist.

5 Reflexive Instabilität des Seins/Lebens und die Notwendigkeit der Erscheinungslehre

Die Rekonstruktion von Fichtes mit der absoluten Einsicht von § 15 verfolgten therapeutischen Strategie zeigt, dass die Darstellungsform der Wissenschaftslehre konzentrisch um einen einzigen Punkt herum organisiert ist, der „das Allerklarste und zugleich das Allerverborgenste" (228) ist: einerseits ein notwendig blinder Fleck der theoretisch-begrifflichen Darstellung, andererseits im performativen Vollzug unmittelbar evident und *ipso facto* verwirklicht. Für die Wissenschaftslehre als erkenntnistheoretisches Projekt führt diese Spannung zwischen den Ebenen der Darstellung und des Vollzugs jedoch zu einem Racheproblem, welches Strouds Trilemma wieder aufwirft (siehe I.3).

Das Racheproblem entzündet sich an der Frage, was der Zustand des Seins/Lebens für die Fundierung der Objektivität des repräsentationalen Wissens austragen kann. Denn die philosophische Therapie des Problems objektiver Geltung ist nicht schon allein dadurch geglückt, dass das Problem spurlos verschwunden ist. Es muss auch rational nachvollziehbar sein, inwiefern es aufgelöst werden konnte, statt positiv beantwortet werden zu müssen (siehe I.3.5). Diese Anforderung konnte z. B. der mit Fichte parallelisierte Ansatz von Sacks nicht erfüllen (I.3.4.2): Der von Sacks empfohlene Perspektivwechsel in die kritische Einstellung ist gar nicht mehr sprachfähig, was das Problem objektiver Geltung betrifft. Scheint Fichte aber nicht ebenso in eins mit der repräsentationalen Form des Wissens die Frage des Realitätsbezugs und die damit verbundenen skeptischen Probleme schlicht auszuklammern?

In der Zusammenfassung von Abschnitt 4 wurde klargestellt, dass das „gewöhnliche", propositionale Wissen Fichte zufolge im reinen Wissen fundiert ist. Der Zustand des Seins/Lebens soll also selbst für die Begründung der repräsentationalen Form des Wissens und d. h. für die (partielle) Legitimität der Form des Begreifens aufkommen. Auf diesem Wege wäre es zudem möglich, die diskursive Darstellbarkeit des reinen Wissens zu erklären. Das Problem für diese Begründung bzw. Erklärung ist, dass sie einen Standpunkt adressiert, der bereits aus dem Vollzug des Seins/Lebens herausgetreten ist. Doch wie vermag der wesentlich in sich abgeschlossene Vollzug des Seins/Lebens zu jenem ihm externen Standpunkt in eine Beziehung zu treten?

5.1 Das Racheproblem reflexiver Instabilität

In systematischer Absicht möchte ich Fichtes Dilemma des Übergangs als Problem ‚reflexiver Instabilität' formulieren: Inwieweit ist der Zustand des Seins/Lebens für eine aus demselben herausgetretene Reflexion zugänglich? Wenn das Sein/Leben in diesem Sinne reflexiv stabil sein soll, dann droht es seines spezifischen Vollzugscharakters beraubt zu werden. In der nachträglichen Reflexion wäre somit fragwürdig, ob wir *tatsächlich* in den Zustand des Seins eingetreten sind oder uns nur als am Sein/Leben teilhabend repräsentieren müssen, d. h. es tritt Strouds Substitutionsproblem wieder auf. Wenn hingegen das Sein/Leben nicht reflexiv stabil wäre, dann wäre erstens nicht nachvollziehbar, wie wir in diesen Zustand gelangt sind – Fichtes WL wäre auf einen *deus ex machina* angewiesen. Zweitens drohte das Sein/Leben zu einem privaten, unaussprechlichen Zustand zu werden, der aus der Warte der Reflexion weder als *Wissen* qualifiziert werden noch die Funktion des *Fundaments* unseres begrifflich-propositionalen Wissens ausüben könnte.

Die in 2.2 skizzierte gegenseitige Kopplung der Destruktion des Begreifens und der Teilhabe am Zustand des Seins legt es nahe, dass letztere nicht vollkommen reflexiv stabil sein kann. Denn als nicht-repräsentationaler Wissensvollzug kann der Zustand des Seins eben nur praktisch vollzogen und weder durch eine begriffliche Beschreibung ersetzt noch durch die notwendige Voraussetzung seines Stattgefundenseins eingeholt werden. Mindestens drei Schweregrade reflexiver Instabilität lassen sich jedoch unterscheiden.

1. Im höchsten Maße könnte die Irreduzibilität des Vollzugs so weit gehen, dass der Eintritt in den Zustand des Seins ein schlechthin privates Erlebnis ist, insofern das Sein/Leben nur dem es aktual Vollziehenden zugänglich ist. Dann wäre es aber selbst uns als Vollziehenden nicht möglich, dieses quasi-Erlebnis zu reidentifizieren: Mit seinem Vollzug wäre es schon entschwunden. Auch unsere Erinnerung hätte kein Merkmal, um die eine Instanz des Vollzugs mit einer anderen zu identifizieren oder überhaupt von anderen Zuständen zu unterscheiden. Zum einen liegt dies daran, dass jede begriffliche Beschreibung das Erlebnis verfehlen würde. Zum anderen wäre auch ein phänomenologisches Wiedererkennen derselben Erlebnisqualität unmöglich, weil auch dies eine *post-factum*-Perspektive auf den vormaligen Vollzug voraussetzt. Es wäre also *a fortiori* unmöglich, irgend eine diskursive Beschreibung des Zustands als dessen Abbild zu erfassen. Somit könnte auch nicht von einem Zustand des *Wissens* gesprochen werden, sondern wenn überhaupt von einem nicht weiter beschreibbaren ‚Zustand' *simpliciter* in dem wir uns angeblich zeitweise befinden würden.[683] Die Teilhabe am Sein/Leben könnte somit gar keine epistemisch relevante Funktion ausüben.

2. Eine minimale reflexive Stabilität könnte erreicht werden, wenn die Teilhabe am Zustand des Seins einer besonderen Gattung des intuitiven *Wissens* zugerechnet wird, die zumindest als solche reidentifiziert werden kann, deren Gehalt jedoch nicht weiter begrifflich beschreibbar bzw. analysierbar bliebe. Die Teilhabe wäre zwar nicht mehr in aporetischer Weise privat wie im ersten Fall, aber weiterhin an die erstpersonale Perspektive des Vollziehenden gebunden. Dieses Szenario ist vergleichbar mit der Behauptung, dass das Erleben phänomenaler Qualitäten (*qualia*) unser Wissen um die Typen mentaler Zustände, deren Bewusstsein von jenen gleichsam eingefärbt wird, auf irreduzible Weise bereichere.[684] In beiden Szenarien ist nicht klar, was genau das intuitive bzw. phänomenale Moment zu einem Fall von Wissen qualifiziert, und auch dessen Verhältnis zu unserem diskursiven Wissen wäre ein nicht weiter erläuterbares *factum brutum*.[685] Fichtes Wissenschaftslehre ähnelte dann eher Jacobis Konzeption des Glaubens: Entweder wir gehen im intuitiven Wissen des Seins auf – was auch immer das heißen mag – oder wir stehen wieder im Standpunkt der Reflexion vor den alten skeptischen Problemen.[686]

---

683 Dies problematisiert auch Schlösser 2001, 103f., als Fehlen eines „Wissenssinns" des Seins.
684 Vgl. die Diskussion des Mary-Gedankenexperiments in Nida-Rümelin und O Conaill 2019.
685 In Analogie zu einem außergewöhnlichen Geschmackserlebnis könnte ich höchstens sagen, dass mein gegenwärtiges Erleben einfach nicht dieselbe Qualität habe bzw. nicht dasselbe *quale* aufweise wie jenes – aber selbst wenn ich diese negative Tatsache wüsste, wäre dies nicht gleichbedeutend mit einer lebendigen Wiederholung desselben Geschmackserlebnisses. Womöglich könnte ich im erneuten Vollzug gewahr werden, dass ich dasselbe Erlebnis schon einmal hatte, aber in der bloßen Erinnerung würde ich der unmittelbaren Präsenz der Geschmacksqualität ermangeln und damit des einzigen hier zugestandenen Kriteriums der Reidentifikation. In der Erinnerung bliebe nur der Begriff eines gewissen *je-ne-sais-quoi* übrig, der aber freilich den infragestehenden qualitativen Charakter ausklammert und zu seiner Identifikation unzureichend ist. Der phänomenale Charakter des Vollzugs wäre somit notwendigerweise reflexiv instabil und nicht begrifflich erfassbar.
686 Weil Pluder das Problem der reflexiven Instabilität m.E. nicht sieht, affirmiert er die Parallele des Jacobi'schen Glaubens zur Wissenschaftslehre zu stark als „Ablehnung der Möglichkeit,

3. Fichtes Darstellung spricht dafür, dass dem Zustand des Seins ein noch höherer Grad an reflexiver Stabilität zukommt: Er lässt sich begrifflich zumindest nachkonstruieren und zwar so, wie Fichte ihn in § 15 selbst beschreibt[687] und wie es im Rahmen des obigen Überlegungsganges *de facto* geschehen ist. Aber angenommen die Irreduzibilität des Vollzugsaspekts bliebe für den *Übergang* in den Zustand erhalten: Außer mit einem Beweis durch die Tat könnte nicht nachvollziehbar gemacht werden, wie ein solcher Vollzug möglich ist. Hinsichtlich seiner Genese bliebe dann der Zustand des Seins weiterhin ein *deus ex machina*.

Für den erkenntnistheoretischen Anspruch der Wissenschaftslehre wäre das höchst problematisch. Erstens würde die angestrebte Rückführung des Wissens auf ein sicheres Fundament zur bloßen Hoffnung degradiert, dass sich der rettende Wissenszustand von selbst einstellen möge.[688] Zweitens wäre es nicht nachvollziehbar, *wie* dem intuitiven Wissensvollzug eine begriffliche Beschreibung angemessen sein könnte. Die Möglichkeit einer begrifflichen Nachkonstruktion würde zwar angenommen, aber ihre Rechtfertigung stünde noch aus. Denn einerseits darf sie nicht dem Element des Begreifens entstammen, sondern muss durch das intuitive Wissen selbst gedeckt sein, d. h. retrospektiv als dessen „Selbstkonstruktion" ausgewiesen werden. Andererseits wurde jedoch angenommen, dass die Genese des intuitiven Wissens reflexiv instabil ist, sodass in der Retrospektive gerade kein Zusammenhang mit dem Medium seiner begrifflichen Beschreibung feststellbar wäre.

Eine genetische Beschreibung des Übergangs zum Zustand des Seins muss also möglich sein, um seinen Bezug zu unserem diskursiven Wissen aufzudecken: Erstens damit die Validität seiner begrifflichen Beschreibung durch den Zustand selbst garantiert wird und zweitens damit das diskursive Wissen im Ganzen in ihm fundiert wird. Ansonsten stünde Fichtes WL wieder vor Strouds Idealimusproblem: Die Fundierung unseres gewöhnlichen, repräsentationalen Wissens im nicht-repräsentationalen Zustand des Seins könnte nur als dogmatische, nicht weiter rechtfertigbare Annahme eingeführt werden. Die Objektivität unseres Wissens in seiner repräsentationalen Form könnte also gegenüber dem Skeptiker

---

den Standpunkt des Absoluten denkend einzunehmen" (Pluder 2012, 424f.), freilich kommt es hier darauf an, was genau unter „denkend" zu verstehen ist.
687 „Was ist nun in dieser Abstraktion von der Relation dieses reine Sein? Können wir es uns etwa noch deutlicher machen, und es nachconstruiren? Ich sage ja: selber die uns aufgelegte Abstraktion hilft uns." (228)
688 Vgl. das von Schlösser 2001, 164, diagnostizierte Problem, dass Fichte in Bezug auf das Eintreten der Gewissheit es bei „Appellfiguren und Versicherungen" bewenden lassen müsse (siehe Lemanski 2013, 219f., u. die Diskussion in Fn. 666).

nicht bewiesen, sondern nur angenommen werden, selbst wenn das Sein/Leben als skepsisimmuner Wissensvollzug zugestanden würde.

Ein höheres Maß an reflexiver Stabilität riskiert jedoch in die repräsentationale Form des Begreifens zurückzufallen, die überwunden werden sollte. Wenn Gehalt und Genese des Seins/Lebens für den Standpunkt einer aus ihm herausgetretenen Reflexion völlig transparent wären, dann wäre der wirkliche Vollzug keine irreduzible Voraussetzung mehr, um sie zu erfassen. Der Zustand des Seins/Lebens ließe sich adäquat als repräsentationaler Zustand beschreiben, d. h. die Vernichtung der äußeren Existentialform würde wieder aufgehoben. Dann wäre es dem Skeptiker wieder möglich, die Genese des Zustands als durch die Form des Begreifens bedingt zu verstehen: Die oben angestellten Überlegungen etwa könnten als ein entsprechendes Räsonnement gelten, das auf den Zustand des Seins als notwendige Voraussetzung führte. Dann gerieten wir hinsichtlich der Genese des Seins erneut in die Dialektik von Idealismus und Realismus sowie in die damit verknüpften Substitutions- und Brückenprobleme von Strouds Trilemma.

5.2 Die Funktion der Erscheinungslehre

Fichtes Wissenschaftslehre steht somit vor einem metatheoretischen Dilemma: Um die Gültigkeit ihres Prinzips zu sichern und Strouds Trilemma zu entgehen, muss sie auf einen irreduziblen intuitiven Wissensvollzug bauen, aber gerade die Versenkung in denselben lässt Strouds skeptische Problematik für den Standpunkt der Reflexion wieder aufbrechen. Die in der „Wahrheitslehre" erreichte absolute Einsicht darf nicht geschmälert werden, aber bei ihr gleichsam in sich versunken stehenzubleiben ist auch nicht möglich. Um der Irreduzibilität des Vollzugsaspekts systematisch Rechnung zu tragen, muss Fichtes Darstellung daher zweigeteilt werden. Der zweite Teil der Wissenschaftslehre hat somit die systematische Funktion, eine reflexiv stabile Einsicht darin zustande zu bringen, wie der Zustand des Seins sich selbst der Form des Begreifens preisgibt. Fichte nennt den zweiten Teil der Wissenschaftslehre entsprechend „Erscheinungslehre": Sie soll die Erscheinung der als Sein/Leben erfassten Wahrheit begründen bzw. sie als deren von derselben gesetzte „Selbstkonstruktion" ausweisen. Die Erscheinungslehre hat somit ein doppeltes Wissen zutage zu fördern: Erstens ein reflexiv stabiles Wissen vom unmittelbar erfassten Sein/Leben, welches dasselbe *als* Verwirklichungsform des reinen Wissens zu bestimmen vermag, und zweitens das höherstufige Wissen, dass das Sein/Leben selber jenes reflektierte Wissen von ihm *begründet*.[689]

Wie in 5.1 bereits ausgeführt, gilt es die Nachkonstruktion des Seins/Lebens, d.h. des intuitiven Wissensvollzuges zu rechtfertigen: Seine begriffliche Beschreibung und Genese müssen auf reflexiv stabile Weise durch ihn selbst validiert werden. Da die Teilhabe am Sein/Leben wie gezeigt irreduzibel performativ ist, steht zu erwarten, dass nicht nur der Rekurs auf das Sein/Leben, sondern auch das Moment des wirklichen Vollzugs erneut eine zentrale Rolle spielen wird. Aber aufgrund der Fichtes Konzeption beherrschenden Dichotomie intuitiven und diskursiven Wissens muss die Rechtfertigung einen separaten Überlegungsgang ausmachen, der die vormalige „absolute Einsicht" wesentlich *wiederholt*. Denn ohne Rekurs auf das Moment wirklicher Teilhabe würde die Verbindung zu einem performativ unhintergehbaren bzw. selbstvalidierenden Wissensvollzug gekappt, aber zugleich kann diese Teilhabe keine ursprüngliche Verbindung zu etwas außer ihr selbst enthalten, ohne der auf ihre Unmittelbarkeit und Unbedingtheit gebauten Immunität gegen skeptische Infragestellung verlustig zu gehen. Analog zum Übergang in Hegels Kapitel zum absoluten Wissen (siehe II.4) ist durch die Wiederholungsfigur eine vermittelte Unmittelbarkeit herzustellen.

Mit Fichtes einheitstheoretischer Systematik formuliert: Wenn das Sein/Leben als nicht-repräsentationaler Wissensvollzug verwirklicht werden soll, so muss es einen aller Relation und Differenzierung enthobenen Punkt absoluter Einheit bilden, der als solcher nicht diskursiv darstellbar ist. Innerhalb der Darstellung müssen hingegen die Momente der Einheit und ihrer Differenzierung auseinandertreten. Daher zerfällt die Darstellung der *WL 1804-II* in einen aufsteigenden Teil, die den Einheitspunkt der „Wahrheitslehre" erst *als* alle Relation *aufhebenden* Einheitspunkt darstellbar macht, sowie in einen absteigenden Teil, in welchem die interne Differenzierung desselben hinsichtlich seiner Prinzipienfunktion darstellbar ist (und erst danach die eigentliche Ableitung des Mannigfaltigen). Wenn beide Teile eine unterschiedliche Darstellungsfunktion haben, aber beide in demselben Einheitspunkt fundiert sein sollen, so muss auch der zweite Teil – die Erscheinungslehre – auf die Teilhabe an jener Einheit *rekurrieren*, indem sie wiederholt wird. Anhand dieser Wiederholungsfigur werde ich im nächsten Kapitel die Begriffe der „Gewissheit" und des „Bildens" als Kernstücke von Fichtes Erscheinungslehre herausstellen und mit ihnen erklären, wie Fichte die hier aufgeworfene Problematik reflexiver Instabilität zu lösen gedenkt.

---

689 Vgl. den Hinweis auf eine erst durch die Erscheinungslehre vermiedene „Kluft zwischen der Evidenz und der Reflexion auf Evidenz" von Schmidt 2004, 86, Fn. 90, der aber nicht zeigt, was genau das Problematische an einer solchen Kluft sein soll.

4 Die Integration der repräsentationalen Form in der „Erscheinungslehre"

Fichtes Therapie des Problems objektiver Geltung wurde im vorangegangenen Kapitel III.3 vor ein skeptisches Racheproblem gestellt. Das Racheproblem hat die Form eines Dilemmas. Einerseits muss sich Fichte auf den Zustand des Seins/ Lebens als eine unmittelbar differenzlose, irreduzibel performative Einsicht stützen, um *qua* Teilhabe an diesem Zustand die realistische Objektivitätskonzeption in therapeutischer Absicht als ungültig auszuweisen. Andererseits verhindern gerade die Unmittelbarkeit und der Vollzugscharakter der Einsicht, dass wir uns in der kritischen Reflexion auf unser Wissen auf sie stützen oder auf ihr eine diskursiv artikulierbare erkenntnistheoretische Position aufbauen könnten. Dies wurde von mir das Problem der *reflexiven Instabilität* des Seins/Lebens genannt: Sobald wir aus dem aktualen Wissensvollzug heraustreten und über ihn reflektieren bzw. ihn in ein Verhältnis zum „gewöhnlichen", propositionalen Wissen setzen wollen, verliert er seine anti-skeptische Kraft.

Wenn es Fichte nicht gelingt, das Problem reflexiver Instabilität beherrschbar zu machen, ähnelte seine Berufung auf ein unmittelbar-intuitives Einleuchten eher Jacobis *salto mortale* in den „Glauben" – welcher zwar einen unmittelbaren Bezug zum „Sein" herstellt, aber rational nicht einholbar ist und kein propositionales Wissen begründen kann – als einer philosophisch befriedigenden Therapie des Problems objektiver Geltung. Die skeptische Problematik objektiver Geltung sollte erstens (1) nicht einfach verschwinden, sondern ihre therapeutische Auflösung rational nachvollziehbar sein. Dazu gehört auch, dass (1.a) die *Möglichkeit* des skeptischen Zweifels einsichtig bleibt, sodass wir einen Standpunkt einnehmen, der selbst ein kritisches Reflexionsniveau erreicht und es uns erlaubt, den skeptischen Zweifel auf Augenhöhe als nicht triftig zurückweisen. Und die Auflösung sollte das Kind nicht mit dem Bade ausschütten: (1.b) Es sollte möglich sein, die Rettung oder Wiederaneignung des positiven Anspruchs auf objektive Geltung zu artikulieren.[690]

Beide Desiderate (1.a–b) erfordern, dass die Einbettung des propositionalen Wissens in das reine Wissen nachvollziehbar wird, denn erst dadurch wird klar, dass die Vorstellung eines Seins außerhalb des Wissens und die an ihr sich entzündende Skepsis nur Artefakte der repräsentationalen Form des Wissens sind. Daraus ergibt sich das Desiderat, (2) die Form des propositionalen Wissens bzw.

---

[690] An der zweiten Anforderung scheitert der therapeutische Ansatz von Sacks, der mit dem Ansatz Fichtes parallelisiert wurde (siehe I.3.4 u. III.3.1).

des diskursiven „Begreifens" zumindest partiell zu legitimieren – sowohl (2.a) auf der Ebene des „gewöhnlichen" Wissens als auch (2.b) auf der metatheoretischen Ebene der Legitimation von Fichtes sprachlich-begrifflicher Darstellungsform in seinem Vortrag der Wissenschaftslehre.

In der Architektonik des *WL 1804-II* gehören (1) und (2) zur Aufgabe des gegenüber der Wahrheitslehre zweiten Teils der „*Phänomenologie*, [der] Erscheinungs- und Scheinlehre" (206): Sie hat die repräsentationale Form des Wissens „als *nothwendige* und *wahrhafte Erscheinung* aus ihm, dem ersten Theile selber, abzuleiten." (243) Fichte übersetzt die genannten Desiderate auf architektonischer Ebene in ein einheitstheoretisches Vokabular: Wie kann das in sich geschlossene Sein einerseits aus sich heraus in eine Differenz treten, d.h. erscheinen, und andererseits dabei seinen Status als absolute Einheit nicht verlieren?

Im **1.** Abschnitt rekonstruiere ich Fichtes Versuch einer Grundlegung der Erscheinungslehre in §§ 16 – 23. Im Zentrum steht die Schwierigkeit, den Gedanken der „Selbstkonstruktion" des Seins/Lebens auf nicht-zirkuläre Weise einzuführen. Auf diese Schwierigkeit antwortet Fichtes Explikation des Seins/Lebens als Zustand ursprünglicher *Gewissheit* in § 23, indem die allem Einleuchten zugrunde liegende Gewissheit die performative Beglaubigung des Gedankens der Selbstkonstruktion ermöglicht. Dies bildet den Ausgangspunkt für Abschnitte **2.–5.**, in denen ich Fichtes Problematisierung der Gewissheitskonzeption in § 24 nachzeichne und deren Weiterentwicklung zur Vollzugsform des „Bildens" in § 25 rekonstruiere. Ich zeige, wie Fichte sich in § 24 in mehreren Schritten an das Bilden als Form einer performativen Tautologie heranarbeitet und dieselbe als Verhältnis von „Faktum" und „Gesetz" nach dem Vorbild des Kant'schen Modells der Autonomie konzipiert (siehe 3.1 und 5.2). Im an diese Ausführungen direkt anschließenden Kapitel III.5 erörtere ich das systematische Potential des Fichte'schen Bildens und bewerte seine Einlösung der oben genannten Desiderate (1)–(2) der angestrebten Therapie des Problems objektiver Geltung.

1 Die Suche nach dem Prinzip der Erscheinung (§§ 16 – 23)

Nach dem ersten Aufstieg zur Wahrheitslehre in §§ 11–14 vollzieht Fichte in §§ 16–22 eine zweite Aufstiegsbewegung. Weitgehend parallel zum ersten Aufstieg schält sie das Prinzip der Erscheinungslehre aus der Destruktion unzureichender Vorformen heraus, die der Dialektik von Idealismus und Realismus entsprechend gegliedert sind.[691] Für meinen gegenwärtigen Zweck ist es ausrei-

---

[691] Zu diesem Aufbau siehe Lemanski 2013; zur Zäsur in § 22 siehe Schlösser 2001, 112, 114. Für

chend, die Zielrichtung und systematische Anlage dieses zweiten Aufstiegs nachzuvollziehen.

1.1 Das Problem der nicht-zirkulären Einführung des Prinzips (§§ 16–22)

Wie eingangs skizziert muss Fichte die repräsentationale Form des Wissens als „Selbstkonstruktion" des Seins/Lebens ausweisen. In § 16 nimmt Fichte diese Aufgabe auf dem für seinen Vortrag charakteristischen metatheoretischen Reflexionsniveau in Angriff: Er versucht ein reflexiv stabiles Wissen *vom* reinen Wissen zu begründen, d. h. er fragt nach der Ableitung der in § 15 erreichten Einsicht in das Sein/Leben selbst.

Fichte wirft direkt das Problem der reflexiven Instabilität des Seins/Lebens auf: Er reflektiert auf die erreichte Einsicht und zeigt, dass sich durch diese Reflexion bereits eine „idealistische[] Ansicht" (242) einstellt, welche den Zustand des Seins/Lebens seiner Unbedingtheit beraubt und die Frage seiner Erzeugung in das überwunden geglaubte Schema von Idealismus und Realismus zurückfallen lässt. Wenn wir auf die Einsicht und ihre Genese reflektieren, zeigt sich nämlich, dass sie bedingt zu sein scheint: *Wir* hatten ja den Begriff „Sein" auf Fichtes Aufforderung hin konstruiert und daraufhin erst wurde das Sein in dazu entsprechender Weise evident. Diese Reflexion bietet somit den Ansatzpunkt für den vertrauten Substitutionseinwand des Idealismus: „[I]ch will nicht selbst hier so räsonniren, wie alle obigen Idealismen räsonnirt haben: ‚mithin hängt das Sein von der Construction desselben ab, und diese ist sein Princip[]'" (244). Die Einsicht in das Sein/Leben wäre reflexiv stabil, aber mit dem Preis, dass sie nur relativ zu unserer konstruierenden Aktivität gültig wäre. Damit wäre Fichtes Therapie bereits gescheitert, insofern sie auf die Stufe des Idealismus zurückfiele (siehe III.2.2).

Fichte geht jedoch den umgekehrten Weg, „rein *realistisch, vertrauend* auf die Wahrheit des Inhalts der Einsicht" (245), zu argumentieren. Wenn ihm dies ge-

---

meine Einordnung spricht, dass Fichte in § 17 klarstellt, dass seine „gegenwärtige Untersuchung, eben so wie die obige, *aufsteigend* verfährt, weil sie ihr Princip noch sucht." (270, H.v.m.). Wie Fichte ferner im Rückblick auf die §§ 16–21 feststellt, „ist doch dieses Alles nur die *Vorbereitung* zur wirklichen Lösung der Aufgabe der Spekulation überhaupt" (330), welche Lösung Fichte im den §§ 22–25 entsprechenden Zeitraum zu präsentieren vorhat (siehe 330: „Diese Lösung gedenken wir in dieser Woche zu vollziehen"). Dem editorischen Bericht der Gesamtausgabe zufolge ist die hier zitierte 22. Vorlesung auf Montag, den 28.5.1804 zu datieren und die angesprochene Woche reicht bis zur 25. Vorlesung am Freitag, den 1.6.1804 (siehe GA II/8, XLIII). Fichtes Vorlesungsplan scheint somit auf § 25 als Höhepunkt der Woche hin angelegt worden zu sein.

lingt, dann kann die Einsicht in das Sein/Leben trotz ihrer reflexiven Instabilität begründen, dass das Sein/Leben *von sich aus* in die diskursive Form der Konstruktion übergeht und somit selbst das Wissen von ihm begründet. Fichte fasst den eingeleuchteten Inhalt dazu als monistische These zusammen: Das Sein ist eine absolut in sich geschlossene Einheit, die schlechthin alles umfasst. Daher müsse sie auch die ihr scheinbar äußerliche begriffliche Konstruktion umfassen:[692]

(OS) Das Sein ist absolut in sich geschlossen, d. h. alles was existiert, ist in ihm.
(US) Wir konstruieren das Sein ausgehend von seinem Begriff.
(K)   Unsere Konstruktion ist eine Selbstkonstruktion des Seins.

Fichtes Argumentation ist nur schlüssig, wenn die Prämisse (OS) als wahr eingesehen wurde, d. h. wenn wir in den Zustand des Seins/Lebens wirklich eingetreten sind. Denn Fichtes therapeutische Aufhebung der realistischen Objektivitätskonzeption basiert wie gezeigt darauf, dass es uns nur durch die wirkliche Teilhabe am Zustand des Seins/Lebens einleuchten konnte, dass es wirklich nichts außerhalb dieses reinen Vollzugs geben kann. Die Prämisse (US), dass es eine begriffliche Repräsentation des Seins gibt bzw. eine seinem Einleuchten vorausgehende Konstruktion, ist in der Reflexion als Faktum gegeben. Aus beiden Prämissen folgt zwingend, dass die Konstruktion des Seins, die zunächst aus ihm herauszufallen schien, doch seine Selbstkonstruktion sein muss.

Fichtes Kritik an diesem Vorschlag zur Begründung der Erscheinungslehre gibt den Aufriss für seine weitere Argumentation in §§ 16–21. Im Kern adressiert Fichte die Bedingungen für die reflexive Stabilität der Einsicht (K), dass das erscheinende Wissen eine Selbstkonstruktion des Seins ist. Wie die syllogistische Form des obigen Räsonnements zeigt, wird (K) selbst *nicht* als intuitives Vollzugswissen, sondern nur in diskursiver Form eingesehen. Und der Inhalt von (K) hat selbst nicht den Status einer unbedingten, notwendigen Einsicht, sondern gilt nur unter der Voraussetzung der faktischen Prämisse (US), dass *wir* das Sein konstruieren. Die Einsicht (K) ist also eine, „die wir nur problematisch, als Aussage des bloßen Bewußtseins hinstellen, und sie nur mittelbar durch einen Schluß dem Sein für sich beilegen" (246).

---

692 „[K]ann das Seyn schlechthin nicht aus sich selber heraus gehen, und nichts außer ihm seyn, so ist es das Seyn selber, welches sich also construirt, in wiefern diese Construction seyn soll; oder, was ganz dasselbe ist: Wir allerdings sind es, die diese Construction vollziehen, aber in wiefern wir, wie gleichfalls eingesehen worden, das Seyn selber sind und mit ihm zusammenfallen; keinesweges aber, wie es erscheinen könnte, und wenn wir dem Schein uns hingeben wirklich erscheint, als ein vom Seyn *unabhängiges* und *freies* Wir." (245)

Obwohl es also bereits als notwendig eingeleuchtet hat, dass das Sein/Leben sich selbst konstruiert, wird dieser Gedanke durch die Form seiner Einführung in freier Reflexion konterkariert. Fichtes Anliegen stellt sich nunmehr als methodologische Frage: Wie gelangen wir zur nicht-zirkulären Einführung des Gedankens der Selbstkonstruktion? Das eigentliche Problem der Erscheinungslehre zeigt sich somit dies zu sein, das Prinzip für die Einführung ihres Prinzips zu finden: Die „Nachgenesis der absoluten Genesis" (248) ist abzuleiten, d.i. das Prinzip „nicht mehr der absoluten und reinen Genesis, sondern der Genesis der Genesis" (246, 248). Die generative Funktion des Zustands des Seins/Lebens für dessen Selbstrepräsentation ist demnach zunächst auf die Zuschreibung einer solchen generativen Funktion zu beziehen. Da diese Zuschreibung von Fichtes Wissenschaftslehre vorgenommen wird, hat die Einführung des Gedankens der Selbstkonstruktion zudem die metatheoretische Dimension, dass die theoretische Darstellung ihre eigene Genese in sich abbilden muss.[693]

Das obige Verfahren, die Selbstkonstruktion durch einen Schluss einzuführen, steht für eine Einführungsweise des Prinzips, die nicht als dessen unmittelbarer Ausdruck reflexiv stabilisierbar ist, sondern die nur als seine reflektierte Form auftritt. Fichte spricht daher von einer bloß „bildliche[n] und idealische[n]" (246) Selbstkonstruktion. Ihr entgegengesetzt ist die ursprüngliche Selbstkonstruktion der Einsicht, auf die sich der Schluss mittelbar in (OS) beruft, welche daher „eine *reale* werden würde; offenbar erhaltend das letztere Prädikat ‚real' nur durch den Gegensatz mit der erstem" (246). Aus dieser Entgegensetzung heraus erkennt Fichte, dass auch diese Einführungsweise des Prinzips bereits den fatalen Schritt in die repräsentationale Form des Wissens getan hat. Das unternommene realistische Räsonnement ist „sogar vernichtend die Absolutheit der erstern Einsicht" (246), weil der von ihm reflexiv stabilisierte Rekurs auf den ‚an sich wahren' Inhalt der Einsicht in der bekannten Weise „nur relativ, und durch seinen Gegensatz verständlich ist" (246).

Fichte entfaltet im weiteren Gang seiner Überlegung diesen in der Einführung des Gedankens der Selbstkonstruktion eröffneten Gegensatz „idealer" und „realer" Selbstkonstruktionen.[694] Seine Argumentation ähnelt der gegenseitigen Kritik idealistischer und realistischer Positionen in §§ 11–14 und lässt sich ebenfalls anhand von Strouds Trilemma nachvollziehen.

Das Faktum der idealen Selbstkonstruktion liefert den Ansatzpunkt für eine Variante von Strouds Substitutionseinwand: Den Status der Selbstkonstruktion

---

693 Siehe übereinstimmend Pecina 2007, 215f.
694 Zum Problem der Verdopplung der Selbstkonstruktion in eine reale und ideale als strukturierendes Moment von §§ 16–23, siehe Barth 2004, 304–309.

erhalte die Einsicht in das Sein/Leben nicht eigentlich durch sie selbst, sondern nur durch unser theoretisches Verfahren, einen Grund für das erscheinende Wissen zu suchen, denn ohne dasselbe hätte jener Status nicht eingeleuchtet.[695] An der im obigen Syllogismus erzeugten Einsicht lässt sich daher die konditionale Form des „Soll" nachweisen: „*Soll* es zu der absoluten Einsicht kommen, daß u.s.w., *so muß* eine solche ideale Sichconstruction absolut faktisch gesetzt werden" (250, H.v.m.). In der vom höheren Idealismus des ersten Aufstiegs bekannten Weise spricht die hypothetische Form des Soll für die Bedingtheit der Selbstkonstruktion durch die Form des Begreifens und für den geltungslogischen Primat der willkürlichen Reflexion.

Um diesem im Soll angelegten Substitutionseinwand zu entgehen, versucht Fichte in einer ersten Sequenz (§§ 16–17), das Auftreten des Soll selber wiederum als Erscheinungsform des Seins/Lebens auszuweisen: „Das Soll trägt durchaus alle Kennzeichen des im Grundsatze eingesehenen Seins an sich" (252). Die Art der hypothetischen Einführung spiegele demnach gerade die Absolutheit des Seins/Lebens wider. Denn die Supposition von Prämissen, die im „Soll …" ausgedrückt wird, ist etwas Willkürliches, von keiner anderen Geltungssetzung Abgeleitetes und zugleich ein Akt, von dem jede Folgerung aus den Prämissen abhängig ist. Der freie Akt des Supponierens hat somit augenscheinlich denselben Charakter der Unbedingtheit wie das Sein und ist als solcher der Träger für alle notwendigen Folgerungen, die sich aus ihr im Konsequens „so muss …" ergeben.[696]

Diese Sequenz kulminiert in der Transformation des Soll zur Begriffsbestimmung des „Von", welche zur Seite der realen Selbstkonstruktion zurückkehrt. Das Sein/Leben sei ein „Von", insofern es ausschließlich durch sich selbst existent ist, sodass auch der Gedanke seiner Selbstkonstruktion *von* ihm selber erzeugt werde.[697] Das „Von" ist der Leitbegriff für die zweite Sequenz (§§18–19), die

---

695 „Durch die Voraussetzung jener idealen Sichconstruction, ohne allen Grund, also durch diese von uns selber, der W.-L., zu vollziehende Projektion, war bedingt die absolut sich uns aufdringende Einsicht, daß die ideale Sichconstruction im absoluten Wesen selber begründet sein müsse" (250). Siehe Lang 2018, 65, u. Schlösser 2001, 104.

696 Zu ersterem siehe Lang 2018, 67, u. Schmidt 2004, 90, der das Soll „als Willkürfreiheit überhaupt" deutet. Zu letzterem siehe 266: „[I]n dem Soll ist ausgedrückt, die absolute Annahme[,] eben so unbedingt fallen gelassen, als sie unbedingt angenommen ist; soll sie nun, und wahrscheinlich mit ihr das ganze so *muß*, das an ihr hängt, nicht fallen, und mit diesem Fallen wahrscheinlich alles Wissen und alle Einsicht hinfallen; so muß es sich eben selber tragen und halten."

697 Im Rückblick auf §§ 16–18 konstatiert Fichte, dass das Soll „in seinem festen, und durchaus bestimmten Wesen, als ein Von sich u.s.w., *als* solches begriffen worden" (288) sei. Zur Bestimmung des Von und der Aufhebung des Soll in dieselbe, siehe Schlösser 2001, 108 f. Der Notauf den Substitutionseinwand, den das rein problematische Soll aufwirft, in einer der Position des höheren Realismus entsprechenden Weise antwortet. Die Einsicht in die Selbstkonstruktion des Seins ergebe sich nicht „nur mittelbar durch einen Schluß [...], [sondern ist] durchaus unmittelbar, und ohne alle faktische Voraussetzung, durch die bloße Betrachtung des innern Wesens entstanden." (278) Denn bedenke man das Sein als ein nach Abstraktion von aller Relation schlechthin Übrigbleibendes, wie es in der Tat intuitiv eingeleuchtet hat (siehe III.3.3), dann wäre es performativ widersprüchlich, ihm als solchen eine latente Relation zu einer ihm äußerlichen Instanz zuzuschreiben, die es konstruierte oder seine Konstruktion ermöglichte. Der Vollzugscharakter des Seins/Lebens und seine Selbstkonstruktion in repräsentationaler Form gehen daher im Von notwendig Hand in Hand.[698]

Gegen die Einführung der Bestimmung des Von wirft Fichte eine Variante des Stroud'schen Brückenproblems auf: Gerade die wesentliche Unabhängigkeit und Abgeschlossenheit des Seins lässt unverständlich werden, wie ihm eine weitere, zudem latent relationale Bestimmung wie das Von zukommen soll: „kurzum es *ist*, und damit gut; wer wollte da nach einem Von fragen?" (292) Die Bestimmung des Von setzt bereits eine Reflexion auf die epistemische Rolle des Seins/Lebens voraus, die innerhalb ihres unmittelbaren Vollzuges gar nicht aufkommen kann (vgl. III.2.2.2). Gleiches gilt für die erwogene Wesensbestimmung des Übrigbleibenden, die latent „selber eine Relation ist" (293), wie sie bereits am Ansich des Realismus aufgezeigt wurde (vgl. III.3.2.1).

Fichte reagiert in einer dritten Sequenz (§§ 19 – 22) auf dieses Brückenproblem in paralleler Weise zur Übersteigung des höheren Realismus (vgl. III.3.2.2), indem er das bisher in der Reflexion verstellte Vollzugsmoment direkt ansteuert. Die Identität des Seins/Lebens mit dem Von, d.i. die generative Funktion des reinen Wissens, soll *performativ* beglaubigt werden. Dazu stellt Fichte die metatheoretische Reflexion an, dass die syllogistische Beweisführung, die den Gedanken der Selbstkonstruktion einführen sollte, zwar auf einer faktischen Prämisse beruht,

---

wendigkeitscharakter, der im Begriff des „Vonsich" konnotiert wird, deutet m. E. auf die spätere Suche nach einem Gesetz voraus (siehe 3.1).

698 „Es ist daher klar, daß das Licht, oder die Vernunft, oder das absolute Sein, welches alles Eins ist, sich, als solche, nicht setzen kann, ohne sich zu construiren, und umgekehrt: daß daher in seinem Wesen Beides zusammenfällt, und durchaus Eins ist, Sein und Selbstconstruction, Sein und Wissen von sich." (278) Asmuth weist auf die Parallelen dieser zweiten Sequenz und der von ihr entfalteten Identität von vollzugshaftem Sein und Wissen von sich mit dem Phänomen des Selbstbewusstseins hin (siehe Asmuth 1999, 276 f.). Da Fichte auch diese zweite Sequenz der Kritik unterzieht, sprechen solche Parallelen m. E. eher dafür, dass wir uns noch auf einem niedrigeren Standpunkt befinden und dass die für die Erscheinungslehre anvisierte Ableitung des Ich noch nicht abgeschlossen ist (siehe 4.1).

aber die daraus sich ergebende Notwendigkeit des Gedankens selber ein intuitives Einleuchten darstellt: „denn wir selbst, indem wir jenen Beweis führten, und die ihm zu Grunde liegende Voraussetzung über das innere Wesen des Wissens, daß es ein *Von* sei, machten, waren das Wissen" (302).⁶⁹⁹ Da wir am Vollzugsmoment und der Selbsttransparenz des Einleuchtens teilhaben, sind wir das reine Wissen selbst – das durch den Fokus auf das sich selber erzeugende Einleuchten hier wieder „Licht" (296) genannt wird (siehe III.1.4). Die Notwendigkeit, in der Reflexion den Gedanken der Selbstkonstruktion des Lichts einzuführen, lässt sich damit als *performative Tautologie* nachvollziehen,⁷⁰⁰ weil wir mit der Selbstkonstruktion vom Licht etwas aussagen, was das Licht im Einleuchten der Notwendigkeit dieser Aussage selbst wiederum an uns vollzieht: „[W]ir [haben] eben im unmittelbaren Sein, im Thun die Wahrheit unserer Aussage bestätigt, indem wir auf der Stelle trieben, was wir sagten, und sagten, was wir trieben" (296). Die bisherige Dichotomie einer „realen" und einer „idealen" Selbstkonstruktion, die das Stroud'sche Brückenproblem ihrer Vermittlung aufwarf, ist durch diese performative Tautologie aufgehoben.⁷⁰¹

In § 24 wird Fichte diese performative Beweisstrategie anhand ihrer latenten syllogistischen Form kritisieren,⁷⁰² doch im Übergang zu § 23 gilt sein kritisches

---

699 Vgl. die entsprechende Prämisse in § 19: „Wir selber in unserm Thun und Treiben sind Wissen, Denken, Licht oder wie Sie es nennen wollen." (296)
700 Zu dieser Terminologie, siehe I.3.3.4, Fn. 77.
701 „Der bisher noch bemerkte Widerspruch in dem, was wir selbst waren und trieben, zwischen dem Thun und dem Sagen = dem Realen und Idealen ist nun [...] ipso facto in uns selbst aufgehoben" (296).
702 Fichte bringt die Beweisform in § 22 auf folgende Formel: „Wir führen diesen geforderten Beweis nach einem schon angewendeten Gesetze ohne Umschweife also: Wir haben diese Einsicht erzeugen können, und haben sie wirklich erzeugt; wir *sind* das Wissen; also diese Einsicht ist im Wissen möglich, und in unserm dermaligen Wissen wirklich." (338) Diese Beweisform wird von Fichte in § 24 gesondert problematisiert, worauf ich in Abschnitt 3 eingehe (siehe Fn. 737). – Demgegenüber erläutert selbst Langs dezidiert performative Interpretation die als performativ intendierte Beglaubigung vielmehr als schlussförmige Subsumtion: „Denn da der Leser [der WL, Sz.] weiß, dass das reine Wissen das Wissen vom reinen Wissen konstituiert, und das reine Wissen jeden Fall von Wissen begründet, beweist die Erkenntnis des Lesers, dass der Inhalt dieser Erkenntnis wahr ist." (Lang 2018, 76) Zunächst ist an Langs Schilderung fraglich, ob sie nicht als Wissensbegründung auf vitiöse Weise zirkulär ist, wenn sie augenscheinlich den Inhalt einer Erkenntnis dadurch für wahr erklärt, dass es sich bei ihr eben um eine Erkenntnis handele (vgl. den Einwand bei Schmidt 2009, 280). Eine noch eindeutiger deduktiv strukturierte Erläuterung Langs, welche die Einsicht der Wahrheitslehre als Zusatzprämisse aufruft, findet sich bei Lang 2018, 72. Langs Erläuterung ähnelt eher dem syllogistischen *modus darii* als einer intuitiven Einsicht; sie spiegelt daher m. E. mehr Fichtes Kritik wider als dessen eigenen Ansatzpunkt.

Augenmerk zunächst nur der Prämisse, *dass* wir mit obiger performativer Tautologie am Licht selbst teilhaben. Sie ist „ein bloß faktisch, noch keinesweges genetisch durchdrungenes Glied im minor des Vernunftschlusses: ‚Wir wissen, oder sind das Wissen,' – war unmittelbar klar, und einleuchtend, doch aber in seinem Princip keinesweges klar." (340) Das besagt zunächst, dass die Modalitäten von Akt und Gehalt, d. h. von „Tun" und „Sagen", nicht übereinstimmen. Die Tatsachen, dass wir in einer intuitiven Einsicht aufgehen und dass wir dazu in bestimmter Weise auf die Bedingungen dieser Einsicht reflektieren mussten, sind als solche immer noch kontingent. Die erreichte Form performativer Beglaubigung beinhaltet somit noch nicht die Notwendigkeit, dass im Einleuchten uns das reine Wissen bzw. das Licht selbst erfasst sowie dass es dabei eine bestimmte begriffliche Repräsentation (etwa als „absolutes Von") von sich erzeugt. Die Einführung des Gedankens der Selbstkonstruktion ist somit noch nicht ganz aus dem Zirkel entkommen, die dafür zu erklärende Zugänglichkeit des Seins/Lebens in der Reflexion bzw. für das Begreifen immer schon vorauszusetzen.[703]

1.2 Das Sich-Abschließen der Gewissheit (§ 23)

In § 23 versucht Fichte im Zustand der *Gewissheit* eine Vollzugsform auszuweisen, in welcher der Wissenssinn des Lichts sich mit der im Sein/Leben erfassten Unbedingtheit und Selbstgenügsamkeit des Vollzugs unmittelbar verbindet: „Jetzt erst sind wir auf einen Charakter des Lichtes gekommen, durch welchen es sich unmittelbar zeigt, als Eins mit dem oben eingesehenen Sein: die *Gewißheit*, rein und für sich, und als solche" (346). Dazu hat Fichte erstens die Identität der Gewissheit mit den genannten Bestimmungen des reinen Wissens darzulegen und die Gewissheit zweitens als reflexiv stabile Vollzugsform desselben auszuweisen.

1.2.1 Die Gewissheit als reines Wissen

Parallel zum ersten Aufstieg in §§ 14–15 gelangt Fichte auch in der zweiten Aufstiegsbewegung in § 23 zum Einleuchten der Gewissheit durch die Abstraktion von der Form des Begreifens, welche den bisher erreichten Einsichten noch eingeschrieben war. Im ersten Abstraktionsschritt bleibt die „innere Gewißheit der Einsicht" (344) übrig, d. h. die Evidenz des bisher eingeleuchteten Inhalts. Fichte

---

[703] Fichtes umfassende Problematisierung der Einführung der Selbstkonstruktion widerlegt m. E. Baumanns' Kritik, dass Fichte mit Idealismus und Realismus „Scheingefechte" führe, weil er von der „*Prämisse* des sich konstruierenden Absoluten" ausgehe (Baumanns 1990, 251).

fordert sodann eine noch gründlichere Abstraktion, welche die Gewissheit *von etwas* übersteigt, um das Gewisssein als solches hervortreten zu lassen, d.i. „Gewißheit rein und an sich, mit aller Abstraktion von Etwas" (344). Dieser höchste Abstraktionsgrad von Gewissheit ist nicht mit einem subjektiven Evidenzbewusstsein oder der Selbsttransparenz des Selbstbewusstseins zu verwechseln, vielmehr erfüllt die Gewissheit die Rolle eines elementaren Geltungsbegriffs, der diesen Phänomenen vorgängig ist.[704] Fichte verbindet hier auf ihm eigentümliche Weise einen internalistisch konnotierten Wissensbegriff mit einem dezidiert anti-psychologistischen Geltungsbegriff.[705]

Das von Fichte geforderte Innewerden der „reinen" Gewissheit soll das reine Wissen als die unhintergehbare und vorgängige Dimension allen Wissens erschließen, die in III.3.4 mit den Analogien des Horizonts und des absoluten Raums beschrieben wurde. Das Verhältnis der Gewissheit zu den Inhalten des propositionalen Wissens skizziert Fichte in § 23 als ein dreistufiges Verhältnis von Einheit, Bestimmbarem und Bestimmtheit. Als Einheit ist die Gewissheit eine „Qualität" (348) und negiert allen Wandel bzw. Unterschied der Bestimmtheit.[706] Als Qualität fungiert die Gewissheit somit als „Uniformitätsbedingung von Wissen":[707] Insofern *Wissen* eine einheitliche Gattung bildet, ist jedes Wissen in einem univoken Sinne gewiss. Die qualitative Einheit der Gewissheit ermöglicht wiederum als Bestimmbares, dass verschiedene Fälle von Wissen in ihr als *bedingte* Evidenzen vereinigt werden: Die eine, univoke Gewissheit kann in verschiedenen Graden und Arten auftreten, die ihrerseits als Bestimmbares-Bestimmtes-Verhältnis mit mannigfaltigen Inhalten verbunden sein können, d. h. sie ermöglicht „*Quantitabilität*" (348). Das von Fichte entfaltete Ineinander von Qualität und Quantität unterläuft die üblichen Modellierungen von Wissen als propositionale Einstellung (die üblicherweise mit den Zusatzbedingungen der Rechtfertigung der Einstellung sowie der Wahrheit des Gehalts verbunden wird) sowie des Urteilens als Verbindung von Akt und Inhalt: Die Gewissheit ist kein zu einem Gehalt hinzugefügter Zusatz eines subjektiven Zustands, sondern der Gehalt wird erst in und durch die Gewissheit zugänglich. Demnach ist es zunächst gleichgültig, ob wir uns zustimmend oder verneinend und in Bezug auf wahre oder falsche Urteile im Raum bzw. Horizont des Wissens bewegen: Wir bewegen

---

[704] Hier folge ich Schlösser 2001, 127, 129; zum Geltungsbegriff siehe auch Gerten 2019.
[705] Zu dieser Grundtendenz in Fichtes Spätwerk von einem Vokabular des Bewusstseins zu einem der Geltung überzugehen, siehe Schlösser 2006b.
[706] Hier knüpft Fichte an das in den Prolegomena aufgestellte Schema der simultanen Konstruktion des Unwandelbaren und des Wandelbaren an, siehe III.1.3.
[707] Barth 2004, 309.

uns stets innerhalb der Gewissheit als „unerschütterliches Verbleiben und Beruhen in demselben unwandelbaren Eins" (346).

Doch das Obige gibt nur eine Beschreibung der Gewissheit *relativ* zur Form des propositionalen Wissens, d. h. dort wird eine bereits „objektivirte Gewißheit" (350) betrachtet und nicht deren Genese als Selbstkonstruktion ausgewiesen. Fichte muss also nach dieser Annäherung der Gewissheit an den Zustand des Seins/Lebens dieselbe als in sich geschlossene Vollzugsform von Wissen ausweisen, die ihrer repräsentationalen Form vorgängig ist, d. h. er muss sie „lediglich in dem suchen [...], was sich als Immanenz, als Ich oder Wir, offenbarte" (350). Die Beschreibung der Gewissheit muss in diesem Sinne eine „lebendige[] Beschreibung" (352) sein.[708] Auf der Vollzugsebene der Gewissheit kann sich dann jene Form performativer Beglaubigung einstellen, die Fichte bereits in § 21 anvisiert hatte (siehe 1.1).

1.2.2 Vollzugsform des Sich-Abschließens

Die umfassendste systematische Rekonstruktion der im vorigen Abschnitt skizzierten Fichte'schen Gewissheitskonzeption stammt von U. Schlösser.[709] Sie soll als *best-case*-Szenario zugrunde gelegt werden, um das systematische Potenzial von § 23 auszuloten und das in §§ 24–25 noch zu Leistende zu konturieren. Ich fasse Schlössers Rekonstruktion zu sechs Thesen zusammen, die mir als Leitfaden dienen.

(1) Die Gewissheit ist das spontane Sicherzeugen des Einleuchtens und als solches dasjenige, „was uns einen Gedanken *als uns zwingende* Einsicht überhaupt erst *eingibt*."[710]

---

[708] Siehe übereinstimmend Pecina 2007, 215.
[709] Siehe Schlösser 2001, 2003, 2009, 2010. In der jüngeren Forschung ist Schlössers Rekonstruktion sowie deren Grundthese, dass die Gewissheitskonzeption von § 23 sowohl für die Wahrheits- als auch die Erscheinungslehre der *WL 1804-II* von zentraler Bedeutung ist, weithin anerkannt (vgl. z. B. Pluder 2012, 450, Fn. 175). Kritische Einsprüche versuchen zumeist deren Ergänzungsbedürftigkeit im Blick auf andere Stücke der Wahrheits- oder Erscheinungslehre geltend zu machen (vgl. Klotz 2004, 277f.). Auch R. Barth bestreitet nicht, dass die Gewissheit konzeptionell maßgeblich ist, begreift sie aber als „*ontische*" Repräsentation absoluter Einheit (Barth 2004, 311). Die Stoßrichtung der vorliegenden Arbeit stimmt mit der Barths, Schmidts und Tschirners überein, welche gegenüber Schlössers Rekonstruktion ergänzend die Bedeutung des in §§ 24–25 entwickelten „Bildens" für die Gewissheitskonzeption betonen (siehe Barth 2004, 317, Fn. 142; Schmidt 2002; Tschirner 2017, 232, Fn. 392).
[710] Schlösser 2001, 126.

(2) Die Gewissheit ist „wissende Selbstbeziehung",[711] d. h. selbstrepräsentierend.

(3) Die Gewissheit ist „Vollzug der Selbsttransparenz",[712] d. h. sie hat die Struktur von Selbstbewusstsein, welche die Momente von (1) und (2) vereinigt.

Diese drei aufeinander aufbauenden Thesen umreißen den fundamentalen Status der Gewissheit als Bedingung der Möglichkeit von Wissen. Wenn die Gewissheit uns einen Gedanken als gültig eingibt, kann dieses Einleuchten ohne Regress nicht wiederum durch anderes erzeugt werden, sondern es muss durch sich selbst erzeugt werden.[713] Dabei muss das Einleuchten als solches die Übernahme der Gültigkeit und normativen Verbindlichkeit des Gedankens beinhalten, d. h. die Spontaneität des Urteilens umschließen (1). Das Einleuchten kann jedoch einen Gedanken nur dann als gültig autorisieren, weil auch gewiss ist, dass es sich jeweils um einen Fall von Gewissheit handelt (2), ansonsten drohte ein weiterer Regress. Indem die Gewissheit dergestalt selbsttransparent ist, kann sie als Kriterium fungieren, um Zustände des Wissens von solchen des Meinens zu unterscheiden.[714] Im Einleuchten werden demnach nicht nur bestimmte Einsichten als gültig vorgestellt, sondern weil deren Geltung im Medium der Gewissheit erst hervortritt, tritt dabei auch die Gewissheit selbst als in sich und durch sich Klares hervor. Als unmittelbar sich selbst transparenter Vollzug (3) kann die Gewissheit somit die ihr zugedachte Funktion performativer Beglaubigung erfüllen.[715]

Die von Fichte gesuchte performative Beglaubigung ist jedoch eine spezifische: Sie soll die Selbstkonstruktion des Seins/Lebens in der repräsentationalen Form des Begreifens ausweisen. Den Bezug zum Zustand des Seins/Lebens einerseits sowie zur Form des repräsentationalen Wissens andererseits stellen die folgenden Thesen Schlössers her:

(4) Die Gewissheit ist *identisch* mit dem Zustand des Seins/Lebens.[716]

(5) Der Zustand des Seins/Lebens ist ein Prozess des *Sich-Abschließens*.[717]

---

711 Schlösser 2001, 127.
712 Schlösser 2001, 132. Zur Abgrenzung vom Selbstbewusstsein, siehe Schlösser 2001, 129 ff.
713 Vgl. Schlösser 2001, 127.
714 Zum Erfüllen dieser kriteriellen Funktion durch die Selbsttransparenz des Wissens, siehe auch Gabriel 2019, 451 f., der diesen internalistischen Zug in Fichtes Ansatz jedoch stärker abschwächt, als ich es für plausibel halte.
715 Vgl. Schlösser 2001, 132.
716 Vgl. Schlösser 2001, 133.
717 Vgl. Schlösser 2001, 119, 135.

(6) Die Gewissheit setzt in ihrem Sich-Abschließen den Gedanken frei, dass der Begriff der Gewissheit für uns schlechthin verbindlich ist.[718]

Ohne These (4) könnte die Gewissheit nicht als Prinzip der Erscheinungslehre fungieren: Wenn es zwischen dem Sein/Leben und der Gewissheit noch eine Vermittlungsinstanz geben müsste, würde das Problem der nicht-zirkulären Einführung des Gedankens der Selbstkonstruktion nur weiter aufgeschoben. Die positive Grundlage für die Identifikation von Sein/Leben und Gewissheit ist der in These (3) bestimmte spontane und selbstbezügliche Vollzugscharakter der Gewissheit.[719] Das Phänomen der Gewissheit erlaubt es somit, der irreduzibel performativen und intuitiven Vollzugsform des Seins/Lebens einen selbstpräsentierenden Wissenssinn zuzuschreiben, d. h. sie mit dem Licht zu identifizieren.[720] Aus der Konjunktion der Thesen (1)–(4) folgt, dass die ursprüngliche Gewissheit ein irreduzibles Vollzugswissen ist, das selbst nicht diskursiv, sondern intuitiv verfasst ist. Nur so kann die Gewissheit ihre oben skizzierte Rolle als elementarer Fall und Kriterium von Wissen erfüllen. Denn jede begriffliche Beschreibung der Gewissheit und jede inferentielle Form des Evidenztransports müssten ihrerseits als gewiss einleuchten, um Gültigkeit beanspruchen zu können.

---

718 Vgl. Schlösser 2001, 135.
719 Schlösser differenziert zwar zwischen dem Sein als ontologisch qualifiziertem „Durchsichselbstsein" und der epistemisch qualifizierten Gewissheit, geht aber von ihrer Identität im Sinne „einer Kontinuität in der inneren Verfassung" aus (Schlösser 2001, 162), sodass ihre Beziehung „in diesen selbst schon liegen [muß]" (Schlösser 2001, 162). – R. Barths Lesart scheint einerseits auch These (4) zu unterschreiben, denn Barth zufolge muss „[d]ie sich in reiner Gewißheit darstellende Vernunft [...] mit dem Absoluten, dem in sich geschlossenen Singulum lebendigen Seins, *identifiziert* werden." (Barth 2004, 310) Andererseits widerspricht dem, dass Barth die Gewissheit als „*ontische[] Repräsentation*" (Barth 2004, 311) absoluter Einheit von dieser unterscheidet. Es ist mir jedoch unklar, inwiefern der Repräsentationsbegriff bei Fichte hier noch anwendbar sein kann und was er bedeuten soll, wenn es sich weder um eine „epistemische Repräsentation" (Barth 2004, 311) handelt noch um eine „mentale" (Barth 2007, 112). Barths Erläuterung der ontischen Repräsentation als „im Vollzug der Wissensstruktur bestehende Isomorphie mit absoluter Einheit" (Barth 2004, 311) beschreibt nach meiner Lesart (siehe III.3.3–4) gerade den Grund der Identität von Gewissheit und Sein/Leben. Wobei Barths Wendung „Isomorphie" irreführend ist (siehe ebenso Barth 2009, 159, u. Pecina 2007, 208 f.), denn wenn es zweierlei gibt, das in einer Isomorphie-Relation steht, dann haben wir es nicht mit einer absoluten Einheit zu tun (schon gar nicht, wenn sie laut Barth eine in sich differenzierte „Wissensstruktur" betreffen soll); wenn wir es aber mit absoluter Einheit zu tun haben, dann ist diese höchstens in uneigentlichem Sinne isomorph mit sich selbst.
720 „Jetzt erst sind wir auf einen Charakter des Lichtes gekommen, durch welchen es sich unmittelbar zeigt, als Eins mit dem oben eingesehenen Sein: die *Gewißheit*, rein und für sich, und als solche." (346)

Doch wie lässt sich dann das diskursive bzw. propositionale Wissen als Selbstkonstruktion der Gewissheit einsehen? Hier kommt in Schlössers Rekonstruktion These (5) ins Spiel. Mit der Figur des Sich-Abschließens (5) versucht Schlösser die Doppelrolle des Seins/Lebens als Einheits- und Disjunktionsprinzip zu stabilisieren: Das Sein/Leben ist zwar irreduzibel prozesshaft und absolut selbstbezüglich, aber gerade dadurch Ursprung einer Differenz, indem es jegliche Differenz als ein Anderes seiner selbst von sich ausschließt. Wenn der Vollzugscharakter dieses Sich-Abschließens suspendiert und der Prozess resultativ betrachtet wird, zeigt sich dann zweierlei: eine in sich abgeschlossene Einheit, die derart relationslos abgekapselt ist, dass sie in ihrer Ursprungsfunktion nicht mehr verständlich ist, und die von ihrem Ursprung entkoppelte und aus ihm exkludierte Differenz als das Andere des Seins.[721]

Gemäß Thesen (4) und (5) hat auch der Gewissheitsvollzug die Form des Sich-Abschließens. Hier liegt nach Schlösser der Ansatz für die Einführung des Gedankens der Selbstkonstruktion: Die Gewissheit setzt aus sich selbst eine diskursive Selbstrepräsentation frei, indem sie sich gegen sie abschließt. Daraus folgt These (6), die so zu verstehen ist, dass das intuitiv erfasste Einleuchten der Gewissheit von sich aus in die begriffliche Form übergeht und sich in einen propositionalen Gehalt entlässt, der das Verhältnis der objektivierten Gewissheit zum Ganzen des Wissens artikuliert – nämlich das Urteil, dass der Begriff der Gewissheit der für uns schlechthin verbindliche Geltungsbegriff ist.[722]

1.2.3 Reflexive Instabilität der Gewissheit und ihres „Prinzipiierens"

Die in These (4) aufgestellte Identität der Gewissheit mit dem Sein/Leben spricht dafür, dass es sich beim Gewissheitsvollzug ebenso um einen reflexiv instabilen, allein durch seinen aktualen Vollzug erfassbaren Zustand wie jenes handelt. Daran ändert auch die Selbsttransparenz des Vollzugs gemäß These (3) nichts, weil auch sie an das Vollzugsmoment gebunden bleibt. Ferner ist zu beachten, dass das reflektierte Innewerden der „reinen" und „inneren" Gewissheit nicht dasselbe sein kann, wie unsere präreflexiv immer schon mitlaufende Teilhabe an der Gewissheit, die uns durch jenes Innewerden erst klar werden soll. Das Problem der hermetischen Abgeschlossenheit und reflexiven Instabilität des Seins/Lebens, welche das Desiderat einer Erscheinungslehre allererst aufwarf, droht sich somit bei der Gewissheit zu wiederholen.

---

721 Vgl. die Erläuterung des Sich-Abschließens in Schlösser 2001, 119.
722 Schlösser 2001, 135: „Der Satz, in den die uns erfassende, elementare Evidenz mündet, ist ein solcher, der uns den *Begriff* der Gewißheit *als* für uns schlechthin verbindlich vorstellt, weil er aus der uns ergreifenden Evidenz hervorgeht."

Schlössers Interpretation kann gegen das aufgeworfene Problem These (5) ins Feld führen: Als Sich-Abschließen verstanden, behält das Sein/Leben seine vollzugshafte Geschlossenheit und trotzdem kann ihm bedingt, d. h. unter der Voraussetzung des Vollzuges, eine reflexiv stabile Ursprungsfunktion zugeschrieben werden.[723] Doch so erläutert wird die Struktur des Sich-Abschließens in der Form einer *absoluten Relation* beschrieben, die ihren Relata dergestalt vorgeordnet ist, dass der Prozess des Sich-Abschließens erfasst werden kann, obwohl ihre Relata als gegeneinander Abgeschlossene an ihnen selbst keine entsprechende relationale Bestimmung mehr aufweisen.[724] Diese Form der absolute Relation gehört unter Fichtes Prämissen jedoch zur Form des Begreifens. Die im Begriff des Sich-Abschließens enthaltene relationale Struktur muss sich daher wie auch schon der Begriff der Gewissheit aus dem Gewissheitsvollzug selber ergeben.[725] Schlössers Interpretation ist somit darauf zurückverwiesen, den Übergang eines wesentlich intuitiven Wissens in eine diskursive Form zu erklären. Schlösser konzipiert diesen Übergang folgerichtig ebenfalls gemäß These (6) nach dem Modell des Sich-Abschließens: Das ursprünglich intuitive Einleuchten der Gewissheit schließt sich in der Dualität von anschaulich objektivierter Evidenz und begrifflichem Urteil ab.[726]

Die Ressourcen der Fichte'schen Gewissheitskonzeption – wenn sie mit Schlössers Interpretation umfassend abgedeckt werden und wenn meine Rekonstruktion Schlösser wie Fichte hinreichend gerecht wird – sind m. E. dennoch nicht ausreichend, um das Problem reflexiver Instabilität zu lösen. Ich skizziere zunächst die in meinen Augen zentralen Probleme des oben erläuterten Lösungsansatzes und gehe anschließend auf Fichtes eigene, selbstkritische Behandlung des Problems ein:

---

723 Vgl. Schlösser 2001, 119 f.: „Dann ergibt sich aber, zusammen mit der ursprünglichen Objektivation [des Seins, Sz.] selbst als 1. Prämisse ein gültiger Schluß der Form A, Wenn A, dann B, der aufgrund der leitenden Prozeßidee so geartet ist, daß die zweite Prämisse an die erste nicht willkürlich und äußerlich angeknüpft werden muß, sondern sich aus deren eigener Verfassung ergibt."
724 Siehe Schlösser 2001, 119, H.v.m.: „[Fichte gewinnt] mit dem ‚lebendigen in sich Schließen' ein Verbum, *d. i. einen verabsolutierten Verhältnisbegriff* [...], [der] die Glieder des Gesamtzusammenhanges, d. h. das abgeschlossene Sein und die selbstbezügliche Genesis, freisetzt und folglich die logische Struktur ihres Zusammenhanges transformiert."
725 Dies betont auch Pecina 2007, 215.
726 Schlösser 2001, 123: „Vielmehr muß eine der beiden Quellen selbst mit dem Vollzug der ursprünglichen Differenzierung identifiziert werden, so daß sie die Möglichkeit der von ihr unterschiedenen Weise wissender Bezugnahme freisetzt und sich selbst von einer ursprünglichen Position in ein Glied einer Verhältnisrelation transponiert. Und diese Rolle kann nur der [...] gänzlich andere [nicht-propositionale, Sz.] Wissenssinn übernehmen."

1. Die Differenz von intuitivem Wissen und Begriff muss in der Gewissheitskonzeption einseitig durch den intuitiven Wissenssinn erfasst werden, sodass wir in den Zustand der reinen Gewissheit tatsächlich eintreten müssen, um den Übergang vom Vollzug in die Nachkonstruktion einzusehen.[727] Die begriffliche Darstellung kann daher ihre eigene Genese selbst im Sinne der Nachkonstruktion nicht mit der erforderlichen Durchsichtigkeit (des Übergangs und des in demselben gestifteten Zusammenhangs beider Seiten über ihre elementare Kluft hinweg) einholen, sondern bleibt auch hier an das intuitive Moment verwiesen.

2. Der Status der Darstellung bzw. des Begriffs der Gewissheit als Selbstkonstruktion ist dann nicht reflexiv stabil, denn die Genese der begrifflichen Seite ließe sich nur im Vollzug der intuitiven Seite erfassen.[728] Somit bliebe es These (6) zufolge bei einer Asymmetrie zwischen zwei konträren Perspektiven: dem „ursprünglichen Sich-Wissen der Gewißheit"[729] und dem Begriff als „externe[m] Blickpunkt auf das Unbedingte [...] in der Form eines darstellenden Bezuges auf ein objektiviertes Gegenüber."[730] Der in sich geschlossene Vollzug und die repräsentationale Form stehen demnach in keinem reflexiv stabilen Verhältnis zueinander.

3. Indem die Differenzierung von Begriff und Intuition in der Form des Sich-Abschließens nachvollzogen werden soll, muss der Gewissheitsvollzug einer dritten Gattung der Erkenntnis angehören, weil er dieser Differenz als solcher enthoben sein muss. Das Sich-Abschließen mündet nämlich erst *post factum* jeweils in die intuitive Evidenz und den Begriff der Gewissheit. Das würde jedoch die von Fichte angenommene Dualität zweier (und nur zweier) Erkenntnisquellen

---

727 Vgl. Schlösser 2001, 123 f, H.v.m.: „Und schließlich kann dieses spannungsreiche Gefüge trotz der Ambivalenzen des Begrifflichen als Erkenntniskonzeption stabilisiert werden, weil der ursprüngliche Vollzugssinn selbst wissend ist und *das Geschaute* über die [...] Brechung der Darstellungsform hinweg zu verfolgen erlaubt."

728 Vgl. Schlösser 2001, 123: „Von jenem ursprünglichen wissenden Vollzug aus betrachtet heißt dies, daß er, insofern er den ihn tilgenden begrifflichen Vollzug ermöglicht, in einer Selbstbeziehung steht, die eine Selbstaufhebung ist. Für die begriffliche Seite heißt dies, daß sie durch jenen Akt, den sie darstellt, auch eingesetzt und damit in Geltung ist. Aufgrund ihrer Form ist der Akt aber zugleich durchgestrichen und infolgedessen der Wahrheitsgehalt der Darstellung auch dementiert." Dass es für Schlösser in Bezug auf die begriffliche Darstellung bei einem Dementi ihres Wahrheitsgehalts und nicht nur ihres Status als Ursprüngliches bleibt, verdeutlicht, dass auch die interne Verwiesenheit beider Seiten im Prozess des Sich-Abschließens nicht die reflexive Instabilität dieses Prozesses ausgleichen kann.

729 Schlösser 2001, 151.

730 Schlösser 2001, 152.

unterlaufen oder sie überstrapazieren, wenn sie einen weiteren Erkenntnissinn des „Intelligierens" tragen soll.[731]

Schlössers Thesen (5) und (6) werfen somit erneut das Problem auf, unter welchen Bedingungen der Gewissheit eine generative Funktion zukommt. Zwar wurde die Gewissheit in Thesen (1)–(4) als in sich generativ, als lebendige „Sich-Genesis" und Selbstkonstruktion beschrieben, aber die Genese gerade dieser Beschreibung ist noch nicht ganz eingeholt worden.

Der hier anhand von Schlössers Rekonstruktion angezeigte Problemkomplex reflexiver Instabilität wird von Fichte am Ende von § 23 wieder aufgegriffen und leitet zum Gedankengang der §§ 24–25 über, in denen Fichte die zur Gewissheit komplementäre Konzeption des „Bildens" entwickelt. Fichte bezeichnet in § 23 die generative Funktion der Gewissheit, d. h. ihre Selbstkonstruktion in der Form des repräsentationalen Wissens, als ihr „Principiieren" (352). Das Verbalsubstantiv ‚Prinzipiieren' steht für die Prinzipienfunktion der Gewissheit, die nach dem Muster der Ableitung des Mannigfaltigen aus absoluter Einheit nun das repräsentationale Wissen bzw. den Begriff aus sich erzeugen soll. Wie in III.1.2.1 und III.3.5.2 gezeigt, stellt die Prinzipienfunktion absoluter Einheit bereits ein Differenzmoment dar, das nicht ohne Weiteres eingeführt werden kann, so auch hier.

Aus der Prämisse des Prinzipiierens der Gewissheit leitet Fichte die Grundform des repräsentationalen Wissens ab, die er anhand von „drei Haupt-Modificationen des Urlichtes" (352) einführt: das „*Projiciren*", „*Intuiren*" und „intelligiren[]" (352). Aus der komplexen Wechselbeziehung zwischen Projizieren und Intuieren leitet Fichte die vergegenständlichte Erscheinungsweise der Gewissheit her, d. i. ihr Erscheinen als durch ein freies konstruierendes Verfahren erzeugte intuitive Evidenz.[732] Das Grundschema gibt hier die Projektion *per hiatum*, der

---

731 In Spannung zu seinen in Fn. 726 zitierten Ausführungen legt Schlössers Textrekonstruktion von § 23 nahe, dass es sich beim „Intelligieren" um eine solche dritte Gattung oder zumindest einen dritten Sinn von Erkenntnis handelt: „Damit droht aber eine erneute Disjunktion zwischen dem Prozeßganzen und dem, was in Intuition und Projektum [...] überhaupt nur erschlossen werden kann. [...] Und dadurch wird wiederum deutlich, warum Fichte bei diesem Schritt *auf einen weiteren, von dem ersten zu unterscheidenden Erkenntnisbegriff* Bezug zu nehmen hat. [...] Zum ersten darf er nicht wieder, so wie das Intuieren, die Konnotation des Anschauens in sich tragen [...] [E]in nicht anschauliches und mit Prinzipien korreliertes Wissen [begründet, Sz.] Fichtes Verwendung des Terminus ‚Intelligieren'." (Schlösser 2001, 146, H.v.m.) Siehe auch Fn. 734 zum Begriff des Intelligierens.
732 „Dieses Leben aber ist schlechthin nothwendig im Sein oder der Gewißheit. Ferner – [...] als solches ist es *Sich*projiciren. Das so eben abgeleitete Leben als construirendes Verfahren ist daher Construction seiner selber, in der Projektion, daher eben der Gewißheit, objektive genommen, die wir zu Anfange unserer Untersuchung, unbekannt mit den höhern Gliedern, als erstes Glied vorfanden." (352)

zufolge das Wissen sich selbst vergegenständlicht und als einen ihm entfremdeten Gegenstand anschaut.[733] Das Intelligieren schließlich steht für eine Form, in der die Notwendigkeit dieses Prozesses des Projizierens und Intuierens erfasst wird, d. h. als notwendig, insofern die Gewissheit ein Prinzipiieren ist. Mit der Vokabel „intelligiren", deren Konnotation zwischen diskursivem und intuitivem Begreifen schwebt, markiert Fichte einen in § 23 nicht näher bestimmten Platzhalter für die rationale Durchdringung des hier ausgehend vom intuitiven Gewissheitsvollzug entfalteten Prozesses der Selbstkonstruktion.[734]

Fichte schildert das Prinzipiieren der Gewissheit in dem für seinen therapeutischen Ansatz aufgeworfenen Spannungsfeld (siehe III.1.6.2). Fichte muss sich auf eine irreduzibel performative, nicht diskursiv darstellbare Vollzugsform stützen, um die realistische Objektivitätskonzeption zu destruieren und dabei skeptischen Einwänden, die ihrerseits auf der repräsentationalen Form des Wissens beruhen, zu entgehen. Deshalb muss die generative Funktion der Gewissheit ihrer unmittelbaren Vollzugsform angehören:

> „Gewißheit oder Licht ist [un]mittelbar lebendiges Princip, also rein absolute Einheit, eben des Lichtes, welche durchaus nicht weiter beschrieben, sondern nur vollzogen werden kann" (352).

Doch gerade diese Vollzugsform hat die Kehrseite reflexiver Instabilität, was Fichte sogleich anmerkt und darauf hinweist, dass die innere Gewissheit streng genommen nicht diskursiv darstellbar ist:

> „Darum, in dem, was wir sagen, und indem wir das Obige sagten, widersprachen wir uns schon. Indem wir sagten: es ist lebendiges Princip, fingen wir schon an, es zu beschreiben, aber ursprünglich. Das Principiiren ist schon sein Effekt" (352).

Wenn die Bestimmung des Prinzipiierens aber bereits den Status einer Nachkonstruktion und begrifflichen Zuschreibung einer generativen Funktion hat, dann ist das Problem reflexiver Stabilität noch nicht gelöst. Die Selbstkonstruk-

---

733 Zur Projektion per hiatum, siehe III.1.5, Fn. 559, und folgend Abschnitt 4.
734 Zur Bedeutung von „intelligiren" und seiner Verbindung mit dem Prinzipiieren der Gewissheit, siehe Fn. 731 und Schlösser 2001, 146–148. Fichte bestimmt bereits in den Prolegomena das genetische Wissen der Wisssenschaftslehre als „intelligirend" (64), was einerseits für die Zuordnung von Intelligieren und Begreifen spricht (138; vgl. seine Rolle im Abhalten eines als nichtig durchschauten, aber faktisch unaufgehobenen Scheins in 238, 278, 290), andererseits tritt das Intelligieren im ersten Aufstieg innerhalb der realistischen Position als vorbegriffliches Einleuchten auf (204, 222; vgl. Schnell 2009, 48) und in § 28 geradezu als *definiens* der als Absolutes firmierenden Vernunft (414).

tion der Gewissheit in der repräsentationalen Form ist noch nicht in deren abgeschlossenen Vollzug integriert. Vielmehr konstatiert Fichte, dass auch in § 23 diese generative Funktion noch *vorausgesetzt* werde:

> „Wo dermalen noch die Schwierigkeit übrig bleibt, haben wir nicht verholen. Nämlich die Voraussetzung der W.-L., daß die lebendige Gewißheit ein reales Principiiren sei, ihrer Möglichkeit nach zu begründen, und ihrer Wahrheit und Gültigkeit nach zu rechtfertigen." (356)

Da Fichte ohnehin voraussetzen muss, dass wir in den Zustand der Gewissheit wirklich eingetreten sind, muss das hier als Problem hinzutretende „reale[] Principiieren" der lebendigen, d. h. nicht objektivierten Gewissheit eine zusätzliche und durch die intuitive Evidenz allein nicht gedeckte Voraussetzung darstellen. Dass die Gewissheit wesentlich und an ihr selbst die in den Modifikationen beschriebene generative Funktion hat, wurde also noch nicht „intelligiert", d. h. reflexiv stabil eingesehen. Wie ich in den folgenden Abschnitten zu zeigen versuche, besetzt Fichte den Platzhalter des Intelligierens als Bindeglied zwischen Gewissheit und ihrer Projektion mit dem Gesetz des Bildens, welches in § 23 als „noch nicht erklärte[s] Gesetze" (354), das hinter der Selbstkonstruktion der Gewissheit steht, bereits angekündigt wird.

2 Willkür und die performative Unhintergehbarkeit des Projizierens

Fichte beginnt in § 24 seinen Überlegungsgang im direkten Anschluss an die bereits in § 23 gestellte Frage, ob das vorausgesetzte lebendige Prinzipiieren der Gewissheit, d. h. ihr notwendiges Erscheinen in repräsentationaler Form gemäß dreier Grundmodifikationen, nicht eine bloß willkürliche Voraussetzung darstellt.[735] Das Problem wurde schon am Ende des vorigen Abschnitts umrissen: Die Voraussetzung war nötig, weil die Vollzugsform der Gewissheit nicht auf eine reflexiv stabile Weise erfasst werden konnte; die generative Funktion dieser Vollzugsform, d. i. die Gewissheit „als in sich lebendiges Principiiren" (358), musste ihr in einer nachträglichen Reflexion zugeschrieben werden. Daraus

---

[735] „Wir haben das ursprüngliche Licht, als ein unmittelbar in sich lebendiges Principiiren gesetzt, und daraus drei nothwendig sich ergebende Grundbestimmungen im Lichte abgeleitet. [...] Mit diesem Geschäfte fertig, warfen wir die Frage auf, was uns selber, die W.-L., berechtige, jene Voraussetzung zu machen?" (358)

entsteht die von Fichte kritisierte „*Willkühr*, deren Schein denn doch noch unsere Voraussetzung trägt" (359), von der er fordert, dass sie „weg falle" (359).[736]

Die von Fichte konstatierte Willkür droht seine therapeutische Überwindung der realistischen Objektivitätskonzeption zunichte zu machen. Denn diese Überwindung besteht in der Einsicht, dass es zwischen dem reinen Wissen und der Form der Repräsentation eine *notwendige* Beziehung gibt, nämlich die, dass das reine Wissen diese Form fundiert und sich selbst in sie entlässt. Diese Einsicht wurde in III.3.4 so ausbuchstabiert, dass das reine Wissen den unhintergehbaren Horizont für alles propositionale Wissen bildet und dass es somit gar keine Realität ‚außerhalb' des Wissens gibt, wie es uns die repräsentationale Form vorspiegelt. Wenn aber das „Principiieren" des Lichts ein willkürlicher Zusatz wäre, dann ginge dieses Einleuchten des *unhintergehbaren Eingebettetsein* des propositionalen Wissens in das reine Wissen verloren. Der Schein der Willkür stellt somit eine weitere Zuspitzung des für die ganze Erscheinungslehre leitenden Problems dar, dass Fichtes performative Strategie der Therapie durch eine äußere Reflexion destabilisiert wird, die aus dem performativen Vollzugsmoment heraustritt.

Um den Mangel der Willkür zu beseitigen, wendet sich Fichte erneut der performativen Beweisform zu, die in §§ 19–23 verfolgt wurde. Denn sie versprach durch Einbindung des Vollzugsmoments der Einsicht ihren eigenen Denkvollzug, der zunächst nur kontingent und äußerlich zu sein scheint, als notwendige Äußerung des Lichts auszuweisen:

> „Soll die Willkühr hinweg, so muß sich eine *unmittelbar faktische Nothwendigkeit* des unmittelbaren Sichprojicirens in der W.-L. zeigen. Unmittelbare Nothwendigkeit, sage ich; die W.-L. muß es wirklich thun, oder besser, es muß sich ihr ohne ihr Zuthun zutragen." (358)

Fichte zielt somit darauf, das „unmittelbare[] Sichprojiciren[]" des Lichts auf eine nun näher zu bestimmende Weise performativ zu beglaubigen. Das heißt, dass die projektive Struktur der notwendigen Vergegenständlichung und Selbstentfremdung des Lichts, die in § 23 als die drei Grundmodifikationen Projizieren, Intuiren und Intelligieren expliziert wurde, von uns sowohl als notwendig nachvollzogen als auch eigens vollzogen werden soll. Dieses Vorhaben unternimmt Fichte in § 24 in vier, in beiden Textfassungen der *WL 1804-II* eigens durchnummerierten An-

---

[736] Diese Problematik und ihre Entfaltung in § 24 ignoriert die Interpretation bei Schrader 1972, 168 ff., vollständig, deshalb ist Schraders Behauptung, das Prinzipiieren ergebe sich unmittelbar aus dem „Gefühl [sic!] der Gewißheit" (Schrader 1972, 169), m. E. nicht überzeugend. Auf die Interpretation bei Schlösser 2001 wurde bereits im vorigen Abschnitt ausführlich eingegangen.

läufen, welche dazu dienen, die gesuchte performative Form der Beglaubigung sukzessive weiterzuentwickeln.

2.1 Das Problem der Willkür und seine Lösung

Der von Fichte konstatierte Schein der Willkür entsteht in mehreren Hinsichten. Erstens kann der vertraute idealistische Substitutionseinwand hier angebracht werden, dass es sich beim Prinzipiieren der Gewissheit nur um eine subjektiv gültige Voraussetzung handelt, weil sie erst von uns in einem willkürlich vollzogenen Räsonnement aufgestellt werden musste. Zweitens taugt nach Fichte auch die „Bemerkung, [...] daß wir aus dem Projiciren und Objektiviren des Wissens doch nicht herauskönnen [...] nicht für unsern Zweck" (358). Denn die Bemerkung weist nur auf etwas Willkürliches hin, insofern es ein empirisch vorgefundenes Faktum ist, dass wir das Wissen beständig vergegenständlichen. Dies mag der ubiquitäre und dauerhafte Effekt unseres Bewusstseins sein, er bleibt aber so aufgewiesen eine an sich kontingente Bewusstseinstatsache. Drittens weist Fichte die bisher verwendete performative Beweisform – „die W.-L. als Ich, und darum Licht, kann und thut's; darum kann's und thut's das Licht" (358) – als mit Willkür behaftet zurück. Denn diese Beweisform kann ihre syllogistische Struktur nicht verleugnen: Sie geht von zwei getrennten Prämissen aus, die als Fakta vorauszusetzen sind, nämlich dass wir als Denkende am Licht teilhaben und dass wir dem Licht eine generative Funktion zuschreiben, und kann erst dann beide Prämissen verbindend folgern, dass das Licht somit in sich selber generativ ist.[737]

Im Kontrast zu den aufgeführten Formen der Willkür lässt sich nun genauer fassen, was Fichtes Forderung besagt, dass die Sichprojektion des Lichts in „unmittelbar faktischer Notwendigkeit" auszuweisen sei.[738] Entgegen der idealistischen Reflexion darf die entsprechende Einsicht nicht mittelbar als Folgerung eines Räsonnements auftreten, sondern wir müssen die Sichprojektion selber unmittelbar mitvollziehen: „*Unmittelbare* Nothwendigkeit, sage ich; die Wl. muß es wirklich thun, oder besser, es muß sich ihr ohne ihr Zuthun zutragen." (359) Die performative Tautologie, dass wir im Vollzug validieren, was wir aussagen, würde auch die Willkür der bloß faktisch konstatierten Objektivierung ausräumen, denn

---

737 Vgl. 358: „[F]erner könnte Jemand auf den Versuch kommen, hier eben so zu beweisen, wie wir es oben gethan haben; die W.-L. als Ich, und darum Licht, kann und thut's; darum kann's und thut's das Licht. Diese Beweisart muß aber einmal wegfallen, und ihre höhere Prämisse bekommen, indem gezeigt wird, wo könnendes Ich, und könnendes Licht durchaus zusammen, und alle Willkühr [...] wegfällt." Bezüglich des Einsatzes dieser Beweisform in §§ 19–22, siehe Fn. 702.
738 Zu dieser Formulierung Fichtes, siehe Schüz 2019, 240 f.

2 Willkür und die performative Unhintergehbarkeit des Projizierens —— 403

sie *vollzieht* selbst die Objektivierung, welche sie aussagt, statt sie bloß nachträglich als gegeben vorzufinden. Gegen die Willkür, die in der Form des Begreifens liegt, muss der geforderte Vollzug den Status einer *intuitiven* Einsicht in die Notwendigkeit der Sichprojektion haben, d. h. die Notwendigkeit muss „unmittelbar *angeschaut*" (359, H.v.m.) werden. Dadurch wird auch die paradox anmutende Formulierung einer „faktische[n] Notwendigkeit" verständlich: Sie steht für den intuitiven Aspekt von Evidenz, dass etwas aus sich selbst heraus klar wird, indem es sich uns als evident zeigt, ohne dass wir dazu eines ergänzenden Räsonnements bedürften oder einen außerhalb seiner liegenden Grund dafür angeben müssten.

Folgende Einsicht (= ‚E1') erfüllt laut Fichte dieses Anforderungsprofil und wird ihm entsprechend als aus sich selbst heraus evident präsentiert:

> „Aber Folgendes, was ich ohne weitere Ableitung nur kurz Ihrer Einsicht hinstellen will, taugt und führt zum Zweck: Ich kann vom Lichte Nichts prädiciren ohne es überhaupt, eben als Subjekt eines Prädikats, zu projiciren und zu objektiviren. Non nisi formaliter obiecti sunt praedicata. Der Satz ist, wenn man ihn nur gehörig erwägt, unmittelbar einleuchtend, ohne allen anführbaren Grund" (358, 360).

Die von Fichte hier aufgestellte performative Tautologie E1 besteht darin, dass wir vom Licht aussagen, dass es sich notwendig selber projiziere, und durch diese Aussage selbst eine Projektion vornehmen, indem wir das Licht als Subjekt unseres prädikativen Urteils vergegenständlichen.[739] Die Gehaltsebene der performativen Tautologie gibt die lateinische Formel an, laut der es Prädikate nicht anders gibt, denn als formell *von* einem Objekt ausgesagte Prädikate, da jeweils ein Träger des ausgesagten Prädikats unterstellt werden muss.[740] Die Aktebene betrifft den Umstand, dass wir diesen Gehalt selber in Urteilsform behaupten. Die allgemeine Aussage über den Zusammenhang von Prädikation und Projektion *per hiatum* wird somit unmittelbar klar, indem wir etwas vom Licht prädizieren, nämlich dass es sich projiziert, und dabei unweigerlich das Licht wie ein Objekt behandeln und nicht als reinen, nicht-repräsentierbaren Vollzugssinn von Wissen. Deshalb kann Fichte diesen Satz auch unvermittelt „hinstellen" (360): Wir brauchen ihn nur nachzuvollziehen und seine Wahrheit leuchtet uns von selbst ein, ohne dass wir einer weiteren Herleitung bedürften. Und er leuchtet im ge-

---

739 Vgl. Schmidt 2009b, 274, u. Tschirner 2017, 167. Schmidt 2009b analysiert Fichtes Rekurs auf die Urteilsform weitergehend so, dass in derselben ein Selbständiges und Objektives gesetzt wird, da Urteile stets einen rationalen Wahrheitsanspruch erheben und dafür ihre standpunktunabhängige Allgemeinheit unterstellen müssen.
740 Vgl. die weiter unten erläuterte Anmerkung dazu auf 360: „Prädikat = minor; absolute Objektivirung des logischen Subjekts = maior."

kennzeichneten intuitiven Sinn als „faktisch notwendig" ein: Wir brauchen keine Theorie der Prädikation oder ähnliches, um unmittelbar im Vollzug zu ‚sehen', dass unser Prädizieren immer ein Prädizieren *von etwas* ist und damit das Projizieren eines logischen Subjekts. Diese Qualität des unmittelbaren Einleuchtens lässt Fichte hinzufügen, dass „Ich prädicire vom Lichte" (360) hier „dasselbe bedeutet [wie], das Licht prädicirt von sich" (360).

Die gesuchte „unmittelbar faktische Notwendigkeit" ist also scheinbar in E1 gefunden. Die Sichprojektion des Lichtes wird nicht postuliert und demselben nicht nur mit diskursiven Mitteln attribuiert, sondern sie leuchtet als Selbstkonstruktion des Lichts – als „sich zum Intuiren Machen des Lichtes" (360) – ein, weil sie durch die obige performative Tautologie „in unmittelbar sich erzeugender Einsicht und Evidenz nachgewiesen" (360) wird.

2.2 Unhintergehbarkeit und Stroud'sche *dissatisfaction*

Fichte kritisiert die in E1 aufgestellte Form performativer Beglaubigung jedoch als reflexiv instabil. Um Fichtes Überlegung aufzuschlüsseln, werde ich mich des Interpretaments von Sterns und Strouds Kritik an performativen transzendentalen Argumenten bedienen.

Das Defizit von E1 tritt laut Fichte zutage, wenn wir auf die konditionale Form reflektieren, die für den performativen Charakter der Einsicht wesentlich war: „Aber wie ist sie eingesehen? Nicht unbedingt, sondern unter Bedingung; unsre Einsicht bringt sie in einen Zusammenhang mit etwas anderm. Soll prädicirt werden, = Anschauung seyn, so muß pp" (361). Nach Fichte finden wir zwar ein Verhältnis gegenseitiger Bedingtheit zwischen Antezedens und Konsequens „alles so ohngefähr wie wirs wollten; aber nicht die Unbedingtheit und Einheit die wir anstrebten." (361) Der Mangel an „Unbedingtheit" zeigt sich daran, dass die Erkenntnisordnung des Konditionals in E1 trotzdem von dem im Antezedens beschriebenen Akt der Prädikation anheben muss, d. h. von einem willkürlich vollzogenen Denkakt. Die Form „*des Soll* der Problematicität und des Zusammenhanges" (361) trennt somit den performativen Aspekt vom Inhalt der Einsicht. Daraus ergibt sich laut Fichte eine Asymmetrie zwischen „intelligible[r]" und „reale[r] Bedingtheit" (361). Die „reale" Bedingtheit liegt beim durch Freiheit erzeugten Faktum, dass wir vom Lichte etwas prädizieren. Dieser Akt ist der Seinsgrund für unsere Einsicht in die Notwendigkeit des Konsequens: Ohne unseren Vollzug des Prädizierens hätte uns die Einsicht nicht aktual eingeleuchtet. Die „intelligible" Bedingtheit hingegen liegt beim Inhalt des Konsequens, dass die Prädikation notwendig mit der Projektion eines logischen Subjekts einhergehen muss: Wäre der Zusammenhang keine Wesensbestimmtheit des Lichts bzw. der

Projektion, dann hätte er uns nicht im Aktvollzug als notwendiges Implikat des Antezedens eingeleuchtet.

Die in der konditionalen Form latente Asymmetrie führt zur reflexiven Instabilität der Einsicht: Der Grund für die Notwendigkeit der Projektion wird erst *nachträglich* zum Faktum einer projizierenden Prädikation hinzugefügt, diese kann aber aus sich heraus den Grund nicht als gültig ausweisen. Der intuitive und der begriffliche Aspekt der Einsicht sind nicht hinreichend miteinander verschränkt. Intelligibel begreifen, dass Prädikation und Projektion zusammengehen *müssen*, kann ich erst, *nachdem* ich den Akt der Prädikation vollzogen habe und mir die Anschauung eines gegenständlich vorliegenden Subjekts der Prädikation entstanden ist. Die intuitive Seite dieses Vollzugs kann mir jedoch nur *faktisch* als etwas Vorgefundenes vor Augen stellen, dass ich beim Prädizieren unweigerlich auch projiziere. Die intendierte Einsicht in die Notwendigkeit der Sichprojektion entpuppt sich somit als Einsicht in die pragmatische Unhintergehbarkeit gewisser Akte.

Das Defizit der begrifflichen Durchdringung des Zusammenhangs von Akt und Inhalt lässt sich gemäß Sterns *wrong-reason*-Einwand rekonstruieren.[741] Der Umstand, dass wir etwas faktisch *nicht tun können* – in E1: nicht prädizieren zu können ohne zu projizieren –, ist kein rational hinreichender Grund, dasselbe für notwendig zu halten. Die Sichprojektion des Lichts nach E1 soll ja eine *Einsicht* in das Wesen des Wissens darstellen und nicht nur als der bekannte, bloß faktische Effekt des Bewusstseins beschrieben werden. Im Kontext der Fichte'schen Überlegung betrifft Sterns Einwand die noch nicht vollendete Verschränkung der im Tun etablierten intuitiven Einsicht mit ihrer begrifflichen Nachkonstruktion: Wir sollen nicht nur sehen *dass*, sondern auch begreifen *weshalb*.

Das von Fichte diagnostizierte Missverhältnis zwischen dem Antezedens als willkürlichem Akt und der behaupteten Notwendigkeit des Gehalts im Konsequens lässt sich mit Strouds kritischer Diagnose der *metaphysical dissatisfaction* erläutern. Im Anschluss an Stroud definiere ich performative Unhintergehbarkeit wie folgt: Ein Gehalt *p* ist genau dann für ein Subjekt *S* performativ unhintergehbar, wenn *S* nicht konsistent glauben oder behaupten kann, dass nicht-*p*. Entscheidend ist, dass die performative Unhintergehbarkeit von *p* nicht notwendig die Wahrheit von *p* impliziert. Der Gedanke ‚Ich denke' ist demgegenüber notwendigerweise wahr, wenn er gedacht wird, und kann daher nicht konsistent bestritten werden. Performativ unhintergehbare Gedanken sind zwar ebenfalls nicht konsistent bestreitbar, aber es folgt daraus nichts über die Wahrheit der in ihnen vorkommenden Gehalte. So kann man nicht konsistent Folgendes denken

---

[741] Siehe Stern 2017 und Fn. 107.

bzw. behaupten: ‚Es regnet, aber ich glaube nicht, dass es regnet'. Doch die Inkonsistenz liegt nur darin, dass die Selbstzuschreibung der Überzeugung ‚es regnet' mit der Behauptung von ‚es regnet nicht' inkompatibel ist. Natürlich könnte es regnen, auch wenn jemand glaubte, dass es nicht regnet. Weil dieses Beispiel von Moore stammt, werde ich Widersprüche dieses Typs im Folgenden eine ‚Moore'sche Inkompatibilität' zweier Gehalte in einem Behauptungsakt nennen.[742] Sie kann im Fall transzendentaler Argumente zeigen, dass wir notwendigerweise von etwas überzeugt sein müssen. Wenn die Negation eines Gehalts p selbst eine Moore'sche Inkompatibilität enthält, so zeigt dies: Wir können p nicht konsistent bestreiten, d. h. p ist für uns eine notwendige Überzeugung. Wie Stroud anmerkt, geht mit dieser Form performativer Unhintergehbarkeit jedoch eine ‚metaphysische Unzufriedenheit' (*„metaphysical dissatisfaction"*[743]) einher. Denn wir finden uns in der misslichen Lage wieder, dass wir gegenüber einer für uns performativ unhintergehbaren Überzeugung keinen unparteiischen Standpunkt einnehmen können, da wir ihre Falschheit nicht einmal konsistent erwägen könnten.[744] Da aber die performative Unhintergehbarkeit eines Gehalts p wie gezeigt gerade nicht die Wahrheit von p impliziert, bleibt somit die Wahrheitsfrage für uns letztlich unentscheidbar.[745]

---

[742] Siehe Stroud 2011, 137. Für eine sehr differenziertere Analyse von Moore'schen Inkompatibilitäten (mehr als ich es für meine Rekonstruktion benötige), siehe Schmid 2017 u. Rendsvig und Symons 2019. Meine Aneignung von Moores Satz orientiert sich mehr an Stroud und performativen transzendentalen Argumenten als an Moore selbst. Deshalb übergehe ich im Weiteren Schmids subtile These, dass Moores Satz streng genommen keine Inkonsistenz zweier Behauptungsakte und überhaupt keinen Widerspruch darstelle, sondern eine genuine Paradoxie (Schmid 2017, 38 f.). Für meine Zwecke ist die Rekonstruktion Moore'scher Inkompatibilität als inkonsistentem Behauptungsakt ebenso geeignet wie die als höherstufige propositionale Einstellung G($p \land G \neg p$), d.h. ‚Ich glaube, dass p und dass ich glaube, dass nicht-p' (hier folge ich Rendsvig und Symons 2019).
[743] Stroud 2011, 145.
[744] Stroud 2011, 140: „If we can never detach ourselves even temporarily from our acceptance of indispensable beliefs of those kinds, we could not subject them to the kind of scrutiny that an impartial metaphysical assessment of their relation to reality would seem to require."
[745] Stroud konzediert zwar die Möglichkeit, dass im hier definierten Sinn performativ unhintergehbare Überzeugungen trotzdem wahr sind und von uns berechtigterweise für wahr gehalten werden können, aber er zeigt keinen Weg auf, wie diese Wahrheitsfrage nicht immer schon durch die performative Unhintergehbarkeit der in Frage stehenden Überzeugungen gleichsam überformt und verstellt wird. Dass dies laut Stroud nur im Rahmen einer ‚metaphysischen' Wahrheitsfrage geschehe, scheint mir am grundlegenden Phänomen notwendiger Überzeugungen nichts zu ändern: „Indispensability for thought [...] does not imply truth. That is no threat for the truth of those beliefs. [...] The point is only that the *truth* of the beliefs we presuppose [...] is not what renders those beliefs invulnerable to consistent metaphysical repudiation. It is our required *ac-*

Demnach lässt sich die Einsicht E1 wie folgt als Moore'sche Inkompatibilität beschreiben: ‚Ich, insofern ich am Licht teilhabe, kann von mir, d. h. dem Licht, nichts prädizieren, ohne es zu projizieren – aber ich prädiziere von mir, d. h. dem Licht, dass ich mich *nicht* selbst projiziere.'[746] Die Inkonsistenz dieser Behauptung ist die negative Kehrseite der oben erläuterten performativen Tautologie E1, dass das Prädizieren selbst ein Projizieren ist. Gegenüber der eingangs als Willkür kritisierten faktischen Projektion haben wir also eine Einsicht in deren Notwendigkeit erlangt. Aber diese Einsicht bezieht sich, wie jetzt deutlich wird, nur auf eine performative Unhintergehbarkeit. Sie führt mit Stroud gesprochen in die missliche Lage einer metaphysischen Unzufriedenheit: Die Unhintergehbarkeit unseres Projizierens des Lichts bedeutet, dass wir gar keine hinreichende Distanz von uns selbst erlangen können, um die Rechtmäßigkeit unserer Voraussetzung zu erwägen, dass das Licht sich selbst projiziere. Die angebliche Einsicht in die Sichprojektion des Lichts entpuppt sich vielmehr als Einsicht in *unsere* unumgängliche Repräsentationsweise des Lichts.[747]

Die in § 23 aufgewiesene Voraussetzung, dass die Gewissheit sich nach den drei Grundmodifikationen in die repräsentationale Form projiziert, ist somit zwar nicht mehr willkürlich im engeren Sinne, sondern als performativ unhintergehbar ausgewiesen. Aber die Voraussetzung ist weiterhin insofern willkürlich, als sie uns nicht in der unmittelbaren Vollzugsform der Gewissheit einleuchtet, sondern nur mittelbar an unserer eigenen (willkürlichen) Aktivität des Prädizierens.

3 Das willkürliche Faktum der Projektion und sein Gesetz (§ 24)

Fichte reagiert in zwei Schritten auf das Defizit der Einsicht E1, die uns mit der *metaphysical dissatisfaction* einer bloß performativen Unhintergehbarkeit zurückließ. In einem ersten Schritt erweitert er seine begriffliche Darstellung, denn

---

ceptance of those beliefs in [...] pursuing a metaphysical question about them that accounts for their metaphysical invulnerability." (Stroud 2011, 143)

746 Vgl. die oben zitierte Passage 359: „*Ich kann* vom Lichte *oder mir* [H.v.m.] nichts prädiciren, ohne es überhaupt, eben als Subjekt des Prädikats, unmittelbar zu projiciren und zu objektiviren."

747 Dieser abgeschwächten Form performativer Unhintergehbarkeit entspricht die Lesart des Gesetzes als pragmatischer Präsupposition bei Schmidt 2009b. Schmidt deutet zwar das skeptische Problem an, das hier entfaltet wurde (siehe Schmidt 2009b, 283), meint aber, Fichte wolle sich ihm dezisionistisch durch eine „*Entscheidung*" entziehen. Zur weiteren Diskussion von Schmidts Interpretation des Gesetzes, siehe Fn. 751.

nur wenn die begriffliche Nachkonstruktion mit der performativen Seite der Einsicht Schritt hält, wird die angestrebte reflexiv stabile Verbindung beider möglich sein. Fichte bedient sich des begrifflichen Rahmens praktischer Gesetzgebung, um die mit dem willkürlichen Akt der Prädikation eröffnete pragmatische Dimension abzubilden. Das Verhältnis zwischen der freien Willkür des Akts und der Notwendigkeit der Projektion wird dabei als Verhältnis von „Faktum" und „Gesetz" konzeptualisiert.

In einem zweiten Schritt nutzt Fichte diese Weiterbestimmung des Inhalts, um die Form der performativen Beglaubigung anzupassen. Er greift auf die Einsicht E1 zurück und versucht „durch Anwendung ihrer eigenen materialen Aussage auf ihre Form, [sie] selber wiederum genetisch ab[zuleiten]" (364). Diese „Genetisierung" von E1 soll das Moment der Willkür eliminieren, indem der scheinbar willkürliche Akt der Projektion sich selbst dem von ihm aufgestellten Gesetz der Projektion unterwirft. Insofern der Akt seine Gesetzmäßigkeit performativ bestätigt, partizipiert er am Licht bzw. ist er als Selbstkonstruktion des Lichts anzusehen.

3.1 Faktum und Gesetz in Analogie zur praktischen Autonomie

Um den Anschluss an die Form performativer Beglaubigung nicht zu verlieren, geht Fichte weiterhin von der performativ unhintergehbaren Einsicht E1 aus und analysiert, wie das Licht bzw. Wissen *im* von E1 vollzogenen Projektionsakt bestimmt wird. Dabei zeigt sich, dass durch die Projektion die zwei Aspekte der konditionalen Form – das kontingente Antezedens und das notwendige Konsequens – dem Wissen selbst in gegenständlicher Bedeutung zugeschrieben werden. Der reifizierende Zug der Projektion übernimmt somit eine positive Funktion für die begriffliche „Nachkonstruktion" des reinen Wissens:

> „2) Indem nun ich, die W.-L., dieses Verhältniß einsehe, als schlechthin *nothwendig* und *unveränderlich*, projicire und objektivire ich selber das Wissen, als eben dieses Verhältniß, als eine durch sich selber, ohne alles mögliche Zuthun irgend eines äussern Gliedes bestimmte Einheit: welche ich zugleich in ihrem innern Wesen und Inhalte durchdringe und construire." (362)

Der Inhalt von E1 ist das konditionale „Verhältniß", dass das Licht bzw. „Wissen" sich notwendig projiziert, wenn es von sich etwas prädiziert. Dies ist die begriffliche Seite der Einsicht. Doch in E1 wurde das Wissen dabei in der Tat projiziert und zwar faktisch. Dies ist die anschauliche, „intuirte" Seite der Einsicht. Weil sie das Wissen dabei objektiviert, erscheint dieses als Anschauung einer in sich abgeschlossenen und für sich bestehenden Substanz, d.i. „als eine durch sich selber, ohne alles mögliche Zuthun irgend eines äussern Gliedes bestimmte Einheit" (362). Entscheidend ist, dass das Wissen dabei als „durch sich selber [...] bestimmte Einheit" (362) projiziert wird. Die zwei Seiten der begriffenen Notwendigkeit und anschaulichen Faktizität werden somit als in die Einheit des Wissens aufgenommene betrachtet. In der Einheit des Wissens müssen beide Seiten daher als intern aufeinander bezogen begriffen werden. Diese Relation expliziert Fichte als das Verhältnis von „Faktum" bzw. „Freiheit" und „Gesetz":

> „Welches nun ist ihr Inhalt [der Projektion des Wissens, Sz.]? – Zuvörderst ein durchaus Beliebiges und lediglich von der Freiheit und dem Faktum Abhängiges, sodann ein schlechthin *Nothwendiges*, welches die Faktizität, falls sie in's Leben gerufen würde, ohne Weiteres ergreift, und sie bestimmt. Beide in dem Verhältnisse zu einander, daß das eine zwar durchaus eigenes Princip seines Seins ist, aber dies nicht sein kann, ohne in demselben ungetheilten Schlage Principiat zu werden des Andern, wiederum das Andere nicht wirklich Princip wird, ohne daß das Erstere sich setze. Das Erstere werden wir am besten *Gesetz* nennen, d. h. ein Princip, welches zu seinem faktischen Principiiren noch ein anderes, absolut sich selber erzeugendes Princip voraussetzt: das Letztere ein ursprüngliches und reines *Faktum* [H.v.m.], das nur nach einem Gesetze möglich ist." (362)

Weil es sich bei der in E1 vollzogenen Projektion um einen willkürlichen Akt handelte, erscheint das Wissen zunächst als „ein durchaus Beliebiges und lediglich von der Freiheit und dem Faktum Abhängiges" (362). Dies ist die Seite des „Faktums", die Fichte hier mit der „Freiheit" identifiziert. Gemäß der begrifflichen Seite, also dem, was in E1 vom Wissen prädiziert wird, ist das Wissen in seinem „innern Wesen" dagegen als „ein schlechthin Nothwendiges" konstruiert. Diese Seite nennt Fichte das „*Gesetz*".

Wie oben erläutert, müssen die Seiten des freien Faktums und des Gesetzes als Glieder einer internen Relation begriffen werden. Diese Verschränkung beider Seiten erläutert Fichte in einer Weise, die stark an das kantische Modell praktischer Autonomie und dessen Verhältnisbestimmung von Gesetz und freier Willkür erinnert.[748] Diese Analogie zum Praktischen hat Fichte m. E. bereits in der zweiten

---

[748] Auf den Zusammenhang der Logik von Faktum und Gesetz mit der kantischen Konzeption des Sittengesetzes hat bereits Schmidt 2004, 97–102, hingewiesen (siehe auch Schmidt 2002, 624, u. Schmidt 2009b). Zu dieser allgemeinen Parallele, vgl. Fichtes *3ter Cours der WL 1804*, Fichte 1989 (GA II/7), 353: „Es ist noch zu bemerken, u. einzuschärfen, daß es sich mit diesem *wollenden* Ich gerade so verhält, wie oben mit dem Vorstellenden". Gegen diese Parallelen und für eine abstraktere Lesart spricht sich Asmuth 1999, 290, Fn. 111, aus. Meine Lesart stimmt mit diesem praktischen Deutungsrahmen überein, sucht aber eine andere, nicht bloß praktische Lösung für die skeptische Herausforderung und leitet die Form des kategorischen Imperativs erst später und anders aus ihm ab (siehe 5.2.2). – Schmidt weist ferner auf einen religiösen Subtext von §§ 24–25 hin, der angesichts von Fichtes an Kants Ethikotheologie orientierter Assimilation des Sittlichen

Aufstiegsbewegung von §§ 16–18 eingeführt, indem er die Prinzipienkandidaten des „Soll" und des „Von" jeweils als Willkürfreiheit und Gesetzmäßigkeit beschrieb, und indem er feststellte, dass wir uns in der Reflexion sogleich „als ein vom Seyn *unabhängiges* und *freies* Wir" (245) erscheinen.[749] Die im obigen Zitat artikulierte Verschränkung von Freiheit und Gesetz lässt sich dementsprechend anhand von Kants Formel in der *Kritik der prkatischen Vernunft* nachvollziehen, laut der die Freiheit der Seinsgrund des Sittengesetzes und dieses Erkenntnisgrund der Freiheit ist.[750]

Laut Fichte ist das Faktum einerseits „durchaus eigenes Princip seines Seins" (362), ist also frei im Sinne von selbstbestimmt, andererseits gilt, dass es „aber dies nicht sein kann, ohne in demselben ungetheilten Schlage Principiat zu werden des Andern" (362). Als Analogie zum kategorischen Imperativ ist dies so zu verstehen, dass der Wille sich nur deshalb seiner Freiheit gewahr wird, weil er sich dem Sittengesetz und seiner unbedingten Aufforderung unterworfen findet.[751] Der Wille kommt somit vom Gesetz her auf sich in seiner Freiheit zurück und ist insofern „in demselben ungetheilten Schlage Principiat" (362) desselben. In umgekehrter Richtung gilt für das Gesetz, dass es „nicht wirklich Princip wird, ohne daß das Erstere [das Faktum, Sz.] sich setze" (362). Analog ist die Freiheit der Seinsgrund des Sittengesetzes, indem dessen unbedingter Anspruch nur an einen freien Willen ergehen kann. Die Analogie lässt sich hier noch weiter ausdeuten: Das Gesetz bestimmt den Willen erst dann, wenn er sich dem Gesetz autonom

---

und des Religiösen m. E. keinen grundsätzlichen Themenwechsel darstellt. Im religiösen Kontext wird der hier erst später eingeführte Bildbegriff hinzugenommen: Christus ist Bild des Vaters und also solches die Inkarnation der vollkommenen Willenseinheit mit dem Gesetz (siehe Schmidt 2004, 99). Zur Identifikation von Christus mit dem „Bild als Bild" in der späteren Wissenschaftslehre, siehe Danz 2000. Siehe auch Fn. 788.

749 Siehe Fn. 696 u. 697.

750 Vgl. Kant 1908/13 (AA V), 4, Fn.: „[W]enn ich jetzt die Freiheit die Bedingung des moralischen Gesetzes nenne und in der Abhandlung nachher behaupte, daß das moralische Gesetz die Bedingung sei, unter der wir uns allererst der Freiheit bewußt werden können, so will ich nur erinnern, daß die Freiheit allerdings die ratio essendi des moralischen Gesetzes, das moralische Gesetz aber die ratio cognoscendi der Freiheit sei. Denn wäre nicht das moralische Gesetz in unserer Vernunft eher deutlich gedacht, so würden wir uns niemals berechtigt halten, so etwas, als Freiheit ist (ob diese gleich sich nicht widerspricht), anzunehmen. Wäre aber keine Freiheit, so würde das moralische Gesetz in uns gar nicht anzutreffen sein." In Abschnitt 5.2 werde ich auf die hier skizzierte Denkfigur der Selbstgesetzgebung und Fichtes Umgang mit derselben in § 25 zurückkommen.

751 Vgl. *3ter Cours der WL 1804*, Fichte 1989 (GA II/7), 355: „der stehende Natur*Wille*, als frei nothwendig erscheinend, weil er ja Wille ist". Diese Parallele betont die Lesart von Schmidt, nach der das Projizieren „zum Gegenstand eines kategorischen Imperativs" (Schmidt 2009b, 277) werde, der als Imperativ einen freien Adressaten voraussetze (Schmidt 2009b, 276).

unterwirft, d. h. dass das Gesetz „nicht wirklich Princip wird, ohne daß das Erstere sich setze" (362). Wie sich in Abschnitt 5 zeigen wird, verschränkt Fichte Faktum und Gesetz auf eine noch durchgängiger symmetrische Weise als es Kant tut. Gleichwohl hilft das Modell des kategorischen Imperativs zu verstehen, wie Fichte einerseits zwei eigenständige Prinzipien annehmen, sie aber zugleich in gewissen Hinsichten einander unterordnen sowie als Relationseinheit behandeln kann.[752]

Mit der Verschränkung von Faktum und Gesetz hat Fichte einen Begriff des reinen Wissens entwickelt, der an den pragmatischen Kontext willkürlicher Reflexions- und Konstruktionsakte anschlussfähig ist. Die Projektion des Wissens als „durch sich selber [...] bestimmte Einheit" (362) zeichnet somit das Bild einer autonomen Vernunft, die insofern frei ist, als sie sich ihr eigenes Gesetz gibt.

3.2 Selbstanwendung des Gesetzes der Projektion

Im nächsten Schritt seiner Überlegung nutzt Fichte die inhaltliche Weiterbestimmung des projizierten Wissens (als Relation von Faktum und Gesetz), um in einem neuen Anlauf zu einer performativen Tautologie zu gelangen, welche die von uns vollzogene Projektion als *Sich*projektion des Wissens bzw. Lichts ausweist:

> „3) So ist das Wissen schlechthin und unveränderlich ohne alle Ausnahme, und also wird es eingesehen. Nun bin ich, die W.-L., in der so eben erzeugten und vollzogenen Einsicht selber ein Wissen, und zwar, wie ich mir erscheine, ein freies und faktisches, indem ich die vorgenommenen Reflexionen gar wohl auch hätte unterlassen können, und zwar ein vom Wissen prädicirendes, sein ganzes Wesen beschreibendes. – Die Facticität ergreift, laut meiner eigenen Aussage, stets und immer das Gesetz des ursprünglichen Projicirens; daher muß dasselbe auch mich im eigenen Faktum, nur weiterhin unsichtbar ergriffen haben." (362)

---

[752] Im weiteren Verlauf ergänzt Fichte noch eine an Kant anschließende Erläuterung des Gesetzes: „Aber wir kennen auf der Höhe unserer Spekulation durchaus kein anderes Gesetz, als das Gesetz der Gesetzmäßigkeit selber, *daß* es projicirt werde nach dem Gesetze" (363). Wie der kategorische Imperativ keinen Inhalt hat, als die bloße Form der Gesetzmäßigkeit (vgl. Kant 1903 [AA IV], 402, 421; hierauf weist auch Schmidt 2009b, 274, Fn. 1, hin), so kann auch unsere, hier von Fichte analysierte Projektion des inneren Wesens des Wissens nichts weiter beinhalten als ein Gesetz überhaupt. In unserer Projektion attestieren wir dem Wissen nur den formalen Charakter, gesetzmäßig verfasst zu sein, weshalb auch seine Beziehung zum Faktum sich allein aus dieser formalen Gesetzmäßigkeit ergeben muss. Die Form eines solchen „absoluten Gesetze[s]" (363) erlaubt es Fichte, die Verschränkung von Faktum und Gesetz trotz ihres pragmatischen Kontexts als unbedingte Notwendigkeit zu denken.

Wie im ersten Schritt gezeigt, sagt die bereits vollzogene Einsicht E1 aus, dass Prädikation und Projektion zufolge eines Gesetzes zusammenhängen. Reflektieren wir auf unser Einsehen, so wird klar, dass wir dabei selbst vom Wissen etwas Prädizierende und es Projizierende sind und es uns frei stand, dies zu vollziehen oder nicht. Wir unterstehen also selbst dem Gesetz, das wir als zum Wesen des Wissens gehörig aussagen. Die Reflexion zeigt, dass wir bereits durch unser Aussagen bzw. Prädizieren das Gesetz performativ bestätigen: „Die Fakticität ergreift, laut meiner eigenen Aussage, stets und immer das Gesetz des ursprünglichen Projicirens; daher muß dasselbe auch mich im eigenen Faktum, nur weiterhin unsichtbar ergriffen haben." (362) Fichte greift somit erneut zur Form einer pragmatischen Tautologie von Tun und Sagen, die er hier jedoch inferentiell artikuliert als „Anwendung der Aussage eines Satzes auf ihn selber" (364).[753] Fichte hat uns dazu angeleitet, dass wir uns selbst als Faktum unter das Gesetz *subsumieren*, wodurch wir unsere Freiheit der Reflexion als immanente Erscheinung des Gesetzes begreifen können: „Im Gesetze liegt die formale Projektion überhaupt, und diese ist faktisch sichtbar genug; nur daß sie zufolge des Gesetzes sei, wird hier hinzugefügt." (362)[754]

Könnte diese Subsumtion nicht wiederum als ein willkürlicher, stipulativer Akt verstanden werden? Nicht insofern das fragliche Gesetz selbst keinen anderen Inhalt als die Gesetzmäßigkeit der Projektion hat. Wenn das Gesetz projiziert werden soll, „so wie es *innerlich* ist" (362), dann ist dazu nicht mehr erforderlich, als dass diese Projektion dem Gesetz folgt. Indem wir auf den Inhalt der Einsicht E1 reflektieren, projizieren wir also nicht nur dieses Gesetz, sondern subsumieren *ipso facto* auch unseren Akt der Projektion unter dasselbe: „wir haben auch über diesen materialen Punkt hier nichts weiter gethan, als hinzugesetzt, daß dieses Projiciren nach dem Gesetze selber nach dem absoluten Gesetze geschähe." (363) Dennoch sind Zweifel angebracht, ob uns dieses Manöver der Selbstanwendung weiterbringt. Denn es scheint nur erneut zu zeigen, dass wir unseren Akt der Prädikation und Projektion selbst als etwas Gesetzmäßiges projizieren bzw. *nachkonstruieren* müssen. Bestätigt das nicht bloß dieselbe performative Unhintergehbarkeit der Projektion, aus der wir einen Ausweg suchten?

Die zuvor für E1 konstatierte performative Unhintergehbarkeit hat in ihrer „genetisierten" Form (folgend ‚E2') nun eine neue Qualität gewonnen, indem zum faktischen Vollzug der Projektion nun durch Selbstanwendung des Inhalts eine

---

[753] Vgl. die Diskussion der Interpretation von Thomas-Fogiel 2014 in Fn. 574.
[754] Auch Richli 2000, 212f. bemerkt hier sowie in § 24 allgemein die Struktur performativer Selbstanwendung, die er jedoch im Rückgriff auf die Apel'sche Transzendentalpragmatik deutet, deren Form performativer Unhintergehbarkeit Fichte nach meiner Rekonstruktion hier gerade problematisiert (siehe auch meine Kritik an Schmidt in Fn. 747).

begriffliche Dimension hinzukommt. Indem unsere Projektion des Gesetzes als selbst gesetzmäßig erkannt wird, erlangen wir eine vorher nicht verfügbare reflexive Durchdringung unseres eigenen Tuns. Unsere in E1 vollzogene Projektion einer notwendigen, d. h. gesetzmäßigen Sichprojektion des Lichts, ist selbst ein Fall dieses Gesetzes. Die von Fichte erreichte Akzentverschiebung ist subtil: Bereits im Vollzug von E1 fanden wir als „unmittelbar faktische Notwendigkeit" einen intuitiv evidenten Zusammenhang zwischen Prädikation und Projektion vor. Diese Notwendigkeit entpuppte sich jedoch als reflexiv instabil, d. h. als bloß für uns performativ unhintergehbare Projektion. In E2 können wir diese Projektion eines Gesetzes durch eine weitere Steigerung des Reflexionsniveaus ihrerseits dem Wissen bzw. Licht selber zurechnen, da wir erkennen, „daß dieses Projiciren nach dem Gesetze selber nach dem absoluten Gesetze geschähe." (363)[755]

Durch die in der Selbstanwendung erreichte reflexive Stabilität vermögen wir nun auf die mit Stern und Stroud aufgeworfenen Einwände zu antworten (siehe 2.2). Gemäß Sterns *wrong-reason*-Einwand scheiterte E1 daran, uns eine genuine Notwendigkeit vor Augen zu führen, weil sie nur zeigte, *dass* wir im Prädizieren faktisch nicht anders können als zu projizieren. In der „genetischen" Einsicht E2 *begreifen* wir hingegen, *weshalb* wir es nicht anders können: Unser Projizieren geschieht zufolge des Gesetzes der Projektion. Die performative Tautologie von Prädizieren und Projizieren besteht nicht nur hinsichtlich der dabei vollzogenen Akte, sondern wird auch auf der Ebene des Inhalts dieser Akte wiederholt: Es wird vom Licht das Gesetz prädiziert, dass nach dem Gesetz projiziert werden müsse. Die begriffliche und die intuitive Seite der Einsicht sind durch die Anwendung ihres Inhalts auf ihre Form gleichsam synchronisiert worden.

Deshalb lässt sich E2 augenscheinlich auch nicht mehr auf die Moore'sche Inkompatibilität zweier Akte reduzieren, sondern sie verbindet Akt und Gehalt. Zuvor konnte nur folgende doppelte Behauptung als performativ selbstwidersprüchlich ausgewiesen werden (siehe 2.2): ‚Ich, insofern ich am Licht teilhabe, kann vom Licht nichts prädizieren, ohne es zu projizieren, aber ich prädzere vom Licht, dass es sich *nicht* selbst projiziert.' Durch Fichtes Selbstanwendungsmanöver betrifft die Unhintergehbarkeit der Projektion nicht mehr nur unsere Aktivität, sondern den dabei erfassten Gehalt. Der Einsicht E2 zufolge begingen wir mit folgender Behauptung einen Selbstwiderspruch: ‚Das Licht wird nach dem

---

[755] Barth gesteht der mit E2 erreichten Einsicht lediglich zu, eine „Strukturgesetzlichkeit" (Barth 2004, 325) des Wissens zu entdecken, nämlich die „Gesetzmäßigkeit der Gesetzesprojektion als gedankliche Form des Notwendigkeitsbewußtseins" (Barth 2004, 324) und den „Reflexionscharakter des Wissens" (Barth 2004, 325) herauszustellen. Fichte versucht dagegen m. E. in demselben Zuge bereits eine performative Beglaubigung der Selbstkonstruktion des reinen Wissens zustande zu bringen, auch wenn ihm dies erst in § 25 gelingen wird.

Gesetz projiziert, aber diese Projektion ist nicht gesetzmäßig.' Auch dies ließe sich als Moore'sche Inkompatibilität formulieren, doch würde das nicht der Weise gerecht, wie hier Akt und Inhalt verknüpft sind bzw. die intuitive und diskursive Ebene der Einsicht ineinandergreifen. Das intuitive Einleuchten des Gesetzes der Projektion ist nunmehr in E2 zugleich ein *Begreifen* der Gesetzmäßigkeit, d.h. inneren Notwendigkeit, dieses Gesetz in der Einsicht unweigerlich projizieren zu müssen.

Wie der folgende Abschnitt zeigen soll, ist Fichtes Lösung tatsächlich auf der konzeptionellen Ebene nun fast vollständig, was ihr aber noch fehlt, ist ihre Überführung in eine reflexiv stabile Vollzugsform: die pragmatische Tautologie des „Bildens".

3.3 Exkurs zur logischen Form

Fichte weist in § 24 auf die syllogistische Form der nunmehr in E2 genetisch durchdrungenen Einsicht E1 hin, anhand derer genauer bestimmt werden kann, was der nun erreichte Fortschritt ist: Die Selbstanwendung „scheint eben die schon oben bemerkte Bestimmung des maior durch den minor zu sein" (362). In formaler Hinsicht ist damit die Subsumtion des Faktums unter das Gesetz gemeint. Als kategorische Aussage ‚F = A' gefasst, wird damit die gegenseitige Durchdringung von Faktum und Gesetz behauptet, die in Abschnitt 3.1 erläutert wurde. Indem der *minor* also ein „das Faktum durchdringendes Gesetz" (372) repräsentiert, lässt er sich als den *maior* ‚A = a' bestimmend auffassen, weil dieser nur die abduktive Verallgemeinerung von jenem darstellt. In inhaltlicher Hinsicht spielt Fichte auf seine frühere Bemerkung an, dass „dem Vernunftschlusse noch etwas Anderes, weit Tieferes zu Grunde [liegt], als der major" (361). Anhand der Aussage ‚F = A' interpretiert, besagt dies, dass die eigentliche Wurzel der Einsicht des *maior* im durch den *minor* abgebildeten Vollzugsaspekt – dem Akt der Prädikation ‚F' – liegt. Dies entspricht Fichtes später in seiner transzendentalen Logik entwickelten Lehre vom Syllogismus, der zufolge die syllogistische Form die begriffliche Explikation einer wesentlich intuitiven Einsicht ist; diese, den gesamten Syllogismus in sich einfaltende Einsicht wird Fichte zufolge durch den *minor* ‚F = A' repräsentiert, da er als das Bindeglied zwischen *maior* und Konklusion fungiert.[756]

---

[756] Diese Bestimmung des *maior* durch den *minor* arbeitet Kimura 2012, 88, an Fichtes Vorlesung *Vom Unterschiede zwischen der Logik und der Philosophie selbst* (GA II/14) heraus.

Wenn wir auf die Neubestimmung des *minor* im Syllogismus sehen, wird verständlich, was Fichte durch das Manöver der Selbstanwendung zu gewinnen sucht (folgend steht ‚=' für die Kopula, ‚F' für das Faktum unseres Denkvollzugs, ‚A' für das als Gesetz bestimmte Wesen des Lichts und ‚a' für die Bestimmtheit, immanent projizierend zu sein):[757]

(OS) A = a Die Sichprojektion ist ein *de re* notwendiges Gesetz des Lichts/ Wissens.
(US) F = A Mein freier Reflexionsakt der Prädikation untersteht dem Gesetz der Sichprojektion („das Gesetz des ursprünglichen Projicirens [...] muß [...] auch mich im eigenen Faktum [...] ergriffen haben" [362])
(K)   F = a Meine faktische Prädikation vom Licht ist seine wesensnotwendige Sichprojektion.

Gemäß dieser syllogistischen Rekonstruktion ist die Einsicht E1 durch ihre genetische Ableitung in (K) als notwendig eingeholt worden: Die Prädikation vom Licht ist in einem kategorischen Sinne, d.i. immanent notwendig, dessen Sichprojektion. Wie in 3.1.2 gezeigt, soll dies wiederum die am Anfang von § 24 als fragwürdig herausgehobene Voraussetzung rechtfertigen, dass wir das Licht als immanentes Prinzipiieren und also als Sichprojektion setzten – auch diese lässt sich durch das kategorische Urteil ‚F = a' repräsentieren (siehe 3.1.1). Den zwei Prämissen dieser Ableitung (OS) und (US) entsprechen die oben nachvollzogenen zwei Schritte in Fichtes Entfaltung der Relation von Faktum und Gesetz. Zuerst wird auf konzeptioneller Ebene das Gesetz ‚A' als Mittelterm des Schlusses etabliert und in ‚A = a' die faktische Projektion als immanent gesetzmäßige gedacht. Sodann wird, was auch die inferentielle Funktion des *minor* (US) ist, eine Instanz des allgemeinen Gesetzes ausgewiesen, d. h. in ‚F = A' das Faktum unter das Gesetz subsumiert. Wenn wir Fichtes oben erwähnter Lehre vom Syllogismus folgen, dass der Syllogismus nur die Explikationsform einer in sich ungeteilten Einsicht ist, wird die Notwendigkeit von (K) jedoch nicht an (OS) und (US) delegiert, sondern die Ableitung von (K) zeigt schlicht, dass die Notwendigkeit *begriffen* wurde und entsprechend inferentiell artikulierbar ist.

Die Betrachtung der impliziten syllogistischen Form zeigt, dass die zuvor für E1 konstatierte performative Unhintergehbarkeit eine neue Qualität gewonnen hat, weil zur Form der intuitiven Einsicht nun durch Selbstanwendung ihres In-

---

[757] Genau dasselbe syllogistische Schema, das sich m. E. in § 24 aus Fichtes Hinweisen zur logischen Struktur ergibt, stellt Fichte (in der hier verwendeten Notation) in seiner Vorlesung aus dem Jahre 1812 *Vom Unterschiede zwischen der Logik und der Philosophie selbst* auf (siehe Fichte 2006 [GA II/14], 376).

halts eine begriffliche Dimension hinzukommt. Den Kern bildet die Aufstellung eines „das Faktum durchdringende[n] Gesetz[es]" (372) im *minor* ‚F = A'.

4 Übergang: Bild-Struktur und der Paralogismus der Reflexion

Am Ende von § 24 gibt Fichte seiner Überlegung eine letzte kritische Wendung, welche den Übergang zur eigentlichen Lösung des von ihm entwickelten Problemkomplexes in § 25 vorbereitet. Der erste Schritt dieses kritischen Manövers besteht in der positiven Entfaltung des Vorgangs der Projektion. Fichte analysiert die Struktur der Projektion als Bild-Relation. Diese Analyse nutzt er im zweiten Schritt jedoch, um sein eigenes Vorgehen als bloßes „Bild" und Nachkonstruktion zu entlarven, d.h. sich selbst mit einer Variante von Strouds Substitutionseinwand zu konfrontieren. Die vermeintlich eingesehene Selbstkonstruktion des Wissens gemäß der in Abschnitt 3 entwickelten performativen Tautologie ist damit zunichte gemacht. Die angebliche geglückte Subsumtion des faktischen Projizierens unter das Gesetz der Projektion entpuppt sich als ein Paralogismus kantischer Prägung.

4.1 Bild-Struktur der Projektion: Ableitung des Satzes des Bewusstseins

Da es am Ende von § 24 scheinbar gelungen ist, die Selbstkonstruktion des Wissens in der Form der Repräsentation auf reflexiv stabile Weise einzusehen, gibt Fichte eine erste Deduktionsskizze, wie nun die Ableitung der Form des repräsentationalen Wissens anzustellen ist. Fichte analysiert dazu die in der Einsicht E2 vollzogene Projektion *per hiatum* als Erzeugung einer Bild-Abgebildetes-Relation, wie sie bereits in den Prolegomena als Grundstruktur des Begreifens eingeführt wurde. Gemäß dem Gesetz der Projektion erzeugt das Wissen ein *Bild* von sich und werde sich dabei selbst *als* Bild transparent. Anhand dieser Grundstruktur zeigt Fichte – freilich ohne dies ausdrücklich zu sagen – die Ableitbarkeit von (i) Reinholds ‚Satz des Bewusstseins' und (ii) des ‚Ich denke' als des formalen Modus der Reflexion.

Fichtes äußerst gedrängte Erläuterung soll hier nur im Umriss skizziert werden. Fichte macht sich zunutze, dass E2 als Selbstbeschreibung des Wissens einleuchtet: Ihrem Inhalt nach bestimmt sie das Wesen des Wissens und als Akt validiert sie diese Wesensbestimmung performativ, indem sie als Projektion selbst dem Gesetz untersteht, das sie zum Inhalt hat.[758] Dies erlaubt es Fichte, die Struktur der Projektion auf das in der Einsicht selbst thematische Verhältnis von Form und Inhalt des Wissens zu übertragen. Das Wissen ist gewissermaßen unter dem Gesetz der Projektion operational geschlossen.[759] Die Form der objektivierenden Projektion und ihre Entgegensetzung zum dabei projizierten Inhalt bilden somit eine dem Inhalt interne Differenz. Hinsichtlich der *Differenz* enthält der Inhalt, d.i. das Gesetz der Projektion, sich selbst als Projiziertes und als diese Projektion Bedingendes; die Selbstbeschreibung des Wissens muss daher „als Nachconstruction einer ursprünglichen Vorconstruction, durch das Gesetz eben, erscheinen" (366). Als *interne* Differenz des Inhalts gilt für das projizierte Gesetz und das diese Projektion bestimmende Gesetz, dass sie sich wiederum nicht inhaltlich, sondern nur in ihrer Form unterscheiden; das erstere ist somit *Abbild* des letzteren.[760] Aufgrund der operationalen Geschlossenheit des Gesetzes der Projektion verdoppelt sich die interne Differenz von Inhalt und Form der Projektion potentiell ins Unendliche: Das Wissen *projiziert sich* selbst als projizierend eine „Nachconstruction" des Gesetzes in Relation zu dessen „Vorconstruction", sodass auch dies wiederum eine Projektion nach dem Gesetz ist, also eine weitere projizierende Nachkonstruktion gemäß einer Vorkonstruktion, usw. *ad infinitum*.[761]

Mit der hier skizzierten Bildstruktur der Projektion ebnet Fichte den Weg für zwei Theoriestücke: Die Ableitung (i) der Struktur der Vorstellung als der Form des

---

[758] „Das absolute Gesetz, nach welchem wir in der heut vollzogenen, und so eben analysirten Einsicht das Wissen in seinem Wesen projicirten, hatte ohne allen Zweifel absolut reale Causalität auf das *Innere* (– ich rede nicht von seiner äussern Form, die als frei erscheint –) des Aktes, so daß das Gesetz und Er, und zwar Er mit der Einheit in allen seinen unterscheidbaren Bestimmungen sich innigst durchdrangen; absolut ohne Hiatus zwischen beiden." (364)
[759] „Die Projektion ist theils formaliter, objektivirend, theils materialiter, ausdrückend das *Wesen* des Wissens. So ist das letztere durchaus nicht ohne das erstere, sondern sie ist beides in einem Schlage, weil sie beides ist durch ein absolut wirkendes Gesetz." (364)
[760] „[D]as Wissen selbst aber, so auch Alles, was in demselben Vorkommen soll, spaltet sich absolut in eine Zweiheit, deren Ein[es] Glied das Ursprüngliche, und das andere, die Nachconstruction des Ursprünglichen sein soll, durchaus ohne alle Verschiedenheit des Inhalts, also darin wieder absolut Eins; lediglich verschieden in der angegebenen Form, die offenbar eine gegenseitige Beziehung auf einander andeutet." (366)
[761] „Dieses müßte in ihm bleiben, und dürfte nie zu Grunde gehen, eben als in sich lebendiges Principiiren; es müßte sich also immer wieder erneuern lassen als solches, ungeachtet der Inhalt, durch das absolute Gesetz bestimmt, derselbe bliebe, woraus sich nun wohl eben die Erscheinung der energischen Reflexion, und die Wiederholung in's Unendliche des qualitativ absolut Eins bleibenden Inhalts, welche uns zu unserer großen Verwunderung noch nicht haben verlassen wollen, erklären dürfte." (366)

propositionalen Wissens sowie (ii) der Erscheinung des ‚Ich denke' als Selbstreflexion des Vorstellenden.[762]

(i) Aus der gesetzmäßigen Sichprojektion des Wissens folgt auf der Ebene erster Ordnung, dass das Wissen ein Bild von sich projiziert. Auf der Ebene zweiter Ordnung beinhaltet dies, dass das Wissen sein projiziertes Bild, d.i. die bloße Repräsentation, von seinem Bezugsobjekt, hier: dem Gesetz als solchen, unterscheidet. Dies ist die Grundlage für die intentionale Beziehung von Vorstellung und Gegenstand im gewöhnlichen Wissen, wie Fichte ausdrücklich anmerkt: „So ist es denn auch wirklich in allem Ihrem möglichen Bewußtsein, wenn Sie den Satz daran prüfen wollen. Objekt, Vorstellung" (366).[763]

Auf der Ebene dritter Ordnung wird diese Relation als dem Bild *interne* intentionale Bezugnahme eingeholt: Das als Vorkonstruktion vorausgesetzte und im Bild nachkonstruierte Gesetz ist selbst nur das intentionale Objekt seines Bildes. Aus der operationalen Geschlossenheit unter dem Gesetz der Projektion folgt, dass das Wissen sich *als* Nachkonstruktion erfasst, die zwischen der Nachkonstruktion (Bild) und dem Ursprünglichem (Abgebildetes) *unterscheidet* und beide *intern* aufeinander *bezieht*. Dies kommt der genetischen Ableitung von Reinholds Satz des Bewusstseins gleich (freilich mit einem höheren Abstraktionsgrad, was die Bestimmung von ‚Subjekt' und ‚Objekt' betrifft).[764]

(ii) Auf der Ebene dritter Ordnung liegt ferner ein Ansatzpunkt für die von Fichte anvisierte Deduktion des Ich. Wie oben gezeigt, ist die auf dieser Ebene erfasste Struktur der Projektion potentiell unendlich iterierbar, ohne dass sich in den höherstufigen Projektionen der ursprüngliche Inhalt ändern würde. Daraus lässt sich erstens der dem Idealismus zugeordnete formale Modus der Reflexion

---

[762] Für eine andere Art der Ableitung der Repräsentatiönsstuktur (auf der Basis des späteren § 26), vgl. Barth 2009, 156–159.

[763] Auf dem Abstraktionsniveau von § 24 sind wohlgemerkt durch einen bestimmten propositionalen Gehalt individuierte oder gar empirische Vorstellungen noch nicht im Blick, wohl aber deren allgemeine Form: „Zwar nicht mehr die äussere Disjunktion zwischen einem Subjekte und Objekte, welche durch völlige Aufhebung der stehenden Form der Projektion und Objektivität wegfiel, wohl aber der innere lebendige Unterschied zwischen beiden; zwei Formen des Lebens." (368) Vgl. die werkgeschichtliche Einordnung dieses Aspekts von Fichtes Bildbegriff in Sandkaulen 2010, 471–478.

[764] Vgl. Reinhold 2003, 99: „Dieser Satz heißt: *Die Vorstellung wird im Bewußtsein vom Vorgestellten und Vorstellenden unterschieden und auf beide bezogen.* [...] Jeder weiß, daß er das Objekt seiner Vorstellung von der Vorstellung selbst, und vom Subjekte unterscheidet, und dieselbe Vorstellung *sich*, d. h. dem Subjekte sowohl, in wieferne er sich dasselbe als das Vorstellende denkt, als auch dem Objekte, in wieferne er dasselbe als das Vorgestellte denkt, beimesse, das heißt, daß er die Vorstellung auf Subjekt und Objekt beziehe." Zu Reinholds Satz des Bewusstseins siehe auch II.1.2.

ableiten (und sein Gegenstück auf der Ebene erster Ordnung, der materiale Modus).⁷⁶⁵ Zweitens lässt sich ableiten, weshalb das ‚Ich denke' jede meiner Vorstellungen begleiten können muss, weil ich gemäß dem Gesetz der Projektion jede Vorstellung im formalen Modus *als* meine Vorstellung reflektieren bzw. projizieren kann.⁷⁶⁶ Drittens ist mit dem ‚Ich denke' als *möglichem* Bewusstsein die Ausdrucksform für die mit dem Gesetz verknüpfte *Freiheit* der Reflexion bestimmt; mithin ist der freie Wechsel zwischen den Maximen des Realismus und Idealismus als durch das Gesetz der Sichprojektion ermöglichte, notwendig faktische Einnahme des materialen oder formalen Modus der Reflexion ableitbar (siehe III.2.2.3).

4.2 Paralogismus der Reflexion

Fichte nutzt die von ihm zuvor aufgezeigte Bildstruktur der Projektion, um die genetische Einsicht E2 als reflexiv instabil zu entlarven. Diese Selbstkritik Fichtes lässt sich als Racheproblem bezüglich der Einwände Sterns und Strouds verstehen.

Eben wurde gezeigt (4.1), dass das in E2 eingesehene Gesetz der Projektion eine Funktion der Selbstabbildung ausübt: Dem Gesetz zufolge wird ein Bild des Gesetzes projiziert. Auf diese Weise bilde ich eine Vorstellung von meinem repräsentationalen Wissen *als* eines projizierten Bildes, d.i. *als* einer Vorstellung. Wenn das Gesetz also thematisch im Wissen vorkommt, dann hat es ihm zufolge *als Bild*, d. h. als Nachkonstruktion zu gelten. Das hat rückwirkend Konsequenzen für die genetische Erzeugung von E2: Sie basierte auf der Selbstanwendung unserer ersten intuitiven Einsicht des Gesetzes (E1), deren Inhalt sich nun als bloßes Bild des Gesetzes entpuppt (siehe 3.2). Die für alles Weitere entscheidende *Subsumtion* des Vollzugs der Einsicht E1 unter das Gesetz hat daher selbst nur den Status einer Nachkonstruktion:

---

765 Im Bild *als* Bild liegt der Gegensatz von materialem Modus, der im Inhalt aufgeht, und formalem Modus, der auf die Form des Vorgestelltseins des Inhalts reflektiert, d.i. „das oft erwähnte nur *Aussagen*, nur Sprechen oder Ausdrücken dessen, was an sich freilich eben also sein soll: mit einem Worte, das ganze bloß Idealistische, als welches wir all unser Sehen zu betrachten genöthigt sind, falls wir uns in den Standpunkt der Reflexion [...] versetzen." (366) Wie in dieser Passage bereits anklingt, hat Fichte damit den Ansatzpunkt zur Ableitung der beiden Standpunkte des Realismus und Idealismus bestimmt; beide wurden in Kapitel III.3 dem materialen respektive formalen Modus der Reflexion zugeordnet (siehe zu dieser Unterscheidung Fn. 554).
766 „[W]oraus sich nun wohl eben die Erscheinung der energischen Reflexion, und die Wiederholung in's Unendliche des qualitativ absolut Eins bleibenden Inhalts, welche uns zu unserer großen Verwunderung noch nicht haben verlassen wollen, erklären dürfte." (366)

> „Dies angewendet auf das Obige: die vorgebliche ursprüngliche Construction, welche die Nachconstruction, die als solche sich freimüthig giebt, rechtfertigen soll, ist selber auch nur Nachconstruction, die sich nur nicht als solche giebt." (368)

Die nun entdeckte Nachkonstruktion ist in der Bild-Struktur auf der oben erläuterten Ebene dritter Ordnung zu situieren: In ihrer Subsumtion *erscheint* die Einsicht E1 „*als* Nachconstruction einer ursprünglichen Vorconstruction, durch das Gesetz eben" (366, H.v.m.). Die genetische Einsicht E2 steht daher auf wackeligen Füßen, weil erst *durch Reflexion* ersichtlich wurde, dass ihre Grundlage ein im Vollzug durch das Gesetz bestimmtes Faktum ist, aber dessen Status *als* durch das Gesetz Bestimmtes ein äußerlicher Zusatz der Nachkonstruktion ist:

> „Wir standen daher wahrhaft unter dem Gesetze, nur da, wo kein Gesetz im Wissen vorkam, und sind über dasselbe hinaus, es selber construirend, wenn es im Wissen vorkommt. Nun gründet sich unser ganzer Schluß auf ein bloßes Faktum, ohne Gesetz, das daher nicht zu rechtfertigen ist; und der Schluß selber *sagt* nur von einem Gesetze, ohne es zu sein oder zu haben. Auch dieses Räsonnement daher, so viel Schein es von sich gab, löst sich auf in Nichts." (366, 368)

Weil die Subsumtion des Faktums unter das Gesetz fragwürdig geworden ist, muss die angebliche Selbstkonstruktion, in der das Wissen seinem Gesetz zufolge in die Form der Repräsentation übergeht, vielmehr als Aussage über die Weise, wie das Wissen bzw. sein Gesetz nachkonstruiert werden muss, gelten. Fichte stellt sich hier somit selbst einer verschärften Variante des Stroud'schen Substitutionseinwands: Die scheinbar objektiv gültige Einsicht über die Selbstkonstruktion des reinen Wissens entpuppt sich als nur relativ zu einer Nachkonstruktion gültig.[767]

Doch wird dabei nicht vergessen, dass E2 gerade auf der pragmatischen Tautologie beruht, dass die Projektion des Gesetzes *ipso facto* eine Instanz desselben ist (3.2)? Unterschreitet Fichte etwa sein bereits erreichtes Argumentationsniveau? Dass dem nicht so ist, zeigt sich daran, dass der intuitive Vollzug, der das Gesetz *in actu* manifestieren soll, das Gesetz als solches gar nicht enthält. Die diskursive Einholung des Vollzugs als eines gesetzmäßigen ist somit erst nachträglich und von ihm entkoppelt. Denn *insofern* in E1 bzw. E2 die Projektion des Gesetzes intuitiv vollzogen wird, „standen wir, wie wir nachher entdeckten, unter dem Gesetze, ohne weder davon, noch von seinem Akte, als solchem, zu wissen." (366) Die in der Selbstanwendung geschehende Übertragung des Inhalts auf die Form des Aktes geht somit nicht vom intuitiven Vollzug aus, sondern wesentlich von dessen nachträglicher Reflexion sowie vom diskursiven Erfassen seines In-

---

[767] Siehe Schüz 2019, 243 f.

haltes.⁷⁶⁸ Deshalb gründet sich der Schluss der Selbstanwendung der „auf ein bloßes Faktum, ohne Gesetz" (368). Die Subsumtion des Faktums unter das Gesetz geschieht dann allein auf diskursiver Ebene, was sich schon an Fichtes inferentieller Erläuterung der pragmatischen Tautologie zeigte: „der Schluß selber *sagt* nur von einem Gesetze, ohne es zu sein oder zu haben." (368)

Auf Sterns *wrong-reason*-Einwand konnte zwar diskursiv mit der Notwendigkeit der Projektion nach dem Gesetz geantwortet werden, aber diese Antwort wird ihrerseits wieder durch eine performative Unhintergehbarkeit gerechtfertigt, indem sie erst aus dem zunächst gesetzlosen Faktum der Projektion gewonnen wurde. Auch Strouds *dissatisfaction* tritt hier wieder auf, insofern in E2 als pragmatischer Tautologie Akt und Gehalt nur scheinbar übereinstimmen: Das im Gehalt behauptete Gesetz ist nicht identisch mit der ‚gesetzlosen' Form des Aktes, durch welchen er erfasst wird. Es mag zwar bei der Moore'schen Inkompatibilität bleiben, dass wir im Projizieren des Gesetzes nicht konsistent an einen schlechthin gesetzlosen Akt der Projektion *glauben* können. Aber dies ist als bloße Überzeugung nicht mehr als die Nachkonstruktion des Faktums der Projektion in E1 *als* eines gesetzmäßigen Faktums (in E2): „daher gelangen wir ja nie zu einer Urconstruction und dem Gesetz, sondern haben [...] nur jene Nachconstructionen". (370)

Das Gesetz kommt somit in zweierlei Bedeutung vor, einmal thematisch als Nachkonstruktion und einmal unthematisch als Prinzip der faktischen Projektion (zufolge der Nachkonstruktion). Fichte macht eine Bemerkung zur logischen Form der von ihm gezeichneten Argumentation, die diese Zweideutigkeit als Paralogismus Kant'scher Prägung erläutert. Fichte erläutert dazu die Einsicht E2 in syllogistischer Form und konstatiert, dass der Mittelterm erst durch einen Akt der Reflexion und nur diskursiv bestimmt werden konnte: „Erst, wie wir auf diesen Akt reflektirten, konnten wir auf ihn, *als* den *medius terminus* unseres Vernunftschlusses[,] den Inhalt der gefundenen Einsicht selber anwenden, und zur Einsicht des vorher verborgenen Gesetzes kommen." (366, H.v.m.) Auf den ersten Blick spricht Fichte vom freien Akt der Projektion, dem Faktum ‚F', als dem „medius terminus", aber genau genommen bezieht er sich auf dieses Faktum wie es in der Reflexion *als* gesetzmäßiges eingeführt wird, also auf seine Rolle im *minor* ‚F = A'. Der eigentliche Mittelterm ist somit das *am* Faktum in der Reflexion

---

768 „Erst, wie wir auf diesen Akt reflektirten, konnten wir auf ihn, als den medius terminus unseres Vernunftschlusses den Inhalt der gefundenen Einsicht selber anwenden, und zur Einsicht des vorher verborgenen Gesetzes kommen." (366)

vorgefundene Gesetz ‚A'.[769] Da es einen Bruch zwischen dem Gesetz gibt, wie es im Faktum des Vollzugs vorkommen soll, und wie es thematisch im Wissen vorkommt, wird der Mittelterm in Ober- und Untersatz nicht synonym gebraucht – der Syllogismus entpuppt sich als folgender *Paralogismus:*

(OS)	$A_V = a$	Die Sichprojektion ist ein *de re* notwendiges Gesetz des Lichts/Wissens. (‚A_V' = das Gesetz als Vorkonstruktion)
(US)	$F = A_N$	Mein freier Akt der Prädikation/Projektion untersteht, wie ich durch Reflexion diskursiv einsehe, *de dicto* dem Gesetz. (‚A_N' = Nachkonstruktion des Gesetzes)
(K')	$F = a$	Meine faktische Prädikation vom Licht ist seine *de re* wesensnotwendige Sichprojektion.
(K)	$A_N(F = a)$	Meine faktische Prädikation vom Licht muss als *de dicto* wesensnotwendige Sichprojektion *nachkonstruiert* werden.

Während die Sichprojektion in (OS) noch im Sinne einer Notwendigkeit *de re* als Gesetz ausgesagt wird, verschiebt sich dies in (US) zu einer Notwendigkeit *de dicto*, die für das vorgefundene Faktum gilt, dass wir eine gesetzmäßige Sichprojektion vom Licht aussagen müssen, wenn wir überhaupt etwas von demselben aussagen wollen. *Dass* es tatsächlich ein dem Licht zukommendes Gesetz gibt, welches notwendig unserem Prädizieren/Projizieren zugrunde liegt (K'), lässt sich aus dem so verengten Aussageskopus nicht folgern.

Der Paralogismus im Mittelterm (‚A_V' und ‚A_N') macht augenfällig, dass das zugrunde gelegte „Faktum" noch nicht vollständig von seinem „Gesetz" durchdrungen ist, sondern sich die bisherigen Ausführungen noch im Skopus einer Nachkonstruktion bewegen. Das heißt: Auch die bisher versuchte Form performativer Beglaubigung ist noch nicht geglückt, weil der Akt des Prädizierens/Projizierens nicht reflexiv stabil als ein Ausdruck des Gesetzes gelten kann.

5 Bilden des Bildes (§ 25)

In § 25 präsentiert Fichte die Auflösung des obigen Paralogismus, in den die Reflexion geraten war, indem er die Vollzugsform des „Bildens" einführt, welche die intuitiven und diskursiven Aspekte des Einleuchtens in zuvor unerreichter

---

[769] Zusätzliche Belege für diese Form der Rekonstruktion sind ihre Übereinstimmung mit Fichtes Bemerkungen zur Logik in § 24 sowie mit Fichtes Lehre des Syllogismus von 1812 (siehe Fn. 757).

Weise miteinander verschränkt. Um den Paralogismus zu vermeiden, muss die Univozität des Mittelterms hergestellt werden. Für Fichte heißt das, dass die diskursive Nachkonstruktion des Gesetzes wiederum als Selbstkonstruktion des ursprünglichen Gesetzes im Wissen eingeholt wird:

> „*Wir* [H.v.m.] beschrieben ja und construirten das absolute Gesetz, daran stieß es sich. Es muß sich zeigen, daß wir es nicht *construiren können*, es construire sich denn selber vor uns, und in uns. *Kurz* daß es das Gesetz selber sey, welches *uns*, und sich in uns setze." (369)

Fichte charakterisiert das anvisierte Argumentationsziel in drei aufeinander aufbauenden Hinsichten: Das Gesetz soll (i) in einer begrifflichen Konstruktion thematisch werden, die (ii) als dessen Selbstkonstruktion auszuweisen ist, welche (iii) unseren, dies erfassenden Standpunkt der Reflexion ermöglicht, d. h. „*uns*, und sich in uns setze" (369).

Auffallend an dieser Charakteristik ist ihre Nähe zur Gewissheitskonzeption von § 23 (siehe 1.2): Sie sollte bereits zeigen, dass das intuitive Gewisssein an ihm selbst eine reflexive Selbsttransparenz aufweist (iii), die sich im Begriff der Gewissheit äußert (i) und damit aus sich heraus die elementare Form des Urteilens („Ich bin gewiss') aktualisiert (ii). Die Annäherung von Gewissheit und Gesetz findet sich der Sache nach auch in Fichtes programmatischen Bemerkungen zu Jacobi in § 18: „Dieses Ursprüngliche nun zu fassen, und *aus ihm* das Nachconstruiren [...] als absolut wesentliches Gesetz des Wir [...] abzuleiten, dies ist die Aufgabe" (286, H.v.m.). Systematisch ist diese Annäherung ohnehin naheliegend: Die therapeutische Überwindung der realistischen Objektivitätskonzeption erfordert gerade die Rückbindung an die Vollzugsform des Seins/Lebens, die wiederum mit der reinen Gewissheit identifiziert wurde.[770]

5.1 Vom Evidenzbewusstsein zur Gewissheit und zurück

Vor dem entfalteten Hintergrund wird nachvollziehbar, weshalb Fichte die Aufgabe von § 25 für „leicht" lösbar hält, denn er rekurriert auf den bereits in § 23 freigelegten Gewissheitsvollzug. Was neu hinzukommt, ist die Ableitung der diskursiven bzw. repräsentationalen Form der Gewissheit. Dazu bedient sich Fichte

---

[770] Schon in der hier skizzierten Anlage von Fichtes Argumentation zeigt sich somit, dass Fichtes Begriff des Bildes wie des Bildens 1804 nicht mehr „exklusiv dem semantischen Feld [...] einer bildenden Tätigkeit als ursprünglich bildenden Schöpfungsvermögens, das handelnd Form und Materie des Bildes gleichermaßen generiert" entspringt, wie Sandkaulen 2010, 476, für den frühen Fichte konstatiert.

erstens des zuvor entwickelten begrifflichen Komplexes von „Gesetz" und „Bild" (siehe 3.1) und zweitens – so meine Hypothese – des Bezugs auf die *Evidenz* als mentale Repräsentation der Gewissheit, die hier – den Ausdruck „stehende Intuition" (338; vgl. 360) variierend – als „stehende Projektion" angeführt wird:

> „Läßt sich nun dieser Beweis der Nachconstruction eines Gesetzes führen? Ich sage: Leicht, wie mir es scheint, auf folgende Weise. Die erste ursprüngliche stehende Projektion trägt an sich den Charakter des Bildes, der Nachconstruction u.s.f. Aber Bild, als solches, deutet auf Sache, Nachconstruction, als solche, auf ursprüngliche. Es liegt daher in der Aufgabe, diesen Begriff der Intuition zu verstehen, durchaus und gesetzmäßig die, jenes Erste zu *setzen*." (372)

Die Hypothese, dass Fichte am Phänomen der Evidenz ansetzt, erklärt, weshalb er die anstehende Aufgabe als „diesen Begriff der Intuition zu verstehen" (372) spezifiziert: Das Wesen der Evidenz als intuitives Erfassen der Gewissheit soll diskursiv eingeholt und dabei dem Gesetz des Sichprojektion subsumiert werden.[771]

1. Meiner Hypothese zufolge stellt Fichte im oben zitierten ersten Schritt seiner Argumentation Folgendes fest: Die reine Evidenz trägt „an sich den Charakter des Bildes" (372), weil sie sich selbst als mentale *Repräsentation* der Gewissheit gegeben ist. Die Wahrheit soll in der Evidenz *erscheinen* und uns ergreifen, aber nicht mit dem subjektiven Evidenzbewusstsein verwechselt werden. Die Evidenz ist zwar unhintergehbare Zugangsbedingung zur Wahrheit, aber deren Geltung lässt sich nicht psychologistisch auf jene reduzieren (siehe die Kritik der Immanenz in III.1.5). Den Begriff der Evidenz recht zu verstehen heißt also, nicht zu vergessen, dass hinter dem subjektiven Aufgehen im intuitiven Evidenzerleben etwas anderes steckt als dieses Erleben selbst, d. h. „Bild, als solches, deutet auf Sache" (372). Vielmehr liegt in dieser Aufgabe „gesetzmäßig die, jenes Erste zu *setzen*" (372), d. h. die Evidenz muss notwendigerweise auf die ihr geltungslogisch vorgeordnete Gewissheit bezogen werden.

2. Der zweite Schritt in Fichtes Argumentation besteht darin, das Gesetz der Projektion als in der Evidenz bereits implizit wirksam herauszustellen. Dazu braucht Fichte nur auf den bereits aufgewiesenen notwendigen Zusammenhang

---

[771] Dass Fichte das Evidenzbewusstsein als solches meint, d. h. insofern es die *reine* Gewissheit repräsentiert, zeigt die definite Kennzeichnung „[d]ie erste ursprüngliche stehende Projektion" an, da der Rang des Ersten und Ursprünglichen plausiblerweise diesem Elementarphänomen des Wissens zuzurechnen ist. Der synonyme Gebrauch von ‚Projektion' und ‚Intuition' bestätigt m. E.: Die Gewissheit selbst in ihren Modifikationen ist das Thema (siehe 1.2.3 u. 3.).

zwischen Bild und Sache bzw. Evidenz und Wahrheit zu reflektieren.[772] Als Repräsentierendes und Repräsentiertes sind Bild und Sache jeweils relational bestimmt. Ihre Relation wird durch das Gesetz der Projektion definiert (siehe 4.1). Demnach beruht das Evidenzbewusstsein auf einer ebensolchen Gesetzmäßigkeit: Die Evidenz hat die Struktur etwas als etwas zu repräsentieren, d.i. einen bestimmten Gehalt als gewiss, und zwar so, dass sich das jeweils Gewisse in der Evidenz vollständig abbilden soll. Das Gesetz wurde jedoch vom diskursiven Standpunkt der Nachkonstruktion aufgestellt, weshalb es nicht selbst in der ursprünglichen Evidenz thematisch wird, sondern nur „virtualiter und in seinem Effekte" (372) in ihr liegt. Noch ist also das Entscheidende nicht erwiesen, dass die Gesetzmäßigkeit, der zufolge die Gewissheit als Evidenz projiziert bzw. repräsentiert wird, die *Sich*projektion und *Selbst*repräsentation der Gewissheit darstellt.

3. Die Einsicht in die Sichprojektion der Gewissheit erreicht Fichte in einem dritten und letzten Schritt, indem er auf das metatheoretische Reflexionsniveau seiner bisherigen Überlegungen in §§ 24–25 hinweist. Denn im Gang der Überlegung wurde das Bild *als* Bild thematisch:[773]

> „Nun stehen wir, die Wl. dermalen eben in dem Bilde als Bilde; daher ist es, das implicirte und virtuale Gesetz in uns selber, das sich idealiter construirt, oder setzt: und es ist ganz bewiesen, was wir gestern zu beweisen übernahmen: Das Gesetz selber setzt sich in uns selbst. Bild als Bild ist nervus probandi." (373)

Wie soll das zunächst bloß „implicirte" Gesetz nun tatsächlich sich selbst konstruieren? Wie ist angesichts des in 4.2 festgestellten Paralogismus dem vitiösen Zirkel immer weiterer Nachkonstruktionen und der latenten Form des Voraussetzens eines Ursprünglichen zu entkommen? Fichte gelingt es hier, den Bannkreis des bloßen Nachkonstruierens zu überwinden, weil er davon abläßt, aus diesem Zirkel in Richtung auf ein Ursprüngliches heraustreten zu wollen, um vielmehr auf rechte Weise in ihn hineinzugelangen. Die reine Gewissheit soll nicht *per impossibile* in nicht-repräsentationaler Form repräsentiert werden, sondern ihre Selbstrepräsentation *als* Evidenz soll ihrerseits evident werden. Dazu bedarf es der Reflexionsebene des „Bild als Bild" (373), weil auf ihr der Vorgang der

---

[772] „Nun frage ich, wie ist denn das Bild Bild, und Nachconstruction Nachconstruction? Weil sie ein höheres Gesetz voraussetzen, und zufolge desselben sind, haben wir gesagt, und bewiesen. Daher: im Bilde, als Bild, liegt schon das Gesetz, virtualiter und in seinem Effekte." (372)
[773] Vgl. die von Schmidt 2004, 102, beschriebene Struktur einer „*zweiten* Reflexion (auf die Reflexion) [...] die sich auf eine vorgängige Gewißheit stützen kann". Zur selbstreflexiven Struktur des Bildbegriffs beim späten Fichte, vgl. Asmuth 1997, 292–296.

Projektion selbstbezüglich wird: Das Nachkonstruieren erfasst sich selbst, indem es sein Gesetz erfasst, und umgekehrt wird das Gesetz erfasst, indem es gesetzmäßig nachkonstruiert wird.[774] Daher konstruiert sich das Gesetz laut Fichte nur „idealiter" (373) und nicht ‚realiter', weil es sich *in* einer Nachkonstruktion manifestiert, d. h. die Selbstrepräsentation der Gewissheit wird ihrerseits repräsentiert. Das reflexive Erfassen des „Bild als Bild" ist somit strukturanalog zur cartesischen Selbstvergewisserung des Denkens über seinen Wahrheitsbezug im Akt des *cogito me cogitare*. Statt der faktischen Evidenz des *cogito* im Sinne des als unanzweifelbar übrig bleibenden ‚Ich denke' soll jedoch eine genetische Evidenz erreicht werden, in welcher das im *cogito* ausgedrückte Evidenzbewusstsein sich selbst zufolge eines Gesetzes erzeugt.

Diese reflexive Grundstruktur lag bereits der pragmatischen Tautologie von E2 zugrunde (siehe 3.2): Die Projektion des Gesetzes der Projektion validiert sich selbst als gesetzmäßige Projektion. Doch wurde nicht gerade E2 als unzureichend kritisiert für seine bloß performative Unhintergehbarkeit (4.2)? Das Defizit von E2 wurde von mir in der unzureichenden Verschränkung der diskursiven mit der intuitiven Ebene des Einleuchtens verortet. Hier ist es anders: Fichte überführt den Begriff des Bildes sowie des Gesetzes als solchen in eine Vollzugsform – das „Bilden":

> „Das Licht lebt in ihm selber, was es ist, es lebt sein Leben. Nun ist es Bild – *als* Bild, habe ich hinzugesetzt, d. h. lebendiges in sich geschlossenes *Bilden* [H.v.m.]." (374)

Fichte identifiziert hier „Licht", „Leben" und *„Bilden"*, d. h. er behandelt das Bilden als Weiterbestimmung ein und desselben intuitiven Vollzugssinns von Wissen. Als Form des „Lebens" stellt das Bilden dabei eine interne Beziehung zwischen der repräsentationalen Form des Bildes und dem irreduziblen Vollzugscharakter des Lichts bzw. Seins/Lebens her. Das Bilden ist damit einerseits ein Begreifen, nämlich der Bildrelation in der Form des „Durch" und ihres Gesetzes (siehe 4.1 u. III.1.6), andererseits besteht, wie sich hier andeutet, sein Vollzug in einem unmittelbar intuitiven Erfassen, nämlich im doppelten Sinne eines unmittelbar selbsttransparenten Prozesses sowie des resultativen Aufgehens in intuitiver Evidenz.[775] Im Bilden tritt somit eine weiterentwickelte Form des

---

774 Zu dieser Selbstbezüglichkeit der Projektion, siehe Schüz 2019, 246.
775 Zum intuitiv-diskursiven Doppelcharakter des Bildens, auf den Fichte m. E. aus den oben angeführten Gründen abzielt, siehe übereinstimmend Tschirner: „[D]as *Bilden* ist zugleich *begrifflich* und *anschaulich*." (Tschirner 2017, 134) Da in meiner Lesart das Bilden eine Wiederholungsfigur der Vollzugsformen des Seins/Lebens bzw. der Gewissheit ist und als deren reflexive Aneignung auf denselben aufruht, kann ich jedoch nicht Tschirners Zuspitzung teilen, die späte

bereits in § 10 für Fichtes therapeutische Lösung anvisierten „lebendigen Durch" auf (siehe III.1.6.2 u. III.2.1).

Die Vollzugsform des Bildens bedarf deshalb keiner nachträglichen Reflexion, die sie unter ein Gesetz der Projektion subsumiert, wie es noch für E2 der Fall war, sondern sie stellt selbst den Akt der Subsumtion dar. Denn im Begriff des *Bildes als Bild* wird die Implikationsbeziehung zwischen Bild und Abgebildetem selbst zum Thema, sodass das Gesetz dieser Beziehung als sein eigener Anwendungsfall auftritt:

> „[Das Wissen] steht im Bilde der Nachconstruction, *als* Bilde, in welchem Bilde ihm schlechthin durch ein inneres Gesetz der Satz eines Gesetzes entsteht" (372).

Auf diesem Reflexionsniveau wird die repräsentationale Form sich selbst zum Gegenstand, sodass sie automatisch eine veridische Repräsentation von sich selbst erzeugt, da sie sich als (gemäß dem Gesetz) repräsentierend repräsentiert. Grundsätzlich geschieht im Bilden also dasselbe wie in der vormaligen Selbstanwendung der Aussage auf ihre Form (siehe 3.2), jedoch handelt es sich nicht mehr um einen inferentiellen Vorgang der Selbstanwendung und damit eine nachträgliche Subsumtion der faktischen Projektion unter das Gesetz. Vielmehr geschieht im Bilden die Subsumtion *in actu* und sie ist somit eine gewissermaßen intuitive statt nur inferentielle Selbstanwendung der Aussage auf ihre Form. Die höherstufige Projektion des Bildes als Bild enthält *unmittelbar* beides, eine Repräsentation des Bildes als solchen (das Bild) und eine Repräsentation seiner intentionalen Beziehung zu einem Abgebildeten (das Gesetz).[776] Das Bilden ist somit eine performative Tautologie *par excellence:* Als Aussage gefasst, enthält es den „Satz eines Gesetzes" (372), dass jedes Bild ein Abgebildetes projiziert, und zugleich projiziert es im Vollzug selbst diesen Satz gemäß dem in ihm ausgesagten Gesetz. Der Vollzug des Bildens vollbringt somit auf *intuitiv* einsichtige, d. h. unmittelbar selbstvalidierende Weise, das, was er in seinem begrifflichen Gehalt zugleich sagt. Der dabei entstehende „Satz eines Gesetzes" ist deshalb im doppelten Sinne als Urteil zu verstehen: als propositionaler Gehalt und als Akt des

---

Wissenschaftslehre sei im Grunde eine „begriffslogische Philosophie, in der sich aber der Begriff selbst anschaulich macht" (Tschirner 2017, 134).

776 „[E]s ist ein *Bilden* formaliter emanent, es bildet oder projicirt sich, eben als das, was es innerlich ist, als Bild: es ist intelligibiliter immanent, und an sich geschlossen: aber Bild setzt ein *Gesetz*, es projicirt daher ein Gesetz und projicirt beide, als stehend durchaus in dem einseitigen durchaus bestimmten Zusammenhange in dem wir sie gedacht haben." (375)

Urteilens oder ‚Setzens' dieses Gehalts (das wiederum ein ‚Sich-Setzen' des Gesetzes ist).[777]

Die von mir zergliederten Strukturmerkmale des Bildens – seine Reflexion auf die Evidenz als mentale Repräsentation der Gewissheit, sein Vollzugscharakter und dessen Form einer performativen Tautologie – werden von Fichte so verbunden, dass das Bilden als das von Anfang an in der Erscheinungslehre gesuchte *reflexiv stabile* Wissen um das reine Wissen, d. h. als das „absolute Wissen" hervortreten soll:

> „Wir sind hier unmittelbar das absolute Wissen: dies ist im Bilden, setzend sich als Bild, setzend zur Erklärung des Bildes ein Gesetz des Bildes. Hierdurch ist alles aufgegangen, und in sich selber vollkommen erklärt, und verständlich; die Glieder bilden einen synthetischen Perioden, in welchen etwas anderes gar nicht eintreten kann." (375)

Für Fichte entscheidend ist die im Bilden als „absolute[m] Wissen" stattfindende Teilhabe am reinen Wissen, sodass im Vollzug des Bildens die bisher sich stets entziehende *Selbstkonstruktion* des Seins/Lebens in der repräsentationalen Form als solche nachvollziehen lässt. Inwieweit die obige performative Tautologie diesen Status einer Selbstkonstruktion sichern kann, wird in Abschnitt 5.2 eigens betrachtet. Hier sei noch einmal zusammengefasst, welche Funktion die Bild-Struktur dabei hat (siehe auch die Strukturanalyse in 4.1).

Im „Bild als Bild" (373) wird an der Evidenz die Struktur der Repräsentation erfasst, indem das Vorstellen sich als solches vorstellt. Daher rührt die in sich verschlungene Form des obigen „synthetischen Perioden" (375). Im Unterschied zu einer Repräsentation erster Ordnung, welche als Anschauung, Begriff oder Urteil sich in ihrem intentionalen Gehalt direkt auf ein von ihr Repräsentiertes bezieht, wird in dieser Repräsentation zweiter Ordnung die Struktur intentionaler Bezogenheit selbst erfasst. Dann tritt das Eigentümliche des Bildes bzw. der Repräsentation zutage: Jedes Bild ist intern auf etwas Externes bezogen, d. h. es weist über sich selbst hinaus auf ein Abgebildetes und dementiert seine Identität mit ihm, doch zugleich ist dabei das Abgebildete nur Glied einer vom Bild ausgehenden intentionalen Relation. Aus der höherstufigen Betrachtung dieser Be-

---

[777] Aufgrund meiner Rekonstruktion des Bildens als Form performativer Tautologie muss ich R. Barths Lesart widersprechen, dass das Bilden „zwar ein Sichbilden [ist] aber in diesem Sichbilden *weiß* es sich nicht als Bilden." (Barth 2004, 328) Laut Barth könne nur so die unbedingte Notwendigkeit und Differenzlosigkeit der Gewissheit gewahrt werden (Barth 2004, 328 f.; ähnlich Asmuth 1997, 294). Doch sofern die von Fichte vorgeschlagene Vollzugsform des Bildens eine performative Tautologie im oben erläuterten Sinne darstellt, bleiben diese Merkmale des reinen Wissens m. E. auch in der reflexiven Form des Vollzugs erhalten. Eine zu Barth direkt konträre Lesart vertritt Tschirner 2017, 173.

zogenheit ergibt sich die im obigen Zitat angedeutete Spaltung des Bildens in Bild und Gesetz. Das Bilden ist „setzend sich als Bild" (375), indem es seinen Status als Repräsentation reflektiert, und es ist dabei zugleich „setzend zur Erklärung des Bildes ein Gesetz des Bildens" (375), indem es dabei die Relation zu einem intentionalen Gegenstand als notwendiges Strukturgesetz der Projektion erfasst.

Im Bilden lassen sich somit die drei „Grundbestimmungen des Lichts" wiederfinden, die in § 23 an die Prämisse geknüpft waren, dass der reinen Gewissheit eine generative Funktion (das Prinzipiieren) zukommt (siehe 1.2.3). Denn wie gezeigt wird im Bilden „genetisch" ableitbar, wie es zu einer mentalen Repräsentation der Gewissheit in der Evidenz kommt, welche sowohl intuitiv einleuchtet als auch einen begrifflich artikulierbaren Gehalt hat. Indem das Gesetz des Bildens die Genese von Repräsentationen erster Ordnung beschreibt, enthält es den internen Zusammenhang von „*Projiciren*" und „*Intuiren*" (352), d. h. von Vergegenständlichung und Anschauung, der zuvor an der Gewissheit nur vorgefunden wurde. Weil wir diesen Zusammenhang im Bilden sowohl performativ als auch gemäß dem Gesetz des Bildens als begrifflich notwendig durchdringen, verwirklicht sich im Bilden auch die dritte Bestimmung des „intelligiren[s]" (352).

Die zentrale Pointe des Bildens als Vollzugsform ist, dass im Bilden der *Vorgang* der Projektion von uns als reflexiv transparente Aktivität mitvollzogen wird. Die Genese der repräsentationalen Form wird somit weder nachträglich von ihrem faktischen Bestehen aus nachkonstruiert noch auf mythische Weise von einem kategorial andersartigen Wissen hervorgebracht, sondern sie *vollbringt* sich als Bilden. Das Bilden enthält somit auch die laut Fichte bisher nur „willkührlich" angenommene Bestimmung des lebendigen Prinzipiierens (siehe 2.), denn es ist in seinem Vollzug generativ. Durch diesen Aktivitätssinn unterläuft das Bilden die Dichotomie von Bild und Sache, da es diesen Gegensatz allererst eröffnet und *als* Aktivität nicht durch ihn erfasst werden kann:[778]

> „Weder in der Nachconstruction, als solcher (der Vorstellung), noch dem Ursprünglichen (dem Dinge für sich), sondern durchaus in einem Standpunkte zwischen beiden steht das Wissen: es steht im Bilde der Nachconstruction, *als* Bilde, in welchem Bilde ihm schlechthin durch ein inneres Gesetz der Satz eines Gesetzes entsteht." (372)

Der Prozess des Bildens hat somit auch die Form des Sich-Abschließens (siehe 1.2.2) gegen resultativ durch ihn erzeugte und zugleich von ihm entkoppelte Gegensätze. Das Bilden ist über die repräsentationale Form insofern hinaus, als es

---

[778] Übereinstimmend stellt Barth fest, dass in § 25 die Differenz zwischen „Urkonstruktion und Nachkonstruktion [...] eine anderen Status haben [muss], soll sie nicht als Reflexionsdifferenz in die bekannte Iteration führen." (Barth 2004, 326)

sie aus sich generiert. An dieser repräsentationalen Form festhaltende Zweifel daran, ob denn dem Bilden wiederum ein Sein entspreche, oder die Sorge eines Realitätsverlusts, wenn das Sein allein der konstruierenden Aktivität des Bildens zugeschlagen wird, sind somit erledigt.[779] Wenn es also Fichte gelingt, die Vollzugsform des Bildens als am „Leben" des reinen Wissens teilhabend auszuweisen, dann können wir die Form des propositionalen Wissens als durch jenes erzeugt verstehen und den metaepistemologischen Zweifel am Zugang zum Sein/Leben verabschieden.[780]

5.2 Die Unhintergehbarkeit des Bildens als Form der Autonomie

Wie kann Fichte zeigen, dass wir mit der Aktivität des Bildens tatsächlich an der Selbstkonstruktion des reinen Wissens partizipieren? Im von Fichte dafür entwickelten Begriffsrahmen von Faktum und Gesetz heißt das: Es muss unzweifelhaft sein, dass die im Bilden reflexiv transparent gewordene Projektion des Wissens in die repräsentationale Form die *Selbstkonstruktion eines Gesetzes* ist. Das Bilden wurde oben als performative Tautologie der *unmittelbaren* Subsumtion unseres Projektionsaktes unter das Gesetz erläutert. Dennoch könnte Fichte der Einwand gemacht werden, dass er im Bilden dabei nicht qualitativ über seinen alten Ansatz hinausgekommen ist, eine bloß performative Unhintergehbarkeit der Projektion aufzuzeigen – trifft das Bilden also nicht weiterhin Sterns *wrong-reason*-Einwand? Mithin stellt sich die Frage, was das Bilden als reflexive Durchdringung des Bildcharakters des erscheinenden Wissens zu leisten vermag. Versperrt das Bilden uns nicht vielmehr den Weg zur Behauptung einer Selbstkonstruktion des reinen Wissens in der Erscheinung, wenn es uns zeigt, dass schon der Gegensatz von

---

[779] Meine Rekonstruktion des Bildens beansprucht somit, Sandkaulens Einwand zu begegnen, Fichtes späte Bildlehre könne sich nicht vor dem Vorwurf der Leerheit schützen. Denn Sandkaulens Argumentation differenziert nicht hinreichend zwischen der performativen Logik des *Bildens* und der daraus resultierenden Bildstruktur, die sie als „Logik des Bildes" charakterisiert: Zur „Stabilisierung" eines ontologisch gehaltvollen Bildes „bedürfte es, einer spezifischen Logik des Bildes entsprechend, der Voraussetzung einer ontologischen Differenz. Die aber ist im Ansatz dieser neuen Logik des Bildes von jeher annulliert." (Sandkaulen 2010, 478) Da das Bilden diese „Logik des Bildes" wie oben geschildert unterläuft, entgeht es dem Vorwurf der Leerheit bzw. eines haltlosen Sturzes in den „Strudel der Bilder" (Sandkaulen 2010, 477).

[780] Damit ist Siep 1970, 95, zu widersprechen, dem zufolge das „Sich-Begreifen" der Erscheinung „keinesfalls ein Sich-Konstruieren aus dem absoluten Prinzip" sein könne (siehe auch Siep 1970, 103). Vielmehr lässt sich nun sehen, dass Sieps Diagnose auf der objektivierten Form des Verhältnisses von Sein und Erscheinung beruht und die hier beschriebene genetische Einheit ausklammert.

5 Bilden des Bildes (§ 25) — 431

Nach- und Selbstkonstruktion dem Begriff der Nachkonstruktion intern ist? Landen wir also, anders gesagt, gerade mit der Unhintergehbarkeit des Bildens als Nachkonstruktion nicht erneut in Strouds *metaphysical dissatisfaction*?

Auf diese Rückfragen vermag Fichte durch die praktische Dimension des von ihm gewählten Begriffsrahmens von Faktum und Gesetz zu antworten (siehe 3.1), indem er die Einwände dem Standpunkt der Reflexion als Form der freien Willkür zuordnet: Sie reflektieren über den Vollzug des Bildens und objektivieren dementsprechend das in ihm vorkommende Gesetz, welches dabei uns und unserem freien Vollzug gegenübertritt. In dieses praktische Vokabular übersetzt, hinterfragen beide Einwände die Verbindlichkeit des Gesetzes der Projektion. Sterns *wrong-reason*-Einwand bestreitet rundheraus seine *normative* Verbindlichkeit für uns, da es nur zeige, dass wir nicht anders *können*, als nach dem Gesetz zu projizieren. Strouds *metaphysical dissatisfaction* entsteht hinsichtlich der besonderen Art der Verbindlichkeit, die das Gesetz auszeichnen soll: Wie lässt sich die objektive und unbedingte Geltung des Gesetzes begründen?

Die performative Tautologie des Bildens entgeht dem *wrong-reason*-Einwand Sterns, weil in ihr der Bildcharakter des Wissens nicht *bloß* performativ als unhintergehbar vorgefunden wird (wie in E1), sondern diese Unhintergehbarkeit begrifflich als notwendig durchdrungen wird, aber ohne dass dafür die Ebene des Vollzugs verlassen und ein inferentielles Räsonnement angestellt werden müsste (wie bei E2). Die performative Unhintergehbarkeit des Bildens, wie sie unter 5.1 erläutert wurde, ist somit kein faktisches Nicht-anders-Können, sondern ein notwendiges Sich-Machen des Bildes.

Dieses Sich-Machen des Bildes nach dem Gesetz schildert Fichte, wie bereits mehrfach angezeigt, als Form der Autonomie bzw. Selbstgesetzgebung (siehe 3.1). In der performativen Tautologie des Bildens unterstehen wir keinem fremden, von außen über uns verfügten Gesetz, sondern nur dem Gesetz, nach welchem wir selbst ausdrücklich handeln – indem wir nach dem Gesetz projizieren – und welches wir selbst als das geltende Gesetz aufstellen – denn wir projizieren dabei selbst das Gesetz:

> „Aber Bild setzt ein Gesetz, es projicirt daher ein *Gesetz*, und projicirt beide, als stehend durchaus in dem einseitigen bestimmten Zusammenhange, in dem wir sie gedacht haben." (374)

Im Bilden, dem im Zitat die Verben ‚projizieren' und ‚setzen' zugehören, gibt sich die freie Reflexion selbst ihr Gesetz. Sie ist aber zugleich dem Gesetz *unterstellt*, das sie es sich selbst gibt, insofern Bild und Gesetz in einem „einseitigen bestimmten Zusammenhange" (374) stehen, nämlich dem, dass das Bild *zufolge* des Gesetzes projiziert werden muss.

5.2.1 Erneute *dissatisfaction* und die Paradoxie der Autonomie

Der von Fichte gewählte Explikationsrahmen der praktischen Autonomie mag es ihm erlauben, Sterns Einwand zu umschiffen, aber er manövriert ihn umso deutlicher in ein anderes Problem hinein – das wiederum in das Stroud'sche Problem der *dissatisfaction* münden wird. Fichtes Assimilation von epistemischem und praktischem Vokabular wirft somit nicht nur grundsätzliche systematische Fragen auf – die in Kapitel III.5 erörtert werden –, sondern gerät scheinbar auch immanent in eine prekäre Lage. Denn mit dem kantischen Autonomiebegriff stellt sich das als ‚Paradoxie der Autonomie' bekannte Problem, dass der Akt der Selbstgesetzgebung die Verbindlichkeit des Gesetzes zu unterminieren droht.[781] Da Fichte selbst in diesem Kontext nur auf schematische Weise auf den Autonomiebegriff zurückgreift, ist es hinreichend, die Paradoxie ebenfalls nur schematisch zu skizzieren; mit diesem kleinen Exkurs versuche ich das systematische Profil des Bildens weiter zu konturieren.

Die Paradoxie lässt sich so zusammenfassen,[782] dass der Begriff der Selbstgesetzgebung von uns fordert, zwei zusammen scheinbar inkonsistente Behauptungen zu vertreten: (a) ‚die rationale Verbindlichkeit eines Gesetzes ist davon abhängig, dass dasselbe freiwillig anerkannt wird' und (b) ‚Gesetze sind rational verbindlich, insofern sie auch ohne anerkannt zu werden einen jeden vernünftigen Willen unterwerfen'. Die Paradoxie entsteht, weil es nicht möglich scheint, eine dieser Behauptungen aufzugeben. Denn ein Gesetz, das nicht von uns anerkannt wird, kann über uns als freie, rationale Wesen keine Verbindlichkeit ausüben, da es als externe, nicht rational legitimierte Autorität auftreten würde. Damit eine als *normativ* verstehbare Verbindlichkeit und nicht nur ein roher Zwang vom Gesetz ausgeht, müssen wir es anerkennen. Zugleich muss nach (b) die Verbindlichkeit des Gesetzes eine objektive sein, d. h. etwas dem einzelnen Anerkennen Vorgängiges und den Willen sich Unterwerfendes. Wenn die Verbindlichkeit des Gesetzes aber nach (a) davon abhängt, dass wir es anerkennen, dann scheint dieser Akt des Anerkennens nicht seinerseits dem Gesetz unterstehen zu können, da dessen Verbindlichkeit erst *durch* den Akt konstituiert werden soll. Aufgrund dieser Asymmetrie in der Konstitutionsordnung steht der Akt des Anerkennens außerhalb des Geltungsbereiches des Gesetzes und ist insofern als willkürlich anzusehen. Doch diese Willkür vererbt sich nun auf das Gesetz: Seine Verbindlichkeit ist *bedingt* durch unseren willkürlichen Akt, sodass wir uns nicht mehr als dem Gesetz schlechthin *unterworfen* begreifen können.

---

[781] Siehe Khurana 2019, 12, u. vgl. Drakoulidis 2021, 255, Fn. 67. Ich danke Charalampos Drakoulidis für Hinweise und Erläuterungen zu diesem Themenkomplex, insbesondere zum konstitutivistischen Ausweg aus der Paradoxie.
[782] Vgl. Khurana 2019, 12 f.; Pinkard 2019, 48; Rödl 2019, 94 ff.

Wie bereits in 3.1 gezeigt, enthält Fichtes Erläuterung des Verhältnisses von Faktum und Gesetz die wesentlichen Eckpunkte dieser Paradoxie.[783] Im Bezug auf das Bilden führt uns die Paradoxie wie folgt auf den Paralogismus von § 24 zurück (siehe 4.2) und damit in einen Zustand Stroud'scher *dissatisfaction*. Wenn das Gesetz nur relativ zu unserem Anerkennen gültig sein soll, bleibt seine unbedingte, objektive Verbindlichkeit auf der Strecke, d. h. analog: Wenn wir uns das Gesetz nur als Nachkonstruktion selber geben, können wir das Gesetz nicht dem reinen Wissen zuschreiben. Wenn wir hingegen von einem gänzlich unabhängig von unserem Anerkennen gültigen Gesetz ausgehen, dann hat dies keine Verbindlichkeit für uns, d. h. analog: der „Urconstruction" (370) des Gesetzes sind wir nicht unmittelbar *in* unserem Nachkonstruieren unterworfen.

5.2.2 „Das Gesetz selber setzt sich in uns selbst"

Fichtes für § 25 anvisierte Lösung des Problems bestand darin, die in der Paradoxie der Autonomie angenommene *Asymmetrie* zwischen der Konstitution des Gesetzes durch dessen vorgängige Anerkennung und der unbedingten Verbindlichkeit des Gesetzes zurückzuweisen. Das Gesetz willentlich anzuerkennen, indem wir es konstruieren bzw. projizieren, ist nicht dem Gesetz vorgeordnet, sondern das Gesetz manifestiert sich dabei *in* unserem Willen:

> „Es muß sich zeigen, daß wir es nicht *construiren können*, es construire sich denn selber vor uns, und in uns. *Kurz* daß es das Gesetz selber sey, welches *uns*, und sich in uns setze." (369)

Demzufolge besteht keine Paradoxie der Autonomie, weil das Gesetz *durch* seine willkürliche Konstruktion *hindurch* erscheint, indem es sich darin selbst konstruiert. Die Rede vom Anerkennen des Gesetzes kann dann nicht mehr so verstanden werden, dass wir beim Aufstellen des Gesetzes selber gesetzlos und willkürlich handelten. Vielmehr ist unser Wollen, welches das Gesetz anerkennt, selbst als Ausdruck und Manifestation des Gesetzes zu verstehen: „Das Gesetz selber setzt sich in uns selbst." (373)[784]

---

783 Siehe 3.1. Die Verbindlichkeit des Gesetzes der Projektion bedarf der von ihm unabhängigen, d. h. willkürlichen Anerkennung durch das freie Faktum des Projizierens: Das Gesetz ist „ein Princip, welches [...] noch ein anderes, absolut sich selber erzeugendes Princip voraussetzt" (362). Zugleich ist die Anerkennung immer schon dem Gesetz unterworfen, d. h. die Projektion ist „reines Faktum, das nur nach einem Gesetze möglich ist." (362)
784 Vgl. übereinstimmend Ivaldo 2019, 82: „Nicht dass das Bilden sich (idealistisch) ein Gesetz schaffe, als ob letzteres ein beliebiges Produkt irgend einer ‚Subjektivität' wäre. Noch, dass das Bilden (realistisch) das Gesetz als etwas Fremdartiges vorfinde, dem es passiv und imitativ zu folgen hätte. Das Bilden, indem es sich als Bild bildet, bildet (= projiziert) zugleich jenes Gesetz,

Die Vollzugsform des Bildens ist als Explikation dieser Grundstruktur anzusehen. Dies ist die Pointe des in 5.1 erläuterten „synthetischen Perioden", in welchem das Setzen des Gesetzes *durch* das Bild und das Setzen des Bildes *zufolge* des Gesetzes als ein geschlossener Strukturzusammenhang verwirklicht werden. So können wir das Wissen als etwas verstehen, das sich selbst dem Gesetz des Bildens unterwirft und zwar so, dass es den Gegensatz von Faktum und Gesetz aus sich freisetzt und von dort auf sich zurückkommt:

> „Dieses Durchdringen des Wesens des Bildes ist die ursprüngliche, absolute, unveränderliche Einheit; sie, als innerlich eben, im Projiciren, spaltet sich projicirend in stehendes objektives Bild, und stehendes objektives Gesetz." (372)

Das „objektive[] Gesetz" entspricht dem Gesetz, wie es als von der subjektiven Willkür unabhängige Geltungsinstanz erscheint; das „objektive[] Bild" entspricht der selbständigen Willkürfreiheit, die insofern das „Bild" des Gesetzes ist, als sie sich einem kategorischen Sollen unterworfen begreift. Die Notwendigkeit dieser zweifältigen Projektion ist auch auf den praktischen Fall übertragbar: Der Wille wird seiner eigenen Freiheit nur dann gewahr, wenn durch das Sittengesetz eine unbedingte Aufforderung an ihn ergeht; umgekehrt entspringt die Idee eines objektiv gültigen Gesetzes (und also dessen objektivierende Projektion) allererst aus dem im Willen (bzw. als Faktum der Vernunft) angetroffenen und an ihn ergehenden Imperativ.[785]

Der Paradoxie der Autonomie liegt demnach der Fehler zugrunde, den Gegensatz von Wille (Faktum) und Gesetz bereits als gegeben vorauszusetzen. Dann entsteht die Frage, wie dieses für jenes Verbindlichkeit erlangen bzw. welches in der Erklärung Priorität haben soll. Vielmehr soll der Vollzug des Bildens diesen

---

dem es zugleich zu gehorchen hat. [...] Das Bilden setzt insofern sein eigenes Gesetz, als letzteres sich in ihm setzt und konstruiert: Beides in demselben Akt.

785 Siehe die Erläuterung in 3.1 und vgl. die pointierte Verdichtung des von Fichte entwickelten Autonomiegedankens bei Schmidt 2004, 102: „Das Bild versteht sich unmittelbar als Bild des Gesetzes. Das heißt aber: Es versteht sich *erstens* als Wille, der eins ist mit dem Willen des Absoluten, *zweitens* als das in bezug auf das Absolute Unwesentliche, das seine Rechtfertigung nur aus dem Absoluten (dem Gesetz) bezieht. Dieses Sich-Verstehen des Bildes als Bild des Gesetzes, als konsubstantielle Einheit mit dem ‚Willen' des Absoluten, ist ein *unmittelbares* Sich-Verstehen, das sich keinem objektivierendem Wissen verdankt. Damit ist die absolute Einsicht vollständig ins Absolute integriert. Das Absolute manifestiert sich in der (nicht ableitbaren) selbsttransparenten Erscheinung, die selbst Moment des Absoluten ist, d.h. an der Absolutheit des Absoluten partizipiert. Zum (unzeitlichen) Wesen der Erscheinung gehört es, sich vom Absoluten abzustoßen (Begriff) und – aus freier Selbstbestimmung gemäß dem Gesetz – wieder mit ihm zu vereinen (Selbstdurchstreichung des Begriffs). An uns und unserer freien Selbstbestimmung liegt es, diese überzeitliche Erscheinung ins zeitliche Dasein treten zu lassen."

Gegensatz allererst aus sich freisetzen, sodass es *ebenso* das Gesetz ist, welches sich einen ihm unterworfenen Willen setzt, wie es der Wille ist, der sich ein Gesetz gibt. Fichte folgt also auch hier seinem methodologischen Verfahren, „genetisch" Disjunktionen aus einer Einheit abzuleiten, statt von einer Disjunktion ausgehend die Einheit durch eine „Synthesis post factum" zu suchen.[786]

Die Ebene, auf der die Paradoxie der Autonomie auftritt, sofern sie für die grundlegende Ebene gehalten wird, ist also die der Disjunktion von Wille und Gesetz als zweier bereits objektivierter Elemente. Auf dieser Ebene hat demnach auch der kategorische Imperativ seinen Ort, weil er als Sollen an ein vom Gesetz getrenntes Wollen ergeht.[787] Fichte beansprucht demgegenüber für den angezeigten, im Bilden eingenommenen „genetischen" Standpunkt der Wissenschaftslehre, dass er einem *heiligen Willen* entspricht, welcher keiner Nötigung durch ein ihm äußerliches Gesetz unterliegt.[788]

5.2.3 Freiheit und metaphysische Zufriedenheit

Die Stroud'sche *dissatisfaction* stellte sich in Analogie zur Paradoxie der Autonomie ein, indem wir die Selbstkonstruktion des Gesetzes als vom Vollzug des Bildens entkoppeltes Element betrachteten, das seiner Nachkonstruktion gegenübersteht. Von dieser Warte aus gelangen wir nie über die Schwelle der repräsentationalen Form hinaus, da dann die Selbstkonstruktion des Gesetzes höchstens ein für uns performativ unhintergehbarer Gedanke ist, dessen Wahrheit wir gar nicht konsistent hinterfragen können. Wir könnten dann zur Erklärung der repräsentationalen Form des Wissens nie mehr als die aus III.2 bekannte Vor-

---

[786] Siehe Fn. 535.
[787] Siehe Fichtes entsprechender Kommentar am Ende von § 25: „Das [...] auch aus Selbstachtung zufolge eines kategorischen Imperativs entsprungene giebt todte und kalte Früchte, ohne Segen für den Thäter und den Empfänger. [...] [D]iesen kann nicht begeistern und beleben, was in der Wurzel kein Leben hat." (380) Siehe die parallele Stelle zum kategorischen Imperativ in *3ter Cours der W.L. 1804* (Fichte 1989 [GA II/7], 354; nach Tschirner ist der Wille in diesem Kontext als „das praktische Bilden" zu verstehen (Tschirner 2017, 271).
[788] „Nur wo das Rechtthun aus klarer Einsicht hervorgeht, geschieht es mit Liebe und Lust, und die That belohnt sich selber, ihr genügend, und keines Fremden bedürfend." (380) Hier hat auch Fichtes These ihren Ort, dass das Christentum das ewige Leben darin setze, „daß sie dich, und den du gesandt hast, d. h. bei uns, das Urgesetz und sein ewiges Bild, *erkennen*" (380). Wie bereits in Fn. 748 angemerkt, entsprechen „Urgesetz" und „ewiges Bild" hier den Personen Gottes als Vater und als Sohn. Ihre Übereinstimmung entspricht somit der Figur des heiligen Willens, d.i. der „konsubstantielle[n] Einheit mit dem ‚Willen' des Absoluten" (Schmidt 2004, 102). Der menschliche Wille wäre demnach kategorisch zur *imitatio Christi* aufgefordert (siehe die Anmerkungen zur „W.L. in specie" in III.5). Zu Fichtes Zitat des Johannesevangeliums in 380, siehe auch Pecina 2007, 319–349, bes. 346.

aussetzungsthese beibringen, dass wir jene Form *als* durch ein ihm vorgängiges Wissen bzw. „Leben" begründet *nachkonstruieren* müssen.

Der von Fichte im Bilden entworfene Standpunkt der Autonomie soll es demgegenüber ermöglichen, diese performative Unhintergehbarkeit als *Ausdruck* bzw. *Erscheinung* der Notwendigkeit des Gesetzes zu verstehen. Die performative Tautologie des „Bild als Bild", d. h. des Bildens nach dem Gesetz, soll diese Selbstkonstruktion des Gesetzes *verwirklichen* und nicht nur wieder nachkonstruieren. Doch ist damit mehr gesagt, als dass Fichte uns eben zumutet, die Nachkonstruktion *als* Selbstkonstruktion *anzusehen?* Es scheint, dass Fichte auf das Problem der *dissatisfaction* letztlich nicht mehr antworten kann, als dass wir mit dem begrenzten Horizont der repräsentationalen Form unseres Wissens ‚metaphysisch zufrieden' sein können, weil wir ihn schlicht als selbstauferlegtes Grenze bejahen.[789] Auch die oben in 5.2.2 zitierten Erläuterungen Fichtes, die von einem Gesetz sprechen, das sich selber „in uns" setzt, scheinen letztlich nur den Begriff der Selbstgesetzgebung in einer sogar noch zugespitzten Form zu wiederholen, statt ihn zu erläutern. Dann würde die Paradoxie der Autonomie hier auch nicht eigentlich gelöst, sondern Fichte forderte uns nur auf, das Anerkennen des Gesetzes eben nicht als einseitig konstitutiv für die Verbindlichkeit des Gesetzes anzusehen – also schlicht die Paradoxie zu bejahen, dass das Gesetz sich in und durch unser Anerkennen konstituiert, aber darin trotzdem vorgängig und unbedingt verbindlich sei.

Die skizzierte Fragwürdigkeit der performativen Tautologie des Bildens bleibt auch ohne den Subtext praktischer Autonomie bestehen, den Fichte bei seiner Erläuterung mitführt. Damit das praktische Vokabular etwas zum Klarwerden der von Fichte proklamierten Einsicht austrägt, statt die Aporien potentiell zu vervielfältigen, bleibt meines Erachtens nur übrig, darin einen erneuten Rekurs Fichtes auf ein irreduzibles Vollzugsmoment zu sehen. In diesem Sinne habe ich bereits Fichtes Aufstieg zur Einsicht der Wahrheitslehre interpretiert, d.i. als wesentlich performativen, diskursiv nicht vollständig abbildbaren Perspektivwechsel auf das Wissen (siehe III.3.1). Das Bilden ist dementsprechend ein vom reinen Wissen herabsteigender Perspektivwechsel auf das propositionale Wissen. Zur Vollzugsseite dieses Perspektivwechsels gehört die in 5.1 skizzierte genetische Einsicht in die ursprüngliche Disjunktion von Faktum und Gesetz der Repräsentation, aus der die notwendige Disjunktion von Bild und Abgebildetem und damit die gesamte repräsentationale Form des Wissens ableitbar sind. Wer auf diesen

---

[789] Im Sinne einer solchen dezisionistischen Selbstbescheidung könnte die von Schmidt 2009b, 283, empfohlene, den Skeptiker mutwillig ignorierende „*Entscheidung*" gelesen werden (siehe Fn. 747).

Prozess reflektiert und die Glieder der Disjunktion somit objektiviert betrachtet, für den ergibt sich die Stroud'sche *dissatisfaction* einer unhintergehbar scheinenden Nachkonstruktion. Fichtes begriffliche Entfaltung des Verhältnisses von Faktum und Gesetz sowie die gescheiterten Vorformen einer performativen Tautologie sind dann nur als Vorbereitungen bzw. Zurüstungen anzusehen, um das Bilden im geforderten Sinne zu vollziehen. Wem es unter Fichtes Anleitung jedoch gelingt, den Prozess des Bildens in der Form der Selbstgesetzgebung zu vollziehen, für den leuchtete unmittelbar ein, dass es darin zur Selbstkonstruktion des Gesetzes kommt.

5 Fazit: Autonomie, Therapie und Skepsis

Im Folgenden versuche ich die wesentlichen Ergebnisse der Kapitel III.3–4 im Blick auf die skeptische Problematik zusammenzufassen. Der therapeutische Prozess, den Fichtes Vortrag der *WL 1804-II* nach der vorliegenden Rekonstruktion in Gang bringen sollte, hat drei Phasen. Die erste Phase umfasst die Prolegomena und die Dialektik von Idealismus und Realismus (III.1–2): Sie soll den Aufstieg zum absoluten Wissen vorbereiten, indem sie einerseits realistische und idealistische Objektivitätskonzeptionen auf dem Wissen interne Strukturmomente zurückführt und andererseits ihnen entsprechende metaepistemologische Modelle, wie das der transzendentalen Voraussetzung, der Kritik unterzieht. Die zweite Phase besteht im performativen Überstieg der repräsentationalen Form des Wissens sowie der Vernichtung der realistischen Objektivitätskonzeption in ihrer Wurzel (dem Begriff des Ansich) hin zum Einleuchten des absoluten Wissens selbst und seines immanenten Realitätscharakters. Dies ist die Einsicht der Wahrheitslehre in § 15 (III.3), dass das Wissen ein in sich geschlossenes Sein und Leben ist. Die letzte Phase soll die reflexive Stabilität dieser Einsicht sichern, damit die Fundierungsfunktion des absoluten Wissens für das von Fichte „gewöhnlich" genannte, propositionale Wissen ausweisbar ist. Dies ist die Aufgabe der Erscheinungslehre (III.4), die insbesondere das Racheproblem des Rückfalls in Strouds Trilemma (und damit in eine der kritisierten realistischen oder idealistischen Argumentationsformen) zu vermeiden hat.

Von der in III.3.3–4 entfalteten Einsicht des Seins/Lebens aus betrachtet, stellt sich der Skeptiker auf einen unmöglichen Standpunkt ‚außerhalb' des Wissens, den es ebenso wenig geben kann wie ein räumliches Außerhalb zum absoluten Raum. Dies gilt sowohl für gegenstands- als auch selbstbezogene Formen des Zweifels:

– Der Skeptiker, gegen den sich weltbezogene transzendentale Argumente richten, versteht Wissen als Korrespondenzrelation mit einem objektivierten ‚Sein außer dem Wissen', d.i. einer an sich bestehenden und von unseren Repräsentationen abgetrennten Welt. Dies ermöglicht es dem Skeptiker, an der Angemessenheit der ‚internen' Kriterien für Realität angesichts ihres für uns unverfügbaren ‚externen' Rückhalts zu zweifeln. Solange der Standpunkt des Skeptikers anerkannt wird – d. h. hier: die Entgegensetzung zwischen der internen und externen Perspektive auf die Gültigkeit der Objektivitätskriterien –, geraten weltbezogene transzendentale Argumente in skeptische Aporien. In der Einsicht der Wahrheitslehre hingegen zeigt sich: Es gibt kein solches Außerhalb des Wissens. Der Skeptiker behandelt den Raum des Wissens wie eine gegen die Außenwelt abgrenzbare Sphäre und sieht nicht

ein, was letztlich das Gesetz des Bildens lehrt: dass auch die Außenwelt nur innerhalb jenes Raumes bzw. Horizonts erschlossen ist.
- Der Skeptiker, gegen den sich performativ selbstbezogene transzendentale Argumente richten, wähnt sich mit seiner reflexiven Infragestellung der eigenen Gewissheiten auf einer Vorstufe *vor* dem Wissen, etwa auf einem Standpunkt des Zweifelns, der Urteilsenthaltung oder der bloßen Meinung. Dies ermöglicht es ihm, die Verbindlichkeit der mit dem Wissensbegriff verknüpften Kriterien bzw. die Gültigkeit der mit ihnen vorgenommenen Wissenszuschreibungen anzuzweifeln. Auch hier scheitern selbstbezogene transzendentale Argumente, wie etwa die der Transzendentalpragmatik, solange sie im Bild des Skeptikers gefangen bleiben und versuchen, ihn ‚in' den Raum des Wissens ‚hinein' zu holen. Selbst wenn sie dem Skeptiker erfolgreich einen performativen Selbstwiderspruch nachweisen, z. B. nicht konsistent die Leerheit des Wahrheitsbegriffs als wahre Behauptung vertreten zu können, erzeugt dieser Nachweis die ihn konterkarierende pragmatische Implikation, dass der Skeptiker einen sinnvollen Gegenstandpunkt vertritt, der durch solche Argumente rational adressierbar ist. Die absolute Einsicht und ihre Selbstkonstruktion im Medium der Evidenz weisen den Standpunkt des Wissens hingegen unmittelbar als verbindlich aus; die skeptische Position wird sowohl als schlechthin ungültig „vernichtet" als auch als eine Wesensmöglichkeit der distanzierenden Reflexion „genetisch" abgeleitet.

Die angeführten Formen des Zweifels sind auf dem von Fichte anvisierten Standpunkt des absoluten bzw. reinen Wissens nicht mehr möglich, denn als Sein/Leben leuchtet uns das reine Wissen als etwas ein, das weder fehlrepräsentieren noch mit reflexiver Distanz erfasst werden kann. Im Unterschied zur hier bemühten Analogie mit dem absoluten Raum ist das als Sein/Leben erfasste Wissen jedoch nicht substanzartig, sondern prozesshaft zu denken und zwar so, dass sich auch die verdinglichende Bezugnahme auf den Prozess verbietet, weil seine spezifische Verfasstheit nur durch den ihm eigenen Vollzugssinn von Wissen erfassbar ist.

Der spezifische Vollzugscharakter des Seins/Lebens stellt jedoch vor das Problem seiner reflexiven Instabilität (siehe III.3.5). Fichtes Erscheinungslehre begegnet diesem Problem zuerst damit, dass sie in § 23 den Zustand des Seins/Lebens mit dem Innwerden der reinen Gewissheit identifiziert und ihm somit epistemische Valenz und Zugänglichkeit verleiht. Die von Fichte im Zuge von §§ 24–25 entwickelte Vollzugsform des Bildens sollte die noch willkürlich erscheinende Voraussetzung einholen, dass dem reinen Wissen als Gewissheit eine generative Funktion zukommt, in welcher es die repräsentationale Form des Wissens aus sich erzeugt. Damit sollte das therapeutische Ziel erreicht werden, das als Zustand des Seins/Lebens eingetretene reine Wissen auf eine reflexiv stabile Weise mit der Form seiner Repräsentation zu verbinden, ohne es in dieselbe hinabzuziehen. Der vorliegenden Rekonstruktion zufolge steht und fällt Fichtes Therapie des Problems objektiver Geltung damit, ob wir uns im Bilden der Einbettung des propositionalen Wissens in das reine Wissen auf diese Weise versichern können.

Was folgt nun aus dem zuletzt erreichten Ergebnis der Rekonstruktion (siehe III.4.5), dass Fichte sich darauf stützen muss, dass wir im Bilden eine Form der praktischen Selbstgesetzgebung wirklich vollziehen? Gefährdet Fichte hier die rational-diskursive Einholbarkeit der Wissenschaftslehre oder wie gelingt es ihm dann noch, sein therapeutisches Projekt unter der methodologischen Vorgabe der Einbeziehung des Begreifens zu vollenden? Diese drohende *metaphysical dissatisfaction* und der dabei zurückbleibende metaepistemologische Zweifel, den Fichtes kritische Argumentation sowohl in §§ 16–22 als auch insbesondere in § 24 ja selbst aufwirft, sind nun abschließend zu diskutieren.

Ich möchte zu diesem Zweck zeigen, was die therapeutische Pointe des als Autonomie interpretierten Bildens ist und weshalb Fichte dafür den Begriffsrahmen des Praktischen braucht. Gleichwohl wird es dabei bleiben, dass Fichte durch den Rekurs auf etwas Unverfügbares die Wissenschaftslehre als erkenntnistheoretisches Projekt gefährdet – so wie er es bereits durch die Annahmen tat, dass wir in den Zustand des Seins/Lebens sowie den Vollzug der reinen Gewissheit wirklich eintreten (siehe III.3.3, III.4.1 sowie das kritische Fazit in IV.3.2).

Fichtes Vorgehen lässt sich besser verstehen, wenn wir es von einer alternativen systematischen Option abgrenzen. Fichte hätte es augenscheinlich auch einfacher haben können, wenn er den Überlegungsgang von § 24, der ihn zu den Mitteln der performativen Tautologie und der Subsumtion unter ein Gesetz führte, dazu genutzt hätte, um eine konstitutivistische These zu vertreten. Die Verbindlichkeit des Gesetzes des Bildens läge dieser These zufolge in unserem *Wesen* als epistemische Subjekte begründet. Die performative Unhintergehbarkeit des Gesetzes wäre dann nur Ausdruck seines konstitutiven Status für diskursiv denkende Wesen wie uns.[790] Es wäre dann gar keine Option für epistemische Subjekte, das Gesetz des Bildens nicht zu befolgen, weil es konstitutiv dafür ist, in repräsentationaler Form zu wissen, d.h. primär: zu urteilen. Der Nachweis einer Selbstkonstruktion des Gesetzes bestünde in nichts Esoterischem, sondern im Nachweis seines konstitutiven Status. In der obigen Analogie zum Praktischen wäre damit auch das Paradox der Autonomie aufgelöst, insofern die Verbind-

---

[790] Vgl. Korsgaards Begriff eines „constitutive standard [for action]" (Korsgaard 2009, 27).

lichkeit des Sittengesetzes in unserem Wesen als freie, rationale Handlungssubjekte gründete und nicht in einem willkürlichen Akt des Anerkennens.[791]

Aber dann bedürfte es dieser praktischen Analogie eigentlich nicht mehr und somit nicht Fichtes fragwürdiger Assimilation epistemischer und praktischer Normativität.[792] Ohne Umschweife könnte anhand des konstitutiven Status des Gesetzes des Bildens folgendes festgestellt werden: Die Form der erscheinenden Wahrheit ist das Urteil und jedes Urteil untersteht aufgrund seiner Bildstruktur konstitutiv der Norm, dass es einen Sachverhalt adäquat abbilden soll, sowie dem Wahrheitskriterium der Evidenz (deren Form und Grad je nach Art des Bezugsobjekts variieren kann). Diese Norm hat jedoch nicht den Charakter eines kategorischen Imperativs und bezieht sich auch nicht auf ein mit Willkürfreiheit gleichbedeutendes Faktum, da dieser konstitutiven Norm nicht zu entsprechen schlicht bedeutete, gar nicht vernünftig bzw. diskursiv zu denken.

Dieser konstitutivistische Vorschlag ist für Fichte meines Erachtens nicht gangbar, weil er nicht das Verhältnis des repräsentationalen Wissens zu einem kategorial andersartigen Wissen betrifft. Vielmehr ähnelt der Vorschlag eher dem Rekurs auf den „Urbegriff" in § 7, welcher das Einleuchten des reinen Wissens im Sinne einer dem Begreifen internen und für es konstitutiven Struktur deutete (siehe III.1.6.1). Fichtes therapeutisches Projekt soll dagegen den Bezug des Begreifens zu einer ihm vorgängigen und ursprünglicheren Realität klären und zeigen, dass diese Realität nichts außerhalb des Wissens, sondern das reine Wissen selber ist. Dabei hilft der Verweis auf Normen, die *innerhalb* des Begreifens bzw. propositionalen Wissens ‚unhintergehbar-weil-konstitutiv' sind, allein nicht weiter – vielmehr ließe sich hier erneut eine Stroud'sche *dissatisfaction* mit dieser Unhintergehbarkeit anmelden, weil sie als konstitutivistische These auf ‚Wesen wie wir' relativiert ist. Es schiene dann, als ob das Gesetz nur insofern gültig wäre, als es auf der pragmatischen Unhintergehbarkeit bzw. *invulnerability* von gewissen Normen für eine bestimmte Art von Subjekten beruhte.

Noch genauer gefasst, liegt die therapeutische Zielsetzung von Fichtes Erscheinungslehre auch nicht darin, einen solchen Bezug zum reinen Wissen überhaupt herzustellen. Dies leistet bereits die (postulierte) „absolute Einsicht" der Wahrheitslehre. Das in III.3 entwickelte Problem reflexiver Stabilität betrifft

---

[791] Vgl. Korsgaard 2009, 41f., 79f.
[792] Zentrale Unterschiede zwischen epistemischer und praktischer Normativität erläutert Drakoulidis 2021, 272–277, in Bezug auf Kant. Fragwürdig ist diese Assimilation einerseits systematisch aufgrund der von Drakoulidis angezeigten Unterschiede, andererseits auch systemintern, weil Fichte die praktische Dimension auf einer Ebene der Abstraktion einführt, die dem Handeln als praktisches Weltverhältnis nicht gemäß ist, und die zu einer schwer verständlichen Verdoppelung praktischer Kategorien führen müsste.

vielmehr das Verhältnis unserer Reflexion zu dieser absoluten Einsicht, d. h. des Standpunkts der Wissenschaftslehre gegenüber ihrem Prinzip. Fichtes Anleihe an der Form praktischer Autonomie betrifft somit gar nicht direkt das „gewöhnliche Wissen" und die für es konstitutiven Normen (das natürlich auch), sondern zunächst das Verhältnis der freien Reflexion zum „absoluten Wissen". Im Unterschied zur konstitutiven Wahrheitsorientierung im Urteilen gibt es hier durchaus ein Moment der Willkür: Wir hätten Fichtes Aufforderungen nicht lebendig mitvollziehen müssen, mithin hätten wir die ganze mit den Prolegomena anhebende Reflexion auf unser Wissen als solches unterlassen können. Diese Willkür hat auch einen Bezug zum Standpunkt des Skeptikers, der, wie Fichte an der Position des Idealismus vorgeführt hatte, die Maxime der äußeren Existentialform wählt und darin die Freiheit hat, sich vom Wechsel in den reflexiven Modus nicht abbringen zu lassen (siehe III.3.2.1 u. III.4.2.2).

Das Problem reflexiver Stabilität wurde in III.3.5 als prekäre Balance beschrieben: Ohne Bruch zwischen dem Vollzug des reinen Wissens und der objektivierenden Reflexion kann die schlechthinnige Ungültigkeit der realistischen Objektivitätskonzeption nicht einleuchten (d.i. die „faktische Vernichtung der äußeren Existentialform"). Sonst ließe sich das reine Wissen wieder als subjektiver Zustand der Evidenz oder Vorausgesetztes beschreiben und Fichtes idealistische Konzeption stünde vor Strouds Trilemma. Umgekehrt lässt sich eine befriedigende Therapie des Problems objektiver Geltung nur durch eine gewisse reflexive Stabilität selbst dieses Bruchs erreichen.

Fichtes Therapie muss also den Bruch zwischen dem Sein und seiner Erscheinung integrieren, ohne dass beide schlechthin beziehungslos werden. Dies leistet die Form *praktischer* Autonomie, weil sie einen analogen Bruch zwischen der freien Willkür und dem notwendigen Gesetz integriert. Bei einer konstitutiven *epistemischen* Norm besteht dieser Bruch wie oben gezeigt nicht. In der praktischen Form der Autonomie bzw. Selbstgesetzgebung müssen Wille und Gesetz notwendig auseinandertreten, weil der Wille dem Gesetz unterworfen ist und zwar (nach Fichte) als selbständiges Prinzip. Zugleich bilden beide notwendig eine Einheit, insofern der Wille sich einerseits das Gesetz selbst gibt und andererseits erst durch das Gesetz dazu aufgerufen und verbunden wird. Wenn das Bilden diese Form der praktischen Selbstgesetzgebung hat, dann können wir daran festhalten, dass unsere begriffliche Nachkonstruktion des reinen Wissens nicht dieses selbst ist, aber dass sie trotzdem dessen Selbstkonstruktion darstellt. Im Praktischen können wir nach Fichte im Akt der Selbstgesetzgebung zudem sagen: Das Gesetz setzt sich in uns selbst, d. h. es manifestiert sich in unserem Willen und als unser Wille:

„Die Einsicht erscheint in ihrem Dasein als nur möglich durch Freiheit; so ist es auch wirklich und in der That, d. h. so als frei sich äussernd zeigt sich die Vernunft; daß Freiheit erscheint, ist eben ihr Gesetz und inneres Wesen." (406)

Sofern wir das Bilden als dergestalt autonome Selbstbestimmung tatsächlich vollziehen, erfassen wir darin die Selbstkonstruktion des reinen Wissens, d. h. wir sind laut Fichte selber das absolute Wissen.[793]

Damit werden die am Anfang von III.4 angeführten Desiderate (1) – (2) von Fichtes Therapie eingelöst. Zunächst Desiderat (1.a), die intelligible und nicht nivellierende Auflösung des Problems: Im Bilden verschwindet das Problem objektiver Geltung nicht einfach, sondern wir wohnen seiner Auflösung bei, indem wir mitvollziehen, wie das reine Wissen sich als Gesetz des Bildens in der Form des repräsentationalen Wissens manifestiert. Im Bilden geht Fichtes Therapie somit den umgekehrten Weg wie die von Sacks (siehe I.3.4 u. III.3.1): Wir vollziehen die Genese der *fictional force*, die dem gewöhnlichen Wissen der Erfahrung eingeschrieben ist, indem wir die Form der Projektion als Selbstvergegenständlichung des reinen Wissens begreifen. Das scheinbar ‚außerhalb' des Wissens existierende Sein ist daher nur eine Modifikation der Realität ‚im' Wissen, die allein durch das Gesetz des Wissens (bzw. der von Fichte im obigen Zitat angeführten „Vernunft" [406]) bestimmt wird.

Die Ebene des wirklichen Vollzugs bezieht sich wiederum auf unsere als Willkür verstandene freie Reflexion. Es ist, wie Fichte im obigen Zitat sagt, notwendig kontingent bzw. ein Faktum der Freiheit, dass wir das absolute Wissen verwirklichen. Dies ist das „wirkliche[] *Dasein*[] und *Erscheinen*[] dieses absoluten Wissens in uns" (376), welches Dasein Fichte mit der „W.-L. in specie" (376) identifiziert, d. h. der theorieförmig in der Reflexion erfassten Einsicht bzw. ihrer Genese im Unterschied zur Vollzugsdimension der Wissenschaftslehre, die im absoluten Wissen schlechthin aufgeht und daher auch die Differenz eines ‚Wir' der Reflexion tilgt (siehe oben und III.3.3). Auch diese Ebene kann Fichte nur mit dem praktischen Autonomiebegriff einholen, eben durch das abgeleitete Verhältnis des Gesetzes zur freien Willkür, das als kategorischer Imperativ auftritt. Das absolute Wissen hat demnach die Rolle eines „absoluten Zwecks" (378), den

---

[793] „Auch ist merkwürdig, daß uns jetzt der Begriff der W.-L., als eines besondern Wissens, ganz und gar entschwunden ist. [...] Dieses Eine reine Wissen sind dermalen Wir; sind wir nun denn doch W.-L. und hoffen es wieder zu werden, so ist die W.-L. das absolute Wissen selber, und wir sind es dermalen nur, in wiefern die W.-L. es ist." (376) Siehe übereinstimmend Ivaldo 2019, 83: „[A]ls radikales Wissenswissen koinzidiert die Wissenschaftslehre in ihrem lebendigen *Vollzug* mit dem Wissen an sich, so dass man sagen darf, dass sie auf ihrem Gipfel das absolute Wissen, das Wissen in dessen Wesenheit selbst *ist*." Zum Heraustreten der „W.-L. in specie" als eines besonderen Wissens, siehe unten.

wir als „W.-L. in specie" erfüllen, wenn wir „durch alle unsere bisherigen Betrachtungen zu ihr [der absoluten Einsicht, Sz.] heraufgestiegen sind" (376). Die sich hieraus ergebenden Konsequenzen seien hier nur im Umriss skizziert.

Erstens ist demnach die Erhebung zum absoluten Wissen für Fichte das höchste Gut bzw. der „absolute Zweck" (378), auf den unsere epistemische Praxis ausgerichtet werden sollte – anders als die Befolgung konstitutiver epistemischer Normen ist es uns zwar möglich, diesen Weg nicht zu beschreiten, aber es wäre letztlich eine pflichtwidrige bzw. nicht tugendhafte Ausübung unserer Erkenntniskräfte.[794]

Zweitens ergibt sich aus dem kategorischen Imperativ, das absolute Wissen verwirklichen zu sollen, eine Replik auf den epistemischen Skeptiker erster Ordnung: Wir können ihm zumuten, dass er die Gesetze des Wissens anerkennen *soll*, gerade weil wir seinem Standpunkt die Willkürfreiheit des Zweifelns zugestehen. Somit werden im als Autonomie explizierten Bilden beide Komponenten des skeptischen Zweifels abgeleitet: die semantische Komponente der realistischen Objektivitätskonzeption, die in der repräsentationalen Form verankert ist, aber auch die pragmatische Komponente der freien Reflexion. Indem die Möglichkeit des skeptischen Zweifels so einsichtig wird, wird auch das am Anfang von III.4 genannte Desiderat (1.b) von Fichtes Therapie eingelöst.[795]

Drittens schließt Fichte die Deduktion der Bestimmungen des gewöhnlichen Wissens an den kategorischen Imperativ an, dass es zum Dasein des absoluten Wissens kommen solle. Das gewöhnliche Wissen ist in einer genetischen Perspektive gleichsam das notwendige Mittel, um diesen Zweck zu verwirklichen. Die Bestimmungen des gewöhnlichen, propositionalen Wissens lassen sich somit in der Form von transzendentalen Konditionalen ableiten, welche in der Form des ‚Soll ..., so muss...' die kognitiven Bedingungen angeben, die es uns ermöglichen, als „W.-L. in specie" im absoluten Wissen aufzugehen.[796] Damit kann auch das in

---

[794] „Das gesammte Resultat unserer Lehre ist daher dies: das Dasein schlechthin, wie es Namen haben möge, vom allerniedrigsten bis zum höchsten, dem Dasein des absoluten Wissens, hat seinen Grund nicht in sich selber, sondern in einem absoluten Zwecke, und dieser ist, daß das absolute Wissen sein solle. Durch diesen Zweck ist Alles gesetzt und bestimmt; und nur in der Erreichung dieses Zweckes erreicht es und stellt es dar seine eigentliche Bestimmung. Nur im Wissen, und zwar im absoluten, ist Werth, und alles Uebrige ohne Werth." (378) – Zum Interpretament epistemischer Pflichten bzw. Tugenden, siehe auch Schmidt 2009b, 284.

[795] Ferner wird somit deutlich, dass die Freiheit des Subjekts einen zentralen und notwendigen Ort in Fichtes *WL 1804-II* hat und somit Baumanns nicht zuzustimmen ist, dass dort die „Vermittlung von Absolutheit des Absoluten und Freiheit des Menschen [...] Fichte nicht gelungen" sei (Baumanns 1990, 271f.).

[796] „Nun dürfte es sich finden, daß die Urbedingung der genetischen Möglichkeit des Daseins des absoluten Wissens, oder der W.-L., sei das gewöhnliche Wissen, also, daß die Bestimmungen

III.4 aufgestellte Desiderat (2) von Fichtes Therapie eingelöst werden: (2.a) die Ableitung des gewöhnlichen Wissens sowie (2.b) der Wissenschaftslehre als „W.-L. in specie".

---

desselben sich erklären ließen lediglich aus der Voraussetzung, es solle zur W.-L. kommen, und die Summe unseres ganzen Systems sich nun in folgenden Vernunftschluß auflöste: soll es zur Erscheinung des absoluten Wissens kommen, so muß u. s. w.; nun ist das Wissen also bestimmt, mithin muß es schlechthin dazu kommen sollen." (376, vgl. 406) Die Deduktion basiert somit dezidiert auf einem Soll von „praktisch deontische[m] Charakter im Sinne einer Aufforderung" (Pluder 2019, 29), welches ein Soll von „hypothetische[m] Charakter" (Pluder 2019, 29) begründet, nämlich die Kette der epistemischen Voraussetzungen, welche bedingen, dass wir die Einsicht tatsächlich realisieren konnten. Siehe Schmidt 2004, 105 ff., für eine von diesem deontischen Soll ausgehende Rekonstruktion von Fichtes Ableitung des gewöhnlichen Wissens. Siehe ferner Pecina 2007, 216–222. Zur Deduktion der Weltansichten in § 28, siehe Barth 2004, 348–351, u. Schlösser 2001, 166 f.

IV. Zusammenführung

Zusammenführung

„Die durch den Idealismus so befremdet werden, kennen ihn nicht."[797]

Im Folgenden werde ich die Teile I-III der Arbeit zusammenführen, indem ich sie in die systematischen Fluchtlinien der Arbeit im Ganzen eingliedere und die rekonstruierten Ansätze Hegels und Fichtes in einer synchronen Perspektive betrachte. Zunächst gebe ich ein Resümee der Hauptergebnisse der Arbeit (**1.**). Dabei gehe ich auf die Gestaltungen des Problems objektiver Geltung ein (1.1), erörtere die Form von Idealismus, die Hegel und Fichte nach meiner Rekonstruktion entwerfen (1.2), und erläuterte die heuristische Funktion transzendentaler Argumente in meiner Untersuchung (1.3). Zweitens (**2.**) erörtere ich das methodologische Paradigma der geometrischen Konstruktion, dessen zentrale Rolle ich sowohl in Hegels *Phänomenologie des Geistes* als auch in Fichtes *Wissenschaftslehre 1804-II* aufgezeigt habe. Anhand dieses gemeinsamen methodologischen Ansatzes versuche ich die systematischen Konvergenzen beider Ansätze zu pointieren. Drittens (**3.**) werde ich auf die zentralen Unterschiede beider Ansätze eingehen, welche durch ihren gemeinsamen systematischen Fluchtpunkt ins Auge fallen, und zeigen, dass beide Ansätze zwar konkurrieren, aber sich gegenseitig ergänzen. Ich schließe mit einem Ausblick auf die offen gebliebenen und weiterführenden Fragen (**4.**).

1 Fazit: Das Problem objektiver Geltung und seine therapeutische Auflösung

In der vorliegenden Arbeit habe ich die Frage untersucht, wie es einer nachkantischen Transzendentalphilosophie möglich ist, sowohl Kants erkenntniskritischem Ansatz treu zu bleiben als auch das metaphysische Bedürfnis nach einer objektiven, geistunabhängigen Welt zu befriedigen. Diese Frage habe ich am Modellfall weltbezogener transzendentaler Argumente konkretisiert und gezeigt, dass sie mit dem skeptischen Problem objektiver Geltung konfrontiert sind, dem zufolge sie jenes metaphysische Bedürfnis prinzipiell nicht erfüllen können. Anhand dieser Problemfolie habe ich zu zeigen versucht, dass Hegels *Phänomenologie des Geistes* und Fichtes *Wissenschaftslehre 1804-II* jeweils eine philosophische Therapie des Problems der objektiven Geltung transzendentaler Argumente darstellen.

---

[797] Fichte 2006 (GA II/14), 398.

Die therapeutische Pointe beider Entwürfe ist, dass sie das im skeptischen Problem artikulierte metaphysische Bedürfnis nach Objektivität eines Selbstmissverständnisses überführen, es konstruktiv in einen neuen Deutungsrahmen stellen und das Problem dadurch auflösen. Die wahre Befriedigung jenes metaphysischen Bedürfnisses liegt vielmehr in der Einsicht, dass die objektive Welt und der Geist (Hegel) bzw. das Wissen (Fichte) nicht zwei gegeneinander abgekapselte Sphären sind, sondern wie im Gestaltprinzip von Figur und Grund zueinander gehören. Das Wissen bzw. der Geist bildet demnach den unhintergehbaren Horizont für alle Formen von Objektivität. Die Welt als der Bereich des von Subjekten unabhängig existierenden Seienden hebt sich erst von diesem Horizont ab. Hegel und Fichte nennen beide den mit dieser Einsicht erreichten Standpunkt das „absolute Wissen".

Meiner Rekonstruktion zufolge ist dabei der Prozess der Therapie, als der methodische Weg, der zu diesem Standpunkt führt, von demselben nicht zu trennen. Denn nur durch einen methodologisch gesicherten Übergang kann das skeptische ‚Racheproblem' vermieden werden, dass die horizonthafte Unhintergehbarkeit des Geistes bzw. des Wissens entweder als bloß unterstellte Sinnbedingung unseres Verstehens eingeklammert oder als idealistische Verengung weiterhin am Maßstab einer einseitig realistischen Objektivitätskonzeption gemessen wird. Es wurde gezeigt, dass die dabei zu erzielende therapeutische Auflösung neben einem konstruktiven begrifflichen Aspekt auch wesentlich performative und nicht-diskursive Aspekte hat. Das von Hegel und Fichte jeweils angestrebte ‚absolute' Wissen um den Realitätsbezug des Wissens kann nur dann erreicht und gegen die skeptische Reflexion stabilisiert werden, wenn wir als Subjekte dieses Wissens bei seiner Genese aktiv beteiligt sind und dessen Verhältnis zum Objektivitätsanspruch des alltäglichen Wissens sowohl begreifen als auch in einer nicht-diskursiven, anschaulichen Form erfassen. Ferner wurde gezeigt, dass Hegels und Fichtes methodologische Anleihen am Paradigma der geometrischen Konstruktion dafür bedeutsam sind.

1.1 Die Gestaltungen des Problems objektiver Geltung

Das *Problem* objektiver Geltung hat in der vorliegenden Arbeit mindestens denselben Stellenwert wie die zwei Varianten seiner therapeutischen Auflösung. Mein Anliegen war es, die Tragweite von Strouds skeptischem Einwand aufzuzeigen, indem ich Strouds Skepsis zu einem grundlegenden metaepistemologischen Problem verallgemeinere, das nicht mehr auf transzendentale Argumente beschränkt ist. Vielmehr hat sich gezeigt, dass auch im weiteren Sinne transzendentale und idealistische Ansätze zu den Fragen der Objektivität, Geltung und ontologischen Fassung von Wissensansprüchen sowie von intentionaler Bezugnahme im Allgemeinen mit diesem Problem strukturell behaftet sind. Das ‚Problem objektiver Geltung' hat sich somit als analytische Chiffre erwiesen, die einen gemeinsamen Problemkern über verschiedene Fragestellungen und Theoriekontexte hinweg nachverfolgbar macht. Ich werde diese Allgemeinheit des Problems und seine Anreicherung im Fortgang der Untersuchung folgend skizzieren; dabei nehme ich einige systematische Zuspitzungen vor, die in meiner bisherigen Darstellung angelegt sind, aber nicht ausgesprochen wurden.

1.1.1 Erste Gestalt: Strouds Trilemma

In seiner *ersten Gestalt* betraf das Problem objektiver Geltung den Anspruch transzendentaler Argumente, ausgehend von unhintergehbaren Voraussetzungen unseres Begriffsschemas bzw. seiner Verwendung auf das Bestehen gewisser Sachverhalte in der Welt zu schließen (Teil I). Strouds Einwand habe ich zu einem Trilemma ausgebaut und durch ein moderates transzendentales Argument in dem realistischen Objektivitätsbegriff verankert, der von unseren alltäglichen Wissens- und Überzeugungszuschreibungen vorausgesetzt wird (siehe I.2). Damit wurde die Tragweite von Strouds Skepsis deutlich und die bisherigen Versuche ihrer Einhegung wurden widerlegt.

Der Anspruch objektiver Geltung lässt sich demnach auch bei vorgeblich unhintergehbaren Überzeugungen infrage stellen. Erstens weil wir fähig sind, uns von unseren Überzeugungen reflexiv zu distanzieren (pragmatische Komponente des Zweifels): Wir können bei jeder Überzeugung Gp auf unsere propositionale Einstellung des Fürwahrhaltens bzw. Glaubens (‚G') reflektieren und diese von ihrem Gehalt p unterscheiden. Schon dadurch lässt sich ein Ungenügen mit Behauptungen von Unhintergehbarkeit, d. h. notwendigen Überzeugungen ($\Box\ Gp$ bzw. ‚Wenn X möglich ist, dann $\Box\ Gp$') aufwerfen: Wenn wir notwendigerweise glauben, dass p, dann ist es für uns zwar performativ widersprüchlich zu glauben, dass p falsch sein könnte, aber dadurch wird p noch nicht als wahr ausgewiesen ($\Box\ Gp \not\Vdash p$). Durch diese reflexive Distanzierung lassen sich performative („retorsive") transzendentale Argumente auf die Form Moore'scher Paradoxien reduzieren, d. h. auf den für die Frage objektiver Geltung folgenlosen Nachweis eines inkonsistenten Behauptungsaktes der Form ‚Ich glaube, dass p, aber es ist nicht der Fall, dass p'.[798]

---

[798] Die Form performativer transzendentaler Argumente erörtere ich in I.1.3.4; die Möglichkeit der reflexiven Distanzierung von denselben diskutiere ich in I.2.1.2; ihre Analyse als Moore'sche Paradoxien entwickle ich in III.4.2.2, siehe Fn. 742.

Zweitens müssen wir für die Prüfung von Wissensansprüchen zunächst unsere alltägliche, realistische Objektivitätskonzeption in Anschlag bringen (semantische Komponente des Zweifels): Ihr zufolge gilt für jede weltbezogene Überzeugung Gp, dass Gp nicht notwendig p impliziert und dass p unabhängig davon besteht, ob p wissbar („◊Wp') ist (◊[p ∧¬◊Wp]) oder ob wir p glauben (◊[Gp ∧ ¬p]). Die in der umrissenen Objektivitätskonzeption ausgedrückten realistischen Intuitionen der Einstellungs- und Wissenstranszendenz der Welt geben dem Skeptiker genug an die Hand, um für die Beziehung unseres Denkens zur Welt nicht nur eine epistemologische Absicherung einzufordern, sondern auch jede ihm vorgelegte Begründung ihrerseits an diesem Maßstab zu messen. Dann stellt sich erneut die Frage, ob der Rekurs auf notwendige begriffliche Verknüpfungen und unhintergehbare Überzeugungen bereits hinreichend ist, um einen Anspruch auf objektive Geltung einzulösen.

Im Verbund von reflexiver Distanzierung und realistischen Intuitionen entsteht so das Stroud'sche Trilemma von (a.) Substitutionseinwand, (b.) Brückenproblem und (c.) Idealismusproblem, das ich in diesem Resümee abstrahiert von der spezifischen Form transzendentaler Argumente präsentieren werde, um es als metaepistemologisches Strukturproblem zu profilieren. Jede Behauptung, dass eine Proposition p eine unhintergehbare bzw. ‚transzendentale' Wahrheit darstelle, ist (a.) *prima facie* substituierbar durch die Behauptung, dass wir p glauben müssen bzw. p lediglich nicht konsistent für falsch halten können. Die behauptete Unhintergehbarkeit wird somit in eine nur das jeweilige Überzeugungssubjekt betreffende Notwendigkeit umgebogen. – Wird diese im Substitutionseinwand mitgeführte Unterscheidung von Mir-so-Scheinen und Der-Fall-Sein akzeptiert, dann kann ihr nur widersprochen werden, indem (b.) ein ‚Brückenprinzip' angenommen wird, welches eine notwendige Verknüpfung zwischen psychologischen Tatsachen über unsere Überzeugungen mit nicht-psychologischen Tatsachen über die objektive Welt herstellt. Diese Annahme gerät jedoch ihrerseits in Aporien. Entweder muss sie wiederum mit einem transzendentalen Argument begründet werden und ist somit für den Substitutionseinwand anfällig. Oder ihr muss eine unmittelbare, eines solchen Arguments nicht bedürftige Evidenz zukommen, die jedoch auf einen realistisch konzipierten Wahrmacher zurückgeführt werden muss, dessen epistemische Autorisierungsfunktion entweder mit skeptischen Hypothesen anzweifelbar ist oder einen fragwürdigen ‚Mythos des Gegebenen' beschwört.[799] – Selbst wenn ein solches Brückenprinzip zugestanden wird, (c.) bedeutet seine Einführung die mehr oder weniger dogmatische An-

---

[799] Diese Aporien wurden von mir anhand von Fichtes Dialektik von Idealismus und Realismus entwickelt (siehe III.2.2–3).

nahme eines Idealismus. Denn jedes Brückenprinzip, z. B. das laut Stroud von Strawson implizit angenommene Verifikationsprinzip, muss die Subjektunabhängigkeit der Welt in gewissen Hinsichten negieren, um die Kluft zwischen subjektiven Einstellungen und nicht-psychologischen Tatsachen zu überbrücken. Ein solcher Idealismus ist entweder von einer skeptischen Position nicht unterscheidbar oder wird dem mit unserem Wissensbegriff verwobenen Objektivitätsanspruch nicht hinreichend gerecht. Wenn versucht wird, auf dieses Problem mit einer raffinierteren Form des Idealismus zu antworten, welcher der Subjektunabhängigkeit der Welt stärker Rechnung trägt, wird bereits konzediert, dass dieser Idealismus eine nicht-triviale Begründung erfordert, die ihrerseits mit dem Substitutionseinwand oder Brückenproblem bedroht ist. – Auf die skeptische Herausforderung von (a.), (b.) oder (c.) zu antworten heißt somit, sich jeweils eines der anderen Glieder des Trilemmas als offenes Problem einzuhandeln.

Wenn dagegen versucht wird, die vom Skeptiker eingesetzte alltägliche Objektivitätskonzeption als Maßstab zurückzuweisen, indem sie grundsätzlich revidiert wird, ergibt sich das ‚Racheproblem' des Rückfalls in Strouds Trilemma (siehe I.3.2–5). Denn der Versuch, eine alternative, idealistisch geprägte Objektivitätskonzeption zu adoptieren, muss einen rational überzeugenden Übergang zu dieser alternativen Konzeption bewerkstelligen. Der Übergang selbst steht dabei in seiner methodischen Durchführung vor dem Dilemma, entweder gar nicht an das alltägliche Ausgangsverständnis anzuknüpfen, sodass die anvisierte alternative Objektivitätskonzeption nur zirkulär artikulierbar wäre,[800] oder daran anknüpfend wieder dem Maßstab der realistischen Konzeption zu unterliegen und somit in Strouds Trilemma zurückzufallen.

1.1.2 Zweite Gestalt: Hegels unglückliches Bewusstsein

Seine *zweite Gestalt* erhielt das Problem objektiver Geltung im Spiegel von Hegels *Phänomenologie des Geistes* (Teil II). Schon Hegels methodologischer Ansatz in der „Einleitung" muss nach meiner Rekonstruktion von den metaepistemologischen Fallstricken des Stroud'schen Trilemmas her aufgeschlüsselt werden (II.1). Explizit trat das Problem objektiver Geltung jedoch erst in der Gestalt des „unglücklichen Bewusstseins" auf (siehe II.3). Hegel formuliert im unglücklichen Bewusstsein die immanente Kritik eines anspruchsvolleren Idealismus, der versucht, der Realität sinnlicher Gegenstände und ihrer Subjektunabhängigkeit Rechnung zu tragen. Ein solcher Idealismus muss die realistische Einstellung

---

[800] Dieses Zirkularitätsproblem wurde in I.3.2.2 am Beispiel von Kants transzendentalem Idealismus erläutert.

gegenüber der sinnlich gegebenen Welt, die gleichsam die natürliche Einstellung des Bewusstseins ist, entweder *subordinieren* (wie der „Herr" den an die Sinnenwelt geketteten „Knecht") oder dergestalt *aufheben*, dass die Form und Bestimmtheit der Dinge auf das als „Kategorie" explizierte apperzeptive Denken zurückgeführt wird (wie in der Gestalt der „Vernunft").

Hegels Allegorie des unglücklichen Bewusstseins ergänzt das Problem objektiver Geltung dabei um zwei systematische Innovationen: Erstens dessen reflexive Fassung als innere „Entzweiung" des idealistischen Standpunkts und zweitens seine Entwicklung anhand der Unterscheidung zwischen der ‚realistischen Einstellung' gegenüber dem Gegenstand und der ‚idealistischen Einstellung', die denselben nur als Moment oder Setzung des Selbstbewusstseins ansieht.

Hegels Darstellung jener inneren „Entzweiung" zeigt, dass den Idealismus als theoretische Position zu vertreten von uns erfordert, einen einheitlichen Standpunkt gegenüber der Sphäre der Objektivität zu beziehen, sodass wir auch als Theoretiker nicht einfach zwischen einer ‚transzendentalen' und einer ‚empirischen' Perspektive folgenlos hin und her changieren können.[801] Der von Hegel als „Andacht" porträtierte Übergang zu einer resolut transzendentalen Perspektive wird dementsprechend der Aporie überführt, dass er die Welterfahrung des leiblichen Subjekts und damit die realistische Einstellung gänzlich nivelliert. Damit gerät das unglückliche Bewusstsein in eine dem Stroud'schen (c.) Idealismusproblem analoge Situation.

Die Lösung scheint das kantische Modell einer „entzwey gebrochenen" Wirklichkeit zu bieten, welche innerlich betrachtet etwas transzendental Ideales, äußerlich aber etwas empirisch Reales ist. Doch auch hier stellen sich zu Strouds Trilemma analoge Probleme ein, wenn wir betrachten, wie sich dieser Wirklichkeitsauffassung vergewissert wird. Im scheinbar selbstlosen „Danken" wird die entzwei gebrochene Wirklichkeit zur transzendentalen Bedingung des eigenen Tuns erklärt (dieses Tun z. B. verstanden als Aktivität der Synthesis). Hegel entlarvt das Danken jedoch als Heuchelei, da das Aussprechen des Dankes als eine subjektseitige Unterstellung bereits die Gabe vorwegnehmen will, auf die es zu antworten vorgibt. Statt gleichsam demütig einen objektiven Umstand in realistischer Einstellung zu konstatieren, ist das anmaßende Danken vielmehr vollständig „eigenes Tun" des Subjekts, womit Hegel eine Variante des (a.) Substitutionseinwands formuliert.

---

[801] Damit greift Hegel der Sache nach auch das gegenüber Kant in I.3.2.2 geltend gemachte Racheproblem auf.

Sich stattdessen auf das „fremde Tun" eines „Mittlers" zu berufen (in der allegorischen Gestalt des die Sakramente verwaltenden Priesters), scheitert jedoch umgekehrt am (b.) Brückenproblem. Der Mittler fungiert als Brückenprinzip (Schema) zwischen der Perspektive des empirischen Subjekts und der ‚Weihung' derselben zum Abbild der transzendentalen, wirklichkeitskonstitutiven Kategorie. Wie Hegels Figur des Priesters als Mittler veranschaulicht, ist diese Brücke jedoch nur unter der Preisgabe der idealistischen Einstellung zu haben, wodurch das Brückenprinzip dem Subjekt ein unverfügbares „Jenseits" bleibt.

Alle Versuche des unglücklichen Bewusstseins, seine Entzweiung zu überwinden, reproduzieren dieselbe somit nur auf höherer Stufe erneut. Es kämpft gegen einen inneren Feind, „gegen welchen der Sieg vielmehr ein Unterliegen [ist]" (PhG 122). Mit dieser Selbstverkehrung zeigt Hegel eindringlich das mit Strouds Trilemma verbundene Racheproblem auf.

Die Problemlage des unglücklichen Bewusstseins vererbt sich wie gezeigt auch auf das absolute Wissen, das Hegels Auflösung des Problems objektiver Geltung tragen soll (siehe II.4). Im Kapitel „Das absolute Wissen" zeigte sich, wie das Racheproblem auch auf der Ebene eines spekulativen Idealismus fortbesteht, welcher den Gegensatz zwischen der realistischen Einstellung und der idealistischen Einstellung zu überwinden gedenkt. Denn auch der spekulative Gedanke der beide Einstellungen verschmelzenden Identität von Substanz und Subjekt stand vor dem Problem, entweder einseitig als „eigenes Tun" des transzendentalen Subjekts oder als „fremdes Tun" einer göttlichen Substanz aufgefasst zu werden. Und der Übergang zu diesem spekulativen Gedanken stand vor dem Problem eines ‚Hiatus' zwischen seinem der Subjekt-Objekt-Spaltung entrückten Standpunkt der Wissenschaft und dem vom gerade dieser Spaltung geprägten Standpunkt des Bewusstseins, dessen Erfahrungen jedoch immanent auf jenen führen sollen (siehe II.4.3).

1.1.3 Dritte Gestalt: Fichtes Reflexion des Begreifens

Seine *dritte* und radikalste Gestalt erhielt das Problem objektiver Geltung in Fichtes *Wissenschaftslehre 1804-II* (Teil III). Fichte formuliert das Problem im Wortsinne am radikalsten, indem er es bis zu seiner Verwurzelung in der repräsentationalen Form des Denkens zurückverfolgt und es auf diesem Wege bis ins Extrem der „Selbstvernichtung" des Denkens zuspitzt sowie als in gewisser Hinsicht unlösbar herausstellt.

Die skeptische Infragestellung objektiver Geltung beginnt bei Fichte bereits als kritische Reflexion der in apriorischen Einsichten beanspruchten epistemischen Selbsttransparenz: Wenn mir ein Gehalt p als wahr einleuchtet und ich dadurch weiß, dass p, weiß ich dabei notwendigerweise, dass ich in einem Zustand des Wissens bin – oder könnte ich nicht ein irrendes Evidenzbewusstsein haben? Und selbst wenn das Wissen, um das es Fichte geht, notwendig selbsttransparent ist, *warum* ist es das? Gründet die Selbsttransparenz dieses Wissens in mir als Subjekt – z. B. darin, dass ich einen privilegierten Zugang zu meinem Evidenzbewusstsein habe, oder mir bewusst bin, gewisse Regeln des Schließens korrekt bzw. „energisch" befolgt zu haben – oder gründet sie vielmehr in jenem objektiven Gehalt, dessen Wahrheit mir einleuchtet? Diese Fragen wachsen sich bei Fichte zu skeptischen Problemen aus, wenn es um das Erfassen des Einleuchtens als solchen geht, welches einen kontrollierten Umgang mit seinem erstpersonalen und nicht diskursiv erfassbaren Vollzugscharakter erfordert. Dieser nicht-diskursive Vollzugscharakter stellt schon seine geltungslogische, antipsychologistische Beschreibung als selbsttransparent vor Schwierigkeiten, weil eine solche Beschreibung nur in einer nachträglichen, notgedrungen reifizierenden und diskursiv artikulierten Form möglich ist, und umso mehr erschwert er die erkenntnistheoretische Begründung der Korrektheit dieser Beschreibung (siehe III.1.4–5).

Fichtes zentrale systematische Innovationen in der Formulierung des Problems objektiver Geltung ergeben sich aus der skizzierten selbstreflexiven Herangehensweise an seine Theorieentwicklung. – Die erste Innovation (i) besteht in der Einführung einer metatheoretischen Beschreibungsebene (siehe III.1): Fichte entwickelt hinsichtlich der gedanklichen Operationen und Gehalte, die in seiner Darstellung der Wissenschaftslehre verwendet werden, durch einen semantischen bzw. reflexiven Aufstieg ein besonderes Metavokabular. – Dies ermöglicht es ihm zweitens (ii), die Quellen und Arten von Erkenntnis zu sondieren, die im Zuge der Darstellung jeweils in Anspruch genommen werden müssen, insbesondere die Dualität von begrifflicher ‚Konstruktion' und intuitivem Einleuchten. So zeigt Fichte, dass das Problem der objektiven Geltung transzendentaler Konditionale wesentlich in der Form diskursiven Räsonnements, dem „Durch" oder „Begreifen", verankert ist. Die im Begreifen fundierte hypothetische Form des „Soll" (‚Soll *X* möglich sein, so muss *Y* der Fall sein') ist demnach nicht bloß ein Hilfsmittel der Darstellung, sondern ergibt sich aus der Gebundenheit solcher Einsichten an das Begreifen und seine Operation des Voraussetzens. – Drittens (iii) umfasst Fichtes Metavokabular die pragmatische Dimension seines Vortrags, welcher er mit der Grundunterscheidung von „Sagen" und „Tun" einen fast sprechakttheoretischen Zuschnitt gibt. Auf der Ebene des „Tuns" geht Fichtes Pragmatik jedoch weiter: Sie analysiert gleichsam die noetischen Akte, mit denen gedankliche Gehalte erzeugt und erfasst werden, z. B. durch eine willkürliche Zusammenstellung von Prämissen oder durch den formalen Modus der Reflexion, welcher an einer Einsicht nur deren Gedachtwerden bzw. deren Form als Repräsentation ‚von etwas als etwas' erfasst. – Viertens (iv) entwickelt Fichte auf der

1 Fazit: Das Problem objektiver Geltung und seine therapeutische Auflösung — 457

Grundlage von (i)–(iii) implizit eine modale Epistemologie für die Wissenschaftslehre, welche den modalen Status von Einsichten an die Modalität ihrer noetischen Erzeugungsbedingungen zurückbindet. Je nachdem, wie eine Einsicht erzeugt wurde, stellt sie eine „Selbstkonstruktion" oder eine „Nachkonstruktion" dar, z. B. eine *de re* notwendige Aussage über das Wesen des Wissens oder nur eine *de dicto* notwendige Aussage über unsere Verwendung des Wissensbegriffs.

Das Problem objektiver Geltung im engeren Sinne kommt in Fichtes aufsteigender Argumentationslinie zum Tragen (siehe III.2). Dort fragt Fichte nach den Erkenntnis- und Wahrheitsbedingungen des folgenden transzendentalen Konditionals: Die Aktivität diskursiven Denkens ist nur möglich, wenn es ein von demselben schlechthin unabhängiges Prinzip der Spontaneität – das „Leben" – gibt. Die sich daraus entspinnende Dialektik von „Idealismus" und „Realismus" oszilliert zwischen zwei Gliedern von Strouds Trilemma.

Der „niedere" Idealismus erfasst das transzendentale Konditional im formalen Modus der Reflexion, womit er es einer Version des (a.) Substitutionseinwands ausliefert: Das Prinzip des Lebens wird *als Vorausgesetztes* eingesehen, somit ist seine Wirklichkeit nicht verbürgt, sondern nur gezeigt, dass wir eine entsprechende Überzeugung haben müssen, wenn wir die Möglichkeit diskursiven Denkens begreifen wollen. – Der „niedere" Realismus antwortet darauf, indem er dazu auffordert, sich der Einsicht im materialen Modus der Reflexion *hinzugeben:* Zunächst leuchte unmittelbar der noematische Inhalt des transzendentalen Konditionals als notwendig ein und nicht eine daraus abgeleitete, gleichsam psychologische These über unsere propositionale Einstellung zu demselben. Diese Replik handelt sich jedoch Strouds (b.) Brückenproblem ein, dass durch sie die epistemische Beglaubigung unseres Evidenzbewusstseins bzw. das Wahrmachen unserer Überzeugungen durch den objektiven Inhalt nicht mehr nachvollziehbar ist. Die sich vollends selbst vergessende Hingabe an den Inhalt verpflichtet auf einen derart starken epistemischen Externalismus, dass entweder die Selbsttransparenz unseres Wissens um die Wahrheit des Gehalts verloren geht oder wir uns in einen Mythos des Gegebenen zurückziehen müssen, der jene Transparenz als *factum brutum* bloß behauptet.

Fichte hebt das Problem objektiver Geltung auf ein noch höheres metatheoretisches Reflexionsniveau, indem er jeweils „höhere" Formen des Idealismus und Realismus entwickelt, die ihre gegnerische Position zu vereinnahmen suchen. – Der „höhere" Realismus fokussiert den Gedanken eines *an sich* gültigen Inhalts als die entscheidende Prämisse zur Vermeidung des idealistischen Substitutionseinwands und spitzt ihn zu zum Gedanken eines schlechthin denkunabhängigen „Ansich". Der *Gedanke* des Ansich muss dafür als repräsentationaler Zustand und Zugangsbedingung zu seinem Inhalt „vernichtet", d. h. für ungültig erklärt werden, aber so, dass dies der Effekt der „Selbstkonstruktion" des Inhalts selbst ist und keine im reflektierenden Denken vorgenommene Zuschreibung der Denk- bzw. Zuschreibungsunabhängigkeit. – Der höhere Idealismus vermag auch hier, wo Fichtes eigene Position bereits im Umriss erkennbar ist, den Substitutionseinwand anzubringen. Die geforderte Selbstkonstruktion des Ansich muss sich unterscheiden von dessen „verblasstem" Erfassen, das gewöhnlich im Urteilen geschieht, welches einen jeweiligen propositionalen Gehalt *p* zwar als an sich gültig aussagt, dabei aber gerade nicht das dies reflektierende Bewusstsein ‚Ich denke, dass *p*' für ungültig erklärt.[802] Die „Selbstkonstruktion" des Ansich ist demzufolge ihrerseits bedingt durch ein „energisches Denken" dieses Gehalts im Unterschied zu jenem verblassten Denken. Ob das Ansich hinreichend energisch gedacht wird, lässt sich aber nur durch das Selbstbewusstsein beglaubigen, das jemand im Vollzug seines Denkens hat. Die vom „höheren" Realismus angeführte Selbstkonstruktion des Ansich sollte das Phänomen objektiver Geltung geradezu als solches manifestieren, doch nun wird auch sie in das begreifende Denken zurückgebogen.

Fichtes therapeutische Lösung dieses hier nicht vollständig wiedergegebenen Konflikts von Idealismus und Realismus versucht aus der ihnen gemeinsamen Form begrifflichen bzw. repräsentationalen Denkens gänzlich auszubrechen (siehe III.3). Dafür ist das Eintreten in einen nicht-repräsentationalen Wissensvollzug erforderlich, den Zustand des Seins/Lebens bzw. das reine Wissen, in welchem alle Differenzierungen als schlechthin ungültig wegfallen (wie die zwischen propositionaler Einstellung und Gehalt, dem propositionalen Gehalt und seinem Wahrmacher, unterschiedlichen Gehalten, etc.).[803]

Das Problem objektiver Geltung kommt jedoch sogleich als Racheproblem wieder ins Spiel, wenn wir verstehen möchten, wie die Teilhabe am reinen Wissen das gewöhnliche, propositionale Wissen fundiert und wie es überhaupt möglich ist, diese Teilhabe (wie auch hier geschehen) diskursiv zu thematisieren. Für Fichte stellt sich dabei das Problem der reflexiven Instabilität seiner Position (siehe III.3.5): Wenn es nicht möglich ist, jene Fragen zum Zusammenhang von absolutem und gewöhnlichem Wissen zu beantworten, ja sie überhaupt sinnvoll zu stellen, dann degenerierte die Wissenschaftslehre in eine Form von Mystik, mithin wäre gar nicht mehr verständlich, ob und wie das Problem objektiver Geltung gelöst wurde. Wenn das absolute Wissen aber hinreichend reflexiv stabil sein soll, dann droht der Wissenschaftslehre sofort das Racheproblem des Rückfalls in Strouds Trilemma. Denn entweder wird zirkulär vorausgesetzt, dass

---

[802] Dieser Grundzug des Urteilens wird illustriert durch Rödls Leitsatz „[j]udging is being conscious of the validity of so judging" (Rödl 2018, 4).
[803] Zur positiven Erläuterung dieses Ansatzes, siehe den folgenden Abschnitt 1.2.2.

der Gedanke des reinen Wissens und seiner Fundierungsfunktion die „Selbstkonstruktion" des reinen Wissens darstellte – was als dogmatische Annahme dem (c.) Idealismusproblem gleichkäme. Oder die These der Selbstkonstruktion wird erneut nach dem Muster von Idealismus und Realismus eingeführt, womit wir wieder in deren Oszillieren zwischen (a.) Substitutionseinwand und (b.) Brückenproblem zurückfielen.

Die Vermeidung dieses Racheproblems stellt nach meiner Rekonstruktion die Hauptaufgabe von Fichtes „Erscheinungslehre" dar (siehe III.4). Fichtes komplexe Argumentation zeigt mitunter, dass auch der mentale Zustand einer rein selbstrepräsentationalen Gewissheit nicht hinreichend reflexiv stabil ist, um die Selbstkonstruktion des reinen Wissens zu beglaubigen. Es muss darüber hinaus aufgezeigt werden, dass das reine Wissen einer inneren Gesetzmäßigkeit zufolge im „Bild" der propositionalen bzw. repräsentationalen Form erscheint. Anstelle der hypothetischen Form des Voraussetzens muss dafür eine performative Beglaubigungsform gefunden werden, welche die Selbstkonstruktion dieses Gesetzes in eins vollzieht und konstatiert. An dieser Stelle tritt eine neue Variante des (a.) Substitutionseinwands auf: Die performative Beglaubigung muss von Moore'schen Paradoxien abgegrenzt werden, die nur die Inkompatibilität von Behauptungsakten aufzeigen, aber nicht den dabei behaupteten Gehalt validieren können (siehe III.4.2).

Die verschiedenen Gestaltungen des Problems objektiver Geltung zeigen paradigmatisch, dass Transzendentalphilosophie und Idealismus sich vom metaepistemologischen Skeptizismus ebenso wenig lossagen können wie der Wanderer von seinem Schatten. Mit Stroud, Hegel und Fichte wurde auf je neue Weise aufgezeigt, wie der im Anspruch auf Wissen mitgeführte Objektivitätsgedanke sich gleichsam verselbständigt, vom Wissen absondert und zugleich immer wieder in das Wissen als seinen Bezugspunkt zurückkehrt. Diese spannungsreiche Bewegung wiederholt sich auch innerhalb der theoretischen Selbstvergewisserung über das Wissen und reizt die Transzendentalphilosophie somit immer aufs Neue zur Steigerung ihres Reflexionsniveaus.

1.2 Hegels und Fichtes Idealismus als (Auf)Lösungen des Problems objektiver Geltung

Was unterscheidet die bei Hegel und Fichte jeweils entwickelte idealistische Objektivitätskonzeption von den bekannten Standarddeutungen des nachkantischen Idealismus? Hegel und Fichte würden offenbar dem metaphysischen Bedürfnis nach Objektivität nicht gerecht, wenn die Rede vom absoluten Wissen als ‚Horizont' einem subjektiven Idealismus gleichzusetzen wäre, der alle Realität *in* das Wissen bzw. das wissende Subjekt hineinzöge, aber den eigentlich intendierten Sinn einer Realität ‚außerhalb' des Wissens nivellierte. Oder soll hier eine grandiose metaphysische These aufgestellt werden, die auf die Formeln der ‚Identität von Sein und Denken' oder eines ‚Geistmonismus' zu bringen wäre? Dann schienen Hegel und Fichte hinter Kants Erkenntniskritik zurückzufallen und eine dogmatische Metaphysik zu vertreten. Die Suche nach einem Mittelweg, der Objektivitätsanspruch und erkenntniskritisches Reflexionsniveau vereinigt, bringt uns schließlich zurück zu transzendentalen Argumenten: Wird hier durch ambitionierte transzendentale Argumente ein globaler Anti-Realismus begründet?[804] Oder werden moderate transzendentale Argumente mit der unabhängigen Annahme eines transzendentalen Idealismus kombiniert, sodass das bildliche Verhältnis von Figur und Hintergrund (das zwischen dem Horizont des Wissens und der objektiven Welt statthaben soll) als das zwischen der Erscheinungswelt und ihrem durch transzendentale Bedingungen umgrenzten Umfang zu verstehen ist?[805] Die Debatten um „metaphysische" und „nicht-metaphysische" Lesarten Hegels und Fichtes kreisen vornehmlich um die letzten beiden Optionen.

Meine Untersuchung zeigt dagegen, dass weder Hegels *Phänomenologie* noch Fichtes *WL 1804-II* in die Schubladen der obigen Standarddeutungen passen, und sie zeigt, dass die letztgenannten Lesarten, die Anleihen beim Paradigma transzendentaler Argumente machen, am Problem objektiver Geltung scheitern. Vielmehr unterlaufen Hegels und Fichtes therapeutische Ansätze die Dichotomie „metaphysischer" und „nicht-metaphysischer" Lesarten.

1.2.1 Hegel: Alle Realität ist *durch* das Wissen (des Geistes)

Hegels Objektivitätskonzeption in der *Phänomenologie des Geistes* lässt sich auf die Formel bringen, dass alle Realität *durch das Wissen* ist, welches der Geist von sich selbst hat. Die Präposition ‚durch' steht dabei einerseits für die Form der Zugänglichkeit des Realen als solchen durch subjektseitige Kriterien ‚hindurch' und andererseits für die substantielle Gegründetheit der Realität im Geist, die ‚durch' denselben konstituiert wird. Das Herzstück von Hegels Objektivitätskon-

---

804 Dies will etwa Pippins „absolute idealism" leisten (siehe II.1 u. folgend Abschnitt 1.2.1) und auch der transzendentale Anti-Realismus von Wille 2012 basiert auf einem vergleichbaren Ansatz.
805 Vgl. die räumliche Metapher in Kant 1998, A 762/B 790: „Unsere Vernunft ist nicht etwa eine unbestimmbar weit ausgebreitete Ebene, deren Schranken man nur so überhaupt erkennt, sondern muß vielmehr mit einer Sphäre verglichen werden, deren Halbmesser sich aus der Krümmung des Bogens auf ihrer Oberfläche (der Natur synthetischer Sätze a priori) finden, daraus aber auch der Inhalt und die Begrenzung derselben mit Sicherheit angeben läßt. Außer dieser Sphäre (Feld der Erfahrung) ist nichts für sie Objekt".

zeption gemäß meiner Rekonstruktion – die Identität von Substanz und Subjekt im absoluten Wissen – soll in diesem sprachlichen Doppelsinn anklingen.

Für Hegels *Phänomenologie des Geistes* ist eigentümlich, dass sie den Schwerpunkt auf den *Weg* des „sich vollbringenden Skepticismus" legt, der jene idealistische Objektivitätskonzeption aus der immanenten Kritik alternativer Konzeptionen herausschälen soll. Implizit entwickelt Hegel dabei auch seine positive Konzeption mit, die ich hier umreißen möchte, wobei ich dennoch in dem Gesichtskreis desjenigen bleibe, was explizit mit dem Erreichen des absoluten Wissens in der *PhG* erreicht wird.

Hegels Ansatz wurde eingangs mit Rortys therapeutischer Kritik an der Schema-Inhalt-Unterscheidung verglichen (siehe I.3, Abschnitte 3 u. 5), da es auch Hegel um die Aufhebung der Trennung von Wissen und Wahrheit geht, die dem natürlichen Bewusstsein eingeschrieben ist. Dazu dient nach meiner therapeutischen Lesart die immanente Kritik der Bewusstseinsgestalten, die zu einer Selbstaufklärung des Bewusstseins über die Kriterien führt, mit denen von der Seite der Bezugnahme auf Gegenstände ein ‚Ansich' derselben unterschieden wird.

Doch vertritt Hegel nun letztlich eine anti-realistische Position wie die Rortys – einschließlich des ihr attestierten Racheproblems (I.3.3.2)? Die Interpretation Pippins, die Hegel als „absoluten Idealisten" liest, behält die Stoßrichtung Rortys bei, vermeidet aber dessen Racheproblem, indem sie die Unterscheidung von Wahrheit und gerechtfertigter Behauptbarkeit aufrechterhält, sie aber wie folgt deutet: „that the distinction between what we take to be the case and what is the case is *one we make*, in response to what we learn from the world, not an intrusion from outside that happens to us".[806] Dass die Kriterien für Objektivität *unsere* sind, wird dabei so verstanden, dass Hegel erstens die Vorstellung der Korrespondenz unseres Begriffsschemas zu einer externen Wirklichkeit verwirft und zweitens die Möglichkeit alternativer Begriffsschemata zu dem unsrigen durch die Vollständigkeit der phänomenologischen Darstellung ausschließt. Gemäß der Lesart des absoluten Idealismus führt Hegels Überwindung der Schema-Inhalt-Unterscheidung somit zu so etwas wie der von Sacks und A.W. Moore formulierten *absolute conception of the order of things* (siehe I.3.4). Alles Wirkliche ist demnach

---

[806] Pippin 2015, 164. Pippin verbindet hier unter der Hand Davidsons Kritik an der Schema-Inhalt-Unterscheidung mit Sellars' Kritik am Mythos des Gegebenen (vgl. Pippin 2015, 161, 163), indem er beides zur wiederum McDowell entlehnten These der „unboundedness of the conceptual" zusammenfügt. Damit zeichnet Pippin das Bild eines in sich geschlossenen ‚Raums der Gründe', in welchem nichts gilt, was nicht innerhalb seiner gemäß bestimmter begrifflicher und rational erfasster Normen gesetzt wurde (vgl. jedoch die kritische Wendung von McDowells Metapher *contra* Pippin in Gabriel 2016, 199).

innerhalb einer einheitlichen Matrix kategorialer Bestimmungen lokalisierbar, die zwar intern differenziert, aber nicht durch Einwirkung oder Einbeziehung von etwas ihr Äußerlichem revidiert werden kann.

Nach meiner Rekonstruktion geht Hegel jedoch nicht den Weg dieses „absoluten Idealismus", auch wenn seine immanente Kritik des Bewusstseins die Schema-Inhalt-Unterscheidung auf gewisse Weise beerdigt. Denn jene Lesart blendet erstens die Problemkonstellation des unglücklichen Bewusstseins im Übergang zum Vernunftkapitel aus (siehe II.3) und zweitens das Problem eines Hiatus zwischen den Erfahrungen der Bewusstseinsgestalten und dem rein begrifflichen absoluten Wissen (siehe II.4.3).

Mit dem unglücklichen Bewusstsein ist zum einen Pippins Nähe zum kantischen transzendentalen Idealismus zu kritisieren. Seine Behauptung eines alternativlosen Begriffsschemas ist nämlich in Begriffen der Bezugnahme auf dem Wissen externe Gegenstände formuliert und hält damit weiterhin latent an der Schema-Inhalt-Differenz fest.[807] Zum anderen ist gerade der Anspruch eines derart ‚verabsolutierten' Begriffsschemas zu kritisieren, welches analog zur Gestalt der Vernunft die Gewissheit hat, „alle Realität" zu sein. Denn es bleibt fragwürdig, wie die Behauptung eines gleichsam transzendentalen, ‚unwandelbaren' Begriffsschemas aus der Aneignung der historischen, ‚wandelbaren' Erfahrungen von Bewusstseinsgestalten abgeleitet werden kann. Systematisch bleibt dem Pippin'schen Ansatz meines Erachtens nur die Option ambitionierter transzendentaler Argumente übrig, welche die Alternativlosigkeit gewisser Kriterien oder deren Notwendigkeit für die Bezugnahme auf Gegenstände ausweisen. Diese Option wird (wie in II.3.4 gezeigt) bereits im Dankgebet des unglücklichen Bewusstseins thematisch und kritisiert. Sie scheitert letztlich an Strouds Trilemma bzw. an der modalen Skepsis (I.2.3), die sich aus meiner transzendentalen Begründung des Trilemmas herleiten lässt.

Problematisch wäre auch eine Lesart, welche die Schema-Inhalt-Unterscheidung noch radikaler als Pippin zurückweist, indem sie die auf Hegels *Wissenschaft der Logik* gemünzte Auffassung vertritt, Hegel weise die Schema-Inhalt-Unterscheidung dadurch zurück, dass er ontologische Bestimmungen schlicht mit Denkbestimmungen identifiziere.[808] Gegen diese Identitätsthese ist die Übergangsstellung des absoluten Wissens in der *Phänomenologie* zum Standpunkt der *Logik* aufschlussreich, weil sie auf den Hiatus hinweist, der zwischen einer lo-

---

807 Hierfür kritisiert Siep 1991 m. E. überzeugend die Interpretation Pippins; siehe auch meine Kritik in II.4.2.2.
808 Illetterati 2007, 31, spitzt seine Lesart des ‚objektiven Denkens' der *WdL* in dieser Fluchtlinie sogar auf einen „‚realismo'" bzw. „‚anti-idealistico' idealismo" Hegels zu (siehe auch Illetterati 2017).

gisch-inferenziellen Analyse von Kategorien und ihrem referenziellen Gebrauch durch ein Bewusstsein, das Wissen und Wahrheit funktional unterscheidet, besteht. Die Feststellung, dass im reinen Denken der Wissenschaft eine Identität von Sein und Begriff statthabe, trägt für sich allein nichts für den nicht-wissenschaftlichen Standpunkt des Bewusstseins aus, der gerade zwischen Subjekt und Objekt unterscheidet.

Meiner Rekonstruktion zufolge ist das therapeutische Ziel der *Phänomenologie* nicht einfach der Übergang in den spekulativen Wissensmodus reinen Denkens, der dann in der *Wissenschaft der Logik* entfaltet werden soll, sondern die Versöhnung dieses Standpunkts mit dem der gelebten Erfahrung eines historisch wie leiblich situierten Bewusstseins, das letztlich auch dasjenige der Leserinnen und Leser der *Phänomenologie* miteinschließen soll. Hegels Methode immanenter Kritik zeigt demnach in der Tat, dass die Kriterien für die Realität von Gegenständen *unsere* sind, aber ‚unsere' bedeutet hier das „Wir" der phänomenologischen Metaperspektive unter der Prämisse seiner Konvergenz mit der Binnenperspektive des Bewusstseins.

Diese Konklusion erfordert die logisch-kategoriale Aneignung der Erfahrungsperspektive. Solch eine Aneignung ist möglich, weil Hegel seine Darstellung nach dem Paradigma geometrischer Konstruktion auf die Selbstkonstruktion des Gegenstandes der Erfahrung hin anlegt (II.1.3.3) und diese in der logischen Selbstkonstruktion des Begriffs wiedererinnert (II.4.4). In der Selbstkonstruktion der Erfahrung bleibt daher eine philosophische Explikationsebene außen vor, welche den Bewusstseinsgestalten implizite Voraussetzungen ihres Begriffsschemas attestieren würde. Vielmehr vollzieht sich die Erfahrung am den Bewusstseinsgestalten jeweils erscheinenden Gegenstand, der an ihm selbst zeigt, inwiefern die zugrunde gelegten Objektivitätskriterien auf ihn anwendbar sind und inwiefern nicht (siehe II.1.3 u. II.2).

Indem das absolute Wissen diesen Gang der Erfahrung umfasst und als Subjektwerdung der Substanz begreift, eignet es sich den gesamten Lernprozess an, den wir hinsichtlich des Gegenstands des Wissens und seiner Objektivität als „Wahres" bzw. als „Ansich" durchlaufen haben. In diesem Prozess zeigt sich die Welt als eine geistige und vernünftige – so erschien sie der Gestalt der Vernunft unmittelbar zu sein; der christlichen Religion erschien dies mittelbar als Offenbarung des Geistes in der Welt; im absoluten Wissen schließlich wird dieser Prozess als Sich-Begreifen des Geistes sich selbst in vermittelter Unmittelbarkeit einsichtig.

Hegels therapeutische Methodologie ermöglicht es ihm somit, seine idealistische Objektivitätskonzeption positiv als Resultat zu entfalten, das dem Leser, der sich auf die phänomenologische Darstellung einlässt, als aus den Erfahrungen des Bewusstseins mit seinem Gegenstand hervorgegangene „Wahrheit" desselben einleuchtet. Hegel argumentiert also gar nicht mit dem *Mangel* an Alternativen oder mit der *Unausweichlichkeit* gewisser Voraussetzungen (was jeweils zu einem Rest von *metaphysical dissatisfaction* im Sinne Strouds führen würde). Vielmehr argumentiert er mit der anschaulich evidenten *Erfüllung* des Objektivitätskriteriums des Bewusstseins, das sich vom unbestimmten „Sein" der sinnlichen Gewissheit bis hin zum Begriff als spekulativer Einheit von Einzelheit, Besonderheit und Allgemeinheit fortbildet (II.4.1).

Entscheidend ist hier abermals das ‚Wie' der Erfüllung unserer Objektivitätskriterien. Die *Phänomenologie des Geistes* zeigt durch die Selbstkonstruktion des Gegenstandes in Erfahrung und Reflexion, was der *Status* unserer Kriterien für Objektivität ist. Sie werden im absoluten Wissen als etwas erfasst, das sowohl für die Form der wissenden Bezugnahme unhintergehbar ist als auch der Seite des Gegenstandes von sich aus zukommt. Es wäre demnach ungereimt und einseitig, unsere Kriterien für Objektivität ein ‚Begriffsschema' zu nennen, das entweder noch einen ihm äußerlichen Bezugsgegenstand hat oder dem die Seite der Gegenständlichkeit gänzlich fehlt. Ebenso ungereimt und einseitig wäre es aber auch, Hegel einen ‚Begriffsrealismus' zuzuschreiben, der auf metaphysische Annahmen über das Wesen von uns und unserem Wissen getrennter Gegenstände hinausläuft. Hegels Identität von Substanz und Subjekt, die durch die Selbstkonstruktion des Gegenstandes einleuchten soll, hält vielmehr die Schwebe zwischen dieser realistischen und jener idealistischen Einstellung gegenüber der Welt.

Dass die Welt eine geistige ist, wir selbst Geist sind, und unsere begrifflichen Kriterien daher die Struktur der Sachen selbst ausmachen, lässt sich demnach nur einseitig in Aussagen über ein weltvorstellendes transzendentales Subjekt oder in ontologischen Aussagen über die Welt als Substanz wiedergeben. Die nicht-triviale Konvertierbarkeit beider Sichtweisen ist die spekulative Pointe, zu der uns Hegels *Phänomenologie* im absoluten Wissen führen soll.

Im Unterschied zur oben skizzierten absolut-idealistischen Lesart ist die hier erreichte ‚Balance' zwischen den Polen des Subjektiven und Objektiven jedoch kein Resultat, das als Ergebnis einer Kette propositional artikulierbarer Argumente, geschweige denn transzendentaler Argumente erreichbar ist. Vielmehr gehören zu Hegels Idealismus auch ein performativer Aspekt, der eine bestimmte gedankliche Praxis von Wissenschaft ausmacht, sowie der Aspekt eines intuitiven Wissens, das nicht nur dialektisch zu räsonieren, sondern auch einzusehen und anzuschauen vermag. Denn auf den Standpunkt des absoluten Wissens führt uns nur der Nachvollzug des Erfahrungsganges und das ihn erinnernd-begreifende Einleuchten seiner Selbstkonstruktion. Die beiden genannten Aspekte werde ich in Abschnitten 2 und 3.1 aufgreifen.

Welche Kategorien letztlich als Kriterien für Objektivität fungieren können und wie sie dafür logisch verknüpft werden müssen, ist eine Frage, die der spekulativen Logik anheimfällt, zu welcher uns nach Hegel die Phänomenologie des Geistes instand setzen soll. Die Darstellung in der *Phänomenologie* ergibt zwar in rückblickender Perspektive bestimmte transzendentale Konditionale, die angeben, welche Kategorien für welche Wissensansprüche und ihre Wahrmacher vorausgesetzt werden müssen (siehe II.1.5 u. II.5.2). Doch erst die Logik, wie wir sie aus der *Wissenschaft der Logik* kennen, entfaltet diese Bestimmungen (des Seins, des Etwas, des Grundes, etc.) theoretisch in ihrer ganzen inferentiellen Weite und Bestimmtheit, während sie von den Bewusstseinsgestalten gewissermaßen praktisch als Kriterien verwendet wurden.

Ebenfalls in einer weiterführenden konstruktiven, nicht mehr rein therapeutischen Absicht ließen sich eine Ontologie der Gegenstandstypen sowie eine Epistemologie von Wissensformen aus dem in der *Phänomenologie* Erreichten entwickeln. Die Grundlage für diese Theoriestücke ist implizit enthalten im Entwicklungszusammenhang der Gegenstandskonzeptionen und Wissensansprüche der jeweiligen Bewusstseinsgestalten. Davon ausgehend könnte dann die zentrale Rolle von Intersubjektivität und insbesondere Anerkennungsverhältnissen bei der Einlösung von Wissensansprüchen bestimmt werden. Dass der Geist wesentlich je der Geist einer geschichtlich gewordenen Gemeinschaft ist und die Daseinsform der Sprache hat, bedeutet jedenfalls nicht *ipso facto*, dass Hegel eine sozialexternalistische Konzeption des Wissens oder gar eine neo-pragmatistische Form des Anti-Realismus vertritt. Die Einsicht in die Absolutheit des Geistes, die das absolute Wissen der *Phänomenologie* meiner Rekonstruktion zufolge verstatten soll, verhindert eine solche Vereinseitigung von Hegels Idealismus, mithin das Herabsinken seiner Objektivitätskonzeption in eines der Glieder von Strouds Trilemma.

1.2.2 Fichte: Alle Realität ist *im* Wissen

Fichtes Objektivitätskonzeption in der *Wissenschaftslehre 1804-II* lässt sich auf die Formel bringen, dass alle Realität *im Wissen* ist. Die Präposition ‚im' ist dabei in zweifacher Weise zu lesen: (i) als dem räumlichen Verhältnis von Figur und Grund analoges Verhältnis der Realität zum Wissen als dem Horizont, innerhalb dessen Reales jeweils erscheint, und (ii) als adverbiale Bestimmung des „Sein und Leben" genannten Wissensvollzugs. Die von Fichte entwickelte performative Tautologie des „Bildens" vermittelt zwischen jenem substantivischen und diesem verbalen Sinn von Wissen, indem es die Einfaltung aller Realität ‚in' das reine Wissen durch das Gesetz der Selbstprojektion des reinen Wissens begreift.

An Fichtes Objektivitätskonzeption ist ihr monistischer Zug entscheidend, wonach es grundlegend nur *die* Realität als Singularetantum gibt, so wie es auch nur *das* Wissen im Sinne einer ursprünglich einfachen Aktivität gibt; darin gründen die in meiner Rekonstruktion verwendeten Metaphern des Horizonts und des absoluten Raums.[809] Dieser monistische Zug ergibt sich aus dem Grundsatz von Fichtes „Wahrheitslehre", dem zufolge das Sein absolut in sich geschlossen ist. Wir partizipieren für Fichte unmittelbar an dieser ‚Realität *tout court*', indem wir in einen nicht-diskursiven Wissensvollzug eintreten, in welchem Sein und reines Wissen zusammenfallen (schon die Formulierung, dass beide ‚als identisch hervortreten', wäre aufgrund der prädikativen Form des ‚als' deplatziert).

Fichtes „Erscheinungslehre" soll nun zeigen, inwiefern mit diesem Monismus gebrochen werden kann, damit in jene Sphäre des reinen Wissens Bestimmtheit eintritt und zwar insbesondere eine solche, welche die repräsentationale Form unseres gewöhnlichen Wissens ermöglicht. Dazu wird das als Sein/Leben erfasste Wissen auf der Ebene seiner Erscheinung betrachtet. Fichte zielt hier auf eine doppelte Einsicht: das Innewerden reiner Gewissheit als Grundphänomen des Wissens und die dadurch hervorgebrachte Einsicht, *dass* Sein und Gewissheit identisch sind. Die Qualität reiner Gewissheit wird dadurch als unhintergehbares *Kriterium* ausgewiesen, welches erstens für alle Zustände des Wissens gilt, zweitens gemäß dem Verhältnis von Bestimmbarem und Bestimmung modifizierbar ist und das drittens die Realität des jeweils Gewussten verbürgt.

Die Wahrheitslehre zeigt somit, dass es keine Realität außerhalb des reinen Wissens als eines in sich geschlossenen Seins gibt, und die Erscheinungslehre zeigt, dass alle Bestimmungen der Realität Modifikationen der Gewissheit sind, mithin deren gegenständliche Erscheinungsweise die bildliche Projektionsform dieser Gewissheit ist. Das Bilden steht für den Vollzug der höherstufigen Einsicht in diese generative Funktion der Gewissheit, d. h. ihre „Selbstkonstruktion" in der Form des Begreifens bzw. des propositionalen Wissens. Diese Einsicht ist Thema der Wissenschaftslehre „in specie" als dem Wissen vom reinen Wissen.

Auf den ersten Blick könnte Fichtes Konzeption für einen neuplatonisch stilisierten Wiedergänger von Kants transzendentalem Idealismus gehalten werden. Denn Fichte unterschreibt offenbar die an Kants Idealismus erinnernde These, dass uns diskursive Erkenntnis nur von bloßen Erscheinungen möglich ist, während das darin erscheinende Sein an sich dem diskursiven Erkennen notwendigerweise unzugänglich ist. Auf diesem Abstraktionsniveau betrachtet, ver-

---

[809] Für eine vergleichbare monistische Ausdeutung des Wissensbegriffs, die das Wissen analog zu Fichtes Grundsatz der In-sich-Geschlossenheit von aller internen Differenzierung freihalten will, siehe Della Rocca 2020, 142 ff.

1 Fazit: Das Problem objektiver Geltung und seine therapeutische Auflösung — 467

tritt Fichte analog die These von der transzendentalen Idealität der Erscheinung, da es nach Fichte die Form unseres Begreifens ist, welche *a priori* alle Erscheinungen als bloße *Bilder* des Seins ermöglicht und denselben ihr Gepräge gibt. Und Fichte wäre ebenso empirischer Realist, insofern unser gewöhnliches Wissen in seiner repräsentationalen Form wiederum nur *Bild eines solchen Bildes* ist, und dementsprechend an die Form der Korrespondenzwahrheit gebunden ist. Die der Bildform eigentümliche Projektion *per hiatum* sichert dabei allem im Bild des gewöhnlichen Wissens erfassten gegenständlichen Sein die realistischen Insignien der Subjektunabhängigkeit (Ansichsein), Faktizität und Vorhandenheit.

Doch wie schon in den „Prolegomena" der *WL 1804-II* deutlich wurde, sucht Fichte zwar den architektonischen Anschluss an die Grundkonfiguration des kantischen transzendentalen Idealismus, aber nur, um sie radikal zu transformieren. Dieses Anliegen betrifft insbesondere die eben aufgespannte Analogie zwischen dem Sein der Wahrheitslehre und dem kantischen ‚Ding an sich'. Denn gerade die Konzeption eines schlechthin subjektunabhängigen ‚Ankers' unserer Repräsentationen unterwirft Fichte der therapeutischen Transformation. Dies geschieht in Fichtes Destruktion des Begreifens in der aufsteigenden Argumentation (siehe III.3.2), die gerade zum über sie hinausweisenden Ziel hat, dem Sein allen Charakter eines ‚Dinges' zu nehmen, das ‚außerhalb' des Wissens zu suchen wäre, sowie die Bestimmung des „Ansich" als Kernmerkmal von Subjektunabhängigkeit und Substanzialität durch den Vollzugssinn von „Sein" und „Leben" zu ersetzen.

Gemäß der hier gewählten Analogie stellt sich nun das Problem der Relation zwischen Erscheinung und Ding an sich, das Jacobi als Racheproblem für den kantischen Idealismus aufgeworfen hatte (siehe I.3.2). Bei Fichte stellt sich dieses Racheproblem als das Dilemma reflexiver Stabilität (siehe III.3.5): Entweder partizipieren wir unmittelbar am Sein/Leben als eigentlicher Realität, was aber ein reflexiv instabiler Zustand ist, der dem nachträglichen Begreifen schlechthin entzogen bleibt, oder diese Teilhabe wird dem Begreifen unterworfen und ist zwar reflexiv stabil, kann aber als Nachkonstruktion keine hinreichende Beglaubigungsfunktion ausüben.

Aus diesem Dilemma ergeben sich die zwei großen Fluchtlinien, entlang denen sich die meisten Lesarten der *WL 1804-II* aufteilen lassen. Die einen votieren für die reflexive Instabilität des Vollzuges und tendieren darin zum Paradigma einer negativen Theologie, gemäß dem eine apophantische Rede über das Sein nur in der Form des Verneinens und Absprechens erlaubt ist. Die anderen votieren für reflexive Stabilität und tendieren dabei zum Paradigma einer negativen Dialektik im Sinne Adornos, dem gemäß die Selbstvernichtung des Begreifens das eigentliche Thema der Wissenschaftslehre ist. – Die negativ-theologische Lesart ist offen für einen gleichsam mystischen Zugang zum Zustand des Seins/

Lebens, der zwar einen Bruch in der Darstellung unumgänglich macht, dem aber der Überstieg zu einem radikal Anderen des Begreifens gelingt, wenngleich zum Preis reflexiver Instabilität und meist mangelnder Intelligibilität. Letzteren Mangel kann die Gleichsetzung des Zustands des Seins/Lebens mit dem nicht-diskursiven Erfassen der ursprünglichen Gewissheit weitgehend ausräumen, aber auch sie bleibt darauf verpflichtet, der diskursiven Darstellung einen ‚ek-zentrischen' Verweis auf eine mystische Einheitserfahrung einzuschreiben. – Die negativ-dialektische Lesart hingegen versteht die Gebrochenheit der Darstellung stärker als eine selbstbezügliche. Das radikal Andere des Begreifens kommt dabei nur relativ zum Begreifen in den Blick und wird, sobald diese Relation wiederum reflektiert wird, erneut vom Begreifen als dessen Verstellung durchgestrichen. Die Möglichkeit eines Zugangs zum Zustand des Seins/Lebens besteht hier nur insoweit, als dieser in der beständig neu ansetzenden Negationsbewegung als deren zentripetaler Fixpunkt durchscheint. Eine gewisse reflexive Stabilität ist demnach möglich, aber zum Preis des Verbleibs im Bannkreis der bloßen Nachkonstruktion des Seins.

Meine Rekonstruktion zeigt einen neuen Mittelweg auf, indem sie in der Denkfigur des Bildens sowohl den Vollzugsaspekt als auch die Seite des Begreifens im Spiel hält. Der bei Fichte aufgezeigte Anschluss an die Form praktischer Autonomie (siehe III.5) unterscheidet sich dabei von einer negativ-dialektischen Denkfigur. Denn beim Autonomiegedanken ist gerade die affirmative Selbstkonstruktion des Gesetzes entscheidend, welches die Differenz von Bild und Abgebildetem als unhintergehbare Selbstprojektion des Seins bzw. des Lichts vorstellt. Der Autonomiegedanke fungiert hier als Schlüssel, weil er zeigt, dass die freie Willkür in der Nachkonstruktion des Gesetzes und das vorgängige Unterworfensein unter das Gesetz nicht im Widerspruch stehen (siehe III.4.5). Auf den bleibend prekären Charakter des Bildens werde ich in Abschnitt 3.2 kritisch eingehen.

Angesichts von Fichtes therapeutischer Transformation des kantischen Strukturrahmens sind zwei systematische Zuspitzungen seiner Objektivitätskonzeption naheliegend. Die erste war bereits von Anfang an im Spiel: Sacks' zweistufige Objektivitätskonzeption, die ebenfalls an Kants transzendentalen Idealismus anschließt und ohne Rekurs auf ein kantisches Ding an sich auskommen will, indem sie ihre *absolute conception* der Realität radikal anti-repräsentationalistisch und ontologisch abstinent expliziert (siehe I.3.4–5). Auf die methodologischen Vorzüge von Fichtes Ansatz gegenüber dem Sacks' bin ich bereits an anderer Stelle eingegangen (siehe III.3.1). Konzeptionell hat Fichtes Ansatz den Vorzug, dass er ontologisch gerade nicht abstinent bleibt, sondern ernst damit macht, dass das reine Wissen tatsächlich *Sein* im ursprünglichen Sinne ist (als, wie Fichte sagt, „*esse in mero actu*"). Fichte vermag also mit seiner Objektivitätskonzeption an der *independent ontological base* festzuhalten, die Sacks strikt zurückweist (was ihn letztlich in ein Racheproblem führt, siehe I.3.4.2), ohne aber in den von Sacks monierten verdinglichenden Repräsentationalismus in Bezug auf dieselbe zurückzufallen.

Eine bleibende Ähnlichkeit zwischen Sacks und Fichte besteht in der Diagnose einer *fictional force* bzw. Projektion *per hiatum*, welche dem gewöhnlichen Wissen sowohl seine repräsentationale Form einschreibt als auch einen realistischen Objektivitätsbegriff unterlegt. Vor diesem Hintergrund bietet sich eine zweite Zuspitzung an: Könnte Fichtes Objektivitätskonzeption nicht im Sinne von Blackburns *quasi-realism* verstanden werden, dem zufolge gewisse Aussagen (für Blackburn: moralische Aussagen) zwar die Form von Deklarativsätzen aufweisen, aber eigentlich eine nicht-deskriptive semantische Funktion haben?[810] Da Fichte die Struktur der Projektion *per hiatum* dem Wissen als solchen einschreibt, scheint seine Konzeption sogar noch besser zu Prices *global expressivism* zu passen, welcher den Quasi-Realismus auf alle Arten von Aussagesätzen ausweitet.[811] Auch wenn es hier interessante Ähnlichkeiten zu erkunden gibt, bleiben folgende Unterschiede dieser Objektivitätskonzeptionen mit der Fichtes festzuhalten.

Erstens folgt aus dem von Fichte formulierten Gesetz der Projektion, dass das gewöhnliche Wissen nicht bloß vermeintlich, sondern tatsächlich eine repräsentationale Form hat; diese fingiert gleichwohl im Sinne der *fictional force* ein falsches Bild des Wissens als solchem sowie seines Realitätsbezugs. Blackburn hingegen konstatiert, dass die repräsentationale Form auf der Ebene der „‚deep' semantics"[812] gewisser Aussagen gerade nicht bestehe und diese These verallgemeinert Price. Diese Feststellung lässt sich bei Fichte lediglich auf das Verhältnis des propositionalen Wissens zum reinen oder absoluten Wissen übertragen, aber nicht auf das propositionale Wissens selbst.

Zweitens spielen menschliche Subjekte und ihre reaktiven Dispositionen nicht die Rolle in Fichtes Konzeption, wie sie es im Quasi-Realismus bzw. globalen Expressivismus tun.[813] Die ‚expressive Funktion' der propositionalen Form ist bei

---

810 Fichtes Gesetz der Projektion wäre dann analog zu Blackburns Mechanismus einer „propositional reflection" zu verstehen (siehe Blackburn 1993b, 125f.).
811 Siehe Price 2013, 30; zur Einordnung seines Ansatzes, siehe Seiberth 2022, 176–190, u. Spiegel 2021, 153–165.
812 Blackburn 1993a, 183.
813 Im Gegensatz zu Blackburns humeanischer Konzeption sind Urteile bei Fichte nicht Ausdruck für die reaktiven Dispositionen von Subjekten und auch nicht projektivistisch in dem Sinne zu verstehen, dass es eine objektive Welt gäbe, die zusätzlich von sekundären, reaktionsabhängigen Qualitäten bevölkert würde (vgl. Prices Unterscheidung der letzteren, metaphysischen Variante des Quasi-Realismus von einem durchgängigen globalen Expressivismus [Price 2011a, 235]). Im Gegensatz zu Prices globalem Expressivismus sind Urteile bei Fichte freilich nicht das

Fichte höchstens die, dass die absolute Wahrheit in dieser Form *erscheint*. Das ‚Erscheinen' ergibt sich zwar nur in der Einsicht, die wir in der Wissenschaftslehre davon erreichen, aber diese als Bilden vollzogene Einsicht ist selbst „unmittelbare Aeusserung und Leben der Vernunft" (*WL* 406). Das heißt: Nach Fichte drücken nicht *wir* unsere normativen Einstellungen und Rationalitätsstandards in der Form von Urteilen aus, sondern das Wissen selber drückt sich in uns aus und entäußert sich in die Urteilsform.

1.3 Die therapeutische Methode: Transzendentale Argumente als Kontrastfolie und ‚Leiter'

Meine Rekonstruktion Hegels und Fichtes führt mich zu dem Ergebnis, dass die von ihnen angestrebte Therapie in einem wesentlich erstpersonalen, performativen Sinn zu verstehen ist. Die Leserin und der Leser sind aufgefordert, einen fundamentalen Perspektivwechsel auf ihr Weltverhältnis bzw. ihr Objektivitätsverständnis tatsächlich zu vollziehen, damit der von Hegel und Fichte formulierte Idealismus mehr ist, als nur ein alternatives Begriffsschema, das in der Frage seiner Gültigkeit wieder an transzendentale Argumente zurückverwiesen wäre. Die Überwindung der realistischen Objektivitätskonzeption geschieht demnach, indem wir im absoluten Wissen einen neuen Standpunkt einnehmen, auf dem die alte Konzeption als an einen ‚niederen' Standpunkt gebundene Abstraktion – als „natürliches Bewusstsein" bzw. „Ansicht des gewöhnlichen Wissens" – durchsichtig wird.

Der performative Aspekt beider Therapien darf jedoch nicht Jacobis *salto mortale* in den Glauben gleichen, sondern die Genese der neuen Sichtweise muss eine rational nachvollziehbare *Aufklärung* der realistischen Objektivitätskonzeption darstellen. Das in der realistischen Konzeption artikulierte metaphysische Bedürfnis nach Objektivität darf nicht gemieden werden, sondern ein erkenntniskritischer Ansatz muss gerade dieses in sein Visier nehmen. Entsprechend liegt der Schwerpunkt meiner Untersuchung auf dem Weg, der zum Ziel einer idealistischen Objektivitätskonzeption führen soll, d. h. auf dem *Prozess* der Therapie und den skeptischen Fallstricken, denen er ausgesetzt ist. Hier entfaltet mein

---

Hilfsmittel eines Sprachspiels (dem „Assertion Game"), das den verschiedenen normativen Verpflichtungszuschreibungen und psychologischen Dispositionen der Zustimmung/Ablehnung in einer Sprechergemeinschaft Ausdruck verleihen soll (siehe Price 2011a, 247 f.). Trotz der Vielfältigkeit, in der Fichte die Bild-Relation und ihre Einbettung in verschiedene Weltansichten denkt, ist überdies Prices pluralistische Sicht auf die Funktionen des Behauptens (vgl. Price 2011a, 249, u. Price 2013, 47 ff.) vermutlich mit der Uniformität von Fichtes Gesetz der Projektion unvereinbar.

1 Fazit: Das Problem objektiver Geltung und seine therapeutische Auflösung — 471

systematischer Zugang seine größte analytische Kraft. Meine Rekonstruktion zeigt, dass sowohl die *Phänomenologie* als auch die *WL 1804-II* in ihrer Methode, Argumentationsstruktur und Darstellungsform auf die Therapie des Problems objektiver Geltung zugeschnitten sind.

Welche Rolle spielen nun transzendentale Argumente in den jeweiligen therapeutischen Methodologien bzw. für die hier vorgelegte Rekonstruktion? Zum einen ist der Rekurs auf transzendentale Argumente ein heuristischer: Sie fungieren als Messlatte und Abgrenzungsfolie für die Methodologien Hegels und Fichtes. Denn darin bestand gerade das als Strouds Trilemma formulierte Racheproblem: Eine jede hinreichend ambitionierte idealistische Theorie muss die Objektivitätskonzeption des Realismus entweder einschränken, zurückweisen oder mit Hilfe von transzendentalen Argumenten überbrücken – letzteres führt aber geradewegs in Strouds Substitutionsproblem und die erstgenannten Optionen zum Problem, dass idealistische Vorannahmen gemacht werden müssen, die nicht wieder eingeholt werden können. Die methodologische Herausforderung besteht somit gerade darin, die Verwendung ambitionierter transzendentaler Argumente zu vermeiden und trotzdem eine gehaltvolle, kontrastfähige Form des Idealismus zu begründen. Meine Rekonstruktion Hegels und Fichtes legt daher ein durchgängiges Augenmerk darauf, wie ihre Methodologien es verstehen, Strouds Trilemma zu umgehen.

Zum anderen dient das Modell transzendentaler Argumente dazu, das Problem objektiver Geltung in seiner Ausgangsform *vor* seiner therapeutischen Auflösung zu artikulieren. In einem realistischen und repräsentationalistischen Rahmen erscheint der Anspruch auf die objektive Geltung transzendentaler Bedingungen gerade so, dass er zwingend ambitionierte bzw. weltbezogene transzendentale Argument erfordert. Indem Hegels und Fichtes therapeutische Methodologien diesen Rahmen verabschieden, zeigen sie auf, inwiefern das Problem objektiver Geltung verschwindet. Doch eine erfolgreiche philosophische Therapie, wie ich sie hier verstehe, soll dabei nicht das metaphysische Bedürfnis nach Objektivität vergessen machen, auf das weltbezogene transzendentale Argumente antworten wollten. Und auch der Ausweis performativer und begrifflicher Unhintergehbarkeit behält seine zentrale methodologische Rolle (mit unterschiedlichen Gewichtungen bei Hegel und Fichte). Gleich der Leitermetapher in Wittgensteins *Tractatus* sind transzendentale Argumente somit Teil des Weges, der zu jenem Punkt führen soll, an dem sie nicht mehr benötigt werden, um die Objektivität transzendentaler Bedingungen zu denken.

Ich bin somit in der vorliegenden Arbeit zu dem negativen Ergebnis gelangt, dass Hegels und Fichtes Entwürfe keine weltbezogenen transzendentalen Argumente verwenden und dass das Modell moderater transzendentaler Argumente ihre Methodologien bei weitem nicht erschöpfend charakterisiert und höchstens nur ein Teilelement bildet. Das positive Ergebnis meiner Rekonstruktion liegt erstens darin, zu zeigen, welche überaus innovativen und komplexen Strategien Hegel und Fichte entwickeln, um die realistische Objektivitätskonzeption von innen aufzubrechen oder durch Steigerung des Reflexionsniveaus über sich hinauszutreiben, ohne dass sie dabei den skeptischen Einwänden gegenüber transzendentalen Argumenten anheimfielen. Zweitens zeigt meine Rekonstruktion, dass im Spiegel des Problems objektiver Geltung wesentliche systematische Konvergenzen zwischen Hegels *Phänomenologie* und Fichtes *WL 1804-II* sichtbar werden, die sie beide als Entwürfe einer nachkantischen Transzendentalphilosophie lesbar werden lassen.

2 Das gemeinsame Paradigma geometrischer Konstruktion

Die Darstellungsform ist für die therapeutischen Projekte der *Phänomenologie* wie der *WL 1804-II* meiner Rekonstruktion zufolge von zentraler Bedeutung. Hegels und Fichtes Methodologie beruht wesentlich darauf, dass die *Form* der Darstellung sowie ihre *Rezeption* seitens ihrer Leserinnen und Leser (bzw. Hörerinnen und Hörer) auf eine bestimmte Weise gestaltet ist. In meiner Rekonstruktion habe ich mich bereits der Hypothese bedient, dass Hegels und Fichtes Methode der Darstellung auf einer Analogie zur geometrischen Konstruktion in der Anschauung beruht. Durch den Einfluss Kants und Maimons ist die geometrische Konstruktion als ein zentrales methodologisches Modell der klassischen deutschen Philosophie anzusehen.[814] Im Folgenden werde ich jedoch die historische Entwicklung weitgehend außer Acht lassen und mich auf meine Rekonstruktion Hegels und Fichtes konzentrieren. Am Paradigma der geometrischen Konstruktion lassen sich systematisch gewichtige Konvergenzen zwischen den Methoden der *Phänomenologie* und der *WL 1804-II* aufweisen.

Das geometrische Paradigma ist bei Fichte am offensichtlichsten. Fichtes methodische Grundoperation ist ausdrücklich der Dreischritt von begrifflicher „Konstruktion", durch sie erzeugter intuitiver Evidenz und der abstraktiven Reflexion auf das, was sich intuitiv gezeigt hat (III.1). Der Form nach entspricht Fichtes Vorgehen somit einem geometrischen Konstruktionsbeweis: Wir konstruieren in der (reinen) Anschauung eine Figur nach bestimmten Begriffen (z. B. ein Dreieck, das an Scheitel und Basis zwischen zwei parallele Linien gesetzt

---

[814] Was nicht bedeutet, dass sich etwa Kant diesem Modell unkritisch verschreiben würde, siehe Kant 1998, A 713 / B741. Zum historischen Kontext und Einfluss des Konstruktionsparadigmas, siehe oben den historischen Abriss in der Einleitung sowie Franks 2005, 190 f.; Schmid 2020; Shabel 2011; Stolzenberg 1986; Taureck 1975, u. Weber 1998. Zu Fichte im Speziellen, siehe Fn. 522.

wird) und reflektieren auf das, was uns Allgemeines durch diese Konstruktion evident wird (z. B. dass Dreiecke eine Winkelsumme von 180° haben müssen).

Auf den zweiten Blick findet sich diese methodische Ordnung auch in der Darstellungsform von Hegels *Phänomenologie:* In jedem ihrer Kapitel wird eine Bewusstseinsgestalt anhand ihres Begriffs konstruiert, woraus sich die Erfahrungen mit dem ihr erscheinenden Gegenstand ergeben, welche wiederum als Stufen eines Lernprozesses reflektiert und begrifflich eingeholt werden. Ich habe diese Entsprechung in II.2.3 bereits diskutiert.[815]

Das Paradigma geometrischer Konstruktion hat eine noch tiefergehende Bedeutung für das Projekt einer philosophischen Therapie, das ich in der *Phänomenologie* und *WL 1804-II* jeweils rekonstruiert habe, und wirft ein entsprechendes Licht auf die Methodologien dieser Entwürfe sowie deren systematische Verwandtschaft. Folgende weitere Aspekte geometrischer Konstruktionsbeweise sind hier bedeutsam:
1. der performative Aspekt des selbsttransparenten Akts der Konstruktion;
2. der demonstrative Aspekt des unmittelbaren, nicht-diskursiven Klarwerdens;
3. der Aspekt der Realisierung eines Begriffs durch seine Konstruktion in der Anschauung;
4. der synthetische Aspekt, dass in der Anschauung Merkmale hervortreten, welche in den die Konstruktion anleitenden Begriffen nicht enthalten sind;
5. der Gegensatz zum Nicht-Konstruierbaren.

Der letztgenannte Aspekt ergibt sich aus der philosophischen Aneignung der anderen Aspekte der geometrischen Konstruktion: Sie führen unmittelbar in das Spannungsfeld zwischen dem Konstruieren als (synthetischer) Aktivität eines Subjekts und dem Nicht-Konstruierbaren, welches dieser vorgegeben oder entzogen ist.

1. *Performativer Aspekt:* Die Evidenz der geometrischen Konstruktion ergibt sich nur dann, wenn wir die Konstruktion selber vollziehen und uns dabei reflexiv gegenwärtig ist, was wir tun. Die Therapie des Problems objektiver Geltung basiert ebenfalls wesentlich darauf, dass wir performativ in ihren Prozess involviert sind und zwar so, dass wir dabei aktiv und auf uns selbst durchsichtige Weise Erfahrungen machen. Dann durchlaufen wir mit unserer Objektivitätskonzeption einen Lernprozess, der für uns unmittelbar *verbindlich* ist und zu dem wir uns nicht sofort eine skeptische reflexive Distanz setzen können.

---

[815] Zur Einordnung von Hegels Kritik an der geometrischen Konstruktionsmethode, wie sie in mathematischen Beweisen zur Anwendung kommt, siehe Fn. 299.

In der Darstellung der *WL 1804-II* ist der performative Aspekt offensichtlicher, da Fichte in seinem Vortrag nicht müde wird, seine Hörerinnen und Hörer dazu aufzufordern, mit ganzer Aufmerksamkeit gewisse Konstruktionen zu vollziehen, um von der sich dann einstellenden Evidenz „fortgerissen" zu werden. Denn erst durch den eigenen Vollzug eines „lebendigen" Denkens werden wir in den therapeutischen Prozess auf eine Weise einbezogen, die zu einer nachhaltigen Änderung unseres Standpunkts und unserer Denkungsart führt: „Was wir wahrhaft einsehen, das wird ein Bestandtheil unser selbst, und falls es wahrhaft neue Einsicht ist, eine *Umschaffung* unser selbst; und es ist nicht möglich, daß man nicht sei, oder aufhöre zu sein, was man wahrhaft geworden." (*WL* 18) Insbesondere für die von Fichte angestrebte „Vernichtung" der Form diskursiven Denkens habe ich gezeigt, dass die performative Identifikation mit den „Maximen" von Idealismus und Realismus unersetzlich ist, um schließlich zu einem Perspektivwechsel auf das Wissen zu gelangen, der nicht rein diskursiv vermittelt werden kann (III.2.3 u. 3.1).

Doch auch Hegels *Phänomenologie* baut auf einer Aufforderung an ihre Leserinnen und Leser auf, nämlich sich in die Haltung des „reinen Zusehens" zu versetzen und von jeglicher „Zuthat" der äußeren Reflexion abzusehen (II.1.3 u. 4.4). Ohne diesen impliziten Akt der Hingabe an die immanente Logik der Darstellung können wir nicht auf den Standpunkt der „Wissenschaft" geführt werden. Wie meine Rekonstruktion zeigt, verläuft dieser aktive Mitvollzug der Darstellung notwendig auf zwei Ebenen. Erstens als Mitvollzug von Erfahrungen der Bewusstseinsgestalten, die ihrerseits so dargestellt werden, dass sich ihr Scheitern immanent aus ihrem Tun ergibt. Zweitens auf der Ebene der begrifflichen Nachkonstruktion, die spätestens im Modus der „Erinnerung" am Ende des Ganges wiederum einen eigenen Akt der Reflexion erfordert.

2. *Demonstrativer Aspekt:* Was den geometrischen Konstruktionsbeweis von anderen (nicht-konstruktiven) Beweisverfahren wie dem indirekten Beweis unterscheidet, ist die Einbindung einer (reinen) Anschauung. Dieser Aspekt lässt sich verallgemeinern zu einem Moment *intuitiver* Evidenz, d. h. einer Einsicht, die nicht durch ein diskursives Räsonnement einholbar ist, sondern auf einem irreduziblen ‚Zeigen' beruht. Es ist naheliegend, den von Kant und Fichte geprägten Topos der „intellektuellen Anschauung" als die dazu erforderliche Anschauungskomponente anzusehen – dennoch habe ich bisher auf diese terminologische Festschreibung weitgehend verzichtet, weil die funktionale Rolle der Anschauung unabhängig davon analysiert werden kann und es eine eigene historische und sachliche Vorklärung erfordern würde, was genau unter dem

Begriff zu verstehen ist und wie er rezeptionsgeschichtlich in die untersuchten Entwürfen eingeflossen sein könnte.[816]

Fichtes therapeutischer Ansatz beruht darauf, dass das „reine Wissen" als der fundamentale, über der Subjekt-Objekt-Spaltung stehende Sinn von Wissen einleuchtet. Dazu muss sich Fichte auf eine intuitive Evidenz berufen, weil nur eine solche die diskursive Form des Wissens bzw. Denkens unterlaufen und eine ihr vorgängige und sie fundierende Dimension eröffnen kann. Für diesen intuitiven Wissenssinn steht bei Fichte das Prinzip des „Lichts" (III.1.4). Durch die Teilhabe am Licht geschieht auch der unter 1. bereits erwähnte performative Perspektivwechsel auf das Wissen – nach Fichte werden wir nur durch die intuitive Evidenz auf die erforderliche Weise „fortgerissen" (III.3.3).

Während Fichte das passive Fortgerissenwerden durch die Einsicht an ein wesentlich nicht-diskursives Erfassen koppelt, entwickelt Hegel in seiner Konzeption des absoluten Wissens sowie dem Modus der „Erinnerung" eine spekulative Form des Begreifens, die *sowohl* diskursiv *als auch* intuitiv-zusehend ist (II.4.4): Sie besteht in der „scheinbaren Unthätigkeit [...] welche nur betrachtet, wie das Unterschiedne sich an ihm selbst bewegt, und in seine Einheit zurückkehrt." (*PhG* 431) Das Moment eines intuitiven Erfassens kommt bei Hegel aber nicht nur auf der Spitze der Spekulation ins Spiel, sondern bereits im Prüfungsprozess der Bewusstseinsgestalten. Denn Hegel kann sein therapeutisches Ziel einer Revision der Objektivitätskriterien des Bewusstseins nur erreichen, wenn er Erfahrungen so darstellt, dass sie mit und an Gegenständen gemacht werden (II.2.1). Wie ich gezeigt habe, werden die Erfahrungen der Bewusstseinsgestalten so dargestellt, dass mit dem ihnen *erscheinenden* Gegenstand eine Art Konstruktion in der Anschauung vorgenommen wird. Dieser Darstellungsmodus gegenständlicher Erfahrung in der Binnenperspektive des Bewusstseins verhält sich zur Metaperspektive des Phänomenologen wie die Anschauung zum Begriff (II.1.4).

3. *Realisierungsaspekt:* Die geometrische Konstruktion kann dazu dienen, die *Realität* bzw. reale Möglichkeit von Begriffen durch Anschauungen darzulegen. Dabei kommt es auf die Verbindung von Begriff und Anschauung an. Eine sowohl diskursive als auch intuitive Ebene der Darstellung ist ebenfalls eine zentrale methodologische Anforderung an eine vor skeptischen Racheproblemen gefeite Therapie. Denn die entsprechend einseitige Verwendung nur performativer oder nur begrifflicher (transzendentaler) Argumente würde im ersten Fall zu einer bloß

---

816 Zur Geschichte des Begriffs der intellektuellen Anschauung und seiner proteischen Wandlungen, siehe Tilliette 2015. Zur Rolle der intellektuellen Anschauung in der Methode Hegels, siehe Fn. 497; zur Methode Fichtes, siehe Fn. 522.

performativen Unhintergehbarkeit führen (I.2.1 u. III.4.2) und im zweiten Fall zu einem bloß begrifflichen Räsonnement, von dem wir uns ebenso leicht reflexiv distanzieren können (I.2.1 u. II.1.4). Erst aus der Kombination anschaulicher Demonstration und begrifflicher Nachkonstruktion kann die Darstellung ihre Notwendigkeit und damit Überzeugungskraft in einer hinreichend starken Form darlegen.

Für Fichte hat der Realisierungsaspekt erstens die grundsätzliche Bedeutung, dass seine Darstellung ohne lebendiges Vollzugsmoment bloß ein System leerer Begriffe und semiotischer Querverweise wäre. Fichte hat sich der Realität des von ihm diskursiv Dargestellten immer wieder neu zu vergewissern, indem er den Standpunkt seiner Theoriebildung in eine „lebendige" Einsicht statt deren „tote" Nachkonstruktion versetzt. Zweitens muss Fichte die unmittelbare Teilhabe am intuitiven Einleuchten begrifflich einholen und reflexiv stabilisieren können, damit er das Problem objektiver Geltung nicht nur „vernichtet", sondern auf erkenntnistheoretisch satisfaktionsfähige Weise *auflöst*. Dies habe ich anhand von Fichtes methodologischem Ansatz, die Einheit von Licht und Begriff zu finden (III.1.6), sowie am systematischen Anforderungsprofil der Erscheinungslehre herausgestellt (III.3.5 u. 4.2). Drittens fungieren die von Fichte verwendeten ‚performativen Tautologien' als Realisierungen von Begriffen, z. B. kann nur so die Realität des Gesetzes des Bildens ausgewiesen werden, indem tatsächlich nach dem Gesetz gehandelt wird und eine entsprechende intuitive Evidenz erzeugt wird (III.4.3).

Auch Hegels *Phänomenologie* stellt kein rein begriffliches Räsonnement dar, sondern einen Erfahrungsprozess. Aber es würde nicht genügen, wenn Hegel seiner phänomenologischen Erzählung vorausschickte oder etwa in Fußnoten belegte, dass sie ‚auf einer wahren Geschichte' beruhe. Vielmehr ist entscheidend, dass die Darstellung der *Phänomenologie* auf den zwei Ebenen der Binnenperspektive des Bewusstseins und der Metaperspektive des Phänomenologen verläuft. Die von den Bewusstseinsgestalten gemachten Erfahrungen haben dabei die Funktion, die Realität ihrer Objektivitätskriterien darzulegen oder zu widerlegen. Es wird jeweils gezeigt, ob der erscheinende Gegenstand mit den Kriterien übereinstimmt oder nicht (II.2.1). Doch auch Ziel dieses Weges der Therapie – die Objektivitätskonzeption des absoluten Wissens – wird nur deshalb als für uns verbindlich und unhintergehbar eingesehen, weil wir dabei die bereits von uns gemachten Erfahrungen „erinnern" und in ihrer begrifflichen Natur erfassen (II.4.4). Ohne die vorherige Realisierung in der Anschauung bzw. Erfahrung würde die aufsteigend-absteigende Struktur von Hegels Darstellung nicht funktionieren (II.4.3).

4. *Synthetischer Aspekt:* Im geometrischen Konstruktionsbeweis tritt an der anschaulichen Figur etwas zutage, das nicht analytisch aus Definitionen und

Axiomen gewonnen werden konnte. Dieser Aspekt stand bereits bei den anderen im Hintergrund. Als Aspekt der Darstellungsform hat das ‚synthetische' Verfahren der Konstruktion die Funktion, eine immanente Kritik des aufzulösenden Standpunkts zu ermöglichen. Denn ein neues Element, das potentiell eine Revision des Standpunkts bedingt, muss stets als etwas eingeführt werden, das aus dem Selbstverständnis des kritisierten Standpunkts erwächst und somit für denselben verbindlich ist. Der synthetische Aspekt der Konstruktion trägt beidem Rechnung, indem das neue Element durch die konstruierende Aktivität bedingt ist, aber sich erst in der Realisierung auf der Ebene der Anschauung zeigt.

Das Prüfverfahren in Hegels *Phänomenologie* entfaltet diesen Ansatz am konsequentesten. Die immanente Kritik der Bewusstseinsgestalten ergibt sich daraus, dass der ihnen jeweils erscheinende Gegenstand, der das Produkt einer Art Konstruktion in der Anschauung ist (siehe 2. oben), ihre Objektivitätskriterien anders erfüllt, als von ihnen erwartet wurde (II.1.3 u. 2.1). Aus der begrifflichen Nachkonstruktion des erscheinenden Gegenstandes in der Metaperspektive des Phänomenologen ergibt sich dann die Revision des Objektivitätskriteriums und der mit ihm verbundenen Gegenstandskonzeption. Die Immanenz der Kritik bleibt gewahrt, weil die Konstruktion sich nach den Vorgaben der jeweiligen Bewusstseinsgestalt richtet; doch in der Tat des Konstruierens kann Hegel durch den synthetischen Aspekt ein Differenzmoment einführen.

Der synthetische Aspekt liegt auch Fichtes Methode zugrunde und zwar auch im Dienste einer (nicht strikt verstandenen und umgesetzten) immanenten Kritik. Denn er geht Hand in Hand mit Fichtes Aufforderung, dass wir seine Darstellung durch unsere „lebendige" Konstruktion mitvollziehen (siehe 1. oben). Aus dieser Konstruktion ergeben sich die intuitiven Einsichten, welche zur therapeutischen „Umschaffung" unserer selbst führen sollen. Mit Hegels Darstellung von Erfahrungen vergleichbar ist hier Fichtes Kritik der Positionen des Idealismus und Realismus. Fichtes Prüfverfahren übernimmt jeweils die „Maxime" einer Position und zeigt, dass mit ihr die Nachkonstruktion unseres mentalen Lebens (genauer: des Einleuchtens) nur unvollständig gelingt, weil ein „faktisches" Element übrig bleibt, das nicht der die Konstruktion anleitenden Maxime entstammt (siehe III.2.3). Dieser Aufweis faktischer Elemente, d.h. für Fichte: nicht abgeleiteter Disjunktionen, ähnelt Hegels Darstellungsweise des erscheinenden Gegenstands.

Fichte nutzt den synthetischen Aspekt der Darstellung jedoch auch, um das Gegenteil zu tun, d.h. „genetische" Einsichten darzustellen, welche Disjunktionen *hervorbringen*. Zunächst scheint hierin eine Analogie zur Aktivität des Konstruierens im geometrischen Beweis zu liegen, durch welche wir bestimmen, welche Figur unseren Begriff exemplifizieren soll.[817] Auf den zweiten Blick zeigt sich jedoch, dass Fichte gerade hier betont, dass nicht *wir* genetische Einsichten machen, sondern diese sich *selber* machen. Deshalb spricht Fichte hier von der „Selbstkonstruktion" der Einsicht.

Werfen wir nun einen zweiten Blick zurück auf Hegel, dann zeigt sich ebenfalls, dass der erscheinende Gegenstand in seiner Bestimmtheit gerade etwas ist, das eine Bewusstseinsgestalt nicht im eigentlichen Sinne selber ‚gemacht' hat, wenngleich sein Erscheinen notwendig durch ihr Selbstverständnis und das diesem entsprechende Tun bedingt ist. Deshalb habe ich im II. Teil den Begriff der Selbstkonstruktion auch als Analysekategorie für Hegels Darstellung vorgeschlagen (II.1.3). Der Begriff der Selbstkonstruktion führt zum fünften und letzten Aspekt meiner Synopse.

5. *Gegensatz zum Nicht-Konstruierbaren:* Wenn das Modell geometrischer Konstruktion als Paradigma für Erkenntnis fungieren soll, dann scheint zu folgen, was Jacobi als den „Kern der kantischen Philosophie", aber auch der Fichte'schen Wissenschaftslehre bezeichnet: „daß wir einen Gegenstand nur in so weit begreifen, als wir ihn in Gedanken vor uns werden zu lassen, ihn im Verstande zu erschaffen vermögen."[818] Nur insofern wir etwas konstruieren bzw. machen können, erkennen wir es auch. Gegen diese These formuliert Jacobi in seinem „Sendbrief an Fichte" einen grundsätzlichen Einwand, der auf dem beruht, was ich hier das ‚metaphysische Bedürfnis nach Objektivität' genannt habe: Das vollständige Begreifen eines Gegenstands müsste ihn „*zu Nichts*" machen, insofern das Begreifen „Sache in bloße Gestalt verwandel[t] – *Gestalt zur Sache, Sache zu Nichts macht.*"[819] Sich dem Modell geometrischer Konstruktion zu verschreiben würde dann bedeuten, die Transzendentalphilosophie von allem Nicht-Gemachten und grundsätzlich Nicht-Konstruierbarem auszuschließen – d.h. Jacobis metaphysischer Intuition zufolge: sie auszuschließen von allem ursprünglichen Sein, dem so etwas wie subjektunabhängiges Bestehen und Aseität zukommt (siehe auch den historischen Abriss in der Einleitung).

Jacobis Einwand zeigt die innere Spannung auf, die zwischen dem Paradigma der geometrischen Konstruktion und dem metaphysischen Bedürfnis nach Objektivität besteht. Der Einwand stellt somit indirekt erneut die Frage nach der Möglichkeit einer therapeutischen Aufhebung der realistischen Objektivitätskonzeption. In dieser Schlussreflexion möchte ich nur darauf aufmerksam machen, wie Fichtes und Hegels Methodologien als Reaktionen auf diese Spannung

---

817 Diesen Aspekt hebt Schmid 2020, 403 ff., hervor.
818 Jacobi 2000, 78. Zu Jacobis Einreihung Fichtes in das Gefolge Kants, siehe Jacobi 2000, 80.
819 Jacobi 2004b, 201.

lesbar sind. Jacobis Einwand beruht auf dem Gegensatz von Konstruktion und nicht-konstruierbarem Sein, wobei die Konstruktion als eine Aktivität des (transzendentalen) Subjekts zu verstehen ist und das Sein als etwas, das gerade nichts vom Subjekt Gemachtes und schlechthin Objektives ist. Der Begriff der *Selbstkonstruktion* versucht diesen Gegensatz aufzulösen: Denn er bezeichnet einerseits eine Aktivität der Konstruktion, aber andererseits etwas, das ein ‚Nicht-Gemachtes' ist, insofern es *nicht von uns* gemacht wurde.[820] Durch die Denkfigur der Selbstkonstruktion wird eine dritte Option sichtbar, die den Bezug zu den spontanen Leistungen von Erkenntnissubjekten nicht verliert, aber zugleich den Bezug zu einer subjekttranszendenten Größe eröffnet.

Meiner Interpretation zufolge ist die Denkfigur der Selbstkonstruktion ein zentraler Bestandteil der Methodologien von Fichtes *WL 1804-II* und Hegels *Phänomenologie*. Inwieweit Fichte und Hegel damit auf Jacobis Einwand antworten können oder wollen, möchte ich hier nicht erörtern, sondern nur aufzeigen, dass die Stoßrichtung von Jacobis Einwand sich auch im Aufbau ihrer Entwürfe wiederfinden lässt.

Bei Fichte, der sich zudem ausdrücklich auf Jacobis Einwand bezieht, beherrscht der Gegensatz von Konstruktion und Nicht-Konstruierbarem in der Form des Gegensatzes von bloßer Nachkonstruktion und Selbstkonstruktion die gesamte Darstellung der *WL 1804-II*.[821] Das Proprium des reinen Wissens, das zu erschließen Fichtes zentrales methodologisches Problem bildet, ist dessen Unbedingtheit und Fürsichbestehen als ein gerade nicht von uns als Subjekten Gemachtes, das unserer konstruierenden Aktivität vorgängig und von ihr wesentlich unabhängig ist (III.1.3 u. 3.4). Entsprechend bezeichnet Fichte das reine Wissen auch parallel zur Begrifflichkeit Jacobis in § 15 als „Sein". Das von Jacobi aufgezeigte Problem, wie ein solches Sein in den Gesichtskreis der (transzendentalen) Philosophie zu bringen ist, wird von Fichte daher zusammen mit dem Begriff des reinen Wissens bereits in den Prolegomena eingeführt als Problem der Selbstvernichtung des Begreifens (III.1.4 – 6). Dieses Programm, den begreifenden Zugang zurückzunehmen, um dem Einleuchten eines ursprünglichen Seins Raum zu geben, bestimmt den Aufstieg zur Wahrheitslehre (III.2 – 3), bildet aber auch das

---

[820] Zur Geschichte des Begriffs der Selbstkonstruktion, siehe Weber 1998, 148 – 164.
[821] Im gegebenen Rahmen kann ich nicht näher auf Jacobis Einwand eingehen und auch kaum näher auf Fichtes ausdrückliche Replik auf Jacobi in § 18 der *WL 1804-II*. Fichte löst Jacobis Dichotomie von Konstruktion und Nicht-Konstruierbarem auf, indem er sie als Unterscheidung von „Ursprünglichem" und „Nachkonstruktion" neu konfiguriert (siehe WL 282 – 286). Wenn das Problem nicht die Konstruktion als solche, sondern nur *unsere Nach*konstruktion ist, ergibt sich als Ausweg die ursprüngliche *Selbst*konstruktion.

Kernproblem der Erscheinungslehre, weil hier ein positiver Bezug zum Begreifen wiederhergestellt werden muss (III.3.5).

In der Erscheinungslehre tritt dann die Figur der Selbstkonstruktion in das Zentrum und der Jacobi'sche Einwand stellt sich als die Frage, wie die begreifende Nachkonstruktion des Seins als dessen wahrhafte Erscheinung, d. h. als dessen Selbstkonstruktion ausgewiesen werden kann (III.4.1). Meiner Rekonstruktion zufolge ist die Vollzugsform des „Bildens" der Schlüssel zu Fichtes Lösung (III.4.5). Im Bilden wird nämlich begreiflich, wie das Wissen als „Sein" sowohl in der Form des Begreifens erscheint als auch sich ihr entzieht. Als Vollzugsform partizipiert das Bilden nach Fichte unmittelbar an diesem Prozess, der zuvor zwar bereits als „Gewißheit" eingeleuchtet haben muss, aber nun von der Form des Begreifens aus angesteuert wird (III.4.2). Ich habe dafür argumentiert, dass Fichtes „Bilden" aus methodologischen Gründen in Analogie zur praktischen Selbstgesetzgebung zu verstehen ist: Wir erfassen unser Begreifen bzw. Nachkonstruieren als etwas, das nach einem Gesetz geschieht, das sich einerseits *in* unserer Aktivität der Nachkonstruktion manifestiert, aber andererseits etwas ihr Vorgängiges und Unbedingtes ist (III.4.4–5). Dieser Interpretation zufolge können wir Jacobis Dilemma vermeiden, indem wir unseren Standpunkt der Nachkonstruktion als notwendige Erscheinungsform der unverfügbaren Einsicht in das Sein begreifen. Dass wir dies im Bilden wiederum nur dann begreifen, wenn wir zuvor einen nicht-diskursiven Zustand der ursprünglichen „Gewißheit" bzw. des „Lebens" erreicht haben, gehört zu der bleibenden Ambiguität von Fichtes Ansatz – auch angesichts von Jacobis Einwand.

In Hegels *Phänomenologie* lässt sich Jacobis Einwand der Sache nach im zentralen Konflikt zwischen den Standpunkten des Bewusstseins und des Selbstbewusstseins verorten, der nach meiner Rekonstruktion wesentlich den Aufbau von Hegels Argumentation bestimmt (II.3.1). Wie ich gezeigt habe, nimmt in Hegels Darstellung das Bewusstsein eine realistische Einstellung ein, d. h. es betrachtet seinen Gegenstand als Gegebenes und Nicht-Gemachtes im Sinne Jacobis. Das Selbstbewusstsein hingegen nimmt eine idealistische Einstellung ein, d. h. es versteht seinen Gegenstand als mit ihm Identisches und zwar, solange der Gegenstand überhaupt als ein Anderes anerkannt wird, als Produkt seiner konstruierenden Aktivität (II.3.4). Die größte Nähe zu Jacobis Einwand hat dieses Spannungsverhältnis in der Gestalt des unglücklichen Bewusstseins, die nach meiner Lesart in der *Phänomenologie* eine Scharnierfunktion innehat (II.3.2). Das unglückliche Bewusstsein scheitert nämlich analog zu Jacobis Einwand daran, sich als transzendentales Subjekt zu verstehen, das in der gegenständlichen Welt letztlich nur sich selbst erkennt, und zugleich daran festzuhalten, dass sein Gegenstand an sich etwas von ihm Nicht-Gemachtes ist. Dieses Scheitern erfährt das unglückliche Bewusstsein in der Form einer religiösen Allegorie als Gegensatz seines „eigenen" Tuns bzw. Machens und dem Bedürfnis eines göttlichen „fremden Tuns".

Hegels Übergang zum „absoluten Wissen" lässt sich dementsprechend als Antwort auf Jacobis Einwand verstehen. Schon die dafür entscheidenden Vorstufen des Gewissens und der offenbaren Religion greifen den Gegensatz eigenen und fremden Tuns auf und versuchen beides zu vereinigen (II.4.3). Im absoluten Wissen überwindet Hegel diesen Gegensatz schließlich durch das Einleuchten der Identität von Substanz und Subjekt bzw. des absoluten Begriffs. Hier findet sich die Figur der Selbstkonstruktion wieder: Der Begriff ist das Sich-Machen eines objektiven Gehalts, an dem wir im absoluten Wissen partizipieren, den wir aber nicht willkürlich konstruieren (II.4.2). In diesem Sinne kommt meine Interpretation mit Hegels Selbstauskunft in der *Wissenschaft der Logik* überein, dass in der *Phänomenologie* die Darstellung auf einem *„sich selbst construirenden Wege"* gehe, auf welchem „die absolute Methode des Erkennens [...] zugleich die immanente Seele des Inhalts selbst" ist.[822]

Wenn wir schließlich einsehen, dass die von den Bewusstseinsgestalten gemachten Erfahrungen ebenso nur eine Selbstkonstruktion dieses Begriffs darstellen, dann ergibt sich die Auflösung des Gegensatzes zur realistischen Einstellung des Bewusstseins (II.4.4–5). Unser Verhältnis zur Welt als etwas Geistunabhängigem lässt sich nunmehr in eine idealistische Objektivitätskonzeption integrieren, der zufolge der Geist „in seinem Andersseyn bey sich selbst ist." (*PhG* 428)

3 Kritische Kontrapunkte: Fichte oder Hegel?

Oberflächlich angesehen, scheinen die *Phänomenologie des Geistes* und die *Wissenschaftslehre 1804-II* von ganz unterschiedlichen Prämissen auszugehen und unterschiedliche philosophische Projekte zu verfolgen. Am ehesten scheint Hegels Entwicklung der Bewusstseinsgestalten der von Fichte nur ganz zum Schluss skizzierten Ableitung verschiedener Weltansichten zu ähneln. Historisch betrachtet trennt sie ohnehin ein rezeptionsgeschichtlicher Graben. Gerade deshalb war es mir ein Anliegen, die m.E. beachtliche systematische und methodologische Verwandtschaft beider Entwürfe in den Vordergrund zu rücken. Das bedeutet freilich weiterhin, dass wir es mit zwei sehr unterschiedlichen philoso-

---

[822] Hegel 1984 (GW 21), 8, H.v.m. Zu diesem Zitat im Speziellen sowie allgemein zur Selbstbewegung des Inhalts in Hegels *WdL*, siehe Heckenroth 2021, 340. Und vgl. die Diskussion in II.4.2.4, Fn. 468, u. II.4.4, Fn. 497.

phischen Ansätzen zu tun hätten. Meine vom skeptischen Problem objektiver Geltung ausgehende Rekonstruktion hat vielmehr den Vorteil, die systematisch gewichtigen Unterschiede schärfer hervortreten zu lassen.

Vor dem Hintergrund des Problems objektiver Geltung springen die unterschiedlichen therapeutischen Strategien beider Entwürfe ins Auge. Meiner Rekonstruktion zufolge verfährt Hegels Therapie nach einer transformativen Strategie (I.3.5), welche direkt darauf zielt, die Semantik des realistischen Objektivitätsbegriffs zu revidieren. Damit richtet sich Hegels immanente Kritik unmittelbar gegen das, was ich die ‚semantische Komponente' des skeptischen Zweifels genannt habe (I.3.3). Fichte hingegen verfolgt nach meiner Lesart eine performative Strategie, welche die semantische Komponente im Grunde unangetastet lässt, aber zu einer Einstellung bzw. einem Standpunkt führen möchte, auf welchem ihre eingeschränkte Gültigkeit einsichtig wird (I.3.3). Fichtes Vernichtung des Begreifens richtet sich damit unmittelbar gegen die ‚pragmatische Komponente' des skeptischen Zweifels, welche dem Skeptiker die reflexive Distanzierung von vermeintlichen Gewissheiten ermöglicht (I.2.1).

Ausgehend von dieser Gegenüberstellung erweisen sich die Ansätze Hegels und Fichtes als ebenso gegensätzlich wie komplementär: Die Stärke des einen ist jeweils die Schwäche des anderen.

3.1 Hegel: Begreifen der Darstellung

Hegels Methode immanenter Kritik setzt an der semantischen Komponente an, d. i. die vom Skeptiker verwendete realistische Objektivitätskonzeption, und transformiert sie in einem immanenten Lernprozess, der im Grundsatz keine externen Annahmen einführen soll. Aber hinsichtlich der pragmatischen Komponente muss Hegel gewisse Annahmen treffen, was das „Zusehen" und das Abhalten einer „Zuthat" seitens des Lesers betrifft, die er in seiner Darstellung m. E. nicht vollständig einholt. Hegels Darstellung müsste dann auf weitere systematische Ressourcen zurückgreifen, die gerade Fichtes *WL 1804-II* ins Zentrum ihrer Theoriebildung rückt.

Wie in Kapitel II.1.4 gezeigt, muss Hegels Darstellung entlang zweier paralleler Gleise verlaufen – der Binnenperspektive des Bewusstseins und der Metaperspektive des Phänomenologen –, um die Reihe der Bewusstseinsgestalten als *notwendige* Entwicklung zu präsentieren, von der sich der metaepistemologische Skeptiker nicht einfach reflexiv distanzieren oder sie als bloß begriffliches Räsonnement einklammern kann. Diese Voraussetzung der Darstellungsform versucht Hegel schließlich durch das absolute Wissen einzuholen, welches als Wissensmodus rekonstruiert wurde, in welchem beide Darstellungsperspektiven ineinander übergehen (siehe II.4.4). Dadurch wird die freie, sich von der Darstellung distanzierende Reflexion des Skeptikers als leere Möglichkeit entlarvt, welche die Verbindlichkeit der immanenten Kritik an der semantischen Komponente nicht zu destabilisieren vermag (II.5).

Die notwendige Zweigleisigkeit der Darstellung hat jedoch die pragmatische Implikation, dass es eine Freiheit des Lesers gibt, sich auf sie einzulassen. Denn obgleich Binnen- und Metaperspektive parallel laufen sollen, müssen sie unabhängig voneinander einleuchten, um eine gegen den Skeptiker gefeite immanente Kritik durchzuführen. Also ist es zunächst dem Leser überlassen, die beiden Darstellungsebenen als Einheit mitzuvollziehen. Dass die Einheit der Darstellung durch ihre „Erinnerung" im absoluten Wissen dann von selbst einleuchten solle, setzt trotzdem diese Freiheit des „Zusehens" als Bedingung voraus. Die in Hegels „Einleitungen" enthaltenen Aufforderungen an den Leser, alle Eitelkeit fallenzulassen und sich im reinen Zusehen zu üben (siehe II.1.1), sprechen m. E. auch textlich für eine solche pragmatische Dimension der Darstellung. Zudem verlangt Hegel vom Leser zusätzlich, dass er zwischen beiden Perspektiven changiert. Dieser Wechsel findet an den Übergängen von einer Bewusstseinsgestalt zur anderen statt, weil (spätestens) dann die Binnenperspektive der alten Gestalt verlassen werden muss, um aus der Metaperspektive des Phänomenologen den neuen Gegenstand der folgenden Bewusstseinsgestalt zu bestimmen (siehe II.2.1). Erst nach diesem Explikationsschritt kann die Binnenperspektive der neuen Bewusstseinsgestalt mit der Garantie eingenommen werden, dass sie den nächsten Schritt eines notwendigen Entwicklungsgangs darstellt.

Gegen die hier vorgenommene äußere Reflexion, die den Unterschied sowie die ‚freien' Übergänge zwischen den Darstellungsperspektiven der *PhG* hervorhebt, könnte Hegel freilich das absolute Wissen in Stellung bringen. Doch unter welchen Bedingungen ist der Vollzug des absoluten Wissens möglich? Das pragmatische Zugeständnis an die freie Reflexion des Lesers gilt auch hier. Deshalb ist das absolute Wissen zweifach *bedingt*: erstens durch jene ihm vorangehenden Reflexionsakte, welche die zunächst zweigleisige phänomenologische Darstellung allererst in Gang bringen, und zweitens durch Hegels Aufforderung an den Leser, sich an den Gang der Erfahrung auf bestimmte Weise zu „erinnern" (siehe II.4.4). Um auch dies als bloß äußere Reflexion abzuwehren, muss sich Hegel m. E. darauf stützen, dass der Inhalt seiner Darstellung für seine Leserinnen und Leser unmittelbar evident wird. Anders gesagt: Hegel scheint sich am Anfang und am Ende der *Phänomenologie* auf ein „Fortreißen" der Reflexion durch die Einsicht berufen zu müssen, wie wir es eigentlich von Fichte kennen.

Aus Fichte'scher Warte betrachtet, gleicht die Methode der *Phänomenologie* damit der Position des „Realismus" (III.2.2): Das Zusehen und das Zurückhalten der Zutat äußerer Reflexion gleicht dem Akt der *Hingabe* an einen gedanklichen

Gehalt, die dem „niederen Realismus" zufolge dazu führt, dass der Gehalt aus sich heraus evident wird. Freilich fordert Hegel vom Leser etwas mehr: Die Konstruktion der sinnlichen Gewissheit als erster Gestalt des Bewusstseins gemäß dem in der „Einleitung" exponierten Bewusstseins- und Erfahrungsbegriff. Entsprechend zum „höheren Realismus" muss Hegel jedoch davon ausgehen, dass nach dieser anfänglichen, energischen Reflexion die Selbstkonstruktion der Darstellung erfolgt. Wenn Hegels absolutes Wissen jedoch so einleuchtet, wie ich es in II.4 beschrieben habe, dann könnte Hegel den sich jeweils aufdrängenden Einwand des Fichte'schen „höheren Idealismus" bzw. dessen äußere Reflexion zurückweisen. Mit Fichte gesprochen: Hegel könnte darauf plädieren, dass wir im absoluten Wissen durch die in sich geschlossene Selbstkonstruktion der Darstellung in ihrer versammelnden Erinnerung „fortgerissen" werden (II.4.3–4).

Damit Hegels absolutes Wissen in der geforderten Weise einleuchten kann – also den Gang der Erfahrung *als ganzen* umfasst –, muss die Seite der begrifflichen Nachkonstruktion lückenlos sein, andernfalls ergäbe sich nicht die kreisförmige Bewegung der Momente, welche schließlich als Identität von Substanz und Subjekt, d.h. als Selbstkonstruktion einleuchtet. Die Vollständigkeit und Lückenlosigkeit des Ganges kann zwar in äußerer Reflexion nicht widerlegt werden (wir könnten es ja jederzeit an der nötigen ungeteilten Aufmerksamkeit des Zusehens fehlen lassen), aber wenn die *Darstellung* des Ganges lückenhaft oder unterbestimmt ist, gibt sie uns nicht die nötige Konstruktionsanweisung an die Hand.[823] Die für Hegels Systemkonzeption zentrale Organismusmetapher macht hier augenfällig, dass alle Organe, d.h. logischen Momente, für das Bestehen ihrer Einheit überlebenswichtig sind. Unter umgekehrten Vorzeichen betrachtet, läuft ebenso das durch den Gang erreichte absolute Wissen Gefahr, überfrachtet zu werden. Es erscheint kaum plausibel, der zufolge ein komplexes Set begrifflicher Bestimmung sich in eine einzige intuitive ‚Schau' abbilden ließe.[824] Doch eine schwächere Lesart, dass nur eine bestimmte konzeptuelle Entwicklungsbewegung einleuchten muss bzw. ein gewisses Set logischer Begriffe, könnte die notwendige Anbindung an den Gang kappen, der zu ihr hinführen soll, d.h. zum von mir angezeigten ‚Hiatusproblem' führen (II.4.3).

---

823 Vgl. den Einwand in Henrich 1971, 104, 154f., sowie die oben angedeutete Replik in Förster 2018, 370.
824 Wenngleich dies der Anspruch Hegels sein könnte. Hier wäre weiter zu fragen, ob diese äußerst starke Verbindung von intuitiver und diskursiver Form einen intuitiven Verstand nach dem Vorbild von Kants *KU* erfordern würde (siehe Fn. 497 und die Diskussion bei Düsing 1986, 2016, u. Förster 2018, 363).

3.2 Fichte: Einleuchten der Darstellung

Fichte setzt demgegenüber bei der pragmatischen Komponente an und entwickelt eine entsprechende Methodologie. In deren Zentrum steht das intuitive Einleuchten der Darstellung bzw. der Konstruktionen, zu denen Fichte anleitet. Das Einleuchten und sein Prinzip, das Licht, sind grundsätzlich unabhängig von ihrer begrifflichen Herleitung. Das bedeutet, dass die begriffliche Darstellung zwar unerlässlich ist, um die Wissenschaftslehre als Theorie mitzuteilen, aber sie ist parasitär gegenüber der Wissenschaftslehre als Praxis. Die Darstellungsebene ist daher inhärent variabel und flexibel, wie Fichtes Selbstauskünfte sowie die verschiedenen Fassungen der Wissenschaftslehre bezeugen. Diese Flexibilität der Darstellungsform ist gegenüber dem hohen Notwendigkeitsanspruch der Darstellung Hegels einerseits ein theoriestrategischer Vorteil: Ein paar ausgelassene Nebenglieder lassen bei Fichte das Vorhaben der Wissenschaftslehre nicht kollabieren, sondern sollen eher dazu anregen, die Darstellung spontan aus eigener Einsicht heraus zu reproduzieren.

Andererseits ist der Nachteil von Fichtes Theorieanlage gravierend: Es droht die Entkopplung der Darstellung von der in ihr mitgeteilten zentralen Einsicht. *Unser faktischer Eintritt* in den Zustand des „Seins" sowie der das „Licht" manifestierenden Gewissheit ist aus der Perspektive der dazu hinführenden begrifflichen Konstruktion etwas Kontingentes.[825] Damit sind folgende Probleme verbunden. Erstens führte die systematische Reflexion auf die Geltungsbedingungen des Wissens und Begreifens nicht notwendig auf das „Leben" des Lichts als deren höchste und zentrale Bedingung. Die aufsteigende Argumentation, die gerade dies zeigen sollte, wurde letztendlich destruiert und führte erst über ihre radikale Zurückweisung zur Einsicht von § 15 (siehe III.3.2). Die Wissenschaftslehre könnte sich dann gerade nicht der transzendentalen Konditionale bedienen, welche die Bestimmungen des gewöhnlichen Wissens aus dem Zweck ableiten, dass das absolute Wissen erscheinen soll – denn es könnten keine dafür *notwendigen* Bedingungen ausgewiesen werden (siehe III.5).

Zweitens handelt sich Fichtes Darstellung eine Beweislastumkehr gegenüber dem Skeptiker ein, der darauf plädiert, die zentrale intuitive Einsicht möge sich bei ihm nicht einstellen. Zwar destabilisiert dies nicht die erstpersonale Vergewisserung über die Unhintergehbarkeit des Wissens, die das „Bilden" nach meiner Lesart ermöglicht. Denn in erster Linie soll nicht ein imaginierter Dritter überzeugt werden, sondern die Figur des Skeptikers soll helfen, unsere Bemühungen um die rationale Selbstkritik unserer eigenen Wissensansprüche zu ar-

---

[825] Dieses Problem pointiert Schlösser 2001, 164.

tikulieren. Diese innere Zwiesprache kann der Eintritt in den Zustand des Seins bzw. der Gewissheit und deren Reflexion als Bilden befrieden. Aber diese Befriedung der skeptischen Reflexion geschieht unter der Bedingung ihrer begrifflichen Darstellbarkeit, welche die wissensfundierende Funktion des Seins bzw. der Gewissheit artikuliert. Dies wurde als Problem reflexiver Stabilität diskutiert und seine Lösung wurde in wesentlichen Stücken dem Bilden zugeschlagen (III.3.5 u. 4.5). Doch das Bilden stellt seinerseits keine bruchlose Einheit zwischen dem Moment des aktualen Vollzuges intuitiven Einleuchtens und seiner begrifflichen Rekonstruktion her, vielmehr habe ich es als Haltung interpretiert, die sich affirmativ in diesen Bruch hineinstellt.

Die Stärke der durch das Vollzugsmoment gewonnenen epistemischen Selbstvergewisserung hängt davon ab, inwieweit sie begrifflich darstellbar ist – aber wie das Bilden zeigt, ist das Sein nur insofern Ursprung seiner begrifflichen Nachkonstruktion, als es sich zugleich als Nicht-Darstellbares und Nicht-Nachkonstruierbares aus ihr zurückzieht. Die im „Gesetz des Bildens" festgeschriebene Struktur der *proiectio per hiatum irrationalem* trennt das reine Wissen von seiner begrifflichen Repräsentation. Dann müssen wir dem Skeptiker (in uns) konzedieren, dass wir nie vollumfänglich ‚sagen' können, was das Wissen ist und inwiefern wir an ihm teilhaben, sondern es höchstens ‚zeigen' können. Das ist nicht *per se* problematisch, denn alle gehaltvollen Erklärungen müssen irgendwann an ein Ende kommen.

Problematisch ist aber, dass Fichte dabei zwei Erkenntnisquellen ins Spiel bringen muss – „Licht" und „Begriff" –, die nicht als Arten derselben Gattung verstanden werden können. Denn alles, was für das diskursive Wissen gilt, lässt sich vom intuitiven Wissen gerade nicht aussagen; wir sind sogar genötigt, dessen begriffliche Bestimmbarkeit überhaupt zu negieren. Dann gibt es weder in der Darstellung der Wissenschaftslehre noch in der damit beschriebenen Praxis einen Standpunkt, der ohne blinden Fleck ist. Entweder verlieren wir die begriffliche Seite des Wissens aus dem Blick oder die intuitive Seite. Dies gilt wie oben angezeigt auch für das Bilden bzw. die Gewissheit, die als Klammer beider Seiten fungieren sollen.

Demgegenüber bietet Hegels spekulative Ausdeutung des Begreifens einen univoken Wissensbegriff, durch den verschiedene Arten des Wissens anhand von Abstraktionsniveaus unterscheidbar sind, die sich wiederum begrifflich bestimmen lassen. In Hegels absolutem Wissen verweist die Form des Begreifens nicht auf ein radikal Anderes, sondern greift auf ihren Gegenstand über und gelangt gerade in ihrem Anderen zu sich selbst. Auf dieser Grundlage vermag die *Phänomenologie* dem Skeptiker durchaus umfänglich zu ‚sagen', was das Wissen ist und wie wir an ihm teilhaben, indem sie einen in sich abgeschlossenen Gang darstellt, der dies sowohl intuitiv ‚zeigend' als auch begrifflich rekonstruierend entwickelt.

Bei Fichte gelangt das Wissen damit zu keiner Versöhnung im Hegel'schen Sinne, denn das Bilden vermittelt zwar die singuläre intuitive Gewissheit mit unserem „gewöhnlichen", propositionalen Wissen, stellt jedoch keine übergreifende Einheit zwischen beiden her, die eine reflexiv stabile „Rückkehr aus dem Anderssein" ermöglichte. Hegels Standpunkt des absoluten Wissens ermöglicht es dagegen, die durch die Bewusstseinsgestalten repräsentierten Formen des Wissens als Momente der Entwicklung des Geistes zu begreifen, um sich ihrer durchgängigen Vernünftigkeit zu versichern. Auch die als Wahrnehmung oder Verstand explizierten Formen empirischen Wissens sind demnach gültig, solange sie als Momente nicht für das Ganze gehalten werden. Fichte legitimiert zwar das „gewöhnliche" Wissen und seine Form des Begreifens als Erscheinung und Selbstkonstruktion des reinen Wissens, stellt damit aber kein Kontinuum mit demselben her. Das bedeutet erstens: Nur der Standpunkt der Wissenschaftslehre ist ‚wahr' und die niederen Standpunkte verfehlen, sofern sie eingenommen werden, notwendig die Wahrheit, d.i. das Wissen als ein in sich geschlossenes Leben. Zweitens kann der Standpunkt des reinen Wissens im Prinzip auch in unmittelbarer Evidenz erreicht werden, ohne die „Leiter" seiner genetischen Vorbedingungen im gewöhnlichen Wissen erklimmen oder begrifflich durchdringen zu müssen: „Wer hinaufgekommen ist, der kümmert sich nicht weiter um die Leiter." (*WL* 378) Darin ähnelt die absolute Einsicht der Wahrheitslehre bei Fichte eher Hegels *Wissenschaft der Logik* und ihrem angeblich voraussetzungslosen Anfang mit dem reinen Sein als dem notwendig genealogischen absoluten Wissen der *Phänomenologie des Geistes*.

4 Ausblick

Die Zusammenführung der Rekonstruktionen von Hegels *Phänomenologie* und Fichtes *WL 1804-II* hat gezeigt, dass sie als Therapien des Problems objektiver Geltung sowohl miteinander konkurrieren als auch einander ergänzen. Fichtes Ansatz bietet in der *Phänomenologie* nicht verfügbare systematische Ressourcen, um die pragmatische bzw. performative Dimension von Hegels Darstellung vor den an sie gestellten Anfragen zu schützen. Umgekehrt weist Hegels genealogische Konzeption des absoluten Wissens einen Weg, wie die in Fichtes *WL 1804-II* nicht geglückte Anbindung der diskursiven Darstellungsform an ein wesentlich intuitives Vollzugsmoment aussehen könnte.

Beide Ansätze widersprechen einander auch. Hier hat sich als zentraler Punkt die radikal unterschiedliche Rolle des Begreifens in Hegels und Fichtes jeweiligen

Objektivitätskonzeptionen herausgestellt. Aus ihr ergibt sich jeweils eine andersartige Affirmation unseres alltäglichen Standpunkts des Wissens und Wissenkönnens. Seiner Einholung in Fichtes Bilden zufolge ist er nur eine niedere Erscheinung der Vernunft, wenngleich eine wahrhafte. Hegels absolutem Wissen zufolge – insofern dieses die Wissenschaft der Phänomenologie des Geistes verwirklicht – ist er immanent vernünftig.

Wo stehen wir nun mit dem Problem objektiver Geltung? Meine Untersuchung kommt zur Frage der Geltung transzendentaler Argumente zu keinem verhalten optimistischen, aber zumindest einem selbstbewusst pessimistischen Ergebnis. Im I. Teil habe ich zu zeigen versucht, dass weltbezogene transzendentale Argumente am von mir formulierten Stroud'schen Trilemma scheitern müssen. Die Plausibilität von Strouds Substitutionseinwand wird freilich immer wieder als fragwürdig debattiert, aber meine transzendentale Begründung des Trilemmas in unserer alltäglichen Konzeption von Objektivität zeigt m. E., dass Strouds Pessimissmus auf einer soliden Grundlage steht. Wie die Trilemma-Struktur des Problems zeigt, ist der vielversprechendste Weg, transzendentalen Argumenten zu objektiver Geltung zu verhelfen, der, das Stroud'sche Idealismusproblem abzuschwächen, das sich gegen die Hintergrundannahme einer Form des Idealismus richtet. Es gibt also durchaus eine Grundlage für selbstbewusstere Vorstöße. Entweder man entwickelt einen resoluten Idealismus bzw. Anti-Realismus und operiert auf dessen Basis mit für sich genommen moderaten transzendentalen Argumenten – oder man verfolgt das Projekt einer therapeutischen Revision unserer Objektivitätskonzeption, wie ich es vorgeschlagen habe.

In jedem Fall hat sich m. E. gezeigt, dass ambitionierte transzendentale Argumente nicht als eigenständig tragfähige Säule philosophischer Begründung fungieren können, sondern selbst in einen umfassenderen Theorierahmen verbaut sein müssen. Meine Arbeit ist in diesem Sinne auch ein Plädoyer für das umfassendere systematische Unternehmen einer Transzendentalphilosophie im Unterschied zum isoliert gehandhabten Werkzeug des transzendentalen Arguments.

Was ist also das Schicksal transzendentaler Argumente in den von mir rekonstruierten therapeutischen Ansätzen Hegels und Fichtes? Hier kommt es darauf an, wie der *Abstieg* vom Standpunkt des absoluten Wissens zu bewerkstelligen ist. Da die therapeutische Methode vor dem skeptischen Racheproblem eines Rückfalls in Strouds Trilemma geschützt werden musste, kann erst die Ableitung oder Rechtfertigung der Formen des „gewöhnlichen" Wissens wieder transzendentale Argumente verwenden. Bei Fichte und Hegel konnten hier nur Ansatzpunkte sichtbar gemacht werden. Die Form der Ableitung würde zeigen, ob sie als Kette moderater transzendentaler Argumente formuliert werden kann, die auf der Basis der entwickelten idealistischen Konzeption objektiv gültig sind.

Doch festzuhalten bleibt, dass ambitionierte bzw. weltbezogene transzendentale Argumente in ihrer ursprünglichen Form nicht mehr wiederauferstehen würden. Der Prozess philosophischer Therapie hat bei Hegel wie Fichte die Ausgangsfrage objektiver Geltung nachhaltig verändert. Die Objektivität, die wir ursprünglich für Bedingungen der Möglichkeit des Denkens bzw. der Erfahrung zu erreichen trachteten, lässt sich als realistische Konzeption nicht mehr halten, aber auch nicht wiedergewinnen. Die im Ausgang vom absoluten Wissen zu begründenden Kategorien und Grundsätze, die in verschiedener logisch-methodologischer Ausprägung jeweils in den Systementwürfen Hegels und Fichtes vorgesehen sind, erhalten ihre objektive Geltung nicht mehr in dem Sinne, dass für ein Subjekt unhintergehbare Denkformen ausgewiesen werden müssten und von diesen wiederum zu behaupten wäre, dass sie notwendigerweise als gültig angesehen werden müssen. Vor dem Hintergrund meiner Verallgemeinerung des Problems objektiver Geltung zu Strouds Trilemma muss sogar gesagt werden: Jede Interpretation der nachkantischen Idealisten, nach welcher ihre Theorien implizit oder explizit auf transzendentale Argumente gegründet sind, ist systematisch unbefriedigend, weil sie das mit Stroud artikulierte metaepistemologische Problemniveau nicht adressieren kann oder unserem metaphysischen Bedürfnis nach Objektivität nicht genüge tut. Diese mit Strouds Trilemma destruierte transzendentale Begründungsstrategie ist nach einer erfolgreichen philosophischen Therapierung des Problems objektiver Geltung jedoch nicht mehr nötig, ja nicht einmal mehr sinnvoll.

An die Stelle transzendentaler Argumente tritt somit der Versuch, den alltäglichen Objektivitätsbegriff vom Standpunkt des absoluten Wissens aus wieder einzuführen. Bei Fichte wurde dieser Schritt in der „Erscheinungslehre" verortet, welche die propositionale Form des Wissens abzuleiten hatte; bei Hegel erledigt sich das Problem der Einführung zum Teil durch die vorangegangene Bewegung der Aufhebung, die zum absoluten Wissen führen sollte. Dennoch bleibt eine gewisse Kluft zu bestimmteren, mithin bereichsspezifischen Wissensansprüchen und ihren verschiedenen Objektivitätskriterien bestehen, wie sie etwa für Urteile über mathematische, physikalische oder ästhetische Sachverhalte einschlägig zu sein scheinen. Ob die bei Hegel und Fichte im Aufstieg zum absoluten Wissen erreichte Befriedigung unseres metaphysischen Bedürfnisses nach Objektivität jeweils nachhaltig ist, muss sich also an den Erträgen ihrer Ansätze in den materialen Disziplinen der Philosophie bewähren.

Bibliographie

Siglen

AA Akademie-Ausgabe
GA J.G. Fichte. Gesamtausgabe der Bayerischen Akademie der Wissenschaften
GW Georg Wilhelm Friedrich Hegel. Gesammelte Werke
GWL Grundlage des gesammten Wissenschaftslehre
KpV Kritik der praktischen Vernunft
KrV Kritik der reinen Vernunft
KU Kritik der Urteilskraft
PhG Phänomenologie des Geistes (Hegel 1980)
WL Wissenschaftslehre 1804-II (Fichte 1985)

Ahlers, Rolf (2006): Der späte Fichte und Hegel über das Absolute und Systematizität. In: *Fichte-Studien* 30, S. 187–200.

Albert, Hans (1975): Transzendentale Träumereien. Karl-Otto Apels Sprachspiele und sein hermeneutischer Gott. Hamburg.

Allais, Lucy (2015): Manifest reality. Kant's idealism and his realism. Oxford.

Allison, Henry E. (2004): Kant's Transcendental Idealism. Revised and enlarged edition. New Haven / London.

Altman, Matthew C. (2010): Fichte's Anti-Hegelian Legacy. In: Daniel Breazeale und Tom Rockmore (Hg.): Fichte, German Idealism, and Early Romanticism. Amsterdam, S. 275–285.

Ancillotti, Bianca (2018): Drawing The Limits of Possible Experience. A Study of Kant's Transcendental Method of Proof. Dissertation. Humboldt Universität zu Berlin, Berlin.

Anderson, R. Lanier (2017): [Rezension] Manifest Reality: Kant's Idealism and His Realism. In: *The Philosophical Review* 126 (2), S. 277–281.

Apel, Karl-Otto (1994): Transformation der Philosophie. Band I. Sprachanalytik, Semiotik, Hermeneutik. Frankfurt a. M.

Apel, Karl-Otto (1998): Auseinandersetzungen in Erprobung des transzendentalpragmatischen Ansatzes. Frankfurt a. M.

Aschenberg, Reinhold (1982): Sprachanalyse und Transzendentalphilosophie (Deutscher Idealismus, 5). Stuttgart.

Asmuth, Christoph (1997): Die Lehre vom Bild in der Wissenstheorie Johann Gottlieb Fichtes. In: Christoph Asmuth (Hg.): Sein – Reflexion – Freiheit. Aspekte der Philosophie Johann Gottlieb Fichtes. Amsterdam / Philadelphia, S. 269–299.

Asmuth, Christoph (1999): Das Begreifen des Unbegreiflichen. Philosophie und Religion bei Johann Gottlieb Fichte 1800–1806 (Spekulation und Erfahrung, Abt. II, 41). Stuttgart-Bad Cannstatt.

Asmuth, Christoph (2005): „Reflexions-Aberglaube". Hegels Kritik an der Transzendentalphilosophie Fichtes. In: *Hegel-Jahrbuch* 7, S. 228–233.

Asmuth, Christoph (2007): Transzendentalphilosophie oder absolute Metaphysik? Grundsätzliche Fragen an Fichtes Spätphilosophie. In: Günter Zöller und H. G. Manz (Hg.): Grund- und Methodenfragen in Fichtes Spätwerk. Beiträge zum Fünften Internationalen

Fichte-Kongreß „Johann Gottlieb Fichte. Das Spätwerk (1810 – 1814) und das Lebenswerk" in München vom 14. bis 21. Oktober 2003. Teil IV. Amsterdam / New York, S. 45 – 58.

Asmuth, Christoph (2009): ‚Horizontale Reihe' – ‚Perpendikuläre Reihe'. Die 11. Vorlesung der *Wissenschaftslehre* 1804/II und die beiden Denkfiguren der Fichteschen *Wissenschaftslehre*. In: Jean-Christophe Goddard und Alexander Schnell (Hg.): L'Être et le Phénomene. Sein und Erscheinung. La *Doctrine de la Science* de 1804 de J.G. Fichte. Die *Wissenschaftslehre* 1804 J.G. Fichtes. Paris, S. 54 – 71.

Bach, Kent (1975): Performatives Are Statements Too. In: *Philosophical Studies* 28 (4), S. 229 – 236.

Bader, Ralf M. (2017): The Refutation of Idealism. In: James O'Shea (Hg.): Kant's *Critique of Pure Reason*. A Critical Guide. Cambridge, S. 205 – 222.

Bardon, Adrian (2005): Performative transcendental arguments. In: *Philosophia* 33 (4), S. 69 – 95.

Barth, Christian (2010): Objectivity and the language-dependence of thought. A transcendental defence of universal lingualism (Routledge studies in contemporary philosophy, 22). London.

Barth, Roderich (2004): Absolute Wahrheit und endliches Wahrheitsbewußtsein. Das Verhältnis von logischem und theologischem Wahrheitsbegriff – Thomas von Aquin, Kant, Fichte und Frege (Religion in Philosophy and Theology, 13). Tübingen.

Barth, Roderich (2007): Wahrheit als Sein von Einheit. Die gewißheitstheoretische Reformulierung des absoluten Wahrheitsbegriffs in Fichtes Phänomenologie von 1804-II. In: Günter Zöller und H. G. Manz (Hg.): Grund- und Methodenfragen in Fichtes Spätwerk. Beiträge zum Fünften Internationalen Fichte-Kongreß „Johann Gottlieb Fichte. Das Spätwerk (1810 – 1814) und das Lebenswerk" in München vom 14. bis 21. Oktober 2003. Teil IV. Amsterdam / New York.

Barth, Roderich (2009): Absolutheitstheorie und Gottesgedanke. Beobachtungen zum ‚Grundsatz' der *Wissenschaftslehre 1804/II*. In: Jean-Christophe Goddard und Alexander Schnell (Hg.): L'Être et le Phénomene. Sein und Erscheinung. La *Doctrine de la Science* de 1804 de J.G. Fichte. Die *Wissenschaftslehre* 1804 J.G. Fichtes. Paris, S. 149 – 159.

Baumanns, Peter (1981): Von der Theorie der Sprechakte zu Fichtes Wissenschaftslehre. In: Klaus Hammacher (Hg.): Der transzendentale Gedanke. Die gegenwärtige Darstellung der Philosophie Fichtes. Vorträge der Internationalen Fichte-Tagung in Zwettl/Österreich vom 8.–13. August 1977. Hamburg, S. 171 – 186.

Baumanns, Peter (1990): J.G. Fichte. Kritische Gesamtdarstellung seiner Philosophie (Alber-Reihe Philosophie). Freiburg / München.

Bealer, George (2004): The Origins of Modal Error. In: *Dialectica* 58 (1), S. 11 – 42.

Beall, J. C. (Hg.) (2008): Revenge of the Liar. New Essays on the Paradox. Oxford / New York.

Beiser, Frederick C. (1995): Hegel, A Non-Metaphysician? A Polemic Review of H T Engelhardt and Terry Pinkard (eds), Hegel Reconsidered. In: *Hegel Bulletin* 16 (2), S. 1 – 13.

Blackburn, Simon (1993a): Attitudes and Contents. In: Ders.: Essays in Quasi-Realism. New York u. a., S. 182 – 197.

Blackburn, Simon (1993b): Moral Realism. In: Ders.: Essays in Quasi-Realism. New York u. a., S. 111 – 129.

Bowman, Brady (2004): ‚Die unterste Stufe der Weisheit'. Hegels Eingang in die *Phänomenologie* im Fokus eines religionsgeschichtlichen Motivs. In: Arndt, Andreas u. Müller, Ernst (Hg.): Hegels ‚Phänomenologie des Geistes' heute. Berlin, S. 11 – 38.

Bowman, Brady (2018): Zum Verhältnis von Hegels *Wissenschaft der Logik* zur *Phänomenologie des Geistes* in der Gestalt von 1807. Ein Überblick. In: Michael Quante und Nadine Mooren (Hg.): Kommentar zu Hegels Wissenschaft der Logik (Hegel-Studien Beihefte, 65). Hamburg, S. 1–42.

Brachtendorf, Johannes (1995): Fichtes Lehre vom Sein. Eine kritische Darstellung der Wissenschaftslehren von 1794, 1798/99 und 1812. Paderborn.

Bradley, Francis Herbert (1935): Relations. In: Ders.: Collected Essays. Oxford, S. 628–676.

Brandom, Robert (1994): Making It Explicit. Cambridge, MA.

Brandom, Robert (2019): A Spirit of Trust. A Reading of Hegel's *Phenomenology*. Cambridge, MA.

Brinkmann, Klaus (2010): Idealism Without Limits: Hegel and the Problem of Objectivity (Philosophical Studies in Contemporary Culture, 18). Dordrecht.

Brown, Clifford (2006): Peter Strawson. Stocksfield.

Brueckner, Anthony (1983): Transcendental Arguments I. In: *Noûs* 17 (4), S. 551–575.

Brueckner, Anthony (1984): Transcendental Arguments II. In: *Noûs* 18 (2), 197–225.

Brueckner, Anthony (2010): Stroud's „Transcendental Arguments" Reconsidered. In: Anthony Brueckner: Essays on Skepticism. Oxford, New York, S. 107–113.

Brune, J. P.; Stern, R.; Werner, M. H. (Hg.) (2017): Transcendental Arguments in Moral Theory. Berlin / Boston.

Bruno, Anthony G. (2021): Facticity and Genesis. Tracking Fichte's Method in the Berlin *Wissenschaftslehre*. In: *Fichte-Studien* 49, S. 177–197.

Carnap, Rudolf (1968): Logische Syntax der Sprache. 2., unveränd. Aufl. Wien.

Carroll, Lewis (1895): What the Tortoise said to Achilles. In: *Mind* IV (14), S. 278–280.

Cassam, Quassim (1987): Transcendental arguments, transcendental synthesis, and transcendental idealism. In: *The Philosophical Quarterly* 37, S. 355–378.

Cassam, Quassim (1999): Self-directed transcendental arguments. In: Robert Stern (Hg.): Transcendental Arguments. Problems and Prospects. Oxford, S. 83–110.

Cassam, Quassim (2007): The Possibility of Knowledge. Oxford.

Claesges, Ulrich (1981): Darstellung des erscheinenden Wissens. Systematische Einleitung in Hegels Phänomenologie des Geistes (Hegel-Studien Beihefte, 21). Bonn.

Clarke, Thompson (1972): The Legacy of Skepticism. In: *The Journal of Philosophy* 69 (20), S. 754–769.

Conant, James (2012): Two Varieties of Skepticism. In: Günter Abel und James Conant (Hg.): Rethinking Epistemology, S. 1–73.

Cramer, Konrad (1978): Bemerkungen zu Hegels Begriff vom Bewußtsein in der Einleitung zur Phänomenologie des Geistes. In: Rolf-Peter Horstmann (Hg.): Seminar: Dialektik in der Philosophie Hegels. Frankfurt a. M., 360–393.

Cürsgen, Dirk (2003): Die Unbegreiflichkeit des Absoluten. Zur neuplatonischen Henologie und ihrer Wirksamkeit im Denken Fichtes. In: Burkhard Mojsisch und Orrin F. Summerell (Hg.): Platonismus im Idealismus. Die platonische Tradition in der klassischen deutschen Philosophie. München / Leipzig, S. 91–118.

Danz, Christian (2000): Das Bild als Bild. Aspekte der Phänomenologie Fichtes und ihre religionstheoretischen Konsequenzen. In: *Fichte-Studien* 18, S. 1–17.

Daskalaki, Maria (2012): Vernunft als Bewusstsein der absoluten Substanz. Zur Darstellung des Vernunftbegriffs in Hegels „Phänomenologie des Geistes" (Hegel-Jahrbuch Sonderband). Berlin.

Davidson, Donald (1973): On the Very Idea of a Conceptual Scheme. In: *Proceedings and Addresses of the American Philosophical Association* 47, S. 5–20.
Davidson, Donald (2001): A Coherence Theory of Truth and Knowledge. In: Donald Davidson: Subjective, Intersubjective, Objective. Oxford / New York, S. 137–153.
Davies, Kim (2018): Stroud, Hegel, Heidegger. A Transcendental Argument. In: *International Journal for the Study of Skepticism* 8 (3), S. 167–191.
Davies, Paul (2000): From Constructive Philosophy to Philosophical Quietism. In: *Journal of the British Society for Phenomenology* 31 (3), S. 314–329.
Della Rocca, Michael (2012): Rationalism, idealism, monism, and beyond. In: Eckart Förster und Yitzhak Y. Melamed (Hg.): Spinoza and German Idealism. Cambridge / New York, S. 7–26.
Della Rocca, Michael (2020): The Parmenidean Ascent. New York.
DeRose, Keith (1995): Solving the Skeptical Problem. In: *Philosophical Review* 104 (1), S. 1–52.
Drakoulidis, Charalampos (2021): Kant über Spontaneität und Selbstbestimmung im Denken (Klostermann Weiße Reihe). Frankfurt a. M.
Drechsler, Julius (1955): Fichtes Lehre vom Bild. Stuttgart / Köln.
Drilo, Kazimir (2015): Religiöse Vorstellung und philosophische Erkenntnis. In: Kazimir Drilo und Axel Hutter (Hg.): Spekulation und Vorstellung in Hegels enzyklopädischem System (Collegium Metaphysicum, 10). Tübingen, S. 209–229.
Düsing, Klaus (1986): Ästhetische Einbildungskraft und intuitiver Verstand. Kants Lehre und Hegels spekulativ-idealistische Umdeutung. In: *Hegel-Studien* 21, S. 87–128.
Düsing, Klaus (2016): Intuitiver Verstand und spekulative Dialektik. Untersuchungen zu Kants Theorie und Hegels metaphysischer Umgestaltung. In: *Il pensiero. Rivista di filosofia* LV, S. 9–27.
Emundts, Dina (2012): Erfahren und Erkennen. Hegels Theorie der Wirklichkeit (Philosophische Abhandlungen, 106). Frankfurt a. M.
Emundts, Dina (2017): Consciousness and the Criterion of Knowledge in the *Phenomenology of Spirit*. In: Dean Moyar (Hg.): The Oxford Handbook of Hegel. Oxford, S. 61–80.
Engel, Pascal (2007): Dummett, Achilles, and the Tortoise. In: L. Hahn und R. Auxier (Hg.): The philosophy of Michael Dummett. La Salle, IL, S. 725–746.
Feuerbach, Ludwig (1975): Zur Kritik der Hegelschen Philosophie. In: Ders.: Werke in sechs Bänden. Bd. 3: Kritiken und Abhandlungen II (1839–1843). Hg. v. Erich Thies. Frankfurt a. M., S. 7–53.
Fichte, Johann Gottlieb (1965): Grundlage der gesammten Wissenschaftslehre als Handschrift für seine Zuhörer. In: Ders.: Werke 1793–1795 (J.G. Fichte – Gesamtausgabe der Bayerischen Akademie der Wissenschaften, I/2). Hg. v. Reinhard Lauth und Hans Jacob. Stuttgart-Bad Cannstatt, S. 173–451.
Fichte, Johann Gottlieb (1970): Versuch einer neuen Darstellung der Wissenschaftslehre. In: Ders.: Werke 1797–1798 (J.G. Fichte – Gesamtausgabe der Bayerischen Akademie der Wissenschaften, I/4). Hg. v. Reinhard Lauth und Hans Gliwitzky. Stuttgart-Bad Cannstatt, S. 167–282.
Fichte, Johann Gottlieb (1985): Die Wissenschaftslehre [II. Vortrag im Jahre 1804]. In: Ders.: Nachgelassene Schriften 1804 (J.G. Fichte – Gesamtausgabe der Bayerischen Akademie der Wissenschaften, II/8). Hg. v. Reinhard Lauth und Hans Gliwitzky. Stuttgart-Bad Cannstatt, S. 2–421.

Fichte, Johann Gottlieb (1989): 3ter Cours der W.L. 1804. In: Ders.: Nachgelassene Schriften 1804–1805 (J.G. Fichte – Gesamtausgabe der Bayerischen Akademie der Wissenschaften, II/7). Hg. v. Reinhard Lauth und Hans Gliwitzky. Stuttgart-Bad Cannstatt, S. 289–368.

Fichte, Johann Gottlieb (2006): Vom Unterschiede zwischen der Logik und der Philosophie selbst. [= Ueber das Verhältniß der Logik zur Philosophie oder Transscendentale Logik]. In: Ders.: Nachgelassene Schriften 1812–1813 (J.G. Fichte – Gesamtausgabe der Bayerischen Akademie der Wissenschaften, II/14). Hg. v. Erich Fuchs, Reinhard Lauth, H. G. Manz, Ives Radrizzani, Peter K. Schneider, Martin Siegel und Günter Zöller. Stuttgart-Bad Cannstatt, S. 193–400.

Forster, Michael N. (1989): Hegel and Skepticism. Cambridge, MA.

Forster, Michael N. (1998): Hegel's Idea of a *Phenomenology of Spirit*. Chicago / London.

Förster, Eckart (2008): Hegels „Entdeckungsreisen". Entstehung und Aufbau der *Phänomenologie des Geistes*. In: Klaus Vieweg und Wolfgang Welsch (Hg.): Hegels Phänomenologie des Geistes. Ein kooperativer Kommentar zu einem Schlüsselwerk der Moderne. Frankfurt a. M., S. 37–57.

Förster, Eckart (2018): Die 25 Jahre der Philosophie. 3., verb. Aufl. Frankfurt a. M.

Franks, Paul (2003): What should Kantians learn from Maimon's Skepticism? In: Gideon Freudenthal (Hg.): Salomon Maimon: Rational Dogmatist, Empirical Skeptic. Critical Assessments. Dordrecht, S. 200–232.

Franks, Paul W. (2005): All or nothing. Systematicity, transcendental arguments, and skepticism in German idealism. Cambridge, MA.

Franks, Paul W. (2014): Skepticism after Kant. In: James Conant und Andrea Kern (Hg.): Varieties of skepticism. Essays after Kant, Wittgenstein, and Cavell. Berlin, S. 19–58.

Fulda, Hans Friedrich (1965): Das Problem einer Einleitung in Hegels Wissenschaft der Logik (Philosophische Abhandlungen, 27). Frankfurt a. M.

Fulda, Hans Friedrich (1966): Zur Logik der Phänomenologie von 1807. In: Gadamer, Hans-Georg (Hg.): Hegel-Tage Royaumont 1964 (Hegel-Studien Beihefte, 3). Bonn, S. 75–101.

Fulda, Hans Friedrich (2007): Das absolute Wissen. Sein Begriff, Erscheinen und Wirklichwerden. In: *Revue de métaphysique et de morale* 55 (3), S. 338–401.

Gabriel, Markus (2016): What Kind of an Idealist (If Any) Is Hegel? In: *Hegel Bulletin* 37 (2), S. 181–208.

Gabriel, Markus (2017): A Very Heterodox Reading of the Lord-Servant-Allegory in Hegel's *Phenomenology of Spirit*. In: Ders. und Anders Moe Rasmussen (Hg.): German Idealism Today. Berlin / Boston, S. 95–120.

Gabriel, Markus (2019): Transcendental Ontology in Fichte's *Wissenschaftslehre* of 1804. In: Steven Hoeltzel (Hg.): The Palgrave Fichte Handbook (Palgrave Handbooks in German Idealism). Cham, CH, S. 443–460.

Gardner, Sebastian (2007): The Status of the Wissenschaftslehre. Transcendental and Ontological Grounds in Fichte. In: Jürgen Stolzenberg und Karl Ameriks (Hg.): Metaphysik/Metaphysics (Internationales Jahrbuch des Deutschen Idealismus / International Yearbook of German Idealism, 2008/5). Berlin/Boston, S. 90–125.

Gaskin, Richard (2008): The Unity of the Proposition. Oxford.

Gava, Gabriele (2017): Transzendentale Argumente. In: Markus Andreas Schrenk (Hg.): Handbuch Metaphysik. Stuttgart, S. 410–415.

Gerten, Michael (2019): Sein oder Geltung? Eine Deutungsperspektive zu Fichtes Lehre vom Absoluten und seiner Erscheinung. In: *Fichte-Studien* 47, S. 204–228.

Giladi, Paul (2016): New Directions for Transcendental Claims. In: *Grazer philosophische Studien* 93 (2), S. 212–231.
Girndt, Helmut (1965): Die Differenz des Fichteschen und Hegelschen Systems in der Hegelschen „Differenzschrift". Bonn.
Glock, Hans-Johann (2003): Strawson and Analytic Kantianism. In: Ders. (Hg.): Strawson and Kant. Oxford, S. 15–42.
Gloy, Karen (1982): Der Streit um den Zugang zum Absoluten. Fichtes indirekte Hegel-Kritik. In: *Zeitschrift für philosophische Forschung* 36 (1), S. 25–48.
Goebel, Arno (2017): Kontrafaktische Konditionale. In: Markus Andreas Schrenk (Hg.): Handbuch Metaphysik. Stuttgart, S. 400–407.
Gomes, Anil; Stephenson, Andrew; Moore, A. W. (im Erscheinen): On the Necessity of the Categories. In: *The Philosophical Review*. Vorabdruck URL: https://philarchive.org/archive/GOMOTNv1 (abgerufen am 8.6.2022).
Gram, Moltke S. (1971): Transcendental Arguments. In: *Noûs* 5 (1), S. 15–26.
Grundmann, Thomas (1994): Analytische Transzendentalphilosophie. Eine Kritik. Paderborn.
Grundmann, Thomas (2003): Was ist eigentlich ein transzendentales Argument? In: Dietmar Heidemann und Kristina Engelhard (Hg.): Warum Kant heute? Bedeutung und Relevanz seiner Philosophie in der Gegenwart. Berlin / New York, S. 44–75.
Grundmann, Thomas; Misselhorn, Catrin (2003): Transcendental Arguments and Realism. In: Hans-Johann Glock (Hg.): Strawson and Kant. Oxford, S. 205–218.
Gruver, Natascha (2020): Transzendentales Denken und transzendentale Argumente. Kant und analytische Philosophie im Vergleich (Philosophie im Kontext, 22). Wien.
Gueroult, Martial (1930): L'Évolution et la Structure de la Doctrine de la Science chez Fichte (Publications de la Faculté des Lettres de l'Université de Strasbourg, 50–51). 2 Bde. Paris.
Haack, Susan (1979): Descriptive and Revisionary Metaphysics. In: *Philosophical Studies* 35 (4), S. 361–371.
Haag, Johannes; Hoeppner, Till (2019): Denken und Welt – Wege kritischer Metaphysik. In: *Deutsche Zeitschrift für Philosophie* 67 (1), S. 76–97.
Hacker, Peter (1972): Are Transcendental Arguments a Version of Verificationism? In: *American Philosophical Quarterly* 9 (1), S. 78–85.
Halbig, Christoph (2002): Objektives Denken. Erkenntnistheorie und Philosophy of Mind in Hegels System (Spekulation und Erfahrung, Abt. II, 48). Stuttgart-Bad Cannstatt.
Halbig, Christoph (2008): Das Gewissen. In: Klaus Vieweg und Wolfgang Welsch (Hg.): Hegels Phänomenologie des Geistes. Ein kooperativer Kommentar zu einem Schlüsselwerk der Moderne. Frankfurt a. M., S. 489–503.
Halbig, Christoph; Quante, Michael; Siep, Ludwig (2001): Direkter Realismus. Bemerkungen zur Aufhebung des alltäglichen Realismus bei Hegel. In: Ralph Schumacher in Verbindung mit Oliver R. Scholz (Hg.): Idealismus als Theorie der Repräsentation? Paderborn, S. 147–163.
Harris, Henry Silton (1997): Hegel's Ladder. I: The Pilgrimage of Reason. Indianapolis, IN / Cambridge.
Hartmann, Klaus (1972): Hegel. A non-metaphysical View. In: Alasdair MacIntyre (Hg.): Hegel. A Collection of Critical Essays. Garden City, S. 101–124.
Heckenroth, Lars (2021): Konkretion der Methode. Die Dialektik und ihre teleologische Entwicklung in Hegels Logik (Hegel-Studien Beihefte, 71). Hamburg.
Hegel, Georg Wilhelm F. (1980): Phänomenologie des Geistes (Georg Wilhelm Friedrich Hegel. Gesammelte Werke, 9). Hg. v. Wolfgang Bonsiepen und Reinhard Heede. Hamburg.

Hegel, Georg Wilhelm F. (1984): Wissenschaft der Logik. Bd. 1. Die objektive Logik (Georg Wilhelm Friedrich Hegel. Gesammelte Werke, 21). Hg. v. Friedrich Hogemann und Walter Jaeschke. Hamburg.
Heidegger, Martin (1993): Sein und Zeit. 17. Aufl. Tübingen.
Heidemann, Dietmar (2004/5): Indexikalität und sprachliche Selbstreferenz bei Hegel. In: *Hegel-Studien* 39/40, S. 9–24.
Heidemann, Dietmar (2007): Der Begriff des Skeptizismus. Seine systematischen Formen, die pyrrhonische Skepsis und Hegels Herausforderung (Quellen und Studien zur Philosophie, 78). Berlin / Boston.
Heinrichs, Johannes (1974): Die Logik der ‚Phänomenologie des Geistes' (Abhandlungen zur Philosophie, Psychologie und Pädagogik, 89). Bonn.
Henrich, Dieter (1971): Hegels Logik der Reflexion. In: Dieter Henrich: Hegel im Kontext. Frankfurt a. M., S. 95–157.
Henrich, Dieter (1982): Andersheit und Absolutheit des Geistes. Sieben Schritte auf dem Wege von Schelling zu Hegel. In: Dieter Henrich: Selbstverhältnisse. Gedanken und Auslegungen zu den Grundlagen der klassischen deutschen Philosophie. Stuttgart, S. 142–172.
Henrich, Dieter (2019): Dies Ich, das viel besagt. Fichtes Einsicht nachdenken. Frankfurt a. M.
Herms, Eilert (2003): Philosophie und Theologie im Horizont des reflektierten Selbstbewußtseins. In: Ders.: Menschsein im Werden. Studien zu Schleiermacher. Tübingen, S. 400–426.
Hintikka, Jaakko (1962): Cogito, Ergo Sum. Inference or Performance? In: *The Philosophical Review* 71 (1), S. 3–32.
Hintikka, Jaakko (1972): Transcendental Arguments. Genuine and Spurious. In: *Noûs* 6 (3), S. 274–281.
Horstmann, Rolf-Peter (1984): Ontologie und Relationen. Hegel, Bradley, Russell und die Kontroverse über interne und externe Beziehungen. Königstein i.Ts.
Horstmann, Rolf-Peter (2004): Die Grenzen der Vernunft. Eine Untersuchung zu Zielen und Motiven des Deutschen Idealismus. 3. Aufl. Frankfurt a. M.
Horstmann, Rolf-Peter (2006): Hegels Ordnung der Dinge. Die ‚Phänomenologie des Geistes' als ‚transzendentalistisches' Argument für eine monistische Ontologie und seine erkenntnistheoretischen Implikationen. In: *Hegel-Studien* 41, S. 9–50.
Horstmann, Rolf-Peter (2014): Der Anfang vor dem Anfang. Zum Verhältnis der *Logik* zur *Phänomenologie des Geistes*. In: Anton Friedrich Koch, Friederike Schick, Claudia Wirsing, Klaus Vieweg (Hg.): 200 Jahre Hegels Wissenschaft der Logik, Hamburg, S. 43–57.
Hösle, Vittorio (1998): Hegels System. Der Idealismus der Subjektivität und das Problem der Intersubjektivität. 2., erw. Aufl. Hamburg.
Houlgate, Stephen (1998): Absolute Knowing Revisited. In: *The Owl of Minerva* 30 (1), S. 51–68.
Houlgate, Stephen (2009a): McDowell, Hegel, and the *Phenomenology of Spirit*. In: *The Owl of Minerva* 41 (1), S. 13–26.
Houlgate, Stephen (2009b): Response to John McDowell. In: *The Owl of Minerva* 41 (1), S. 39–51.
Houlgate, Stephen (2013): Hegel's *Phenomenology of Spirit*. A Reader's Guide. London / New Delhi u. a.

Houlgate, Stephen (2015): Is Hegel's *Phenomenology of Spirit* an Essay in Transcendental Argument? In: Sebastian Gardner und Matthew Grist (Hg.): The Transcendental Turn. Oxford / New York, S. 173–194.
Hoyningen-Huene, Paul (1986): Context of Discovery and Context of Justification. In: *Studies in History and Philosophy of Science* 18 (4), S. 501–515.
Hübner, Johannes (2015): Einführung in die theoretische Philosophie. Stuttgart / Weimar.
Hühn, Lore (1992): Die Unaussprechlichkeit des Absoluten. Eine Grundfigur der Fichteschen Spätphilosophie im Lichte ihrer Hegelschen Kritik. In: Markus Hattstein, Christian Christian Kupke, Christoph Kurth, Thomas Oser und Romano Pocai (Hg.): Erfahrungen der Negativität. Festschrift für Michael Theunissen zum 60. Geburtstag. Hildesheim / Zürich / New York, S. 177–201.
Husserl, Edmund (1922): Ideen zu einer reinen Phänomenologie und phänomenologischen Philosophie. Erstes Buch. Allgemeine Einführung in die reine Phänomenologie (Sonderdruck Jahrbuch für Philosophie und phänomenologische Forschung). Halle a. d.S.
Husserl, Edmund (1999): Erfahrung und Urteil. Untersuchungen zur Genealogie der Logik. Hg. v. Ludwig Landgrebe. 7. Aufl. Hamburg.
Husserl, Edmund (2009): Logische Untersuchungen. 2 Bde. Hg. v. Elisabeth Ströker. Hamburg.
Hyppolite, Jean (1946): Genèse et Structure de la Phénoménologie de L'Esprit de Hegel (Philosophie De L'Esprit). 2 Bde. Paris.
Illetterati, Luca (2007): L'oggettività del pensiero. La filosofia di Hegel tra Idealismo, Anti-Idealismo e Realismo. Un'introduzione. In: *Verifiche* 36 (1), S. 13–31.
Illetterati, Luca (2017): The Semantics of Objectivity in Hegel's *Science of Logic*. In: Dina Emundts und Sally Sedgwick (Hg.): Logic. Logik (Internationales Jahrbuch des Deutschen Idealismus / International Yearbook of German Idealism, 2014/12). Berlin, S. 139–163.
Illies, Christian (2003): The Grounds of Ethical Judgement. New transcendental arguments in moral philosophy (Oxford philosophical monographs). Oxford / New York.
Ivaldo, Marco (2019): Bilden als transzendentales Prinzip nach der Wissenschaftslehre. In: *Fichte-Studien* 47, S. 72–87.
Ivanenko, Anton (2014): Wissenschaft vor Wissenschaft. Das Problem des Erreichens des Standpunktes der Wissenschaft in Hegels Phänomenologie des Geistes und in Fichtes Spätwerk. In: *Hegel-Jahrbuch* (2014/1), S. 97–99.
Jacobi, Friedrich Heinrich (1998): Über die Lehre des Spinoza in Briefen an den Herrn Moses Mendelssohn. Zweite Aufl. 1789. In: Ders.: Schriften zum Spinozastreit (Werke, 1,1). Hg. v. Klaus Hammacher und Irmgard-Maria Piske. Hamburg / Stuttgart, S. 1–268.
Jacobi, Friedrich Heinrich (2000): Von den göttlichen Dingen und ihrer Offenbarung. In: Ders.: Schriften zum Streit um die göttlichen Dinge und ihre Offenbarung (Werke, 3). Hg. v. Walter Jaeschke. Hamburg / Stuttgart, S. 1–136.
Jacobi, Friedrich Heinrich (2004a): David Hume über den Glauben oder Idealismus und Realismus: Ein Gespräch. Beilage „Ueber den Transccendentalen Idealismus". In: Ders.: Schriften zum transzendentalen Idealismus (Werke, 2,1). Hg. v. Walter Jaeschke und Irmgard-Maria Piske. Hamburg / Stuttgart, S. 9–112.
Jacobi, Friedrich Heinrich (2004b): Jacobi an Fichte. In: Friedrich Heinrich Jacobi: Schriften zum transzendentalen Idealismus (Werke, 2,1). Hg. v. Walter Jaeschke und Irmgard-Maria Piske. Hamburg / Stuttgart, S. 187–258.
Jacobson, Daniel (2013): Wrong Kind of Reasons Problem. In: Hugh LaFollette, John Deigh und Sarah Stroud (Hg.): The International Encyclopedia of Ethics. Malden, MA.

Jaeschke, Walter (2004): Das absolute Wissen. In: Andreas Arndt und Ernst Müller (Hg.): Hegels ‚Phänomenologie des Geistes' heute. Berlin, S. 194–214.
Janke, Wolfgang (1970): Fichte. Sein und Reflexion – Grundlagen der kritischen Vernunft. Berlin.
Janke, Wolfgang (1981): Die Wörter ‚Sein' und ‚Ding' – Überlegungen zu Fichtes Philosophie der Sprache. In: Klaus Hammacher (Hg.): Der transzendentale Gedanke. Die gegenwärtige Darstellung der Philosophie Fichtes. Vorträge der Internationalen Fichte-Tagung in Zwettl/Österreich vom 8. – 13. August 1977. Hamburg, S. 49–67.
Janke, Wolfgang (1993): Vom Bilde des Absoluten. Grundzüge der Phänomenologie Fichtes. Berlin / New York.
Janke, Wolfgang (2009): Die dreifache Vollendung des Deutschen Idealismus. Schelling, Hegel und Fichtes ungeschriebene Lehre (Fichte Studien Supplementa, 22). Amsterdam / New York.
Kant, Immanuel (1903): Grundlegung zur Metaphysik der Sitten (Kants gesammelte Schriften, IV). Hg. v. Preussische Akademie der Wissenschaften. Berlin.
Kant, Immanuel (1908/13): Kritik der praktischen Vernunft (Kants gesammelte Schriften, V). Hg. v. Preussische Akademie der Wissenschaften. Berlin.
Kant, Immanuel (1998): Kritik der reinen Vernunft. Hg. v. Jens Timmermann. Hamburg.
Keil, Geert (2000): Der Nullpunkt der Orientierung. In: Audun Øfsti, Peter Ulrich und Truls Wyller (Hg.): Indexicality and idealism. The self in philosophical perspective. Paderborn, S. 9–29.
Keil, Geert (2011): Ich bin jetzt hier – aber wo ist das? In: Truls Wyller, Siri Granum Carson, Jonathan Knowles und Bjørn K. Myskja (Hg.): Kant, here, now, and how. Essays in honour of Truls Wyller. Paderborn, S. 15–34.
Khurana, Thomas (2019): Paradoxien der Autonomie. Zur Einleitung. In: Thomas Khurana und Christoph Menke (Hg.): Paradoxien der Autonomie (Freiheit und Gesetz, 1). 2. Aufl. Berlin, S. 7–23.
Kimura, Hiroshi (2012): Das Faktische Wissen und der Minor im Syllogismus – Fichtes Einsicht in der ‚transscendentalen Logik'. In: *Fichte-Studien* 36, S. 79–89.
Kleist, Heinrich von (1993): Über die allmähliche Verfertigung der Gedanken beim Reden. In: Ders.: Sämtliche Werke und Briefe. Hg. v. Helmuth Sembdner. 9., vermehrte u. rev. Aufl. 2 Bde. München, Bd. 2, S. 319–324.
Klotz, Christian (2004): *Das Erfassen des Einleuchtens* […]. In: *European Journal of Philosophy* 12 (2), S. 275–278.
Knappik, Franz (2016a): Hegel's Essentialism. Natural Kinds and the Metaphysics of Explanation in Hegel's Theory of ‚the Concept'. In: *European Journal of Philosophy* 24 (4), S. 760–787.
Knappik, Franz (2016b): Hegel on Consciousness, Self-Consciousness and Idealism. In: Dina Emundts und Sally Sedgwick (Hg.): Bewusstsein. Consciousness (Internationales Jahrbuch des Deutschen Idealismus / International Yearbook of German Idealism, 2013/11). Berlin, S. 145–168.
Koch, Anton Friedrich (2006a): Die Prüfung des Wissens als Prüfung ihres Maßstabs. Zur Methode der *Phänomenologie des Geistes*. In: Jindřich Karásek, Jan Kuneš und Ivan Landa (Hg.): Hegels Einleitung in die *Phänomenologie des Geistes*. Würzburg, S. 21–33.
Koch, Anton Friedrich (2006b): Versuch über Wahrheit und Zeit. Paderborn.

Koch, Anton Friedrich (2014): Sinnliche Gewißheit und Wahrnehmung. Die beiden ersten Kapitel der *Phänomenologie des Geistes*. In: Ders., Die Evolution des logischen Raumes. Aufsätze zu Hegels Nichtstandard-Metaphysik. Tübingen, S. 29–44.

Köpf, Ulrich (2017): Mönchtum. In: Albrecht Beutel (Hg.): Luther Handbuch. 3., neu bearb. u. erw. Aufl. Tübingen, S. 71–78.

Kojève, Alexandre (1975): Hegel. Eine Vergegenwärtigung seines Denkens. Kommentar zur *Phänomenologie des Geistes*. Hg. v. Iring Fetscher. Übers. v. Traugott König. Frankfurt a. M.

Körner, Stephan (1967): The impossibility of transcendental deductions. In: *Monist* 51 (3), S. 317–331.

Korsgaard, Christine M. (2009): Self-Constitution. Oxford / New York.

Krämer, Stephan; Schnieder, Benjamin (2017): Wahrheitswertträger und Wahrmacher. In: Markus Andreas Schrenk (Hg.): Handbuch Metaphysik. Stuttgart, S. 352–358.

Kreines, James (2006): Hegel's Metaphysics: Changing the Debate. In: *Philosophy Compass* 1 (5), S. 466–480.

Kreß, Angelika (1996): Reflexion als Erfahrung. Hegels Phänomenologie der Subjektivität (Epistemata, 189). Würzburg.

Kripke, Saul A. (1980): Naming and Necessity. Cambridge, MA.

Kuhlmann, Wolfgang (1981): Reflexive Letztbegründung. Zur These von der Unhintergehbarkeit der Argumentationssituation. In: *Zeitschrift für philosophische Forschung* 35 (1), S. 3–26.

Lang, Stefan (2018): Fichtes Begründung der Erscheinungslehre im *Zweiten Vortrag der Wissenschaftslehre von 1804*. In: Violetta L. Waibel, Christian Danz und Jürgen Stolzenberg (Hg.): Systembegriffe um 1800–1809. Systeme in Bewegung. System der Vernunft, Bd. IV. Hamburg, S. 59–79.

Lauth, Reinhard (1987): Hegel vor der Wissenschaftslehre (Abhandlungen der Geistes- und sozialwissenschaftlichen Klasse / Akademie der Wissenschaften und der Literatur Mainz, 1). Mainz.

Lemanski, Jens (2013): Summa und System. Historie und Systematik vollendeter bottom-up- und top-down-Theorien. Münster.

Lucas, Hans-Christian (1992): Fichte versus Hegel. oder Hegel und das Erdmandel-Argument. In: *Hegel-Studien* 27, S. 131–151.

Lücke, Winfried (2022): Zwischen Fallibilismus und Hochmut. Ein lasterepistemologischer Blick auf Hegels Analyse der ‚Ironie'. In: *Philosophisches Jahrbuch* 129 (im Erscheinen).

Lumsden, Simon (2007): The Rise of the Non-Metaphysical Hegel. In: *Philosophy Compass* 3 (1), S. 51–65.

Maagt, Sem de (2017): Constructing Morality. Transcendental Arguments in Ethics (Quaestiones Infinitae. Publications of the Department of Philosophy and Religious Studies. Utrecht University, 99). Utrecht.

Maimon, Salomon (1970a): Philosophisches Wörterbuch, oder Beleuchtung der wichtigsten Gegenstände der Philosophie, in alphabetischer Ordnung. Erstes Stück. In: Salomon Maimon: Gesammelte Werke, Bd. 3. Hg. v. Valerio Verra. Hildesheim.

Maimon, Salomon (1970b): Streifereien im Gebiete der Philosophie. Erster Theil. In: Salomon Maimon: Gesammelte Werke, Bd. 4. Hg. v. Valerio Verra. Hildesheim.

Maimon, Salomon (2004): Versuch über die Transzendentalphilosophie. Hg. v. Florian Ehrensperger. Hamburg.

Marx, Werner (1981): Hegels Phänomenologie des Geistes. Die Bestimmung ihrer Idee in „Vorrede" und „Einleitung". 2., erw. Aufl. Frankfurt a. M.
Matějčková, Tereza (2018): Gibt es eine Welt in Hegels Phänomenologie des Geistes? (Philosophische Untersuchungen, 45). Tübingen.
McDowell, John (1996): Mind and World. 2. Aufl., with a new introduction. Cambridge, MA.
McDowell, John (2009a): Hegel's Idealism as a Radicalization of Kant. In: Ders.: Having the World in View. Essays on Kant, Hegel, and Sellars. Cambridge, MA.
McDowell, John (2009b): Response to Stephen Houlgate. In: *Owl of Minerva* 41 (1), S. 27–38.
McDowell, John (2009c): Response to Stephen Houlgate's Response. In: *Owl of Minerva* 41 (1), S. 53–60.
McDowell, John (2009d): The Apperceptive I and the Empirical Self. Towards a Heterodox Reading of „Lordship and Bondage" in Hegel's *Phenomenology*. In: Ders.: Having the World in View. Essays on Kant, Hegel, and Sellars. Cambridge, MA, S. 147–165.
Melichar, Hannes Gustav (2020): Die Objektivität des Absoluten. Der ontologische Gottesbeweis in Hegels „Wissenschaft der Logik" im Spiegel der kantischen Kritik (Collegium Metaphysicum, 23). Tübingen.
Moore, Adrian W. (1997): Points of View. Oxford.
Moyar, Dean (2011): Hegel's Conscience. Oxford / New York.
Moyar, Dean (2016): The Inferential Object: Hegel's Deduction and Reduction of Consciousness. In: Dina Emundts und Sally Sedgwick (Hg.): Bewusstsein. Consciousness (Internationales Jahrbuch des Deutschen Idealismus / International Yearbook of German Idealism, 2013/11). Berlin, S. 119–143.
Moyar, Dean (2017): Absolute Knowledge and the Ethical Conclusion of the *Phenomenology*. In: Ders. (Hg.): The Oxford Handbook of Hegel. Oxford, S. 166–196.
Neuhouser, Frederick (1986): Deducing Desire and Recognition in the *Phenomenology of Spirit*. In: *Journal of the History of Philosophy* 24 (2), S. 243–262.
Nida-Rümelin, Martine; O Conaill, Donnchadh (2019): Qualia. The Knowledge Argument. In: Edward N. Zalta (Hg.): The Stanford Encyclopedia of *Philosophy* Fall 2020 Edition. URL: https://plato.stanford.edu/archives/win2019/entries/qualia-knowledge (zuletzt abgerufen am 8.6.2022).
Niquet, Marcel (1991): Transzendentale Argumente. Kant, Strawson und die Aporetik der Detranszendentalisierung. Frankfurt a. M.
Nisenbaum, Karin (2018): For the Love of Metaphysics. Nihilism and the Conflict of Reason from Kant to Rosenzweig. Oxford / New York.
Peacocke, Christopher (1989): Transcendental arguments in the theory of content. An inaugural lecture delivered before the University of Oxford on 16 May 1989. Oxford.
Pecina, Björn (2007): Fichtes Gott. Vom Sinn der Freiheit zur Liebe des Seins (Religion in Philosophy and Theology, 24). Tübingen.
Pinkard, Terry (1994): Hegel's Phenomenology. The Sociality of Reason. Cambridge.
Pinkard, Terry (1996): What Is The Non-Metaphysical Reading Of Hegel? A Reply To Frederick Beiser. In: *Hegel Bulletin* 17 (2), S. 13–20.
Pinkard, Terry (2019): Das Paradox der Autonomie. Kants Problem und Hegels Lösung. In: Thomas Khurana und Christoph Menke (Hg.): Paradoxien der Autonomie (Freiheit und Gesetz, 1). 2. Aufl. Berlin, S. 25–59.

Pippin, Robert (2015): Finite and Absolute Idealism. The Transcendental and the Metaphysical Hegel. In: Sebastian Gardner und Matthew Grist (Hg.): The Transcendental Turn. Oxford / New York, S. 159–172.
Pippin, Robert B. (1989): Hegel's Idealism. The Satisfactions of Self-Consciousness. Cambridge.
Pippin, Robert B. (1990): Hegel and Category Theory. In: *The Review of Metaphysics* 43 (4), S. 839–848.
Pippin, Robert B. (2008): The „logic of experience" as „absolute knowledge" in Hegel's *Phenomenology of Spirit*. In: Dean Moyar und Michael Quante (Hg.): Hegel's Phenomenology of Spirit. A Critical Guide. Cambridge, S. 210–227.
Plessner, Helmuth (1975): Die Stufen des Organischen und der Mensch. Einleitung in die philosophische Anthropologie (Sammlung Göschen). 3., unveränd. Aufl. Berlin / New York.
Pluder, Valentin (2012): Die Vermittlung von Idealismus und Realismus in der Klassischen Deutschen Philosophie. Eine Studie zu Jacobi, Kant, Fichte, Schelling und Hegel (Spekulation und Erfahrung, Abt. II, 57). Stuttgart-Bad Cannstatt.
Pluder, Valentin (2019): Du sollst Dir ein Bild von mir machen, um es zu überwinden. Zur Vermittlung von Absolutem Wissen und gewöhnlichem Wissen am Ende der WL 1804-II. In: *Fichte-Studien* 47, S. 19–33.
Price, Huw (2011a): Pragmatism, Quasi-realism, and the Global Challenge. In: Ders.: Naturalism without Mirrors. Oxford / New York, S. 228–252.
Price, Huw (2011b): Truth as Convenient Friction. In: Ders.: Naturalism without Mirrors. Oxford / New York, S. 163–183.
Price, Huw (2013): Expressivism, Pragmatism and Representationalism. Cambridge.
Pritchard, Duncan; Ranalli, Christopher B. (2013): Rorty, Williams, and Davidson. Skepticism and Metaepistemology. In: *Humanities* 2 (3), S. 351–368
Puntel, Lorenz Bruno (1973): Darstellung, Methode und Struktur. Untersuchungen zur Einheit der systematischen Philosophie G. W. F. Hegels (Hegel-Studien Beihefte, 10). Bonn.
Putnam, Hilary (1980): Models and Reality. In: *The Journal of Symbolic Logic* 45 (3), S. 464–482.
Quante, Michael (2011): Spekulative Philosophie als Therapie? In: Ders.: Die Wirklichkeit des Geistes. Studien zu Hegel. Berlin, S. 64–88.
Rähme, Boris (2016): Transcendental Argument, Epistemically Constrained Truth, and Moral Discourse. In: Gabriele Gava und Robert Stern (Hg.): Pragmatism, Kant, and Transcendental Philosophy. New York / London, S. 259–285.
Rähme, Boris (2017): Ambition, Modesty, and Performative Inconsistency. In: J. P. Brune, R. Stern und M. H. Werner (Hg.): Transcendental Arguments in Moral Theory. Berlin / Boston, S. 25–46.
Ranalli, Christopher B. (2015): Meta-epistemological Scepticism. Criticisms and a Defence. Dissertation. University of Edinburgh, Edinburgh. URL: http://philpapers.org/archive/RANMSC.pdf (zuletzt abgerufen am 1.12.2020).
Reinhold, Karl Leonhard (2003): Beiträge zur Berichtigung bisheriger Missverständnisse der Philosophen. Hg. v. Faustino Fabbianelli. Hamburg.
Reinhold, Karl Leonhard (2012): Versuch einer neuen Theorie des menschlichen Vorstellungsvermögens. Teilband 2. Hg. v. Ernst-Otto Onnasch. Hamburg.

Rendsvig, Rasmus; Symons, John (2019): Epistemic Logic, In: Edward N. Zalta (Hg.): *The Stanford Encyclopedia of Philosophy* (Summer 2021 Edition). URL: https://plato.stanford.edu/archives/sum2021/entries/logic-epistemic (zuletzt abgerufen am 8.6.2022).

Richli, Urs (2000): Tun und Sagen in der Transzendentalpragmatik und der WL 1804. In: Wolfgang H. Schrader (Hg.): Die Spätphilosophie J.G. Fichtes. Bd. 2. Tagung der Internationalen J.G.-Fichte-Gesellschaft (15.–27. September 1997) in Schulpforte in Verbindung mit der Landesschule Pforta und dem Instituto per gli studi filosofici (Napoli). Amsterdam, S. 205–215.

Riedel, Christoph (1999): Zur Personalisation des Vollzuges der Wissenschaftslehre J.G. Fichtes. Die systematische Funktion des Begriffes „Hiatus irrationalis" in den Vorlesungen zur Wissenschaftslehre in den Jahren 1804/05. Stuttgart.

Rödl, Sebastian (2018): Self-Consciousness and Objectivity. Introduction to Absolute Idealism. Cambridge, MA.

Rödl, Sebastian (2019): Selbstgesetzgebung. In: Thomas Khurana und Christoph Menke (Hg.): Paradoxien der Autonomie (Freiheit und Gesetz, 1). 2. Aufl. Berlin, S. 91–111.

Rorty, Richard (1970): Strawson's Objectivity Argument. In: *The Review of Metaphysics* 24 (2), S. 207–244.

Rorty, Richard (1971): Verificationism and Transcendental Arguments. In: *Noûs* 5 (1), S. 3–14.

Rorty, Richard (1972): The World Well Lost. In: *The Journal of Philosophy* 69 (19), S. 649–665.

Rorty, Richard (1973): Criteria and Necessity. In: *Noûs* 7 (4), S. 313–327.

Rorty, Richard (1979a): Philosophy and the Mirror of Nature. Princeton.

Rorty, Richard (1979b): Transcendental Arguments, Self-Reference, and Pragmatism (Synthese library, 133). In: Peter Bieri, Rolf-Peter Horstmann und Lorenz Krüger (Hg.): Transcendental Arguments and Science. Essays in Epistemology. Dordrecht, S. 77–103.

Röttges, Heinz (1981): Der Begriff der Methode in der Philosophie Hegels (Monographien zur philosophischen Forschung, 148). Meisenheim am Glan.

Sacks, Mark (2000): Objectivity and Insight. Oxford.

Sacks, Mark (2005): The nature of transcendental arguments. In: *International Journal of Philosophical Studies* 13 (4), S. 439–460.

Sandkaulen, Birgit (2000): Grund und Ursache. Die Vernunftkritik Jacobis. München.

Sandkaulen, Birgit (2006): Spinoza zur Einführung. Fichtes Wissenschaftslehre von 1812. In: *Fichte-Studien* 30, S. 71–84.

Sandkaulen, Birgit (2010): „Bilder sind". Zur Ontologie des Bildes im Diskurs um 1800. In: Joachim Bromand und Guido Kreis (Hg.): Was sich nicht sagen lässt. Berlin, S. 469–485.

Sandkaulen, Birgit (2016): „Ich bin und es sind Dinge außer mir". Jacobis Realismus und die Überwindung des Bewusstseinsparadigmas. In: Dina Emundts und Sally Sedgwick (Hg.): Bewusstsein. Consciousness (Internationales Jahrbuch des Deutschen Idealismus / International Yearbook of German Idealism, 2013/11). Berlin, S. 169–196.

Sandkaulen, Birgit (2017): „Ich bin Realist, wie es noch kein Mensch vor mir gewesen ist." Friedrich Heinrich Jacobi über Idealismus und Realismus (Nordrhein-Westfälische Akademie der Wissenschaften und der Künste: Geisteswissenschaften: Vorträge G 435). Hg. v. Nordrhein-Westfälische Akademie der Wissenschaften und der Künste. Paderborn.

Sandkaulen, Birgit (2019a): Das ‚leidige Ding an sich'. Kant – Jacobi – Fichte. In: Dies.: Jacobis Philosophie. Über den Widerspruch zwischen System und Freiheit (Blaue Reihe). Hamburg, S. 169–197.

Sandkaulen, Birgit (2019b): Fürwahrhalten ohne Gründe. Eine Provokation philosophischen Denkens. In: Dies.: Jacobis Philosophie. Über den Widerspruch zwischen System und Freiheit (Blaue Reihe). Hamburg, S. 33–53.

Schechter, Oded (2003): The Logic of Speculative Philosophy and Skepticism in Maimon's Philosophy. *Satz der Bestimmbarkeit* and the Role of Synthesis. In: Gideon Freudenthal (Hg.): Salomon Maimon: Rational Dogmatist, Empirical Skeptic. Critical Assessments. Dordrecht, S. 18–53.

Schick, Friedrike (2006): Erkennen vor dem Erkennen. Implikationen eines erkenntnistheoretischen Programms. In: Jindřich Karásek, Jan Kuneš und Ivan Landa (Hg.): Hegels Einleitung in die *Phänomenologie des Geistes*. Würzburg, S. 75–86.

Schlösser, Ulrich (unveröffentlicht): On Some Differences between American Pragmatism and Idealism. Peirce and Hegel on Meaning, Confirmation and Reality.

Schlösser, Ulrich (1996): Hegel: Grundlegung der Kategorien für eine Theorie des Selbstbewußtseins. In: *Deutsche Zeitschrift für Philosophie* 44 (3), S. 447–474.

Schlösser, Ulrich (2001): Das Erfassen des Einleuchtens. Fichtes Wissenschaftslehre 1804 als Kritik an der Annahme entzogener Voraussetzungen unseres Wissens und als Philosophie des Gewißseins. Berlin.

Schlösser, Ulrich (2003): Entzogenes Sein und unbedingte Evidenz in Fichtes Wissenschaftslehre 1804 (2). In: *Fichte-Studien* 20, S. 145–161.

Schlösser, Ulrich (2006a): Bewußtsein und Beweisstruktur in der „Einleitung" von Hegels *Phänomenologie des Geistes*. In: Jindřich Karásek, Jan Kuneš und Ivan Landa (Hg.): Hegels Einleitung in die *Phänomenologie des Geistes*. Würzburg, S. 181–191.

Schlösser, Ulrich (2006b): Worum geht es in der späteren Wissenschaftslehre und inwiefern unterscheiden sich die verschiedenen Darstellungen derselben dem Ansatz nach? In: *Fichte-Studien* (30), S. 15–25.

Schlösser, Ulrich (2008): Handlung, Sprache, Geist. In: Klaus Vieweg und Wolfgang Welsch (Hg.): Hegels Phänomenologie des Geistes. Ein kooperativer Kommentar zu einem Schlüsselwerk der Moderne. Frankfurt a. M., S. 439–454.

Schlösser, Ulrich (2009): Über die Ambivalenz des Begrifflichen in der aufsteigenden Argumentationslinie der Wissenschaftslehre von 1804/II. In: Jean-Christophe Goddard und Alexander Schnell (Hg.): L'Être et le Phénomene. Sein und Erscheinung. La *Doctrine de la Science* de 1804 de J.G. Fichte. Die *Wissenschaftslehre* 1804 J.G. Fichtes. Paris, S. 73–83.

Schlösser, Ulrich (2010): Presuppositions of Knowledge versus Immediate Certainty of Being. Fichte's 1804 Wissenschaftslehre as a Critique of Knowledge and a Program of Philosophical Foundation. In: Daniel Breazeale und Tom Rockmore (Hg.): Fichte, German Idealism, and Early Romanticism. Amsterdam, S. 103–117.

Schlösser, Ulrich (2015): Hegels Begriff des Geistes zwischen Theorie der Interpersonalität und Philosophie der Religion. Bemerkungen zu Hegels Genese der Religion in seiner *Phänomenologie*. In: Friedrich Hermanni, Burkhard Nonnenmacher und Friedrike Schick (Hg.): Religion und Religionen im Deutschen Idealismus. Schleiermacher – Hegel – Schelling (Collegium Metaphysicum, 13). Tübingen, S. 109–129.

Schmid, Jelscha (2020): „Es ist so, weil ich es so mache." Fichtes Methode der Konstruktion. In: *Fichte-Studien* 48, S. 389–412.

Schmid, Ulla (2017): Moore's paradox. A critique of representationalism (Quellen und Studien zur Philosophie, 124). Berlin / Boston.

Schmidt, Andreas (2002): Ulrich Schlösser: Das Erfassen des Einleuchtens [...]. In: *Zeitschrift für philosophische Forschung* 56 (4), S. 622–625.

Schmidt, Andreas (2004): Der Grund des Wissens. Fichtes Wissenschaftslehre in den Versionen von 1794/95, 1804/II und 1812. Paderborn.

Schmidt, Andreas (2009a): Differences that are None. Hegel's Theory of Force in the Phenomenology of Spirit. In: Juhani Pietarinen und Valtteri Viljanen (Hg.): The World as Active Power. Studies in the History of European Reason (Brill's Studies in Intellectual History, 180). Leiden / Boston, S. 283–304.

Schmidt, Andreas (2009b): Bild und Gesetz. Zur Rolle des praktischen Selbstverhältnisses in Fichtes *Wissenschaftslehre* 1804-II. In: Jean-Christophe Goddard und Alexander Schnell (Hg.): L'Être et le Phénomene. Sein und Erscheinung. La *Doctrine de la Science* de 1804 de J.G. Fichte. Die *Wissenschaftslehre* 1804 J.G. Fichtes. Paris, S. 273–284.

Schmidt, Andreas (2014): Die Erfahrung in Hegels Phänomenologie des Geistes. In: *Deutsche Zeitschrift für Philosophie* 62 (1), S. 159–164.

Schnell, Alexander (2009): Der Transzendentalismus in der *Wissenschaftslehre* 1804/II J.G. Fichtes. In: Jean-Christophe Goddard und Alexander Schnell (Hg.): L'Être et le Phénomene. Sein und Erscheinung. La *Doctrine de la Science* de 1804 de J.G. Fichte. Die *Wissenschaftslehre* 1804 J.G. Fichtes. Paris, S. 38–51.

Schrader, Wolfgang H. (1972): Empirisches und absolutes Ich. Zur Geschichte des Begriffs Leben in der Philosophie J.G. Fichtes. Stuttgart-Bad Cannstatt.

Schulze, Gottlob Ernst (1996): Aenesidemus oder über die Fundamente der von dem Herrn Professor Reinhold in Jena gelieferten Elementar-Philosophie. Nebst einer Verteidigung des Skeptizismus gegen die Anmaßungen der Vernunftkritik. Hg. v. Manfred Frank. Hamburg.

Schüssler, Ingeborg (1972): Die Auseinandersetzung von Idealismus und Realismus in Fichtes Wissenschaftslehre. Grundlage der Gesamten Wissenschaftslehre 1794/5. Zweite Darstellung der Wissenschaftslehre 1804 (Philosophische Abhandlungen, 42). Frankfurt a. M.

Schüz, Simon (2019): Transzendentale Prinzipien in Fichtes WL 1804-II. Eine Interpretationsskizze zur systematischen Rolle von ‚Licht' und ‚Bilden'. In: *Fichte-Studien* 47, S. 229–250.

Seiberth, Luz Christopher (2022): Intentionality in Sellars. A transcendental account of finite knowledge (Routledge Studies in American Philosophy). London / New York.

Sell, Annette (1997): Aspekte des Lebens. Fichtes Wissenschaftslehre von 1804 und Hegels Phänomenologie des Geistes von 1807. In: Christoph Asmuth (Hg.): Sein – Reflexion – Freiheit. Aspekte der Philosophie Johann Gottlieb Fichtes. Amsterdam / Philadelphia, S. 79–95.

Shabel, Lisa A. (2011): Mathematics in Kant's critical philosophy. Reflections on mathematical practice. New York.

Siep, Ludwig (1970): Hegels Fichtekritik und die Wissenschaftslehre von 1804 (Symposion, 33). Freiburg / München.

Siep, Ludwig (1979): Anerkennung als Prinzip der praktischen Philosophie. Freiburg.

Siep, Ludwig (1991): Hegel's idea of a conceptual scheme. In: *Inquiry* 34 (1), S. 63–76.

Siep, Ludwig (2000): Der Weg der „Phänomenologie des Geistes". Ein einführender Kommentar zu Hegels „Differenzschrift" und zur „Phänomenologie des Geistes" (Hegels Philosophie: Kommentare zu den Hauptwerken, 1). Frankfurt a. M.

Slenczka, Notger (2017): Christus. In: Albrecht Beutel (Hg.): Luther Handbuch. 3., neu bearb. u. erw. Aufl. Tübingen, S. 428–439.
Soames, Scott (2010): Philosophy of Language (Princeton Foundations of Contemporary Philosophy). Princeton.
Solomon, Robert C. (1983): In the Spirit of Hegel. A Study of G. W. F. Hegel's *Phenomenology of Spirit*. Oxford / New York.
Spiegel, Thomas J. (2021): Naturalism, Quietism, and the Threat to Philosophy. Basel.
Stange, Mike (2010): Antinomie und Freiheit. Zum Projekt einer Begründung der Logik im Anschluß an Fichtes „Grundlage der gesamten Wissenschaftslehre". Paderborn.
Stekeler, Pirmin (2014): Hegels Phänomenologie des Geistes. Ein dialogischer Kommentar. Bd. 1: Gewissheit und Vernunft, Bd. 2: Geist und Religion. Hamburg.
Stern, Robert (1990): Hegel, Kant and the Structure of the Object. London / New York.
Stern, Robert (Hg.) (1999): Transcendental Arguments. Problems and Prospects (Mind association occasional series). Oxford.
Stern, Robert (2000): Transcendental Arguments and Scepticism. Answering the question of justification. Oxford.
Stern, Robert (2007): Transcendental arguments. A plea for modesty. In: *Grazer philosophische Studien* 47, S. 143–161.
Stern, Robert (2009): Hegelian Metaphysics. Oxford.
Stern, Robert (2011): The Value of Humanity: Reflections on Korsgaard's Transcendental Argument. In: Joel R. Smith und Peter M. Sullivan (Hg.): Transcendental Philosophy and Naturalism. Oxford / New York, S. 74–95.
Stern, Robert (2013a): Taylor, Transcendental Arguments, and Hegel on Consciousness. In: *Hegel Bulletin* 34 (1), S. 79–97.
Stern, Robert (2013b): The Routledge Guide Book to Hegel's *Phenomenology of Spirit*. 2. Aufl. London.
Stern, Robert (2017): Silencing the Sceptic? The Prospects for Transcendental Arguments in Practical Philosophy. In: J. P. Brune, R. Stern und M. H. Werner (Hg.): Transcendental Arguments in Moral Theory. Berlin / Boston, S. 9–23.
Stern, Robert (2019): Transcendental Arguments. In: Edward N. Zalta (Hg.): *The Stanford Encyclopedia of Philosophy* (Fall 2020 Edition). URL: https://plato.stanford.edu/archives/fall2020/entries/transcendental-arguments (zuletzt abgerufen am 8.6.2022).
Stern, Robert (2022): Explaining Synthetic A Priori Knowledge. The Achilles Heel of Transcendental Idealism? In: *Kantian Review* 20 (1), S. 1–20.
Stewart, Jon Bartley (2000): The Unity of Hegel's Phenomenology of Spirit. Evanston.
Stolzenberg, Jürgen (1986): Fichtes Begriff der intellektuellen Anschauung. Die Entwicklung in den Wissenschaftslehren von 1793/94 bis 1801/02 (Deutscher Idealismus, 10). Stuttgart.
Strawson, Peter F. (1952): Introduction to Logical Theory. London.
Strawson, Peter F. (1959): Individuals. An essay in descriptive metaphysics. London.
Strawson, Peter F. (1985): Skepticism and Naturalism. Some Varieties. London.
Strawson, Peter F. (1992): Analysis and Metaphysics. An Introduction to Philosophy. Oxford.
Stroud, Barry (1968): Transcendental Arguments. In: *Journal of Philosophy* 65, S. 241–256.
Stroud, Barry (1984): The Significance of Philosophical Scepticism. Oxford.
Stroud, Barry (2000): Understanding human knowledge. Philosophical essays. Oxford.
Stroud, Barry (2000a): Kantian Arguments, Conceptual Capacities, and Invulnerability. In: Ders.: Understanding human knowledge. Philosophical essays. Oxford, S. 155–176.

Stroud, Barry (2000b): Radical Interpretation and Philosophical Scepticism. In: Ders.: Understanding human knowledge. Philosophical essays. Oxford, S. 177–202.

Stroud, Barry (2000c): The Goal of Transcendental Arguments. In: Ders.: Understanding human knowledge. Philosophical essays. Oxford, S. 203–223.

Stroud, Barry (2000d): The Synthetic A Priori in Strawson's Kantianism. In: Ders.: Understanding human knowledge. Philosophical essays. Oxford, S. 224–243.

Stroud, Barry (2000e): Doubts about the Legacy of Scepticism. In: Ders.: Understanding human knowledge. Philosophical essays. Oxford, S. 26–37.

Stroud, Barry (2000f): Scepticism and the Possibility of Knowledge. In: Ders.: Understanding human knowledge. Philosophical essays. Oxford, S. 1–8.

Stroud, Barry (2003): Review: Objectivity and Insight. In: *Mind* 122 (446), S. 379–382.

Stroud, Barry (2011): Engagement and Metaphysical Satisfaction. Modality and Value. Oxford / New York.

Stroud, Barry (2019): Metaphysische Unzufriedenheit. In: *Deutsche Zeitschrift für Philosophie* 67 (1), S. 59–73.

Taureck, Bernhard (1975): Das Schicksal der philosophischen Konstruktion (Überlieferung und Aufgabe, 14). Wien / München.

Taylor, Charles (1972): The Opening Arguments of the *Phenomenology*. In: Alasdair MacIntyre (Hg.): Hegel. A Collection of Critical Essays. Garden City, S. 151–187.

Taylor, Charles (1975): Hegel. Cambridge.

Taylor, Charles (1978–79): The Validity of Transcendental Arguments. In: *Proceedings of the Aristotelian Society (New Series)* 79, S. 151–165.

Tetens, Holm (2006): Philosophisches Argumentieren. Eine Einführung. 2., durchges. Aufl. München.

Tewes, Christian (2015): Conceptual Schemes, Realism, and Idealism. A Hegelian Approach to Concepts and Reality. In: Halla Kim und Steven Hoeltzel (Hg.): Kant, Fichte, and the Legacy of Transcendental Idealism. Lanham / Boulder u. a., S. 213–236.

Theunissen, Brendan (2014): Hegels *Phänomenologie* als metaphilosophische Theorie. Hegel und das Problem der Vielfalt philosophischer Theorien. Eine Studie zur systemexternen Rechtfertigungsfunktion der *Phänomenologie des Geistes* (Hegel-Studien Beihefte, 61). Hamburg.

Thomas-Fogiel, Isabelle (2014): Fichte and the Contemporary Transcendental Arguments Debate. In: Tom Rockmore und Daniel Breazale (Hg.): Fichte and Transcendental Philosophy. Basingstoke / New York, S. 71–84.

Tilliette, Xavier (2015): Untersuchungen über die intellektuelle Anschauung von Kant bis Hegel (Schellingiana, 26). Hg. v. Lisa Egloff und Katia Hay. Übers. v. Susanne Schaper. Stuttgart-Bad Cannstatt.

Traub, Hartmut (1999): Transzendentales Ich und absolutes Sein. Überlegungen zu Fichtes „veränderter Lehre". In: *Fichte-Studien* 16, S. 39–56.

Tschirner, Patrick (2017): Totalität und Dialektik. Johann Gottlieb Fichtes späte Wissenschaftslehre oder die lebendige Existenz des Absoluten als sich selbst bildendes Bild (Begriff und Konkretion, 6). Berlin.

Utz, Konrad (2006): Selbstbezüglichkeit und Selbstunterscheidung des Bewußtseins in der „Einleitung" der Phänomenologie des Geistes. In: Jindřich Karásek, Jan Kuneš und Ivan Landa (Hg.): Hegels Einleitung in die *Phänomenologie des Geistes*. Würzburg, S. 155–180.

Vieweg, Klaus (1999): Philosophie des Remis. Der junge Hegel und das ‚Gespenst des Skeptizismus'. München.
Wahl, Jean (1951): Le malheur de la conscience dans la philosophie de Hegel. 2. Aufl. Paris.
Weber, Jürgen (1998): Begriff und Konstruktion. Rezeptionsanalytische Untersuchungen zu Kant und Schelling. Dissertation. Universität Göttingen, Göttingen.
Westerkamp, Dirk (2021): Spekulative Epen. Studien zur Sprachphilosophie des Deutschen Idealismus. Tübingen.
Westphal, Kenneth R. (1989): Hegel's epistemological realism. A study of the aim and method of Hegel's Phenomenology of spirit (Philosophical studies series, 43). Dordrecht / Boston.
Whitehead, Alfred North (1978): Process and Reality. An Essay in Cosmology. Gifford Lectures delivered in the University of Edinburgh during the session 1927–28. Hg. v. David Ray Griffin und Donald W. Sherburne. New York.
Widmann, Joachim (1977): Die Grundstruktur des transzendentalen Wissens nach Joh. Gottl. Fichtes Wissenschaftslehre 1804^2. Hamburg.
Wilkerson, T. E. (1970): Transcendental Arguments. In: *The Philosophical Quarterly* 20 (80), S. 200–212.
Willaschek, Markus (2001): Affektion und Kontingenz in Kants transzendentalem Idealismus. In: Ralph Schumacher in Verbindung mit Oliver R. Scholz (Hg.): Idealismus als Theorie der Repräsentation? Paderborn, S. 211–231.
Willaschek, Markus (2003): Der mentale Zugang zur Welt. Realismus, Skeptizismus, Intentionalität (Philosophische Abhandlungen, 87). Frankfurt a. M.
Wille, Matthias (2011): Transzendentaler Antirealismus. Grundlagen einer Erkenntnistheorie ohne Wissenstranszendenz (Quellen und Studien zur Philosophie, 106). Berlin / Boston.
Williams, Michael (1996): Unnatural doubts. Epistemological realism and the basis of scepticism. Princeton.
Williamson, Timothy (2000): Knowledge and its Limits. Oxford.
Williamson, Timothy (2007): The Philosophy of Philosophy (The Blackwell/Brown Lectures in Philosophy, 2). Malden, MA / Oxford.
Wirsing, Claudia (2021): Die Begründung des Realen. Hegels „Logik" im Kontext der Realitätsdebatte um 1800 (Quellen und Studien zur Philosophie, 147). Berlin / Boston.
Wolff, Jens (2017): Programmschriften. In: Albrecht Beutel (Hg.): Luther Handbuch. 3., neu bearb. u. erw. Aufl. Tübingen, S. 306–317.
Wood, David W. (2012): „Mathesis of the Mind". A Study of Fichte's *Wissenschaftslehre* and Geometry (Fichte-Studien Supplementa, 29). Amsterdam / New York.
Wright, Crispin (1992): Truth and Objectivity. Cambridge, MA / London.
Zimmerli, Walther (1973): Fichte contra Hegel. Umwertungsversuche in der Philosophiegeschichte. In: *Zeitschrift für philosophische Forschung* 27, S. 600–606.
Zöller, Günter (1998): Fichte's Transcendental Philosophy. The Original Duplicity of Intelligence and Will. Cambridge.
Zöller, Günter (2000): German realism: the self-limitation of idealist thinking in Fichte, Schelling, and Schopenhauer. In: Karl Ameriks (Hg.): The Cambridge Companion to German Idealism. Cambridge / New York, S. 200–218.

Namensregister

Ahlers, Rolf 12,
Albert, Hans 45
Allais, Lucy 92, 99–102
Allison, Henry E. 97, 216
Altman, Matthew C. 12
Ancillotti, Bianca 159
Anderson, R. Lanier 101
Apel, Karl-Otto 44f., 316
Aschenberg, Reinhold 43, 82
Asmuth, Christoph 10, 12, 289, 294, 301f., 311, 324, 332, 344, 347, 354, 363, 370, 372, 388, 409, 425, 428,

Bach, Kent 45
Bader, Ralf M. 26, 30
Bardon, Adrian 44, 47
Barth, Christian 34
Barth, Roderich 283, 290, 297, 347, 358, 360f., 365f., 386, 391f., 394, 413, 418, 428f., 445
Baumanns, Peter 285, 370, 390, 444
Bealer, George 66
Beall, J.C. 87
Beiser, Frederick C. 2
Blackburn, Simon 62, 469
Bowman, Brady 178, 263, 275
Brachtendorf, Johannes 10
Bradley, Francis Herbert 182, 184
Brandom, Robert B. 199, 258, 322
Brinkmann, Klaus 157, 246
Brown, Clifford 34
Brueckner, Anthony 26, 47, 51, 54, 56
Brune, J.P. 21
Bruno, Anthony G. 305

Carnap, Rudolf 306
Carroll, Lewis 321–323
Cassam, Quassim 23f., 44, 54, 57, 65, 78f., 90–92, 319
Claesges, Ulrich 138, 168
Clarke, Thompson 75
Conant, James 5

Cramer, Konrad 138, 140, 142
Cürsgen, Dirk 347

Danz, Christian 410
Daskalaki, Maria 204f., 255
Davidson, Donald 29, 71f., 77, 88, 105f., 107f., 110, 461
Davies, Kim 47
Davies, Paul 91
Descartes, René 25, 27, 45, 50, 85, 296, 368, 426
Della Rocca, Michael 183, 466
DeRose, Keith 75, 85, 88–90, 94,
Drakoulidis, Charalampos 432, 441
Drechsler, Julius 10, 311
Drilo, Kazimir 208, 218
Düsing, Klaus 270, 484

Emundts, Dina 91, 127, 137f., 142f., 145f., 149, 157f., 160, 163f., 168, 172, 176, 178, 186–189, 191–194, 264, 268, 270, 275, 277
Engel, Pascal 322f.

Feuerbach, Ludwig 177, 179
Forster, Michael N. 131, 168, 203, 263, 272
Förster, Eckart 93, 161, 203, 208, 253, 263, 270, 484
Franks, Paul 5f., 9, 81, 98, 278, 472
Frege, Gottlob 321
Fulda, Hans Friedrich 10, 261–263

Gabriel, Markus 199, 305, 393, 461
Gardner, Sebastian 10
Gaskin, Richard 312
Gava, Gabriele 23f.
Gerten, Michael 347, 364, 367, 391
Giladi, Paul 21
Girndt, Helmut 12
Glock, Hans-Johann 47
Gloy, Karen 12
Goebel, Arno 326
Gomes, Anil 96

Gram, Moltke S. 26
Grundmann, Thomas 24 f., 29, 31, 38, 42–45, 47 f., 53, 66, 68
Gruver, Natascha 25 f.
Gueroult, Martial 10, 285, 287, 289, 294, 347

Haack, Susan 34
Haag, Johannes 93, 103
Hacker, Peter 51
Halbig, Christoph 2, 256, 276
Hartmann, Klaus 2
Harris, Henry Silton 180, 187, 208, 218, 224, 225
Heckenroth, Lars 250, 254 f., 270, 481
Heidegger, Martin 305, 351
Heidemann, Dietmar 73, 131, 135 f., 139, 155, 166 f., 176, 267, 273
Heinrichs, Johannes 131, 166, 261, 263, 266 f.
Henrich, Dieter 9, 236, 238 f., 258, 484
Herms, Eilert 213
Hintikka, Jaakko 26, 45
Hoeppner, Till 93, 103
Horstmann, Rolf-Peter 5, 143, 155, 171 f., 175, 183, 243, 262
Hösle, Vittorio 263
Houlgate, Stephen 133, 148, 165, 168–170, 172, 178, 193, 199–201, 224 f., 227, 246 f., 248, 271
Hoyningen-Huene, Paul 355
Hübner, Johannes 323
Hühn, Lore 12, 294, 301
Hume, David 5, 25, 81, 168, 469
Husserl, Edmund 301, 307, 320 f., 354 f.
Hippolyte, Jean 203, 207, 208, 210 f., 213, 247, 263

Illetterati, Luca 239, 462
Illies, Christian 44, 47, 68 f.
Ivaldo, Marco 433, 443
Ivanenko, Anton 11, 12

Jacobi, Friedrich Heinrich 5–7, 97–102, 275 f., 378, 382, 423, 467, 470, 478–481
Jacobson, Daniel 60

Jaeschke, Walter 248 f.
Janke, Wolfgang 10, 301 f., 305, 342, 347, 355, 358, 361, 370

Kant, Immanuel 1–3, 5 f., 8, 13, 21, 26, 29, 61, 81, 87, 92 f., 95–102, 111, 120 f., 129, 145, 185 f., 195, 202–204, 212, 216 f., 225–228, 237, 288, 290–292, 294, 296 f., 307, 344, 410 f., 441, 454, 460, 472, 474
Keil, Geert 36
Khurana, Thomas 432
Kimura, Hiroshi 414
Kleist, Heinrich von 347
Klotz, Christian 392
Knappik, Franz 138, 192 f., 198, 201, 239
Koch, Anton Friedrich 36, 155, 175 f.
Köpf, Ulrich 224
Kojève, Alexandre 199
Körner, Stephan 82 f.
Korsgaard, Christine M. 440 f.
Krämer, Stephan 30
Kreines, James 2, 152
Kreß, Angelika 138, 140, 267
Kripke, Saul A. 36, 42, 190
Kuhlmann, Wolfgang 44

Lang, Stefan 45, 365, 372, 387, 389
Lauth, Reinhard 12
Leibniz, Gottfried Wilhelm 66, 82, 101 f., 183
Lemanski, Jens 287, 289, 365, 379, 383
Locke, John 101, 187
Lucas, Hans-Christian 12
Lücke, Winfried 131
Lumsden, Simon 2, 152
Luther, Martin 208, 224, 227, 229

Maagt, Sem de 21
Maimon, Salomon 5–7, 81, 472
Marx, Werner 140, 165
Matějčková, Tereza 208
Melichar, Hannes Gustav 47, 62, 69, 240, 263
Misselhorn, Catrin 47, 53, 66
Moore, Adrian W. 96 f., 115, 461
Moore, George Edward 59, 60, 175, 406, 451

Moyar, Dean 227, 229, 234 f., 239–241, 256, 275

Neuhouser, Frederick 155
Newton, Isaac 186
Nida-Rümelin, Martine 378
Niquet, Marcel 24–26, 33, 43, 45
Nisenbaum, Karin 45, 96

O Conaill, Donnchadh 378

Peacocke, Christopher 57
Pecina, Björn 294, 386, 392, 394, 396, 435, 445
Pinkard, Terry 2, 131, 168, 432
Pippin, Robert B. 142, 152, 155 f., 178, 193, 205, 243–246, 258, 273, 460–462
Platon 239, 246, 288, 347
Plessner, Helmuth 182
Pluder, Valentin 12, 247, 335, 347, 357, 360, 370, 378 f., 392, 445
Price, Huw 110, 469 f.
Pritchard, Duncan 27, 110
Puntel, Lorenz Bruno 155, 168
Putnam, Hilary 53, 106 f.

Quante, Michael 91, 161, 168 f., 277, 279

Rähme, Boris 24 f., 44
Ranalli, Christopher 27, 110
Reinhold, Karl Leonhard 6, 138 f., 290 f., 418
Rendsvig, Rasmus 406
Richli, Urs 316, 412
Riedel, Christoph 309
Rödl, Sebastian 200, 212 f., 244, 432, 458
Röttges, Heinz 250
Rorty, Richard 24, 34, 47, 50 f., 53, 79–83, 104–110, 120–122, 133, 461

Sacks, Mark 25, 34, 44, 47, 57, 80, 87, 93, 110–119, 120–122, 210, 293, 327, 352, 370, 376, 382, 443, 461, 468 f.
Sandkaulen, Birgit 10, 98, 275 f., 311, 418, 423, 430
Schechter, Oded 7
Schelling, Friedrich Wilhelm Joseph 11, 208
Schick, Friedrike 129 f.

Schlösser, Ulrich 9 f., 45, 138, 140, 148, 153, 155 f., 165, 187, 189–192, 209 f., 256, 258, 285, 289, 294, 307, 311, 314, 318, 324, 327 f., 333, 338, 342 f., 347, 351, 362, 364, 378 f., 383, 387, 391–399, 401, 445, 485
Schmid, Jelscha 159, 285, 472, 478
Schmid, Ulla 406
Schmidt, Andreas 158, 172, 183, 187–191, 193, 287, 294, 302, 314 f., 327, 329, 332, 336, 341, 344, 347, 362, 370, 381, 387, 389, 392, 403, 407, 409–412, 425, 434–436, 444 f.
Schnell, Alexander 289, 335, 399
Schnieder, Benjamin 30
Schrader, Wolfgang H. 401
Schulze, Gottlob Ernst 6
Schüssler, Ingeborg 340–343, 345, 355 f., 361, 372
Schüz, Simon 9, 355, 402, 420, 426
Seiberth, Luz Christopher 94, 104, 115, 469
Sell, Annette 12
Sellars, Wilfrid 106, 187, 322 f., 461
Shabel, Lisa A. 472
Siep, Ludwig 11 f., 148, 152, 166, 199, 275, 430, 462
Slenczka, Notger 229
Soames, Scott 108
Solomon, Robert C. 183, 187, 263
Spiegel, Thomas J. 91, 104, 469
Spinoza, Benedikt de 2, 66
Stange, Mike 323, 362
Stekeler, Pirmin 122, 129, 187, 190, 199, 243
Stephenson, Andrew 96
Stern, Robert 21, 23–29, 44, 47, 49 f., 52–54, 57, 60, 62–64, 66–68, 77, 79, 81, 99, 155, 169, 172, 182, 193, 208, 229, 231, 239–241, 278, 404 f., 413, 419, 421, 425, 430, 431 f.
Stewart, Jon Bartley 155
Stolzenberg, Jürgen 285, 472
Strawson, Peter F. 7, 21, 29, 30, 33–45, 47–51, 55, 57, 59, 67, 80–82, 107, 112, 115, 133, 167 f., 453
Stroud, Barry 4–6, 8, 22, 25, 30, 32 f., 47–77, 81, 83, 85, 89 f., 92 f., 96–99,

102f., 109f., 118, 404–407, 450–453, 489
Symons, John 406

Taureck, Bernhard 472
Taylor, Charles 45, 58, 60, 91f., 155, 168f., 178, 184, 247f.
Tetens, Holm 24
Tewes, Christian 69
Theunissen, Brendan 131, 134, 138, 153, 155, 269
Thomas-Fogiel, Isabelle 9, 45, 316, 412
Tilliette, Xavier 475
Traub, Hartmut 10
Tschirner, Patrick 392, 403, 426–428, 435

Utz, Konrad 138, 143

Vieweg, Klaus 131, 135, 275

Wahl, Jean 207f., 211, 213, 218

Weber, Jürgen 472, 479
Westerkamp, Dirk 164, 301
Westphal, Kenneth R. 141, 157, 267
Whitehead, Alfred North 30, 34, 82
Widmann, Joachim 289
Wilkerson, T. E. 26, 62
Willaschek, Markus 68, 74, 85, 91, 97, 121, 356
Wille, Matthias 33f., 43, 45, 47, 61, 68, 94, 460
Williams, Michael 75
Williamson, Timothy 66, 70, 310
Wirsing, Claudia 5
Wolff, Jens 227
Wood, David W. 285
Wright, Crispin 110
Wittgenstein, Ludwig 90f., 97, 114, 168, 322, 471

Zimmerli, Walther 12
Zöller, Günter 10, 284

Sachregister

Ansich 71–73, 139 f., 144–147, 172–174, 256 f., 336, 354–357, 467
– siehe auch Ding an sich
Aufforderung (siehe Imperativ)
Anschauung 6, 95, 100–102, 128, 159–161, 226, 270, 286 f., 405, 428 f., 472–477
– intellektuelle 270, 285, 474 f.
– siehe auch Evidenz
Apperzeption, Einheit der 193, 199–201, 205, 212 f., 243 f., 296 f., 344 f.
Argument
– transzendentales 3, 23–29, 40 f., 44–46, 56–62, 74–78, 101 f., 106–108, 112 f., 167–170, 171 f., 220–223, 244–246, 278, 317–325, 438 f., 470–472, 488 f.
– performatives 44 f., 404–407, 59, 217, 221, 227, 315 f., 329, 333 f., 357, 389–394, 400–407, 413, 427 f., 439, 451, 470 f.
Aufstieg
– reflexiver 112, 116 f., 141 f., 209 f., 272 f., 306–310, 333–335, 373 f.
– semantischer 95, 182, 304 f., 336 f.
– zum absoluten Wissen 253–255, 265–267, 274, 289 f., 349–351, 380 f., 425–428, 449 f.
– siehe auch Metatheorie
– siehe auch Reflexion, formaler Modus der
Autonomie 15 f., 408–411, 430–436, 440–444, 468, 480
– Paradoxie der 432–435

Bedingung, transzendentale (siehe Voraussetzung)
Begreifen
– Sich-Begreifen 248–250, 268, 426–428, 430
– des Unbegreiflichen 302 f., 315, 332, 361
– Vernichtung des Begreifens 301–303, 315 f., 337, 349, 352, 358–361, 370–374, 467 f., 482

Begriffsschema 5, 34 f., 43 f., 80–83, 105–108, 115, 133, 144, 155, 165, 170 f., 231, 252, 273, 451, 461–464
– alternatives 78–83, 115, 121, 131–133, 335, 444 f., 461, 484
Behauptbarkeit, gerechtfertigte 64, 75, 89, 105, 109 f., 143, 341, 456, 461
Bewusstsein 137–143, 197 f., 233–238, 295 f., 342 f.
– Evidenzbewusstsein (siehe Evidenz)
– Effekt des Bewusstseins (siehe Zutat)
– Satz des Bewusstseins 138, 291–293, 416–418
– unglückliches 205 f., 231–234, 245, 247, 251 f., 257, 277, 453–455
– siehe auch Apperzeption, Einheit der
– siehe auch Intentionalität
Bild 311 f., 335, 416–419, 424–427, 429, 467
Binnenperspektive 128, 160, 162–166, 169, 174, 193, 252 f., 259, 265–270, 274, 463, 475 f., 482 f.
Brückenproblem 50, 54, 61, 77, 156 f., 222 f., 229, 329–331, 367 f., 388, 452, 455, 457

Darstellung (siehe Pragmatik der Darstellung)
Ding an sich 97 f., 100 f., 111, 140, 182–184, 204, 293, 467
Distanzierung, reflexive 58–62, 85, 94, 163, 279, 306–310, 344, 350, 419, 482 f.
– siehe auch Reflexion, formaler Modus der
– siehe auch Skepsis, pragmatische Komponente der

Einleuchten (siehe Evidenz)
Einstellung
– idealistische 193, 196 f., 206 f., 215, 233–238, 245 f., 248 f., 256, 454 f.
– kritische 4, 97 f., 110 f., 114, 129–131, 283, 352, 376
– propositionale 73, 243, 364, 368 f., 391, 451

– realistische 188, 196f., 206f., 208, 215, 233–238, 245f., 248f., 256, 274f., 454f.
Evidenz 161f., 296, 301f., 306–208., 329f., 342, 391, 396, 403, 424–429, 456, 473f.
Externalismus 75, 155f., 200, 331, 336f., 428
– siehe auch Wahrmacher

Freiheit (siehe Autonomie und Reflexion, freie)

Gesetz 189–191, 305, 387, 408–411, 421f., 432f.
– siehe auch Autonomie
– siehe auch Imperativ, kategorischer
Gewissen 241f., 248, 256–258
Gewissheit 22, 45, 60, 64, 175–179, 228f., 275f., 292, 306f., 364, 368, 390–395, 423–426, 466, 486
– siehe auch Evidenz
Gott (siehe Religion)

Hiatus 250–252, 271, 309, 356f., 484
– siehe auch Projektion per hiatum

Imperativ 286, 323, 335, 384, 442, 474, 477, 483
– kategorischer 410f., 434f., 443f.
Internalismus 75, 155f., 201, 341, 391, 428
– siehe auch Wahrmacher
Idealismus 1, 31f., 88–91, 194, 206f., 234–237, 293–295, 339–346, 375f., 459–470
– absoluter 234–238, 248–250, 277, 332, 461–464
– objektiver 4, 69, 246f.
– subjektiver 95, 103, 196, 202–205, 244–246, 291, 459f.
– transzendentaler 6, 31, 91–104, 111, 193f., 215, 217–219, 290–292, 296f., 466f.
– Idealismusproblem 31f., 52–56, 62, 77, 87f., 92f., 108f., 117f., 132f., 148, 156, 196, 203–205, 245f., 368–370, 452, 454, 459, 488

Intentionalität 28, 66, 73, 111, 138f., 142f., 290–293, 296f., 311, 418, 428f.
Isosthenie 66f., 131f., 332f.

Konditional, transzendentales (siehe Argument, transzendentales)
Konstruktion 90f., 478–481
– geometrische 6f., 128, 151f., 159–162, 285, 463, 472–481
– Nachkonstruktion 160, 165–167, 169, 232, 266–271, 274, 302, 313, 325f., 329, 336, 354f., 365, 379, 381, 397, 408, 412, 416–422, 426, 431–433, 436f., 468, 476f., 479f., 486
– Selbstkonstruktion 161f., 166f., 174f., 249f., 268–270, 299, 336–339, 345f., 380f., 385–390, 430f., 436f., 458f., 463f., 468, 478–481, 484, 487
– Vorkonstruktion 161, 325, 417f., 422
Konzeptionswandel 119–121, 128f., 134–136, 150, 158–162, 172–174, 250f., 315, 349–352, 386–389
– siehe auch Begriffsschema, alternatives
– siehe auch Therapie
Kraft 186–190, 218f.
Kriterien 39f., 50, 75, 80, 85, 106f., 142f., 144–147, 150–152, 172–174, 272, 364, 393, 438–441, 464f.

Leben 249f., 272–274, 284–287, 317–322, 326, 347, 351f., 366f.
– siehe auch Licht
Licht 304f., 309f., 313–315, 389f., 399, 402f., 426, 475f., 485
– siehe auch Evidenz
– siehe auch Gewissheit

Maxime 328–332, 337, 349, 354, 357–359, 363f., 371, 419, 477
Metaperspektive 110f., 162–166, 169f., 174, 179f., 184f., 192f., 252, 260, 264–269, 278, 475f., 482f.
– siehe auch Aufstieg, reflexiver/semantischer
– siehe auch Binnenperspektive
– siehe auch Metatheorie

Metatheorie 94, 272f., 283, 287, 298f., 336f., 349f., 384–386, 454, 456
Methode 88–91, 119–123, 129–136, 167–170, 172–174, 283–295, 313–316, 333–335, 348–352, 382f., 450, 470–481, 488f.
– *siehe auch* Argument
– *siehe auch* Therapie
Moore'sche Inkompatibilität 59f., 406f., 413f., 451
Mythos des Gegebenen 330f., 452, 457, 461

Notwendigkeit, begriffliche 24, 60f., 64f., 84, 164, 270, 319, 429

Objektivität 4, 21–23, 28f., 39–43, 71–78, 83–85, 93f., 108f., 116–119, 119–123, 139f., 143, 152, 172–174, 233–242, 272, 290–293, 336f., 353–357, 375f., 390f., 459–470
– *siehe auch* Kriterien
Objektivierung (*siehe* Reflexion, formaler Modus der)

Performative Tautologie (*siehe* Argument, performatives)
Perspektivwechsel 123, 348–352, 361–370, 372, 376, 436, 470, 474f., 483f.
Präsupposition (*siehe* Voraussetzung)
Pragmatik der Darstellung 109f., 131, 250f., 284f., 298, 333f., 349–351, 382f., 456f., 473f., 482f., 485f.
– *siehe auch* Argument, performatives
Projektion 96, 235, 327, 403, 408, 416–419, 469f.
– per hiatum 111f., 309, 356, 398f., 467, 469, 486
– *siehe auch* Gesetz
Proposition (*siehe* Urteil)
Prozess 135f., 237f., 249f., 376, 393–395, 426, 429,
– *siehe auch* Konzeptionswandel

Racheproblem 94–103, 108–110, 116–119, 119–121, 163, 230, 251f., 376f., 450, 453, 455, 458, 467, 471

– inkompatibler Einstellungen 204, 206–208, 214, 217, 230, 245f.
– reflexiver Instabilität 277, 334, 376–380, 396–398, 404, 419, 422
– *siehe auch* Bewusstsein, unglückliches
Realismus
– empirischer 93–102, 215–219, 274–277, 467
– metaphysischer 68–70, 105f., 239, 290f., 336f., 353–357, 438
Religion 196, 208f., 223f., 227, 229, 256–259, 347, 410, 435
Repräsentation 29, 84, 111f., 140, 290f., 416–419, 427f., 469f.
– *siehe auch* Intentionalität
– *siehe auch* Wissen, nicht-repräsentationales
Reflexion 2–4, 58f., 119f., 250–252, 272–279, 306–310, 339–346, 419–422, 482f., 485f.
– äußere 129–131, 401, 483f.
– freie 273, 331, 338, 340, 386, 401, 431, 442–444, 483f.
– formaler Modus der 114f., 306–310, 325–328, 343, 418f., 457
– materialer Modus der 306, 329f., 419, 457
– *siehe auch* Skeptizismus, pragmatische Komponente des
– *siehe auch* Distanzierung, reflexive

Schematismus 225–228
Selbstanwendung 44f., 316, 411–415, 420f.
– *siehe auch* Metatheorie
Selbstbewusstsein (*siehe* Apperzeption, Einheit der)
Skeptizismus
– erster Ordnung 22, 84f., 88f., 272–279, 444
– metaepistemologischer 2–4, 27, 70, 77, 84, 95, 134, 272f., 404–407, 443–445, 450–459
– post-kantischer 5
– pragmatische Komponente des 58–62, 84, 120, 122f., 130f., 306, 451, 482f., 485
– semantische Komponente des 83–85, 95, 120, 121, 452

– sich vollbringender   135, 151, 161 f., 333 – 335, 461, 474, 477
– *siehe auch* Distanzierung, reflexive
– *siehe auch* Racheproblem
Substitutionseinwand   49, 51, 54 f., 63 – 77, 89, 151, 221 f., 253, 272 f., 315, 325 – 328, 340, 344, 384, 386 f., 402, 420, 452 f., 454, 457 f., 459, 488
Synthesis   31 f., 100, 199, 214, 216 – 219, 222 f., 292, 454, 476 – 478
– post factum   292, 297, 435

Tautologie, performative (*siehe* Argument, performatives)
Therapie   88 – 91, 119 – 123, 127 f., 231 f., 293 – 295, 313 – 316, 333 – 335, 348 – 352
– performative   123, 238 – 242, 349 f., 367 f., 392 – 395, 411 – 414, 433 f.
– transformative   122, 172 – 174, 194, 209 f., 269 – 271, 274 – 278
– wittgensteinanische   90 f.
– *siehe auch* Konstruktion, geometrische
– *siehe auch* Konzeptionswandel
– *siehe auch* Perspektivwechsel

Urteil   73, 88, 193, 200, 212, 286, 340, 351, 458, 489
– Form des Urteils   311 f., 380 – 382, 391 f., 403 f., 469 f.
– synthetisches Urteil a priori   27, 31 f., 99
– *siehe auch* Projektion per hiatum
– *siehe auch* Repräsentation
– *siehe auch* Wissen, gewöhnliches

Verifikationsprinzip   50 – 53, 157 f., 272, 453
Vollzug   160, 263 – 265, 269, 284, 295 f., 319 f., 362 – 367, 375, 392 f., 402 f., 425 – 428, 434 f.
– *siehe auch* Argument, performatives
– *siehe auch* Leben
– *siehe auch* Prozess
Voraussetzung   29 – 31, 43 – 45, 133, 167 – 170, 317 – 320, 327, 457

– *siehe auch* Argument, transzendentales
Vorstellung   208, 290 f., 418
– *siehe auch* Intentionalität
– *siehe auch* Repräsentation

Wahrmacher   30, 50, 76 f., 140, 144 – 146, 308, 324, 331, 452, 465
– *siehe auch* Externalismus
– *siehe auch* Internalismus
Wille   223 f., 227, 410, 432 f., 434 f., 442
– heiliger   435
Willkür   307, 328, 331, 338, 363, 374, 387, 400 – 412, 431 f., 434, 441 – 444, 456, 468
Wissen   21 – 23, 74 – 78, 89, 142 – 145, 285 f., 438 f.
– absolutes   242, 261, 274, 277, 427 – 430, 443 f., 449 f., 460 – 470, 484 f.
– gewöhnliches   21 – 23, 89, 292 f., 418, 442 – 444 (*siehe auch* Repräsentation)
– nicht-repräsentationales   292 f., 301, 351, 369 – 375, 390 f., 465, 469 f.
– *siehe auch* Skeptizismus
– *siehe auch* Vollzug
Wissenschaft   131, 203, 287
– der Logik   10, 239, 262, 271, 463, 465, 474, 481, 487
– der Phänomenologie des Geistes   133, 262, 266, 271, 463
– Wissenschaftslehre   283 f., 287, 288 – 293, 443 f.
– *siehe auch* Wissen, absolutes

Zusehen   141, 161, 165, 264, 269, 344 f., 474, 482 f.
– *siehe auch* Reflexion, materialer Modus der
– *siehe auch* Zutat
Zutat   166, 232, 254, 259 f., 263 – 265, 267 – 269, 355 f., 373, 483 f.
– *siehe auch* Reflexion, formaler Modus der
– *siehe auch* Zusehen

www.ingramcontent.com/pod-product-compliance
Lightning Source LLC
Chambersburg PA
CBHW031720230426
43669CB00007B/189